浙江智能网格强对流天气短临预报预警技术应用

赵　放　潘劲松　李文娟　陈　列　等 编著

内容简介

本书内容主要涵盖三个方面，一是结合最新收集整理的资料，对浙江省强对流天气的气候特征、天气背景、大气环流分型、突发强对流天气的物理机制做了进一步分析和研究，并将一系列强对流天气分类监测和预报预警的对流关键参数特征、环境指标的研究结果进行了总结和梳理，为浙江省强对流天气的监测预报、科研、业务与技术人员提供了技术参考；二是详述了近年来浙江省利用多源资料融合等技术在分类强对流天气短临监测及预报预警技术方面的研究成果，包括双偏振雷达相态识别、雷达卫星的强对流天气监测与应用、高分辨率数值模式的改进和本地化应用，人工智能、机器学习算法在强对流天气识别和潜势预报中的应用和效果，以及基于快速更新同化数值预报和雷达外推的融合技术在短临预报中的应用、并通过多种技术的综合和融合等方法开展短时强降水、冰雹、大风等强对流天气的监测识别、强降水短时定量预报以及对流潜势概率预报等内容；三是引入网格化管理的理念，运用现代天气预报技术、结合传统预报方法，介绍了浙江省基于GIS的“省市县一体化智能网格强对流天气短临监测预报预警业务系统”及其省级智能网格强对流天气预警系统的设计和业务功能。本书不仅可作为气象预报员研读的实用手册，也可作为国内强对流天气预报技术交流和学习的参考用书。

图书在版编目（CIP）数据

浙江智能网格强对流天气短临预报预警技术应用 / 赵放等编著 . —北京：气象出版社，2020.9
ISBN 978-7-5029-7295-0

Ⅰ. ①浙… Ⅱ. ①赵… Ⅲ. ①强对流天气—天气预报—预警系统—研究—浙江 Ⅳ. ① TV213.4

中国版本图书馆 CIP 数据核字（2020）第 196251 号

浙江智能网格强对流天气短临预报预警技术应用

Zhejiang Zhineng Wangge Qiangduiliu Tianqi Duanlin Yubao Yujing Jishu Yingyong

赵放 潘劲松 李文娟 陈列 等 编著

出版发行：气象出版社
地　　址：北京市海淀区中关村南大街 46 号　　**邮政编码**：100081
电　　话：010-68407112（总编室）　010-68408042（发行部）
网　　址：http//www.qxcbs.com　　**E-mail**：qxcbs@cma.gov.cn
责任编辑：张锐锐　吕厚荃　　**终　　审**：吴晓鹏
责任校对：张硕杰　　**责任技编**：赵相宁
设　　计：楠竹文化
印　　刷：北京建宏印刷有限公司
开　　本：787 mm × 1092 mm　1/16　　**印　　张**：28.5
字　　数：600 千字
版　　次：2020 年 9 月第 1 版　　**印　　次**：2020 年 9 月第 1 次印刷
定　　价：248. 00 元

编委会

序

FORWORD

《浙江智能网格强对流天气短临预报预警技术应用》汇集了赵放同志带领的创新团队近几年取得的研究成果。赵放同志邀我作序，引起我颇多感想。

近年来，由突发性暴雨、雷电、大风所导致的严重灾害尤其是人员伤亡事件多发频发，强对流天气已成为气象防灾减灾关注的重点和热点问题之一。从这个角度来观察，并总结了我们这些年来气象防灾减灾工作的经验教训，我有三点感想：一是我们任何时候都要牢记使命和责任。气象工作作为防灾减灾“第一道防线”，必须按照习近平总书记关于防灾减灾救灾“两个坚持，三个转变”的指示，把加强气象防灾减灾能力建设作为一项长期的重大战略任务；二是我们任何时候都必须坚持以人民为中心，面对复杂多变的天气气候和保障人民群众利益日益增长的需求，我们必须立足于具体的、现实的迫切需要，集中精力解决对人民群众生命财产安全影响最大、在国家防灾减灾总体格局中最重要的课题；三是我们任何时候都需要高度重视强化气象科技支撑。国内外的经验和教训都充分说明，加强灾害监测预报、预警服务、应急处置，乃至防灾减灾科学知识普及，都需要大量的科学研究成果提供支持，也都需要我们依靠科学技术手段，建设现代化的气象防灾减灾系统工程。

强对流天气一直是天气预报中的重点和难点。尽管以同化多源资料的高分辨数值模式极大地提高了天气预报的可用时效和气象要素预报的精细化水平，但是，对以突发性、局地性为特征的强对流天气的预报预警能力依然十分有限。《浙江智能网格强对流天气短临预报预警技术应用》正是抓住了致灾性强天气这一具体的、现实的防灾减灾问题，所做的也正是监测预警技术研究这一基础性、根本性的防灾减灾难题。这些都是我所期待的。

《浙江智能网格强对流天气短临预报预警技术应用》综合利用了双偏振雷达、多普勒雷达、卫星、自动站、数值预报、统计预报的监测预报手段和 GIS（地理信息系统）等先进技术，引入网格化管理的理念，运用现代天气预报技术、结合传统预报方法，开展了浙江省强对流天气的分类监测预警技术研究，建立了基于 GIS 的“省市县一体化短临监测预报预警业务系统”，研发了雷达与数值模式融合的强对流天气预警技术，实现了分类强对流灾害天气监测预警从定性到定量的转变。这些努力，已经取得了阶段性的重大成果，并且已为防灾决策提供了重要的科技支撑。

科学研究没有止境，科学研究成果的应用亦不应当局限于一地区和一部门。如何继续深入研究并不断产出高水平的研究成果，如何着力推进研究成果转化和广泛应用，并在具体的应用中发现并解决新的问题，这是摆在大家面前的新课题、新任务。

研究告一段落，成果付梓出版，值得庆贺。也期待创新团队继续不懈努力，不断取得新的更大的成果。

浙江省气象局局长：

2019 年 11 月 19 日于杭州

前　　言

PREFACE

浙江省地处我国东南沿海、经济发达，同时又是一个气候背景复杂、气象灾害多发的地区，每年受各种不利天气条件的影响尤为显著，如冰雹、雷电、强降水、雷暴大风、高温、低温、冰冻、台风、雾等，强对流天气是大气对流活动强烈发展而产生的灾害性天气现象，是影响浙江省的重要灾害性天气之一。此该类天气具有突发性和局地性强、生命史短、灾害重等特点，是当前天气预报业务中的难点。气象灾害及其衍生灾害造成的损失占浙江全省自然灾害总损失的八成以上，灾害性天气尤其是由强对流天气系统造成的突发性灾害天气已经成为制约浙江省经济社会发展和影响社会稳定的重要因素。

近年来，浙江省按照国家重大战略需求、高质量发展要求来谋划气象事业，认真贯彻落实中国气象局“东部地区率先实现气象现代化”的部署，立足于率先实现气象现代化的发展目标，逐步建立了较完善的气象观测体系和气象灾害监测预警系统，基本实现对主要气象灾害的实时监测和预警，并逐步建立健全了以气象灾害预警为先导的社会应急响应机制。随着社会经济的快速发展以及对预报服务智能化、精细化的需求，进一步提高短时临近（简称短临）天气监测预报预警业务能力，提升对中小尺度灾害性天气的科学认识水平，攻克短时临近预报核心关键技术难题，实现智能网格预报无缝隙时空协调和灾害性天气智能识别、精准精细、实时高频滚动更新预报预警的服务需求不断增强。同时，借助大数据平台、AI（人工智能）算法等，充分利用雷达、卫星、自动站等多源探测资料时空融合的监测分析，研究与发展基于雷达、数值预报等现代科学技术和定量化、分类型的强对流天气监测和预报预警技术，为公众提供定点、定量、定性的智能、精准、智能化网格预报，不断提升应对突发强对流天气及风暴等引发灾害的防御能力，采取相应的避险减灾对策，已成为公共安全建设中一项十分紧迫的任务。

2016年，浙江省气象局取得了“雷达与数值模式融合的短时强对流天气预警技术（2017C03035）”省重大科技攻关专项的立项。项目由浙江省气象台主持，与浙江省气象科学研究所、浙江省气象服务中心、浙江省气象信息网络中心、浙江大学、南京大学、中国气象科学研究院等高校和科研院所联合攻关。项目围绕提升对中小尺度灾害性天气发生、发展的认识，中小尺度灾害性天气临近预警时效和短时预报精准度的核心技术，延长中小尺度灾害性天气的预警时效、提供高频滚动更新的气象预报服务产品的实时智能监测报警技术和短时临近预警预报技术，完成建立快速滚动更新的 0～6 h 逐 10 min 间隔、逐 10 min 滚动、水平分辨率 1 km 的强对流天气落区监测预警和网格预报业务的总目标要求。项目根据总目标要求分别设立了浙江省强对流天气发生发展的大气环流特征及机理研究、非静力高分辨强风暴数值模式预报系统、智慧气象手机客户端服务系统、强对流预警需求的海量数据支撑系统、双偏振雷达在强对流天气分类监测及降水估测预警中的应用研究、雷达三维风场反演及地面大风预警技术 6 个方面的研究内容（即 6 个子课题），项目负责人为赵放、潘劲松，各子课题负责人分别由董美莹、李健、杨明、朱佩君、杨正玮、王红艳等同志担任。

本书利用项目的研究成果，将针对中小尺度对流天气的发生发展机制、强降水、雷暴大风、冰雹、龙卷、雷电等灾害性天气的实时监测和智能报警技术和延长预警时效的临近预警技术集成到省、市、县一体化业务平台，为省、市、县各级台站及时准确发布灾害性天气预警和预警信号提供技术支撑、并对高频滚动订正以及评估检验等方面的研究应用与体会进行了总结，以期为探索和改进中小尺度强对流天气短时临近预报技术所付出的努力和实践能为天气预报专业技术人员提供参考与借鉴。全书共分 9 章。第 1 章“绪论”由赵放、李文娟、冯爽等撰稿；第 2 章“浙江省强对流天气气候背景与大气环流特征分型”由李文娟、朱佩君、翟国庆、刘瑞、俞佩等撰稿；第 3 章“浙江省强对流天气的物理机制与预报分析”由李文娟、朱佩君、翟国庆、刘瑞等撰稿；第 4 章“分类强对流天气短时临近监测预警及潜势预报技术研究”由赵放、李文娟、黄旋旋、徐月飞、杨明、赵璐、彭霞云、王红艳、杨正玮、许娈、韩颂雨、王丽吉、黄娟等撰稿；第 5 章“区域高分辨强降水数值天气预报系统的应用研究”由董美莹、陈锋等撰稿；第 6 章“强对流天气检验评估技术研究”由黄娟等撰稿；第 7 章“省市县一体化强对流天气短临监测预报预警业务系统”由陈列等撰稿；第 8 章“智慧气象手机客户端服务系统”由李健等撰稿；第 9 章“保障强对流天气预警需求的海量数据支撑技术”由杨明等撰稿。附件是浙江省、市、县一体化强对流短临监测预报预警平台的说明、测试、操作手册，由陈列、赵放负责撰稿。本书由赵放、潘劲松具体组织编写，赵放、李文娟对本书进行了统稿，限于时间仓促，书中可能会存在许多错漏，敬请各位读者指正并深致谢意。

本书的出版得到中国气象局、浙江省气象局、浙江省科技厅等各级领导的大力支持，得到时任浙江省气象局局长黎健同志的热情关心和指导。本书的许多内容取材于众多研究人员的成果，对他们以及所有为本书的编写、出版提供过帮助的单位和个人，在此一并致以衷心的谢意。

赵　放

2019 年 9 月 5 日

目　录

CONTENTS

第 4 章 分类强对流天气短时临近监测预警及潜势预报技术研究

第 5 章 中尺度高分辨区域数值预报系统在强对流天气预报中的应用研究

第 6 章 强对流天气预报检验评估技术研究

第 7 章 省市县一体化强对流天气短临监测预报预警业务系统

第 8 章 智慧气象手机客户端服务系统

第 9 章 保障强对流天气预警需求的海量数据支撑技术

第1章
绪　论

1.1 研究背景和意义

浙江省经济发达，同时又是一个气候背景复杂、气象灾害多发的地区，每年各种不良天气条件的影响尤为显著，如冰雹、雷电、强降水、雷暴大风、高温、低温、冰冻、台风、雾等，强对流天气是大气对流活动强烈发展而产生的灾害性天气现象，是影响浙江省的重要灾害性天气之一。此类天气所具有的突发性和局地性强、生命史短、灾害重等特点是当前天气预报业务中的难点。防灾减灾、重大社会活动（如 2008 年北京奥运会、2009 年 60 周年国庆活动等）都对强对流天气的短时临近预报业务提出了更高的要求。一般来说，短时预报是指 0～12 h 以内的天气预报，临近预报是 0～2 h 的天气预报；WMO（世界气象组织）2005 年定义的临近预报则拓展为 0～6 h 的天气预报。大气中深厚湿对流系统的发生需要三个基本条件：能量结构的不稳定、水汽条件和触发机制。强对流天气在我国通常是指可能造成山洪、小流域洪水的对流性暴雨、降到地面上直径超过 2 cm 的冰雹、地面出现大于等于 17 m/s 的雷暴大风（许多国家规定为 25 m/s 以上）、龙卷等天气过程。极端强对流天气是指 5 cm 直径以上的降雹、33 m/s 以上的地面瞬时雷暴大风和 F2 级以上的龙卷风。其特点是空间尺度小、生命史短、突发性强、发展演变迅速、破坏力大，因此深受人们关注（樊李苗 等，2013）。

我国强对流天气频发，地理分布十分不均匀，常常导致人员伤亡和重大财产损失，并且具有显著的季节和日变化特征。强对流天气主要发生在暖季（4—9 月）。比如，2016 年 6 月 23 日 14 时 30 分左右，江苏省盐城市阜宁县遭遇短时强对流天气，强冰雹和龙卷风双重灾害发生，在吴滩镇立新村，房屋受损严重，路边树木和电线杆倒伏。截至 6 月 26 日 9 时，江苏省盐城市特别重大龙卷风冰雹灾害共造成 99 人死亡，846 人受伤。此次强对流天气已确认为龙卷风，专家组判定等级为 EF4 级，风力超过 17 级，破坏力巨大。2015 年 6 月 1 日 21 时 30 分，隶属于重庆市东方轮船公司的“东方之星”轮，在从南京驶往重庆途中突遇罕见强对流天气，在长江中游湖北省监利水域沉没，截至 6 月 13 日，经有关各方反复核实、逐一确认，“东方之星”号客轮上共有 454 人，遇难 442 人。2015 年 12 月 30 日，长江沉船事故调查报告公布，经国务院调查组调查认定，“东方之星”号客轮翻沉事件是一起由突发罕见的强对流天气（飑线伴有下击暴流）带来的强风暴雨袭击导致的特别重大灾难性事件。2005 年 6 月 10 日下午，黑龙江省宁安市沙兰镇沙兰河上游山区突降暴雨，导致包括 103 名学生、2 名幼儿在内的共 117 人遇难；2009 年 6 月 3

日、5 日和 14 日华东连续出现强对流天气，11 月 9 日我国南方出现罕见强对流天气。据统计，2001—2007 年强对流灾害所造成的直接经济损失每年均在 110 亿元以上，占气象灾害全部损失的 6%～15%；强对流天气是 2009 年我国第三大气象灾害，仅次于干旱和暴雨洪涝。在浙江，强对流天气是引发山洪、小流域致灾的主要因素之一，因此，这些区域性突发的强对流天气预报预警与服务需求已越来越紧迫。例如，2006 年 6 月 10 日，浙江省北部一次严重的飑线过程，出现持续性的雷暴大风，造成绍兴市等地伤亡 5 人。2014 年 3 月 19 日，浙江全省出现大范围冰雹、雷雨天气，台州、温州等地遭遇的特大冰雹并造成重大经济损失。2016 年 5 月 6 日夜间，浙江部分地区出现强对流天气，杭州、衢州、绍兴、温州有 30 个乡镇降雨量超过 50 mm，临安清凉峰镇学川村 129 mm，另外有 17 个乡镇出现 8 级以上雷雨大风，杭徽高速、02 省道发生泥石流地质灾害。2016 年 5 月 28 日 16 时至 20 时，建德、淳安、临安、余杭等县出现短时暴雨天气；28 日 8 时至 29 日 8 时共有 190 个乡镇累计降雨量超过 50 mm，12 个乡镇超过 100 mm。在强对流过程影响 6 h 内，建德公安 110 接到 436 个求救电话，多处水库超警戒汛限，110 处地质灾害点发生塌方。29 日 00 时 10 分左右，在降水量最大的新安江街道横路自然村突发山体滑坡，约 20 万 m^3 的山体整体滑下，冲垮 5 幢房屋导致 5 人遇难。由于导致强对流天气的系统属于中小尺度天气系统，很难被常规气象观测网捕捉到，因此非常规观测资料（自动站、雷达、卫星、雷电观测系统、GPS、风廓线雷达等）及其融合、同化数据和高分辨率中尺度数值模式数据是进行强对流天气短时和临近预报的主要资料基础。目前，美国等发达国家都建立了自己的强对流天气短时临近预报系统和业务，多个国家的短时预报系统融合了基于雷达等资料的外推预报和高分辨率中尺度模式预报，预报时效可以提高到 6 h，空间分辨率可达 1～2 km；国内从 2004 年开始逐步开展了强对流天气的短时临近预报业务，但至今尚未形成比较完善的业务。并且，目前的业务预报产品还不能有效地区分短时强降水、雷暴大风和冰雹等各类强对流天气发生的种类；对突发强对流的实时监测和预报也有较大的困难，很难预报该类天气，因而无法满足精细化的预报和服务要求。究其原因，一方面是非常规观测资料，特别是高分辨率雷达资料的风雨定量监测和分析应用技术落后；另一方面，我国中尺度数值模式分辨率低，初始场中对强对流分析不够准确，使得对精细化的风雨预报能力偏低，对强对流的属性的监测识别、网格化的预报预警存在短板。因此，如何在多源探测资料（中尺度自动气象观测站、雨滴谱仪、闪电监测仪等地面探测设备）的基础上，再充分利用组网的新一代多普勒天气雷达的高时、空分辨率资料，发展适用于浙江省基于雷达融合高分辨率数值模式的强对流天气短临预报预警关键技术，有效地降低其所造成的影响和损失，在现阶段已成为气象工作中亟待解决的问题之一。

《国家中长期科学和技术发展规划纲要（2006—2020 年）》的公共安全领域重大自然

灾害监测与防御优先主题明确指出，需重点研究开发气象灾害的监测、预警和应急处置关键技术。近年来，浙江省气象部门认真贯彻落实中国气象局“东部地区率先实现气象现代化”的部署，立足于率先实现气象现代化的发展目标，逐步建立了较完善的气象观测体系和气象灾害监测预警系统，基本实现对主要气象灾害的实时监测和预警，建立健全以气象灾害预警为先导的社会应急响应机制。浙江省政府《深化改革加强公共安全气象保障服务能力建设的意见（浙政办发〔2015〕118 号）》提出了总体要求，进一步加强气象监测预报预警体系、气象灾害应急响应体系、气象安全多方位治理体系和气象事业支撑保障体系建设。按要求进度推进《浙江省气象灾害防御条例》。制定并联合建立应对极端天气应急联动指导性意见。推动各地政府和部门建立以气象灾害预警为先导的科学规范的应急响应和社会联动机制，全部市级及 50% 县级政府出台或联合相关部门发布应对台风、暴雨、暴雪等极端天气公众应急响应（如停课停工）制度、规则。随着致灾强对流天气气象服务对空间精度和时间尺度的需求的不断提升，数字化、格点化、精准化成为现代气象预报与服务的方向之一。浙江省气象部门通过近几年的现代化建设，已基本实现全省地面气象监测资料的网格化、精细化，并建立了针对公众服务的“智慧气象”手机客户端平台，实现了基于 GIS 的网格化气象数据服务及预警信息推送。可见，建立基于雷达、数值预报等现代科学技术、定量化的、分类型的 0～6 h 强对流监测和预报预警技术，及时应对突发强对流及风暴引发的灾害，采取相应的避险减灾对策，已成为国家公共安全建设中一项十分紧迫的任务。

本项研究拟围绕这一优先主题，组织开展强对流天气触发机理研究，开展基于雷达、数值预报融合技术的强对流天气监测和预报预警技术的研究工作，开发 APP 等强对流天气信息收集和发布软件，提高气象部门在防灾减灾中的公共服务能力。项目将重点依托于新一代多普勒雷达观测网结合常规观测及快速更新同化高分辨率中尺度数值模式等，开展以双偏振雷达等多源探测资料应用为主的强对流天气短临预报技术研究，为建立具有浙江气候背景特点、与高分辨率高频次输出的数值产品相匹配的强对流天气短临预报方法，为提高 0～6 h 格点化的强对流天气短临预报提供技术支撑。

1.2 国内外研究现状和发展趋势

1.2.1 国内外短临预报技术现状

目前，短临天气预报方法主要有线性外推法和数值预报方法两种。从预报效果分析，线性外推法受“有效线性外推期”的限制，预报时效一般不超过 3 h，而传统冷启动数值预报则受模式初边值条件、参数化方案、网格尺度、观测时限及探测精度等种种影响，就目前水平而言，一般在前 6 h 内预测能力低，即使时限增加到 12 h，预报正确率增加仍非常有限，之后有一定增加，因此，在 0～12 h 这样的一个时间长度上也有一个预报能力的“空隙”（寿绍文，2003）。近年来，我国常用的 0～3 h 临近预报技术主要包括基于雷达资料的雷暴识别追踪、外推预报技术和数值预报技术以及概念模型预报技术等（陈明轩 等，2004）。一方面，尽管采用热启动和同化多普勒天气雷达资料等观测资料的快速更新同化预报技术改善了数值模式初始场，强对流天气系统的生消变化预报能力取得一定进展（Benjamin et al，2009），但在实际预报业务应用中还不够完善，预报起转过程延迟（spin-up）现象在开始一段时间内仍会存在。此外，在通常的同化技术中一般是先反演风场，再反演热力场的“两步走”方式，这样会造成较大的反演误差，导致预报误差（顾建峰，2006）。另一方面，在基于雷达资料的识别追踪和外推技术中，交叉相关外推（Rinehart et al，1978；Bjerkaas et al，1980；张亚萍 等，2006；陈明轩 等，2007；王明筠 等，2010；符式红 等，2012）和回波特征追踪识别外推（Dixon et al，1993；Einfalt et al，1990；Browning et al，1982；Johnson et al，1997；张乐坚，2010）应用虽然较为成熟，但仍具有预报时效较短，预报雷暴的发展演变能力较弱等缺陷（陈明轩 等，2004；俞小鼎 等，2012）。

美国 MDL（Meteorological Development Lab，气象开发实验室）发展了 SCAN（The System for Convection Analysis and Nowcasting，对流分析与临近预报系统）预报系统（Smith et al，1998）进行雷暴和强雷暴 0～3 h 预报；美国 NSSL（National Severe Storms Laboratory，国家强风暴实验室）开发的 WDSS-II（Warning Decision Support System-Integrated Information，综合信息预警决策支持系统）（Lakshmanan et al，2007）强对流天气预报系统已经应用于国家级强对流天气预报中心的 SPC（强风暴预报中心）。该系统是在只能使用单雷达资料的 WDSS（预警决策支持系统）（Eilts et al，1996）上发展起来的，主要使用多部雷达产品进行风暴单体的识别、追踪以及冰雹、龙卷和破坏性大风的识别和追踪，能够进行 0～1 h 强对流天气预报；美国 NCAR（the National Center for Atmospheric Research，国家大气研究中心）发展 ANC（Auto-Nowcaster，对流风暴自动临近预报系统）进行 0 ～2 h 临近预报，NCAR 还发展了专家预报系统（Wilson et al.，1998）和数值预报输出相融合的 Niwot 系统（Cai et al，2006）进行 0 ～6 h 格点反射率因子预报。ANC 系统中使用基于雷达资料的 TITAN（Thunderstorm Identification，Tracking，Analysis，and Nowcasting，雷暴识别、跟踪、分析和临近预报）算法（Dixon et al，1993）进行雷暴的识别、追踪、分析和 1 h 内的临近外推预报。该系统同时使用常规资料、自动站资料、雷达资料、卫星资料和数值模式资料来监测边界层辐合线，并进行边界层辐合线的预报。NCAR 还发展了一个多普勒雷达资料变分同化分析系统（VDRAS）（Sun et al，1997），它利用一个云尺度数值模式和它的伴随模式对雷达数据进行四维变分同化分析，获取大气的三维风场和温度场。美国民航局近年发展的统一航空风暴预报系统（CoSPA，Consolidated Storm Prediction for Aviation）提供 0～6 h 预报，0～2 h 使用启发式外推预报（the heuristic extrapolation forecast）（Dupree et al，2006；Wolfson et al，2006），2～6 h 使用基于外推预报和 HRRR（High Resolution Rapid Refresh，高分辨率快速刷新）（Benjamin et al，2009）模式预报的融合预报算法。英国的 NIMROD（Nowcasting and Initialisation for Modelling Using Regional Observation Data System，融合临近预报系统）（Golding et al，1998）和英国研究建立的对流性降水预报系统 GANDOLF（Generating Advanced Nowcasts for Deployment in Operational Landsurface Flood forecasts）（Pierce et al，2000）预报系统融合了基于雷达等资料的外推预报与中尺度模式预报，将预报时效提高到 6 h，空间分辨率可达 2 km；法国建立的 SIGOONS 系统（SIGnificant Weather Object Oriented Nowcasting System，基于雷达的短临预报系统）利用雷达进行 0～4 h 雷暴、降水、雾和风的预报；日本建立了 VS-RF（Very Short-Range Forecast，甚短时预报系统）系统进行 0～6 h 降水预报等，均体现了外推预报与数值预报的融合技术。

国内各级气象台站不同程度地开展了短时临近预报业务。香港的 SWIRLS（Short-range Warning of Intense Rainstorms in Localized Systems）、广东的 GRAPES-SWIFT（Severe Weather Integrated Forecasting Tools）和北京 -NCAR 联合开发的 BJ-ANC 都参加了 2008 年北京奥运会的天气预报示范项目。香港天文台从 20 世纪 90 年代就开始建设“小涡旋”SWIRLS 系统进行降水的短时临近预报，目前该系统已经发展到 2.0 版本，能够进行风暴追踪和预报以及冰雹、雷雨大风、短时强降水、闪电、降水概率等的预报（冯业荣 等，2007）。广东省气象局建立了短时临近预报系统 GRAPES-SWIFT，其核心技术建立在 GRAPES 数值预报模式提供的高分辨率数值预报产品、新一代多普勒天气雷达探测资料、自动气象站和风云气象卫星资料等基础上；湖北省气象局建立了 MY-NOS 临近预报系统；上海市气象局也建立了NO-CAWS临近预报系统进行雷达回波和闪电活动的外推预报。北京市气象局从奥运保障出发，从2004年开始引进并建设和本地化美国NCAR的ANC短时临近预报系统（称为BJ-ANC）。该系统在2008年北京奥运会气象保障和日常业务预报中发挥了重要作用。

BJ-ANC包含多种算法和模块，其中对流临近预报以雷达资料为主，6 min左右更新一次。但BJ-ANC也存在一些问题需要进一步改进，比如缺少分类强对流天气（冰雹、雷雨大风、闪电等）预警产品；大部分预报产品的时效仅为1 h等。因此，将快速更新循环的高时空分辨率数值预报和基于雷达资料的外推预报相融合的预报技术是改善两者不足的重要方法，也是近年来国内外临近预报方法研究的重要方向（郑永光 等，2010）。浙江省气象科学研究所不断致力于快速更新同化系统的改进升级（陈锋 等，2019；董美莹 等，2019），使得浙江省高分辨率数值模式和雷达资料融合技术的发展成为可能。国内从2004年开始逐步开展了强对流天气的短时临近预报业务，但至今尚未形成比较完善的业务。目前的业务产品还不能准确区分短时强降水、雷雨大风和冰雹等各类强对流天气；对龙卷的实时监测和预报也有较大的困难，很难预报该类天气；也没有统一的强对流天气预报产品检验和质量评定办法，因此国内还没有强对流天气预报准确率和提前时间的数据。浙江省气象台致力于解决上述难题，开发了省市县一体化短临预警平台，初步解决了强对流预警信号的提前量和准确率等数据的自动统计（赵璐 等，2017）。浙江省气象服务中心基于移动互联网技术，初步实现了面向用户的短临降水预报服务算法的设计和应用（邓闯 等，2017）。

近年来，机器学习等人工智能的方法在气象领域得到了较为广泛的应用，如机器学习技术应用在强对流临近识别和概率预报中，Mecikalski等（2015）使用Logistic回归和人工智能随机森林（Random Forest，RF）等方法发展了基于卫星资料和数值模式资料的CI（Convective Initiation）临近概率预报技术。机器学习中有监督学习模型支持向量机（SVM）来进行强对流天气的识别和预报，修媛媛等（2016）使用VDRAS（The four-dimensional Variational Doppler Radar Analysis System，多普勒雷达四维变分系统）实时反演低层大气分析场数据，结合机器学习中的SVM方法针对强对流天气进行短时临近预报，并进行大量实验，提高了强对流天气识别的准确度。

随机森林算法在近几年实际应用中得到了广泛关注，已经成为数据挖掘、模式识别等领域的研究热点，在生态学、水文学、经济学、医学等领域得到了广泛应用（张雷 等，2014；李欣海，2013；石玉立 等，2015；侯俊雄 等，2017；Belgiu et al，2016；Chen et al，2017）。随机森林是一种基于分类回归树的数据挖掘方法，是由Breiman在2001年提出的一种较新的机器学习技术（方匡南 等，2011）。随机森林算法通过聚集大量分类树来提高模型预测精度，与决策树一样，可用来解决分类和回归问题，预测精度很高，在异常值和噪声方面有很高的容忍度，且不易出现过度拟合现象（Breiman，2001）。国内外学者将随机森林与传统的神经网络、支持向量机、Logistic 等机器学习方法做了一些对比，黄衍等（2012）证明随机森林泛化能力在多分类问题上优于支持向量机；梁慧玲等（2016）在基于气象因子的塔河地区林火发生预测模型研究中，得出随机森林模型的预测准确率高于传统 Logistic 模型 10% 左右的结论；余胜男等（2016）研究表明，随机森林模型预测精度较高、稳定性好、泛化能力强，能有效预测年、月降水量，与 BP 神经网络模型和支持向量机模型相比，随机森林模型效率更高、性能更优，尤其适用于大样本的逐月降水量预测；白琳等（2017）和 Zhang 等（2017）研究均证明随机森林算法比传统的多元线性回归的结果更为理想，处理非线性和分级关系更具优势；Naghibi 等（2017）应用 RF、RFGA、SVM 三种模型评估地下水资料的潜势，发现 RF 和 RFGA 比 SVM 更高效且更准确；Jan 等（2007）基于 RF 和 Logistic 模型建立了生态水文分布模型，对比得出 RF 的预测误差小于 Logistic 模型；Kampichler 等（2010）通过 5 种机器学习方法对比，发现随机森林明显优于神经网络、支持向量机等方法。李文娟等（2018）将随机森林应用于分类强对流的潜势预报，取得了较好的实验效果。彭霞云等（2018）将随机森林算法应用于冬季降水相态的判别，效果显著。由此可见，大量的研究表明，随机森林算法在不同领域已取得较好的应用效果。

人工神经网络（Artificial Neural Network，ANN）作为一种先进的非线性数学模型，被广泛用来建立复杂的非线性模型，它的优点主要是可以解决非线性问题，且已在气象研究中得到了广泛应用。几乎所有的气象要素都是非线性变化的，人工神经网络的出现为我们提供了一种有效方法来建立智能系统，从而应用于雷达定量降水测量和强降水天气的短临预报（蒋志，2012）；在数值预报的基础上，引入了人工神经网络进行局地降水临近预报（Robert et al，1998）；利用雷达资料三维立体结构，考虑粒子下落末速度以及水平运动，建立降水估测和预报的 ANN 网络（Chiang et al，2007）。人工神经网络预报在原理上较理想，但具体实施操作起来却有很大难度，不够成熟。其一，人工神经网络的训练是该方法的核心，而网络的训练结果好坏又依赖于输入样本数据质量、代表性、正交性等因素；其二，由于神经网络的训练和建立对样本的依赖性很大，对于训练过的预报神经网络只能应用于训练的天气类型，而不适用于其他天气类型，导致人工神经网络在实际应用于业务过程中困难重重（王改利，2007；张乐坚 等，2010）。

French 等（1992）通过建立三层 BP（Back Propagation）网络的降水预报网络，并将神经网络预报结果与短时临近预报方法进行对比分析，结果表明，神经网络对降水的时空演变复杂关系有很好的学习能力，在多数个例中会收到很好的预报效果，提高了预报精度。Xiao 等（1997）提出将一种三层模式的 ANN 应用到降水估测当中，结果得到由 ANN 的降水估测值比按照经验公式得到的降水量更接近降水实况。Liu 等（2001）做了类似研究，使用动态径向基网络（RBF）对降水量进行估测，同样取得了很好的效果。在雷达观测的基础上，使用动态 ANN（Chiang，2007）进行降水估计和预报，另外还有建立 MLP 网络进行降水估测（Root，2010）。邵月红等（2009）利用 BP 神经网络和雷达资料，对降水进行了估测。以上研究均表明人工神经网络可以提高降水估测的精度。另外，人工神经网络在短时临近预报中的前景也很广阔，王向东等（1998）将一种改进的 BP 神经网络应用于强对流天气的短时预报中，预报成功率高。邵建等（2018）利用自组织神经网络算法（SOMs），成功实现了宁夏暴雨的分型。

卷积神经网络技术 CNN、RNN、DNN 等已经成为现代人工智能领域的研究热点之一，特别是在模式分类领域，由于该网络避免了对复杂图像的前期预处理，可以直接输入原始图像，因而得到了更为广泛的应用。人工智能技术正在逐步应用于强对流天气的监测识别领域，如飑线系统的识别、对流云的识别、冰雹和雷暴大风等强对流天气的识别、对流潜势分类技术、定量降水估测技术、大雾识别技术等，基于气象大数据的应用，有望在天气预报领域发挥更大的作用。

1.2.2 雷达监测强对流天气的研究进展

强对流风暴由强对流单体组成，根据其雷达回波特征可以划分为普通单体风暴、多单体风暴、线性多单体风暴或飑线及超级单体风暴。超级单体风暴是具有持久深厚中气旋的对流风暴。根据红外云图上的一个完整个体可以确定中尺度对流系统，其在雷达回波上呈现各种形态，通常包括积云降水区和层状云降水区两部分。天气雷达是探测降水系统的主要手段，是对强对流天气（冰雹、大风、龙卷和暴洪）进行监测和预警的主要工具。根据雷达接收的降水系统回波的特征可以对降水系统的特性进行判别（降水强弱、有无冰雹、龙卷和大风等）。新一代多普勒天气雷达除了测量雷达的回波强度外，还可以测量降水目标物沿雷达波段径向的运动速度（称为径向速度）和速度谱宽（速度脉动程度的度量），从而获取回波信号中的风场信息，进而对热带气旋、飑线、风切变、下击暴流等气象灾害的发生、发展和消亡过程进行有效的监测和对预报预警提供帮助。大陆对流性降水一般发生在垂直风切变较大或中层有明显干空气的环境中，对流系统深厚，强回波可以发展到较高的高度，风暴中大粒子较多（大雨滴、霰和冰雹），粒子数密度相对较稀，质心位置较高；而热带降水型最典型的就是热带气旋，其对流结构表现为强回波主要集中在低层，雷暴中以雨滴为主，密度大，质心位置较低。热带降水型不只局限于热带气旋等起源于海洋上的对流系统，也有不少大陆起源的对流降水系统，如多数梅雨锋系统和发生在盛夏的中高纬度对流降水系统，也具有低质心的热带对流系统结构，成为热带降水型。雷暴天气通常伴有大风的出现，它是指对流风暴产生的龙卷以外的地面直线型风害，它有时也导致下击暴流或者冰雹天气的产生。强冰雹的雷达反射率因子特征是悬垂强回波，中层径向速度辐合和弓形回波是指示雷暴大风天气的重要雷达观测特征（Doswell，2001；俞小鼎　等，2012；郑永光　等，2015）。弓形回波是产生地面非龙卷风害的典型回波结构特征（Johns et al，1987）。在弓形回波形成的早期阶段，入流侧存在弱回波区（WER）；形成后，回波前沿（入流一侧）有强反射率因子梯度区，回波顶位于 WER 或低层强反射率因子区之上，在其后侧则是入流急流或者称为“后侧入流槽口”。根据 Fujia（1979）提出的概念，雷暴系统由一个大而强的对流单体开始发展，它既可以是孤立单体，也可以是一个尺度更大的飑线的一部分。冰雹是由雷暴天气产生的，产生大冰雹的强对流风暴最显著的特征体现在反射率因子高值区向上扩展到较高的高度。具体而言，如果 –20 ℃等温线的高度之上有超过 50 dBz 的反射率因子，则有可能产生大冰雹。相应反射率因子的值越大，相对高度越高，产生大冰雹的可能性和严重性也越大。通常当 50 dBz 强回波扩展到 –20 ℃等温线以上，且 0 ℃层在 5 km 高度以下时，有时有“三体散射”回波出现，为即将发生冰雹天气的回波特征。胡胜等（2015）统计了广东大冰雹风暴单体的多普勒天气雷达特征，得到相似结论：大冰雹风暴单体发展均非常旺盛，最大反射因子多超过 65 dBz，对应高度几乎都达到 5 km。除受周围大范围雷达回波影响外，大冰雹风暴单体均观测到了三体散射或旁瓣回波特征，并具有一定的预报提前量；在 0 ℃和 –20 ℃层高度上的最大反射率因子均超过 54 dBz。大冰雹风暴单体与非冰雹风暴单体相比，低层回波迅速增加，强核心区垂直伸展更深厚，回波垂直递减率更小。导致暴洪的对流性暴雨的出现取决于雨强和降水持续时间两个要素，根据低层的反射率因子可以判断雨强大小。通常将对流性降水系统划分为大陆强对流型和热带降水型，前者回波的强反射率因子扩展的高度较高，质心较高；后者强反射率因子主要集中在低层，质心较低。对于两种对流降水系统采用不同的 Z—R 关系。对于 β 中尺度对流降水系统，其回波的移动等于平流和传播的矢量和；后向传播系统由于其移动速度小于平均风，移动相对缓慢，更容易导致暴雨。有时，会不断有对流单体在某一区域上风向形成，在气流引导下反复经过该区域，形成导致暴雨的“列车效应”。很多极端的暴雨事件都与列车效应有关。对流系统中如果存在涡旋结构（例如中气旋）或低层明显的辐合，则系统很可能加强或维持更长时间，如果移动缓慢，则产生暴雨的机遇较大（俞小鼎　等，2006）。基于多普勒天气雷达资料中的这些特征，强冰雹、中气旋、龙卷涡旋特征等的识别算法逐渐得到了发展和完善（Elizaga et al，2007）。李国翠等（2014）、张秉祥（2014）基于雷达三维组网数据利用模糊逻辑方法开发了雷暴大风和冰雹的自动识别算法。周康辉等（2017）将模糊逻辑算法用于雷暴大风的监测识别，实现了雷暴大风和非雷暴大风的有效区分。韩颂雨等（2017a，b）基于多雷达反演降雹超级单体风暴三维风场结构。黄旋旋（2017a，b）利用雷达反射率因子垂直廓线改进复杂地形下的台风降水估测精度。Rossi 等（2014）使用芬兰闪电和雷达资料根据模糊逻辑方法将追踪的对流风暴强度划分为弱、中、强、剧烈四类。

天气雷达在研究和分析降水的微物理过程方面有着不可替代的作用，相比传统的多普勒雷达，除反射率因子（Z）、径向速度和谱宽三个观测参量外，双偏振雷达提供的差分反射率因子（Z_{DR}）、特定差分传播相位（K_{DP}）、相关系数（ρ_{HV}）和总传播差分相位（ϕ_{DP}）等新的观测参量，使双偏振雷达具备了分析降水粒子滴谱空间分布、识别和分析不同相态粒子性质降水过程微物理特征、定性识别和定量分析固态降水空间分布的能力。双偏振雷达的优势之一是能够提供粒子的相态信息，即根据粒子的回波参数，对粒子进行自动分类，简称降水粒子的识别技术（HID，hydrometeor identification）（Dolan et al，2009）；或降水粒子分类算法（HCA，hydrometeor classification algorithm）（Thompson et al，2014）。通过结合 Z、Z_{DR} 等双偏振参量以及温度、高度信息，对粒子进行综合识别，一般采用模糊逻辑判别技术。双偏振多普勒天气雷达观测资料能够提高降水粒子形态的识别能力（Park et al，2009；Al-Sakka et al，2013），以有效提高定量降水估测精度和冰雹识别率，比如判断冰雹在落地之前是完全融化还是部分融化（Heinselman et al，2006）等。在早期的相态识别研究中，为了将偏振参量上互有折叠的各类相态准确区分，Straka 等（1993）和 Zrnić 等（1996）提出了模糊逻辑的方法，后经不断改进和完善，Zrnić 等（1999）利用半经验的隶属函数使用五种参数识别出九类相态，Vivekanandan 等（1999）又提出一种更为复杂的二位隶属函数识别算法（PID，Particle Identification Algorithm）从而增加了分类的精度，Liu 等（2000）在模糊逻辑的基础上，使用神经网络自动学习和调整模糊逻辑计算的参数区间，来降低测量误差。天气雷达的优势还在于能够提高定量估测降水精度，黄兴友等（2018）采用 C 波段双线偏振雷达经衰减订正后的 R（Z_H，K_{DP}）法进行降雨估测，效果优于 S 波段雷达的 R（Z）方案，双偏振雷达提高了测雨精度；楚荣忠等（1999）提出了新的途径——排序配对逼近法得出的双线偏振雷达降水估测 Z—R 关系参数因子比线性拟合法能提高区域降水估测精度。但降水空间分布不均匀的宏观特征以及雷达本身的探测特点决定了只有有效发挥双偏振雷达和地面观测资料两个方面的优势，才能充分挖掘双偏振雷达识别降水微物理特征的能力，有效发挥双偏振雷达在提高定量降水估测（QPE，Quantitative Precipitation Estimation）算法精度方面的作用。双偏振雷达是未来全球地基雷达站网观测的最重要组成部分，也是未来气象和水文领域观测和研究降水云物理特征的主流发展趋势。国内外水文和气象部门目前广泛开展了传统多普勒雷达的双偏振升级改造或短波长（X 波段）双偏振雷达的建设工作。2015 年，美国已完成了 156 部新一代天气雷达的升级改造工作，欧盟诸国也普遍开展或完成了双偏振雷达的双偏振升级改造。中国气象局已规划布设 213 部 S 波段和 C 波段多普勒天气雷达，其中已经投入业务运行的天气雷达共计 180 余部，双偏振雷达的升级改造和业务应用是我国“十三五”期间的重点工作。降水微物理过程与雷达 QPE 算法的研究是天气雷达与降水云物理学最紧密的结合点，同时也是双偏振雷达最重要的研究与应用方向。目前国内外基于双偏振雷达观测参量的 QPE 算法多采用组合雷达反射率因子（Z）、差分反射率因子（Z_{DR}）和特定差分相位（K_{DP}）的方式估计地面降水量（Ryzhkov et al，1995）。

1.2.3 雷达与中尺度数值预报的融合方法研究

近二十年来，一些发达国家和地区开展了以数值预报产品为依托的强对流天气条件客观预报方法，并于近几年取得了重要突破。业务预报能力得到显著提高。其中，综合利用探空资料计算的对流物理量指数，结合高分辨率数值模式进行对流天气潜势预报是重要方法之一。近几年，中央气象台、上海、北京、江苏等地的气象部门，相继开展了基于对流物理量和数值模式的对流天气潜势预报业务。

目前，国内外的融合方法主要可分为三类（郑永光 等，2010）：第一类是随时效分别计算外推预报和数值模式预报结果的权重系数，然后通过加权平均进行融合预报。比如由 Golding（1998）研发的 Nimrod 强降水预报系统，Pierce 等（2000）研发的 Gandolf 临近预报系统和美国 NCAR 的 NIWOT 定量降水融合预报系统（Wilson et al，2006），以及 Terada 等（2004）、颜琼丹等（2010）、杨丹丹等（2010）的工作中均用到类似的物理空间融合技术，融合过程中均认为数值模式预报所占权重随时效增加，而外推预报权重随时效减小。第二类是趋势融合法，比如 NIWOT 系统（Wilson et al，2006），该系统的一部分是利用模式降水落区和强度预报的趋势变化，对雷达外推预报结果进行修正，从而进行定量降水预报融合。第三类是通过计算当前时刻模式降水预报的落区或强度误差，并估计误差的时间变化趋势，利用估计的误差趋势特征，对未来相应时段的模式降水预报结果进行修正。比如，Wong 等（2009）利用香港天文台研发的第二代“小涡旋”临近预报系统（SWIRLS-2，Short-range Warning of Intense Rainstorms in Localized Systems）（Yeung et al，2009）中的多尺度光流变分法（MOVA，Multi-scale Optical flow by Variational Analysis）识别模式定量降水预报的落区误差并进行相位修正，同时利用韦伯累积分布函数识别降水强度误差，根据雷达定量降雨估测值调整模式降水强度；程从兰等（2011）则借鉴香港天文台的融合技术分别应用快速傅里叶变换 FFT 和 MOVA 计算模式降水的相位偏差并进行修正，另外程从兰等（2013）还对中尺度数值模式输出的定量降水预报在谱空间进行相位校正。

在强对流天气预报实践中，需要通过对实际探空观测资料进行分析获得强对流发生前大气温湿度、水平风垂直分布等一系列环境条件，以进行强对流及其发生潜势的预报（Dupilka et al，2006a，2006b；廖晓农 等，2007）。但由于主导强对流灾害性天气发生发展的中尺度系统往往具有短历时、突发性的特征，很大一部分对流的生消发展无法被时间间隔为 12 h 的探空观测捕捉到。因此，为了使探空观测数据对于某一对流天气事件具有指示性，一般要求事件发生时间距探空时间不超过 4 h，发生地点距探空观测地点不超过 150 km（章国材 等，2007）。人们早在 1943 年就已提出了强对流天气临近探空的概念，主要指强雷暴或者龙卷风发生前的环境探空。直至 1993 年，Johns 等（1993）将临近探空的定义限制为距对流时间发生地点 120 km、发生时间 3 h 内的探空观测；在 Thompson 等（2003）的工作中也摹本沿用了上述标准。但是在目前每天仅有两次探空观测的条件下，上述“临近探空”的概念往往显得过于苛刻。近年来，随着探测手段、同化技术和数值模式水平不断进步，高水平分辨率的数值模式已经能够对某些强对流天气的临近预报显示出一定的能力，而且基于数值模式结果形成的探空也开始逐渐应用于强对流天气的预报。与实际的探空观测相比，数值模式探空具有更高的空间和时间分辨率，能够对实际预报业务中无法及时获取临近探空的情况起到极大的补充作用。例如，Hart 等（1998，1999）发现综合逐小时模式探空和地面实况观测获得的一系列高分辨率对流相关参数对于预报对流发生潜势极为有用；Brimelow 等（2006）探讨将模式探空输入冰雹模式用以预报冰雹发生区域和强度的可能性；Thompson 等（2003）对 RUC-2 预报系统的分析和预报探空质量进行评估，结果表明 RUC-2 系统输出的探空具有很高的准确性，可以看作超级单体风暴的实况观测合理的近似。中国在模式探空的应用方面也有了一些相关的研究（李佳英 等，2006；陈子通 等，2006a，2006b）。因此，基于高时空分辨率模式，研究强对流发生的潜势预报技术，对强对流短时预报具有广泛的应用前景。

本项目设计的雷达与数值预报融合方法与上述方法相比，除了应用雷达以及雷达结合数值产品进行强对流识别监测，以及利用雷达数值预报融合方法作降水临近预报外，将进一步尝试基于数值预报为背景场的光流法外推技术、利用雷达结合数值预报作 0～6 h 的逐 10 min 滚动、逐 10 min 间隔的融合降水临近预报，还将结合多源探测资料（雷达、卫星、自动气象观测站、雨滴谱仪、闪电监测仪等探测设备）作 0～6 h 强天气分类型（强降水、雷暴大风、冰雹）的监测和临近预报，并检验其预报效果，进而完成 0～6 h 强对流监测预警业务平台，为突发强对流天气监测预报预警与服务提供重要的技术支撑和科学依据。

1.2.4 强对流机理研究

20 世纪 70 年代，在大量的强对流个例研究基础上，Miller（1972）和 Crisp（1979）总结出了强对流天气的天气型识别方法，即利用高空和地面观测资料分析中尺度对流系统发生、发展的环境场条件。Johns 等（1992）和 McNulty（1995）指出，对流天气预报包括天气型识别和物理参数诊断。而深厚对流的发生必须满足 3 个基本条件：对流不稳定、水汽和抬升（Doswell，1987）。对于有组织的强对流天气，环境风的垂直切变也是一个重要的影响因素。Newton 等（1959）指出，环境风垂直切变可增强或延长雷暴的生命期。

由于目前对于强对流天气的监测只能靠雷达、卫星等中尺度观测工具进行，而这些中尺度观测工具本身也具有一定的局限性，因此对它的形成机理认识有限。早期 Miller（1972）在研究美国的强风暴后认为：在强热力不稳定和强动力学因子都出现时，才有强风暴的发展。后来的研究发现，这些并不能包含发生风暴天气的所有典型条件。Maddox 等（1985）指出，在强热力条件和弱的动力学条件下以及弱热力学条件和强动力条件下也可出现强对流性天气。Wilson 等（2006）统计表明，大约有一半的雷暴在边界层辐合线附近生成，而当两条辐合线相遇时，其相遇的区域附近更容易有雷暴生成。边界层辐合线（锋面、干线、阵风锋、海陆辐合线等）、地形和海陆分布（山脉抬升、上坡风等）、重力波（俞小鼎 等，2012；席宝珠 等，2015）等是对流活动的重要触发机制。Chen 等（1973）发现存在向岸低空急流时，沿珠江三角洲海岸线的海陆摩擦差异可明显增加沿岸的对流发生频率。

在国内，近些年来随着新一代多普勒天气雷达探测网的建设和投入业务应用，气象工作者对强对流天气的形成机理进行了较多的研究和分析。受观测资料和天气分析平台技术的局限，对强对流系统的分析大都以个例分析和总结为主。漆梁波等（2009）对上海地区局地强对流天气的天气形势特征及雷达回波发展特点进行了分类。付丹红等（2007）利用中尺度非静力平衡模式（MM5V3），模拟研究了一次发生在北京的强对流天气过程，得到积云合并对中尺度对流系统（MCS）的形成有着重要作用的结论。积云合并过程导致云内上升—下沉气流增强，对流运动发展加强，有利于水汽转化，形成大量过冷云水和冰相粒子，大量冰晶和霰的形成有利于强降水和大风天气的产生。姚静等（2016）对山西的一次强对流过程分析表明，强对流主要位于暖湿空气与干冷空气的交界处，地面温度、露点温度、海平面气压、风场分析清晰地反映出地面冷锋和低压倒槽的交汇区域，冷暖空气的过渡区对于强对流天气的落区判断有指示作用。强对流大多发生在 TBB 梯度大值区，冰雹云团大多产生在云团成熟期之前。多普勒天气雷达上的强回波结构对于预警有提前预判的提示作用。姚建群等（2005）对影响上海的一次较长生命史的强飑线过程分析结果表明：

副热带高压从华南沿海稳定地加强西伸，西风槽缓慢东移，导致华东地区 850～500 hPa 形成深厚西南急流；急流的加强促使低层锋生，配合 K 指数高能锋区的不稳定层结，大大增强了强对流天气发生的可能性；地面锋生作用和低层辐合、高层辐散造成的强抬升作用是主要的触发机制；较强的环境风垂直切变和雷暴内部上升气流与下沉气流的正反馈作用是飑线系统维持较长时间的原因，中尺度对流系统（MCS）多个雷暴单体间的相互作用使得南侧的雷暴单体加强、移动方向发生偏转。总体而言，尚缺乏对强对流系统分析技术的系统研究和总结，在业务预报中的应用也非常有限。张小玲等（2012）利用“配料法”预报的思路，通过诊断有组织的深厚中尺度对流系统发生、发展的 4 个条件（水汽、不稳定、抬升和垂直风切变），开发了中尺度对流天气的环境场条件分析技术（对流天气图分析和客观物理量诊断技术），并应用于国家气象中心的强对流天气预报。

徐双柱等（2016）对强对流天气预报的总结中指出，当前对强对流天气的形成机理研究中还存在以下问题：一是对强对流天气形成机理的认识大多停留在天气尺度系统上，对中尺度系统发生发展的物理机制研究不够深入；二是涉及物理本质的相关探讨显得薄弱，大多停留在天气学、运动学分析上，从动力学、热力学以及不稳定等方面所做的分析尚且不够；三是对中小尺度系统的三维动力、热力结构缺少细致剖析，尤其是通过观测资料分析揭示其三维结构特征方面少有建树；四是针对中小尺度天气系统发生发展演变规律所作探讨的精细化程度不高，也缺乏对大尺度和中小尺度天气系统之间相互作用机制的研究。

综上所述，国内外强对流预报技术研究已经取得一定进展，但该技术的预报水平和业务应用服务手段都亟待完善，而利用双偏振雷达等多源探测资料进行强对流天气监测分析，开展强对流触发机理研究和基于雷达与数值模式融合的强对流预警技术研究，开发省市县一体化平台和基于移动客户端的 APP 软件，是目前先进国家在尝试的主流方向和有效途径。

参考文献

白琳，徐永明，何苗，等，2017. 基于随机森林算法的近地表气温遥感反演研究 [J]. 地球信息科学学报，19（3）：390-397.

陈锋，董美莹，冀春晓，等，2019. 雷达资料同化对 2016 年 6 月 23 日阜宁龙卷模拟的改进 [J]. 气象学报，77（3）：405-426.

陈明轩，俞小鼎，谭晓光，等，2004．对流天气临近预报技术的发展与研究进展 [J]．应用气象学报，15（6）：754-766．

陈明轩，王迎春，俞小鼎，2007．交叉相关外推算法的改进及其在对流临近预报中的应用 [J]．应用气象学报，18（5）：690-701．

陈子通，闫敬华，黄晓梅，等，2006a．应用于强对流天气预报的模式探空产品 [J]．热带气象学报，22（4）：321-325．

陈子通，闫敬华，苏耀墀，2006b．模式探空的评估分析及其在强对流天气预报中的应用研究 [J]．大气科学，30（2）：235-247．

程从兰，陈明轩，高峰，等，2011．北京地区短时降水融合预报系统的构建 [C]．北京：2011 年第八届全国灾害性天气预报技术研讨会．

程从兰，陈明轩，王建捷，等，2013．基于雷达外推临近预报和中尺度数值预报融合技术的短时定量降水预报试验 [J]．气象学报，71（3）：397-415．

楚荣忠，贾伟，1999，双线偏振雷达的降水估测Ⅰ．排序配对逼近法 [J]．高原气象，18（1）：98-109．

邓闯，李建．2017．智能移动端等值线实时绘制技术及其应用 [J]．气象科技，45（6）：1022-1026．

董美莹，陈锋，冀春晓，2019．不同要素谱逼近对高分辨区域数值模式梅雨模拟的改进 [J]．气象，45（5）：593-605．

樊李苗，俞小鼎，2013．中国短时强对流天气的若干环境参数特征分析 [J]．高原气象，32（1）：156-165．

方匡南，吴见彬，朱建平，等，2011．随机森林方法研究综述 [J]．统计与信息论坛，26（3）：32-38．

冯业荣，曾沁，梁巧倩，等，2007．综合临近预报系统“雨燕”（GRAPES-SWIFT）的研究开发 [C]．香港：第二十一届粤港澳气象科技研讨会．

符式红，钟青，寿绍文，2012．对多普勒雷达集合交叉相关外推技术的构造与实例检验 [J]．气象，38（1）：47-55．

付丹红，郭学良，2007．积云并合在强对流系统形成中的作用 [J]．大气科学，31（4）：635-644．

顾建峰，2006．多普勒雷达资料三维变分直接同化方法研究 [D]．南京：南京信息工程大学．

韩颂雨，魏鸣，2017a．飑线回波结构与环境风垂直切变的关系 [J]．科学技术与工程，16（8）：18-26．

韩颂雨，罗昌荣，2017b．三雷达、双雷达反演降雹超级单体风暴三维风场结构特征研究 [J]．气象学报，75（5）：757-770．

侯俊雄，李琦，朱亚杰，等，2017．基于随机森林的 PM2．5 实时预报系统 [J]．测绘科学，42（1）：1-6．

胡胜，罗聪，张羽，等，2015．广东大冰雹风暴单体的多普勒天气雷达特征 [J]．应用气象学报，26（1）：57-65．

黄兴友，张磊，芦荀，等，2018．C 波段双线偏振雷达反射率因子的衰减订正及对降雨估测精度的改进 [J]．气象科学，38（2）237-246．

黄旋旋，2017a．改进后 TREC 外推方法在台风临近降雨预报中的应用 [J]．气象科学，37（5）：610-618．

黄旋旋，2017b．利用雷达反射率因子垂直廓线改进复杂地形下的台风降水估测精度 [J]．气象，43（10）：1198-1212．

黄衍，查伟雄，2012．随机森林与支持向量机分类性能比较 [J]．软件，33（6）：107-110．

蒋志，2012．机器学习方法在雷达定量测量降水及临近预报中的应用研究 [D]．北京：中国气象科学研究院．

李国翠，刘黎平，连志鸾，等，2014．利用雷达回波三维拼图资料识别雷暴大风统计研究 [J]．气象学报，72（1）：168-181．

李佳英，俞小鼎，王迎春，2006．用探空资料检验中尺度数值模式对强对流天气的诊断分析能力 [J]．气象，32（7）：13-17．

李文娟，赵放，郦敏杰，等，2018．基于数值预报和随机森林算法的强对流天气分类预报技术 [J]．气象，44（10）：1295-1304．

李欣海，2013．随机森林模型在分类与回归分析中的应用 [J]．应用昆虫学报，50（4）：1190-1197．

梁慧玲，林玉蕊，杨光，2016．基于气象因子的随机森林算法在塔河地区林火预测中的应用 [J]．林业科学，52（1）：89-98．

廖晓农，俞小鼎，谭一洲，2007．14 时探空在改进北京地区对流天气潜势预报中的作用 [J]．气象，33（3）：28-32．

彭霞云，裘薇，李文娟，等，2018．数据挖掘技术用于降水相态判别的尝试 [J]．科技通报，34（1）：44-48．

漆梁波，陈雷，2009．上海局地强对流天气及临近预报要点 [J]．气象，35（9）：11-17．

邵建，闫军，裴晓蓉，等，2018．自组织神经网络算法在宁夏暴雨天气分型中的应用 [J]．干旱气象，36（5）：852-857．

邵月红，张万昌，刘永和，2009．BP 神经网络在多普勒雷达降水量的估测中的应用 [J]．高原气象，28（4）：846-853．

石玉立，宋蕾，2015．1998-2012 年青藏高原 TRMM 3B43 降水数据的校准 [J]．干旱区地理，38（4）：900-910．

寿绍文，2003．中尺度气象学 [M]．北京：气象出版社．

王改利，刘黎平，阮征，2007．多普勒雷达资料在暴雨临近预报中的应用 [J]．应用气象学报，18（3）：388-395．

王明筠，赵坤，吴丹，2010．T-TREC 方法反演登陆中国台风风场结构 [J]．气象学报，68（1）：114-124．

王向东，葛文忠，唐洵昌，1998．基于神经网络方法的华东地区强对流天气短时预报 [J]．模式识别与人工智能，11（3）：323-327．

席宝珠，俞小鼎，孙力，等，2015. 我国阵风锋类型与产生机制分析及其主观识别方法 [J]. 气象，42（2）：133-142.

修媛媛，韩雷，冯海磊，2016. 基于机器学习方法的强对流天气识别研究 [J]. 电子设计工程，24（9）：4-7.

徐双柱，韦惠红，2016. 关于强对流天气预报的几点思考 [J]. 暴雨灾害，35（3）：197-202.

颜琼丹，苏洵，韦庆华，等，2010. 一种基于多种资料融合技术的短时临近预报方法 [J]，气象研究与应用，31（4）：49-52.

杨丹丹，申双和，邵玲玲，等，2010. 雷达资料和数值模式产品融合技术研究 [J]. 气象，36（8）：53-60.

姚建群，戴建华，姚祖庆，2005. 一次强飑线的成因及维持和加强机制分析 [J]. 应用气象学报，（6）：746-753.

姚静，高庆九，俞小鼎，等，2016. 陕西一次重致灾强对流天气机理研究 [J]. 安徽农业科学，44（9）：221-226，245.

余胜男，陈元芳，顾圣华，等，2016. 随机森林在降水量长期预报中的应用 [J]．南水北调与水利科技，14（1）：78-83.

俞小鼎，姚秀萍，熊廷南，等，2006. 多普勒天气雷达原理与业务应用 [M]. 北京：气象出版社，314.

俞小鼎，周小刚，王秀明，2012. 雷暴与强对流临近天气预报技术进展 [J]. 气象学报，70（3）：311-337.

张秉祥，李国翠，刘黎平，等，2014. 基于模糊逻辑的冰雹天气雷达识别算法 [J]. 应用气象学报，25（4）：415-426.

张乐坚，2010. 雷达和雨量计资料在降水类型识别和定量测量降水及临近预报中的应用 [D]，北京：中国气象科学研究院.

张乐坚，程明虎，田付友，2010. 人工神经网络及支持向量机在降雨量预报中的应用 [J]. 高原气象，29（4）：982-991.

张雷，王琳琳，张旭东，等，2014. 随机森林算法基本思想及其在生态学中的应用——以云南松分布模拟为例 [J]. 生态学报，34（3）：650-659.

张小玲，谌芸，张涛，2012. 对流天气预报中的环境场条件分析 [J]. 气象学报，70（4）：642-654.

张亚萍，程明虎，夏文梅，等，2006. 天气雷达回波运动场估测及在降水临近预报中的应用 [J]. 气象学报，64（5）：631-646.

章国材，矫梅燕，李延香，2007. 现代天气预报技术和方法 [M]. 北京：气象出版社.

赵璐，赵放，2017. 省市县一体化短临预警业务系统设计与实现 [J]. 浙江气象，38（4）：18-23.

郑永光，张小玲，周庆亮，等，2010. 强对流天气短时临近预报业务技术进展与挑战 [J]. 气象，36（7）：33-42.

郑永光，周康辉，盛杰，等，2015. 强对流天气监测预报预警技术进展 [J]. 应用气象学报，26（6）：

641-657.

周康辉，郑永光，王婷波，等，2017. 基于模糊逻辑的雷暴大风和非雷暴大风区分方法 [J]. 气象，43（7）：781-791.

Al-Sakka H, Boumahmoud A A , Béatrice Fradon, et al, 2013. A new fuzzy logic hydrometeor classification scheme applied to the french X-, C-, and S-Band polarimetric radars[J]. Journal of Applied Meteorology and Climatology, 52（10）：2328-2344.

Belgiu M, Drăguţ L, 2016. Random forest in remote sensing：A review of applications and future directions[J]. ISPRS Journal of Photogrammetry and Remote Sensing, 114：24-31.

Benjamin S G, Hu M, Weygandt S, et al, 2009. Integrated assimilation of radar sat METAR cloud data for initial hydrometeor divergence to improve hourly up dated short-range forecasts from RUC RR HRRR Whistler[C]. World Meteorological Organization Symposium on Nowcasting Gand Very Short Term Forecasting.

Benjamin S G, Smirnova T G, Weygandt S S, et al, 2009. The HRRR 3-km storm-resolving, radar-initialized, hourly updated forecasts for air traffic management[C]. AMS Aviation, Range and Aerospace Meteorology Special Symposium on Weather-Air Traffic Management Integration, Phoenix AZ.

Bjerkaas C L, Forsyth D E, 1980. Operational test of a three dimensional echo tracking program[C]. Preprints 19th conference radar Meteorology Miami Beach：American Meteorological Society, 244-247.

Breiman L. 2001. Random forests[J]. Machine Learning, 45（1）：5-32.

Brimelow J C, Reuter G W, Goodson R, et al, 2006. Spatial forecasts of maximum hail size using prognostic model soundings and HAILCAST[J]. Weather and Forecasting, 21（2）：206-219.

Browning K A, Collier C G, Larke P R, et al, 1982. On the forecasting of frontal rain using a weather radar network[J]. Monthly Weather Review, 110：534-552.

Cai H, Wilson J, Pinto J, et al, 2006. Developing NIWOT：A regional 1-6hr short-term thunderstorm forecast system[C]. The Fifth International Conference on Mesoscale Meteorology and Typhoon, Boulder, USA.

Chen T, Trinder J, Niu R, 2017. Object-oriented landslide mapping using ZY-3 satellite imagery, random forest and mathematical morphology, for the Three-Gorges Reservoir, China[J]. Remote Sensing, 9（4）：333.

Chen X, Zhao K, Xue M, 1973. Spatial and temporal characteristics of warm season convection over Pearl River Delta region, China, based on 3 years of operational radar data[M]// Experimental techniques in fracture mechanics /. Iowa State University Press.

Chiang Y, Chang F, Ben J, et al, 2007. Dynamic ANN for precipitation estimation and forecasting from radar observations[J]. Journal of Hydrology, 334：250-261.

Crisp M C A, 1979. Training guide for severe weather forecasters, AFGWCTN-79/002[R]. United States Air Force，Air Weather Service(MAC), Air Force Global Weather Central.

Dixon M, Wiener G, 1993. TITAN：Thunderstorm identification, tracking, analysis, and nowcasting—A Radar-based Methodology[J]. Journal of Atmospheric and Oceanic Technology, 10：785-797.

Dolan B, Rutledge S A, 2009. A theory-based hydrometeor identification algorithm for X-band polarimetric radars[J]. Journal of Atmospheric and Oceanic Technology, 26：2071-2088.

Doswell C A Ⅲ , 1987. The distinction between large scale and meso scale contribution to severe convection：A case study example[J]. Weather and Forecasting, 2（1）：3-16.

Doswell C A Ⅲ, 2001. Severe convective storms[J]. Meteorological Monographs, American Meteorological Society, 28（50）：1-525.

Dupilka M L, Reuter G W, 2006a. Forecasting tornadic thunderstorm potential in Alberta using environmental sounding data. Part Ⅰ：Wind shear and buoyancy[J]. Weather and Forecasting, 21：325-335.

Dupilka M L, Reuter G W, 2006b. Forecasting tornadic thunderstorm potential in Alberta using environmental sounding data. Part Ⅱ：Helicity, precipitable water, and storm convergence[J]. Weather and Forecasting, 21（2）：336-346.

Dupree W J, Robinson M, DeLaura R, et al, 2006. Echo tops forecast generation and evaluation of air traffic flow management needs in the National Airspace System[C], AMS 12th Conference on Aviation, Range and Aerospace Meteorology, Atlanta, GA, 1-13.

Eilts M D, Johnson J T, Mitchell E D, et al, 1996. Severe weather warning decision support system[C]. 18th Conference on severe local storms, American Meteorological Society, San Fransisco, CA, 536-540.

Einfalt T, Denceux T, Jacquet G, 1990. A radar rainfall forecasting method designed for hydrological purposes [J]. Journal of Hydrology, 1114（3-4）：229-244.

Elizaga F, Conejo S, 2007. Francisco Martín. Automatic identification of mesocyclones and significant wind structures in Doppler radar images[J]. Atmospheric Research, 83（2-4）：405-414.

French M N, Krajewski W F, Cuykendall R R, 1992. Rainfall forecasting in space and time using a neural network[J]. Journal of Hydrology, 137（1-4）：1-31.

Fujita T T, 1979. Objective, operation, and results of project NIMROD[C]. Preprints, 11th Conference on Severe Local Storms, Kansas City, M O, American Meteorological Society：259-266.

Golding B W, 1998. Nimrod A system for generating automated very short range forecasts[J]. Meteorological Applications, 5（1）：1-16.

Hart R E, Forbes G S, Grumm R H, 1998. Forecasting techniques the use of hourly model-generated soundings to forecast mesoscale phenomena. Part I：initial assessment in forecasting warm-season phenomena[J]. Forecasting Techniques, 13：1165-1185.

Hart R E., Forbes G S, 1999. The use of hourly model-generated soundings to forecast mesoscale phenomena. Part II：initial assessment in forecasting nonconvective strong wind gusts[J]. Weather and Forecasting, 14（3）：461-469.

Heinselman P L, Ryzhkov A V, 2006. Validation of polarimetric hail detection[J]. Weather and Forecasting, 21（5）：839-850.

Jan P, Bernard D B, Niko E C V, et al, 2007. Random forests a tool for ecohydrological distribution modelling[J]. Ecological Modelling, 207（2-4）：304-318.

Johns R H, Davies J M, Leftwich P W, 1993. Some wind and instability parameters associated with strong and violent tornadoes. 2. Variations in the combinations of wind and instability parameters. The Tornado：Its Structure, Dynamics, Prediction, and Hazards[J]. Geophysical Monographs, 79：583-590.

Johns R H, Doswell C A III, Hirt C A W D, 1992. Severe local storms forecasting[J]. Weather and Forecasting, 7：588-612.

Johns R H, Hirt W D, 1987. Derechos：Widespread convectively induced windstorms[J]. Weather and Forecasting, 2：32-49.

Johnson J T, Mackeen P M, Witt A, et al, 1997. The storm cell identification and tracking algorithm：an enhanced WSR-88D algorithm[J]. Journal of American Meteorological Society, 13：263-276.

Kampichler C, Wieland R, Calme S, et al, 2010. Classification in conservation biology：A comparison of five machine-learning methods [J]. Ecological Informatics, 5：441-450.

Lakshmanan V, Smith T, Stumpf G J, et al, 2007. The warning decision support system integrated information [J]. Weather and Forecasting, 22（3）：596-612.

Liu H, Chandrasekar V, 2000. Classification of hydrometeors based on polarimetric radar measurements：Development of fuzzy logic and Neuro-Fuzzy Systems, and in situ verification[J]. Journal of Atmospheric and Oceanic Technology, 17（2）：140.

Liu H, Chandrasekar V, Xu G, 2001. An adaptive neural network scheme for radar rainfall estimation from WSR-88D observations[J]. Journal of Applied Meteorology, 40, 2038-2050.

Maddox R A, Doswell C A III, 1985. An examination of jet stream configurations, 500 mb vorticity advection and low-level thermal advection patterns during extended periods of intense convection[J]. Monthly Weather Review, 110：184-197.

McNulty R P, 1995. Severe and convective weather：A central region forecasting challenge[J]. Weather and Forecasting, 10（2）：187-202.

Mecikalski J R, Williams J K, Jewett C P, et al, 2015. Probabilistic 0-1 hour convective initiation nowcasts that combine geostationary satellite observations and numerical weather prediction model data[J]. Journal of Applied Meteorology and Climatology, 54, 1039-1059.

Miller R C, 1972. Notes on analysis and severe storm forecasting procedures of the Air Force Global Weather Centre[R]. AWS Technical Report 200(Rev), Headquarters Air Weather Service, Scott AFB, IL：106.

Naghibi S A, Ahmadi K, Daneshi A, 2017. Application of support vector machine, random forest, and genetic algorithm optimized random forest models in groundwater potential mapping[J]. Water Resources Management, 31（9）：2761-2775.

Newton C W, Newton H R, 1959. Dynamical Interactions between large convective clouds and environment with vertical shear[J]. Journal of Meteorology, 16（5）：483-496.

Park H S , Ryzhkov A V, Zrnić D S, et al, 2009. The hydrometeor classification algorithm for the polarimetric WSR-88D：Description and application to an MCS[J]. Weather and Forecasting, 24（3）：730-748.

Pierce C E, Hardaker P J, Collier C G, et al, 2000. GANDOLF：A system for generating automated nowcasts of convective precipitation[J]. Meteorological Applications, 7（4）：341-360.

Rinehart R E, Garvey E T, 1978. Three-dimensional storm motion detection by conventional weather radar [J]. Nature, 273：287-289.

Robert J. Kuligowski, Ana P, et al, 1998. Localized precipitation forecasts from a numerical weather prediction model using artificial neural networks[J]. Weather and Forecasting, 13：1194-1204.

Root B, Yu T Y, Yeary M, et al, 2010. The added value of surface data to radar-derived rainfall rate estimation using an artificial neural network [J]. Journal of Atmospheric and Oceanic Technology, 27（9）：1547-1554.

Rossi P J, Hasu V, Koistinen J, et al, 2014. Analysis of a statistically initialized fuzzy logic scheme for classifying the severity of convective storms in Finland[J]. Meteorological Applications, 21（3）：656-674.

Ryzhkov A V, Zrnić D S, 1995. Comparison of dual polarization radar estimators of rain[J]. Journal of Atmospheric and Oceanic Technology, 12, 249-256.

Smith S B, Johnson J T, Roberts R D, et al, 1998. The system for convection analysis and nowcasting(SCAN) 1997-1998 field test[C]. Preprints, 19th Conference on Severe Local Storms, Minneapolis, Bulletin of the American Meteorological Society, 790- 793.

Straka J M, Zrnić D S, 1993. An algorithm to deduce hydrometeor types and contents from multi-parameter radar data[C]. Preprints, 26th Conf. on Radar Meteorology, Norman, OK, Bulletin of the American Meteorological Society, 513-515.

Sun J, Crook N A, 1997. Dynamical and micro physical retrieval from Doppler radar observations using a cloud model and its adjoint：Part I：Model development and simulated data experiments[J]. Journal of the Atmospheric Sciences, 54：1642- 1661.

Terada M, Kataoka K, Ikebuchi S, et al, 2004. The development of short-term rainfall prediction system in mountainous region by the combination of extrapolation model and meso-scale atmospheric model[C]. Melbourne：In Sixth international symposium on hydrological applications of weather radar.

Thompson E J, Rutledge S A, Dolan B, et al, 2014. A dual-polarization radar hydrometeor classification algorithm for winter precipitation[J]. Journal of Atmospheric and Oceanic Technology, 31：1457-1481.

Thompson R L, Edwards R, Hart J.A., et al, 2003. Close proximity soundings within supercell environments obtained from the rapid update cycle[J]. Weather and Forecasting, 18（6）：1249-1261.

Vivekanandan J, Ellis S M, Oye R, et al, 1999. Cloud microphysics retrieval using S-band Dual-polarization radar measurements[J]. Bulletin of the American Meteorological Society, 80（3）：381-388.

Wilson J W, Crook N A, Mueller, et al, 1998. Nowcasting thunderstorms：a status report[J]. Bulletin of the American Meteorological Society, 79：2079-2099.

Wilson J W, Roberts R D, 2006. Summary of convective storm initiation and evolution during IHOP：Observational and Modeling Perspective[J]. Monthly Weather Review, 134：23-47.

Wilson J, Xu M, 2006. Experiments in blending radar echo extrapolation and NWP for nowcasting convective storms[J]. ERAD, 519-522.

Wolfson M M. And Clark D, 2006. Advanced aviation weather[J]. Forecasts, Lincoln Laboratory Journal, 16（1）: 31-58.

Wong W K, Yeung L H Y, Wang Y C, et al, 2009. Towards the blending of NWP with nowcast operation experience in B08FDP[C]. WMO symposium on nowcasting. Whistler, BC, Canada：WMO.

Xiao R, Chandrasekar V, 1997. Development of a neural network based algorithm for rainfall estimation from radar observations[C]. IEEE Trans. IEEE Transactions on Geoscience and Remote Sensing, 35, 160-171.

Yeung L H Y, Wong W K, Chan P K Y, et al, 2009. Applications of the Hong Kong observatory nowcasting system SWIRLS-2 in support of the 2008 Beijing Olympic Games[C]. Preprints, Symposium on nowcasting and very short range forecasting, WMO.Whistler. Canada.

Zhang H, Wu P, Yin A, et al, 2017. Prediction of soil organic carbon in an intensively managed reclamation zone of eastern China：A comparison of multiple linear regressions and the random forest model[J]. Science of the Total Environment, 592：704-713.

Zrni D S，Ryzhkov A, 1996. Advantages of rain measurements using specific differential phase[J]. Journal of Atmospheric and Oceanic Technology, 13（2）：454-464.

Zrnić D S, Ryzhkov A V, 1999. Polarimetry for weather surveillance Radars[J]. Bulletin of the American Meteorological Society, 80（80）：389-406.

[illegible] American Meteorological Society, [illegible]

Wilson J W, Roberts R D, 2006. Summary of convective storm initiation and evolution during IHOP: Observational and Modeling Perspective. Monthly Weather Review, 134: [illegible]

Wilson J W, [illegible] M, 2006. [illegible]

[illegible]

Wang [illegible]

[illegible]

第 2 章
浙江省强对流天气气候背景与大气环流特征分型

本章主要讨论以下三个方面的内容：（1）强对流天气的定义与不同类型强对流（雷暴、短时强降水、冰雹、雷暴大风）的气候背景以及中尺度对流系统 MCS 的气候分布特征；（2）强对流天气的客观分型，发生概率，特征分析及对流参数特征；（3）浙江省常见飑线天气的典型特征及分型、雷达特征及风垂直切变的作用。

2.1 强对流天气定义及气候分布特征

2.1.1 强对流天气分类及定义

（1）冰雹：是强烈发展的雷雨云中出现固体降水的现象；

（2）雷暴大风：是指伴随强雷暴天气而出现的强烈短时大风，即在电闪雷鸣时出现风力≥ 17 m/s 的瞬时大风；

（3）短时强降水：又称短历时强降水，主要指发生时间短、降水效率高的对流性降雨，1 h 降水量达到或超过 20 mm；

（4）龙卷：是强烈发展的雷雨云底部高速旋转的空气涡旋，龙卷的水平直径几米到几千米，持续时间几分钟到几十分钟。

我国中央气象台定义的强对流天气指的是出现直径≥ 5 mm 的冰雹，或者龙卷，或者≥ 17 m/s（或者 8 级）的雷暴大风，或者≥ 20 mm/h 的短时强降水等天气（郑永光 等，2015）。

美国目前定义的强对流天气指的是出现直径≥ 25 mm 的冰雹，或者≥ 26 m/s 的雷暴大风，或者龙卷等天气；而直径≥ 51 mm 冰雹，或者≥ EF2 级的龙卷，或者≥ 33 m/s 的雷暴大风等天气则定义为重大强对流天气（郑永光 等，2015）。美国并未把短时强降水定义为强对流天气，但 Doswell（2001）把≥ 20～25 mm/h 强降水归类为强对流天气，并把≥ 50 mm/h 的强降水归类为极端强对流天气（Doswell，2001；俞小鼎 等，2012）。对≥ 50 mm/h 的强降水发生频率进行气候统计（Chen et al，2013）表明，它的确是发生频率非常低的极端天气。从极端降水的重现期来看，我国中东部大部地区 5 年一遇小时降水量为 50 mm 左右（李建 等，2013），而发生频率更低的 50 年一遇小时降水量则远超过 50 mm（李建 等，2013）。需要指出的是，部分对流天气系统中并没有雷电活动，因此 Doswell（2001）和 Markowski 等（2010）都建议使用“深厚湿对流”这个术语来替代“雷暴”这个术语。

综合我国和美国强对流天气的定义、美国重大强对流天气的定义和我国强对流天气的气候分布特征以及我国强对流天气业务预报实践，我国重大强对流天气可定义如下：1 h 雨量≥ 50 mm 的短时强降水，或者直径≥ 20 mm 的冰雹，或者≥ 25 m/s（或 10 级）的雷暴大风，或者 EF2 级（阵风可达 50 m/s 以上）及以上级别龙卷。

2.1.2　雷暴的气候学特征

用于雷暴统计的数据来源于 1970—2012 年浙江省 69 个基准站的雷暴日观测数据，其中 5 个站点（上虞、新昌、三门、象山、岱山）数据存在部分缺失，因此，未参与总量统计，但年平均雷暴日包含所有基准站点。

2.1.2.1　雷暴的时空分布特征

浙江省雷暴的分布和地形特征密切相关。从图 2.1 年平均雷暴日数的分布可见，浙江省的雷暴主要出现在山区和盆地，浙西南地区是雷暴的高发区，其中丽水地区的龙泉市最多可以达到 130 d/a，其次是浙西地区的金衢盆地，约 110 d/a。而杭嘉湖平原、宁绍平原和沿海地区的温黄平原以及舟山地区雷暴日数分布最少，最少出现在舟山地区的岱山，仅 24 d/a。浙江省平均每年发生雷暴的日数达 65.5 d，以 7—8 月占比最多，占 47%，其次是 5—6 月，占 21.8%，3—4 月占 17.1%。全年都可能出现雷暴，初雷日最早出现在 1 月 4 日（1991 年），2010 年以后，初雷日最早出现在 2 月 1 日（2010 年），最晚雷暴日出现在 12 月 29 日（2012 年）。

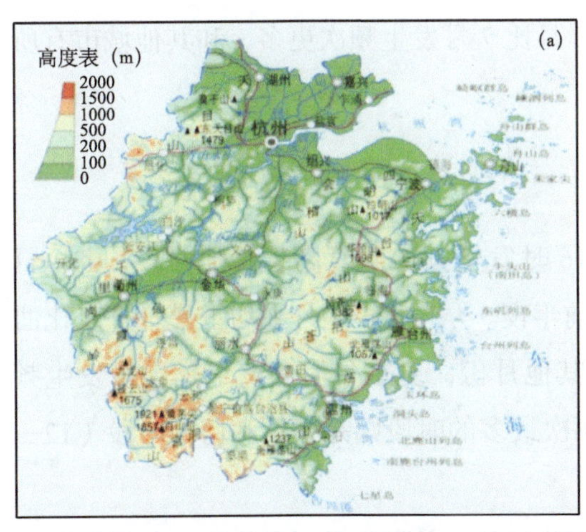

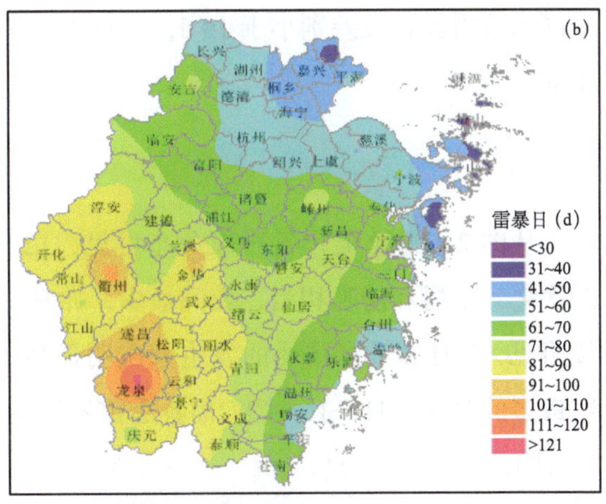

图 2.1　浙江省地形分布（a）和 1970—2012 年年平均雷暴日分布（b）

2.1.2.2 雷暴的季节分布特征

由雷暴日的逐月分布可见（图 2.2），雷暴的发生频次从浙西南到浙东北呈递减的趋势，杭嘉湖平原、宁绍平原以及舟山地区发生频次最少（嘉善、长兴、桐乡、海盐、北仑、舟山），西南山区和金衢盆地雷暴发生频次最多（衢州、龙泉、开化、金华、丽水）。春季 3 月全省雷暴日开始增多，4 月相对 3 月和 5 月发生频次较多，尤其是浙西南地区；夏季 7 月是全年的高峰，雷暴从浙西南地区向北向西扩展，天目山区、四明山区等山区转为雷暴的高发区，进入 9 月雷暴日减少一半，主要集中在浙中南地区，10 月—次年 1 月，是雷暴发生频次最少的季节，主要出现在浙南地区，进入 2 月雷暴从浙西地区逐渐增多。

由图 2.3 浙江省 11 个地市年平均雷暴日的逐月变化可见，浙中地区的衢州、金华和浙南地区的丽水、温州雷暴发生频次最多，而浙北地区和沿海地区相对较少，其中嘉兴和绍兴雷暴发生频次最少。11 个地市的季节特征和图 2.2 中的结论基本一致，雷暴日峰值出现在 7—8 月，6 月是次峰值；3 月明显增多，春季 3—4 月是峰值，5 月是相对低值；9 月和春季基本持平，进入 10 月雷暴日剧减，11 月—次年 1 月是全年雷暴发生最少的季节。

雷暴发生频次最高的是金华、衢州、丽水地区，7—8 月平均雷暴日达到 20～24 d/a，次峰值出现在 6 月，平均雷暴日达到 14～17 d/a；浙北地区雷暴发生频次最少的是嘉兴和绍兴地区，在 7—8 月平均雷暴日达到 10～13 d/a，6 月仅为 5～6 d/a，杭州 3—9 月雷暴发生频次在 5～15 d，其中 7—8 月达到 14～15 d，其他季节在 5 d 左右；由于沿海气温的季节性差异相对陆地要小，因此，沿海地区的定海和洪家站雷暴发生频次的季节差异较小，不同季节雷暴日数差别小于 10 d，而且洪家站 8 月比 7 月发生频次更多，和其他城市有所不同。

2.1.2.3 雷暴的日变化特征

从图 2.4 雷暴全天各时段分布可见，12—16 时发生频次明显高于其他时段，08—11 时次之，早晨和傍晚相当，夜间最少，尤其是前半夜。从图 2.5 逐月平均雷暴日日变化曲线可见，7 月和 8 月雷暴的发生频次明显高于其他月份，夏季午后和上午是雷暴发生频次最多的时段（11—16 时），而春季雷暴发生频次最多的时段则是午后和傍晚时段（12—19 时）。

图 2.6 显示了 11 个地市年平均雷暴日的日变化特征，从发生的时段排序，午后时段发生雷暴的频次最多，其次是上午时段，其他时段明显减少。浙北地区的湖州、嘉兴、绍兴的雷暴发生频次最少，午后气温的贡献较小，各时段雷暴发生频次相差不多，低于 20 d/a，

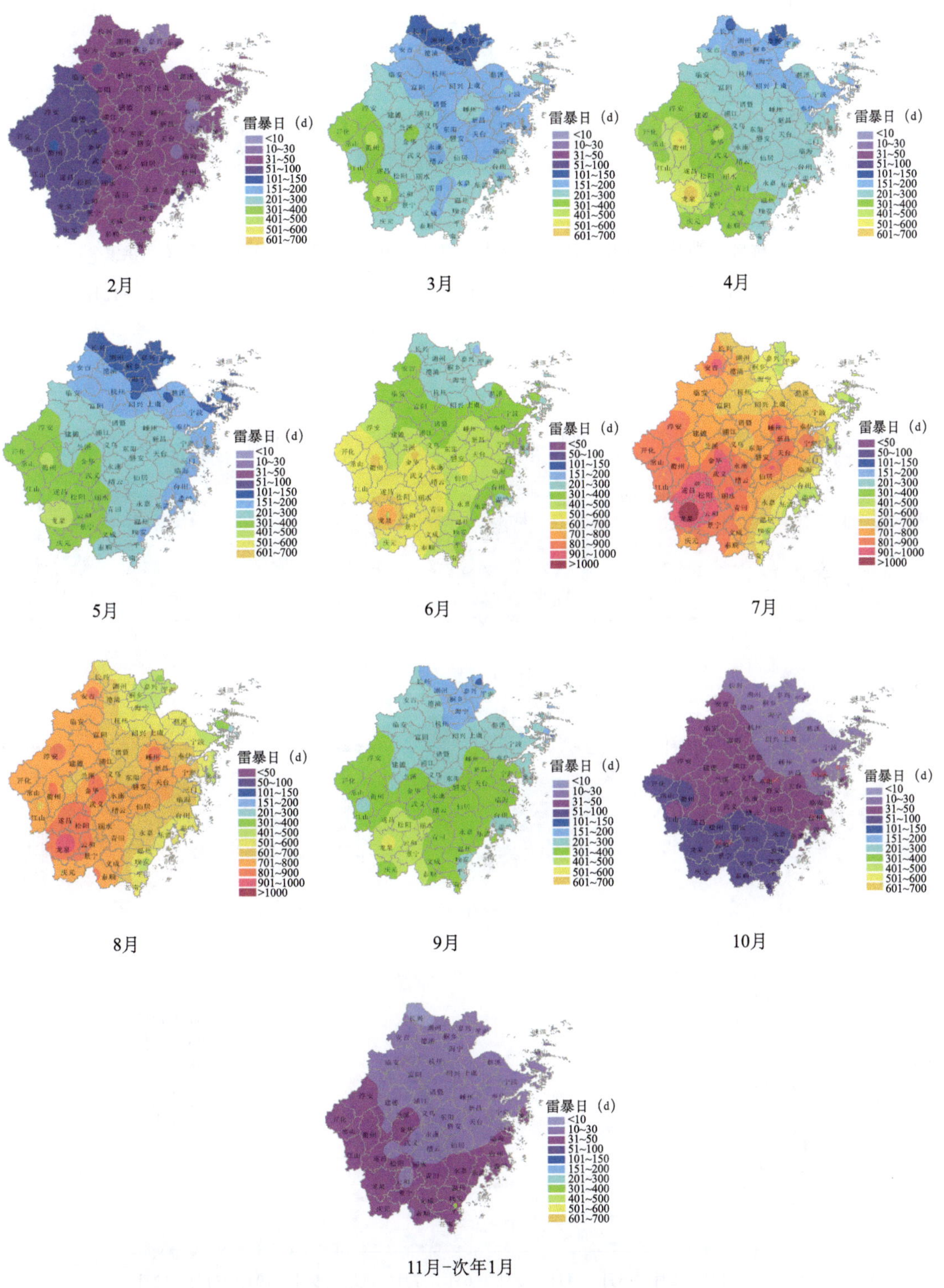

图 2.2　1970—2012 年雷暴日的月分布特征

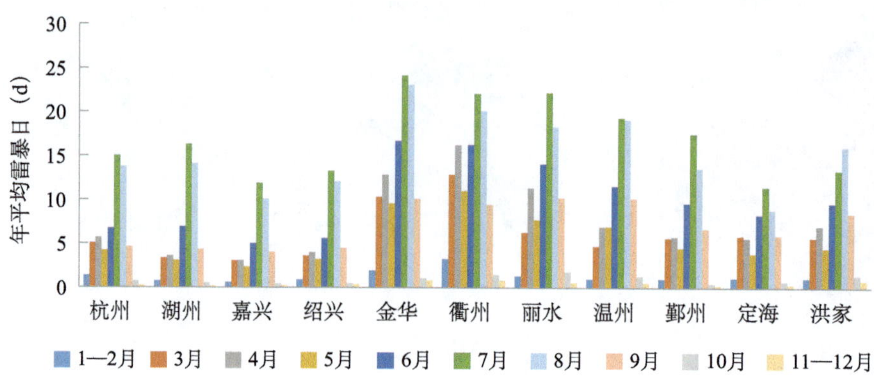

图 2.3　1970—2012 年 11 个地市年平均雷暴日的逐月变化

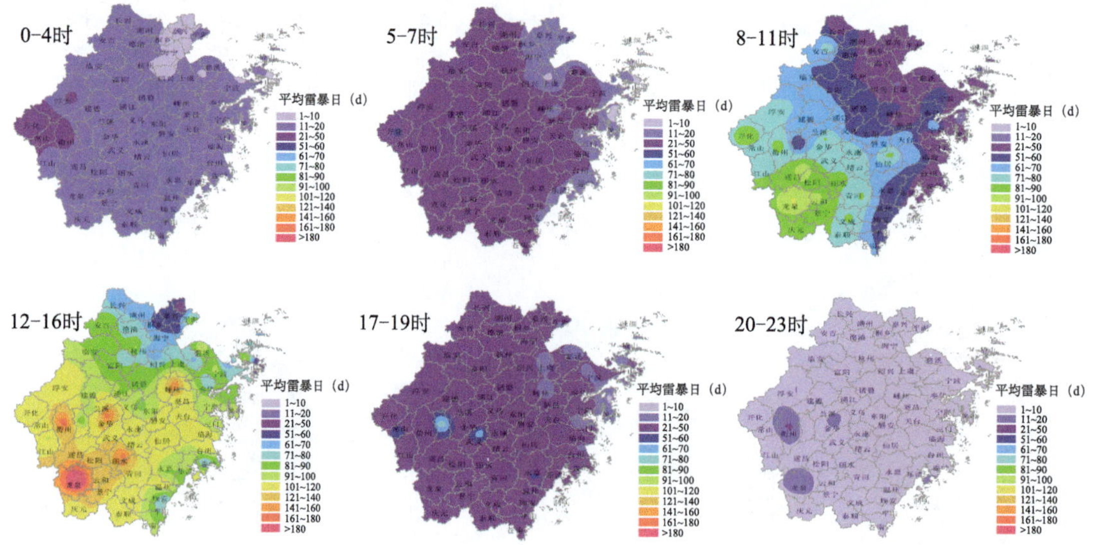

图 2.4　1970—2012 年浙江年平均雷暴日数的日变化分布

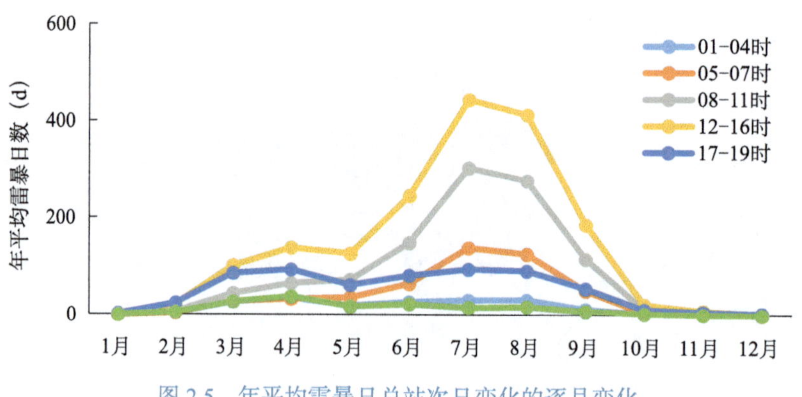

图 2.5　年平均雷暴日总站次日变化的逐月变化

除了午后和上午，其次是傍晚时段相对较多；其他站点午后升温对雷暴的贡献较大，尤其是浙中南地区的金华、衢州、丽水，午后达到 50～60 d/a，上午达到 25 d/a，其他时段低于 10 d/a。

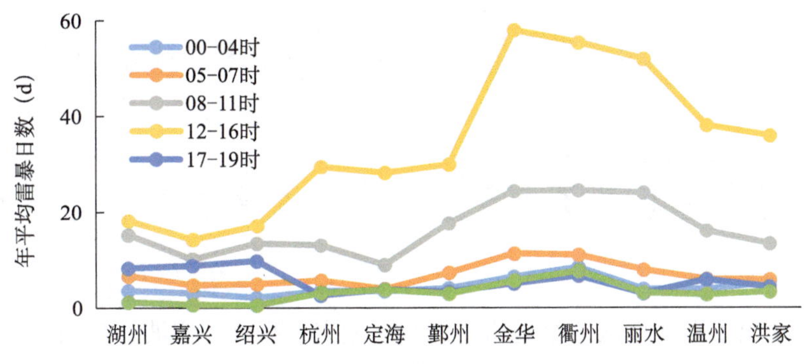

图 2.6 11 个地市年平均雷暴日的日变化

从杭州站年平均雷暴日的逐月演变可见（图 2.7），杭州各个季节午后明显高于其他时段，午后热力作用对雷暴的贡献比较显著。夏季 7—8 月明显高于其他月份，3—4 月是春季高峰。夏季早晨和上午时段发生频次相对较高，而春季除了午后发生频次较高以外，其他时段都有发生的可能性。

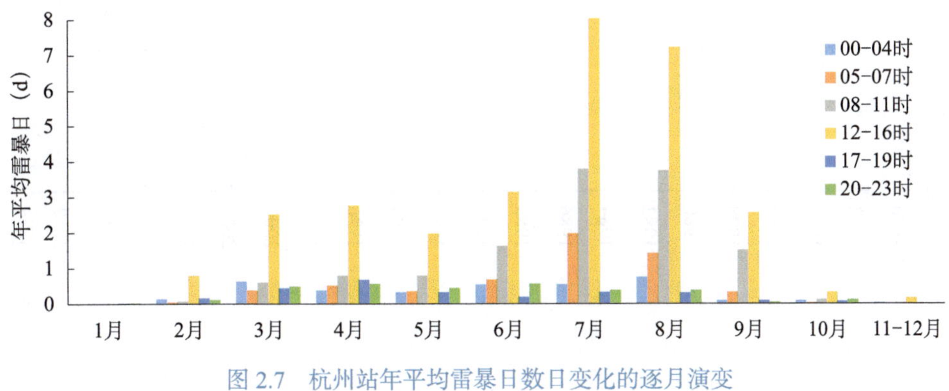

图 2.7 杭州站年平均雷暴日数日变化的逐月演变

2.1.2.4 雷暴日的趋势变化特征

图 2.8 展现出了浙中南地区 5 个地市（衢州、金华、丽水、台州、温州）1970—2012 年年平均雷暴日的逐年变化，浙中南地区呈现较明显的走低态势，尤其是衢州、温州、丽水三个地区，台州相对平缓，年平均雷暴日最高出现在 1975 年，约 240 d，到 2012 年雷暴日不足 60 d。

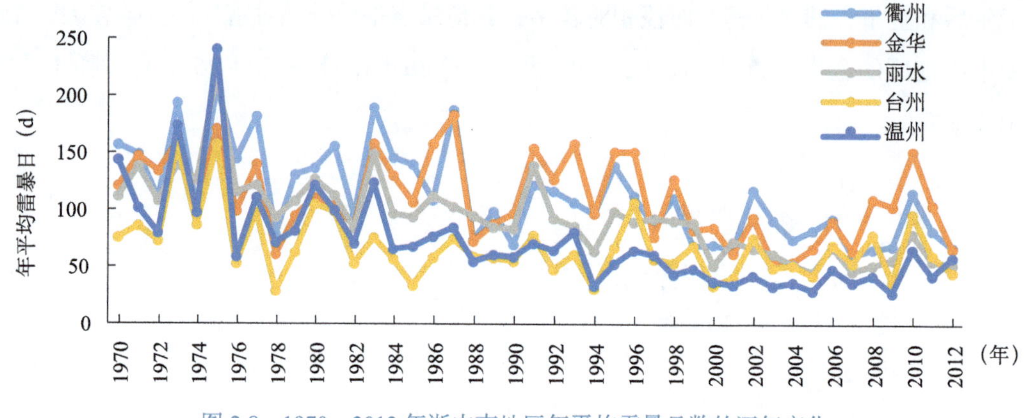

图 2.8　1970—2012 年浙中南地区年平均雷暴日数的逐年变化

图 2.9 显示出了浙北地区 6 个地市（湖州、绍兴、嘉兴、宁波、舟山、杭州）年平均雷暴日的逐年变化，浙北地区也呈现一定的走低态势，但相对浙南地区的走低态势较为平缓，从 20 世纪 90 年代开始有所走低，其中宁波更为明显。宁波在 20 世纪 90 年代以前年平均雷暴日多个年份在 100 d 以上，最高达到 120 d，到 2012 年不足 40 d。浙北地区 2000 年以后的雷暴日高峰年在 2010 年（除了舟山），舟山在 2008 年为高峰年。

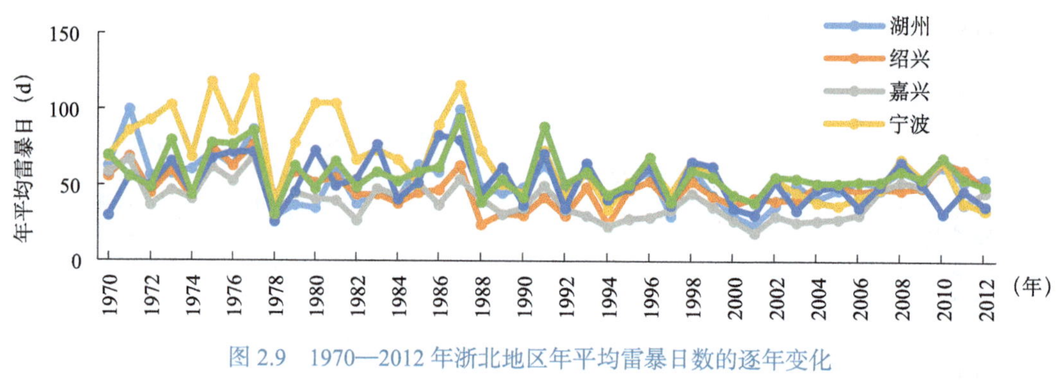

图 2.9　1970—2012 年浙北地区年平均雷暴日数的逐年变化

2.1.3　冰雹的气候学特征

冰雹的统计资料来源于 1981—2012 年 61 个基准站点的日观测数据，由于 6 个测站数据不全（上虞、新昌、三门、武义、仙居、松阳），没有参与总量统计。

2.1.3.1　冰雹的时空分布特征

由 1981—2012 年冰雹发生总站次的空间分布可见（图 2.10），温州地区南部的泰顺是冰雹发生的高频次区，测站共观测到 18 次，其次是杭州和桐庐，达到 13～14 次，缙云、浦江和宁海地区在 10～11 次。总体而言，冰雹在沿海地区发生频次最少，基本少于 5 次。由于冰雹观测手段的不足，仅在基准站点有冰雹观测数据，无法有效说明冰雹的空间分布特征，但是长序列的观测在一定程度上可以弥补不足。

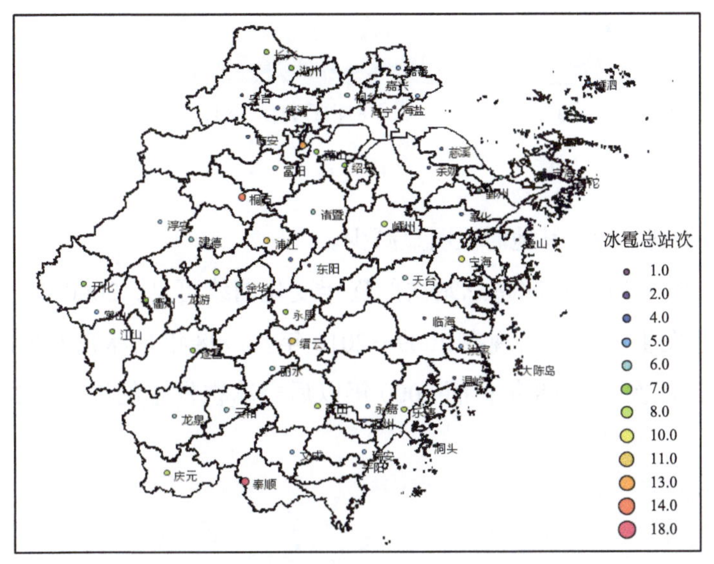

图 2.10　1981—2012 年冰雹总站次分布

2.1.3.2　冰雹的趋势变化特征

由图 2.11 冰雹总站次的逐月变化曲线可见，1981—2012 年冰雹总站次呈明显的双峰特征，春季的峰值明显高于夏季的峰值，3 月是冰雹的高发季节，其次是 4 月和 7 月，6 月为低谷。

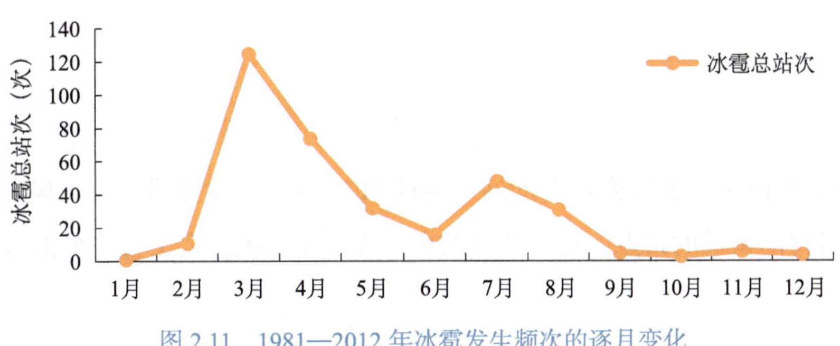

图 2.11　1981—2012 年冰雹发生频次的逐月变化

图 2.12 显示了 1981—2012 年不同时段冰雹总站次的逐月变化，3 月冰雹在傍晚时段（17—19 时）发生频次最高，略高于午后和上午（8—16 时）；4 月是冰雹的次峰值，4 月开始冰雹的发生频次在上午到午后时段高于其他时段，可以间接说明，3 月冷空气频繁，动力作用显著，而其他季节热力作用的贡献显著。春季任何时段都有可能发生冰雹，而夏

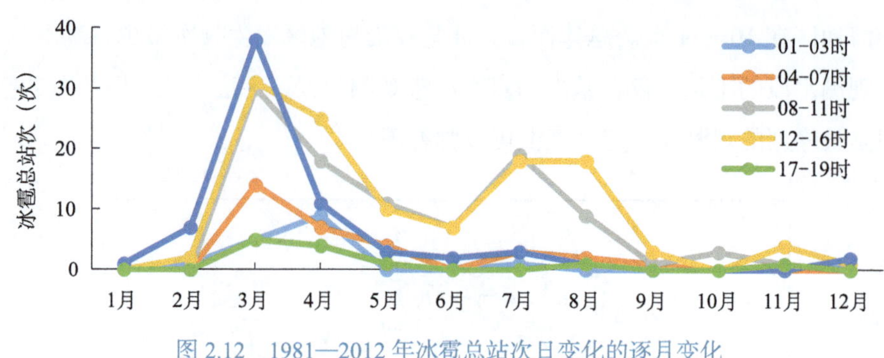

图 2.12　1981—2012 年冰雹总站次日变化的逐月变化

季一般发生在上午到午后，其他时段明显减少。

由图 2.13 1981—2012 年冰雹总站次的逐年变化曲线可见，2000 年以后呈走低态势，2000 年以后冰雹发生的峰值出现在 2009—2010 年。1998 年是冰雹发生的高峰年，发生频次达到 40 次，其次是 1988 年；而 2000 年以后，冰雹发生的高峰年在 2009 年，达到 20 次。

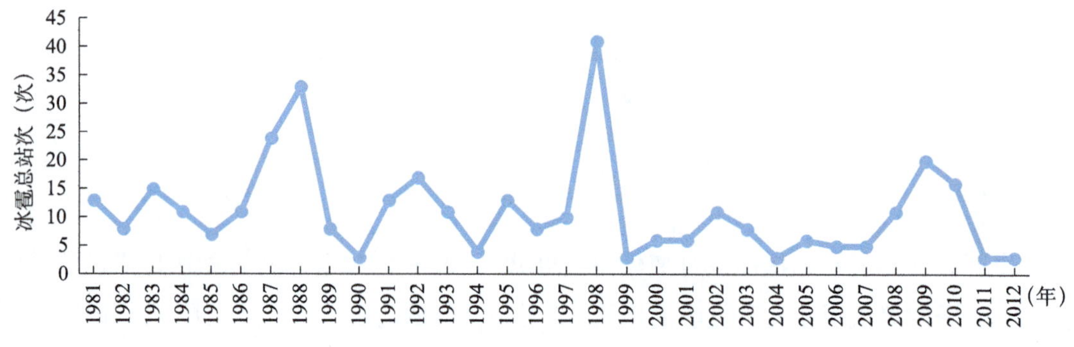

图 2.13　1981—2012 年冰雹总站次的逐年变化

2.1.4　雷暴大风的气候学特征

资料选取 2010—2018 年浙江自动站（共计 1052 站，排除热带气旋大风）风力大于等于 17.2 m/s 且伴随雷暴的站点。任一基准站点出现雷暴大风，定义为一个雷暴大风日。

2.1.4.1　雷暴大风的时空分布特征

从基准站点统计来看，2010—2018 年雷暴大风日年平均数为 43 d，雷暴大风的空间分布与地形有关，整体呈现西部多、东部少，山区多、沿海少的特点。年平均雷暴日最大值位于舟山嵊泗（岛屿站），达到 5 d，除此之外的平原和沿海地区为雷暴大风少发区，年平均雷暴大风日数在 1 d 以下（图 2.14）。雷暴大风的极值中心位于舟山嵊泗、浙南的庆元、浙中的义乌、武义和浙西的临安等地，雷暴大风高发区基本分布在百山祖、括苍山、天目山、雁荡山、四明山以及浙西南山区周边，和高海拔区密切关联。由于统计观测数据不包含高山站，无法有效说明雷暴大风的地形特征。

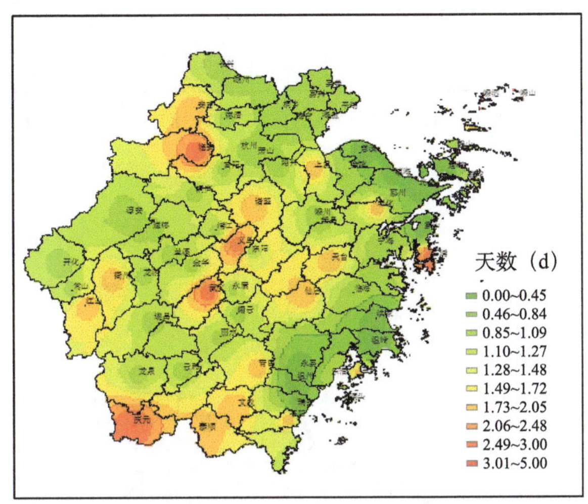

图 2.14　2010—2018 年浙江省平均雷暴大风日数的空间分布

2.1.4.2　雷暴大风的季节变化特征

年平均雷暴大风日具有明显的季节变化特征，夏季最多，春季次之。其中 6—8 月雷暴大风日数最多，最多为 7 月（12 d）和 8 月（10 d），6 月次之（6 d）；冬季最少，1 月最少（0 d）（图 2.15）。

雷暴大风具有明显的日变化特征，大部分雷暴大风出现的时段为 14—21 时（约占 75%），即雷暴大风出现在午后到傍晚，其他时段出现雷暴大风的频次明显减少，以上午时段最弱（图 2.16）。但冬末到初春略有不同，各个时段出现雷暴大风的频次没有明显差异。

雷暴大风出现时段常伴有降水（图 2.17），占 73%；有时则降水量很小甚至无雨。伴随雷暴大风出现的降雨以小雨居多，占雷暴大风总站次的 38%；其次为中雨，占雷暴大风总站次的 25%；暴雨仅占雷暴大风总站次的 1%。

2.1.4.3　雷暴大风的趋势变化特征

2010—2018 年雷暴大风日发生的时间演变显示（图 2.18），年平均雷暴大风日数约为 43 d，2011—2015 年平均雷暴大风日数为 34～40 d；2016 年雷暴大风日数最多，为 63 d；2015 年雷暴大风日数最少，为 34 d。

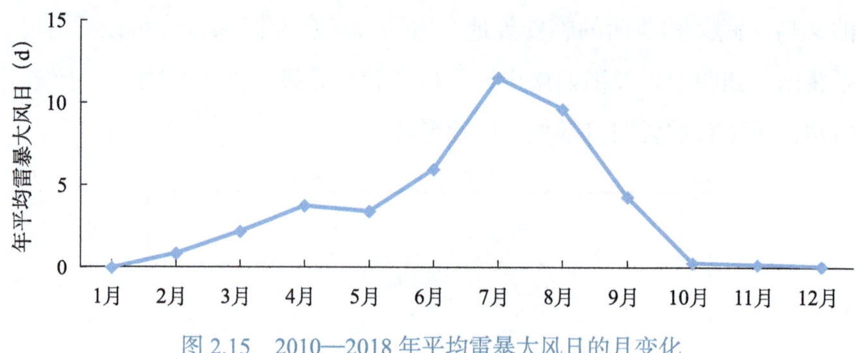

图 2.15　2010—2018 年平均雷暴大风日的月变化

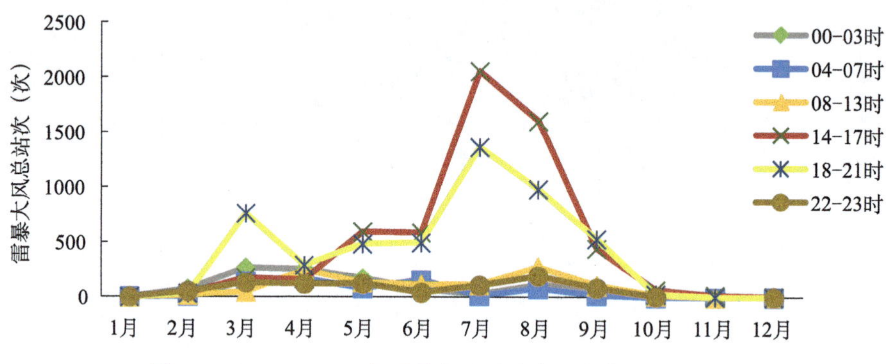

图 2.16　2010—2018 年雷暴大风总站次日变化的逐月变化

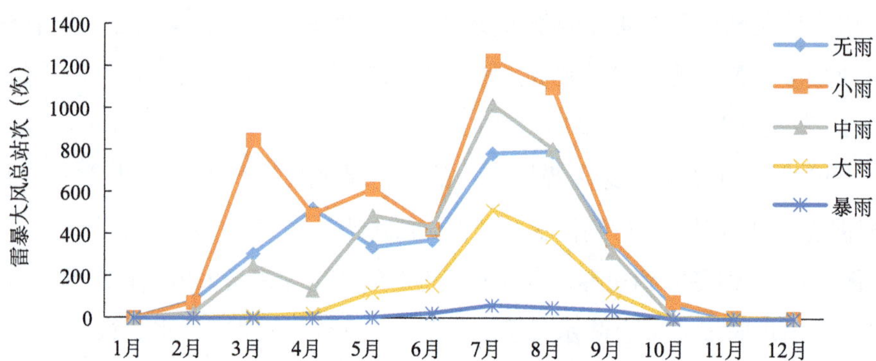

图 2.17　2010—2018 年雷暴大风总站次雨强的逐月变化

图 2.18　2010—2018 年雷暴大风日的逐年变化

2.1.5 短时强降水的气候学特征

2.1.5.1 短时强降水时空分布

研究使用的资料包括 2006—2015 年浙江省 69 个基准站小时降水数据以及同期杭州市区 58 个区域自动站小时降水资料。在绘制单站小时降水概率密度分布图时使用了逐小时降水资料。由图 2.19 可见，小时降水概率密度分布特征符合 Gamma 函数概率密度分布，因此，利用 Gamma 分布函数计算不同量级小时降水出现的累积概率，以此揭示短时强降水的发生概率。

1. Gamma 函数概率密度分布

统计发现，浙江省短时强降水主要集中在 5—9 月，占全年的 70%～95%，杭州占 86%，因此，数据源采用 5—9 月的小时降水资料，共计 4000 多个小时降水样本参与统计。图 2.19a 给出了杭州站小时降水量概率密度分布和 Gamma 分布的概率密度曲线以及累积概率密度曲线，从图中看到，观测和累积的概率密度曲线基本重合，说明 Gamma 分布可以很好地描述测站小时降水的概率密度分布。Gamma 分布的具体形状受控于形状参数（α）和尺度参数（β），基于观测站有降水的实况小时降水量资料，利用最大似然估计法可求得 α 和 β。全省 69 个测站 α 介于 0.54～0.64，β 介于 2.78～4.09，在降水的累积概率分布函数确定后，可以计算超过任意给定阈值的降水累积概率，也可以计算观测站累积概率超过 95% 的分位数值。对于有降水样本，计算得到浙江省超过 20 mm/h 的降水累积概率介于 0.02%～0.2%，累积概率超过 95% 的小时雨量均小于 8 mm/h，计算结果和田付友等（2015）的基本一致。对于杭州站而言，≤ 10 mm/h 的降水概率高达 98.4%，≥ 20 mm/h 的概率仅 0.05%。可见，小时雨量出现 20 mm/h 以上的概率很小，属于极端事件。

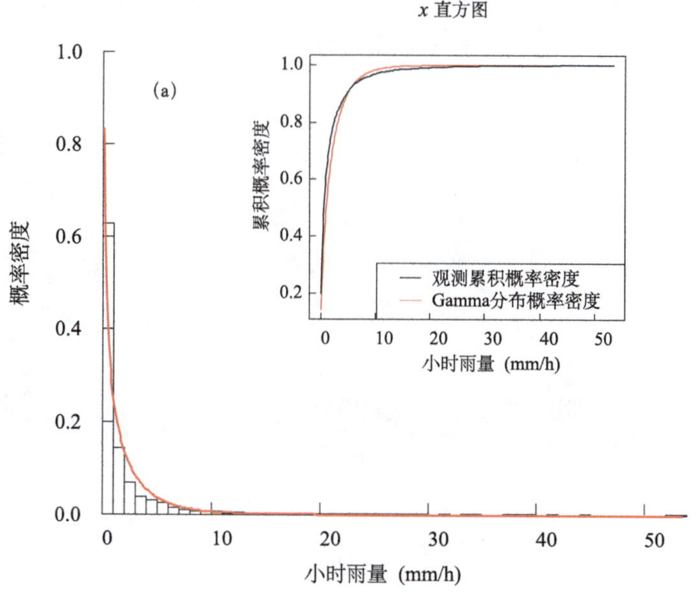

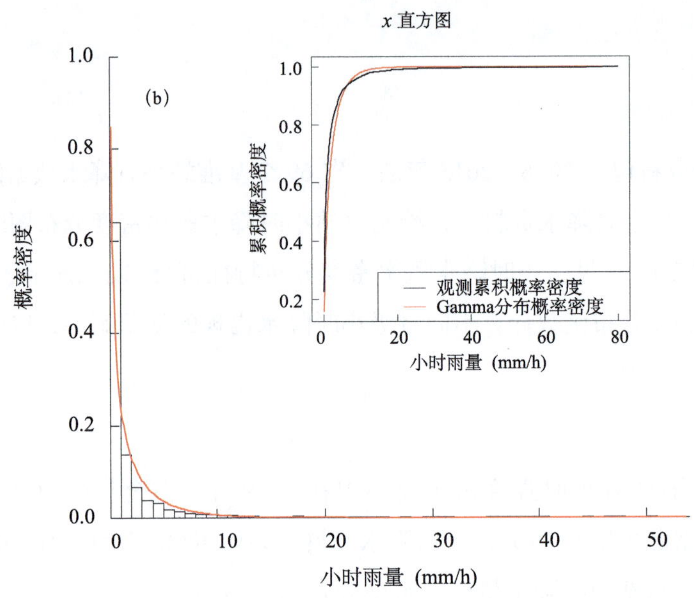

图 2.19　小时降水量概率密度分布直方图（黑色）和 Gamma 分布的概率密度曲线（红色）
（右上角小图所示为相应的累积概率密度分布）（a）为杭州站；（b）为奉化站

2. 短时强降水概率密度分布和频率分布特点

图2.20给出浙江省5—9月小时降水概率密度和频率分布图。从有降水样本中短时强降水出现的累积概率分布可见（图2.20a），短时强降水的高概率区主要集中在东南沿海地区，最大概率约为0.21%。由频率统计对比发现（图2.20b），频率略高于概率，但是两者的落区分布比较一致，沿海地区（除舟山外）和杭州湾附近是相对的高发区，尤其是≥ 50 mm/h的强降水，高发区呈现一定的特点，存在几个大值中心，分别是宁波奉化、台州洪家和临海、温州瑞安和嘉兴桐乡和杭州湾等地区（图2.20c），这几个地区海拔高度较低均为平原地区，都与一定的喇叭口地形相关联。杭州城区地处杭州湾附近，受东风气流影响，短时强降水的发生频率也相对较高，尤其是杭州东部。

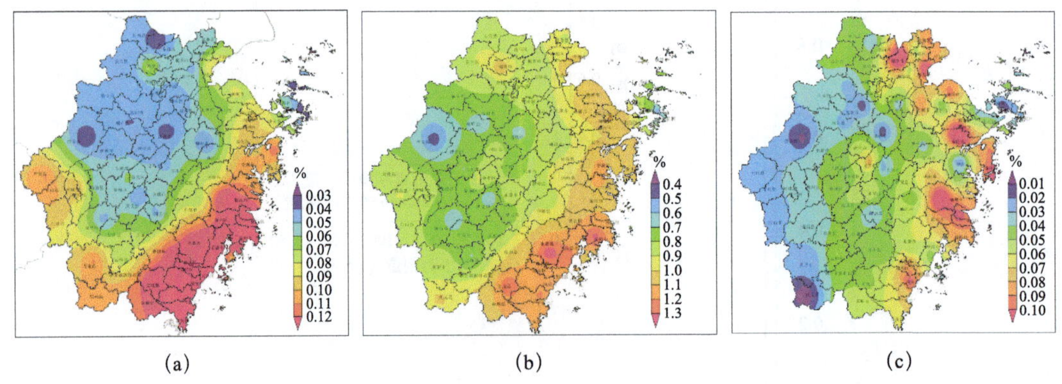

图 2.20　浙江省≥ 0.1 mm/h 样本中概率密度和频率分布：（a）≥ 20 mm/h 的概率；
（b）≥ 20 mm/h 的频率；（c）≥ 50 mm/h 的频率

3. 分量级短时强降水的频率分布特征

利用 10 年全年的降水资料研究不同量级短时强降水的频率分布，图 2.21 分为 20～30 mm/h、30～50 mm/h 和≥ 50 mm/h 三个量级，显示不同量级降水在≥ 0.1 mm/h 降水中的比重，可以看出不同量级的短时强降水落区呈现一定的特点。20～30 mm/h 的雨强主要集中在浙南和东南沿海地区（图 2.21a），30～50 mm/h 的降水主要分布在沿海地区以及天目山区等地（图 2.21b）；≥ 50 mm/h 的雨强落区和图 2.20c 相似。有四个中心，分别是宁波奉化、台州洪家和临海、温州瑞安和嘉兴桐乡等地区（图 2.21c），尤其是宁波奉化地区 50 mm 以上短时强降水出现的频率最高。由于只统计了基准站点，未考虑中尺度站点，故不能反映和地形有关的分布特点，以上特征只能说明基准站点的短时强降水分布特征。

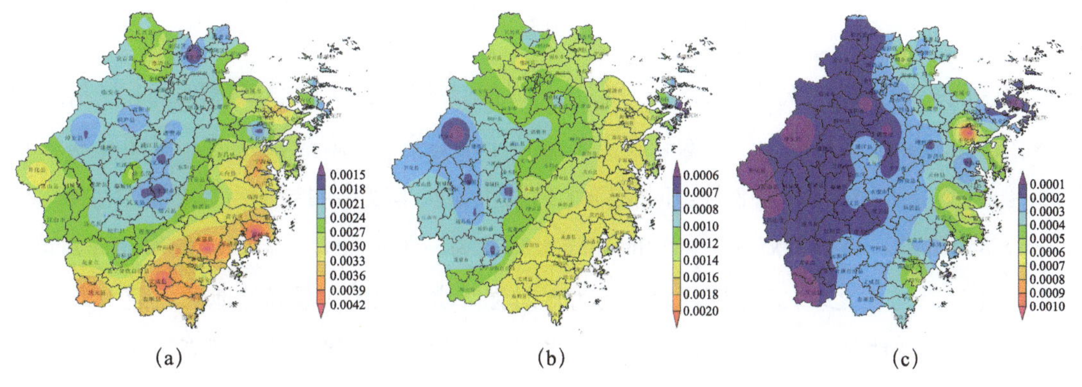

图 2.21　不同量级小时降水在 0.1 mm 以上降水中的比重
（a）20～30 mm/h；（b）30～50 mm/h；（c）≥ 50 mm/h

4. 杭州市区短时强降水频率分布特征

利用杭州市区 58 个自动观测站 10 年的小时降水资料绘制杭州市（8 个辖区）短时强降水占降水样本的百分比分布图。由图 2.22 可见，短时强降水在杭州市区的发生频率最高，约 1.4%；两个大值中心主要分布在余杭区，余杭区的东南部正对杭州湾的偏东气流，受偏东气流充沛的水汽输送影响，易发生短时强降水；另一个高值区分布在西北山区，山区受地形抬升影响也易发生短时强降水。

2.1.5.2　短时强降水的季节分布特征

1. 频次分布特征

利用 2013—2018 年 1708 个中尺度气象站小时降水数据分析浙江省短时强降水在 5—10 月的空间分布特征（图 2.23）。5 月短时强降水主要出现在浙西南地区，年平均频次最高的站为丽水西南部和衢州南部，最多出现了 2.4 次，其他大部分地区不到 0.5 次；6 月

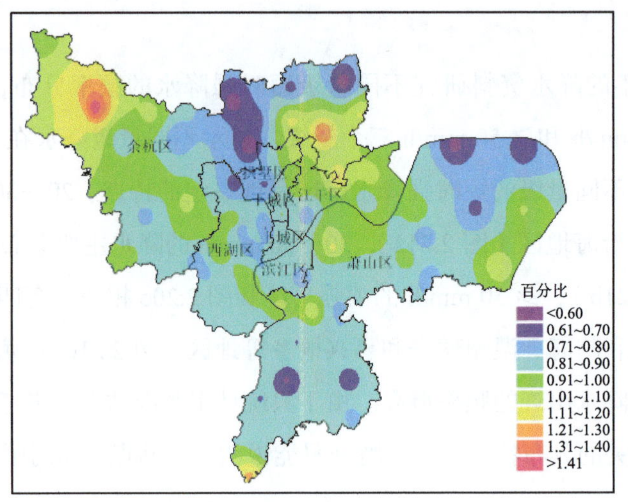

图 2.22　杭州市≥ 20 mm/h 强降水占≥ 0.1 mm/h 降水样本的百分比

浙西地区的短时强降水次数增加至 3～4 次；7 月副热带高压（以下简称副高）控制的背景下，短时强降水明显减少，频次较高发地区位于沿海海陆风辐合的地区，温州和丽水交界地区最大达到 2.5～3 次；8 月短时强降水的发生频次呈现出明显的台风汛期降水特征，受热带系统影响，东南沿海地区的短时强降水频次为一年中最大，温州、台州部分站点 8 月年均出现 5～6 次之多；9 月温州地区仍为短时强降水出现频次最高的地区，最大为 5～6 次，其次为宁波地区 3～4 次；10 月强降水多发地仍为沿海地区，杭州湾周边次之，也为典型的受台风影响降水，但相比 8—9 月，10 月份沿海地区降水频次有所减少。

综上所述，5 月浙江短时强降水主要出现在浙西南地区，6 月随着梅汛期来临，短时强降水主要位于浙西地区。7 月副高北抬，浙江进入盛夏季节，降水以午后分散性阵雨为主，相比 6 月显著减少。8 月开始浙江进入台汛期，短时强降水的分布展现出明显的台风降水特征，8 月东南沿海地区受台风影响短时强降水发生频次最高，其他地区以分散性降水为主。9—10 月短时强降水集中在沿海地区，除 10 月份杭州湾附近有 1～2 次的中心外，其他大部地区都在 0.5 次以下。

2. 最大小时雨强的空间分布

最大小时雨强的分布可以从另一面反映当地极端强对流天气的强弱。由图 2.24 可见，浙江全省 1 h 最大降水量普遍在 40 mm 以上，其空间特征与≥ 50 mm/h 的短时强降水分布类似，100 mm/h 以上的极端降水主要位于温州的山区，而 80 mm/h 以上的站点主要位于沿海地区和杭州湾附近。最近五年全省最大小时雨强出现在 2015 年 8 月 8 日，受台风“苏迪罗”影响的温州鳌洋村站（K3146），出现了小时雨强为 123.8 mm/h 的极端强降水。

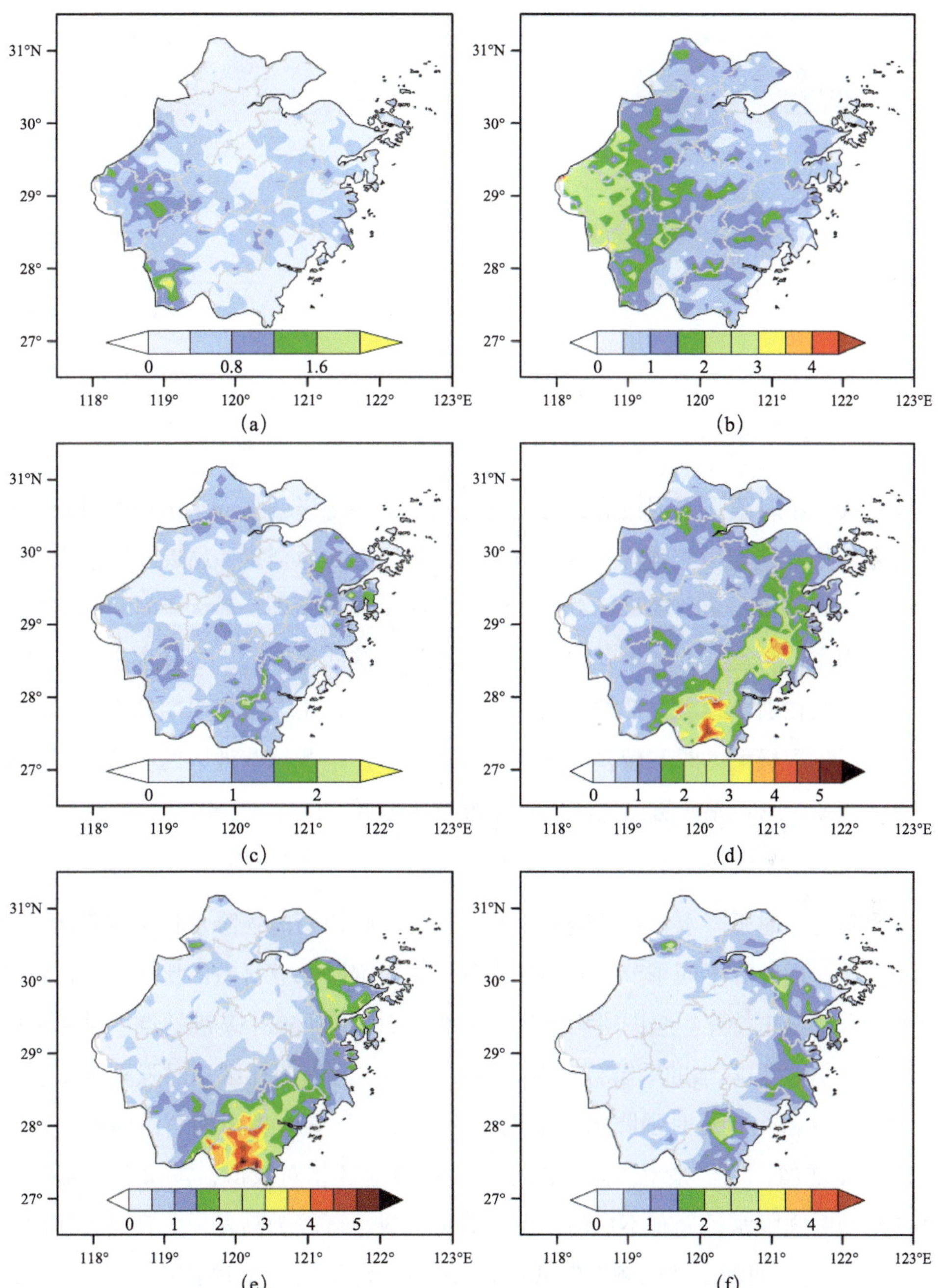

图 2.23　5—10 月短时强降水年均频次（单位：次）的空间分布
（a）5 月；（b）6 月；（c）7 月；（d）8 月；（e）9 月；（f）10 月

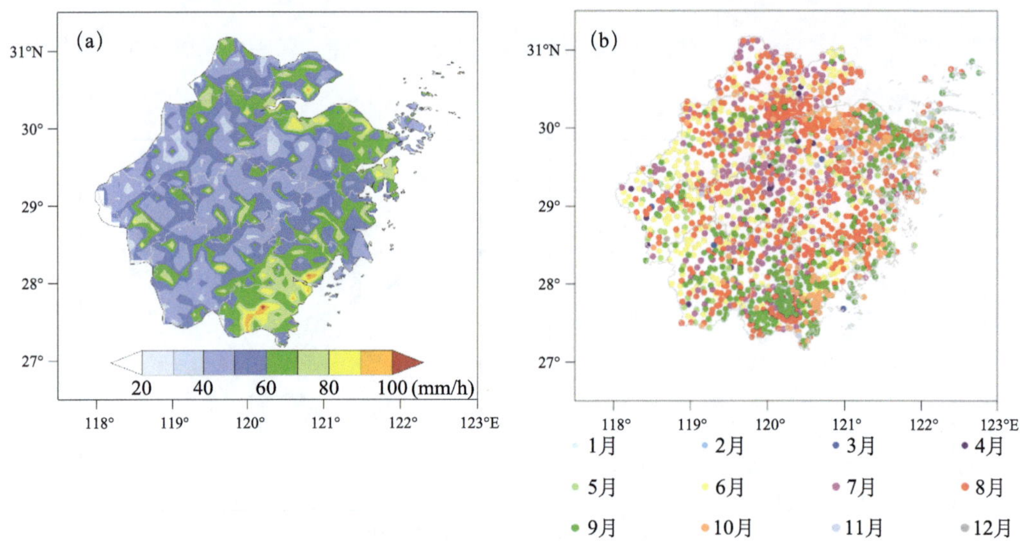

图 2.24　最大小时雨强的空间分布（a）和出现的月（b）

此外，最大小时雨强出现极值的时间也可以表明当地极端强降水出现的时间，并且根据时间可大致推断造成极端强降水的天气系统。图 2.24b 为全省各站近 5 年最大小时降水出现月份的空间分布。从图中可以看到，沿海地区（除舟山外）最大小时雨强出现的时间以 8—10 月为主，与逐月分布得到的特征基本一致，这些地区的极端降水主要由热带系统影响所造成；而在浙西地区大部站点的极值出现在 6 月，主要由梅汛期暴雨造成。除此之外，其他地区出现极值的时间较多的还有 7 月和 8 月，推测这些地区的极值可能为盛夏午后强对流天气或由台风系统进入内陆或外围影响所造成。

3. 频率分布特征

频次分布是短时强降水日数的绝对分布，无法反映出短时强降水日在有降水日数中的相对分布特点，而计算不同季节短时强降水日在短时强降水总日数的比重，可以反映短时降水日数的季节分布特征。绘图所用数据为 2006—2015 年 69 个基准站点小时降水资料。

从图 2.25 短时强降水的季节分布频率可见，3—4 月浙西地区短时强降水出现的频次逐渐增加，最高占全年短时强降水发生频率的 10%；5—6 月梅汛期浙西南地区短时强降水的频次明显增加，发生频率占全年的 40%，沿海地区相对较低；7—8 月一般是雷暴和台风造成的短时强降水，分布不均匀，山区等高海拔地区较为高发，尤其是天目山区，最高达到 65% 左右，而浙西地区频率较低；9—10 月沿海地区是短时强降水的高发区，主要原因是由于 9 月浙江省秋季台风比较多，并且偏东气流较为强盛。总体而言，5—8 月短时强降水发生频率所占比重最高，达到 60%～85%，9—10 月沿海地区最高达到 30%～40% 的比重，1—2 月是全年短时强降水最少发生的季节，11—12 月仍会有短时强降水发生，

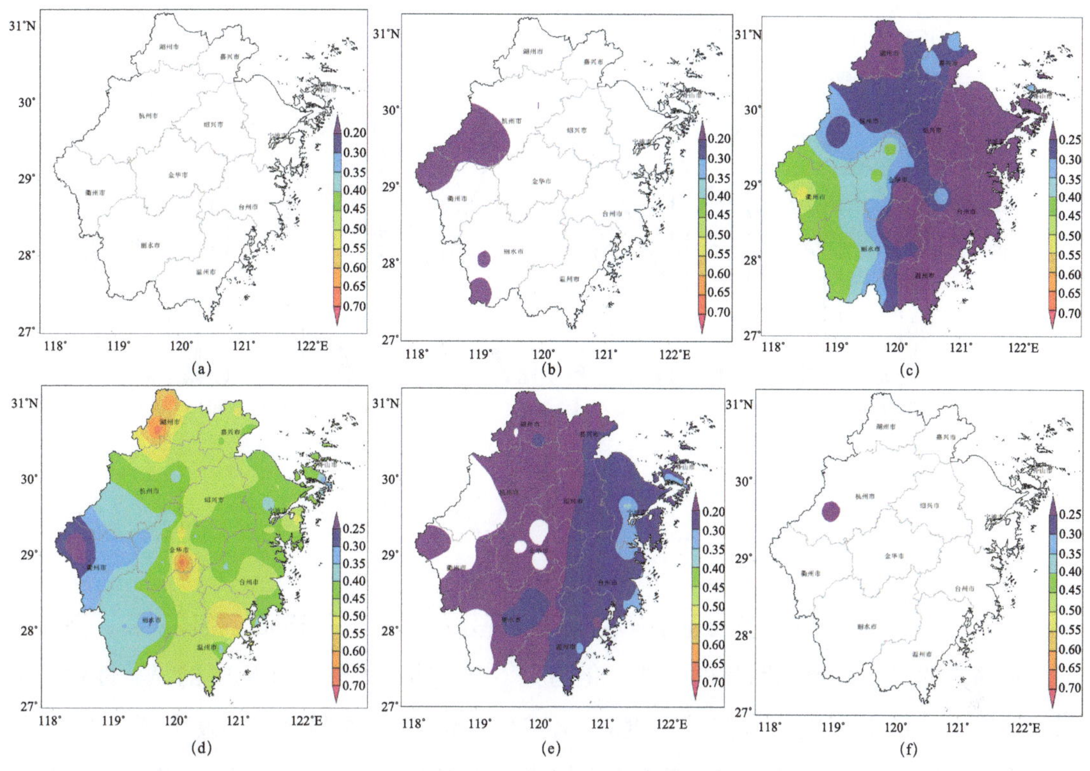

图 2.25　短时强降水季节分布频率（在≥ 20 mm/h 降水中所占比重）
（a）1—2 月；（b）3—4 月；（c）5—6 月；（d）7—8 月；（e）9—10 月；（f）11—12 月

比重在 5%～10%。

上述分析表明：由于站点分布较稀疏，不能很好地反映短时强降水的地形分布特点，结果和中尺度站点显示的频次分布特征有一些偏差。

2.1.5.3　短时强降水日的趋势变化特征

1. 杭州市区逐年趋势变化

提取 2006—2015 年杭州市区（58 个区域自动站）短时强降水日资料，并逐年分量级整理。由此统计逐年短时强降水日的发生频次和 50 mm/h 以上强降水日占短时强降水日的百分比，其结果见图 2.26。从图中可见，杭州市区短时强降水日从 2008 年开始一直保持较高频次，每年出现短时强降水 18～28 d，尤其是 2008 年、2011 年和 2013 年是短时强降水高发年，每年至少出现 25 d。另外，从≥ 50 mm/h 强降水日所占比例可见，除 2009 年和 2012 年低于 10% 外，其他年份均在 10%～20%，且 2015 年是高发年，达 19%，一般高发和低发年间隔出现。

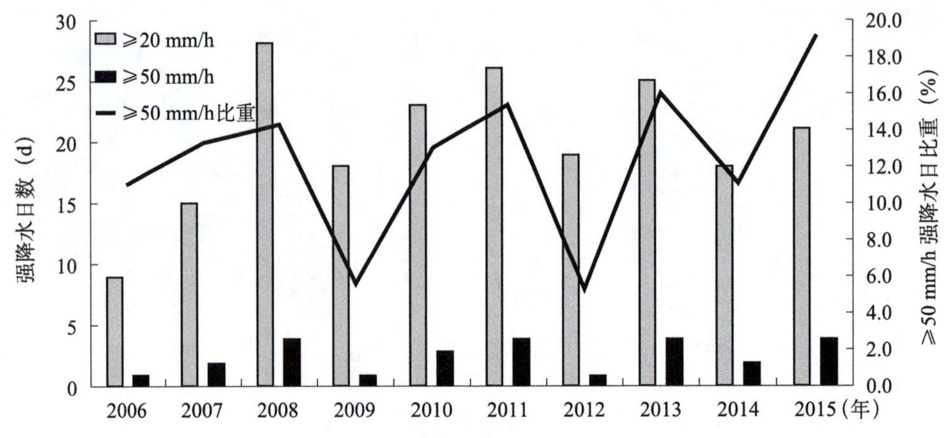

图 2.26　2006—2015 年杭州市区≥ 20 mm/h、≥ 50 mm/h 短时强降水日频次与≥ 50 mm/h 占≥ 20 mm/h 短时强降水日的百分比的逐年演变

2. 全省趋势变化特征

图 2.27 为近 10 年浙江所有基准站点短时强降水的年际变化特征，整体来看，浙江省短时强降水的发生次数无明显的线性变化趋势（拟合趋势无法通过 90% 的显著性检验）。相对而言，2013 年以前年际变化幅度较小，≥ 20 mm/h 短时强降水的发生频次 10 年平均值约 337.7 次 /a，其中仅 2010 年小于平均值；从 2014 年开始年际变化幅度增大，其中 2016 年短时强降水发生 453 次，为最多的一年，而 2014 年为近 10 年短时强降水发生频次最低的一年，仅 227 次，2017 年次之为 267 次。分量级 20～30 mm/h 和 30～50 mm/h 短时强降水年际变化趋势与≥ 20 mm/h 基本一致，同样的从 2014 年起年际变化幅度显著增大，发生频次最多和最少也都为 2016 年和 2014 年。而对≥ 50 mm/h 的极端短时强降水，年平均发生频次仅为 17.3 次，相对而言，年际变化幅度小；发生频次最高为 2011 年 28 次，最少为 2017 年 7 次。

由图 2.28 短时强降水频次的逐月变化可见，短时强降水的逐月变化呈现双峰型分布，≥ 20 mm/h 的短时强降水主要出现在夏半年（5—10 月），冬半年（11 月—次年 4 月）总发生频次占比仅为 5.3%，冬半年 10 年间未出现≥ 50 mm/h 的极端短时强降水。而在夏半年中又以 8 月最为活跃（25.3%），其次为 6 月（19.6%）。20～30 mm/h 的短时强降水其月度变化与整体变化基本一致，8 月和 6 月分别为活跃和次活跃的月份，7 月和 9 月发生频次接近；对于 30～50 mm/h 的短时强降水，8 月仍为短时强降水最活跃的月份，但是次活跃月变成 9 月，且 7 月发生频次多于 6 月。类似的特征也出现在≥ 50 mm/h 的极端强降水年变化曲线上，且对于≥ 50 mm/h 的短时强降水 10 月发生频次与 6 月基本相等。另在量级为 30～50 mm/h 和≥ 50 mm/h 的短时强降水中 8—9 月两个月发生频次占比近全年的 50%，分别为 48.7% 和 52.6%。

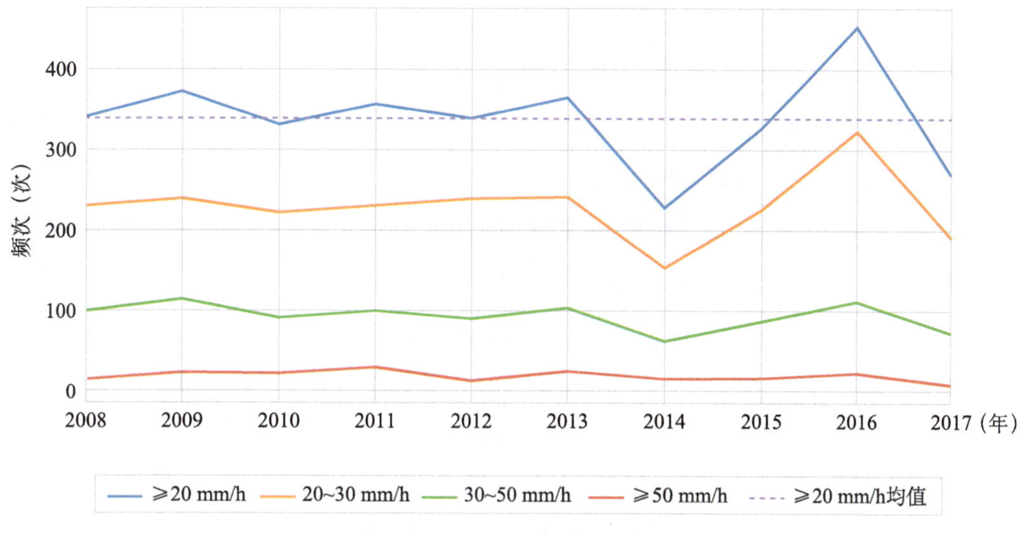

图 2.27　浙江短时强降水频次的年际变化

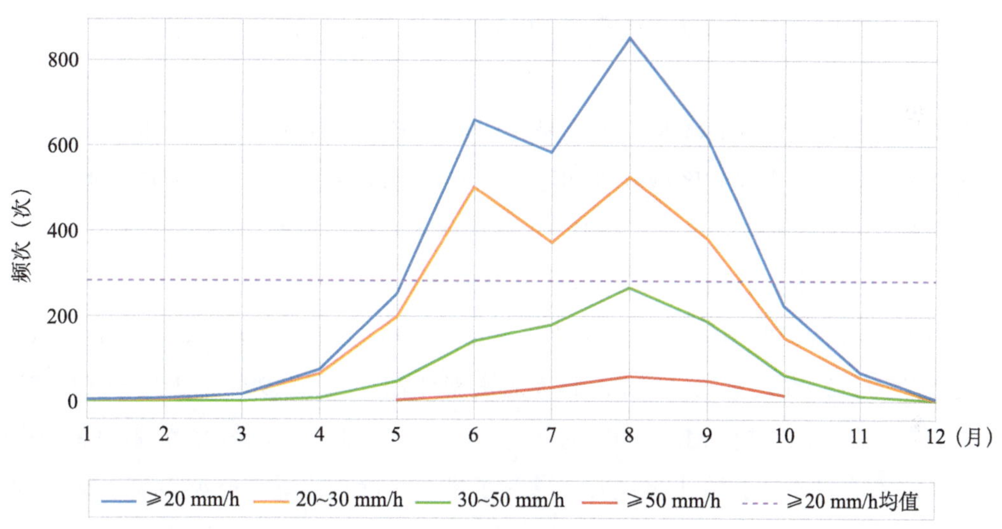

图 2.28　浙江短时强降水频次的逐月变化

以上分析表明，不同强度的短时强降水逐月变化特征存在较明显差异，其月度变化特征与降水的影响系统密切相关。6 月浙江处于梅雨季，短时强降水多发但是雨强在 30 mm/h 以上的较强降水发生频次并不是很多，这与降水主要由西风带系统带来的持续性降水有关。7—9 月短时强降水多由海上热带低值系统或者午后强对流天气造成，前者在东南沿海登陆的台风或者台风外围云系携带大量的水汽和能量，促使雨量剧增，而后者在盛夏多晴热高温天气，午后热力对流旺盛，突发性强且降水时段集中，故 7—9 月的短时强降水雨强较大。

2.1.6　中尺度对流系统的时空特征

中尺度对流系统（MCS）是产生强对流天气的直接影响系统。美国气象学会气象术语把 MCS 定义为：造成降水的连续区域在某一方向的水平尺度至少达到 100 km 或以上的对流风暴集合（Markowski et al，2010）。陆汉城（2000）定义中尺度对流系统为水平尺度几十千米到几百千米左右的具有旺盛对流运动的天气系统，在时间尺度和空间尺度上有较宽广的谱，常出现雷暴、大风、暴雨、冰雹等强烈天气。

中尺度系统具有突发性和时空尺度小的特点，往往需要卫星或地面雷达等遥感系统进行监测。如利用雷达回波对飑线进行分析（Meng et al，2013），利用卫星资料对中尺度对流复合体（MCC）进行分析（Miller et al，1991）。飑线和 MCC 都是 MCS 中的一种类型，由于探测手段的不同，它们之间有些是相互包含的（Markowski et al，2010），且不能遍历 MCS，因为 MCS 还包括其他普通外形特征的中尺度对流。郑永光等（2008）利用卫星红外亮温资料对中国及其周边地区进行了 MCS 的统计分析，得到了该地区 MCS 的时空分布特征。

热带降雨测量任务（TRMM）卫星是专门用于定量测量热带、亚热带降雨的气象卫星，其监测产品已在全球和区域降水和强对流等方面得到广泛应用和研究。由于 TRMM 卫星对降水的监测产品兼有了雷达和卫星监测的优点，可以根据 MCS 的基本定义（Liu et al，2008），对浙江省及其周边进行综合的统计分析。

MCS 统计分析选取的地理范围为浙江省及其周边地区，具体纬度为 26.2°～32.1°N，经度为 117°～123.2°E。结合 TRMM 卫星的资料年限，选取 1998 年 3 月—2014 年 2 月的卫星资料，共 16 年进行 MCS 个例的筛选。筛选第一步，选取研究范围内降水区域＞2000 km^2 的所有样本，去除小尺度降水。为了进一步筛选出具有旺盛对流运动的 MCS，以回波伸展高度作为筛选指标。对初步筛选样本的回波进行分析，发现 30 dBz 回波伸展高度与 20 dBz 以及 40 dBz 都有着较好的相关性。所以，筛选第二步，以 30 dBz 回波伸展高度超过一个标准差及以上时定义为 MCS 个例。根据该定义，在 16 年间浙江省及其周边共有 316 例 MCS。

1. 时间分布特征

在这 16 年中，浙江省及其周边的 MCS 发生频率有显著的年际变化特征（图 2.29a），最多年份有 25 例，少的年份只有 13 例。多年来具有缓慢的线性增长趋势，每 100 年增长约 5.6 例。如果以 2005 年为限分成两个时间段，可以看到，1998—2005 年 MCS 明显减少，2005—2014 年 MCS 出现线性增长。注意到这两个时间段浙江省和全国的温度变化（肖晶晶 等，2017），可以看出 MCS 发生的频次和温度变化几乎相反，说明两者之间可能存在

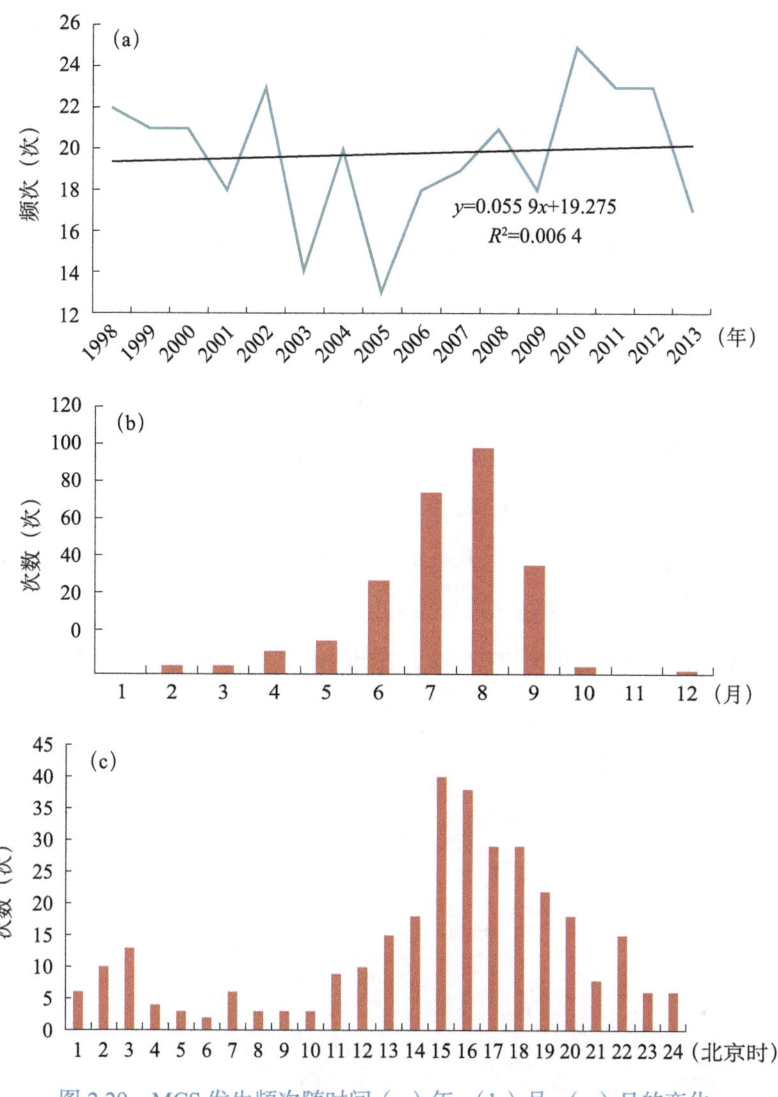

图 2.29 MCS 发生频次随时间（a）年、（b）月、（c）日的变化

一定的气候相关。

MCS 发生具有明显的季节变化特征，在夏季和初秋有更高的频次（图 2.29b）。其中 8 月份最多，共发生 102 次 MCS 过程，占总数的 32.3%。其次分别为 7 月、9 月和 6 月。6—9 月这四个月发生的 MCS 约占全年发生的 87.3%，而 1 月和 11 月在这 16 年之间无 MCS 发生。

MCS 发生还具有明显的日变化特征（图 2.29c）。发生峰值分别在当地时间下午到傍晚 15—19 时以及凌晨 02—03 时（北京时，下同）。最大峰值位于 15 时，这和江淮流域平原地区强对流等的发生时间有比较大的差别（周一民 等，2018）。从图中可以看到 15—16 时的峰值有突变的特点，如果去掉 15—16 时的峰值，就可以看到从下午到傍晚逐渐增多的演变特征，到 18 时达到峰值，这样的演变和平原地区的对流日分布特征是一致的。这说明浙江省及其周边的 MCS 发生和其他地区基本一致的背景下有其特殊的一面，主要体现在 15—16 时 MCS 的突然峰值的出现。

2. 空间分布特征

浙江省及其周边的 MCS 在空间上分布具有明显不均匀性（图 2.30）。具体有如下特征：①浙江沿海洋面上强对流相对较少，这是由于 MCS 多发季节海洋相对于陆地较冷，不易产生不稳定层结。这导致沿经纬线统计的 MCS 频数和陆地面积直接相关，沿纬线方向（图 2.30b），119°～120°E 之间的 MCS 发生频数最多，向东逐渐减少；沿经线方向（图 2.30c），29°～30°N 之间的 MCS 发生频次最多，向南逐渐减少。②峡谷中发生的 MCS 相对较少，如浙西呈西南西－东北东的峡谷地区，鲜有对流发生，这可能是白天峡谷地带相对于附近山地温度更低，容易产生辐散气流，导致对流不容易发生。③浙江南部的山区以及浙江北部及其周边平原上发生的 MCS 相对较多。

结合 MCS 的空间分布与时间的关系，发现 MCS 多发的下午和傍晚在空间分布上有

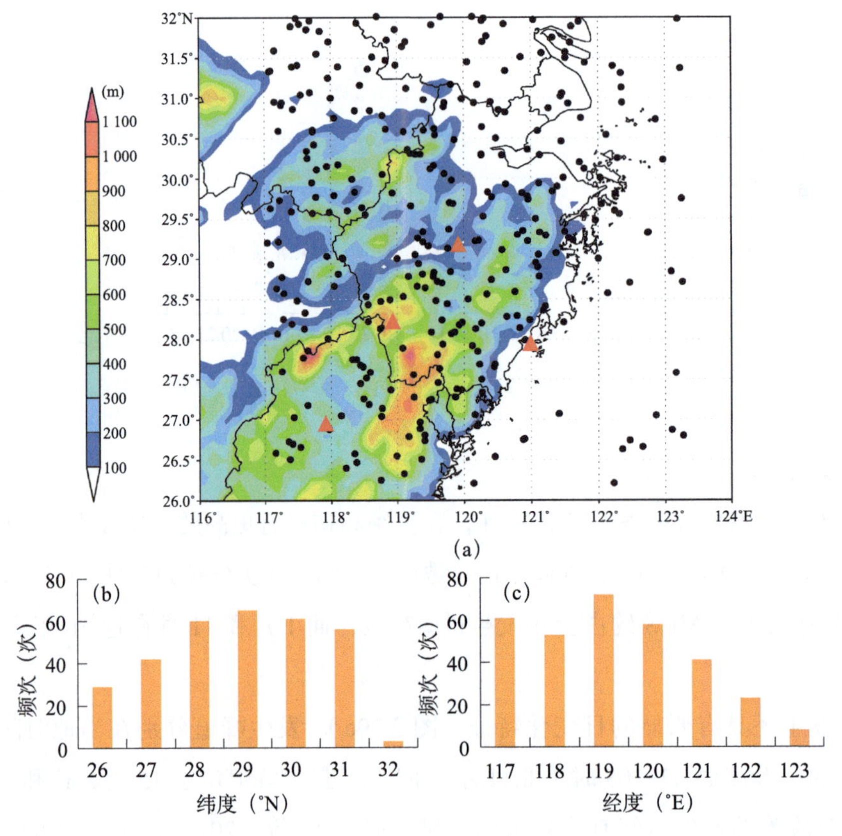

图 2.30　MCS 的空间分布特征

（a）水平分布（阴影区为地形高度）；（b）（c）分别为 MCS 随纬度和经度的分布

明显的差异。以 MCS 发生频数极大值的两个时间 15 时和 18 时为例，15 时强对流主要分布在浙江南部的山区，18 时主要分布在浙江北部及周边的平原地区。浙江省及其周边的 MCS 空间分布的时间变化，可能是山区和平原气象要素日变化的差异对对流触发造成的影响。

2.2 浙江省气候环流背景的客观分型

区域天气环流形势分类一直是气象业务关注的问题。如江淮流域暴雨强降水的环流形势主要有梅雨型、江淮气旋型、江淮切变线型、暖切变线型、深槽型和台风北上型这 6 种类型（冯志刚 等，2013）等。环流形势的气候分型在业务预报和分析中发挥了重要的作用。然而，这种环流分型是通过主观地定义环流类型进行分类的，存在着一定的缺陷。特别是在当前拥有大量气象信息的情况下，客观有效自动地提取有效预报信息是必要的。可以通过制定客观分类的程序来代替主观的环流形势分类。

已有的可用于客观分类的辅助方法有：相关法、平方和法、聚类分析和主成分分析方法。这些方法都可以在一定程度上消除主观性。Huth（1996）对以上方法进行了综合的比较，发现以上客观方法都能产生有意义的分类。然而，主成分分析方法由于在时间和空间上更稳定（即，对网格密度和资料的周期的变化不太敏感），能得到和主观定义很好一致性的分型，也能很好地抑制不良的滚雪球效应（即创造一个巨大的类型，伴随着许多非常小的类型和未分类的资料），对主观规定参数不太敏感等原因，而被认为是最好的一种客观分析方法。

Richman（1981）是第一个提出主成分分析应用于形势分类的人。然而，通常应用的 S 模态（即输入数据矩阵以时间观测为行和网格点为列）主成分分析，不会产生任何分类，因为 S 模态旋转主成分分析试图分离出相似协变的网格点（Richman，1986）。而环流形势分类的任务需要分离相似空间形势。如果主成分分析是在 T 模态下运行，即，如果输入数据矩阵中的列表示某一时间观测值，而行对应于网格点，则可以实现这一点。应用于环流分类时，倾斜旋转优于不旋转和正交旋转结果。

从根本上，主成分分析在于用乘积 $\boldsymbol{Z}=\boldsymbol{F}\boldsymbol{A}'$ 的形式表示一个数据矩阵 $\boldsymbol{Z}=(z_{ij})$，$i=1,\cdots,N$ 为观测（样本）序号，$j=1,\cdots,n$ 为变量序号（网格点），其中 $\boldsymbol{F}=(f_{ij})$，$m=1,\cdots,n$，是主成分得分矩阵，$\boldsymbol{A}=(a_{ij})$ 是主成分荷载矩阵。载荷是以数据的相应特征值平方根进行缩放的相关（或协方差）矩阵的特征向量。特征值是主成分解释的方差。

按照惯例，主成分是根据其特征值的大小来排序的，因此，一些主要的主成分通常占总方差的很大一部分。只有那些包含气象信号的大特征值相对应的 PC 才能保留下来进一步分析。

2.2.1 环流背景客观分型

利用 NCEP 的气候资料，选择每年 6—9 月 MCS 发生的主要月份，以每日 4 次的海平面气压场资料为样本（共 7808 个气压场），对浙江为中心的 110°～140°E，10°～50°N 区域的形势场进行客观分型。客观分型采用倾斜旋转 T 模态主成分分析方法（Huth，1996），该方法能够得到包含主观分型结果的天气型，并且在时间和空间上更稳定。

海平面气压场的分型结果如图 2.31 所示，总体反映出以浙江省为中心区域的气压场高低强弱的不同配置。不同类型中左下角标注的数字代表该天气形势类型发生的频率。红色数字说明发生概率大于一个标准差，即发生概率异常偏高。蓝色数字说明发生概率小于一个标准差，即发生概率异常偏低，黑色为其他平均发生频率范围。

从图中可以看出，第一天气分型在 6—9 月中发生概率最高，为 16.6%，其次是第三型占比 13.0%。而第二、第八和第九型占比相对较少，第九型仅占 7.3%。在气压分布总体上有西北低东南高型（包括第一、第四 、第五、第六型），和南低北高型（包括第二、第三、第七、第八、第九型），两者所占比率大致相等。按照风压关系可以看出，在 6—9 月浙江省相对应地总体上受西南风和偏东风的影响，这两种盛行风向都有利于水汽的输送。

2.2.2 不同环境背景强对流的发生概率

图 2.31 不同分型中右下角标注的数字代表该型中 MCS 发生的概率。红色数字说明发生概率大于一个标准差，即发生概率异常偏高。蓝色数字说明发生概率小于一个标准差，即发生概率异常偏低，黑色为其他平均发生频率范围。

从图中可以看出，第二型天气形势中 MCS 的发生概率最高，为 4.69%。这一型的环流背景发生概率是异常偏少，但其中 MCS 的发生概率是异常偏多，值得关注。第一型中的 MCS 发生概率也异常偏多，为 4.39%，由于该型的环流背景发生概率最高，导致该型的 MCS 发生数目是最多的。第六型和第四型环境背景下的 MCS 发生概率也相对较高，分别为 4.38% 和 4.2%。相反，第三型、第七型和第九型天气形势下发生的 MCS 发生概率相对较少，第九型仅占 1.23%。

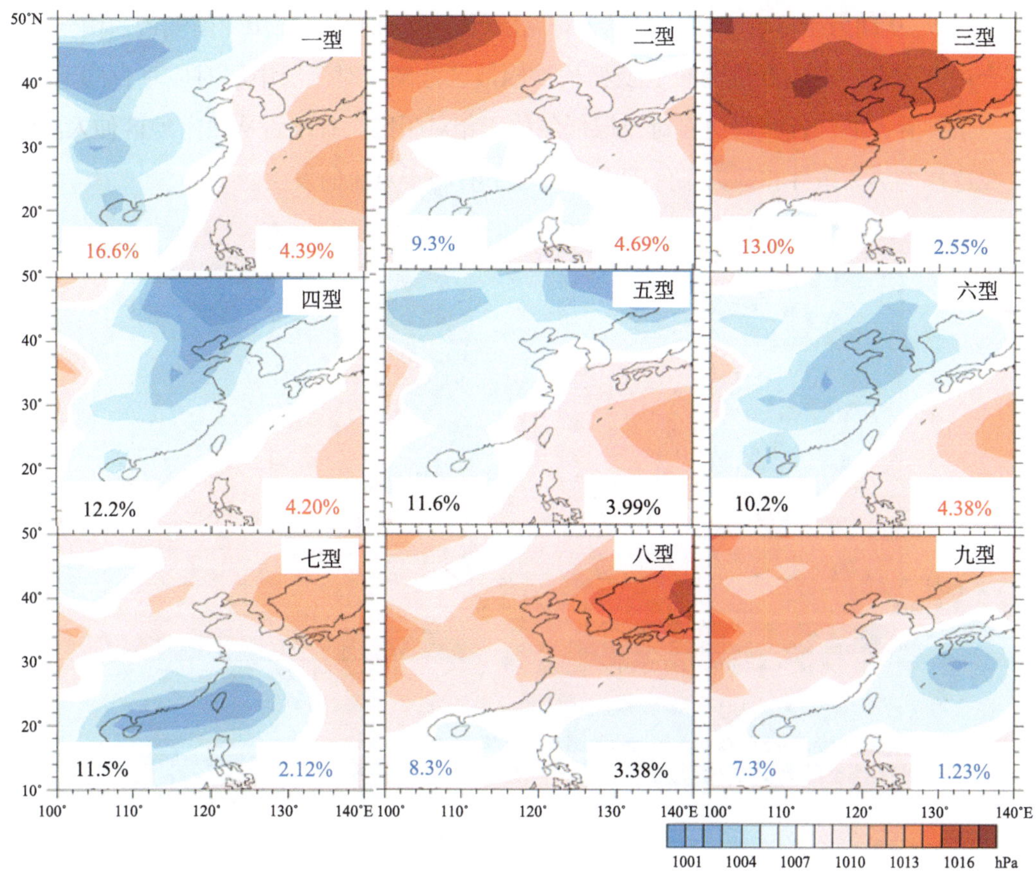

图 2.31 以浙江省为中心的 6—9 月海平面气压场客观分型

如果按照气压高低的相对配置，南低北高型（包括第二、第三、第七、第八、第九型）平均的 MCS 发生概率为 2.79%，而西北低东南高型（包括第一、第四、第五、第六型）平均的 MCS 发生概率为 4.24%。可见，后者天气分型下发生的 MCS 明显大于前者。

2.2.3 环境背景特征分析

MCS 发生概率多寡的原因蕴藏在不同分型的形势场中，根据客观分型结果，分别对不同型的形势场进行合成分析，以期得到不同天气分型的基本特征。

第一型是发生频率最高的天气形势，同时它属于西北低东南高的海平面气压分布类型，分别对该型的 850 hPa、500 hPa 和 300 hPa 的形势场进行合成分析（图 2.32）。分析结果显示，6—9 月期间，在对流层中低层浙江省主要处于副热带高压（下称“副高”）边缘，受副高西北侧的暖湿西南气流控制（图 2.32a、b、c）。850 hPa 和 500 hPa 的副高西伸脊点位于 24°N 附近。对流层高层 300 hPa 浙江省位于青藏高压环流东侧，东亚低槽槽底

（图 2.32d）。从动力条件看，浙江省位于对流层低层风场的气旋性切变南侧的西南气流中，有辐合中心配合，对应高层为东亚低槽槽前辐散区范围，对流层中层对应垂直向上运动。从热力条件看，浙江及其周边在对流层低层位于相对暖区，有湿舌从西南地区伸入浙江一带。在这样的热力条件和动力条件配合的环境下有利于对流的发生。

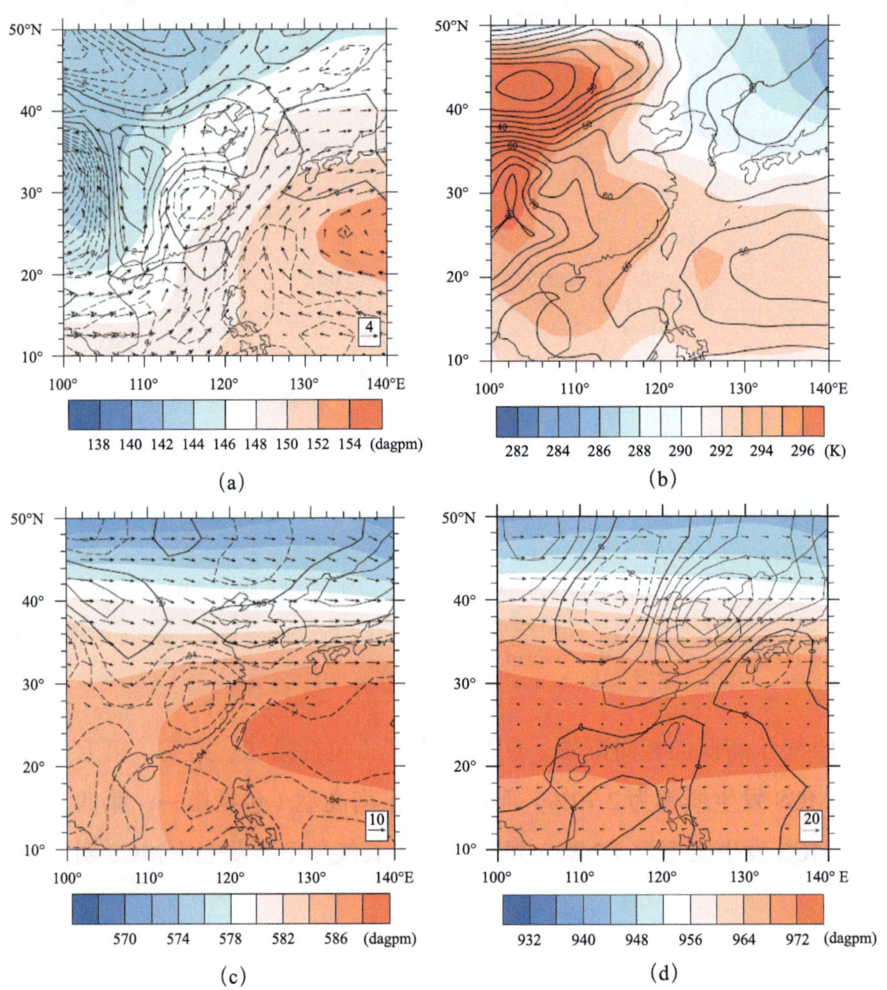

图 2.32　第一天气分型的环境特征

（a）850 hPa 位势高度（阴影区）、风场（矢量）和散度（等值线，负值为虚线）；（b）温度（阴影区）和相对湿度（等值线）；（c）500 hPa 位势高度（阴影区）、风矢量和垂直速度（等值线，负值为上升运动）；（d）300 hPa 位势高度（阴影区）、风矢量和散度（等值线，负值为虚线）

第九型是发生频率最小的天气形势（图 2.33），它属于南低北高的海平面气压分布类型。从对流层不同高度的合成形势场显示，有一热带低压在西北太平洋洋面上，距离华东沿海约 1100 km。虽然西北太平洋是发生热带气旋最多的洋区，但相对于其他天气，有热带气旋的时间占比相对还是比较少的，这和第九型天气类型发生频率较少一致。此时，中国大陆对流层低层受洋面低压西北部辐散形东北气流控制，浙江省处于辐散区；对应地在对流层高层浙江省主要处于洋区低槽后部的辐合区，在 500 hPa 则表现是洋面对应槽区后部的下沉运动。对流层低层温度相对较低为 290～291 K，低于第一型约 2 K，而相对湿度和第一型相当约为 60%。这样的热力动力条件配置都不利于对流的发生，从而也导致该型发生的 MCS 概率也异常偏少。

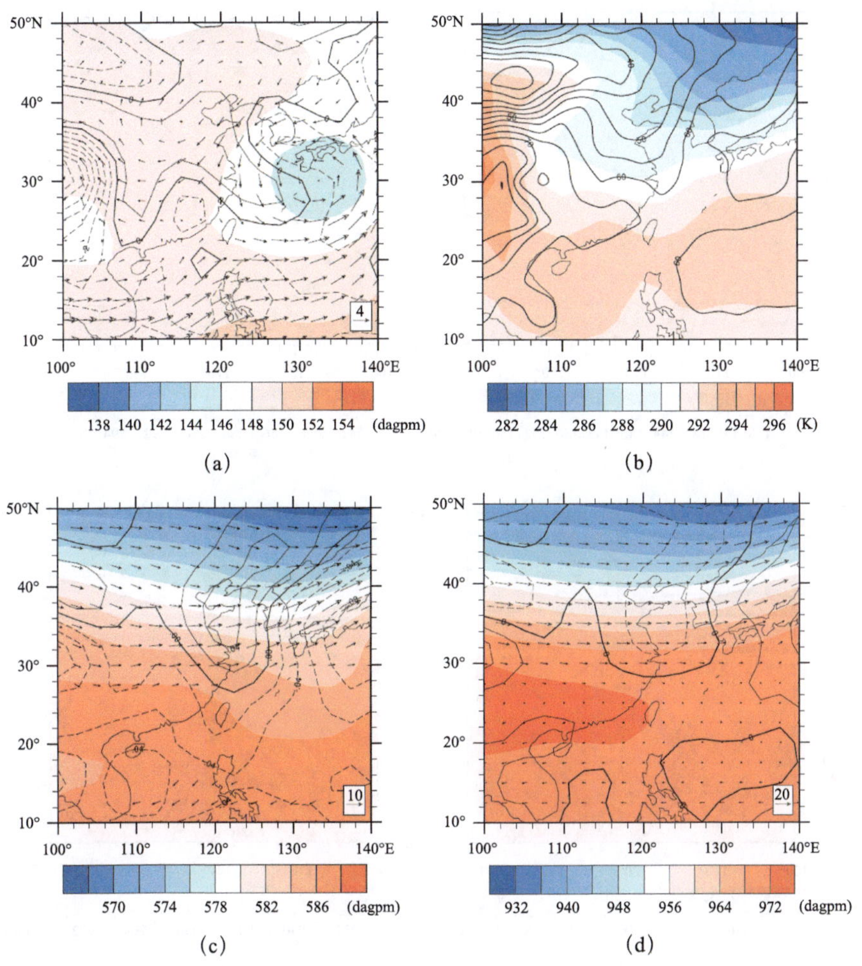

图 2.33　同图 2.32，但为第九型的天气形势

值得一提的另一天气分型是第二型，它的海平面分布和第九型一样具有南低北高的特征（图 2.34），天气形势发生概率也异常偏少，但该形势下的 MCS 发生概率却是所有分型中最大的。从对流层低层 850 hPa 的形势场可以看出，此型中浙江省处于一个鞍型区，在我国东北有低槽经过，槽底在 40°N 以北，该槽在垂直方向上很深厚，从对流层低层到高层的天气图上都很明显。低槽以南地区西风平直，副高较弱。在对流层低层的西南地区有弱低压，其外围气旋性环流在浙江省表现为弱的气旋性风切变。在这样的形势下，浙江省及其周边的辐合辐散都较弱，500 hPa 表现为弱的垂直上升运动。然而，对流层低层

850 hPa 温度约 292～293 K 和第一型相当，相对湿度为 60%～65% 高于第一型，说明该型天气背景有较强的暖湿条件。结合第二型地面海平面气压分布以及东北地区的低槽，可以发现这是一种前期暖湿环境下北方冷空气渗透下触发的 MCS 类型。这种冷空气影响的天气形势对于 6—9 月来说是异常偏少的，但这种形势下发生的 MCS 概率却是异常偏多。

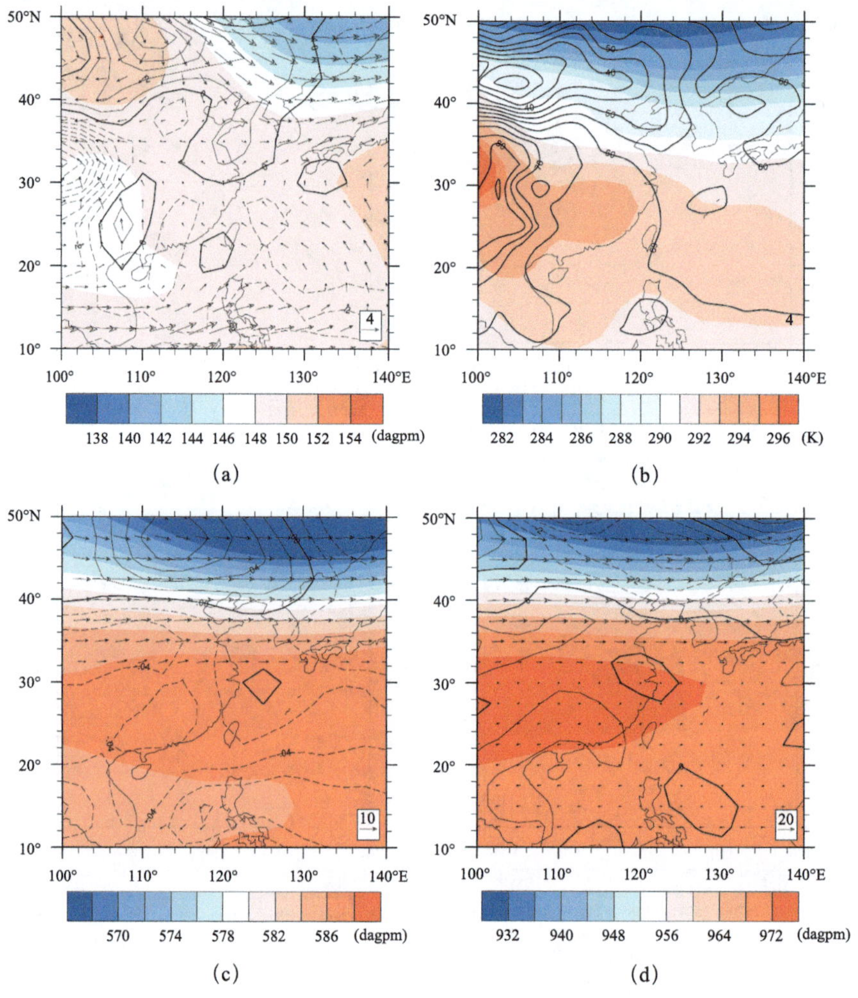

图 2.34　同图 2.32，但为第二型的天气形势

海平面气压呈西北低东南高类型的除了第一型外，还有第四型、第五型和第六型（图略），这些天气形势分型控制时，浙江省处于西南气流控制。这些分型之间的差别主要在于副高的位置和强弱，以及北边低槽的位置和强弱。它们在低层都表现出暖湿，中高层受低槽区或槽后气流影响，有利于形成不稳定层结大气。MCS 发生的概率在正常到异常偏多范围。其中副高最强的是第五型，500 hPa 上西伸脊点位于 120°E、24°N，对流层低层湿度也相对较低，MCS 发生的概率上比这一类的其他分型略低。

海平面气压呈南低北高类型的除了第二型和第九型外，还有第三、第七和第八型（图略），这几型的副热带高压强度强且位置最偏北，500 hPa 上副高脊线在 27°N 以北。在对流层低层可以看到浙江盛行偏东风或东南风，辐合区位于浙江以南到华南地区。低层位温类似于第九型相对较低，最低的是第三型只有 290 K 左右，但这几型的相对湿度总体都较高，可达 65% 及以上。MCS 发生的概率在平均到异常偏少范围。

综合以上分型及形势特征分析可以看到，在浙江省 6—9 月海平面气压场基本分布可以分为两大类，西北低东南高型和南低北高型，其中前者又可细分出 4 型（第一、第四、第五和第六型），后者可细分出 5 型（第二、第三、第七、第八和第九型）。在西北低东南高类的分型中，浙江省在对流层低层受西南暖湿气流控制，西北侧有低压槽，对流层中高层处于槽区或槽后。该类分型有利的动力和热力条件使 MCS 发生的概率处于平均到异常偏多的范围。在海平面气压南低北高类的分型中，浙江省在对流层低层主要受偏东风气流控制（第二型处于鞍型气压场中的弱风区），如副高南侧偏东气流或偏东南气流，或者海上气旋西南侧偏东北风气流控制。浙江省对流层低层空气相对湿冷，辐合区偏西偏南，所以该类分型的 MCS 发生概率总体上处于平均到异常偏少的范围（第二型除外）。在这一类的第二型中，海平面气压的“北高”是属于冷空气活动的高压，适逢前期浙江省的对流层低层空气暖湿，在这有利的热力动力条件下使其成为 MCS 发生概率最高的一个分型。所以从概率上看低压槽活动或者冷空气活动是浙江省 MCS 发生概率高的一个必要条件。

2.2.4 对流关键参数特征

MCS 是在有利的环境条件下触发产生，这些有利的环境条件可以通过定量的参数进行描述，这些参数来自于理论和业务经验（Doswell，2001），在各地的强对流等有关研究和预报中起到了重要的参考作用（Meng et al，2013）。

为得到浙江省及其周边的 MCS 发生环境特征，以杭州（58457）、衢州（58633）、洪家（58665）、邵武（58725）四个探空站为基础，选取 MCS 发生前 0～12 h 内的观测资料，对其对流关键参数（如 *CAPE*、*LI* 等）进行统计分析。为了能综合应用站点探空资料，减少天气对局部探空资料的污染影响，选取对流参数的最佳值（即各对流参数都分别选取同时观测的四个探空资料中最有利于对流发生的值）进行各分型的平均分析（表 2.1）。

表 2.1　不同天气分型的对流观测参数平均特征

参数	一型	二型	三型	四型	五型	六型	七型	八型	九型
SI（℃）	-2.4	-2.8	-1.0	-2.3	-2.7	-2.4	-1.2	-2.4	-0.5
LI（℃）	-4.0	-4.0	-2.4	-3.7	-4.2	-3.8	-3.1	-3.3	-2.6

续表

参数	一型	二型	三型	四型	五型	六型	七型	八型	九型
SWEAT	275.5	279.3	244.0	275.1	297.8	292.8	280.4	274.6	248.6
KI（℃）	38.6	39.4	37.7	37.8	39.0	39.2	37.3	38.7	36.9
TOT	46.7	47.2	44.6	46.0	47.1	46.7	44.2	46.5	43.5
CAPE（J/kg）	1526.1	1556.9	978.9	1675.5	1541.4	1415.5	1109.0	1389.1	900.8
CI	−193.8	−148.3	−92.9	−161.6	−163.0	−201.3	−126.2	−106.2	−323.5
BRN	44.2	48.1	6.0	175.6	71.9	69.0	13.7	15.9	24.5
LCLT	296.0	296.0	295.3	296.2	296.0	295.8	296.1	295.7	296.1
LCLP	942.6	947.4	959.6	937.0	943.6	936.1	945.6	955.2	959.9
PTMML	303.3	303.3	301.4	303.9	303.3	304.1	303.2	301.2	301.8
MRMML	19.2	19.1	18.2	19.7	19.2	19.2	19.3	18.8	18.9
PW	62.5	64.3	62.6	63.9	63.6	64.0	65.6	63.1	65.0

分别对各分型的不同的对流关键参数进行分析，发现有以下几个特征：

（1）有关热力不稳定的参数，MCS 发生频率异常偏少的分型具有比发生频率平均和异常偏高的分型更不利的条件。以对流有效位能（*CAPE*）分布为例（图 2.35），第三、第七、第九天气分型的 *CAPE* 值相对于其他分型明显偏小，对应着这些天气分型的 MCS 发生概率异常偏少。类似特征的对流关键参数还有 K 指数（*KI*），总全指数（*TOT*），抬升指数（*LI*）。这样的特征也表现在 MCS 回波伸展高度上，第三、第七、第九天气分型的 40 dBz 最大伸展高度是相对最低的。

（2）MCS 发生频率异常偏高的分型，其混合层（取最低 500 m）的平均位温（*PTMML*）最高。

（3）热力不稳定条件相对差虽然决定了第三、第七、第九天气分型发生 MCS 概率低，

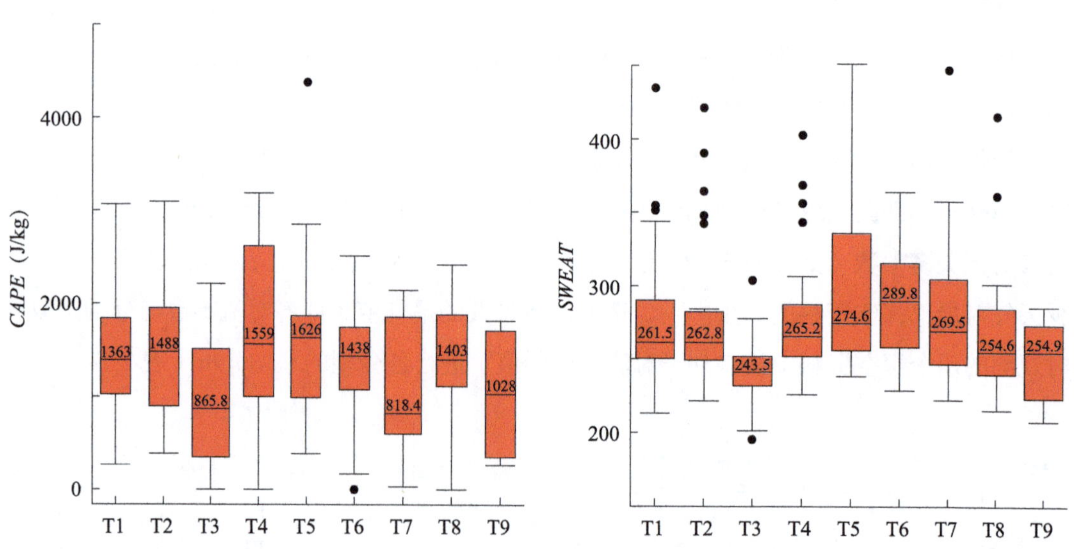

图 2.35　不同分型 MCS 的环境对流参数 *CAPE* 和 *SWEAT* 特征（T 表示天气分型）

但同时说明了有其他动力不稳定参与其中。以粗里查森数（*BRN*）为例，第三、第七、第九天气分型具有相对更小的值，有利于产生动力不稳定。

（4）与水汽关系相对密切的参数和 MCS 发生频率的关系不明显，如威胁指数（*SWEAT*）、可降水量（*PW*）、混合层水汽混合比（*MRMML*）、凝结对流高度（*LCLP*）等。

2.3 浙江省飑线的强对流大气环流特征及分型

2.3.1 飑线研究背景

飑线是一种线状排列的中尺度对流系统，常伴有雷雨大风、冰雹等强对流天气，具有发展迅速、时空分布不均匀、破坏力强等特点。以往的研究表明，飑线的触发与海风锋、低层辐合线、干线、锋面系统、雷暴出流边界、地形抬升、热力抬升等有关，也受大气内部扰动不稳定的影响（翟国庆 等，1991；吴海英 等，2013；姚建群 等，2005；高梦竹 等，2017）。Meng 等（2013）使用 2008—2009 年的资料对中国东部飑线的时空分布、系统特征、飑线的形成和组织方式及环境特征进行了详细分析，将飑线形成的环境场分为六种天气型：短波槽前型、长波槽前型、冷涡型、副热带高压型、台风型和槽后型，指出大约有三分之一的飑线为短波槽前型，大多数飑线形成于平原地区。中国东部中纬度的飑线形成时与美国的相比，具有更湿的环境、类似的不稳定性和较弱的垂直风切变。杨珊珊等（2016）通过统计冷涡背景下的飑线过程，得出飑线主要形成于我国江淮流域、华北地区和东北地区，飑线一般形成在冷涡的南部，冷涡背景下的飑线过程均为强飑线过程，生命史长、强度大。许多高分辨率数值模式成功地模拟了飑线的三维结构和发展（Rotunno et al，1988；Weisman et al，1988），发现环境垂直风切变对模拟飑线发展和维持起决定性作用，提出近地面冷池和低层环境垂直风切变相互作用是飑线发展维持最为重要的热动力机制，形成了描述飑线发展传播的“RKW 理论”。陈明轩等（2012）对华北一次飑线的模拟分析表明，在中纬度中等强度风切变的环境中，基于低层垂直风切变和冷池相互作用的 RKW 理论可以用来解释实际飑线过程的发展维持和传播机制。沈新勇等（2017）根据飑线边界层的湍流输送特征研究飑线发展的机理，得出冷池是飑线重要的边界层特征，与阵风锋和锋前新生单体密切相关，在飑线的生命史中起到重要作用。方翀等（2017）通过对华南西风带飑线分析表明，雷暴高压的持续加强、扩大及相应冷池的扩大导致西风带飑线的不断加强发展。韩颂雨等（2016）、袁子鹏等（2011）研究表明，强的风垂直切变既能促使飑线上对流单体的发展，也可能造成飑线垂直结构的倾斜。潘玉洁等（2012）基于多普勒雷达研究一次飑线内部的三维风场、动力和热力结构，构建了飑线系统三维结构概念图。以往大部分研究主要针对飑线个例基于雷达观测和数值模拟研究飑线的结构和发展维持机理，上述研究的共性结论均表明，地面辐合线对强对流的触发起重要作用，飑线前后存在雷暴高压和中尺度低压；冷池和环境风垂直切变在飑线的不同阶段存在交互作用，低层风切变对飑线的发展维持起重要作用，垂直风切变可能造成飑线垂直结构的倾斜等结论，为飑线的机理研究奠定了理论基础。

2.3.2 浙江省飑线天气常见的基本配置特征

国内学者按照热动力结构特征将我国强对流天气的形势背景分成五类：高空冷平流强迫、低层暖平流强迫、斜压锋生类、准正压类和高架雷暴类，这五类天气尺度的环境场有着各自的显著特征，这些特征在中尺度强对流系统发展过程中所起的作用不同（孙继松 等，2014）。下文给出其中两类浙江省强对流系统的天气系统典型配置和形成机理（高空冷平流强迫和斜压锋生类），再结合浙江省飑线个例的分类和形成机理等研究成果（李文娟 等，2019），将上述理论成果应用于飑线个例分析，目的是加深浙江省飑线天气发展条件的理解，更好地掌握飑线天气的概念模型，掌握浙江省强对流天气短期、短时潜势分析和预报重点。

2.3.2.1 高空冷平流强迫类（冷涡类西北气流型）

高空冷平流强迫类多发生在 500 hPa 高空（对流层中高层）西北气流或冷涡背景下，强对流产生的主要机制是垂直方向上温度差动平流形成的热力不稳定和强风垂直切变形成的动力不稳定，其中高空强干冷平流起着主导作用：一是产生强烈的位势不稳定层结；二是高空急流和高空锋区紧密联系在一起，斜压性引起的力管环流有利于强对流天气发生；三是高空急流是形成强风速垂直切变主要因素；四是高空强冷平流使得 0 ℃和 –20 ℃较低。在该类型中高空西北风（或偏北风）急流、低空风水平切变（风场不连续线）、露点锋（干线）或冷锋对强对流系统起到触发和组织作用，常常诱发这类中尺度天气系统。

1. 热力条件

中高层强烈干冷空气叠加在低层相对暖（湿）气流上，热力结构使得大气温度垂直递减率很大，造成低层空气负浮力加大，有利于地面强对流天气特别是雷暴大风天气出现。同时，强对流发生前地面天气晴好，边界层有增温增湿，为强对流天气发生提供了极好的热力不稳定和能量条件。业务上常用的 850 hPa 与 500 hPa 气温之差的值来表征这种静力稳定度，北方地区多在 28 ℃以上，南方在 26 ℃以上。

2. 动力条件

强对流发生前，在强对流相对应的区域，中低层（925～700 hPa）往往存在切变线和干线，少数情况在强对流发生时和发生后，可分析出新生切变线或干线。

地面图上，强对流天气区处于热低压倒槽或均压区，在其北侧一般有东西向弱冷锋和露点锋（干线）。在强对流发生前大多都有地面辐合线形成。冰雹、雷雨大风主要出现在午后至上半夜冷空气经过热低压或均压区的东南象限内，这种结构有利于低空气块的抬升。

3. 湿度条件

这类整层湿度偏干，湿层浅薄。在 850 hPa 以上大气层湿度条件都较差，500 hPa 图上还常常有干舌（多 $T-T_d \geqslant 20$ ℃），925 hPa 以下甚至到近地面的相对湿度相对较湿一些。等露点廓线与温度廓线形成“V”字形，或有时在 850～400 hPa 某层湿度大，表现为“X”型。

4. 具备对流向强对流的转换条件

通常没有低空急流，但中高层有西（西北）风急流存在，垂直风切变很大，风向或风速的变化都可以很显著，850～500 hPa 风向顺转常常可达 90°；高空 200～300 hPa 急流常常通过强对流天气发生区域的上空。

丁一汇等（1982）通过对华北九次槽后类飑线过程分析指出，飑线触发机制可能有四种：一是冷锋或西北气流中小槽或横槽南下；二是高空急流从其上方或南侧通过，沿急流轴最大风速中心向下游传播；三是锋前暖区或锋后冷区中由地面或低空最大风速中心造成触发；四是锋面上小低压环流或背风波地形倒槽中发展出来的小低压。

2.3.2.2 斜压锋生强迫类

斜压锋生类是指发生在中低层冷暖空气强烈交汇，并伴有明显温度锋区和锋生过程，地面有明显的冷锋或气旋波活动形势，具备经典的斜压大气特征结构。显著的冷暖平流导致斜压锋生和强烈辐合抬升形成的动力强迫是这类强对流天气发生的重要条件。本节讨论的斜压锋生是较强冷暖空气的共同作用，表现为高空冷平流、低空暖平流都很显著，使温度递减率加大，有利于对流的发生；在单站探空上表现为低空风向随高度顺转，中高空风向随高度逆转。锋面、气旋波和中低层切变线、低涡发展等天气系统是这类强对流天气触发和组织者，常常诱发飑线等中尺度天气系统。

斜压锋生类在天气图上主要有两种形式：第一种，出现紧贴冷锋的冷空气大风与雷雨大风的混合性大风，混合性大风是由强冷空气进入强烈发展的低压倒槽中引发的，低层冷暖平流都很强，表现为南风和北风对吹，925～850 hPa 低涡后部北风一般有 8～12 m/s，大风核可达 14～20 m/s，南侧西南风急流可达到 12～16 m/s，大风核达到 20 m/s 以上。斜压锋生和锋面的动力强迫作用起了关键作用。

第二种是在 925～850 hPa 存在冷式和暖式切变组合成“人”字形切变，高空槽前有低涡和地面气旋波形成，冷切变北侧和南侧也有较强冷暖平流，但低层冷空气强度要较前一类弱一些。这类强对流天气多出现在气旋波的暖区，自西南向东北移动。

这类强对流天气形势配置结构有利于强对流发生、发展和移动。

1. 热力不稳定条件

这类热力不稳定建立的机制兼有低空暖平流型和高空冷平流型特征：低层西偏南急流形成很强的暖平流，中纬度 500 hPa 低槽东移，多数情况下伴随大的经向度低槽（有时表现为阶梯槽），槽后有明显的冷平流，有利于位势不稳定的建立。

2. 动力条件

（1）低槽东移引导地面冷空气南下。在槽前正涡度平流、中低层暖平流作用下，使地面低压系统发展。

（2）低层切变线南北两侧存在强西南急流和偏北风急流（或显著的偏北气流），附近有近东西向强温度锋区（锋生），地面有明显的冷锋、气旋波活动，具有深厚的锋面大尺度的动力强迫抬升条件。

（3）高、低空急流位置常常在五个纬度内，它们之间的耦合作用会加强锋面附近的上升运动；有时高层 200～300 hPa 分流式辐散场也会加强锋面附近的上升运动，此时强对流更为剧烈。

（4）由于造成这类强对流的锋面系统较深厚，环境场的风垂直切变能达到中等以上。

3. 中低层强西南急流的建立为强对流发展提供了很好的水汽来源

这类强对流天气范围大、种类多，常常发展为高度组织化线状对流云带（飑线），造成雷雨大风、短时强降水、冰雹等混合性湿对流天气类型，以雷雨大风天气最多，短时强降水次之。当中层 700～400 hPa 湿度较干时，则以雷雨大风天气为主。这类天气形势下，是否出现冰雹、冰雹范围大小以及是否出现直径 2 cm 以上的大冰雹与 0 ℃层、−20 ℃层高度、风垂直切变以及中层空气的湿度等有关（孙继松 等，2014）。

2.3.3 浙江省飑线天气特征及分型

浙江省春季和夏初由于大气斜压性较强、温度直减率较大易发生飑线天气。春季西风槽和冷锋影响频繁，锋面南下易触发较大范围的强对流天气；春末夏初北方冷涡等背景下发展起来的强对流风暴也会造成浙江省大范围风雹为主的灾害性天气，根据浙江省所处冷涡的位置，再结合 Meng 等（2013）的分型，此类飑线定义为冷涡类西北气流型。根据上述热动力条件的分类，又可将其称为高空冷平流强迫类。这类飑线的大尺度背景场冷空气主导，暖湿气流非常浅薄，从预报的角度往往存在较大的难度。

浙江省出现的飑线天气类型，还有一类相对较为常见：长江中下游存在西风长波或短波槽，浙江省处于西风槽前的西南急流中，低层水汽条件较好，根据环境场的特征，结合 Meng（2013）的分型，定义为槽前西南急流型。此类飑线根据形成机理，又可以分为两种类别，斜压锋生强迫类和西南急流强迫类。西南急流强迫类一般发生在斜压锋区的暖区中，此类西南急流型飑线的大尺度背景场及对流指数特征与西北气流型飑线（高空冷平流强迫类）存在较明显的区别。

针对浙江省春至夏初即 2005—2018 年 3—6 月的 7 次飑线个例进行分析，这些个例分别是 2006 年 6 月 10 日（060610）、2007 年 5 月 5 日（070505）、2009 年 6 月 5 日（090605），这三次过程分别发生在上午、夜间和傍晚，归类于冷涡类西北气流型；2005 年 5 月 5 日（050505）、2005 年 5 月 17 日（050517）、2014 年 3 月 19 日（140319）、2018 年 3 月 4 日（180304）四次过程发生在午后，归类于槽前西南急流型。根据形势场的差异对发生在浙江省的 7 次飑线过程进行分型，从大尺度环境场、雷达结构特征等方面，综合分析浙江省不同类型的飑线天气发生发展的共性规律和个体差异，从而加深对浙江省飑线天气发生演变的物理理解。

2.3.3.1 两类飑线系统的天气实况

表 2.2 列出了七次飑线过程的具体发生信息，包括影响时间、地点、强度以及生命史等。西北气流型飑线存在两种移动方向，自北而南和自西北向东南，三次过程造成的灾害性天气类型均以大范围的雷暴大风天气为主，且多地观测到小冰雹。060610 过程自西北向东南影响浙中北地区，对流风暴 06 时起始于安徽南部，进入浙西后演变成长 300 km 的飑线系统，从起始到消亡历时约 8 h。070705 和 090605 两次过程自北而南影响浙东北地区，070505 过程对流风暴 15 时左右起始于山东省南部，经过合并演变成带状，夜间 00—05 时影响浙江省，从起始到消亡历时 13 h。090605 过程 13 时起始于江苏，17 时开始影响浙江省，从起始到消亡历时 8 h。090605 和 070505 过程雷达均探测到阵风锋回波，060610 过程飑线前沿触发出强的新生单体，说明飑线形成的冷池强度较大。由此可见，影响浙江省的冷涡类飑线均是由上游地区触发的对流单体，经过发展合并演变成飑线系统随槽后冷空气迅速南下影响浙江，因此，生命史长、强度大是此类飑线系统的特点。

西南急流型飑线也存在两种移动方向，如近几年影响浙江省最强的两次飑线系统 140319 和 180304 过程，移动方向分别是自西北向东南和自西南向东北。140319 过程发生在 13—18 时，主要影响浙中及沿海地区，15 个县（市）出现冰雹，尤其是台州地区，冰雹最大直径 33 mm，有 45 个站次出现短时强降水；180304 过程发生在 17—21 时，省内 961 个测站出现 8 级以上大风，极大风速最大达到 40.4 m/s，有 55 个站次出现短时强降水，局地观测到冰雹。这次过程由于移动速度快，影响浙江省的时间相对较短，但是生命史很长，从广西触发到浙江消亡，维持约 15 h。可见，西南急流型飑线不仅造成大范围雷暴大风，而且伴随一定范围的短时强降水天气。从地面自动气象站的观测，几次飑线过程均发现雷暴中尺度高压特征，风向突变、风速剧增、气压陡升、温度骤降、相对湿度增加，如 180304 飑线过境期间，杭州站的气压由 998 hPa 上升到 1003 hPa；相对湿度从 58% 迅速增至 90%，温度则骤降了 10 ℃，风速出现了 10 级大风，具有典型的飑线天气特征。

表 2.2　七次飑线过程的具体信息

个例日期	影响浙江的时段	≥ 8 级大风站次及最大风力	生命史（起始 – 消亡）	移动方向	影响范围	灾害性天气
2006 年 6 月 10 日	09—14 时	≥ 8 级 278 个站，最大余姚芝山 32.8 m/s	约 8 h（06—14 时）	自西北向东南	浙中北地区	大风、短时强降水、冰雹
2007 年 5 月 5 日	23—05 时	≥ 8 级 120 个站，最大嵊泗小洋山 34.4 m/s	约 13 h（13 时—次日 05 时）	自北而南	浙东北地区	大风、短时强降水、冰雹
2009 年 6 月 5 日	17—21 时	≥ 8 级 169 个站，最大上虞小越镇 35.2 m/s	约 8 h（13—21 时）	自北而南	浙东北地区	大风、短时强降水、局地冰雹
2005 年 5 月 5 日	10—15 时	≥ 8 级 54 个站，最大玉环潮汐发电站 32.2 m/s	约 7 h（08—15 时）	自西南向东北	浙南和东南沿海地区	大风、短时强降水
2005 年 5 月 17 日	13—17 时	≥ 8 级 44 个站，最大嵊州北漳镇 33.4 m/s	约 6 h（11—17 时）	自西北向东南	浙北地区	大风、短时强降水
2014 年 3 月 19 日	14—18 时	≥ 8 级 94 个站，最大临海下塘园村 35.3 m/s	约 5 h，（13—18 时）	自西北向东南	浙中及沿海地区	大风、短时强降水、冰雹
2018 年 3 月 4 日	17—22 时	≥ 8 级 961 个站，最大诸暨开化 40.4 m/s	约 15 h（07—22 时）	自西南向东北	浙江省大部地区	大风、短时强降水、冰雹

2.3.3.2　不同类型飑线的大气环流特征及触发机制分析

1. 冷涡类西北气流型飑线系统

三次过程大尺度背景场存在较明显的共同点，利用 NCEP 1°×1° 的分析场绘制起始对流（云图亮温）和高低空形势场的配置图（图 2.36），由图中可见，500 hPa 东亚大槽位于我国东部地区，冷涡中心位于东北，浙江省处于槽区或槽后，700 hPa 和 850 hPa 整个华东地区均转为西北气流；地面图上，华东地区受低压系统控制，低压系统内可分析出明显的边界层辐合线，而对流的触发和加强均发生在 925 hPa 至地面的低层辐合线附近，其中两次过程表现为东西向的切变辐合，一次过程表现为南北向的海陆风辐合。针对上述个例的相关研究表明，强对流活动与边界层内的中尺度辐合线有密切联系（戴建华 等，2012；沈杭锋 等，2010；黄旋旋 等，2008）。三次过程强对流的触发地均出现在苏皖地区，060610 过程起始于安徽南部，正对应 925 hPa 至地面的辐合线附近；070505 过程对流起始于山东南部的切变线系统，在苏皖中南部的低层辐合线附近合并演变成带状；090605 过程的对流起始于江苏中部，雷暴单体发生、发展在暖区的低层辐合线附近，由“热岛效应”和海陆风锋触发。

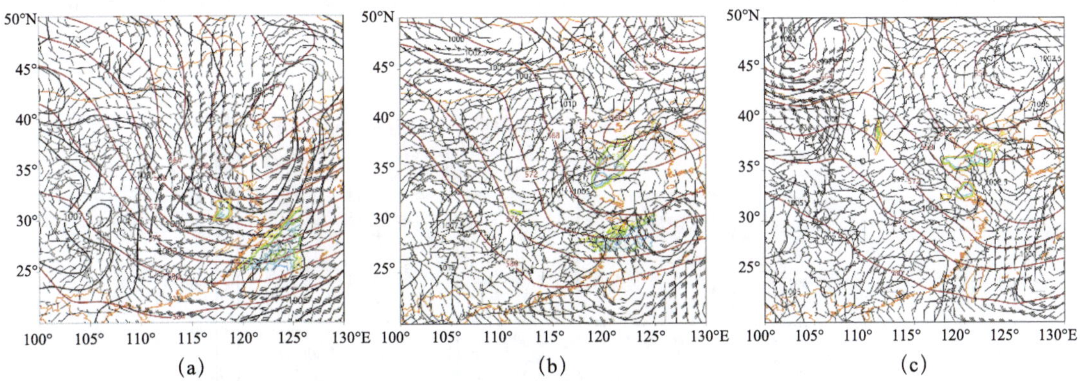

图 2.36　500 hPa 高度场 + 地面气压场 + 云图亮温 +925 hPa 风场（a）或 +1000 hPa 风场（b）、（c）
（a. 2006 年 6 月 10 日 08 时；b. 2007 年 5 月 5 日 20 时；c. 2009 年 6 月 5 日 14 时）

由风场叠加相对湿度和垂直速度在 30°N 和 120°E 的剖面（图 2.37），可以看出，在 117°～123°E 和 28°～32°N 的浙江省范围内，西南暖湿气流只存在于 900 hPa 以下，以上是西北或偏北气流的干冷空气，低层切变辐合触发垂直上升运动，垂直速度的强中心约位于 750 hPa，最大达到 –0.4～–0.6 Pa/s，并对应 12 m/s 左右的西北风。相关研究已表明，东亚大槽后高空强冷平流与低空暖平流形成的强不稳定层结是该类强对流天气发生、发展的主要机制。高空干冷平流的动力强迫以及地面至 925 hPa 的辐合抬升是强对流触发的主要原因，干空气的夹卷作用可发动云内下沉气流，造成地面大风的产生。雷暴大风的产生需要较强的下沉气流，有利于下沉气流的背景条件是干空气夹卷进入刚刚由降水发动的下沉气流，使得雨滴蒸发，大多数湿对流内的下沉气流是由云和降水粒子的相变冷却所驱动（孙继松 等，2014）。因此，对流层中低层不仅存在干空气，而且夹卷层存在较强的西北气流，可以导致云内强下沉气流的产生。由于暖湿气流的层次非常浅薄，冷空气南下速度快，因此，潜势预报往往存在较大的难度。

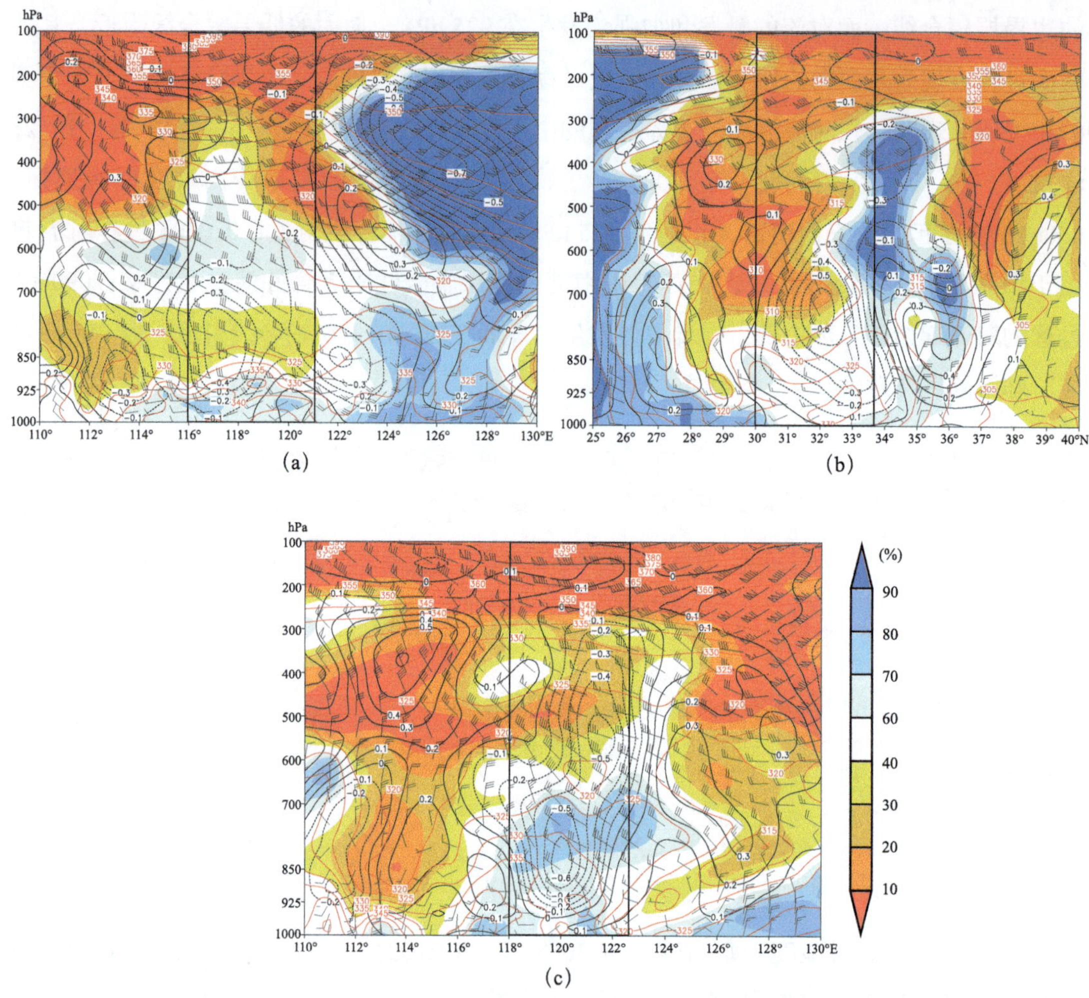

图 2.37 风场 + 相对湿度 + 垂直速度（黑线）+ 假相当位温（红线）剖面图
（a）2006 年 6 月 10 日 08 时，30°N；（b）2007 年 5 月 5 日 20 时，120°E；
（c）2009 年 6 月 5 日 20 时，30°N

2. 西南急流型飑线系统

槽前西南急流型是浙江省较为多见的飑线天气形势，此类型飑线存在两种移动方式，其触发机制和形成机理也存在异同之处。四次过程地面形势的配置均属于江淮低压冷锋南下型，主要特点是浙江省处于西南急流影响下，气温回升；从东北到长江下游是南北向的低槽区，槽内在江淮流域形成强大的低压系统；冷高压在贝加尔湖到河西走廊一带，向东南方向移动，3—4 月初冷空气势力仍较强，高低压之间存在明显的气压梯度，低层对应能量锋区，而 5—6 月冷高压变性，势力较弱，但是都存在江淮气旋或低压入海引导冷高压南下的过程。高空形势场的共同点是长江中下游存在南支槽，而浙江省以北有小槽东移，浙江省位于槽前，中低层存在西南急流，低层从华南至江南形成水汽输送通道，浙江省处于水汽通量的大值区。

由图 2.38 可见，08 时低层槽后冷空气至苏皖地区，形成切变线系统，西北东南移向的两次过程 140319 和 050517 均发生在切变辐合区，起始对流位于浙江省的西北侧，自苏皖南下，低压系统内强烈的冷暖交汇以及锋区的抬升作用是强对流形成的主要原因。140319 过程由于能量锋区的抬升作用更强，促使对流发展更旺盛，这类飑线具有明显的斜压大气特征结构，伴有温度锋区，地面有明显的冷锋或气旋波活动，已有研究将此类飑线称为斜压锋生类（孙继松，2014）。西南东北移向的两次过程 180304 和 050505，强对流发生在西南急流轴上，冷空气及锋面影响时间偏晚，冷暖交汇并不是直接的触发机制，而是由西南急流强迫产生，强对流形成发展的区域位于低层假相当位温 345 K 以上的高能区，配合低层水汽和风速或风向的辐合区（图略）。

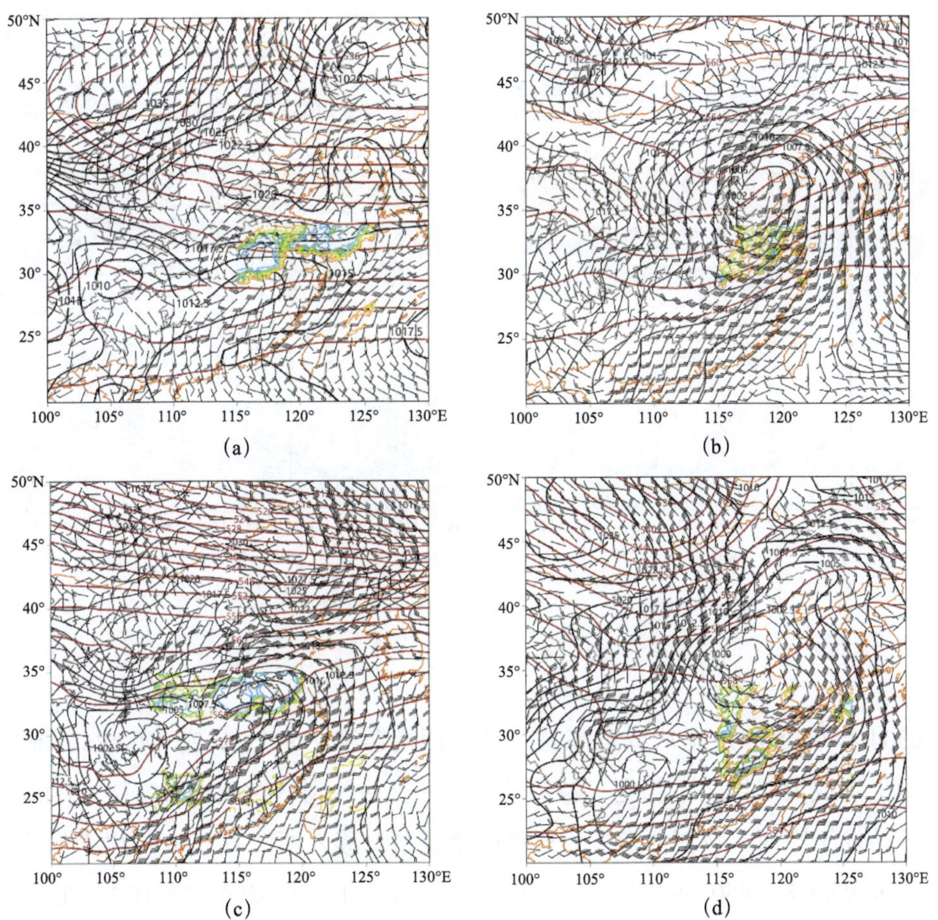

图 2.38　500 hPa 高度场 +925 hPa 风场 + 地面气压场（a）2014 年 3 月 19 日 08 时；（b）2005 年 5 月 17 日 08 时；（c）2018 年 3 月 4 日 08 时；（d）2005 年 5 月 5 日 08 时

从垂直速度场叠加风场的剖面图可进一步揭示对流发生发展的成因。由图 2.39 可见，在 140319 和 050517 两次过程的强对流发展区，冷空气从低层渗透，和西南暖湿气流交汇触发较强的上升运动，140319 的降雹区在 121°E 的台州，低空辐合和 200～300 hPa 高空辐散场耦合形成次级环流，垂直上升运动到达对流层中高层，最强达到 –1.4 Pa/s；050517 过程上升运动同样由冷暖气流的交汇产生，强度比 140319 过程明显较弱，在 118°E 的强上升中心位于 800 hPa。此外，两次过程在 700 hPa 以上存在一定的干空气。

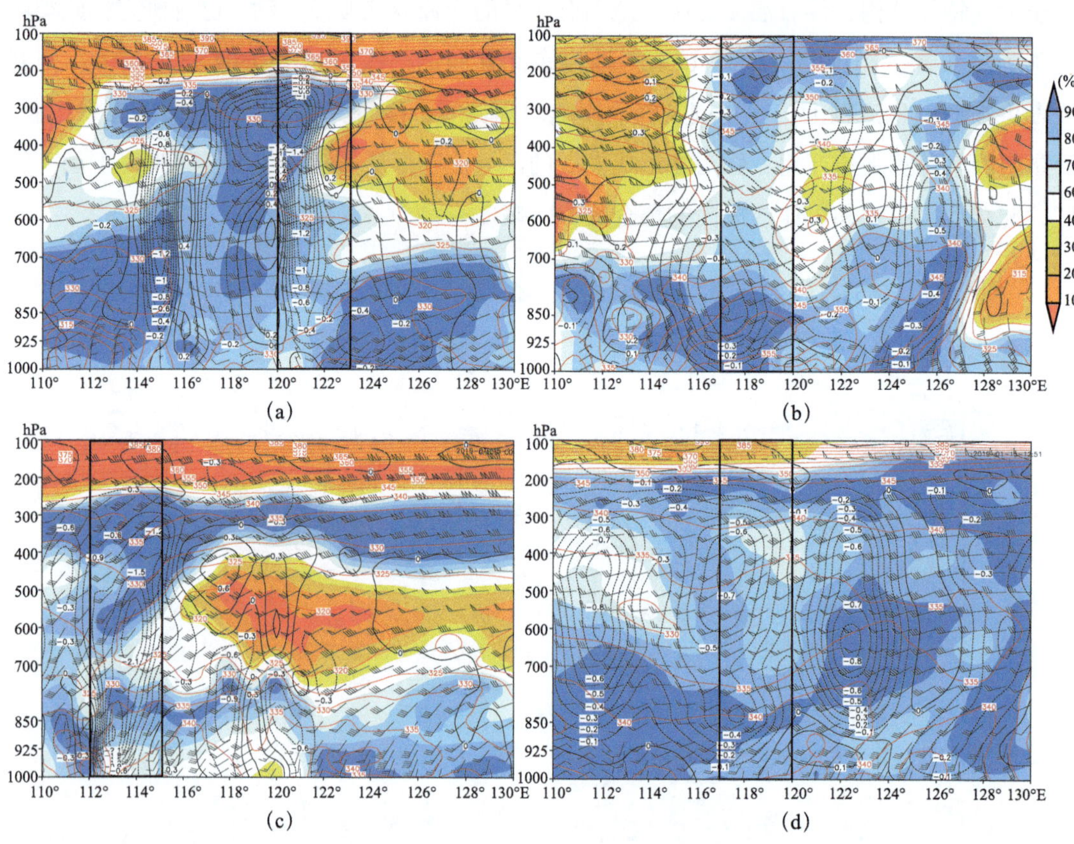

图 2.39　风场 + 相对湿度 + 垂直速度（黑线）+ 假相当位温（红线）剖面图
（a）2014 年 3 月 19 日 14 时，29°N；（b）2005 年 5 月 17 日 14 时，30°N；
（c）2018 年 3 月 4 日 14 时，29°N；（d）2005 年 5 月 5 日 08 时，29°N；

180304 和 050505 过程从低至高是一致的西南急流，500 hPa 或 700 hPa 冷槽叠加在低层暖脊上造成大气层结不稳定，触发垂直上升运动并到达对流层中高层。180304 过程对流系统始发于广西，在江西发展为典型的飑线系统移入浙江省，30°N 以南的地区各层西南急流非常强盛，850～925 hPa 风速达到 16 m/s 以上。180304 过程在 114°E 左右对流发展的区域，900 hPa 以下出现偏北风，低层风场的辐合和 200～300 hPa 高空辐散场耦合，形成上升运动，垂直上升速度在 600 hPa 达到 –2.1 Pa/s；在其东侧形成下沉气流，又在其前方激发出上升运动，并且假相当位温和比湿条件在上升运动的东侧更为有利（图

2.39c）。由此可认为，对流生成后在西南急流引导下向东北移动，由于雷暴下沉气流与其前方的西南气流形成地面辐合线，以及移入的水汽条件、不稳定条件及垂直风切变条件对对流单体发展都十分有利，使得对流单体持续发展。两次过程同样在对流层中层存在一定的干空气，尤其是 180304 过程干空气更为明显，不仅形成上干下湿的不稳定层结，而且干空气的夹卷作用增强下沉气流，是风雹天气产生的必要条件。

西南急流型飑线由锋面的动力强迫或西南急流强迫产生，地面辐合线、925 hPa 切变线、能量锋区、低层西南急流脉动或风速辐合等是西南急流型飑线系统的主要触发抬升条件，同时，200～300 hPa 高空分流区或高空急流与低空西南急流耦合及形成的次级环流上升支都为强对流发展提供良好的动力条件，进一步增加条件不稳定和对流有效位能（*CAPE*），并减小对流抑制（*CIN*），加强了不稳定能量的释放。

2.3.3.3　两种类型飑线的环境参数对比特征

利用假相当位温及其垂直递减率来综合判断大气层结不稳定，分析假相当位温和比湿随高度的变化（图 2.38 和图 2.39），发现在对流发展区的低层为高温高湿区，比湿达到 12 g/kg 以上，假相当位温达到 330 K 以上，并随高度减小，低值中心约位于 600 hPa。由于低层存在暖湿平流，而对流层中、高层为相对干冷的平流，使得在对流发展区迅速产生了显著的条件不稳定区域。两类飑线的区别在于西南急流型的暖湿层次较为深厚，一般能达到 700～800 hPa，且水汽通量＞ 16 g/（s · cm · hPa），而西北气流型仅在 925 hPa 以下，且水汽通量＜ 10 g/（s · cm · hPa）。

由于 08 时的探空结果对于下午到傍晚发生的天气过程的代表性不佳，因此，对三次过程 08 时的探空结果根据发生前 14 时的地面气温、露点进行了适当订正，发现订正后 *BCAPE*、*BLI*、*SSI*、*CIN* 等热力指数发生了明显变化，对比结果见表 2.3 和表 2.4。由两种类型飑线的探空图（图 2.40）可见，探空均呈现典型的上干下湿的喇叭口特征，这是大风类强对流天气产生的典型层结。西北气流型的整层空气很干，仅近地面层存在非常浅薄的湿空气，925 hPa 形成西北和偏西气流的切变辐合。槽前西南急流型由于低层西南急流发展，导致在近低层容易形成浅薄的逆温层，有利于午后不稳定能量的集聚，而 08 时由于春季地面温度低，*CAPE* 基本为零，但是最佳有效位能 *BCAPE* 相对 *CAPE* 更有指示意义。

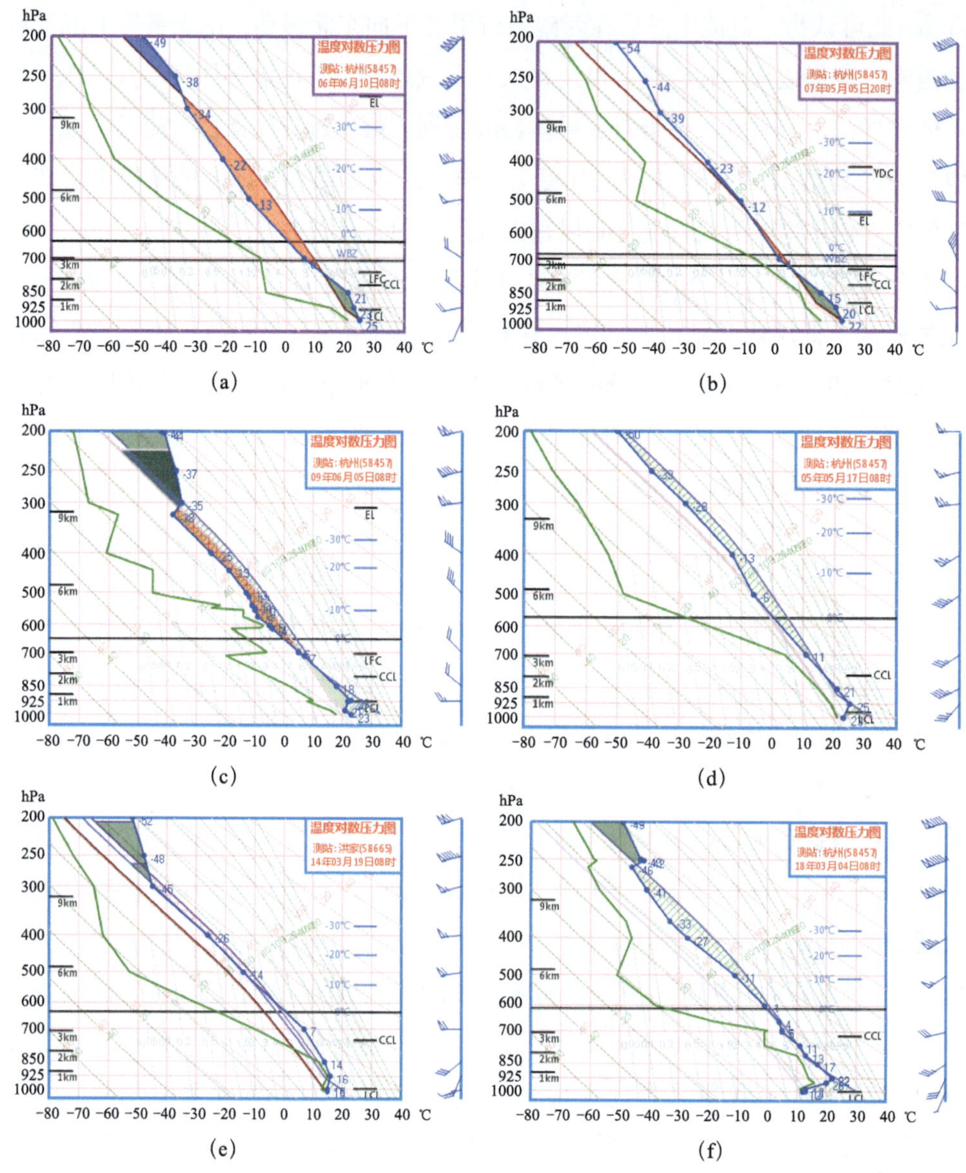

图 2.40　两种类型飑线天气的探空图

（a）2006 年 6 月 10 日 08 时；（b）2007 年 5 月 5 日 20 时；（c）2009 年 6 月 5 日 08 时订正；（d）2005 年 5 月 17 日 08 时订正；（e）2014 年 3 月 19 日 08 时订正；（f）2018 年 3 月 4 日 08 时订正

表 2.3　西北气流型杭州探空站计算的对流指数

发生时间（年月日时）	*BCAPE*（J/kg）	*DCAPE*（J/kg）	*SSI*	*BLI*（℃）	*KI*（℃）	*SI*（℃）	$T_{850-500}$（℃）	SHR_{0-3}（m/s）	SHR_{0-6}（m/s）
2006061008	1602.0	1351.0	69.0	−7.9	12.0	5.4	34.0	8.0	20.0
2009060508	903.0 （1963.0）	1081.0	53.0 （74.0）	−3.3 （−5.7）	22.0	3.0	31.0	8.0	14.0
2009060520	1267.0	1448.0	54.0	−3.9	36.0	−0.1	28.0	16.0	23.0
2007050520	119.0	926.0	52.0	1.5	27.0	1.7	27.0	18.0	17.0

注：括号中为探空订正后的数值，下同。

表 2.4 西南急流型探空站点对流指数值

发生时间（年月日时）	*BCAPE*（J/kg）	*DCAPE*（J/kg）	*SSI*	*BLI*（℃）	*KI*（℃）	*SI*（℃）	$T_{850-500}$（℃）	SHR_{0-3}（m/s）	SHR_{0-6}（m/s）
2005050508	1050	970	57	−4.8	38	−0.2	28	19	20
2005051708	324（1768）	1150（1553）	46（81）	−2.7（−5.7）	35	−1.5	27	13（14）	18（21）
2014031908	867	1061	61	−3.2	23	−3.2	28	23	23
2018030408	953（1547）	1142	42（74）	−1.8（−2.8）	34	−1.8	28	10	21
2018030420	720	856	52	−2.3	39	−2.3	28	10	28

对比两种类型飑线发生前的对流指数（表 2.3 和表 2.4），白天发生的强对流过程，能量和稳定度指数都有较好的指示性，而夜间发生的过程 070505，指数的指示性相对较差。西北气流型飑线天气的对流指数有一些共同特征，代表环境温度直减率的参数 $T_{850-500}$ 的数值明显较大，白天的两次过程均超过 30 ℃，而西南急流型对应的温度直减率略低一些，介于 27～28 ℃。已有研究表明（郑永光 等，2018），垂直温度递减率越大越有利于大风类强对流的产生，这是因为春季和夏初大气斜压性较强，雷暴大风天气产生在冷槽暖脊的高低空配置，易造成较大的温度直减率，层结不稳定，既有利于强上升气流、也有利于强下沉气流。代表层结稳定度的指数如 *BCAPE* 和 *BLI*（最佳抬升指数）均有较好的指示性，订正后 *BCAPE* 值达到 1000～2000 J/kg，*BLI* 达到 −2 ℃至 −9 ℃，说明强对流发生前具备较好的热力不稳定条件，*BLI* 相对于其他常用指数可以更好地反映层结稳定度。两种类型飑线的 K 指数存在一定的差异，西北气流型飑线的 K 指数均低于 27 ℃，K 指数的公式：$KI=(T_{850}-T_{500})+T_{d850}-(T_{700}-T_{d700})$，第一项表示温度直减率，第二项表示低层水汽条件，第三项表示中层饱和程度。虽然温度直减率较大，但是中低层水汽条件差，导致 K 指数较低。140319 过程由于 700 hPa 很干，K 指数仅为 23 ℃，其他几次西南急流型飑线 K 指数达到 30 ℃以上；*SI* 指数和 850 hPa 的湿度密切相关，因此，*SI* 指数对西北气流型飑线无指示意义。

两类飑线天气的下沉有效位能 *DCAPE* 在发生前后均达到了 1000 J/kg 左右，这是由于对流层中下层大气较大垂直减温率的环境条件下，易导致对流风暴的强下沉气流，因而计算的 *DCAPE* 通常都较大。Maddox 等（1982）和 Turcotte 等（1985）指出，在强热力学条件和弱的动力学条件下以及弱热力学条件和强动力学条件下也可出现强天气。风暴强度指数 *SSI* 是一个由 *CAPE* 和 0～3600 m 的环境风垂直切变组合的函数，该指标可以较好地反映垂直风切变和对流有效位能大小的综合效应。该指标订正后变化显著，达到 60～80，对强对流天气具有一定的指示意义。

2.3.4 雷达特征和风垂直切变对飑线结构的影响

2.3.4.1 垂直风切变的概念以及对雷暴的影响

垂直风切变是指水平风（包括大小和方向）随高度的变化。比较常用的两个参数是深层垂直风切变和低层垂直风切变。深层垂直风切变指的是 6 km 高度和地面之间风矢量之差的绝对值，低层垂直风切变指的是 1 km 高度和地面之间风矢量之差的绝对值。统计分析表明，环境水平风向风速的垂直切变的大小往往和形成雷暴（也称为深厚湿对流或对流风暴）的强弱密切相关。在给定湿度、静力不稳定性及抬升的深厚湿对流中，垂直风切变对对流性风暴组织和特征的影响最大。一般来说，在一定的热力不稳定条件下，垂直风切变的增强将导致对流风暴进一步加强和发展，尤其表现为组织程度的明显提高。其主要原因在于：

（1）在切变环境下能够使上升气流倾斜，这就使得上升气流中形成的降水质点能够脱离上升气流，而不会因拖曳作用减弱上升气流的浮力。

（2）可以增强中层干冷空气的吸入，加强对流风暴中的下沉气流和低层冷空气外流，再通过强迫抬升使得流入的暖湿气流更强烈地上升，从而加强对流。

如果风切变较弱，相对风暴就不可能增强到足以携带降水远离对流风暴的上升气流区。在这种情况下，降水就通过上升气流降落，并进入对流风暴低层的入流区，从而导致上升气流中水负载的明显增加，最终使得对流风暴核消失。弱的垂直风切变通常表示弱的环境气流，并且常常引起对流风暴移动缓慢。沿对流风暴阵风锋的辐合能够激发新的单体。但是，阵风锋在切断上升气流后，其移动超前于对流风暴，导致新生单体与母风暴脱离，最终使对流风暴消亡。在弱的垂直风切变环境中对流风暴很难有组织地增长，这在某种程度上是由于对流风暴内上升气流和下沉气流不能长时间共存。因此在弱的垂直风切变环境中对流风暴发展成为强风暴的概率很小。在这种环境下，目前只发展一种称为“脉冲风暴”的强对流风暴，其强烈天气以短暂的脉动形式出现。在大多数情况下，弱的垂直风切变环境中的对流风暴以普通单体风暴或组织程序较差的多单体风暴为主。这种松散的多单体风暴中，新生单体以毫无规律的方式形成，随机地出现在风暴的任何一侧。

中等到强的垂直风切变有利于相对风暴气流的发展，此时，气块携带着降水远离风暴的入流区或上升区。中等到强的垂直风切变能够产生于阵风锋相匹配的风暴运动，从而使得暖湿气流源源不断地输送到发展中的上升气流中去。垂直风切变的增强有利于上升气流和下沉气流在相当长时间内共存，新单体将在前期单体的有利一侧有规则地形成。如果足够强的垂直风切变伸展到对流风暴的中层，则产生于上升气流和垂直风切变环境相互作用的动力过程能强烈影响对流风暴的结构和发展。在这种风切变环境下，有利于组织性完好的对流风暴，如多单体风暴和超级单体风暴的发展。

通常用地面到地面以上 6 km 高度的风矢差来表示深层垂直风切变，如果该风矢量差 < 12 m/s，则判定为较弱垂直风切变；若该风矢量差 ≥ 15 m/s，而 < 20 m/s，则判定为中等以上垂直风切变；若该值 ≥ 20 m/s，则判定为强垂直风切变。上述判定只适用于中高纬度地区暖季（4—9 月）。对于低海拔地区，地面至 6 km 风切变矢量大致与到 500 hPa 风矢量相当。需要指出，用地面至 6 km 风矢量差表示垂直风切变只是一种很粗略的方式，具体到每个例子，要分析具体的风廓线，有时虽然 0～6 km 风矢量差不大，但期间某一层（例如 925～700 hPa）具有很强的垂直风切变，也往往可以发生高组织程度的强对流（飑线或超级单体）

2.3.4.2 飑线回波结构特征

上述研究表明，环境场的垂直风切变对于强对流的组织化发展和生命史的延长具有重要作用。上述几次飑线过程均造成了大范围的雷暴大风天气，但是雷达回波形态各异，组织化程度各异，其中三次过程（060610、050505、140319）呈较典型的飑线形态，具有带状或者弓形回波特征，前沿存在强反射率因子梯度，由多单体风暴组成，最大反射率因子达到 60 dBz 以上，这几次过程 0～6 km 的环境垂直风切变达到 20 m/s 以上；而其他几次过程的回波结构较为松散，但是都存在风暴单体合并向带状组织化的过程，尤其是 090605 和 180304 过程。090605 过程风暴单体 17 时进入浙江省后开始合并演变成飑线系统，垂直风切变在下午以后快速增加，0～6 km 垂直风切变从 14 m/s（08 时）增加到 23 m/s（20 时）。180304 过程弓形回波 17 时从江西移入浙西南，由多单体回波组成，结构较松散，最强回波达 50～55 dBz，但是在进入浙北平原地区后，演变成长度约 100 km 的强回波带，快速移过浙江东北部地区。移动速度快是这次飑线过程的主要特点，移速达 80～100 km/h，径向速度图上对应 > 20 m/s 的大风区。该大风区的形态和实况地面大风基本吻合（图 2.41）。这次过程 0～6 km 风垂直切变在飑线形成发展的区域均达到 20 m/s 以上，并且杭州站 0～6 km 的风垂直切变在 20 时加强到 28 m/s，而 0～3 km 的风垂直切变较小且无明显变化。因此，回波结构的组织化以及飑线长的生命史和风垂直切变密不可分。

图 2.42 对三次过程 140319、180304、090605 的强回波做垂直剖面，140319 过程 0～6 km 和 0～3 km 的风垂直切变都较强，达到 23 m/s，因此，强回波带结构紧实，回波的垂直结构呈现向移动方向前倾的结构，并且云顶出现云幡；180304 过程在回波带组织化的过程中，回波单体由垂直发展转为前倾的结构；090605 过程强回波也呈现一定的前倾结构，并且在 2～8 km 高度存在强的径向速度辐合。从速度剖面图可以看出，几次飑线

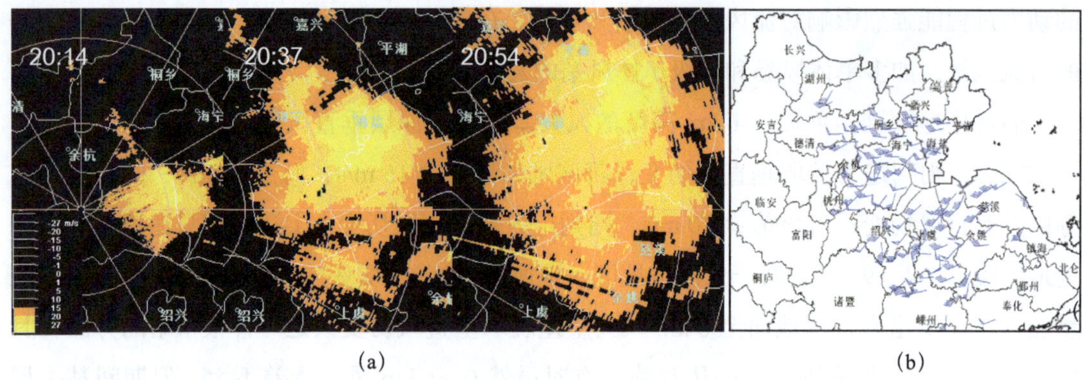

(a) (b)

图 2.41 2018 年 3 月 4 日过程 20—21 时杭州雷达 0.5° 径向大风速区演变（≥ 15 m/s）（a）和 8 级以上极大风速实况（b）

的强回波均存在 MARC 特征。研究表明，MARC 特征和反射率因子图上的后向入流槽口是对流风暴周边干空气被夹卷进入雷暴的过程在径向速度图上的表现。

通过上述分析可以得出，强的环境风垂直切变有利于飑线回波的组织化发展，有利于回波垂直结构的倾斜而延长生命史，0～6 km 的风垂直切变比 0～3 km 更能说明飑线结构组织化的特征。飑线形态的组织化和地形也有重要关联，尤其是平原地区更有利于飑线的发展，Meng 等（2013）也发现中国东部地区的飑线更易在平原地区形成。原因可能是由于强对流造成的冷池传播受到山地地形的阻挡，从而影响了冷池与环境风的相互作用，新的对流不易发生，进而中尺度对流系统的维持和组织化程度受到影响。对于回波单体强度不高，组织性差的回波带，移速及径向大风速区是需要关注的重点。

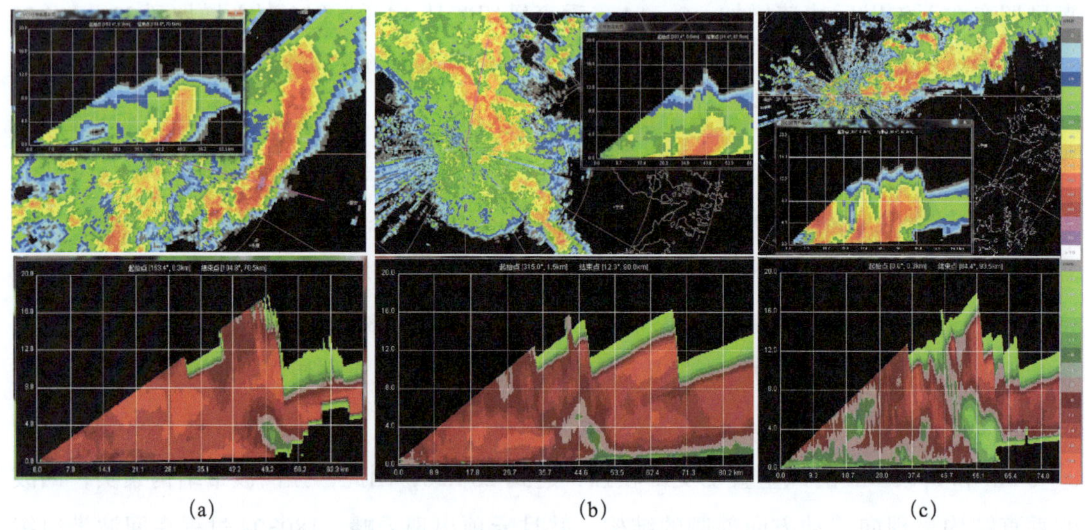

(a) (b) (c)

图 2.42 回波强度和径向速度的垂直剖面图

（a）2014 年 3 月 19 日 15 时 22 分，金华；（b）2018 年 3 月 4 日 20 时 20 分，杭州；（c）2009 年 6 月 5 日 18 时 12 分，杭州

2.3.4.3 阵风锋和冰雹特征

自北而南影响浙江省的两次过程 070505 和 090605 有一些共同特征，回波带由多单体回波组成，带状回波的组织性较差，但前沿均探测到阵风锋回波（图 2.43a、b），表明对流风暴的冷池强度较大，阵风锋后部存在 20 m/s 以上径向大风区，阵风锋经过的地区实况出现了大范围的雷暴大风。此外，和阵风锋相交的回波发展更持久强盛，强度达到 60 dBz 以上，50 dBz 强度的回波发展至 9～12 km，并且速度场上发现中气旋特征，实况均出现了冰雹。除了中气旋特征，径向速度场也会表现为明显的速度辐合特征，如 060610、140319 过程所示（图 2.43c、d），尤其是 140319 过程的大冰雹过程，回波强度达到 65 dBz 以上，速度场存在强的切变辐合。通过上述特征总结得出，位于强对流回波前沿的阵风锋代表强的冷池，容易出现在自北向南的强对流系统中，是地面大风的指示特征；和阵风锋相交的回波发展更强，持续时间久，易出现冰雹天气，径向速度场的辐合区或中气旋是冰雹回波的共有特征。本文主要提炼一些共性特征，已有的强对流特征的理论成果不再赘述。

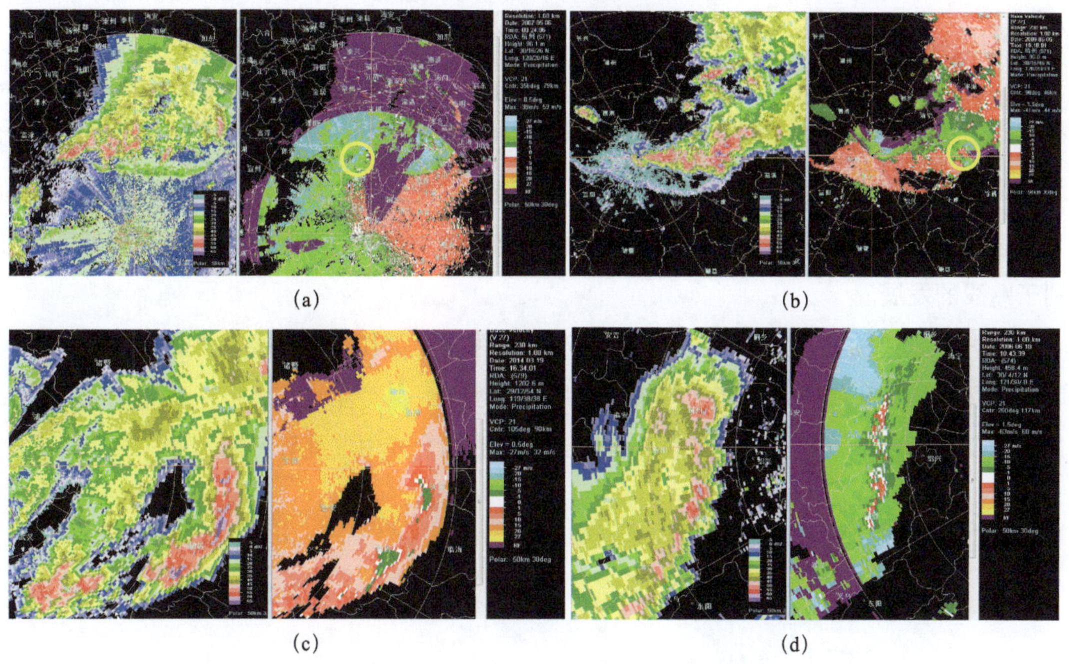

图 2.43 回波反射率因子（左）和径向速度图（右）
（a）2007 年 5 月 6 日 00 时 24 分，杭州，0.5° 仰角；（b）2009 年 6 月 5 日 18 时 18 分，杭州，1.5° 仰角；（c）2014 年 3 月 19 日 16 时 34 分，台州，0.5° 仰角；（d）2006 年 6 月 10 日 10 时 43 分，杭州，0.5° 仰角

2.3.5 小结

通过对比两种类型飑线天气的大尺度背景场的差异，揭示飑线天气的发生发展机制；

通过分析雷达特征以及环境风垂直风切变对飑线结构的影响，得到以下结论：

（1）两种类型的飑线系统发生在高空槽配合地面低压发展的有利环境场，对流层中高层相对干冷的平流叠加在低层暖湿气流之上，在对流发展区建立显著的条件不稳定层结是强对流天气发生、发展的主要机制。西北气流型飑线系统由东亚大槽后干冷平流的强迫作用及 925 hPa 至地面辐合线触发产生，生命史长、强度强是此类飑线的主要特点；西南急流型飑线多发生在江淮低压冷锋南下型的地面形势场，不同的移动方向源于不同的触发机制。锋后冷空气渗透导致低压系统内形成强烈的冷暖交汇，锋面强迫抬升是西北东南移向飑线的主要触发机制；西南东北移向的飑线产生在西南急流强迫下，低层西南急流脉动或风速辐合、地面辐合线等为主要的触发抬升条件。

（2）探空均呈现典型的上干下湿的喇叭口特征，中层干空气的夹卷作用是地面大风产生的必要条件。西南急流型暖湿层次在 700 hPa 以下，而冷涡类西北气流型一般在 925 hPa 以下，因此，K 指数和 *SI* 指数对西北气流型飑线不具有参考意义，但 *BLI*、*BCAPE*、*DCAPE* 等指数有较好的指示意义。垂直温度直减率 $T_{850\text{-}500}$ 可以较好地表征雷暴大风天气的环境场，通常＞ 27 ℃，尤其是西北气流型飑线系统，＞ 30 ℃。

（3）强的环境风垂直切变有利于飑线回波的组织化和回波垂直结构的倾斜而延长生命史；径向速度场的大风速区和 MARC 特征是飑线回波共有的特征，大风速区能直观地判断实况大风的位置和强度；对于带状回波单体强度不高，组织性差的回波带，移速及径向大风速区是需要关注的重点。飑线形态的组织化和地形有重要关联，尤其是平原地区更有利于飑线的发展。

（4）阵风锋易出现在自北向南的强对流系统中，后部往往伴有径向大风区，是地面大风的指示特征；和阵风锋相交的回波强度强，持续久，易产生冰雹；产生冰雹的回波不仅具有高反射率因子，其速度图也通常表现出强切变辐合或中气旋等特征。

参考文献

陈明轩，王迎春，2012．低层垂直风切变和冷池相互作用影响华北地区一次飑线过程发展维持的数值模拟 [J]．气象学报，70（3）：371-386．

戴建华，陶岚，丁杨，等，2012．一次罕见飑前强降雹超级单体风暴特征分析 [J]．气象学报，70（4）：609-627．

丁一汇，李鸿洲，章名立，等，1982. 我国飑线发生条件的研究 [J]. 大气科学，6（1）：18-27.

方翀，林隐静，曹艳察，等，2017. 华南地区西风带飑线和台风飑线环境场特征统计对比分析 [J]. 热带气象学报，33（6）：965-974.

冯志刚，程兴无，陈星，等，2013. 淮河流域暴雨强降水的环流分型和气候特征 [J]. 热带气象学报，29（5）：824-832.

高梦竹，陈耀登，章丽娜，等，2017. 对流移入杭州湾后飑线发展机制分析 [J]. 气象，43（1）：56-66.

韩颂雨，魏鸣，张蕾，等，2016. 飑线回波结构与环境风垂直切变的关系 [J]. 科学技术与工程，16（8）：18-26.

黄旋旋，何彩芬，徐迪峰，等，2008. 5.6 阵风锋过程形成机制探讨 [J]. 气象，34（7）：20-26.

李建，宇如聪，孙溦，2013. 从小时尺度考察中国中东部极端降水的持续性和季节特征 [J]. 气象学报，71（4）：652-659.

李文娟，郦敏杰，李嘉鹏，等，2019. 浙江省春季至夏初飑线分型及对比分析 [J]. 热带气象学报. 35（4）：35-44.

陆汉城，2000. 中尺度天气原理和预报 [M]. 北京：气象出版社，108-111.

潘玉洁，赵坤，潘益农，等，2012. 用双多普勒雷达分析华南一次飑线系统的中尺度结构特征 [J]. 气象学报，70（4）：736-751.

沈杭锋，翟国庆，朱补全，等，2010. 浙江沿海中尺度辐合线对飑线发展影响的数值试验 [J]. 大气科学，34（6）：1127-1140.

沈新勇，张晓晨，马铮，等，2017. 一次江淮飑线天气过程的边界层湍流输送特征 [J]. 解放军理工大学学报（自然科学版），18（2）：103-110.

孙继松，戴建华，何立富，等，2014. 强对流天气预报的基本原理与技术方法：中国强对流天气预报手册 [M]. 北京：气象出版社，52-54.

田付友，郑永光，张涛，等，2015. 短时强降水诊断物理量敏感性的点对面检验 [J]. 应用气象学报，26（4）：385-396.

吴海英，陈海山，蒋义芳，等，2013. “090603”强飑线过程动力结构特征的观测与模拟分析 [J]. 高原气象，32（4）：1084-1094.

肖晶晶，郭芬芬，李正泉，等，2017. 1951-2013 年浙江热量资源变化研究 [J]. 气象与环境科学，40（3）：110-118

杨珊珊，谌芸，李晟祺，等，2016. 冷涡背景下飑线过程统计分析 [J]. 气象，42（9）：1079-1089.

姚建群，戴建华，姚祖庆，2005. 一次强飑线成因及维持和加强机制分析 [J]. 应用气象学报，16（6）：746-756.

俞小鼎，周小刚，王秀明，2012. 雷暴与强对流临近天气预报技术进展 [J]. 气象学报，70（3）：311-337.

袁子鹏，王瀛，崔胜权，等，2011. 一次中纬度飑线的阵风锋发展特征分析 [J]. 气象，37（7）：814-

820.

翟国庆，俞樟孝，1991. 华东飑线过程中的地面中尺度物理特征 [J]. 大气科学，15（6）：63-69.

郑永光，陈炯，朱佩君，2008. 中国及周边地区夏季中尺度对流系统分布及其日变化特征 [J]. 科学通报，5（34）：471-481.

郑永光，周康辉，盛杰，等，2015. 强对流天气监测预报预警技术进展 [J]. 应用气象学报，26（6）：641-657.

郑永光，田付友，周康辉，等，2018. 雷暴大风与龙卷的预报预警和灾害现场调查 [J]. 气象科技进展，8（2）：55-61.

周一民，张文滨，朱佩君，2018. 我国江淮和黄淮地区强对流过程的基本特征 [J]. 浙江大学学报（理学版）45（2）：78-91.

Chen J, Zheng Y, Zhang X, et al, 2013. Distribution and diurnal variation of warm-season short-duration heavy rainfall in relation to the MCSs in China[J]. Journal of Meteorological Research, 27（6）, 868-888.

Doswell C A III. 2001. Severe convective storms[J]. Meteorological Monographs, 28（50）：433-480.

Huth R,1996. An intercomparison of computer—assisted circulation classification methods[J]. International Journal of Climatology, 16（8）, 893-922.

Liu C , Zipser E J , Cecil D J , et al, 2008. A cloud and precipitation feature database from nine years of TRMM observations[J]. Journal of Applied Meteorology and Climatology, 47（10）：2712-2728.

Maddox R A, Doswell C A, 1982. An examination of jet stream configurations, 500 mb vorticity advection and low-level thermal advection patterns during extended periods of intense convection[J]. Monthly Weather Review, 110（3）：184-197.

Markowski P, Richardson Y, 2010. Mesoscale Meteorology in Midlatitudes[M]. John Wiley & Sons Ltd.

Meng Z Y, Yan D C, Zhang Y J. 2013. General features of squall lines in East China[J]. Monthly Weather Review, 141（5）：1629-1647.

Miller D, Fritsch J M, 1991. Mesoscale convective complexes in the western pacific region[J]. Monthly weather review, 19（12）：2978-2992.

Richman M B, 1981. Obliquely rotated principal components：an improved meteorological map typing technique[J]. Journal of Applied Meteorology, 20（10）：1145-1159.

Richman M B，1986. Rotation of principal components[J]. Journal of Climatology,（6）：293-335.

Rotunno R, Klemp J B, Weisman M L, 1988. A theory for strong, long-lived squall lines[J]. Journal of the Atmospheric Sciences, 45（3）：463-485.

Turcotte V, Siok S, Deaudelin G, 1985. Study of the relationship between wind shear and hydrostatic energy in summer severe weather[J]. Ouebec Region Technical Note No：85N-002.

Weisman M L, Klemp J B, Rotunno R, 1988. Structure and evolution for numerically simulated squall lines[J]. Journal of the Atmospheric Sciences, 45（14）：1990-2013.

第 3 章

浙江省强对流天气的物理机制与预报分析

本章主要讨论以下内容：（1）不稳定理论及其应用。（2）浙江省中尺度对流系统（MCS）不同时段的发生特点。（3）浙江省不同区域强对流天气的触发机制和敏感性试验。（4）不同环境背景下 MCS 发生机制。（5）浙江省不同强对流天气的雷达特征及环境指标统计。（6）浙江省典型强对流天气个例预报分析。

3.1 不稳定理论及其应用

强对流的发生需要大气不稳定、水汽和抬升三个基本条件。在描述大气稳定度时，不仅涉及静态大气的温湿结构随高度的分布（即层结稳定度）以及真实动态大气中存在的冷暖平流、干湿平流等物理过程对层结稳定度的影响，同时，大气中风向风速的水平分布和垂直分布对强对流过程的形成、结构演变、强度变化和传播过程都有重大影响。

为了使雷暴构成三要素相互独立，Doswell 等（1996）提出的静力不稳定（insability）仅指温度层结处于条件不稳定状态，似乎是一个独立要素。实际上，温度直减率介于干湿绝热递减率之间的条件不稳定状态是否具有正浮力取决于低层水汽含量，即条件不稳定实际上是与水汽相关的，也就是说，三要素只能是尽量相互独立，完全相互独立不可能。王秀明等（2014）对不稳定理论进行了很好的诠释。

3.1.1 静力不稳定及其判据

雷暴发生的不稳定本质上是基于气块理论的浮力不稳定。浮力不稳定又称为重力不稳定或静力不稳定。静力不稳定包括绝对不稳定、条件性不稳定，其判据见表 3.1。绝对不稳定不考虑水汽相变，实际上是干空气绝对不稳定的简称。绝对不稳定通常仅出现在相对干的近地层，由地面向上的强感热通量维持，这种情况一般出现在我国西部高原地区。在实际大气中，$\frac{\partial \theta}{\partial z}$一般＞0，也就是说，上层大气一般总比低层大气轻，所以是静力稳定的；只有在一些特殊情况下，才可能看到实际大气的温度垂直递减率的出现超绝热过程。为了简化和方便计算，预报员也经常用 850 hPa 与 500 hPa 高度上的温度差或者位温差来表征这种层结稳定度。

条件不稳定（conditional instability，*CI*），严格说是条件性静力不稳定的简称，指大气状态是有条件的不稳定状态，如果抬升的是未饱和湿空气或干空气，气层稳定；抬升气块为饱和湿空气则不稳定，因此条件不稳定不仅与温度层结有关，同时与低层水汽含量关系密切。需要指出，被抬升的气块初始状态是饱和的，而不是抬升后达到饱和，条件不稳定具体判据见表 3.1。需要指出，条件不稳定的判据为 $\frac{\partial\theta^*_{se}}{\partial z}<0$ 而不是 $\frac{\partial\theta_{se}}{\partial z}<0$，前者为饱和假相当位温（$\theta^*_{se}$）随高度减小，而后者为假相当位温（$\theta_{se}$）随高度减小。Holton（1972）给出的判据为：饱和气块的条件不稳定判据为相当位温随高度减小，强调不仅要求相当位温随高度减小，而且需要低层辐合强迫空气抬升使大气达到饱和。有两种物理过程可以使得条件不稳定转化为现实的不稳定：（1）低层增湿使气层达到饱和；（2）低层辐合抬升使气块达到自由对流高度（*LFC*）。静力不稳定基于气块理论，气块理论假设气块在气层中浮升时气层本身是静止的，这是气块理论的基本假定。这一假定使得气块理论适宜用来讨论孤立的局地强风暴，如一般单体风暴、多单体风暴和超级单体风暴。

表 3.1　重力／浮力不稳定判据

绝对不稳定	条件不稳定（*CI*）	位势不稳定（*PI*）	
		条件不稳定的 *PI*	条件稳定的 *PI*
$\gamma<\gamma_d$	$\gamma_s<\gamma<\gamma_d$ 或者 $\frac{\partial\theta^*_{se}}{\partial z}<0$	$\frac{\partial\theta_{se}}{\partial z}<0$ 且 $\frac{\partial\theta^*_{se}}{\partial z}<0$	$\frac{\partial\theta_{se}}{\partial z}<0$ 且 $\frac{\partial\theta^*_{se}}{\partial z}>0$

注：θ^*_{se} 指饱和假相当位温，θ_{se} 为假相当位温，γ_d、γ_s 分别表示干、湿绝热递减率。

3.1.2　位势不稳定及其判据

位势不稳定（potential instability，*PI*，本义为潜在不稳定，被翻译成位势不稳定）最初被称为对流不稳定（convective instability），是一种常被误解的不稳定，一则不是所有的对流都与 *PI* 直接相关，孤立雷暴常与 *PI* 无关；二则气层当前状态有可能是条件稳定的，*CAPE* 值为零，整层抬升后可使 *CAPE* 值＞ 0（Schultz et al，2000）。所谓对流不稳定，最早是由 Rossby（1932）提出的概念，指的是原来条件稳定的气层，如果下湿上干，遇到气层被整层抬升的情况，下部先达到饱和，按湿绝热递减率温度降低，降温比较缓和；而上部按照干绝热递减率降温，降温剧烈一些，导致气层内温度递减率增大，最终导致气层内出现条件静力不稳定温度层结。寿绍文等（2003）、陆汉城等（1999）和孙继松等（2012）指出，位势不稳定发生在上干下湿的条件稳定层结条件下，指的是条件稳定的 *PI*。这种情况下，原来条件稳定的层结被整层抬升后抬升变为条件不稳定。条件稳定的 *PI* 转化为现实不稳定需要两个条件：（1）气层上干下湿差异达到一定程度，垂直递减率大，使得整层抬升时下层先于上层达到饱和，整层抬升后温度直减率明显增大；（2）抬升要足够强且持续足够长的时间，使整层饱和形成层云。低层接近饱和且存在干层的条件稳定的 *PI* 状态整层抬升后易变为不稳定层结。如果整层抬升前气层是条件不稳定的，抬升后仍是条件不稳定状态，只是低层已经达到饱和，抬升低层气团对流抑制为零，这种情况被称为湿绝对不稳定（moist absolutely unstable），又称为第六种不稳定（Bryan et al，2000），最常存在于中尺度对流系统（MCS）附近（环境中而非风暴内），也可以出现在积层混合云与台风中。*PI* 抬升达到的不稳定为湿绝对不稳定。抬升通常由较强的中尺度系统（非浮力抬升）造成。

气块理论假设气块在气层中浮升时气层本身是静止的。而实际大气中常会发生整层空气被抬升的情况，因而 *PI* 不适宜用来诊断基于气块理论的孤立雷暴发生发展，*PI* 可能在中尺度雨带形成中起一定作用，也可引发区域性的强对流天气。在大气为条件稳定时，*PI* 状态下能够实现的不稳定多为弱不稳定，一般不会出现强对流天气，常为积层混合云降水。国外研究者大多认为 *PI* 状态下产生雷暴并不常见（Markowski et al，2010）。美国雷暴高发的大平原地区经常处于 *PI* 状态，但 *PI* 却不是引发该地区雷暴的主要不稳定，因为雷暴出现前并没有层云出现。我国南方雷雨出现前常出现持续较长时间的层云，积层混合云造成的暴雨较为普遍，这种积层混合云型雷雨很可能与 *PI* 有关（王秀明 等，2014）。

3.1.3 对流有效位能及其订正

对流有效位能是衡量热浮力大小的物理量，它综合了被抬升气块的水汽和大气温度层结两个要素，不是一个独立的物理量。*CAPE* 值对抬升气团的温湿状况敏感，统计表明（王秀明 等，2012）：抬升气块的温度升高 1 ℃，*CAPE* 值平均增加 200 J/kg；露点增加 1 ℃，*CAPE* 平均增加 500 J/kg。变化范围从 0～1000 J/kg 存在较大变率。环境探空变化较快，特别是边界层温湿变化显著，而探空大多一天仅 2 次，因此业务预报中可分别考虑温度和水汽因子的影响，通过探空订正估计 *CAPE* 值的时空演变。对探空可做如下订正：（1）时间订正，基于模式对边界层以上大气的温度预报是可信的，对边界层温湿参量的预报可信度较差（王秀明 等，2012），可用模式预报的自由大气温度廓线倾向修正观测探空温度廓线，嫁接地面温湿参量的主观预报来构建预报时刻的探空；（2）空间订正，可用自由大气处于同一气团的邻近探空嫁接本地边界层温湿参量构建本地探空；（3）高度订正，业务中一般计算抬升地面气团的 *CAPE* 值，但实际上雷暴是由哪一高度的气团抬升形成的是不可知的，为了预测雷暴发生的可能性，应诊断出最大 *CAPE* 值，即抬升逆温层顶气团，更确切地说是抬升低层相当位温最大的气团（王秀明 等，2014）。

3.1.4 对称不稳定

不稳定有多种，且常同时有多种不稳定存在，不同天气现象和天气系统中起主导作用的不稳定不同。雷暴潜势分析仅考虑静力不稳定是否足够？其他不稳定：如对称不稳定、惯性不稳定、K-H（Kalvin-Helmholtz）不稳定等，在雷暴短时预报业务分析中是否需要诊断，如何诊断？惯性不稳定是大气水平运动的不稳定，在中纬度地区当水平风切变达到每 100 km 超过 10 m/s 时才有可能产生惯性不稳定，因此通常仅在急流核附近出现。对于静力稳定大气，由垂直切变产生的 K-H 不稳定一般产生晴空湍流、波状云等小尺度现象。条件性对称不稳定被认为是与锋面想联系的由倾斜对流产生的几十到上百千米的中尺度雨 / 雪带直接原因，其产生的环境条件为：（1）存在强风垂直切变；（2）大气层结近乎饱和；（3）大气层结处于静力稳定状态但稳定度低，接近中性层结；（4）一般在锋面附近，对称不稳定层结之下是锋面逆温稳定层结。与对称不稳定相联系的中尺度雨带具有以下特征：对流活动一般不强烈，有时测站可闻雷，回波呈带状排列，与热成风方向（地转平衡时即风垂直切变方向）近乎平行；有时有多条雨带平行排列，沿环境风方向移动。空间尺度与对流不稳定层厚度及等熵面坡度有关，在 10～80 km 范围内变化（Colman，2010）。由于对称不稳定产生的雷暴常常被称为“高架雷暴”（Colman，1990），但并非所有的高架雷暴都由条件性对称不稳定造成，当逆温层之上的大气层结为条件不稳定时，高架雷暴为浮力作用产生的垂直对流。一般来说，静力不稳定在雷暴发生过程中处于支配地位。对称不稳定对我国雷暴发生影响的大小尚无系统研究，南方持续较长时间的弱对流降水过程较多，是否由对称不稳定作用主导值得研究。目前业务预报仅考虑用温、湿廓线诊断的浮力不稳定（王秀明 等，2014）。

3.2 强对流天气发生特点

从图 3.1 中可以看到，浙江及其周边的 MCS 具有明显的空间分布不均匀性，和地形紧密相关。结合 MCS 的空间分布的日变化可以看到，在多发的下午到傍晚时段，这样的特征更加显著（图 3.1a）。从下午到傍晚的 MCS 分布具有纬度上的跳跃性：13—17 时 MCS 多分布在 29°N 以南，而 18—20 时北跳到 29.5° 以北，17—18 时的纬度变化最明显。下午到傍晚发生频次最多的 15 时和 18 时，它们的空间分布充分显示了这个特征（图 3.1b、c）。由于浙南具有山地丘陵地貌特征，而浙北及其周边为相对平原地区，导致相同大尺度天气背景下，对流层不稳定层结的发展速度不同，从而引发山区 MCS 相对更早触发。这样的时空分布特征说明浙江的 MCS 分布具有明显的地区特色。

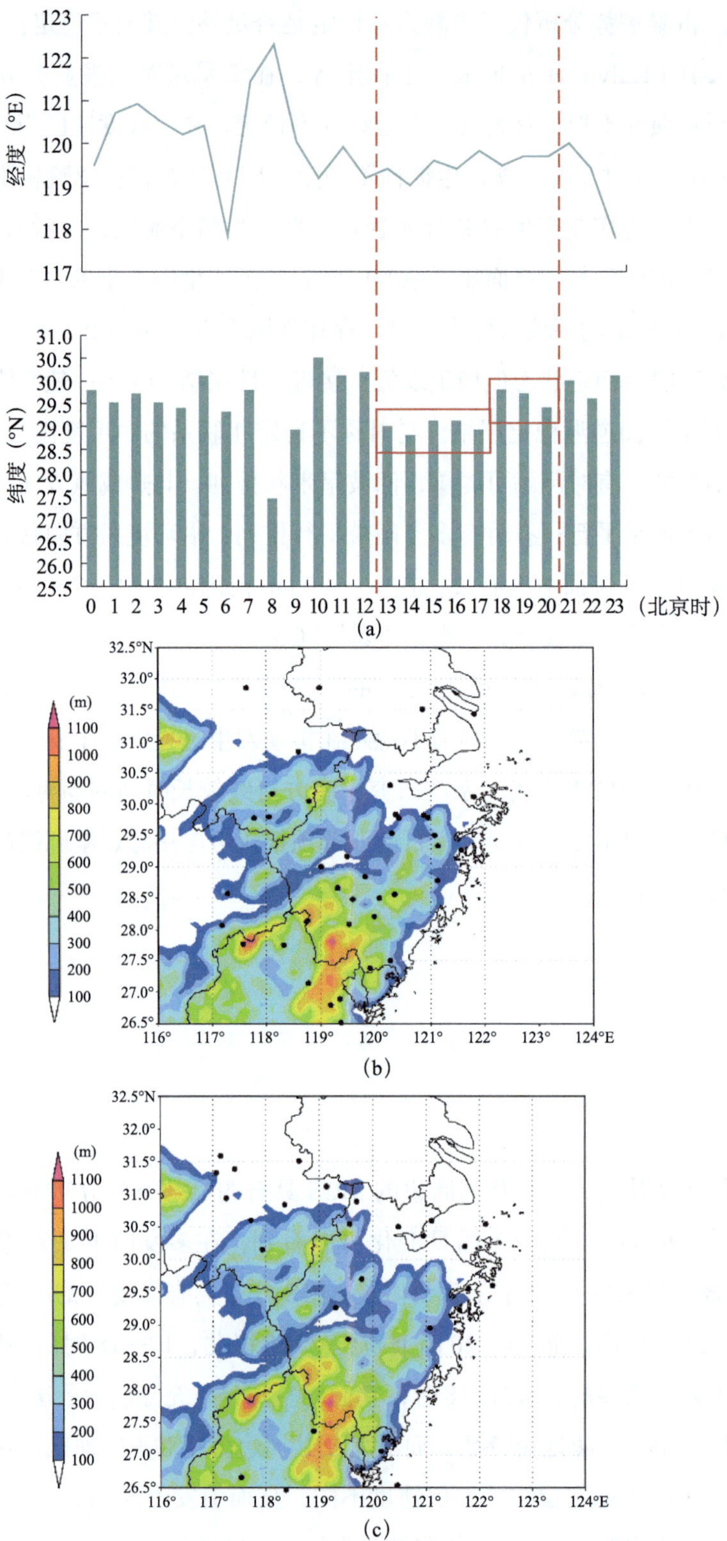

图 3.1 浙江及其周边 MCS 的地区分布随时间变化的特征

（a）MCS 沿经纬度空间分布的日变化；（b）15 时；（c）18 时 MCS 的空间分布

为了进一步分析多发时段 MCS 的基本特征，分别对下午时段（13—17 时）与傍晚时段（18—20 时）的有关卫星观测信息进行统计。从表 3.2 可以看出，在发生的空间位置上，傍晚发生的 MCS 相对于下午时段更偏北。其次，20 dBz、30 dBz 及 40 dBz 的最大回波高度显示出下午的 MCS 发展更高，从而具有更小的红外云顶亮温。此外，下午发生的 MCS 具有更大的近地面回波强度和体雨量。然而，从微波 85 GHz 和 37 GHz 的最小极化矫正温度显示，傍晚对流中的冰相粒子散射更加显著，也因此有更高的闪电率。已有研究显示，浙江南部夏季的对流层低层在气候平均上有明显的海上流入气流，在地形抬升作用下形成山地对流（Zhang et al，2016），海洋性气流的参与可能是导致浙江南部山地和北部的 MCS 在卫星观测上有所不同的原因。

表 3.2　下午和傍晚时段 MCS 的统计特征

时间	经度（°E）	纬度（°N）	体雨量（mm/(h·km^2)）	反射率最大高度（km）			最小极化矫正温度（K）		最小红外温度（K）	闪电（次）	近地面最大回波（dBz）
				20 dBz	30 dBz	40 dBz	85 GHz	37 GHz			
下午	119.44	28.98	60337.48	14.92	13.24	8.90	132.22	236.50	190.24	39.02	52.38
傍晚	119.63	29.63	52618.80	14.67	12.83	8.33	129.50	236.03	195.00	46.00	51.37

对下午 15 时和傍晚 18 时 MCS 的回波强度进行随高度分布的频率统计（图 3.2），统计分辨率为 1 dBz×0.1 km。不同于以往研究中应用的频率分布图 CFADs（Contoured Frequency by Altitude Diagrams），在进行标准化时，除以 MCS 单位回波强度—单位高度上发生的最大频次，而非单位高度上的最大发生频次。这样的计算方法把 MCS 作为一个整体观察不同强度粒子在空间上的分布。15 时和 18 时的频率分布图中相同的特征是：

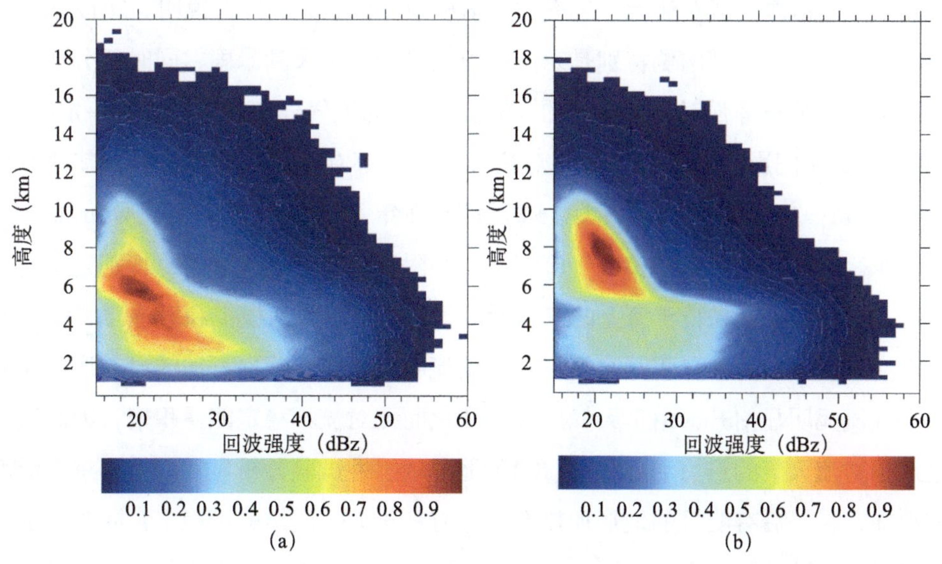

图 3.2　（a）15 时和（b）18 时 MCS 回波的频率分布

MCS 回波强度的范围以及伸展高度基本相当；有明显的 0 ℃层特征，0 ℃层所在的位置两个时段基本一致约为 5 km，说明 MCS 中的层状云有较大占比。明显区别在于，MCS 回波垂直分布频率最高的区域，下午时位于冰相粒子范围的 5.5～6 km，而傍晚时位置更高，位于 7～8 km；其次，暖云区降水粒子的发生频次在 15 时明显大于 18 时，在 4 km 高度 22 dBz 强度上甚至达到约 0.9 的发生频率，在 3 km 高度上 20～32 dBz 强度的发生频率也达到 0.6 以上，而 18 时相同位置和强度上只达到 0.5 左右。这样的对比也与下午时次有海洋性的气流流入有一定的关系，不同于海洋对流的是，由于下午时次的 MCS 在比海洋更温暖的山地上发生，因此有更高的回波顶高度。

从以上的分析可以看到，浙江及其周边地区 MCS 的特点受到不同下垫面，即平原、山地和海洋的强烈影响。

3.3 物理机制及敏感性试验

浙江的下垫面特征复杂，不同区域发生的强对流触发机制也有所不同。Zhang 等（2016）研究显示，海上流入气流在浙江南部地形的爬升是触发下午对流的重要因子。夏季气候平均环流场显示，浙江东南沿海的对流层低层，存在着东南风海上入流和内陆西南风之间的辐合，两者在西南—东北向地形上的爬升，在有利的对流不稳定环境下容易触发对流。有时由于浙江西部或北部的强降水冷出流的加入，将进一步加强对流的触发。下面以一次浙江东南沿海的强对流天气过程的数值模拟和试验为例进行说明。2012 年 6 月 8 日，浙江西部出现强降水，其南侧特别是东南沿海一带出现了大到暴雨，同时部分还伴有强雷电、雷雨大风、冰雹等强对流天气（图 3.3a）。这样的天气分布在浙江具有一定的代表性，在 2010—2012 年间影响浙江较大的强对流天气过程都有如此的分布特征，其他过程还有 2011 年 6 月 15—16 日、2011 年 6 月 16 日及 2012 年 4 月 10 日等。实况分析如图 3.3b 显示，浙江东南沿海的对流是在多股气流汇合中心附近触发发展起来的，特别是来自其北部的强降水冷出流，以及来自于海上的东南干冷气流。通过数值模拟和敏感性试验显示，（1）关闭降水潜热反馈后，来自于其北侧降水冷出流明显减弱，使沿海地区没有形成明显辐合区，低层气流无明显抬升，由于天气形势的变化而无对流不稳定能量积聚，因此缺乏触发东南沿海强对流天气的热力动力条件；（2）地形敏感性试验分析显示，由于东南沿海洞宫山脉的存在，在午后有明显的地形加热作用，有利于大气层结的不稳定，同时增加海陆之间热力差异，从而加强了海风；同时，由于地形抬升作用加剧了大气的上升运动，使得不

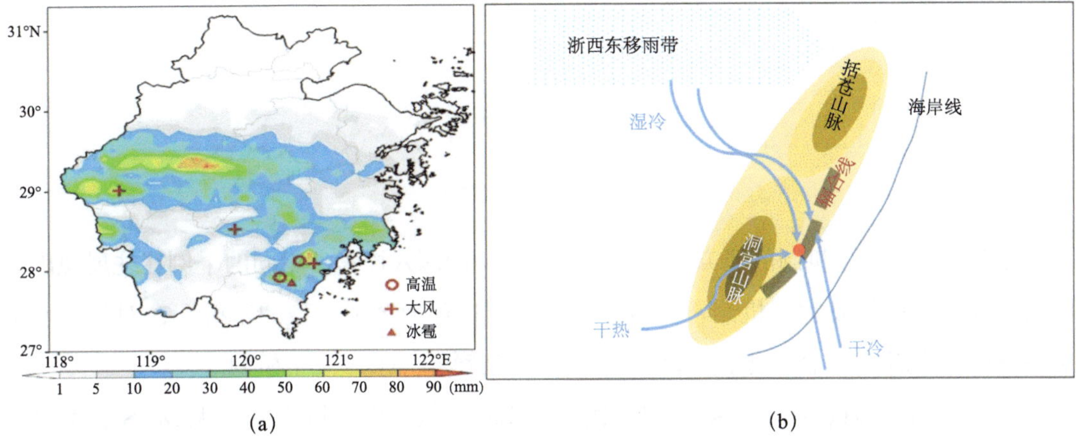

图 3.3 （a）2012 年 6 月 8 日天气状况；（b）东南沿海强对流的触发位置和机制

稳定能量得到触发，爆发对流性天气。

对于浙江北部平原地区，强对流常以移动性流入为主，但局地的下垫面特征对对流的发展会产生明显的影响。Zhai 等（2015）对一次杭州地区短时强降水的强对流天气研究显示，杭州城市的热岛效应容易形成或加强对流层低层的辐合线（图 3.4a），当其东北一侧强降水冷出流和辐合线相交时，在杭州上空产生气旋性涡旋，加强辐合，触发强烈对流并引发短时强降水（图 3.4b）。

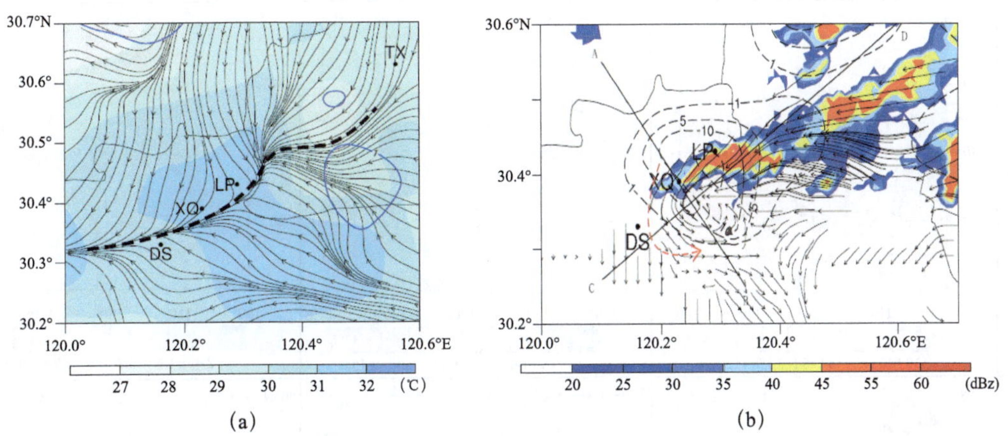

图 3.4 （a）杭州的地面温度和流场；（b）雷达反演风场和回波（Zhai et al，2015）

3.4 不同环境背景强对流天气的发生机制

强对流天气发生机制的研究中往往侧重于个例的深入探索，不同的个例往往展现出不同的甚至特殊的触发物理机制。在浙江省及其周边环境客观分型的基础上，对是否发生MCS的形势场进行综合对比，可以得到不同环境背景下MCS发生机制。

以发生MCS数量最多的第一型为例（图3.5）。从图中可以看到，无MCS发生时的平均环境场，在850 hPa上浙江省及其周边受西南气流控制并有辐合中心，300 hPa上为辐散区，对应的在500 hPa上有上升运动。第一型在平均大尺度形势场上就展现出有利于天气发生的形式。当有MCS发生时，副热带高压北上西进，浙江西北方向的低压槽东移加强；从而使850 hPa在差值场上表现出在浙江的西侧偏北风分量加强，辐合加强，温度也略有增加。500 hPa槽前上升运动明显增强。300 hPa槽前辐散虽然主体较偏北，浙江省处于辐散区南部，但MCS发生时副热带地区南北两侧的偏西风和偏东风都加强，有利于南压高压环流加强，也有利于大范围的高空辐散。

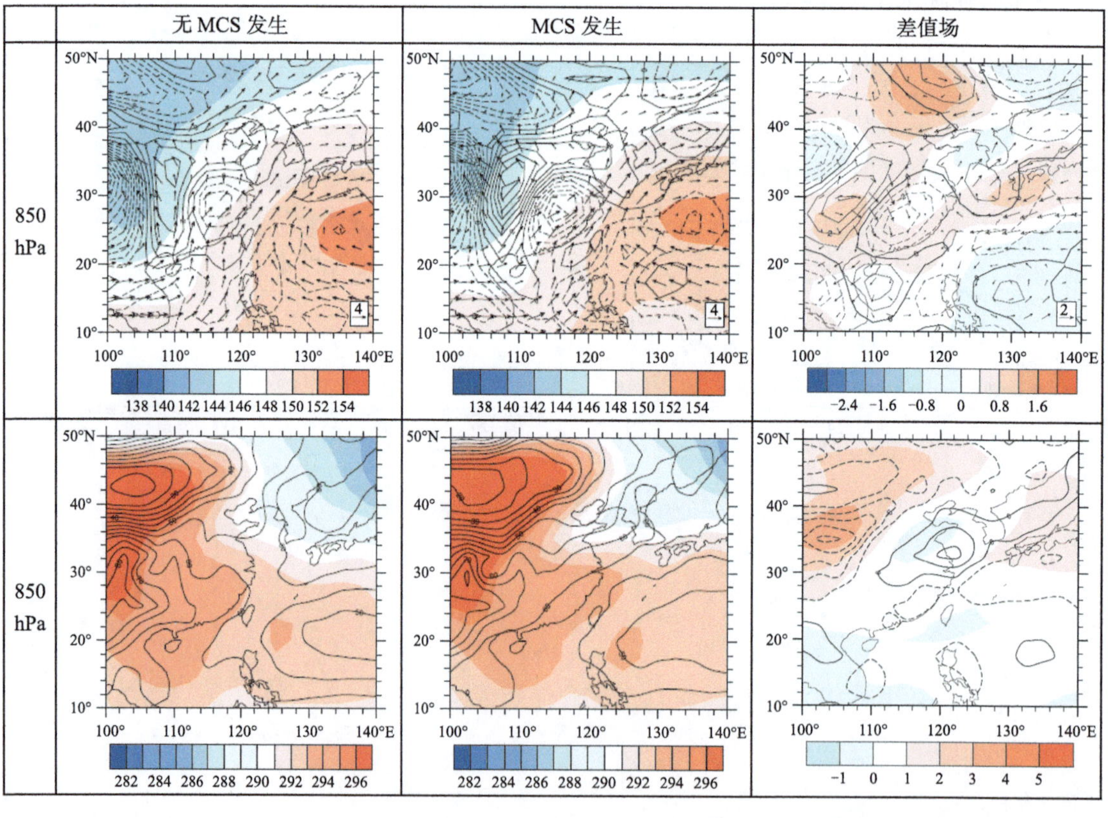

	无MCS发生	MCS发生	差值场
850 hPa	50°N 40° 30° 20° 10° 100° 110° 120° 130° 140°E 138 140 142 144 146 148 150 152 154	50°N 40° 30° 20° 10° 100° 110° 120° 130° 140°E 138 140 142 144 146 148 150 152 154	50°N 40° 30° 20° 10° 100° 110° 120° 130° 140°E -2.4 -1.6 -0.8 0 0.8 1.6
850 hPa	50°N 40° 30° 20° 10° 100° 110° 120° 130° 140°E 282 284 286 288 290 292 294 296	50°N 40° 30° 20° 10° 100° 110° 120° 130° 140°E 282 284 286 288 290 292 294 296	50°N 40° 30° 20° 10° 100° 110° 120° 130° 140°E -1 0 1 2 3 4 5

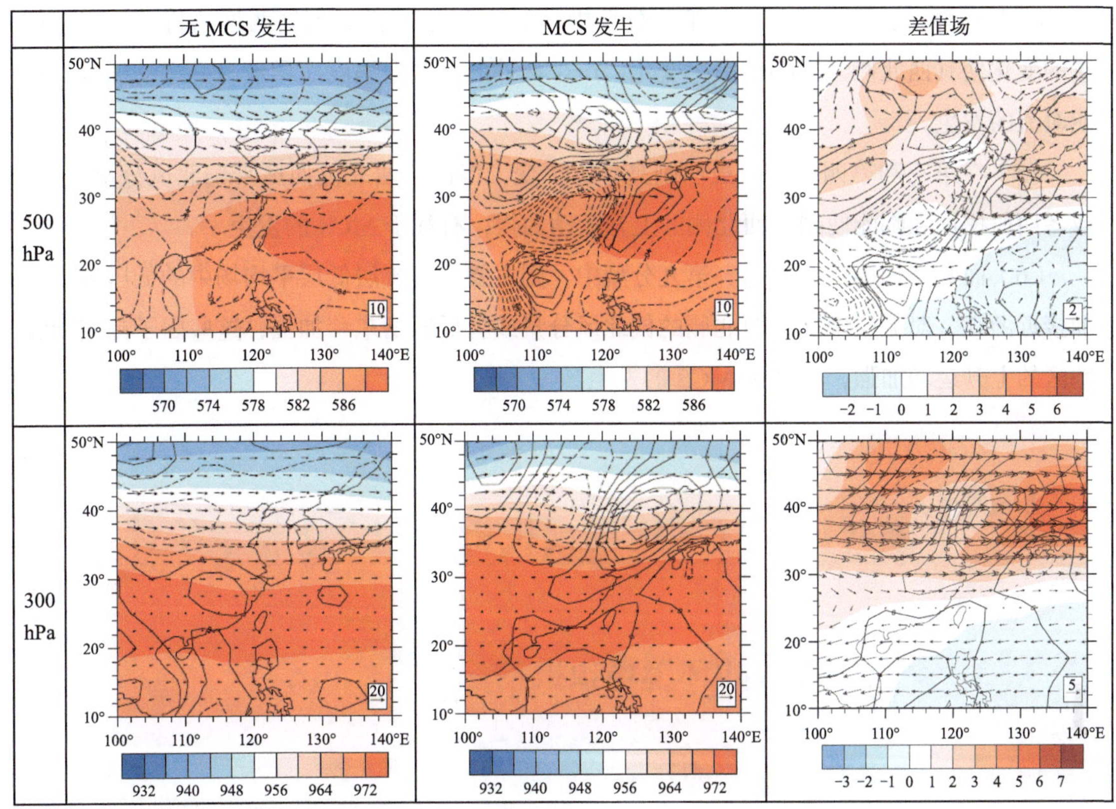

图 3.5 第一型环境场的特征。第一、二、三列分别是无 MCS 发生、有 MCS 发生以及有无 MCS 发生时的环境场之差。第一行为 850 hPa 位势高度（阴影区，单位：dagpm）和散度（等值线）、风场，第二行为 850 hPa 温度（阴影区，单位：K）、相对湿度（等值线），第三行为 500 hPa 位势高度（阴影区，单位：dagpm）、上升运动（等值线，单位：hPa/s），第四行为 300 hPa 位势高度（阴影，单位：dagpm）、散度（等值线）

分析所有分型（图略）可以得到浙江及其周边 MCS 发生的一般性特征和机制，总结如下：

（1）在不同分型的平均场显示，无 MCS 发生时除了第三型和第九型外，其他分型都有一定程度的对流层低层辐合高层辐散，中层上升运动的基本特征。说明浙江省及其周边在 6—9 月环境场形势本身就具有天气发生的有利条件。

（2）有 MCS 发生时，无论哪种分型，其对流层低层都有着更高的温度，这有利于形成不稳定大气层结。此外，对流层低层偏东风控制的分型（即第三、第七、第八、第九型），在浙江上空都存在更大的相对湿度及其梯度，这可能与海洋性气流与陆地空气之间的湿度对比造成的，湿度梯度也有利于对流的触发。

（3）对比各分型中是否发生 MCS 的形势场，可以发现，在 6—9 月，西北太平洋副热带高压和浙江西北方向的西风带低压槽位置和强度变化是关键影响系统，它们的变化导致相应热力动力因子的变化。

（4）在第一、第五、第六、第八分型中，MCS 发生前都有副高西伸的特点。副高位置的变化使其西北侧气压梯度发生变化，产生额外的气旋性涡度而导致上升运动加强，促使对流的发生。

（5）在第三和第四型中，虽然副高位置少变，但由于西北侧西风带偏北风分量加大，或者西风槽加强都能使副高西北侧的上升运动加强，有利于 MCS 的发生。

（6）而其他如第二、第七、第九分型中，则主要是对流层低层平均场中的低压环流更加接近浙江，对流层中高层西北侧的偏北风分量或者低压槽东移加强，这些因子都使浙江地区的上升运动加强，有利于 MCS 的发生。

3.5 强对流天气环境场预报指标和雷达特征统计

3.5.1 短时强降水的环境场预报指标

3.5.1.1 非参数核密度估计法

如何预报短时强降水以及不同强度的短时强降水、哪些因子相关性更显著？这里采用非参数核密度估计方法考察物理量参数对短时强降水的可预报性。核密度估计是在概率论中常被用来估计未知的密度函数，属于非参数检验方法之一。当前以 Guo 等（1996）提出的核密度估计方法应用最多、最广且效果最好，尤其是在水文学和水资源工程中应用较多（马明卫 等，2011；王文圣 等，2001）。单核密度估计假设有 n 个数 X_1，X_1，…，X_n，其中，某一个数 X_i 的概率密度 $f(x)$ 可由下式计算

$$f(x)=\frac{1}{nh}\sum_{i=1}^{n}K\left(\frac{x-X_i}{h}\right) \tag{3.1}$$

其中，n 为样本观测值的个数；$K[(x-X_i)/h]$ 为核密度估计函数（简称核函数）；h 为窗宽，其决定核函数的方差。本节采用标准高斯函数作为核函数，取

$$K(u)=\frac{1}{\sqrt{2\pi}}\mathrm{e}^{-\frac{u^2}{2}} \tag{3.2}$$

核密度估计不仅与样本有关，还与核函数及窗宽有关。核函数的选取不是密度估计中最关键的问题，因为选用任何核函数都能保证密度估计具有稳健性。窗宽 h 对其估计结果非常敏感，如何适当地确定 h 值就显得非常重要。h 越大，估计的密度函数就越平滑，但偏差可能会较大。如果 h 较小，估计的密度曲线和样本拟合较好，但可能会很不光滑，一

般以均方误差最小为选择原则。简单地说，核密度估计法是一种仅从样本数据自身出发估计其概率密度函数，进而准确刻画其分布特征的非参数统计方法。为了更加精确刻画变量的分布特点，可在变量的频率分布图上添加核密度估计曲线，将频率转化为概率密度，为数据的分布提供一种更加平滑的描述。通过密度分布图可对比不同组数值的分布形状以及不同组之间的重叠程度，不失为一种观察连续型变量分布的有效方法。

考虑到每个探空站代表范围有限，针对探空站所在城市小区域内所有中尺度站小时降水数据提取降水日资料，即当日任一站任一时次出现短时强降水，记为一个短时强降水日。以杭州本站为代表站，统计杭州短时强降水日的逐年演变特征；然后，重点统计分析有无短时强降水、强弱短时强降水的环境指标差异。首先，通过相关性分析，筛选对流指数和物理量；在此基础上，利用核密度估计方法，通过分析不同量级雨强的物理量概率密度分布的重叠程度，考察预报因子对不同量级雨强的可预报性，从而达到筛选预报因子、为短时强降水预报提供技术参考的目的。

3.5.1.2 短时强降水预报因子的相关分析和核密度估计

基于2006—2015年5—9月探空资料，针对杭州市区研究不同量级短时强降水的环境指标。选择08时的探空资料，小时降水数据采用08—20时时段。考虑到探空数据的代表范围和时效均有限，目前对探空的预报时效尚无定论，日常预报经验表明，08时探空可反映白天大气层结状况，对于强对流的分类预报有较好的参考价值。因此，基于上述考虑得到短时强降水日资料，将其分量级整理，便于统计不同量级短时强降水的环境特征。杭州市区不同降水量级样本数统计结果见表3.3。

表3.3 2006—2015年杭州市区不同量级小时降水量日数

样本	小时降水量（mm/h）				
	＜20	20～29	30～39	40～49	≥50
日数（d）	400	90	42	18	23

利用杭州站08时探空资料计算若干对流指数，选取500、700、850、925 hPa计算各层物理量要素，这些要素涵盖水汽条件、热力条件、能量条件及动力条件，其代表要素详见表3.4，表中物理量要素根据其计算公式和物理意义简单归为四类。

表3.4 基于杭州站08时探空资料的杭州市区短时强降水预报因子类型与要素

因子类型	物理量要素	因子类型	物理量要素
水汽因子	整层可降水量（PW） 比湿（q）	热力因子	假相当位温（θse） K指数（KI） 沙氏指数（SI）

续表

因子类型	物理量要素	因子类型	物理量要素
水汽因子	水汽通量（*QFLUX*） 相对湿度（*rh*） 水汽通量散度（*QFDIV*） 温度露点差（$T-T_d$） 925 hPa 露点温度（T_{d925}）	热力因子	最佳抬升指数（*BLI*） 最大对流有效位能（*BCAPE*） 850 hPa 与 500 hPa 假相当位温差（$\theta se_{500\text{-}850}$） 850 hPa 温度（$T_{850}$） 总指数（*TT*） 修正深对流指数（*MDCI*）
动力因子	散度（*DIV*） 涡度（*VOR*） 垂直速度（ω） 垂直风切变（*SHR*）	综合指数	强天气威胁指数（*SWEAT*） 瑞士雷暴指数（*SWISS*）

分析有短时强降水（≥ 20 mm/h）、无短时强降水（＜ 20 mm/h）以及强短时强降水（≥ 50 mm/h）和弱短时强降水（20～30 mm/h）之间各因子的相关性。从表 3.4 的 4 类因子中综合相关系数和类别，筛选出相关较显著的主要预报因子，其结果见表 3.5。

表 3.5　针对杭州市区短时强降水有无和强弱的各预报因子单相关系数

短时强降水 /（mm/h）	预报因子											
	PW	*q*	θ_{se}	*SI*	*BLI*	*KI*	*SWEAT*	T_{d925}	T_{850}	ω_{850}	DIV_{925}	$SHR_{0\text{-}6}$
有（≥ 20）、无（＜ 20）	0.49	0.46	0.45	−0.41	−0.39	0.37	0.37	0.37	0.32	−0.31	−0.24	−0.17
强（≥ 50）、弱（20～30）	0.15	0.28	0.29	−0.08	−0.11	0.10	0.02	0.11	0.19	−0.10	−0.13	−0.14

注：*PW*、*q*、θ_{se}、*SI*、*BLI*、*KI*、*SWEAT*、T_{d925}、T_{850}、ω_{850}、DIV_{925}、$SHR_{0\text{-}6}$ 分别为整层可降水量、比湿、假相当位温、沙氏指数、最佳抬升指数、K 指数、强天气威胁指数、925 hPa 露点温度、850 hPa 温度、850 hPa 垂直速度、925 hPa 散度、0～6 km 垂直风切变

由表 3.5 可见，与短时强降水显著相关的因子是整层可降水量、比湿以及假相当位温，相关系数在 0.45 以上，尤其是整层可降水量的相关系数达到 0.49。经统计可知，各相关系数均通过 0.01 显著性水平检验。这说明水汽条件是短时强降水发生的必要条件，且比湿、相对湿度、水汽通量等因子从 925 hPa 至 700 hPa 各层都表现出较高的相关性，也说明水汽输送层的深厚程度是决定是否发生短时强降水的重要条件。其次是热力因子和综合指数，如 K 指数、沙氏指数、最佳抬升指数、强天气威胁指数、修正深对流指数、最佳不稳定能量，这些因子可综合反映中低层热力稳定度特性。另外，表征低层温湿条件的 925 hPa 露点和 850 hPa 气温也表现出较好的相关性。对动力因子而言，相关性显著低于水汽和热力因子，一般 850 hPa 或 700 hPa 的垂直速度相关性更高，而涡度、散度等动力因子以及水汽通量散度的最佳相关层一般在低层 925 hPa。这说明低层水汽辐合以及动力抬升对于触发对流性天气至关重要，是短时强降水发生的基础条件。而各层风垂直切变呈负相关，相关较不显著，0～6 km 垂直风切变相关性高于 0～3 km。田付友等（2014）在短时强降水的敏

感性试验中，同样指出近地层水汽辐合是决定能否出现短时强降水天气的基础条件，水汽相关量的指示意义最好；其次是表征热力条件的量，表征动力条件和垂直风切变的量的指示意义不够显著。假相当位温是热力因子，包含了水汽和能量条件，实际上是包括了温度、气压、湿度的一个综合物理量，各层假相当位温均表现出高相关性，说明高温高湿环境场有利于短时强降水发生。因此，水汽条件是发生短时强降水的必要条件，整层大气可降水量以及湿层厚度占主导，热力不稳定和低层动力抬升决定对流的触发条件。

分析强（≥ 50 mm/h）、弱（20～30 mm/h）短时强降水各因子相关显著性可知，由于样本数较少，大部分因子相关系数未能通过 0.01 显著性水平检验，仅有表征水汽和热力条件的因子如比湿、假相当位温、T_{850} 通过了显著性水平检验，说明较大的雨强更易发生在高温高湿环境场。除此之外，整层可降水量的相关也较显著，而表征层结稳定度的大部分因子（如 K 指数、沙氏指数等）与降水强度相关性较差，相关系数均在 0.10 以下。动力因子如各层垂直风切变、散度及垂直速度负相关较显著，说明低层辐合有利于触发强的上升运动，而风切变越大越不利于出现强的短时强降水。一般而言，弱的垂直风切变有利于高效率降水，但有时强的垂直风虽在一定程度上降低了降水效率，但更容易导致中尺度涡旋形成，进而导致对流系统更长的生命史，反而提高降水效率。

针对表 3.5 所列预报因子绘制出箱线图和核密度估计图（图 3.6），以此进一步分析能够区别短时强降水和强、弱短时强降水的最佳预报指标。

从图 3.6 中给出的多个对流指数和物理量箱线图看，短时强降水的中值明显区别于无短时强降水样本，但分量级短时强降水的中值差别很小，尤其是 20～50 mm/h 降水。绘制的各要素四个量级短时强降水（≥ 50 mm/h、30～50 mm/h、20～30 mm/h、＜ 20 mm/h）的核密度估计曲线图可直观反映参数的可预报性，通过高密度集中区以及曲线的交叉，可提取该指标的预报阈值。密度曲线的波宽越窄，说明数据越集中；曲线的重叠越小，说明该指标对分量级降水的可预报性越好。总体可见，各要素≥ 20 mm/h 短时强降水的曲线重叠率较高，尤其是 20～30 mm/h 和 30～50 mm/h 降水量级，而≥ 20 mm/h 和＜ 20 mm/h 降水量级的曲线存在一定的分离度。如通过整层可降水量 *PW* 的核密度分布可看出，20～30 mm/h 的峰值集中在 55 mm 左右，而≥ 50 mm/h 的峰值集中在 60～65 mm，30～50 mm/h 波宽较大，密度相对较低，峰值和≥ 50 mm/h 的峰值重叠度高，说明准确区分短时强降水的量级难度较大，相对而言，*PW* 在 60 mm 以上更易发生较大雨强的降水，对于＜ 20 mm/h 的样本，*PW* 在 50 mm 以上的概率密度很低，因此，*PW* 分布曲线对于有无短时强降水和强弱短时强降水均表现出一定的可预报性。密度曲线的黑线（＜ 20 mm/h）和蓝线（20～30 mm/h）峰值越分离，代表可较好地区分有无短时强降水，如 *PW*、*KI*、*BLI*、*SI*、T_{d925} 和 *SWEAT*，短时强降水样本的高密度区对应无短时强降水样本的低密度区，

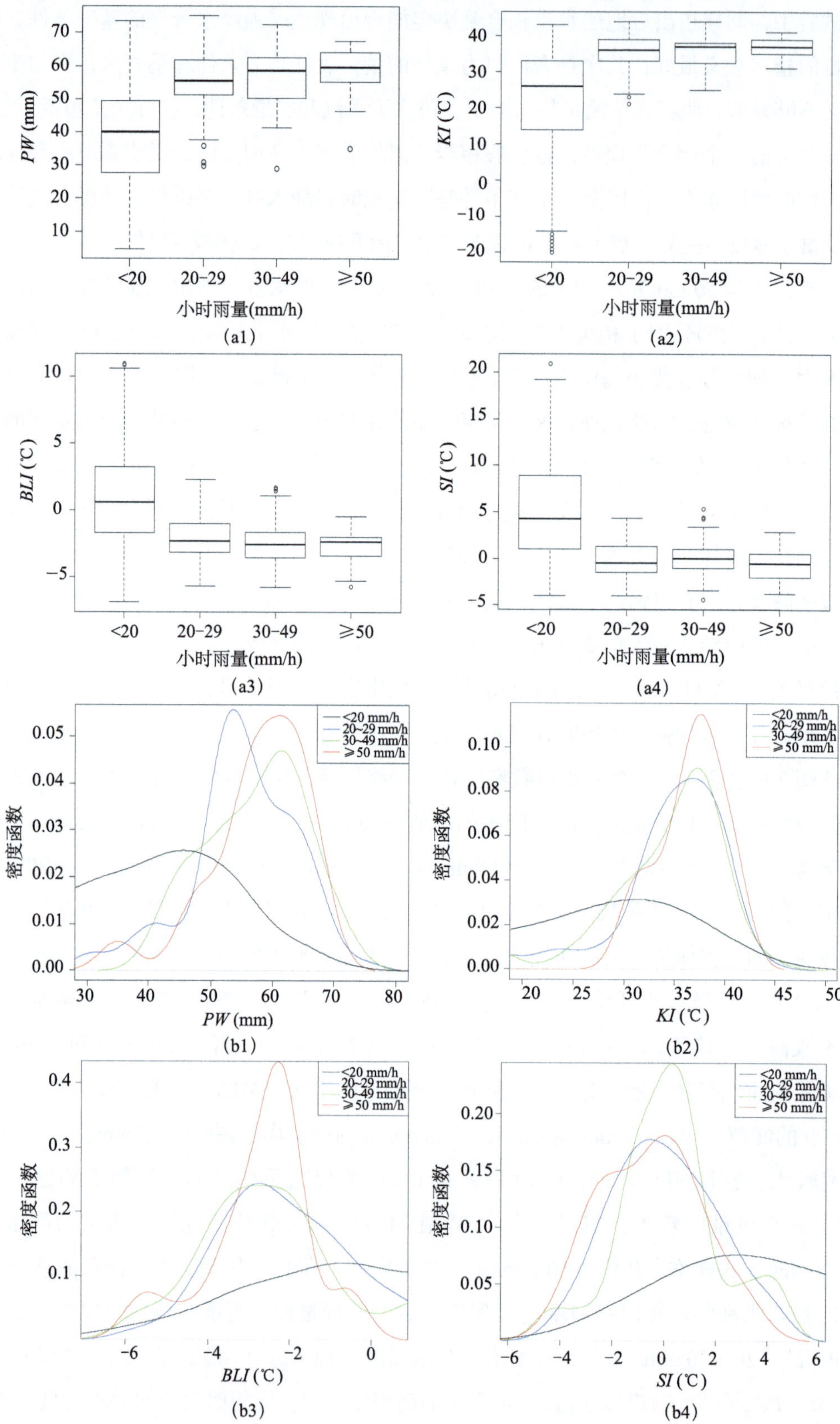
PW (mm)
小时雨量(mm/h)
(a1)
KI (℃)
小时雨量(mm/h)
(a2)
BLI (℃)
小时雨量(mm/h)
(a3)
SI (℃)
小时雨量(mm/h)
(a4)
<20 mm/h
20~29 mm/h
30~49 mm/h
≥50 mm/h
密度函数
PW (mm)
(b1)
KI (℃)
(b2)
BLI (℃)
(b3)
SI (℃)
(b4)

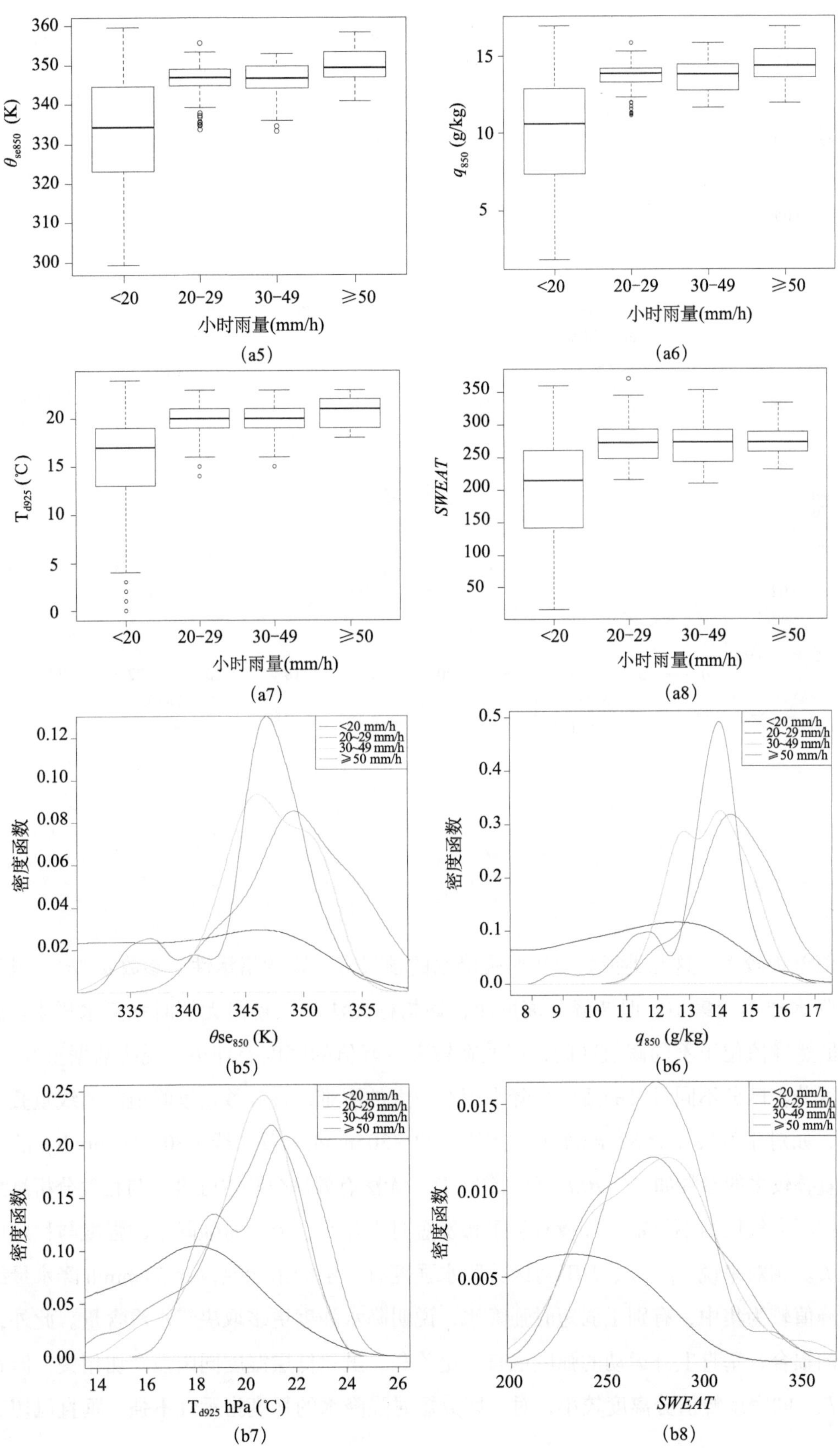
360
350
340
330
320
310
300
θ_{se850} (K)
<20
20–29
30–49
≥50
小时雨量(mm/h)
(a5)
15
10
5
q_{850} (g/kg)
小时雨量(mm/h)
(a6)
20
15
10
5
0
T_{d925} (℃)
小时雨量(mm/h)
(a7)
350
300
250
200
150
100
50
SWEAT
小时雨量(mm/h)
(a8)
<20 mm/h
20~29 mm/h
30~49 mm/h
≥50 mm/h
密度函数
θse_{850} (K)
(b5)
q_{850} (g/kg)
(b6)
T_{d925} hPa (℃)
(b7)
SWEAT
(b8)

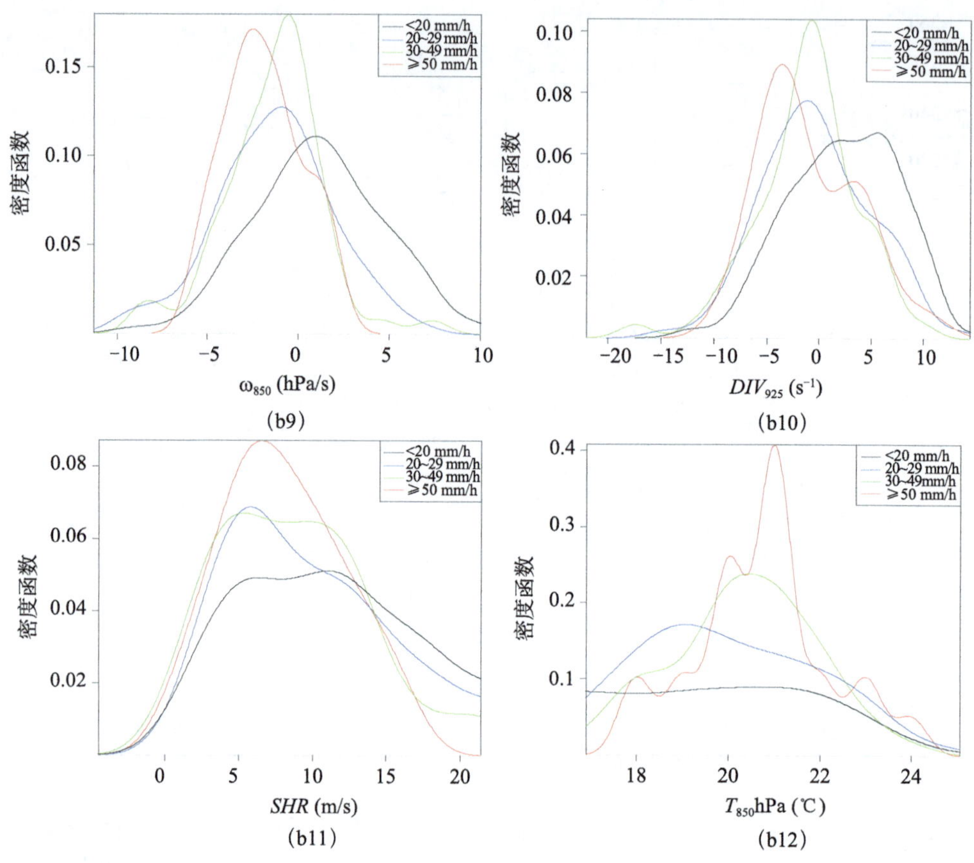

图 3.6　杭州市区不同量级小时降水的预报因子箱线图（a_1～a_8）及其核密度估计图（b_1～b_{12}）
（a_1，b_1）整层可降水量（*PW*）；（a_2，b_2）K 指数（*KI*）；（a_3，b_3）最佳抬升指数（*BLI*）；（a_4，b_4）沙氏指数（*SI*）；（a_5，b_5）850 hPa 假相当位温（θ_{se850}）；（a_6，b_6）850 hPa 比湿（q_{850}）；（a_7，b_7）925 hPa 露点温度（T_{d925}）；（a_8，b_8）强天气威胁指数（*SWEAT*）；（b_9）850 hPa 垂直速度（ω_{850}）；（b_{10}）925 hPa 散度（DIV_{925}）；（b_{11}）0～6 km 垂直风切变（$SHR_{0\text{-}6}$）；（b_{12}）850 hPa 温度（T_{850}）

且中值差距较大，这几类指数对短时强降水的预报有一定的指示性。参数 q、θ_{se}，虽然短时强降水样本较集中，但波峰分离度小，该指标无法有效剔出无短时强降水样本。ω 和 *DIV* 虽然峰值位于不同阈值区间，但波宽较大且峰值的密度差别小，说明数据重叠率高，不易区分。区分不同量级的短时强降水存在较大的困难，各参数密度峰值的曲线重叠率均很高，如对于红线（≥ 50 mm/h）和蓝线（20～30 mm/h）及绿线（30～50 mm/h）的密度峰值重叠较多的参数如 *KI*、*BLI*、*SI*、*SWEAT*，无法有效区分降水强度，与相关分析结果一致，说明大气层结不稳定的环境有利于触发短时强降水，但短时强降水的强度与稳定度因子无关。相对来说，p、ω、*DIV* 对区分降水强度有一定的指示性，≥ 50 mm/h 降水量级的密度峰值较为集中，有别于弱短时强降水，说明降水强度更多取决于水汽含量。此外，环境场的辐合、垂直上升运动的强度也有一定关联。虽然低层湿度同雨强密切相关，但 θse、q 和 T_{d925} 的密度峰值分离度较小，对于区分短时强降水的强度指示性不强。垂直风切变的曲线重叠度高，作为预报指标无明显指示意义。T_{850} 与季节密切相关，曲线呈多个波峰，在暖季不能作为预报短时强降水的因子，相对而言，T_{850} 为 20～22 ℃有利于更大雨强发生。

综上所述，区分有无短时强降水的最佳因子是 *PW*、*KI*、*BLI*、*SI*、T_{d925}，其表征的是水汽和层结稳定度，其物理意义可理解为高温高湿、层结不稳定的环境有利于短时强降水发生；强天气威胁指数 *SWEAT* 也有一定的指示意义；而判断短时强降水强度仍存在较大困难，相对表现最好的因子是 *PW*，其次是 ω_{850}、DIV_{925}，说明充沛的水汽环境是影响降水强度的必要条件，低层辐合的环境场触发强烈上升运动加上充沛的水汽输送，有利于强降水发生。表 3.6 是通过核密度曲线提取的各因子的中值和阈值，可在实时预报业务中供预报员参考。

表 3.6 提取的杭州市区短时强降水预报因子的中值和阈值

预报要素		预报因子							
		PW（mm）	q_{850}（g/kg）	θ_{se850}（K）	*BLI*（℃）	*KI*（℃）	*SI*（℃）	T_{d925}（℃）	*SWEAT*
中值	＜ 20 mm/h	40	11	334	1	27	4	17	215
	20～30 mm/h	53	14	347	−2	35	0	20	275
	≥ 50 mm/h	60	14	350	−2	35	0	22	275
阈值	≥ 20 mm/h	48	/	/	−1	31	2	19	250

注：*PW*、q_{850}、θ_{se850}、*BLI*、*KI*、*SI*、T_{d925}、*SWEAT* 分别为整层可降水量、850 hPa 比湿、850 hPa 假相当位温、最佳抬升指数、K 指数、沙氏指数、925 hPa 露点温度、强天气威胁指数；“/” 表示无具体统计阈值

随机选择 2016 年发生在杭州市区的 10 次短时强降水样本检验上述指标，其结果见表 3.7。从表中可见，各指标基本满足表 3.6 中提取的相应参考阈值，这说明这些物理量阈值在实际的预报中有一定的参考价值。不过，该指标尚未经系统评分检验，可能存在一定的虚报率。

表 3.7 2016 年杭州市区 10 次短时强降水日杭州探空站 08 时数据

时间（月.日.时）	*PW*（mm）	*BLI*（℃）	*KI*（℃）	*SI*（℃）	T_{d925}（℃）	*SWEAT*
6.12.08	60.0	0.8	36.0	0.9	19.0	261.0
7.05.08	55.0	−3.8	35.0	−3.0	20.0	331.0
7.11.08	70.0	−3.1	39.0	0.0	21.0	293.0
7.13.08	63.0	−4.0	38.0	0.6	22.0	302.0
7.18.08	59.0	−4.8	41.0	−3.6	22.0	290.0
8.09.08	65.0	−2.4	39.0	−0.5	22.0	306.0
8.10.08	61.0	−2.3	34.0	−0.4	22.0	300.0
8.20.08	46.0	−4.1	30.0	−0.3	19.0	273.0

续表

时间（月.日.时）	PW（mm）	BLI（℃）	KI（℃）	SI（℃）	T_{d925}（℃）	$SWEAT$
8.21.08	68.0	−1.6	39.0	−0.4	23.0	270.0
9.15.08	61.0	−1.2	36.0	0.4	20.0	298.0

注：PW、BLI、KI、SI、T_{d925}、$SWEAT$ 分别为整层可降水量、最佳抬升指数、K 指数、沙氏指数、925 hPa 露点温度、强天气威胁指数。

通过分析杭州探空站若干对流指数和短时强降水的相关性及分量级降水的核密度估计曲线可知，预报短时强降水的物理量中，水汽相关量的指示意义最好，尤其是整层可降水量；其次是热力因子；而动力因子的相关性显著低于水汽和热力因子。降水强度与高温高湿环境场密切相关，与稳定度因子的量值基本无关，而低层散度、垂直速度等动力因子负相关较显著，说明层结不稳定的大气环境有利于触发短时强降水，但强降水更依赖于充沛的水汽输送和强的上升运动。

由核密度估计曲线的分布差异筛选出预报短时强降水的最佳因子是 PW、KI、BLI、SI、T_{d925}，这些因子表征水汽和层结稳定度以及低层湿度状况，强天气威胁指数 $SWEAT$ 也有一定的指示意义。环境指标判断短时强降水的强度仍存在较大困难，相对而言，表现较好的仍是表征水汽条件的因子 PW，其次是 ω_{850} 和 DIV_{925}。说明充沛的水汽是影响降水强度的必要条件，低层辐合有利于触发强烈上升运动和充沛水汽输送，从而有利于强降水发生。

3.5.2 冰雹和雷暴大风环境场预报指标

从天气形势来看，我国的雷暴大风天气易发生在春季和夏初大气斜压性较强、温度直减率较大的天气背景下，比如春季西风槽和冷锋、春末夏初北方冷涡、水汽云图上的暗区等背景下发展起来的强对流风暴。如 2014 年 3 月 19 日江南和华南（西风槽和冷锋影响）、2015 年 6 月 1 日“东方之星”客轮翻沉事件（冷涡影响）等雷暴大风个例，这是因为在这些天气形势下对流层大气中层通常会存在干层和垂直减温率较大的缘故。由于产生大冰雹的环境条件要求有较大的对流有效位能、较强的中层垂直风切变与合适的湿球 0 ℃层高度，因此要求环境大气有较大的温度递减率。这既有利于强上升气流，也有利于强下沉气流；并且云中冰相粒子在下落过程中融化、升华吸收环境大气大量热量会非常有利于加强下沉气流，这些因素都是大冰雹天气通常伴随大风天气的重要原因（郑永光 等，2018）。

研究冰雹和雷暴大风的环境场预报指标，需要结合短时强降水和无强对流天气进行对比研究。这里采用随机森林机器学习算法，由大量对流指数和物理量组成高维预报因子数据集，基于随机森林算法自动筛选物理量，通过重要性测度指标可考察预报因子对分类强对流的贡献。随机森林算法的具体算法在第四章中详细说明。

3.5.2.1 强对流分类指标的重要性分析

随机森林算法在计算过程中能根据预测精度的平均下降量计算各指标重要度。图 3.7 是随机森林算法对影响强对流分类因子的重要性排序，值越大表示越重要。从图中可见，沙氏指数（*SI*）在分类过程中的重要性高于其他指标，表明其对强对流分类的贡献程度最大。预测精度平均减少量筛选的前几位的因子分别是 850 hPa 和 500 hPa 的温度差（$T_{850\text{-}500}$）、低层相对湿度（rh_{850} 和 rh_{925}）、整层可降水量（*PW*）、总指数（*TT*）、0～6 km 风垂直切变（$SHR_{0\text{-}6}$）、最佳抬升指数（*BLI*）、强天气威胁指数（*SWEAT*）、低层假相当位温（θ_{se850}）及风暴强度指数（*SSI*）。

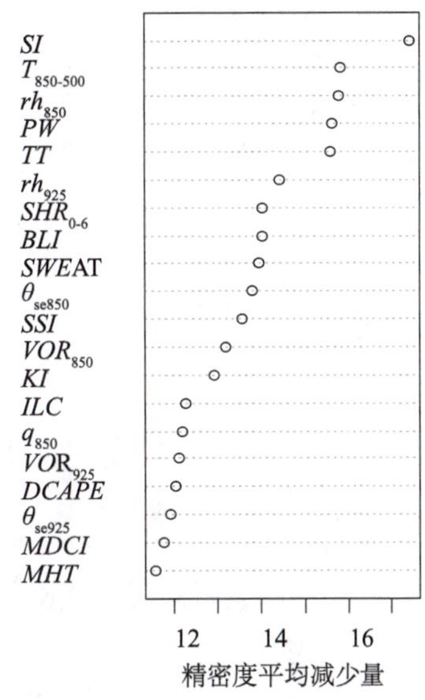

图 3.7 随机森林对强对流分类前 20 项因子的重要性排序

从输入变量对分类强对流的重要性指标排序来看（图 3.8），区分有无强对流的指标，能量、水汽条件是发生强对流天气的必要条件，其中 *SI* 指数和 *BLI* 稳定度因子贡献较为显著，表现较好。这两个指标是强对流主观预报的优选指标，其次综合指数有较好的表现，如 *SWEAT*、*SSI*、*MDCI*（修正深对流指数）可以综合反映中低层热力稳定度特性及适宜风暴发生动力环境对风暴发生所产生的共同作用。从短时强降水的重要性因子排序可见，短时强降水更倾向于表征水汽条件的因子，如 *PW*、低层相对湿度、比湿、各层 θ_{se} 表征整层高温高湿的环境场，即深厚的湿对流有利于短时强降水的发生。雷暴大风的环境场特征除了层结不稳定，代表环境温度直减率的因子 $T_{850\text{-}500}$ 的贡献较为显著，环境大气有较大的温度递减率，既有利于强上升气流，也有利于强下沉气流。此外，*DCAPE* 下沉有效位能代表干下沉气流的作用以及低层相对湿度条件（rh_{850} 和 rh_{925}），对雷暴大风的贡献也较显著（图略）。冰雹天气的环境场，贡献最为显著的是不同高度层的风垂直切变，尤其是 $SHR_{0\text{-}6}$，其次 −20 ℃高度层（*FHT*）、−10 ℃高度层（*MHT*）、0 ℃高度层（*ZHT*）等特性层的高度对于冰雹的形成起重要作用。综合指数中 *SSI* 对冰雹天气的贡献较为显著，*SSI* 计算方法和垂直风切密切相关，由 0～3600 m 的环境风垂直切变和 *CAPE* 决定（刘建文 等，2005）。此外，温度直减率 $T_{850\text{-}500}$ 较大同样有利于冰雹天气的发生。由此可见，随机森林算法筛选的因子的物理意义较为明确，和主观预报经验基本相符。因此，随机森林算法建立的强对流分类模型可信度较高，可以应用于日常业务。

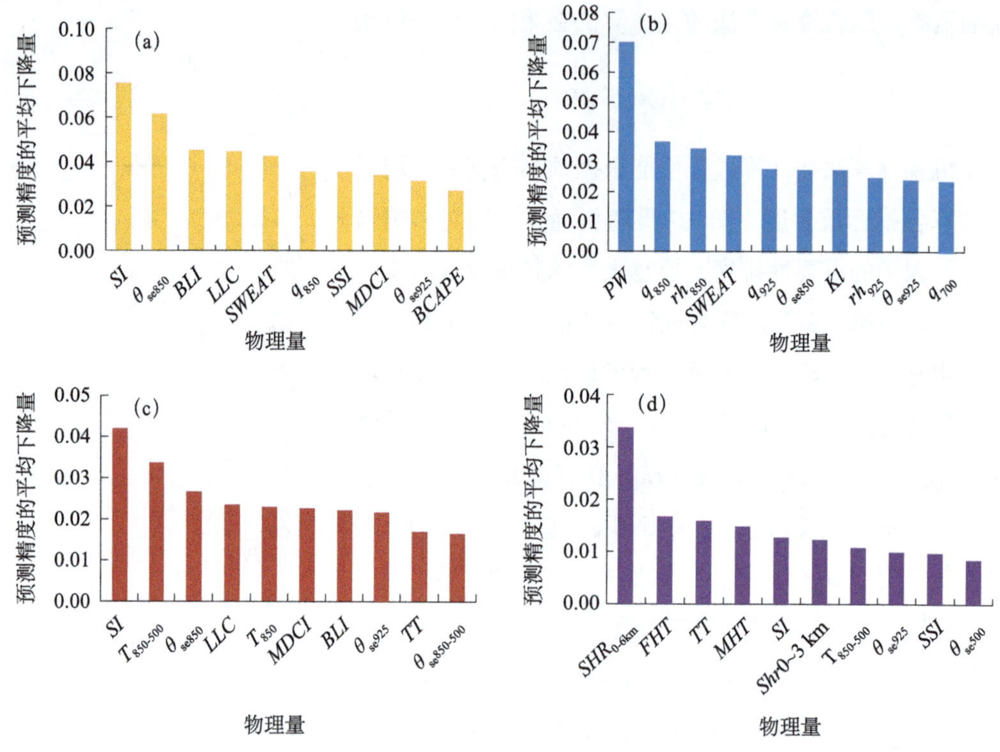

图 3.8　随机森林算法对各类别前 10 项因子的重要性测度排序
（a）无强对流；（b）短时强降水；（c）雷暴大风；（d）冰雹

3.5.2.2　预报因子特征分析

针对随机森林算法筛选的重要物理量绘制核密度估计图（图 3.9）。为了更加精确刻画变量的分布特点，可在变量的频率分布图上添加核密度估计曲线，将频率转化为概率密度，可直观对比不同组数值的分布形状以及不同组之间的重叠程度（李文娟 等，2017）。从不同的灾害性天气对流指数分布可以直观地看出，有无强对流天气表现在环境场的物理量指标存在较明显的差别，尤其是稳定度指标 *SI*、*KI*、*BLI* 和 *SWEAT*，黑色曲线（无强对流）和其他三条曲线分离度较高，峰值处于不同的阈值区间。例如，*BLI* 发生强对流的峰值在 –5 ℃左右，无强对流时一般在 0 ℃以上；*SWEAT* 发生强对流的峰值一般集中在 250～300，而这个区间对应无强对流的低概率密度区。*SSI* 的值在 50～70 易发生强对流天气，冰雹天气在 60～70 具有高概率密度，而短时强降水集中在 50 左右，雷暴大风的分布较不集中，说明 *SSI* 对冰雹天气的指示性较好。$T_{850\text{-}500}$ 可以较好地区分短时强降水和风雹类强对流，25～27 ℃是风雹类强对流的集中区，而短时强降水分布在 22～24 ℃。和水汽条件密切相关的因子如 *PW*、rh_{925}、*KI*，可以较好地指示短时强降水的发生条件，如短时强降水 *PW* 峰值在 60 mm，而风雹类强对流在 50 mm。此外，雷暴大风的 rh_{925} 峰值在

60%～80%，明显低于短时强降水 90% 的相对湿度；*DCAPE* 可以较好地表征雷暴大风类强对流天气，和短时强降水的曲线存在一定的分离度。同时发现，冰雹的环境指标有明显的双峰特征，如 *PW*、rh_{925}、*DCAPE*，分析环境指标不同季节的演变特征可以解释双峰特征，春季是浙江省冰雹天气的高发季，指标和夏季相比有明显的季节性特征，这里不做详细讨论。因此，随机森林算法可以自动筛选物理量的重要性，再结合核密度估计分布可以直观地反映物理量在分类过程中的作用及阈值区间，为主观预报提供参考。

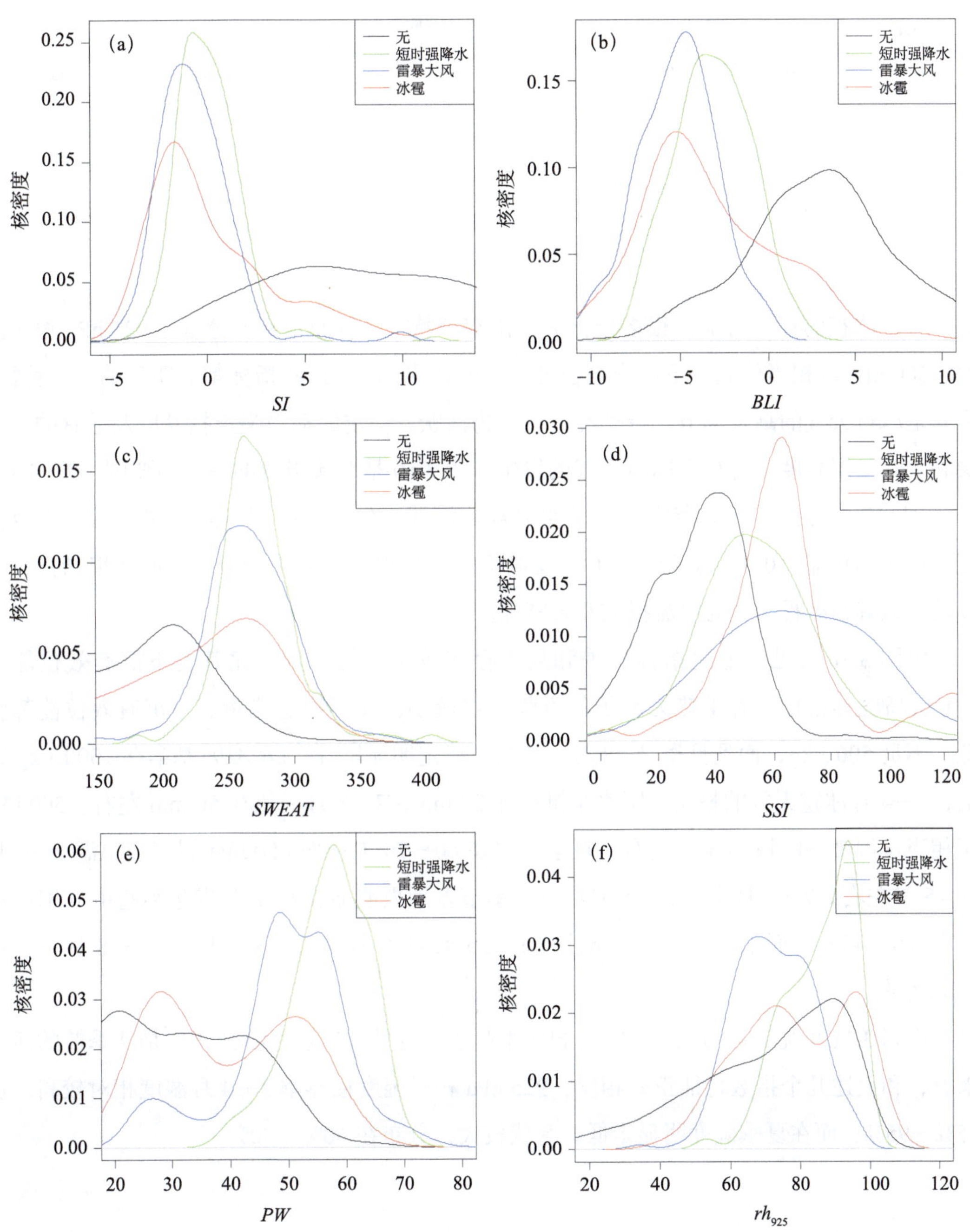

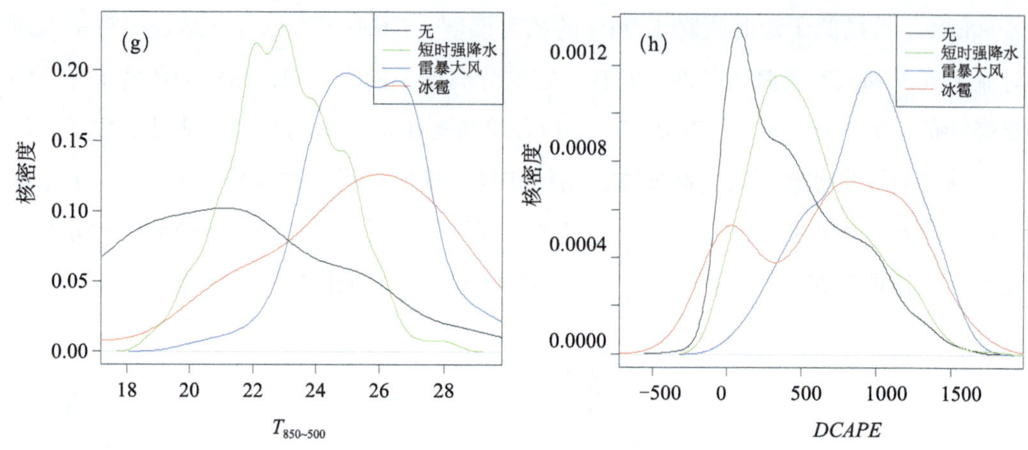

图 3.9 物理量核密度估计分布（a）沙氏指数（*SI*）；（b）最大抬升指数（*BLI*）；（c）强天气威胁指数（*SWEAT*）；（d）风暴强度指数（*SSI*）；（e）整层可降水量（*PW*）；（f）925 hPa 相对湿度（rh_{925}）；（g）温度差 850～500 hPa（$T_{850\text{-}500}$）；（h）下沉有效位能（*DCAPE*）

对于冰雹的环境特征，很多指数表现出双峰特征，如整层可降水量、925 hPa 相对湿度、500 hPa 假相当位温、下沉有效位能、–20 ℃层高度，这些指标都有明显的季节特征，春季是冰雹天气的高发季节，春季冷空气较为活跃，一定的动力强迫抬升以及适宜的 0 ℃层和 –20 ℃层高度，有利于冰雹天气的发生。图 3.10 是对流指数的季节演变图（2—4 月，5—6 月，7—9 月），其核密度估计呈明显双峰特征，分别是整层可降水量、下沉有效位能、假相当位温、0 ℃层高度、–20 ℃层高度。从冰雹天气不同季节对应的环境指标，可以较好地解释冰雹天气的对流指数双峰特征。

由图 3.10 可见，上述指标春季和夏季存在较明显的差别，尤其是下沉有效位能和 0 ℃层高度等指标。春季热力因子的贡献相对较小，如不稳定能量、下沉有效位能都较低，不足 500 J/kg，而到夏季 7—8 月，热力不稳定明显增强，*DCAPE* 基本在 1000 J/kg 以上；2—4 月冰雹天气的整层可降水量维持在 30 mm，7—8 月一般在 50 mm 左右；500 hPa 假相当位温 2—4 月在 45 ℃左右，夏季一般在 60—70 ℃；而 850 hPa 假相当位温 2—4 月在 45 ℃左右，7—9 月增加到 75 ℃左右，季节差别更明显；2—6 月发生冰雹的 0 ℃层高度在 3.5～4 km，而 7—9 月在 5 km 上下；–20 ℃层 2—4 月在 7 km 上下，5—8 月一般在 8 km 左右。

由图 3.11 可见，冰雹天气的 925 hPa 相对湿度也呈现出双峰特征，但是从季节的演变来看，和上述几个指数特征正好相反，925 hPa 相对湿度在春季 2—4 月湿度相对较高，在 85%～95%；而在夏季湿度明显走低，起伏较大，分布在 60%～80%。

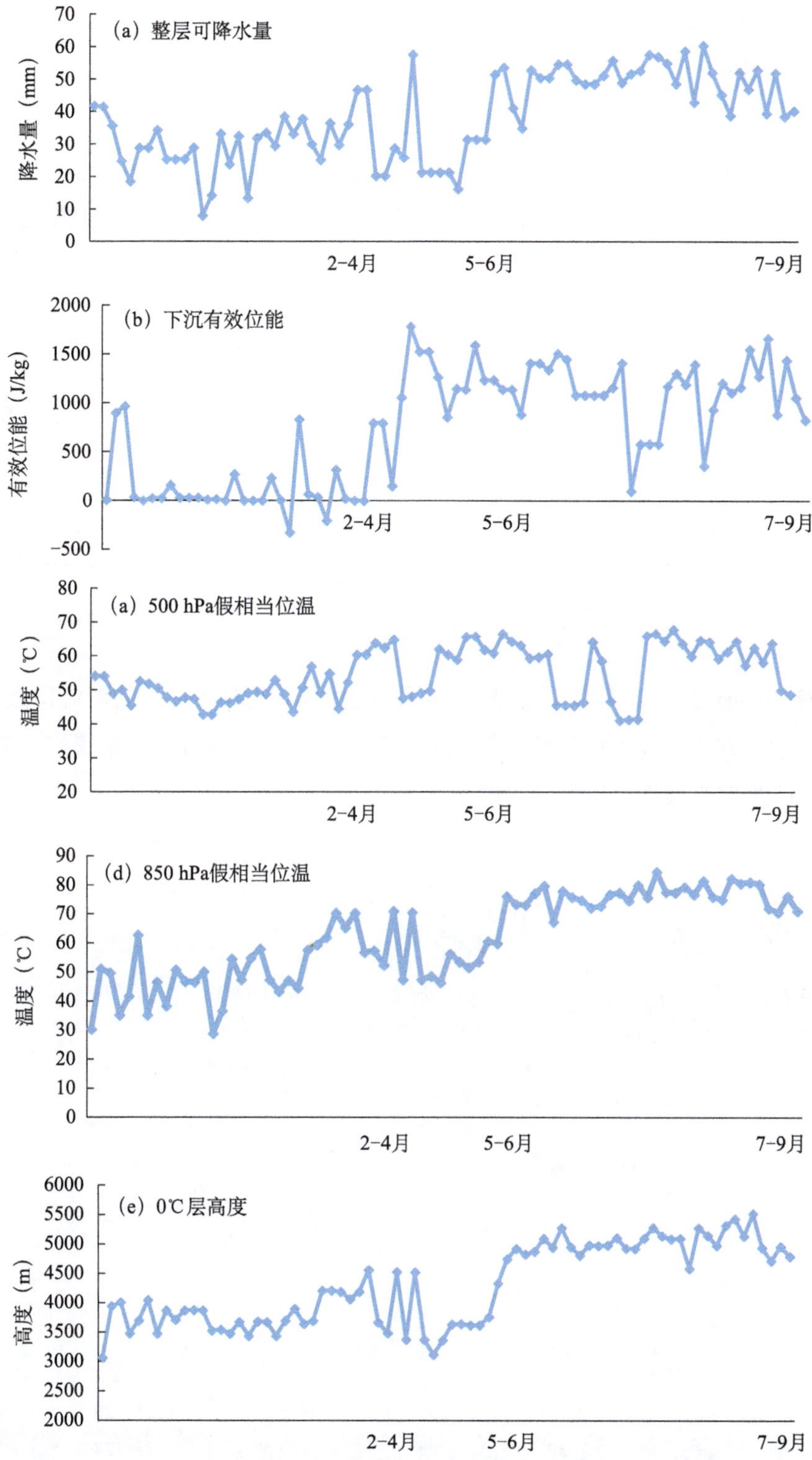
(a) 整层可降水量
降水量（mm）
70
60
50
40
30
20
10
0
2-4月
5-6月
7-9月
(b) 下沉有效位能
有效位能（J/kg）
2000
1500
1000
500
0
-500
2-4月
5-6月
7-9月
(a) 500 hPa假相当位温
温度（℃）
80
70
60
50
40
30
20
2-4月
5-6月
7-9月
(d) 850 hPa假相当位温
温度（℃）
90
80
70
60
50
40
30
20
10
0
2-4月
5-6月
7-9月
(e) 0℃层高度
高度（m）
6000
5500
5000
4500
4000
3500
3000
2500
2000
2-4月
5-6月
7-9月

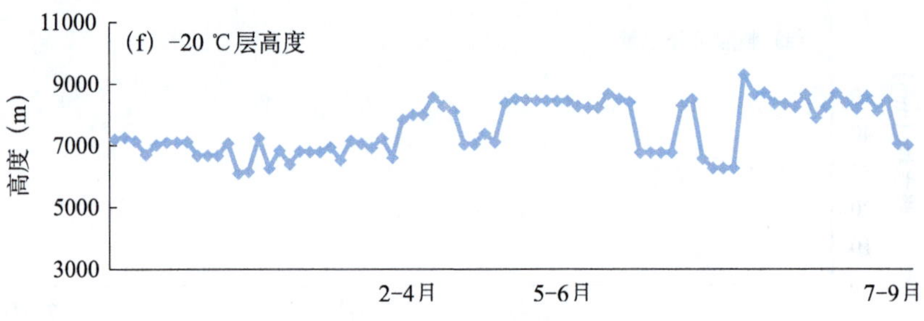

图 3.10　冰雹天气的环境指标季节演变特征

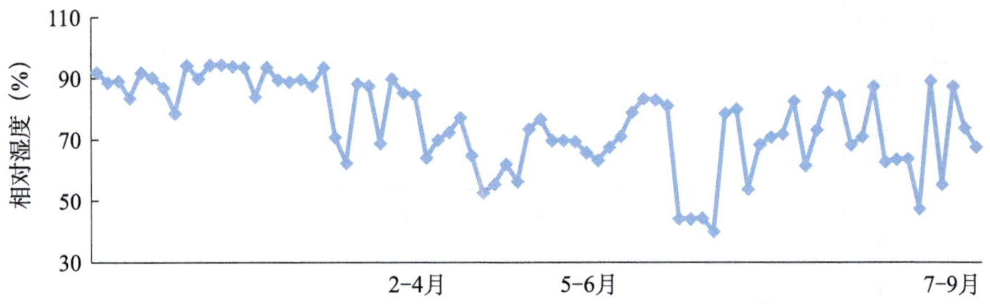

图 3.11　冰雹天气的 925 hPa 相对湿度季节演变特征

表 3.8a，b 通过随机森林模型筛选了和不同类型强对流相关显著的对流指数和物理量，通过核密度估计方法提取了指数的中值或分布区间，或不同季节的分布阈值，可为主观预报提供参考或为客观预报提供技术支撑。

表 3.8a　分类强对流相关对流指数的中值特征

对流参数	*PW*（mm）		*DCAPE*（J/kg）		rh_{925}（%）		θ_{se850}（℃）		0 ℃层（km）		−20 ℃层（km）	
冰雹	2—4 月 30.0	7—8 月 50.0	2—4 月 200～500.0	7—8 月 1000～1500.0	2—4 月 90.0	7—8 月 70.0	2—4 月 50.0	7—8 月 75.0	2—4 月 3.5～4.0	7—8 月 5.0	2—4 月 7.0	7—8 月 8.3
雷暴大风	52		1500		60～80		75					
短时强降水	60		500 或 1200		≥ 90		75					
无雷暴	<50		20									

表 3.8b　分类强对流相关对流指数的中值特征

对流参数	*BLI*（℃）	*KI*（℃）	*SWEAT*	*SSI*	$T_{850-500}$（℃）	q_{850}（g/kg）
冰雹	−3	＞30	260	60～70	25～28	12～14
雷暴大风	−3	＞30	275	40～60	25～28	13～15
短时强降水	−2	＞35	270	40～60	22～24	14～15
无雷暴	＞0	＜30	＜200	＜20	5	＜10

3.5.3 短时强降水的雷达特征

以杭州地区为例，选取了 2012—2016 年 83 个短时强降水样本，降水样本主要集中在汛期。为了区分不同强度降水的雷达特征，现将 83 例样本分两类讨论，其中小时雨强在 20～40 mm/h 的有 63 例，＞ 40 mm/h 的有 20 例。参照短临业务中常用的多普勒雷达产品，分析总结两类降水在雷达产品上的特征表现，具体结论如下：

（1）小时雨强＞ 40 mm/h 的样本

从回波形态上看，此类强降水以带状或团块状为主（80% 以上），结构相对松散，有少数样本的回波呈弓形或线性（窄带）。从回波组合反射率看，最强反射率因子为 58～70 dBz，其中有大约 70% 的样本大于 60 dBz，但并未出现 70 dBz 以上的回波，与此前文献指出的 70 dBz 以上回波一旦出现往往与冰雹或灾害性大风等天气相关的结论相符。此外，在统计的样本中发现低层反射率因子（0.5° 和 1.5° 仰角）较大，最强反射率因子基本接近于组合反射率，说明强降水回波以低质心回波为主。统计的样本中有 70% 以上回波顶高在 10 km 以上，且大都集中在 10～15 km，只有少数在 6～8 km，表明强降水样本的回波发展高度相对较高。

强降水回波的移速较小，绝大多数在 30 km/h 以下，且多集中在 20 km/h 左右，印证了快速移动的回波不利于强降水产生。另外，分析样本的平均径向速度图，部分呈现出大风区型（台风降水为主）、中尺度辐合型、中气旋特征等，但大多数样本的径向速度特征不典型。

从统计样本的垂直累积液态水含量（*VIL*）看，*VIL* 值主要集中在 20～40 kg/m^2，大于 40 kg/m^2 的样本量迅速减少，最大为 59 kg/m^2，且仅有少数个例＜ 20 kg/m^2（3 例）。

除以上几项业务中常用产品外，重点查看了雷达降水估测产品。综合而言，在所选样本中 1 h 降水估测产品大多在量级上与实况基本接近，说明在业务中可以较好地利用该产品进行降水估测。

（2）小时雨强在 20～40 mm/h 的样本（最大 37.8 mm/h，85% 以上＜ 30 mm/h）

此类样本的回波形态约 55%（35 个样本）呈团块状、块状，37% 的样本（23 个）为片状混合回波，仅有少数个例呈带状（5 个样本），说明强度相对较弱的强降水个例以层状混合云降水和积雨云降水为主，从回波形态看，相比 40 mm 雨强的对流强度要弱一些。回波组合反射率最强为 43～65 dBz，其中 50～60 dBz 的占 70% 以上，有 6 个样本＞ 60 dBz，只有 1 例为 65 dBz，对应 30 mm 降水；其余 20% 为 43～48 dBz，均为混合型回波。此外，在统计的样本中，除了组合反射率＞ 60 dBz 的样本回波发展较深厚（高低层都可见强回波中心)，其余大多以低质心结构为主，强中心集中在低层(以0.5°和1.5°仰角为主)。回波顶高在7～18 km，60%的样本顶高在10 km以上，且大部集中在10～15 km，另有40%的样本顶高为7～8 km，相比前一类无明显差异，一定程度上表明顶高与雨强无显著联系。

约有50%的样本回波移速在30～40 km/h，少数(8例)在10～20 km/h，其余40%均在20～30 km/h。对比来看，移速与雨强一定程度上呈负相关，雨强越大的样本对应移速相对较慢，但并不一一对应。在平均径向速度图上的特征主要呈大风区型、中低层中尺度辐合型、暖平流特征等，少数样本发现中气旋特征，但大多数样本的速度图特征不典型。

垂直累积液态水含量(*VIL*)约有1/3的样本在20～40 kg/m²，45%左右的个例在10～20 kg/m²，另有约20%个例＜10 kg/m²，只有少数个例＞40 kg/m²(分别为43 kg/m²和70 kg/m²)，对应30 mm/h量级的雨强。在一定范围内，降水强度越大，垂直累计含水量值也越大。

从降水估测产品的表现上看，在所选样本中1 h降水估测产品仅有约20%的个例与实况基本接近(误差在±5 mm)，其余大多估测值比实况偏小，更有9例估测产品显示无降水。对比前一类，表明降水估测产品在较强降水的应用上要更合理。

综合上述分析，将此次统计的强降水样本雷达特征归纳总结为表3.9。

表3.9　短时强降水的多普勒雷达产品特征(以杭州雷达为例)

雨强	20～40 mm/h	＞40 mm/h
回波形态	团块状、片状混合，个别带状	团块状或带状，少数弓形或线状
反射率因子	组合反射率50～60 dBz ＞60 dBz的较少(最大65 dBz) 部分43～48dBz 低质心	组合反射率58～70 dBz 绝大多数＞60 dBz 低质心
移动速度	30～40 km/h(50%)， 20～30 km/h(40%)， 少数10～20 km/h	移速较小，30 km/h以下， 多在20 km/h左右
顶高	10～15 km，＞10 km(60%)， 7～8 km占40%	10～15 km，＞10 km(70%)， 少数6～8 km
垂直累积液态水含量(*VIL*)	20～40 kg/m²(1/3)， 10～20 kg/m²(45%)， ＜10 kg/m²(20%)	大部为20～40 kg/m²，最大59 kg/m²， 只有少数个例＜20 kg/m²
径向速度	大风区型(锋面、台风)、中低层中尺度辐合、暖平流、个别中气旋	大风区型(台风降水)、中低层中尺度辐合、个别中气旋
1 h估测降水	20%误差在±5 mm以内，大多估测值比实况偏小，其中9样本估测无降水	估测值与实况基本接近

3.5.4 雷暴大风和冰雹的雷达特征

已有研究表明（郑永光 等，2018），中层径向速度辐合（MARC）、强反射率因子核心下降、后向入流槽口和弓形回波等是指示雷暴大风天气的重要雷达观测特征。当对流风暴周边干空气被夹卷进入风暴内部后，导致其下沉气流内雨滴迅速蒸发使下沉气流降温而导致加强的向下加速度，这种对流层中层干空气的夹卷进入雷暴的过程在径向速度图上表现为 MARC 特征和反射率因子图上的后向入流槽口。利用 MARC 预警雷暴大风的提前时间约为 10～30 min。在有利于雷暴大风的环境条件下，中气旋可以更有效地将环境干空气夹卷进入下沉气流内导致雨滴、冰物质蒸发或者升华，大气降温形成向下加速度从而加强下沉气流使得地面风速进一步增加。当对流风暴距离雷达站较近（约 70 km）时，若雷达观测的 0.5° 仰角径向速度场有超过 20 m/s 左右以上的风速大值区，则需要关注地面雷暴大风的可能性，如 2015 年 6 月 1 日"东方之星"客轮翻沉事件过程中 0.5° 仰角径向速度场有超过 19 m/s 的风速大值区；移动越快的对流风暴其产生雷暴大风的可能性和强度越大。据估计，12 m/s 左右以上的移速有可能产生 8 级左右、19 m/s 左右以上的移速可能产生 10 级左右地面大风。如果天气雷达上能够观测到明显的阵风锋，则可能表明对流风暴的冷池强度较大，其产生较大地面风速的可能性也较大。

多普勒天气雷达探测到的中气旋是目前龙卷临近预警主要依据。但如前所述，美国的统计表明约有 25%、甚至更少的雷达探测到的中气旋会生成龙卷，但当中气旋底距离地面高度＜ 1 km 时，龙卷的发生概率则约为 40%。目前美国业务发布龙卷警报的依据主要是：在有利于龙卷的环境条件下，探测到强中气旋，或探测到中等以上强度中气旋，并且其底高不超过 1 km。2016 年 6 月 23 日江苏盐城龙卷发生时，江苏省气象台根据这些依据，指导阜宁县气象台在 14 时 39 分发布的雷暴橙色预警信号中明确指出将有龙卷发生。美国基于中气旋的龙卷警报平均提前时间约 10～20 min。但由于多普勒天气雷达的中气旋产品本身就存在很多误识别，再加之大多数中气旋并不会产生龙卷，因此基于中气旋的龙卷预警存在很高的虚警率。多普勒天气雷达有时能够探测到的龙卷涡旋特征（TVS）是龙卷临近预警的另一重要依据，但对当地的龙卷已经几乎没有预警提前时间，不过可以对龙卷移动方向的下游地区具有提前临近预警作用。由于部分产生龙卷的经典超级单体存在明显的钩状回波，因此这也是龙卷预警的参考依据之一，比如 2016 年 6 月 23 日产生江苏阜宁龙卷的经典超级单体就具有非常明显的钩状回波特征。

上述雷暴大风和龙卷的统计特征依据全国不同地区的强对流研究得出，但针对浙江省的冰雹、雷暴大风等雷达特征尚未开展过系统的统计研究，因此，基于浙江省大量的冰雹和雷暴大风雷达数据样本开展统计，得出具体的可实施的业务应用指标具有重要意义。针对浙江省发生的风雹类强对流个例收集雷达产品数据，分析反射率因子（$R_{0.5}$，CR）、径向速度（$V_{0.5}$）、垂直累积液态水含量、回波顶高（TOP）以及径向速度垂直剖面和反射率因子垂直剖面产品等雷达产品特征，提取识别指标。

（1）冰雹特征

收集2008—2012年不同季节21次冰雹过程的雷达产品数据，其中2—4月5次；5—6月3次；7—8月11次，9—11月2次。冰雹主要发生在春季2—4月和夏季7—8月，而5—6月和9—11月冰雹个例较少，因此，重点统计春季2—4月和夏季7—8月的冰雹、雷暴大风雷达回波特征。统计结果见表3.10a，b。

表3.10a 冰雹2–4月特征

反射率因子（0.5° 仰角）	组合反射率因子	径向速度（0.5° 仰角）	回波顶高	垂直累积液态水含量	0 ℃层	–20 ℃层
≥ 50～60 dBz	≥ 60 dBz	≥ 20 m/s 或逆风区	11～14 km	≥ 50 kg/m²	3.5～3.8 km	6.8～7.2 km
≥ 55 dBz 强度一般在 3 km 以上					≥ 55 dBz	≥ 44 dBz

表3. 10b 冰雹7–8月特征

反射率因子（0.5° 仰角）	组合反射率因子	径向速度（0.5° 仰角）	回波顶高	垂直累积液态水含量	0 ℃层	–20 ℃层
≥ 50～60 dBz	≥ 60 dBz	≥ 20 m/s 逆风区、中气旋	13～17 km	≥ 55 kg/m²	4.9～5.5 km	8.3～8.7 km
≥ 55 dBz 强度一般在 3 km 以上					≥ 55 dBz	≥ 44 dBz

冰雹的回波特征没有明显的季节性，回波顶高相对春季较低，顶高11～14 km，夏季顶高13～17 km；夏季0 ℃层基本在4.9～5.5 km，–20 ℃层在8.3～8.7 km，而春季0 ℃层和–20 ℃层高度明显较低，0 ℃层不足4 km，–20 ℃层高度在7 km左右。因此，春季更易发生冰雹或大冰雹天气。0 ℃层回波强度可达55 dBz以上，–20 ℃层回波强度在44 dBz以上，下一时次有明显的质心下降，3 km以上存在＞ 55 dBz的回波强度，可达3～9 km，4～5 km出现60 dBz的可能性较大，0 ℃层和–20 ℃层之间的高度差基本在3 km左右。

（2）雷暴大风特征

收集各个季节的雷暴大风样本，其中2—4月7次，5—6月10次，7—8月8次，9—11月3次。从2—9月的28次雷暴大风个例的统计分析来看，2—4月多发生冰雹天气，5—6月易发生飑线或阵风锋等强对流天气，7—8月易发生雷暴大风和冰雹等强对流天气；但由于夏季0 ℃层较高，大冰雹的概率相对较低。发生冰雹时往往会伴随雷暴大风，大冰雹的环境条件要求有较大的对流有效位能、较强的中层垂直风切变与合适的湿球0 ℃层高度，因此要求环境大气有较大的温度递减率；并且云中冰相粒子在下落过程中融化、升华吸收环境大气大量热量会非常有利于加强下沉气流，这些因素都是大冰雹天气通常伴随大风天气的重要原因。

从回波形态来看，产生大风的回波有短带状、块状、团状、阵风锋以及大范围飑线回波等几种情况。对于较大范围的雷暴大风，雷达回波往往存在带状、弓形回波或前沿的窄带回波。从回波强度来看，低层 0.5° 仰角的回波强度一般在 50 dBz 以上，除了阵风锋回波，阵风锋回波一般强度低于 20 dBz，是后部强对流云团的出流边界，可引起较大范围的雷暴大风。从统计来看，冰雹回波 0.5° 仰角的强度均在 60 dBz 以上，引起大风的回波强度低于冰雹的回波强度。发生雷暴大风除了回波的形态以外，径向速度也有一定的特征，尤其是大范围的雷暴大风，径向速度可以归纳为几种情况，（1）阵风锋回波出现在强的带状回波前沿，由强的下沉气流引起，速度场呈现弱回波带，无明显特征，后部一般伴随和冷空气相对应的大风区，阵风锋扫过的地区可以引起大范围大风；（2）和冷空气相伴随的窄带回波，随冷涡后部冷空气的南下，可引起大范围雷暴大风，回波形态呈窄带状，强度较弱，20～45 dBz，虽然强度不强，但是前沿的梯度较大，后部一般有 15 m/s 以上的大风区对应，可引起大范围大风天气。（3）大风在速度图上对应有逆风区、MARC（中层径向速度辐合）、＞ 15 m/s 的大风速区、中气旋。对于冰雹回波，速度图上的中气旋较为常见，对于大范围的雷暴大风，一般由带状回波引起，速度图上对应逆风区、中层径向速度辐合，或者大风速区。雷暴大风具体雷达统计指标见表 3.11。

雷暴大风的回波也没有明显的季节特征：春季雷达回波顶高相对夏季较低，约 11～12 km；夏季回波顶高一般在 13 km 以上；回波强度相对冰雹较弱，如 0.5° 仰角回波强度，雷暴大风 50 dBz 左右即可，而冰雹一般可达 60 dBz 或以上；垂直累积液态水含量 *VIL* 一般在 30 kg/m^2 以上，而冰雹则对应 60 kg/m^2 以上。此外，由于阵风锋回波和窄带状回波强度较弱，对应的回波顶高也较低约 7～9 km，速度图上重点关注后部大风区的移动。

表 3.11　雷暴大风雷达统计指标

反射率因子（0.5° 仰角）	组合反射率因子	回波顶高	垂直累积液态水含量	径向速度（0.5° 仰角）
≥ 50 dBz	≥ 55～65 dBz	≥ 11 km	≥ 35 kg/m^2	≥ 15 m/s
形态：短带状、窄带状、块状、团状、阵风锋、飑线。 径向速度：逆风区、MARC、中气旋、＞ 15 m/s 的大风速区 强度：反射率因子快速下降、前沿强梯度、后侧入流槽口 移动速度：12 m/s 以上的移速有可能产生 8 级左右、19 m/s 以上的移速可能产生 10 级左右地面大风				

图 3.12～3.16 是浙江省 5 个风雹类强对流个例的雷达回波强度、径向速度及剖面产品，从个例中可以看到强对流回波的典型特征，如飑线回波、短带状回波、阵风锋回波等。

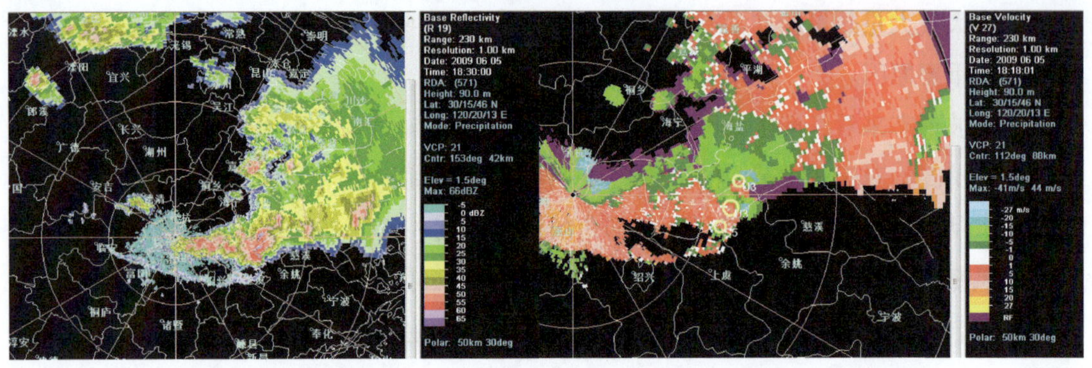

（a）特征 1：阵风锋、中气旋，和阵风锋相交的回波发展旺盛，产生冰雹

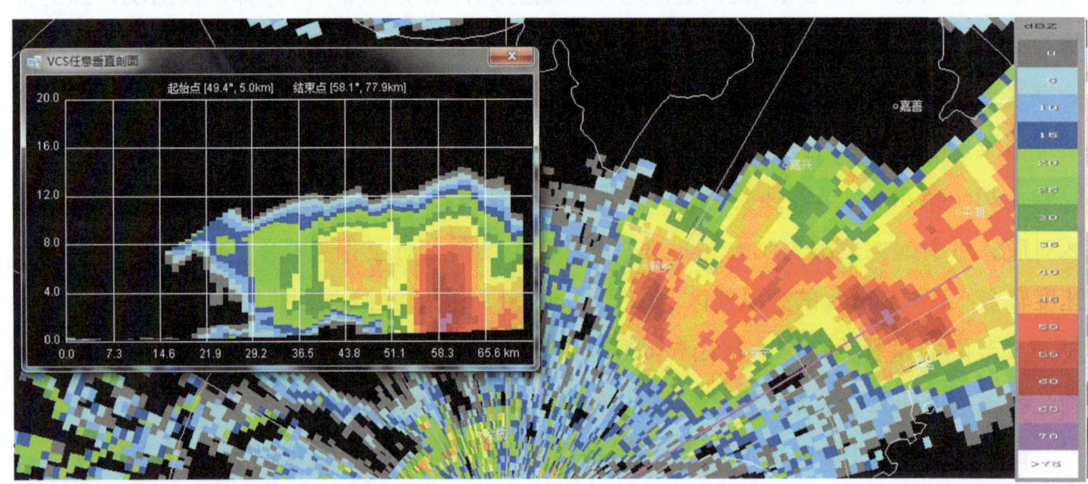

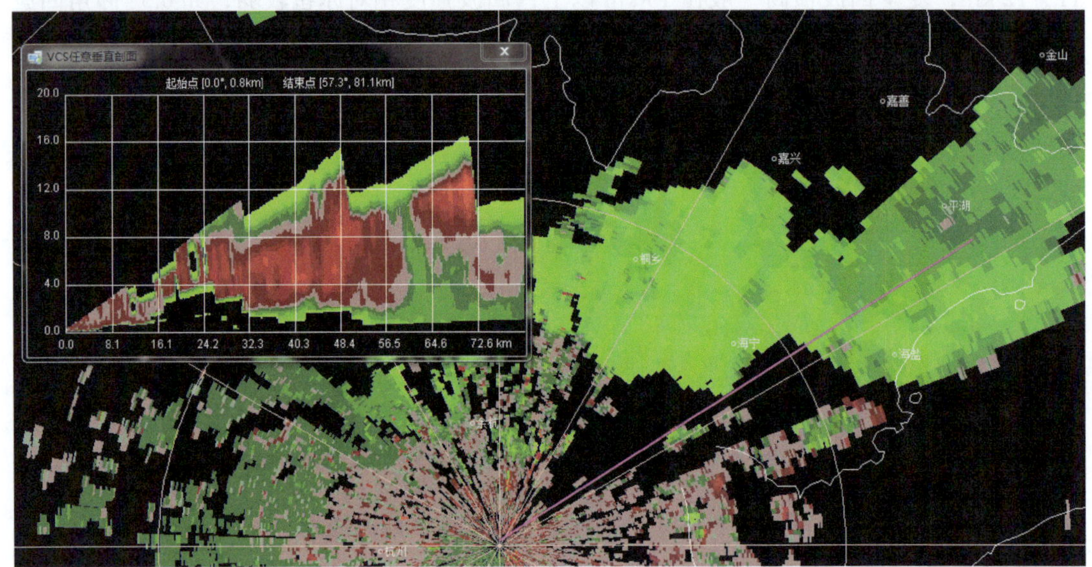

（b）特征 2：17—18 时剖面特征：50 dBz 强回波达 8 km，反射率因子最强达到 60 dBz，径向速度存在 MARC 特征

图 3.12　2009 年 6 月 5 日强对流过程特征

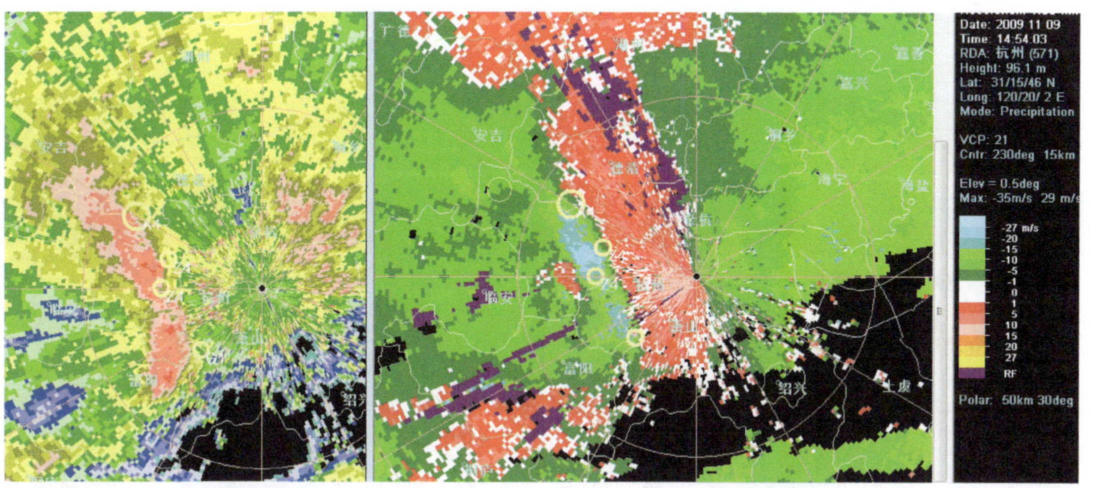

（a）特征 1：弓形、带状、大风区、中气旋、风速切变

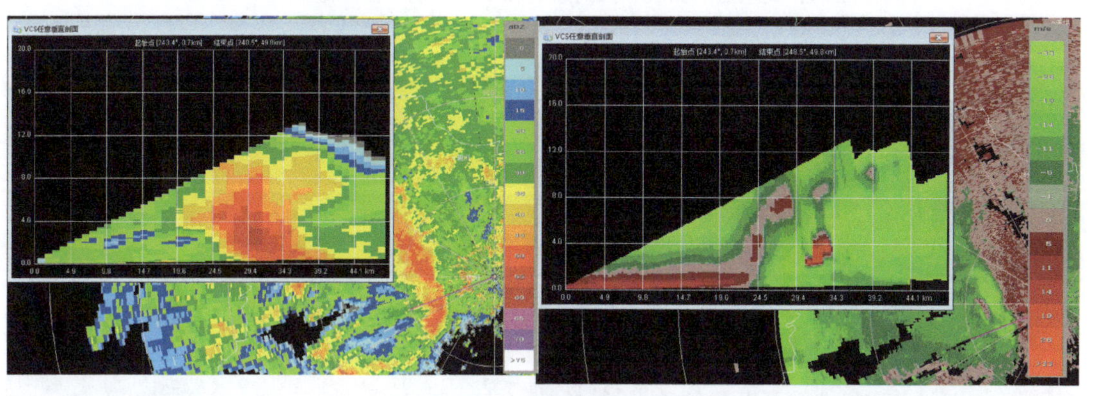

（b）特征 2：2009 年 11 月 9 日剖面特征，回波悬垂、入流槽口、径向速度 MARC 特征、强上升气流等特征

图 3.13　2009 年 11 月 9 日强对流过程特征

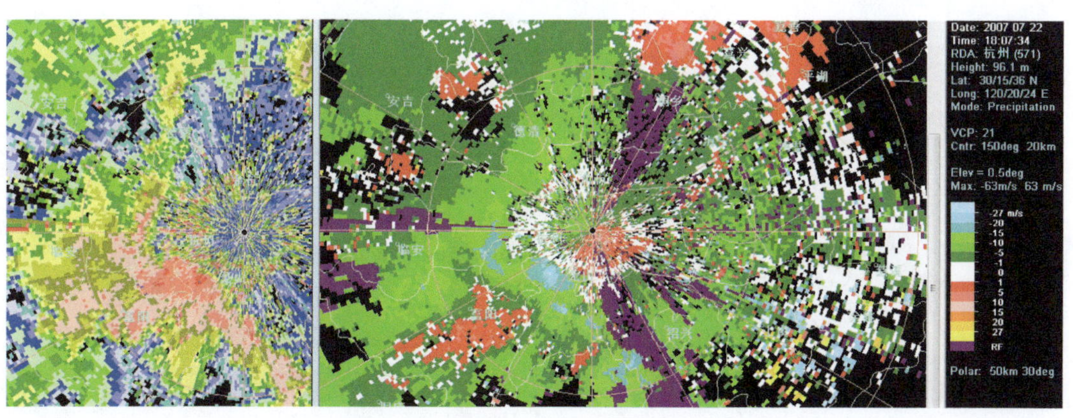

特征：短带状、大风区、辐合区

图 3.14　2007 年 7 月 22 日强对流过程特征

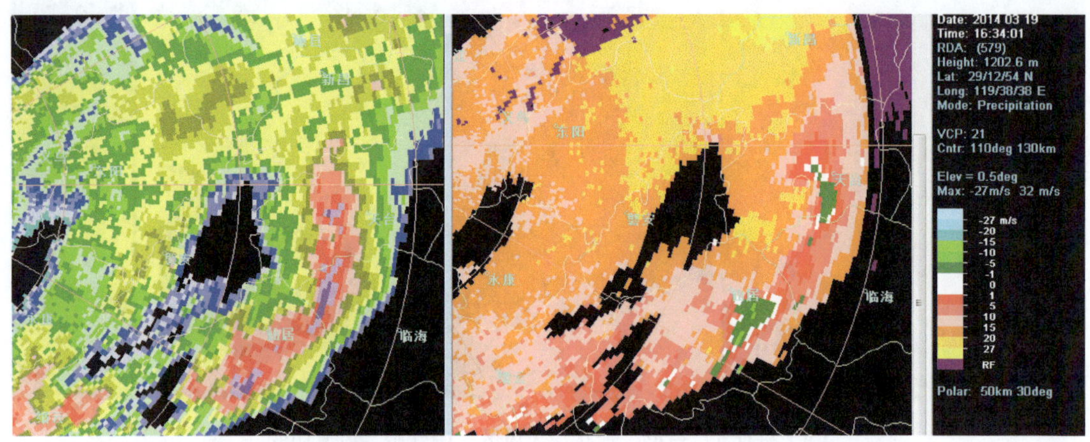

（a）特征 1：典型弓形回波、强的速度切变，反射率因子最强达到 65 dBz

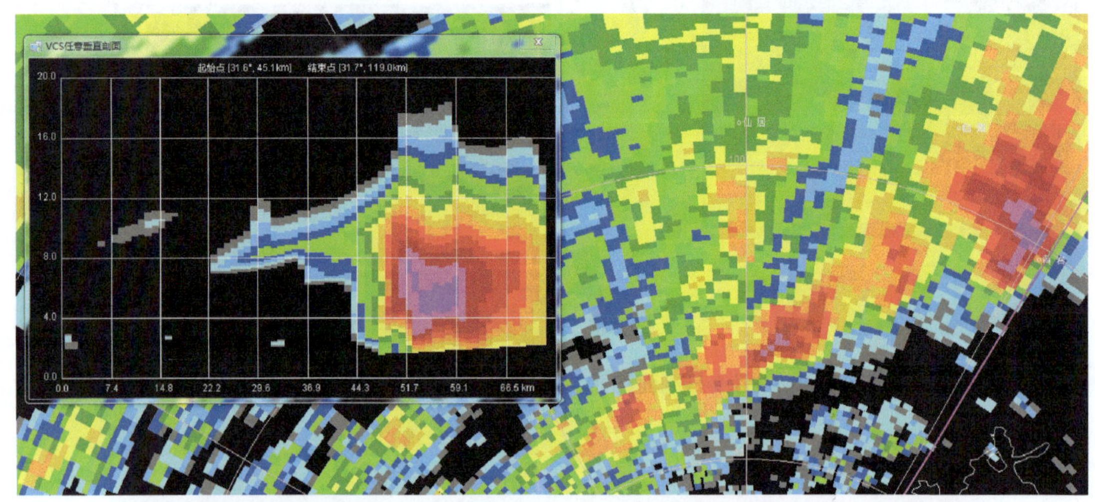

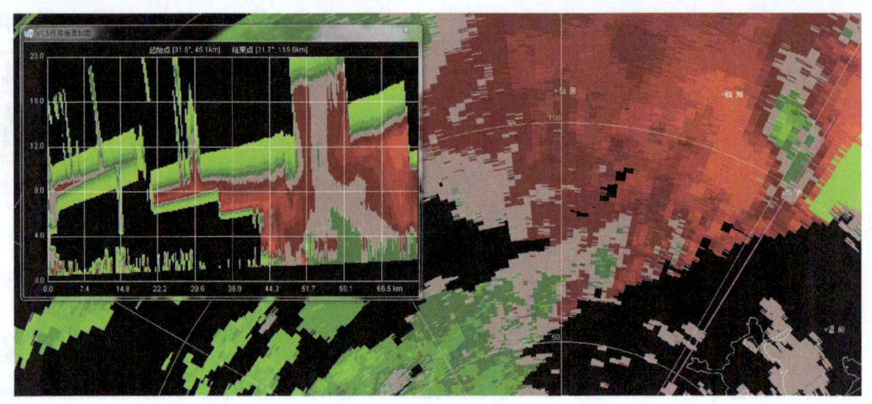

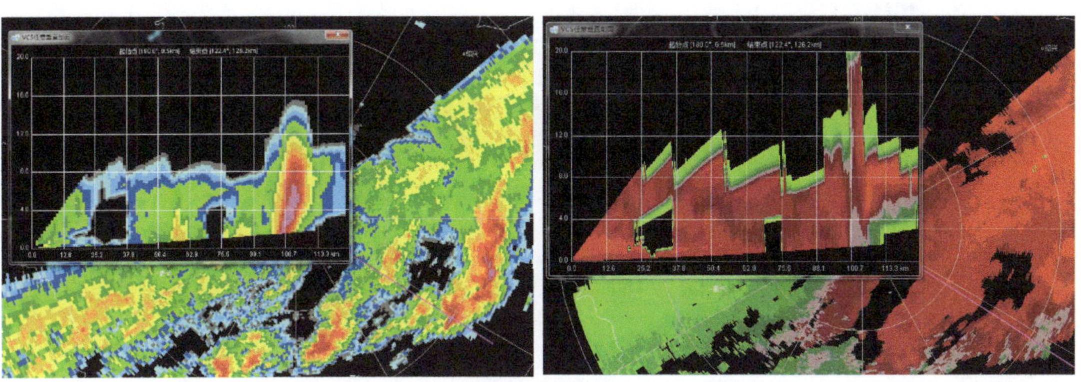

（b）特征 2：2014 年 3 月 19 日剖面特征，强回波达 10 km，最强 65 dBz 以上，强反射率因子快速下降、径向速度 MARC 特征

图 3.15　2014 年 3 月 19 日飑线过程特征

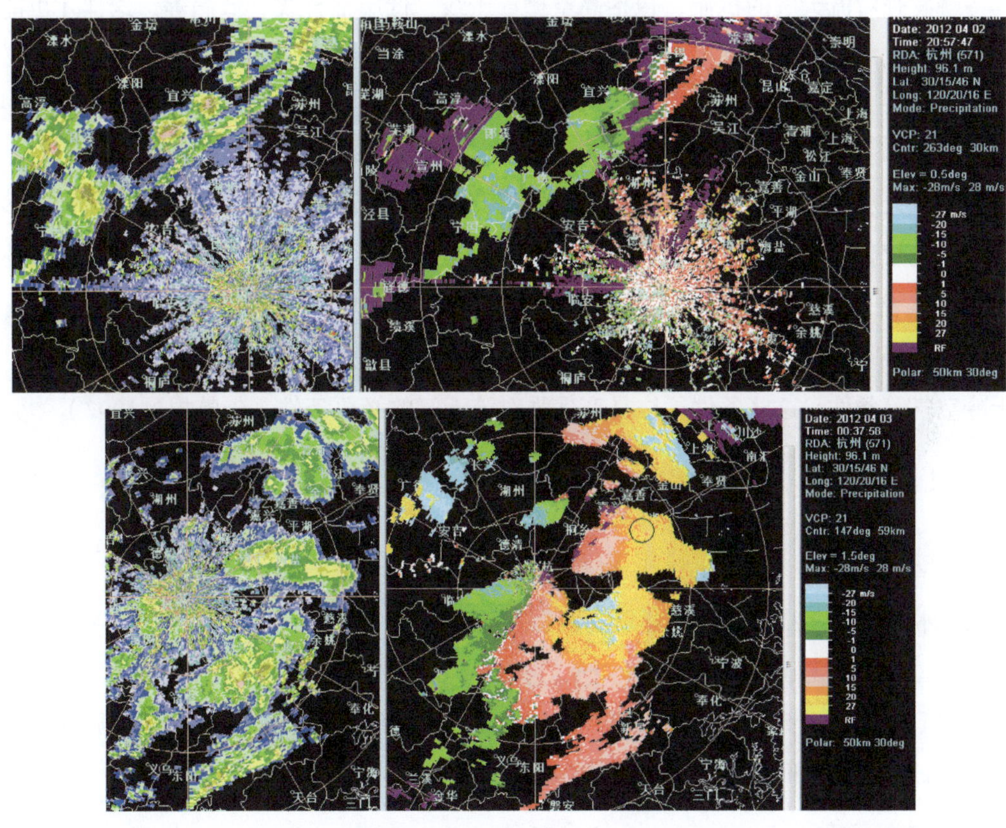

特征：窄带状弱回波、大风区

图 3.16　2012 年 4 月 2 日强对流过程特征

3.6 浙江省典型强对流天气个例预报分析

3.6.1 强对流天气预报思路

浙江省3—4月多冰雹和雷暴大风天气，4—6月初受江淮气旋或东北冷涡影响，易出现飑线等强对流天气；7—8月主要以伴随雷雨大风的短时强降水为主，且在副高控制的背景下，易发生脉冲风暴，伴随强的雷雨大风和短时强降水天气。9—10月受秋季台风系统或偏东气流影响，沿海地区易发生短时强降水天气。此外，预报员应对不同季节造成强对流天气的主要影响系统和天气系统配置有充分了解，在分季节潜势预报基础上，关注是否具备触发强对流天气的机制，包括高空槽、干线、低层辐合线、低涡等，这样才可能做好强对流天气短期和短时预报，减少空报和漏报。

3.6.1.1 强对流产生的环境条件

强对流天气的预报着眼点首先是深厚的湿对流，之后强降水需要风暴移速较慢或多个风暴系统连续移过同一地点；雷雨大风需要关注是否有强烈的下沉气流；冰雹需要关注强烈的上升气流以及0 ℃层高度。强雷暴需具有明显的环境风垂直切变（$\geqslant 2.5\times10^{-3}$/s）；长生命史的强雷暴还应具有高低空急流相配合、低空逆温层、前倾槽结构、高空辐散、中空干冷空气等条件。这些条件往往是产生强对流天气的必要条件（朱乾根，1992）。

3.6.1.2 一般雷暴与强雷暴天气发生发展的环境条件及其预报着眼点

（1）基本条件：导致一般雷暴天气

（a）水汽来源（湿舌、低空急流、高湿度辐合）；

（b）位势不稳定（$\Delta\theta se<0$，$\gamma>\gamma_m$）；

（c）上升运动（天气尺度系统低层辐合、低空急流、低空辐合线、负变压、迎风坡、背风坡、日射加热地面、局地受热不均匀）。

（2）转换条件

有利于从一般雷暴向强雷暴天气发展；明显的环境风垂直切变（$\geqslant 2.5\times10^{-3}$/s）。

（3）增强条件：有利于强雷暴天气的发展

（a）高、低空急流相配合；

（b）低空逆温层；

（c）前倾槽结构；

（d）高空辐散。

3.6.1.3 短时强降水产生的环境条件

短时强降水在弱的垂直切变和较强的垂直切变环境下均可能发生，但是，一般来说，对水汽要求较高，如整层水汽较大（$T-T_d < 4$ ℃），有一定尺度的水汽输送等。因此，短时强降水发生前，K 指数较大，并且随时间增长。需要注意的是，中等强度的对流有效位能 *CAPE*（如 1500～2000 J/kg）比极端的 *CAPE* 更有利于高降水率的形成；强降水产生在对流云团亮温梯度最大处，而不是亮温最大处；低层水汽湿舌或水汽辐合区（850 hPa SW 风≥ 12 m/s 急流轴左侧，地面 $T-T_d \leq 2$ ℃区域）；暖云层厚度较厚。暖云层厚度（暖云层厚度是抬升凝结高度到融化层高度之间的厚度）均在 3700～4800 gpm。远大于冰雹大风时的暖云层厚度 3207 gpm。厚的暖云层保证了云粒子在降水系统的下沉气流里较少的被蒸发，有利于高降水效率的产生；0 ℃层高度较高，平均在 5000 gpm 左右，高于冰雹发生时的 0 ℃层高度。

3.6.1.4 雷雨大风产生的环境条件

（1）雷雨大风产生的三种形式

首先，对流风暴中的下沉气流到达地面时产生辐散，直接造成地面大风，这是因为较强的下沉气流和移动着的雷暴的高空水平动量下传所致。这种情况在灾害性雷雨大风中占绝大多数。其次，强对流风暴下沉气流由于降水蒸发冷却，在到达地面时形成一个冷空气堆，并向四面扩散，冷空气堆与周围暖湿气流的界面阵风锋的推进和过境导致了地面的大风。第三种情况是低空暖湿入流在快要进入上升气流区时受到上升气流区的抽吸作用而加速，导致地面大风。这种情况范围很小，且只有在上升气流非常强的雷暴附近才会出现。所以对雷雨大风的潜势预报，不但要考虑雷暴生成的三要素（层结不稳定、水汽、抬升触发），还要考虑导致下沉气流的条件。

（2）产生雷暴大风的环境条件

对流层中层存在一个相对干的气层：有利于干空气夹卷进入刚刚有降水产生的下沉气流，使雨滴蒸发，下沉气流温度降低到明显低于环境温度而产生向下的加速度，增加下沉气流下传的动量；

对流层中下层的环境温度直减率较大（$T_{850-500} \geq 25$ ℃），越接近于干绝热越有利。这是有利于保持下沉气流在下沉增压增温过程中和环境之间的负温差，使得下沉气流在下降过程中温度始终低于环境温度，一直保持向下的加速度，到达地面产生阵风锋。

（3）弱垂直切变条件下的雷暴大风——下击暴流

弱垂直切变条件下只有一种类型的强对流风暴，即脉冲风暴，与脉冲风暴相伴随的最常见的强对流天气是下击暴流。所谓下击暴流就是指能在地面产生 17 m/s 以上瞬时风的强烈下沉气流。

下击暴流按照尺度分为两种：微下击暴流和宏下击暴流。微下击暴流是指水平辐散尺度＜ 4 km，持续时间 2～10 min；宏下击暴流是指水平辐散尺度≥ 4 km，持续时间 5～20 min，简称下击暴流。下击暴流又分干、湿微下击暴流两种。

干微下击暴流是指在强风阶段不伴随降水，它主要由浅薄的、云底较高的积云发展产生的。它的环境条件要求云下有深厚的干绝热层，中层具有足够的湿度维持下沉气流到达地面。所以干微下击暴流环境中自由对流高度（LFC）很高，垂直不稳定度很小。关于干微下击暴流预报，主要是基于早晨探空和对白天加热的预报。湿微下击暴流经常伴随大雨和冰雹产生，在湿润边界层环境中，主要是受云内和云底下方的融化和蒸发冷却效应驱动而产生的。湿微下击暴流产生前环境中不存在逆温层，LFC 很低，高空存在相对干的空气层，当环境相当位温随高度减小超过 20 ℃时有利于产生湿微下击暴流，而当环境相当位温随高度减小＜ 13 ℃，则不利于产生湿微下击暴流。

（4）强垂直切变条件下的雷暴大风

在强垂直风切变条件下，下击暴流也与组织完好的多单体风暴、飑线（特别是弓形回波）和超级单体风暴相伴发生，这些风暴在非常不稳定的条件下和大气边界层湿度很大的情况下，均能产生和反复出现灾害性大风。

3.6.1.5　冰雹产生的环境条件

（1）冰雹产生的天气形势

强雹暴发生、发展和维持的天气形势有如下特点：

对流层上层约 9～12 km 处，有稳定少变的冷槽，槽附近是一支极锋急流，急流轴心风速达 40～60 m/s 以上。

对流层中层，常有一明显的暖脊干舌，500 hPa 面上暖脊干舌区温度约 –5～–10 ℃，并形成逆温层。

对流层低层，有一支偏南风急流，急流中心距地面几百米到 2 km，风速达 20～30 m/s，与其对应还存在一个湿舌。

地面存在锋面气旋，冷锋在低层急流以西一二百千米。有时没有锋面气旋，但有热倒槽并伴有切变线。

在这种配置下，大气中垂直递减率大，积聚有较多不稳定能量，在中下层，低层水汽充沛的湿舌区和中层干舌区重叠，形成深厚的对流性不稳定，保证雹暴发展有充沛的能源供给。上下层都有急流，风向随高度顺转，垂直切变明显。冷锋及相应的高空槽触发不稳定能量释放。

（2）冰雹的物理量特征

冰雹是由雷暴云产生的，因此产生雷暴的三个必要条件层结不稳定、水汽和抬升机制也是冰雹产生的必要条件。强冰雹产生要求有较强的上升气流，这要求环境的对流有效位能和垂直风切变较大。从风切变计算结果可见，产生冰雹 0～3 km、0～6 km 风切变较大，另外，环境温度 0 ℃层到地面的高度也不宜太高，否则空中的冰雹在降到地面的过程中可能融化掉大部分或者完全融化掉。冰雹发生时的 0 ℃层高度和 –20 ℃层高度一般比出现雷暴和雷雨大风时低，但抬升凝结高度相对较高。出现普通雷暴、雷雨大风、冰雹这三种强对流天气时，大气中的可凝结水汽是依次减少的。普通雷暴产生需要更多的水汽，而发生冰雹时通常不需要环境中有太多的水汽。

（3）冰雹形成的基本物理条件

（a）强的不稳定层结；

（b）适中的水汽含量；

（c）适宜的 0 ℃和 –20 ℃层高度；

（d）有触发机制和强的垂直风切变。

3.6.1.6 龙卷产生的环境条件

雷暴产生的三个要素（大气垂直层结不稳定、水汽、抬升触发机制）也是龙卷产生的必要条件。有利于 F2 级以上强龙卷生成的两个有利条件分别是低的抬升凝结高度和较大的低层（0～1 km）垂直风切变。抬升凝结高度越低、低层风的垂直切变越大，越有利于 F2 级以上龙卷（包括超级单体龙卷和非超级单体龙卷）的产生。低层垂直风切变指 0～3 km，尤其是 0～1 km 间的垂直风切变；低的抬升凝结高度即大的边界层相对湿度。

F2 级以上的灾害龙卷绝大多数是超级单体产生；实际上，不但超级单体龙卷，非超级单体龙卷都极易在热力边界附近生成。当低层湿度和螺旋度与相对风暴气流之比都比较大时，容易产生非龙卷且伴有极端地面大风的超级单体，当两者值为中等时，容易产生龙卷超级单体；而当两者较小时，有利于非龙卷超级单体生成。

龙卷发生前低层暖湿，有时甚至整层大气很湿，抬升凝结高度很低，存在较强的中低层垂直风切变，中层有冷空气（春季冷空气要求强些，夏季有弱冷空气即可），大气不稳定。

3.6.1.7 较常见的两类飑线结构

在中纬度不同的环境条件下，有不同的飑线结构，较常见的有两类飑线：一类是发生在有明显风向垂直切变环境中的飑线，飑线南端的风垂直切变明显，非常有利于新对流的生成，使飑线不断伸展。在飑线北端，老单体不断衰亡，逐渐演变成层状云。这种飑线的特点是砧状云伸向飑线前方。另一类型的飑线是发生在风垂直切变较小的环境中，它的前方有一支由前向后的入流迎着飑线上升，到高层分裂成向前、向后的两支气流。其后部中层另有一支由后向前的入流，在由前向后的气流中，由于老单体衰亡，形成了宽广的层状云，这些云也可产生降水，对飑线维持有利。

3.6.1.8 强对流天气临近预报

孙继松等（2014）指出，在了解不同强对流环境条件的基础上，进一步结合自动气象站、卫星及雷达资料，开展强对流天气临近预报。上游强对流天气实况是临近预报最主要的参考依据，因此要加强区域联防，及时了解强对流天气实况。应用雷达资料开展强对流天气的临近预报，预报员应了解和熟悉不同类型强对流天气的典型雷达回波特征。冰雹识别要关注反射率因子或组合反射率因子是否＞50 dBz，是否有高悬的强回波。而且，往往低层反射率因子梯度大，垂直累积液态水含量 *VIL* 通常在 60 kg/m^2 以上。如果有三体散射特征则表示有超过 2 cm 以上大冰雹产生的可能，卫星云图上的“V”字形尖角区域也是强对流多发区域。

短时强降水可按雷达回波形态分为低质心和类雹暴结构两种。低质心结构的特征：（1）降水回波一般呈带状，反射率因子不是很大，最大反射率因子为 50～55 dBz；剖面呈低质心结构，不存在强回波悬垂，50 dBz 以上的强回波伸展高度达不到 0 ℃层高度。（2）垂直液态积分含水量：列车效应引发的短时强降水的 *VIL* 基本在 12～32 kg/m^2 之间，相比于冰雹和雷雨大风，值是比较小的。（3）移动速度：列车效应的回波移动速度较快。类雹暴结构的特征：（1）最大反射率因子为 50～55 dBz；剖面类似雹暴的结构，对流发展比较深厚，强回波中心扩展到较高的高度，并在高悬的强回波下有弱回波区，50 dBz 以上的强回波伸展高度超过 0 ℃层高度。（2）垂直累积液态水含量：类雹暴结构的短时强降水垂直累积液态水含量较大，能达 50 kg/m^2 以上。（3）回波的移动速度较慢，平均为 10～30 km/h。但两种类型的径向速度场却有着相同的特征，至少会存在中小尺度风速切变、大风核、气旋性辐合或中气旋等特征的一种或几种。

雷暴大风识别主要关注是否有中气旋、弓形回波、阵风锋和强中层辐合等，当雷暴在距离雷达 65 km 以内时，除了弓形回波、中层径向辐合和中气旋，主要看低空是否有径向速度超过 20 m/s 以上的大值区存在。

龙卷主要通过径向速度场识别和预警，强度场上没有典型的特征，雷达反射率因子一般在 40 dBz 以上。如果雷达位置合适，一般都存在龙卷涡旋特征（TVS），最大速度差 ≥ 24 m/s，TVS 的底部达到雷达可探测的最低高度。当 TVS 和强中气旋同时存在时，出现 F3 级强烈龙卷的可能性大；当 TVS 和中等强度中气旋同时存在时，出现 F2 级龙卷的可能性大。有强中气旋即使没有 TVS 仍很有可能发生龙卷天气。由于雷达与龙卷的距离直接影响到中气旋和 TVS，所以在出现正负速度对后要选取 100 km 内的雷达，对其径向速度场进行进一步仔细分析。

以下各节我们将给出针对不同类型的强对流天气的典型个例分析，以期为预报员对各类强对流天气过程的预报提供可借鉴的分析思路。

3.6.2 短时强降水的分析预报

3.6.2.1 2010 年 9 月 11 日杭州局地强降水天气过程

1. 天气实况

2010 年第 10 号热带风暴“莫兰蒂”近海生成，发展、减弱速度都比较快，但残留热带低压维持时间较长，并且在 9 月 11 日凌晨至上午与北方渗透的弱冷空气结合，在杭州湾附近造成强降水。9 月 11 日 06—09 时杭州市区东部出现强降雨天气过程，主要分布在主城区、萧山和富阳东部。9 月 10 日 20 时—11 日 20 时，杭州市有 26 个测站累计雨量超过 100 mm，最大主城区白马湖 232.2 mm、萧山所前 167.3 mm、金西村 164.1 mm（图 3.17）。相对来说，台风“莫兰蒂”的风力影响较轻，杭州市区、萧山最大风力在 5 到 6 级。

这次强降水过程具备三个特点，累积雨量大、短时雨强强、降水区域集中。杭州市有 26 个测站累积雨量超过 100 mm，主城区、萧山面雨量超过 80 mm。杭州站累积 110.8 mm，萧山站 150.7 mm，为近 10 年来仅次于 2007 年“罗莎”台风带来的影响。11 日 05—10 时是集中降雨时段，两个测站出现 100 mm 以上的雨强，白马湖测站 06—07 时 1 h 雨量 102.3 mm 和萧山所前站 07—08 时 1 h 雨量 104.9 mm。降水强度是 1988 年以来雨强最大的一次。26 个累积雨量超过 100 mm 的测站，主要分布在杭州市区（11 个）和萧山（14 个）。超过 150 mm 降水主要集中在滨江区到萧山 110 km^2 左右的范围内。

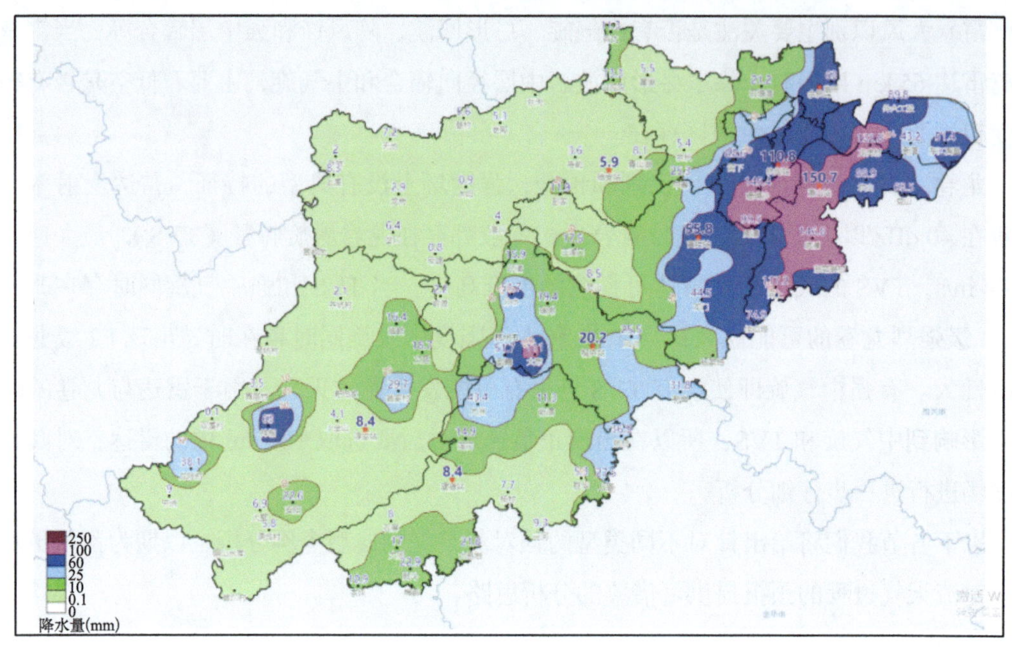

图 3.17　杭州地区 2010 年 9 月 10 日 20 时—11 日 20 时降水量分布图

2. 天气形势配置

9 月 10 日 08 时 500 hPa，台风环流在福建沿海，副高呈纬向分布，此时 500 hPa 高空槽东移至 115°E 附近，但槽底位置偏北；20 时副高开始加强，且 500 hPa 浙江沿海由偏南顺转为西南风，风力加强至 20 m/s 以上，台风环流北上进入浙江省；并且浙江上游地区有弱冷空气渗透下来，而浙江中北部为深厚的西南气流，水汽条件较为充沛，由于上游冷空气的渗透，在浙西北形成切变辐合，且高低层位置基本重合。到 11 日 08 时，副高进一步加强西伸，500 hPa 槽底到达 22°N，低层冷空气已经从西路渗透南下到达浙江北部，杭州站从高至低层转为西北偏北风，但在浙中南低层仍然以西南风为主，这样在浙江省中北部形成偏北风和西南风的切变辐合（图 3.18）。可见，台风北上给浙江带来充沛的水汽条件，10 日夜里冷空气渗透，到 11 日 08 时冷空气和台风残留的完全结合，造成冷暖气流在浙江中北部的激烈交汇，是导致这次局部大暴雨过程的主要环流背景特征。

地面形势场表现出大尺度的低压倒槽向东北发展，并且在 10 日夜间在浙江北部形成闭合低压，维持较长时间，局地强降水发生在低压扰动范围内。由于站点稀少，无法分析出中尺度的环流特征，但中尺度自动站资料的结合应用可以弥补大尺度背景场的不足之处。

3. 云图资料特征分析

（1）TBB 亮温分析

从卫星云图上可以看出，台风“莫兰蒂”在近海生成，但环流结构松散，范围较大，

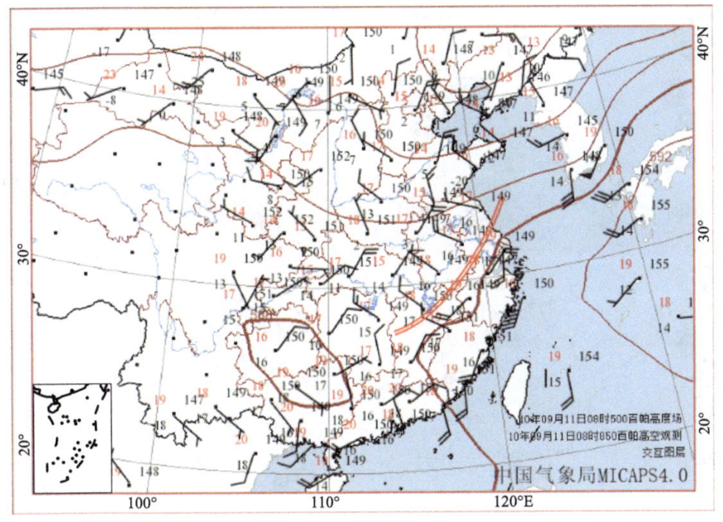

图 3.18　9 月 11 日 08 时高空形势场

对流云团主要位于台风南部象限，和海上热带系统相互牵制。从 9 月 9 日上午浙江省已经开始受到外围云系的影响，但降水强度不大。台风在 10 日 03 时 30 分在福建登陆前后，台风外围螺旋云带减弱消散，但中心密闭云区加强，因而，由强热带风暴加强为台风，福建受台风云墙影响，在其东部造成了局地暴雨；由于台风范围小，移速加快北上，但强度持续减弱，从 9 月 10 日 20 时进入浙江南部以后，“莫兰蒂”台风已经减弱为热带低压，此时，台风环流特征已经不明显，但是小范围的残留云系在凌晨 04 时以后突然加强，演变成中小尺度的对流云团，在杭州湾附近造成了局地大暴雨，单点强降水甚至达到 232 mm。此次降水过程雨强大、局地性强，且在台风减弱过程中突然加强，而这种情况往往在预报过程中容易忽视，所以，利用卫星亮温和水汽资料考察杭州湾强降水的云图特征来分析其物理成因。

分析云顶亮温（图 3.19）资料，04 时云团的单点亮温开始逐渐加强，且范围不断扩大。07 时 30 分台风已经演变成中小尺度对流云团，覆盖了杭州湾，但亮温梯度区位于杭州东部，和实况强降水发生区相对应，此时亮温在 –60 ℃以下的范围很小，在 09 时云团仍然发展强盛，最低亮温区向东北转移，范围有所扩大，其西南侧的梯度区仍位于杭州东部，之后梯度明显减弱。在影响杭州地区的时段，最低亮温基本维持在 –60～–65 ℃。从现有资料分析，强亮温梯度出现在 07—09 时，且强梯度区位于和强降水区相对应的杭州东部，杭州东部的局地强降水主要发生在 05—09 时，因而，亮温梯度最为明显的时段是降水强度最大的时段，且强梯度区和强降水落区相对应。

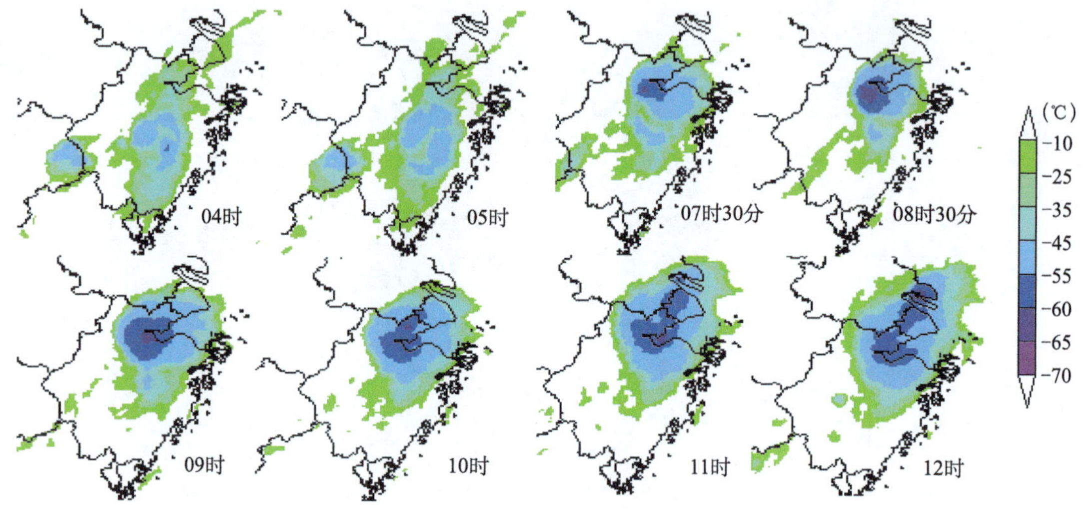

图 3.19　2010 年 9 月 11 日 04—12 时 FY—2E 的 TBB 亮温分布

（2）水汽图像分析

水汽图像（图 3.20）和 TBB 亮温的分布是相似的，主要的不同之处在于，水汽输送持续增强，且范围比 TBB 最低亮温区较广，持续时间长，到下午 13 时以后仍存在充沛的水汽条件。同样，在杭州东部的强降水区对应最大的水汽高梯度区，10 时以后嘉兴地区的强降水区同样对应高水汽区。可见，高水汽分布区和实况强降水落区存在很好地对应关系。

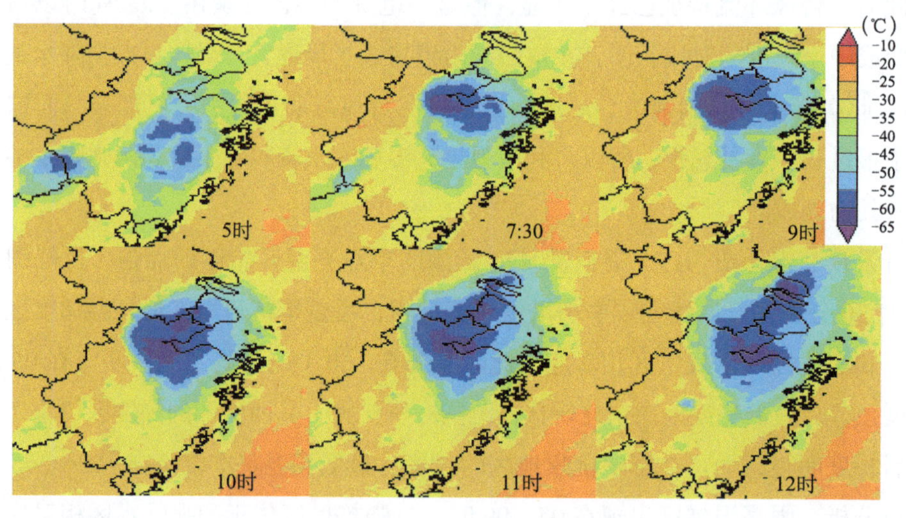

图 3.20　2010 年 9 月 11 日 05—12 时 FY—2E 卫星水汽通道分布图像

4. 雷达特征分析

（1）回波强度、速度场和雷达风廓线特征

台风“莫兰蒂”进入浙江省以后减弱为热带低压，虽然从云图上看不出明显的低压环流，但高分辨率雷达资料可以较清楚地分析出台风的螺旋环流特征及台风眼区的大概位置，尤其是在 05 时以后，低压西侧的回波明显加强，且围绕雷达站存在明显的螺旋环流特征。

回波强度产品显示，04 时以后，位于杭州西南方向 50 km 的单点回波开始加强，很快由线状发展为片状，强降水回波覆盖杭州市区和萧山，且稳定少动，位于雷达站的西南象限，回波在 45 dBz 以上的面积达到约 400 km^2；08 时以后，回波东北移明显加速；09 时以后移出杭州地区，且强回波的范围和强度很快减弱，但具有台风眼区的螺旋环流结构却更加清楚。

分析表明，台风的加强时段与冷空气的渗透是密不可分的。径向速度场显示，06—08 时位于杭州东部的强回波区，对应的径向速度场存在偏北风和偏东南至东风的辐合，从低层到高层，均是深厚的风向辐合区，高层更为显著。08 时 30 分以后，风向转为较明显的西北风，回波东移加速，强回波范围逐渐减小，并且径向风速不断加大。另外，结合反射率因子可看到，在 07 时左右，1.5° 仰角以上的 180° 方位角出现一条弱回波线，弱回波线始终与径向速度的正负速度分界线相对应（图 3.21），说明此弱回波是由高层的冷空气渗透造成的，径向风速由偏北风逐渐逆转为西北风；在 0.5° 仰角的低层，回波仍然对应较强回波区，但伴随冷空气的加强逐步减弱为弱回波区。可见，冷空气的加强导致强回波范围和强度减小，且东移加速。

风廓线产品进一步佐证了上述分析，07 时之前低层有弱的冷空气渗透，中层为偏东风；而 08 时以后，北风整体南下，整层均为偏北风控制，说明冷空气主体南下，风速加大，加速了回波的东移。实况场显示，台风环流加强，且在台风眼区周围出现了 8 级大

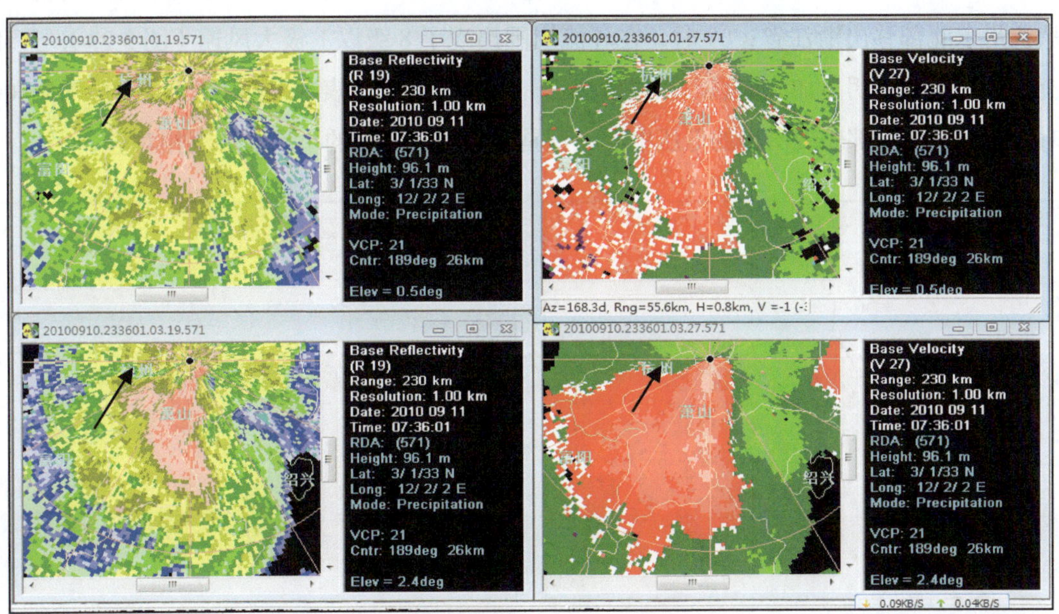

图 3.21　杭州雷达。7 时 36 分回波强度和径向速度（0.5° 和 2.4° 仰角）

风。由此可见，实况场出现的 8 级大风和冷空气整体加强南下及径向速度场表现出的风速加大时间基本一致。由此说明，冷空气由高层逐渐渗透到低层，不断加强的冷空气致使位于杭州东部的强回波范围不断减小，且东移加速，而西北风的加强南下，导致台风环流加强，并和冷空气结合造成了局地大风的出现。

（2）回波顶高和累积降水产品

影响杭州东部的强回波，回波顶在 06 时左右加强，影响期间，回波顶持续维持在 12～14 km；从 1 h 累积降水产品来看，这次过程估测的最强降水出现在 07—08 时，量级达到 60～100 mm，基本位于萧山站；实况显示最大雨强出现时段在 06—08 时，分布在萧山测站南部 15 km 的范围内，量级在 60～105 mm，萧山本站最大雨强在 07—08 时也达到 62.4 mm。可见，该产品对此次局地强降水表现出较好的估测能力。

5. 风场、气压场和降水的关系

利用时空分辨率较高的中尺度自动站资料进行分析，04 时桐庐单点降水达到暴雨量级，从风场资料看，上游已经有弱冷空气渗透；06 时上游冷空气的渗透明显加强，此时强降水集中在杭州市区，雨量普遍在 25 mm 以上，三个站点达到暴雨量级，而且偏北风有所加强；07 时强降水向东北方向转移，主要集中在杭州市区和萧山，且雨强加大，杭州东部出现大暴雨，06—08 时白马湖站和萧山所前站雨强均超过 100 mm。风向出现转折，且风速加大，以西北偏北为主，说明弱冷空气已经和台风残留云系相结合。1 h 极大风速资料显示，在 05—07 时杭州市区存在小尺度环流，06 时环流特征最为明显，和暴雨落区相对应（图 3.22）；07 时环流转移到杭州和绍兴交界地区，环流中心逐渐向东北方向转移，从杭州东北部移出浙江省；09 时，在环流周围出现了 8 级以上极大风速（图 3.23），且环流西侧的西北风明显加大加强。从气压场进一步印证了风场表现出的小尺度环流，05—06 时在杭州市区南部表现出小的低压中心，正是和风场表现出的小尺度环流相对应。

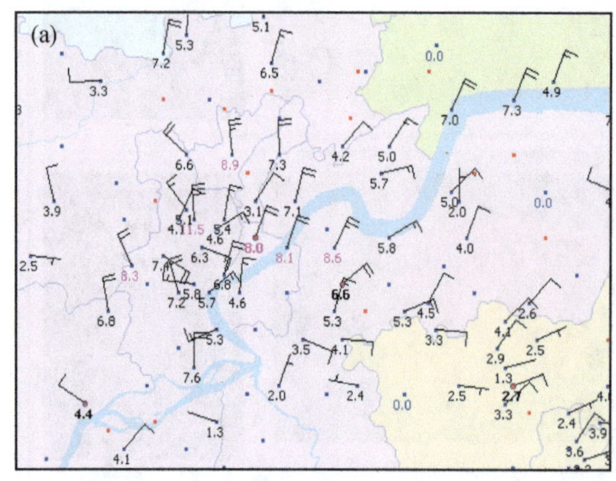

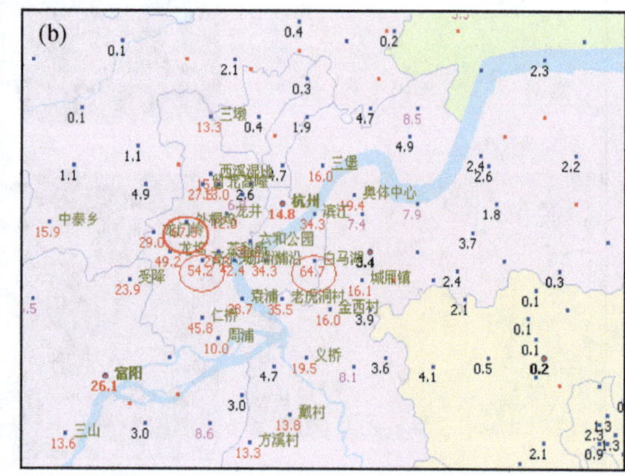

图 3.22　2010 年 9 月 11 日 06 时 1 h 极大风速（a. 单位：m/s）和降水（b. 单位：mm）落区图

最大雨强的降水时段集中在06—09时，通过分析风场，强降水都降落在冷区中，即强降水区以偏北风为主，且和一定的低压环流相对应；10时降水主要集中在嘉兴地区，也是和西北风相对应，此时环流中心在嘉兴东部。在08时以后台风环流中心和冷空气完全结合后，风场环流最为明显，在杭州的东北部表现出台风眼特征，且环流周围三个站点出现8级以上大风，至12时环流中心移出浙江之前，在环流周围均出现了8级大风，以西北风为主，并且移动速度明显加快。

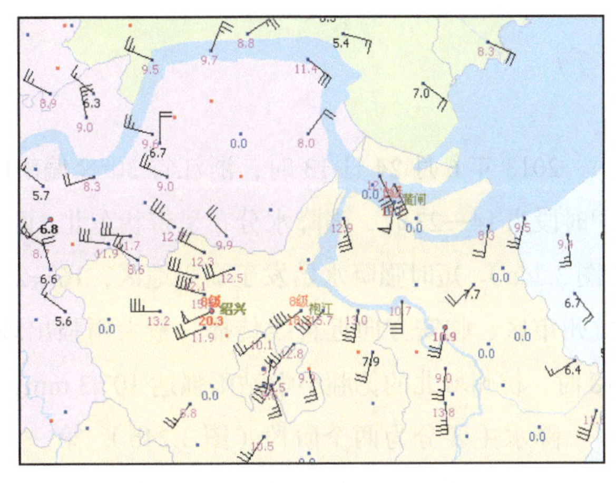

图3.23　2010年9月11日09时1 h极大风速（单位：m/s）

综上所述，自动站资料揭示出，在强降水出现前，存在弱冷空气的渗透，表现为上游风向的转折，而冷空气的渗透加强了减弱中的台风环流；暴雨的出现和一定的小尺度环流相对应，并且暴雨一般降落在冷区中；冷空气的完全结合导致台风环流的进一步加强，且出现眼区和环流外围的大风特征，大风的出现是台风环流加强和冷空气共同作用的结果。由此说明，弱冷空气渗透对降水增强和台风环流增强都具有重要作用。

6. 预报着眼点

减弱中的“莫兰蒂”热带低压残留，在弱冷空气的渗透作用下，突然增强，产生局地大暴雨，单点雨强为历史罕见。通过卫星TBB和水汽图、雷达回波、中尺度自动站等多种高时空分辨率资料的结合分析，得出以下几点结论。

（1）副高的加强西伸，导致西南风加强，并且台风环流北上，形成浙江省充沛的水汽环境，弱冷空气的渗透在浙江中北部形成偏北风和西南风的激烈辐合。因而，大尺度的背景场，具备了暴雨产生的重要条件。

（2）中尺度自动站分析出小尺度低压环流和暴雨区相对应，且落区在偏北气流影响下的冷区中；冷空气的加强南下导致台风环流加强，且出现8级大风和台风眼特征，因而，弱冷空气和台风环流的结合是导致局地大暴雨和台风环流加强的主要原因。

（3）卫星TBB亮温梯度和水汽分布都较好地反映出暴雨落区和强梯度区的对应关系；高分辨率的雷达资料进一步证实，在冷空气的渗透作用下，强回波区的范围减小、强度减弱；径向速度场表现出偏北风和偏东南风的深厚辐合层，而西北风加强南下导致台风环流加强，并和冷空气结合造成了局地大风的出现，同时加速了强回波的东移和减弱。

3.6.2.2 2013 年 6 月 24 日一次后向传播的强对流暴雨过程

1. 天气实况

2013 年 6 月 24 日 13 时，浙江省 30°N 偏南的地区开始出现短时强降水，主要降水集中时段为 14—23 时，强降水分布呈带状东北－西南走向，从嘉兴至临安有多个大暴雨中心（图 3.24a）。短时强降水始发于嘉兴地区，16—21 时强降水自嘉兴向西南方的桐乡、余杭、杭州市区、临安方向近直线传播，最大雨强出现在余杭的星桥，雨量达 162.4 mm；17—18 时，杭州城北的德胜小学站雨强达 107.3 mm，造成严重的城市内涝。

降水主要分为两个阶段（图 3.24b），第一个阶段发生在 24 日 16—20 时，其主要特点是短时雨强大、强度变化波动显著。以星桥站为例，该站 16—17 时雨强最大，达到 82.7 mm/h，17—18 时雨强仍达 63.4 mm/h，具有明显的中尺度对流系统活动的特征；第二个阶段发生在当日 20 时以后，降水逐渐平缓，雨强显著减小，表现出锋面稳定性降水特征。5 个站点地理分布基本呈东北—西南的近直线分布，可以看出，5 个站点先后达到 50 mm/h 以上的雨强，强降水存在自东北向西南方向传播的明显特征。在此重点讨论降水第一阶段的中尺度对流系统结构特征及其产生和传播的机制。

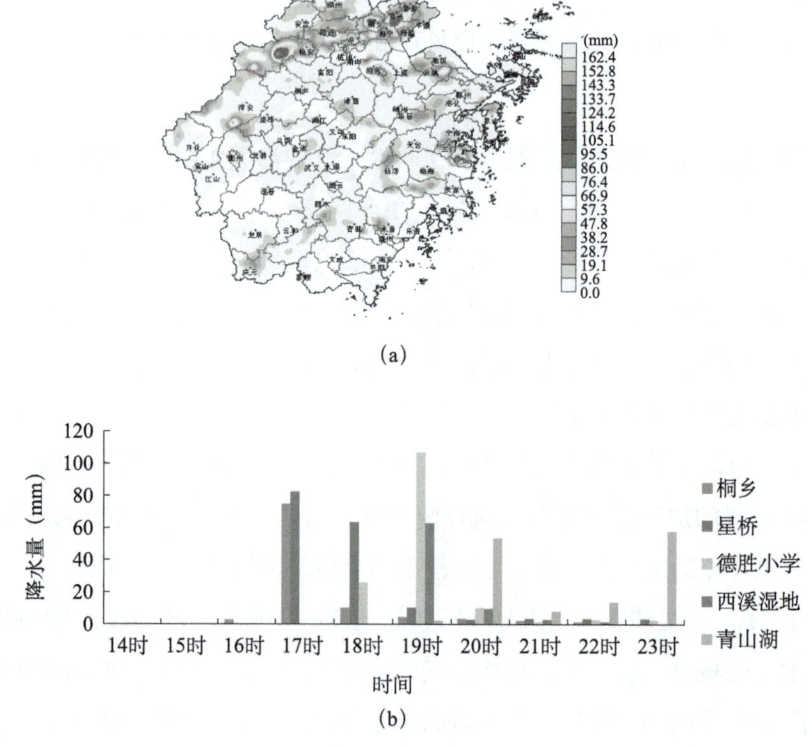

(a)

(b)

图 3.24 2013 年 6 月 24 日 14—23 时累积雨量分布（a）和 5 个观测站点的降水时序图（b）

2. 大气温湿状况及不稳定性分析

利用 NCEP 0.5° × 0.5° 资料计算了各层流场、垂直速度场、水汽通量散度等物理量场，从触发机制、水汽条件、动力热力机制等方面揭示这次过程发生发展的环境场特征。

（1）触发机制和垂直运动

分析 6 月 24 日的流场演变，08 时在 925 hPa 以下的边界层，30°N 形成偏北气流和西南气流的辐合线，实况辐合线附近出现了分散性的弱降水；14 时杭州湾一带偏东气流加强，30°N 的辐合线加强为气旋性环流，中心位于绍兴地区，在辐合中心形成偏东气流、西南暖湿气流和偏北风的汇集，在嘉兴地区形成明显的偏东气流和偏北风的辐合，并且 950 hPa 的气旋性环流中心位于嘉兴地区（图 3.25）。

沿 120.5°E 嘉兴经对流始发区制作流场剖面图（图 3.25b），6 月 24 日 08 时 30°N 的辐合层主要位于 900 hPa 以下，辐合区产生垂直上升运动至 700 hPa，在其北侧存在较明显的下沉气流；14 时垂直上升气流加强为斜升气流，地面辐合中心略南移，辐合区随高度向北倾斜，和嘉兴地区在 950 hPa 的气旋性涡旋相对应，30°N 的流场剖面显示（图略），14 时在上升运动区的近地面层有偏东气流汇集进入上升运动，在辐合区形成三股气流的汇集，加强了上升运动；20 时低层基本转为偏东气流控制。14 时辐合线加强为涡旋，但仍出现在 925 hPa 以下的边界层中，有两个辐合中心，一个位于绍兴地区，一个位于嘉兴地区，和对流的始发区基本对应。因此，边界层的辐合中心或辐合线形成了对流的抬升触发机制。

沿 120.5°E 经向和 30°N 纬向（图略）制作环境垂直速度和散度场的剖面图，发现 08 时（图 3.25c）在辐合中心已经出现上升运动，最大值达到 -0.3×10^{-2} hPa/s，在北侧和东侧伴随明显的下沉运动；散度场的辐合中心层次较低，集中在 900 hPa 以下；14 时（图 3.25d）30°N 南北有两个辐合中心，位于嘉兴的辐合层次低，但强度更强，从南至北出现大范围的斜升气流，垂直上升速度明显增强，且扩展到 100 hPa，最大值达到 -0.8×10^{-2} hPa/s，高度出现在约 600 hPa，其上升和下沉运动之间的梯度增强。可见，上升气流在北侧和东侧明显下沉，形成纬向和经向次级垂直环流。丁一汇（1991）指出，次级环流上升支触发的对流，一旦发展起来，通过凝结潜热释放的非绝热加热作用和垂直动量输送等可使急流加强及引起非地转偏差，其结果是为对流提供一种自身传播的机制。垂直辐合区从 08 时到 14 时向上扩展到 700 hPa，宽度扩展到 118°～121°E 和 29°～31°N，低层有多个辐合中心和实况对流的始发区基本一致，说明辐合触发上升运动，辐合层次越深厚，上升运动越强烈。实况显示强对流始发于 14 时左右，但在 08 时地面仅对应分散性的弱降水，说明强对流天气的发生需要较深厚的辐合层，有利于触发强烈的上升运动，形成一定的斜升气流，有利于强对流的持续。

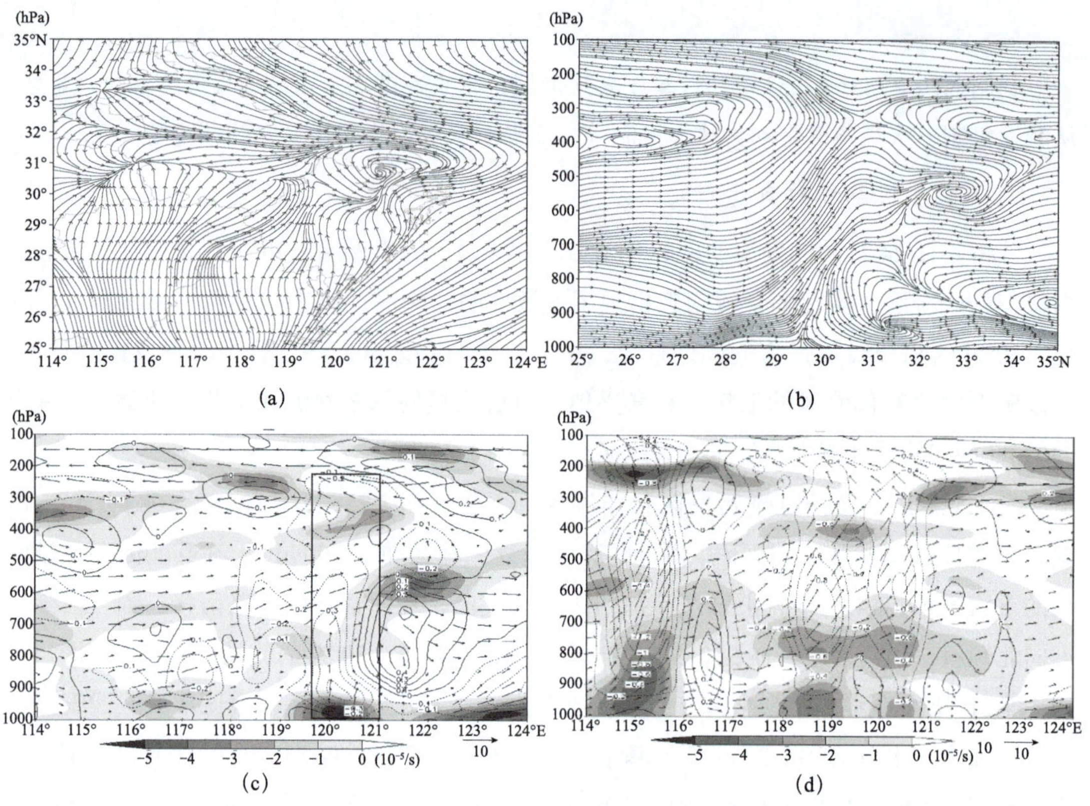

图 3.25　6 月 24 日 14 时 950 hPa 流场图（a）；14 时沿 120.5°E 经对流始发区的流场剖面图（b）；08 时（c）、14 时（d）沿 120.5°E 的散度（阴影区，单位：10^{-5}/s）与垂直速度（等值线，单位：10^{-2} hPa/s）的经向剖面（箭头表示流场）

（2）水汽条件分析

水汽通量散度场的分布和散度场的分布基本一致，水汽辐合主要集中在 925 hPa 以下的边界层，08 时在 30°N 流场的辐合中心存在一定的水汽辐合，14 时水汽辐合中心转移到嘉兴地区（图 3.26），随着上升运动的加强，水汽辐合向上扩展到 700 hPa；14 时近地面层在嘉兴地区出现偏东气流和偏北风的辐合，而 950 hPa 以下的水汽辐合中心正位于嘉兴地区。由此说明，出现在近地面层的偏东风，虽然浅薄，但偏东气流一方面提供了充沛的水汽环境；另一方面水汽凝结释放潜热进而加强上升运动，而实况的大暴雨落区正是位于地面的水汽辐合中心，即嘉兴至杭州北部。因此，偏东气流和偏北风的辐合为随后产生的强降水对流天气提供了热力动力机制。

（3）不稳定特征分析

分析过程发生前后的对流指数（表 3.12），常用的对流指数 *CAPE*、*SI*、*K*、*LI* 在 08 时已经表现出明显的强对流潜势。杭州 08 时探空显示，湿层深厚，整层接近饱和；850 hPa 以下风随高度顺转有暖平流，以上则有冷平流，说明层结不稳定，从风切变的情况来看，整

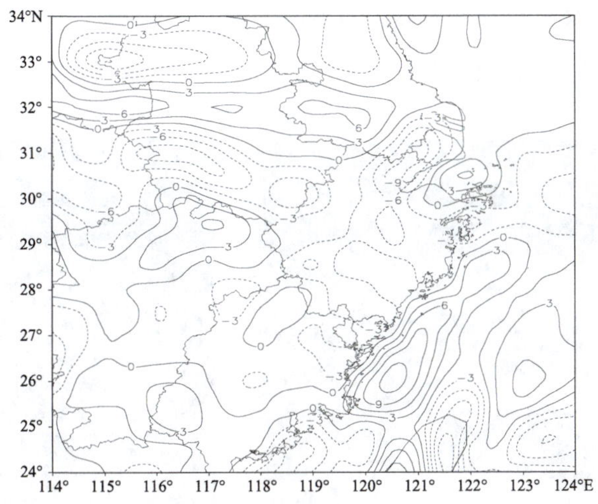

图 3.26 2013 年 6 月 24 日 14 时 1000 hPa 的水汽通量散度（g/(s · cm² · hPa)）

层风切变较小，不利于雷暴大风等强对流天气的发生。*CIN* 表示抑制能量，08 时存在一定的抑制能量，有利于能量在低层的聚集，对流发生在下午，可见 08 时的抑制能量是气块获得对流潜势必须超越的能量临界值，气块抬升至自由对流高度约 2 km 以上，才能触发形成强对流天气；08 时地面辐合形成的抬升较弱，主要集中在近地面层，而午后气温从 28 ℃加热到 33 ℃，气块加强了正浮力，打破抑制能量，导致上升运动的加强而触发了强对流天气。

表 3.12 主要对流指数发生前后的对比

指数 时间	*BCAPE*（J/kg）	*CAPE*（J/kg）	*CIN*（J/kg）	*KI*（℃）	*SI*（℃）	*LI*（℃）	*TT*（℃）
08 时	1087.0	654.0	78.0	41.0	−2.18	−2.76	46
14 时	1311.0	1222.0	0.0	40.0	−2.12	−3.36	45
20 时	337.0	2.1	195.0	40.0	−1.18	−0.35	44

3. 中尺度结构特征和后向传播现象

上述分析表明，大尺度天气背景非常有利于强对流天气过程发生。然而，仅仅依靠大尺度动力抬升造成的系统性降水一般较平稳，从其第一时段降水特点看，其对流降水特征非常明显。因此，有必要进一步分析其大尺度背景下中尺度结构特征。

（1）雷达回波和风廓线特征的对比分析

通过对比分析雷达回波和风廓线产品，发现嘉兴地区始发的强降水回波之所以造成多个大暴雨中心，主要原因在于其对流回波的垂直结构以及特殊的传播路径。从逐 6 min 雷达回波演变和几个时次的波列垂直剖面上可看到典型的热带型降水回波特征，即对流降水系统质心较低，40 dBz 以上回波基本位于 6 km 以下，50 dBz 的强回波基本位于 4 km 以下，回波顶基本在 12 km 以下（图 3.27a）。16 时开始，雷达回波显示对流单体明显向西南方向传播，MCS 承载层的平均风为西南风（图 3.27b，图 3.28b），其单体传播方向与承载层平均风方向相反，因而是后向传播。

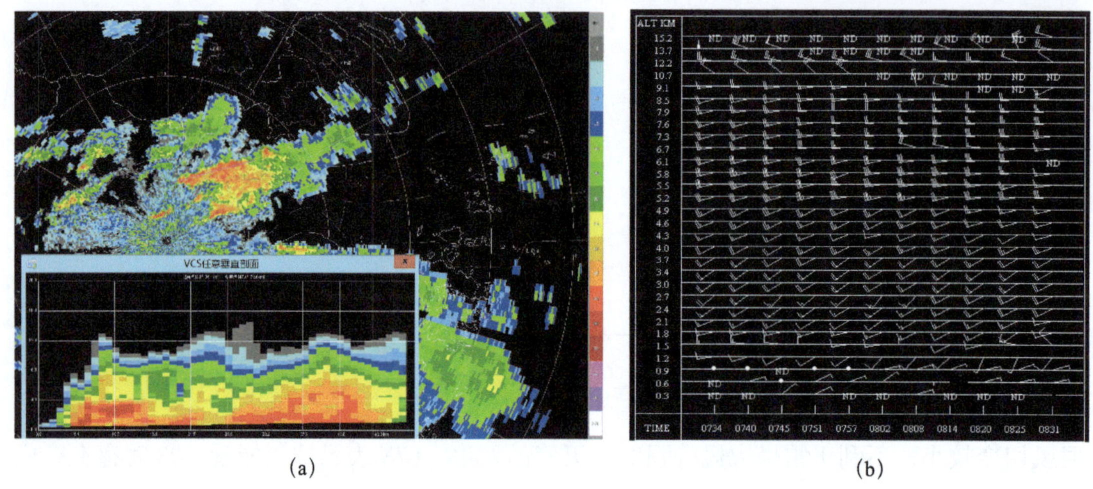

(a)　　(b)

图 3.27　杭州雷达 16 时 08 分回波强度（0.5° 仰角）、强度剖面（2.6°，35.1 km 至 47.4°，72.6 km）叠加（a）、风廓线产品（b）

MCS 后向传播的重要意义在于它会延长强降水在一个地点的持续时间，进而导致暴雨洪涝。Shi 等（1987）研究结果表明，在 MCS 后向传播系统中，其 MCS 形成于上层风较弱环境中，没有正涡度平流或正涡度平流很弱的地区，且沿着水汽辐合轴后向传播，低层有暖平流。分析本次过程，24 日 08 时杭州探空图中显示，中低层的风切变和整层环境风场都较弱，低层有暖平流；14 时水汽通量的辐合轴正位于嘉兴地区（图 3.27），呈现东北西南走向，MCS 正是沿水汽通量的辐合轴自东北向西南移动，正好符合 Shi 等（1987）关于后向传播系统的理论。

从风廓线的演变和回波的对比分析发现，回波的阶段性演变和风场的变化有较密切的关联，尤其是在回波的传播阶段，低层风向的改变有一定的指示意义（图 3.28）。本次过程基本经历了 4 个阶段，第一阶段 12 时以后，低层风向的顺转，冷空气的渗透阶段，单点对流开始触发；第二阶段 14 时 20 分起，风场表现为低层冷平流的加强，2 km 高度西南风突然增强，低层出现东南到东风气流影响，在 1 km 高度存在明显的风向切变，嘉兴、桐乡一带短带状回波开始发展，回波停滞少动，范围不断扩大；第三阶段 16 时起，低层风向由东南风逆转为东北风层次加厚，与 1 km 以上的西南风接近 180° 的风向切变，桐乡一带始发的对流单体开始向西南方向传播，表现为窄带回波的迅速发展，其强中心位于余杭，45 dBz 以上的强回波在余杭一带停滞接近 2 h；第四阶段 17 时 30 分以后，3 km 以下风向的顺转，随着西北气流的加厚，嘉兴地区回波的明显减弱，强回波带的逐渐减弱和缓慢南压，后向传播趋于减弱。由此说明，冷空气的渗透在边界层形成切变进而触发对流，偏东气流的加厚是对流加强及后向传播开始的主要原因，低层风场由东南风逆转为东北风和 1 km 以上的西南风接近 180° 的风向切变，在单体的后向传播中起重要作用，也是造成回波停滞少动的重要原因。

俞小鼎等（2006）的研究表明，回波的“移动矢量”等于由其中的每个对流单体近似沿风暴承载层平均风的移动“平流矢量”与由于不断有新的单体在系统的某一侧不断新生形成的“传播矢量”之和，传播矢量根据经验大约与低空急流的方向相反、大小相等。当环境为强气流控制时，风暴运动主要取决于平流；而当对流层环境风场较弱时，传播对于风暴运动起着主导作用。由 08 时嘉兴站风廓线雷达资料（图 3.28）可知，环境气流较弱，中低层均在 10 m/s 以下，因此，传播对于风暴运动起着主导作用，而传播方向和低空气流方向密切相关；本次过程水汽主要来源于 950 hPa 以下的近地层，近地面层的偏东气流基本决定了单体的传播方向。回波的移动矢量是西南风和东北偏东风的合成方向，为偏东或东南方，且分量很小。因此，造成回波移动缓慢或停滞少动。

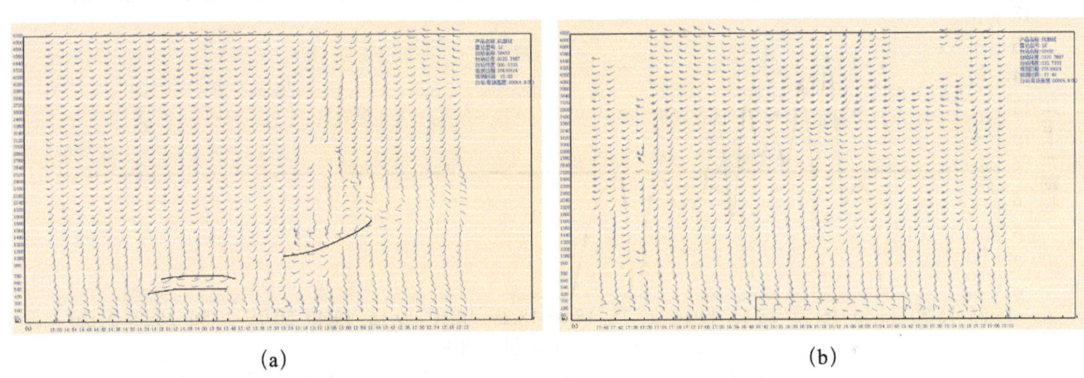

(a) (b)

图 3.28　嘉兴站风廓线雷达图
（a）12 时 02 分—15 时；（b）15 时—17 时 48 分

（2）雷达回波的风暴相对径向速度分析

从不同仰角的风暴相对径向速度图（图 3.29）可见，15 时嘉兴地区出现线状风暴，速度图表现为逆风区的存在，表明存在较大的风切变，1 km 以下基本为朝向雷达的偏东气流，以上基本为离开雷达的西南风。从速度场也进一步证实了线状对流发生在边界层辐合带中，且 1 km 上下的风向接近 180°。因此，结合风廓线雷达产品（图 3.27b）在近地层表现出的东北风和中层的西南气流反向的情况，以及风廓线雷达资料在近地面层风向的转变，可以认为近地层偏东至东北风的出现和回波的后向传播现象存在密切的关联。

（3）分钟雨量和回波强度的关系

分析雨强最大的两个站（星桥和德胜小学）的 5 min 雨量与 6 min 回波强度的对比时间

序列（图 3.30），可以看出，两个站点的降水效率非常高，5 min 降水最大达到 16～18 mm，10 mm 以上持续 25 min，0.5 km 以下高度出现了 50 dBz 以上的强回波滞留近 1 h。这次过程风场切变主要出现在 0.5～1 km 以下的边界层，因此回波的起始高度也位于低层，并逐渐扩展到高层；强回波集中在近地面层，并长时间的停滞，是单点大暴雨发生的重要原因。

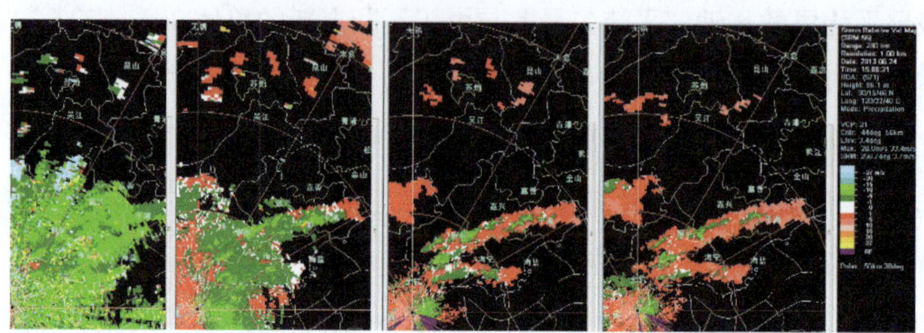

图 3.29　15 时杭州雷达（0.5°～3.4° 仰角）风暴相对径向速度

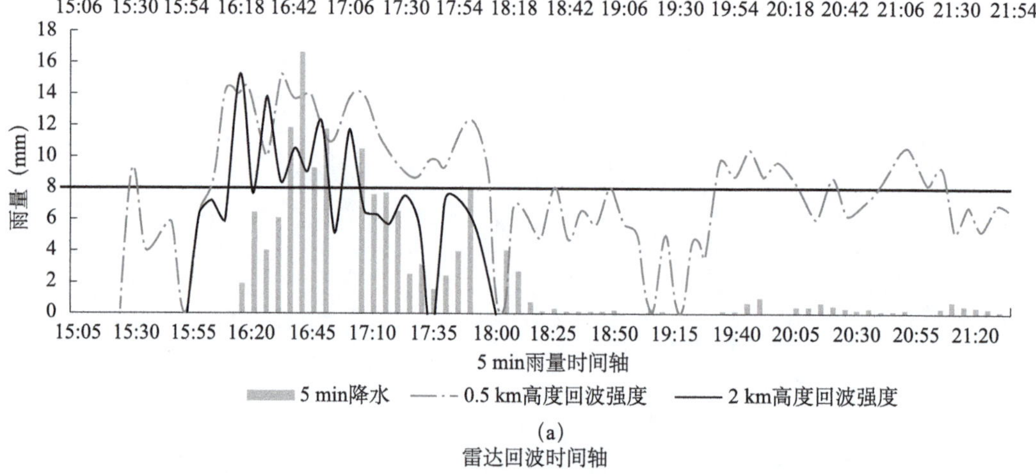

(a)

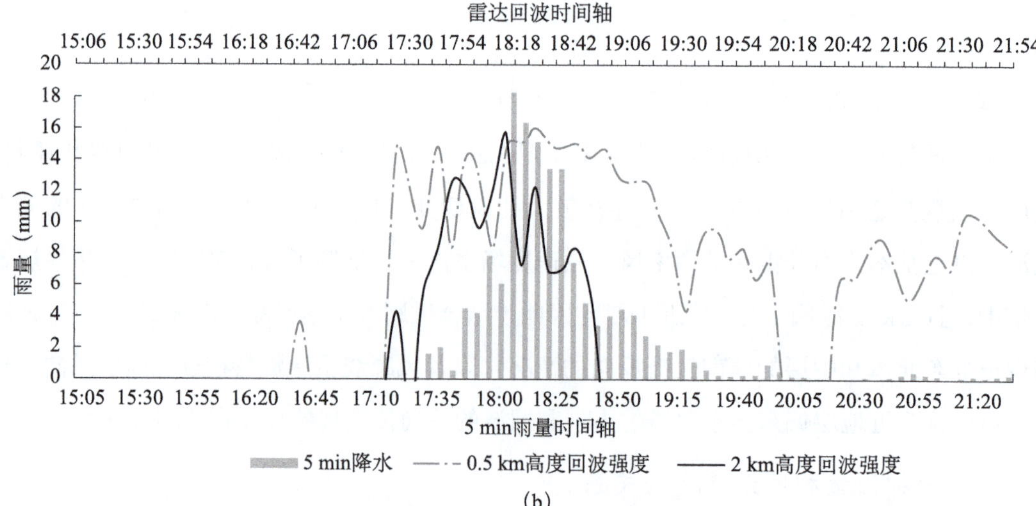

(b)

图 3.30　星桥站（a）和德胜小学站（b）不同高度回波强度和 5 min 雨量的演变

4. 预报着眼点

通过 NCEP 资料、雷达、风廓线仪等多种探测资料的综合应用，从大尺度背景环境到中尺度结构特征两方面共同揭示这次过程极端大暴雨出现的主要原因，得出以下几点结论。

（1）大尺度天气背景非常有利于强对流天气过程发生。超低空东风气流的汇入在嘉兴地区形成强的水汽辐合中心，偏东气流和偏北风在边界层形成辐合线提供了强对流触发的动力热力机制。

（2）局地大暴雨的雷达回波垂直结构表现为强回波质心较低。本次过程中回波垂直结构表明，对流属于低质心降水系统，效率很高，40～55 dBz 强度的回波是造成强降水的主要因子，边界层辐合带触发的线状风暴具有明显的突发性，强回波集中在 0.5 km 以下的近地面层。

（3）特殊的传播路径是造成局地大暴雨的主要原因。雷达径向速度和风廓线产品共同证实了边界层辐合线的存在，触发于边界层辐合带中的线状风暴沿着水汽辐合轴后向传播，后向传播的主要原因在于超低空偏东或东北气流主导回波的传播，而对流风暴承载层的平均风为西南风，因此，平流和传播的合成结果导致回波向南移动的分量很小，使得强回波在特定区域保持相对静止长时间停滞，造成局地大暴雨。

3.6.3 冰雹的分析预报

3.6.3.1 2010 年 3 月 5 日浙南冰雹天气过程

1. 天气实况

2010 年 3 月 5 日 08 时起位于浙西北的层积混合型强雨带呈西北东南走势，16 时起随着冷空气的继续渗透，浙江南部地区发展起旺盛的强对流云团，回波呈较典型的冰雹云特征，造成了丽水、台州地区 4 个测站出现直径约 1 cm 的冰雹，分别是遂昌、青田—大港头、龙泉—东书、黄岩；并且 4 个中尺度站点出现 8 级以上的大风并伴随短时强降水。这次过程是浙中北强降水和浙南强对流共同影响，具有降水强度大、影响范围广的特点。过程暴雨区主要集中在浙西地区，主要由层积混合型降水回波造成，浙南的强降水区主要由强对流回波造成。

以下对这次典型的强降水及冰雹天气过程通过对形势场及雷达卫星和中尺度自动站多种资料的综合应用分析，总结一些容易忽视的特征，加强对此类强对流天气的认识，旨在提高此类灾害性天气的预报水平。

2. 天气形势配置

2010 年 3 月 5 日过程是一次较典型的江南暴雨形势，500 hPa 存在南支低槽东移，

850 hPa 有西南涡配合，沿西南低空急流东移南压；3 月初浙江省冷空气活动仍较频繁，地面存在明显的倒槽，而冷空气不断渗透南压，在浙江省形成激烈的冷暖气流交汇，从而造成这次强降水和强对流共同影响的天气过程。

3 月 5 日 08 时 500 hPa 南支低槽位于 112°E，浙江省处于槽前强盛的西南暖湿气流中；700 hPa 整个华南地区西南急流强盛，浙江省处于 20 m/s 以上的强西南急流轴上。由图 3.31a 可见，850 hPa 西南涡位于湖南北部，华南和浙南地区处于西南急流的输送下，并在浙南地区形成一定的急流辐合，在北段涡切的南侧对应急流的风速辐合区，正对应浙西地区。08 时在浙江省西北侧已经有强对流云团发展，且低层能量锋区压至苏皖地区，北方冷空气不断渗透补充；到 20 时，冷空气明显南压，850 hPa 的切变南压至 28°N，此时在浙江省南部仍有对流天气发生。注意 08 时 925 hPa（图 3.31b），低空偏南风急流主要位于华南，但在浙江省南部存在偏东风和偏南风的风向切变，和午后发展的强对流存在对应关系。因此，925 hPa 在强对流天气的预报方面存在一定的指示意义，不可忽视。

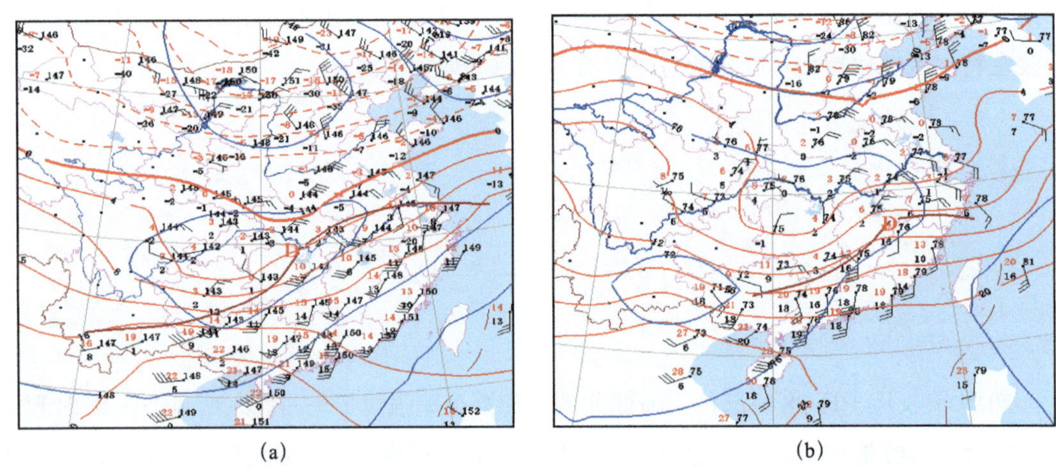
(a) (b)

图 3.31 2010 年 3 月 5 日 08 时 850 hPa（a）和 925 hPa（b）形势场配置

08 时地面图（图 3.32）上，地面倒槽向北发展，从华南至浙江省西南部存在地面辐合线；北方冷空气不断扩散，17 时冷锋锋区压在浙江省北部地区，此时南部倒槽发展最为强盛，因而在浙江省西南地区形成激烈的冷暖气流交汇，此时正是强对流触发的时段。

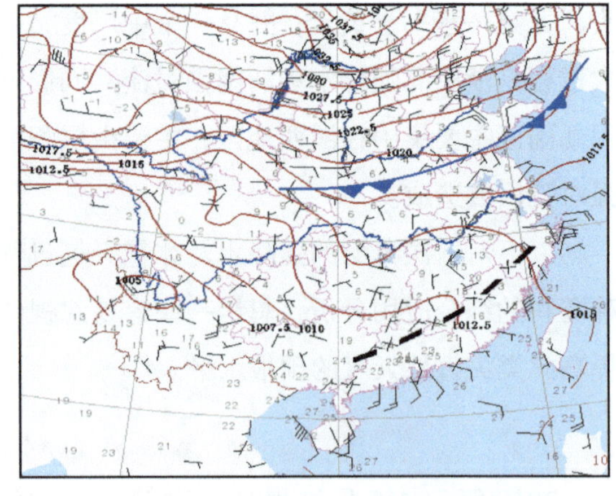
图 3.32 2010 年 3 月 5 日 08 时地面形势

从形势场的分析可以得出，西南涡沿强盛的西南急流东移，浙西地区对应为急流的辐合区，且位于西南急流出口区的左侧；从理论上得知，西南涡的右前方辐合最强，且存在边界层低空急流的水汽输送，再配合高空急流，浙西位于高空急流入口区的右侧。另外，考虑冷空气从西北侧南下，因而导致暴雨主要集中在浙西地区；地面倒槽和冷空气的结合点主要位于浙西南，因而冷空气的渗透南下与低层暖湿气流的强烈交汇是引发强对流的主要动力机制。

3. 大气温湿状况及不稳定性分析

考察 08 时探空计算的多个对流指数分布图（图 3.33），如最大对流有效位能 *BCAPE*、总指数 *TT*、风暴相对螺旋度 $H_{s\text{-}r}$、假相当位温差 $\theta_{se850\text{-}500}$、K 指数、*SI* 指数、强天气威胁指数 *SWEAT*、瑞士雷暴指数 *SWISS* 等，多种对流指数均表现出从华南到浙南有一个能量的输送通道，实况为从福建、江西至浙江都触发了强对流天气。*BCAPE*、*TT*、$\theta_{se850\text{-}500}$、*SWISS*、*SWEAT* 等指数的分布是相似的，实况为对流始发地位于江西和福建交界及浙江省西南地区，基本发生在指数场的大值轴上，上述指数较好地反映出雷暴的始发地区。另外，常用的 K 指数和 *SI* 指数的分布相似，不稳定区域主要分布在浙南和东南沿海地区，这两种指数的分布基本反映出雷暴的影响范围。从预报的角度，综合多种指数的分

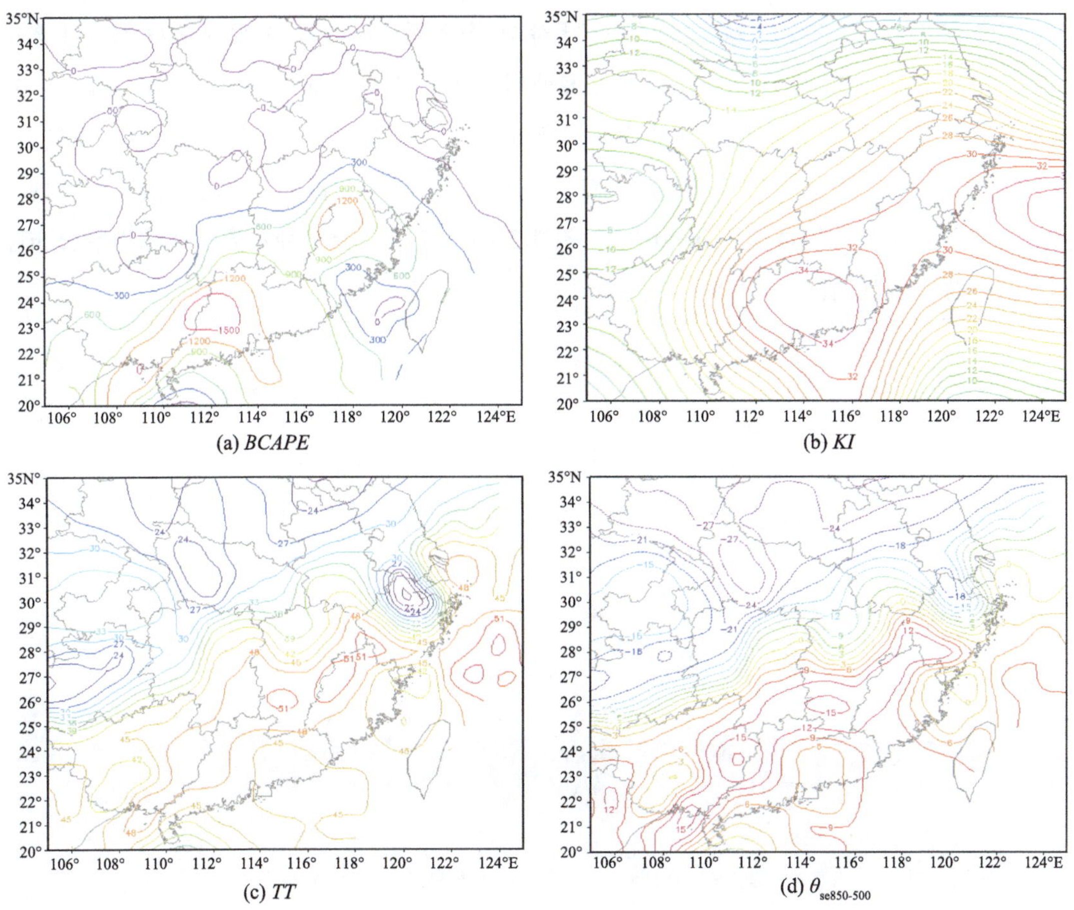

(a) *BCAPE*　(b) *KI*

(c) *TT*　(d) $\theta_{se850\text{-}500}$

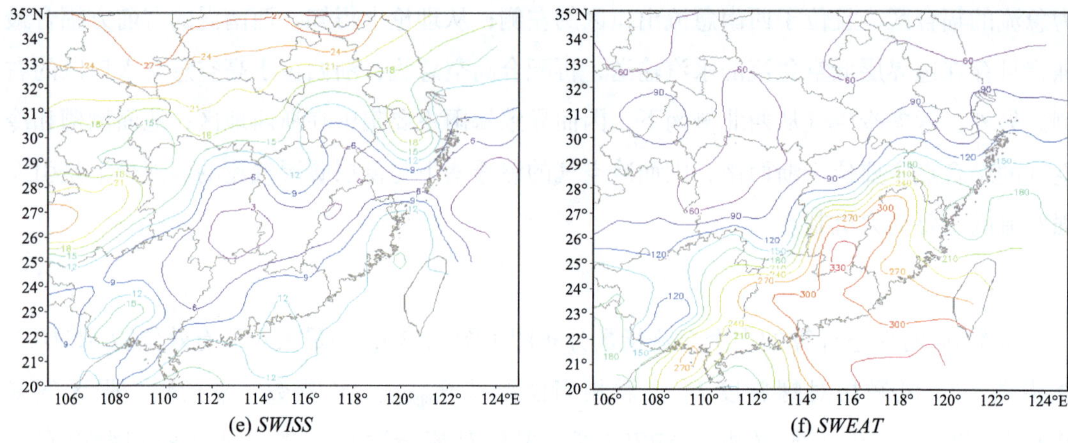

(e) *SWISS* (f) *SWEAT*

图 3.33 2010 年 3 月 5 日 08 时对流指数分布图

布可以得出，午后雷阵雨的分布范围在浙南和东南沿海地区。

分析 08 时浙江全省站点探空，三个探空站都存在低层逆温，衢州站（图 3.34）中低层湿度接近饱和。仅从站点对流指数来看，08 时计算的常用对流指数对强对流的指示意义并不明显，*CAPE* 值为零，但衢州站 *BCAPE* ＞ 300 J/kg，常用的 *KI* 和 *SI* 指数衢州站分别为 34 和 0.35；李文娟等（2017）曾针对 70 个夏季（6—8 月）强对流样本，计算出 *CAPE*、*BCAPE*、*KI*、*SI*、*TT*、$\theta_{se850\text{-}500}$ 等多种指数的均值，分别是 782、1051、34、0.22、44、10。可见，春季强对流的能量值明显低于夏季，但是，*KI*、*TT*、$\theta_{se850\text{-}500}$ 表现较好，分别达到 34、47、8.3，接近夏季强对流的均值。由此说明，春季常用对流指数的表现往往并不显著，尤其在能量值较低的情况，不能忽视，应该结合多种对流指数和指数分布图进一步加强判断强对流天气的潜在性。

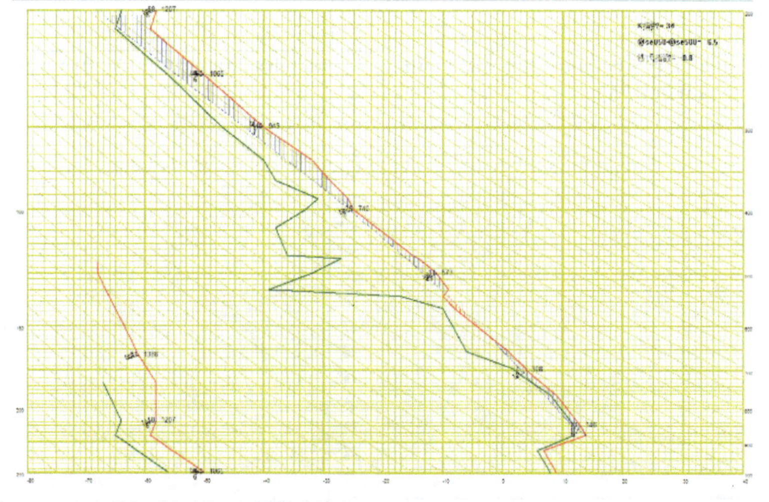

图 3.34 2010 年 3 月 5 日 08 时衢州站探空图

通过长期的检验，上述指数在强对流天气的潜势预报中通常具有较好的指示意义，尤其当多种指数分布极其相似时，在共同的高值区反映的雷暴潜势是基本可信的。另外，结合中尺度自动站表现的一些迹象可以加强指数分析的可信度。

理论上来说，干线对对流活动起到扰源的作用。从3月5日08时的中尺度天气分析图（图3.35）可以看出，地面干线、辐合线几乎重叠在浙西南至华南地区，且存在925 hPa切变线，高空又有冷的温度槽东移，说明了此区域具备了强对流的触发机制，预示其为强对流天气的触发区。由500 hPa和850 hPa的配置说明浙江省处于上冷下暖、上干下湿的区域，且午后会有所发展；在低空急流的左前方是形成流场辐合和动力抬升的地方，此位置对应850 hPa能量锋区，有利于不稳定能量的释放。08时的中尺度天气分析图表明，浙江省存在触发对流的不稳定层结，且可能的触发区域指向华南至浙江省西南部，下面再结合自动站资料进一步分析浙江省的触发区域和对流强度。

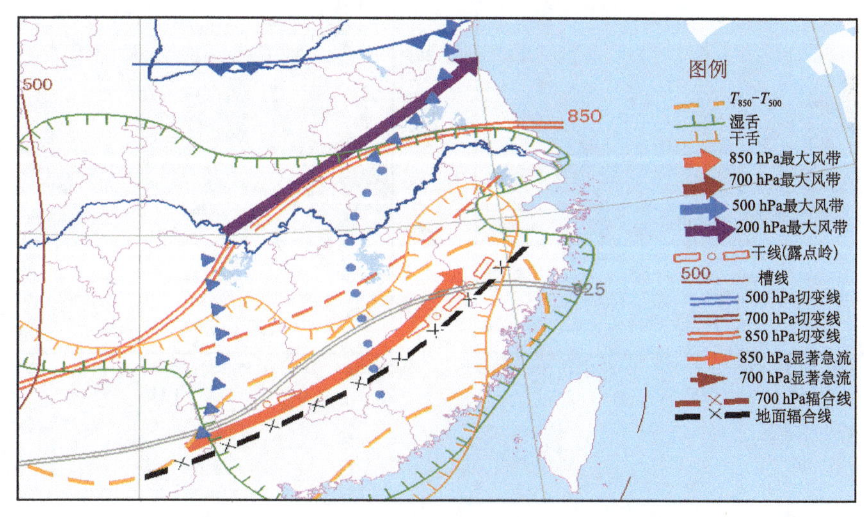

图3.35　2010年3月5日08时中尺度天气分析图

这次过程从预报的角度，利用08时的中尺度自动站资料，如风场、气温、露点、露点差等要素对午后强对流的触发位置可以起到一定的预报意义。前面的分析得出，浙西南地区表现出的气温梯度是造成强对流的一个重要因素，太阳辐射直接导致低层储存了大量的不稳定能量，探空图表现出的逆温说明，干暖盖存在于浙西南地区，因而，温差一定意义上可以反映出强对流的强度。08时的气温分布图（图3.36a）已经反映出这一特征，浙西南及其周围存在4～6 ℃的温差，而午后温差加大到8～10 ℃；从08时的露点分布图（图3.36b）中发现，08时浙西南处于露点＞12 ℃的区域，说明浙西南存在露点锋。从理论上对流往往在露点锋 / 干线附近触发；再结合08时的风场（图3.36c），可以看出，在丽水的中部始终存在一些小的涡旋中心，到18时小涡旋明显加强（图3.36d），涡旋周围出现强风，正是对应强对流发展的位置，因而，结合这些特征，基本可以判断出午后对流的触发区域位于我省的丽水地区。

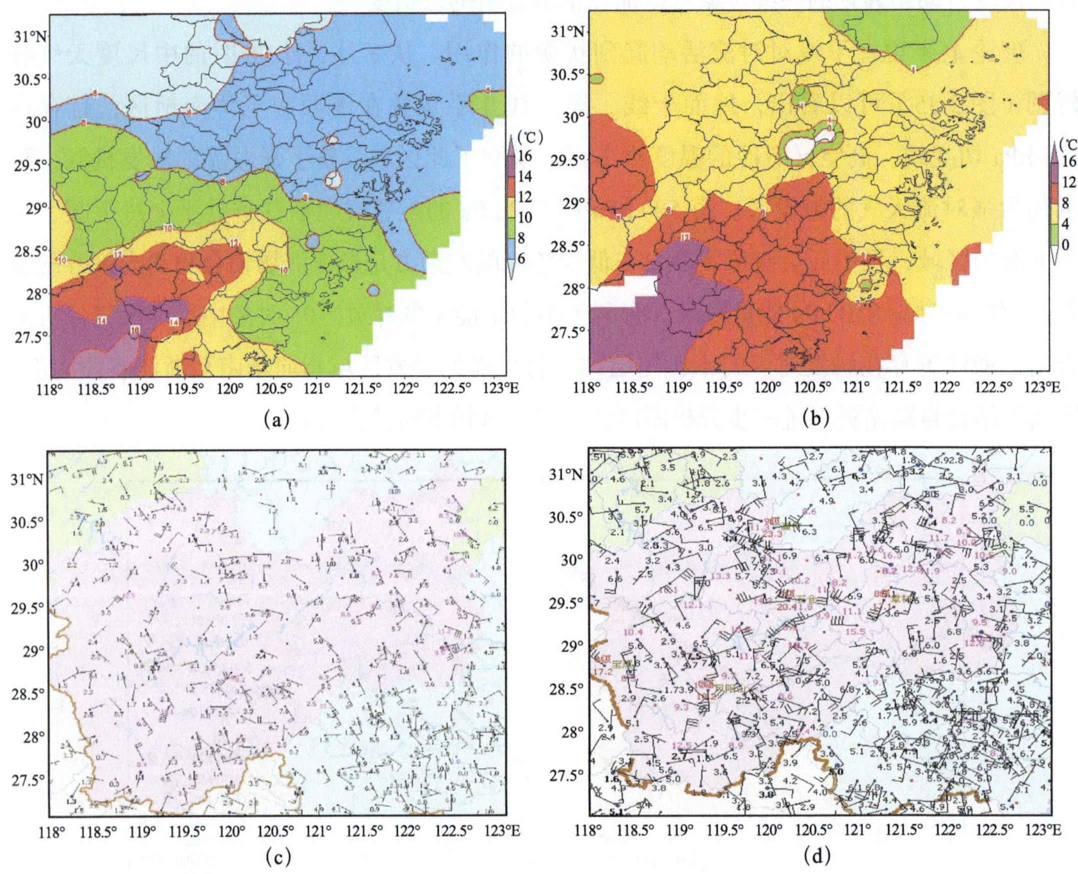

图 3.36 2010 年 3 月 5 日 08 时气温（a）和露点（b）分布；08 时（c）和 18 时（d）1 h 极大风速

4. 卫星云图特征

由图 3.37 可见，08 时在浙江省西北侧已经有大片对流云团发展，TBB 亮温显示，云顶发展到 –70 ℃以下，此时，浙江省的浙南地区云系较少，天况较好；实况为午后气温在浙南存在高达 10 ℃左右的温度梯度。云图显示，在 16 时之前，云团以东移为主，冷空气到达后，云带南压趋势明显。在 16 时云带的南缘突然发展起两块强对流云团，云团逐渐合并发展壮大，主要影响浙南和沿海地区，直到 19 时入海之前，一直维持较旺盛的云体，亮温高达 –70 ℃左右。由此分析，暴雨云团或 MCC 影响浙中北地区，而出现在浙南地区的对流云团由于午后太阳辐射加强了不稳定层结，冷空气的入侵则激发出旺盛的强对流云团。

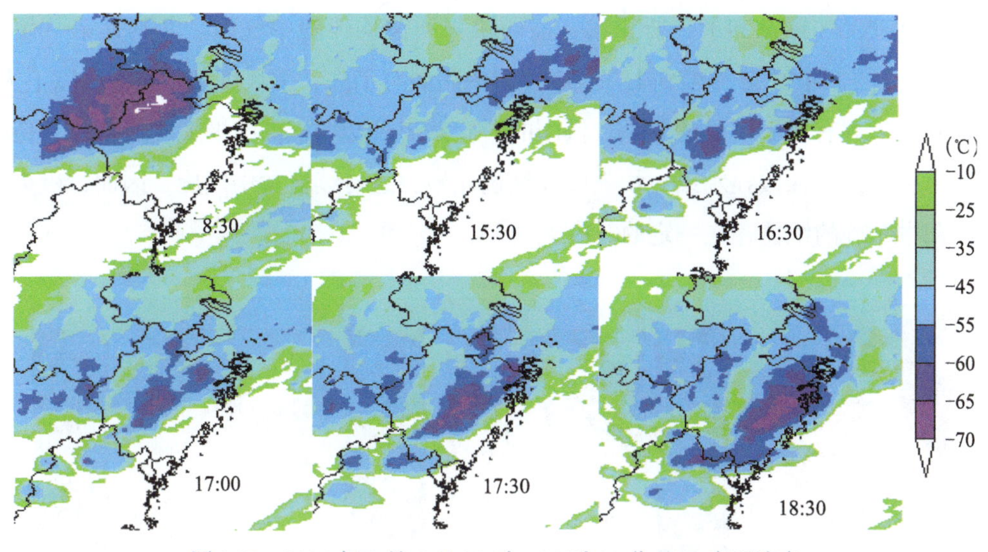

图 3.37　2010 年 3 月 5 日 08 时—18 时 30 分 TBB 亮温演变

5. 雷达特征分析

浙南出现的强对流回波，具有显著的冰雹云特征。08 时从浙西北进入浙江省的回波呈片状，回波为层积混合型，前沿存在较强回波带，最强回波达到 50 dBz 左右，但剖面显示为低质心强降水回波，因而造成浙西普遍的暴雨过程；到下午 16 时 30 分左右，在丽水中部先后有三块强对流回波局地生成，沿直线东移发展，回波强度均在 65 dBz 以上，每块强回波间距 50 km，回波依次经历从块状向逗点状演变的过程，主要原因是由于强西南气流的输送致使后侧出现入流缺口，最终导致结构松散而减弱。温州雷达显示，回波顶最高达到 14 km，由于缺少回波剖面产品，利用四分屏显示。由图 3.38 可见，三块强回波在各发展阶段，存在明显的回波悬垂，并且 65 dBz 的强度扩展到 5 km 左右，考察最近的衢州探空站发现，0 ℃层高度为 3.7 km，–20 ℃层为 6.8 km，因而可以得出，回波存在悬垂，且强回波发展到 –20 ℃左右，回波具备产生冰雹的基本特征。

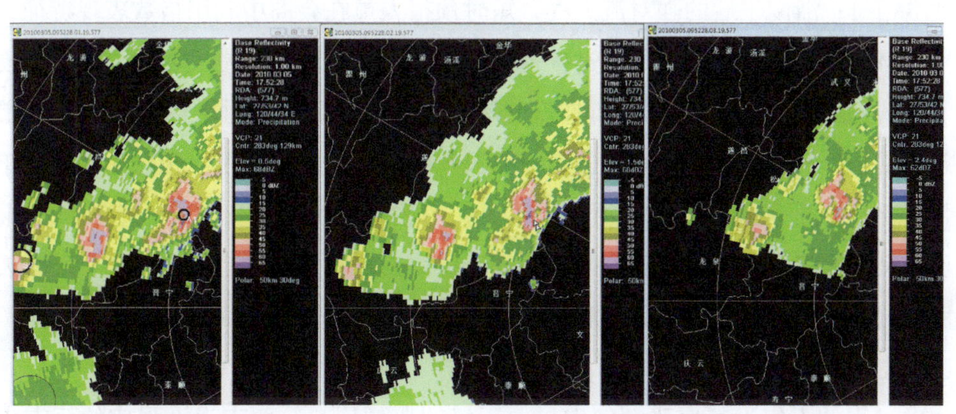

图 3.38　2010 年 3 月 5 日温州雷达 17 时 52 分回波强度（0.5°～2.4° 仰角）

从速度产品（图 3.39）分析得出，前两块强回波均伴随中气旋，尤其是第一块强回波，中气旋从 17 时 21 分持续到 18 时 59 分，中间偶有消失，中尺度站出现 8 级以上大风，和中气旋的出现有密不可分的关系。松阳的石仓站出现 20.4 m/s 的极大风速，并且持续约 20 min 以上。雷达回波显示第一块强回波经过此地，且持续伴随中气旋，因而，极大风速的持续和中气旋的维持存在一定的对应关系。

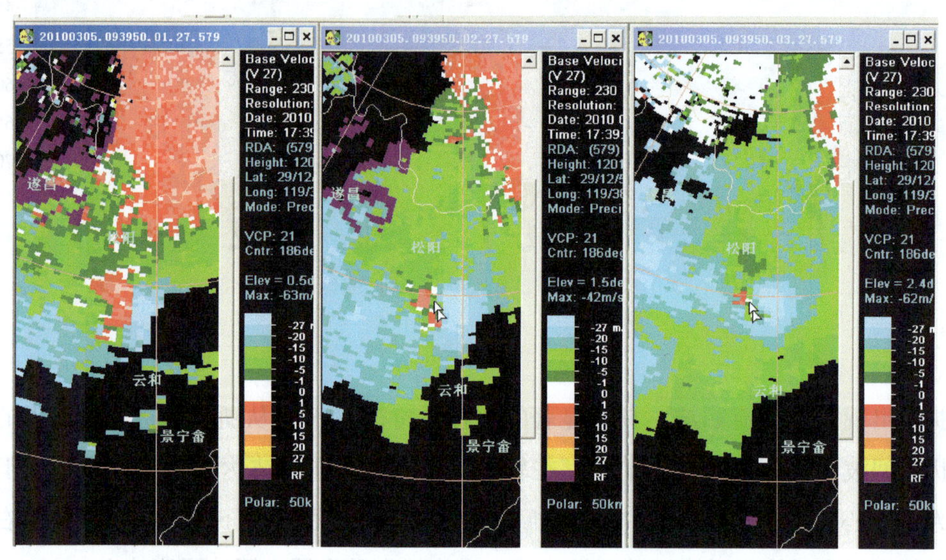

图 3.39　2010 年 3 月 5 日金华雷达 17 时 39 分径向速度（0.5°～2.4° 仰角）

6. 预报难点和典型特征

这次过程从预报服务的角度来看是比较成功的。这是 3 月 5 日的预报稿：“今天中午到夜里：浙江全省阴有阵雨或雷雨，其中浙北和浙西地区部分有大雨到暴雨。全省有雷雨地区局部有 7～9 级雷雨大风，个别地方有冰雹”。3 月 5 日的短期和短时预报结论中都提到了雷雨大风和冰雹天气，并且暴雨的落区预报在浙北和浙西地区，实况为主要集中在浙西，基本相符；浙南午后的强对流天气，短时预报人员在会商中利用指数表现特征，提到了发生的潜在性。总体来说，这次过程预报的提前性和准确性都是成功的。已经出现强对流天气后，短时预报的跟踪探测和服务也是到位的，做到了及时雷达联防当地地市气象台，并对雷暴影响范围和可能出现的灾害性天气做了较准确的预报。相对而言，对于午后浙南强对流的强度和触发区域有所估计不足，上述中尺度特征资料并未应用到预报会商中，且中尺度天气分析正处于起步阶段，理论模型尚未建立，这也是今后中小尺度天气预报的发展方向。由于资料的可靠性和预报人员的知识层次更新方面有待提高，因而，实施起来还存在一定的困难。

这次过程的天气形势属于浙江省暴雨天气的典型形势，西南涡沿强盛的西南急流东移，急流的水汽输送主要集中在浙江中南部地区，高层有南支槽东移，地面有倒槽配合，更为重要的是，存在冷空气的扩散南下，因而，逐层系统的有效配合造成这次冷暖气流在浙江省的激烈交汇，带来了强降水和强对流共同影响的灾害性天气过程。这次过程对浙北和浙南带来的灾害性天气性质有所不同，因而，既要把握暴雨的落区和强度，也不能疏忽午后造成雷雨大风及冰雹的强对流天气。

从这次过程综合形势场和雷达回波特征总结出以下几个方面的典型特征：

（1）地面倒槽发展，锋区南压，冷暖气流的交汇形成触发强对流的动力机制；

（2）在强对流天气的预报指示方面，925 hPa 资料具有不可忽视的作用；

（3）太阳辐射的加热作用和低层逆温的存在形成的干暖盖储存了大量不稳定能量；

（4）中尺度天气分析和自动站资料的分析应用可以加强对对流触发区和对流强度的判断；对流触发于地面干线附近；

（5）中气旋的维持和地面大风存在对应关系；

（6）回波强度强且存在回波悬垂是识别冰雹的主要特征。

7. 预报着眼点

对此类型暴雨和强对流天气的预报着眼点总结为以下几个方面：

（1）通过形势场表现的西南涡、低空急流等暴雨的典型特征，结合数值预报，对暴雨的强度和落区是不难把握的。对于经常会预报出错的暴雨落区，主要考虑西南涡的移动路径、西南急流轴的位置走向和高低空急流的配置。理论上，大多数暴雨发生在低空急流左侧 200 km 以内，西南涡的右前方为降压最大区，因而大多数暴雨的落区在西南涡的右前方也就是低空急流的左前方。分析这次过程的暴雨落区发现，从 3 月 5 日 08 时—3 月 6 日 08 时，暴雨主要集中在浙江省的西部地区，安徽南部和江西北部也有部分暴雨。从暴雨和急流的配置来看，暴雨区位于 850 hPa 急流轴出口区左侧，浙西正处于出口区的风速辐合区；200 hPa 急流轴在苏皖地区，因而，暴雨区和理论所说的基本相符，暴雨落区位于 200 hPa 急流入口区的右侧和 850 hPa 急流出口区的左侧，也是西南涡的右前方，主要原因和经向垂直反环流密切相关。另外，这次过程有冷空气从西北侧南下结合，结合的位置也是影响暴雨落区的重要因素。

（2）浙江省的春季也是强对流频发的季节，往往伴随冰雹等强对流天气；因而当北方有冷锋南下，冷空气扩散南下的情况，且低层高温高湿，必须注意强对流天气发生的潜在性。探空和对流指数的分析是目前最为有效、最直接的分析资料，若干对流指数中，*CAPE*、*KI*、*SI* 最为常用，但是春季数值偏低，明显低于夏季平均值，单一地分析往往漏报或空报较多，落区也不能明确，引入一些国际常用对流指数后，通过长期的对比检验发现，*BCAPE*、$\theta_{se850\text{-}500}$、*SWEAT*、*SWISS*、*TT*、*KI*、*SI* 等几个指数表现较好，当多个指数分布较相似，且有共同高值区时，雷暴潜势和落区预报的可信度则大大提高；此时，再结合地面温度、露点、风场等中尺度资料可以为预报结论提供更加丰富的佐证。另外，分析实况对流指数，若和数值预报结合，动态地分析往往会取得更好的效果。因此，在分析大尺度资料的前提背景下，利用探空、对流指数、中尺度自动站等资料分析细节，对于雷暴潜势的预报是尤为重要的。但是目前中尺度资料的分析应用还有待提高。

3.6.3.2　2018 年 7 月 26 日和 6 月 29 日两次冰雹天气过程对比分析

1. 实况说明

2018 年 6 月 29 日（0629 过程）和 2018 年 7 月 26 日（0726 过程）浙江省分别出现了两次较大范围的强对流天气过程，不仅造成严重的风雹天气，同时伴有较大范围的短时强降水（图 3.40）。6 月 29 日过程灾害性天气发生在 13—20 时，13 时左右台州路桥区金清镇城区、农垦场及部分村庄出现了持续时间约 30 min 的大风冰雹天气，随着强对流系统南压继续影响温州和丽水地区，出现较大范围 8～10 级大风。这次过程同时伴随强的短时强降水，集中在浙北和东南沿海地区，15 个测站小时雨强超过 50 mm，最大小时雨强在富阳达到 105.4 mm。7 月 26 日过程灾害性天气主要集中在浙北地区，15—17 时浙北出现大范围的短时强降水和雷雨大风，137 个测站出现 8 级大风，最大绍兴柯桥达到 36.5 m/s，26 个测站小时雨强超过 50 mm，2 个测站小时雨强超过 100 mm，其中余杭乔司站最大小时雨强达 115 mm，杭州、嘉兴、湖州等地区均观测到冰雹。

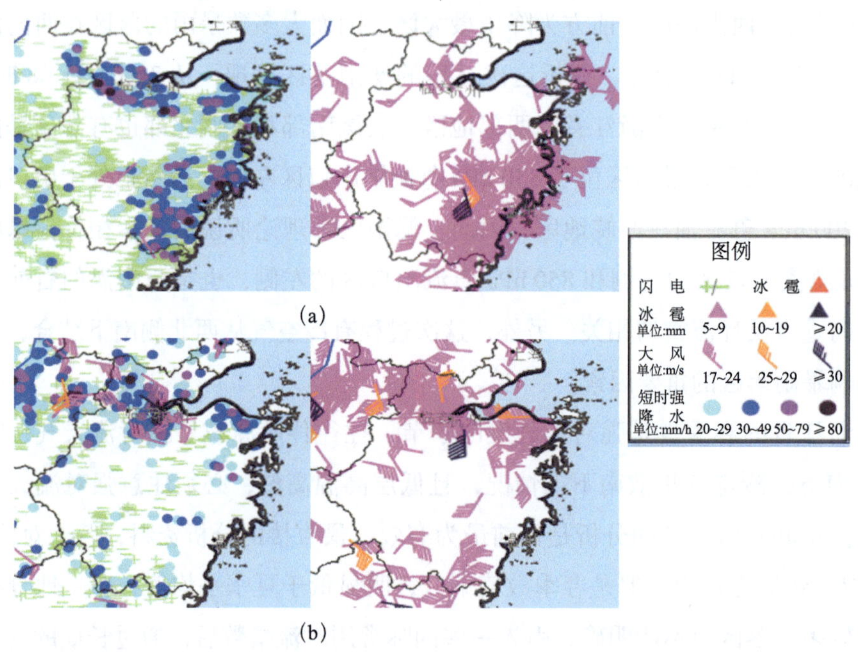

图 3.40　2018 年 6 月 29 日（a）和 2018 年 7 月 26 日（b）强对流实况监测

两次强对流天气均造成了多种灾害性天气，范围大、强度强，小时最大雨强超过 100 mm，并伴有冰雹天气。浙江省的冰雹天气主要发生在春季，夏季相对较少，但是 2018 年夏季冰雹等强对流天气相对高发。这两次强对流过程发生在不同的大尺度形势场，在不同地区造成冰雹天气，因此，本节重点分析不同环境场冰雹天气的形成机理，通过对比分析提炼强对流天气发生的共性和差异，总结预报着眼点，为预报员提供参考。

2. 天气形势配置

利用 08 时 NCEP 1°×1° 的分析场绘制高低空配置图（图 3.41a）可见，0629 过程 500 hPa 东亚大槽位于我国东部地区，冷涡中心位于东北，浙江省位于槽底，500 hPa 高空槽有所前倾，增加了层结不稳定，槽后冷空气已经渗透到低层，925 hPa 在浙北和沿海地区形成明显的切变辐合，浙江省沿海由于海上低压系统和副高的共同作用，存在超低空急

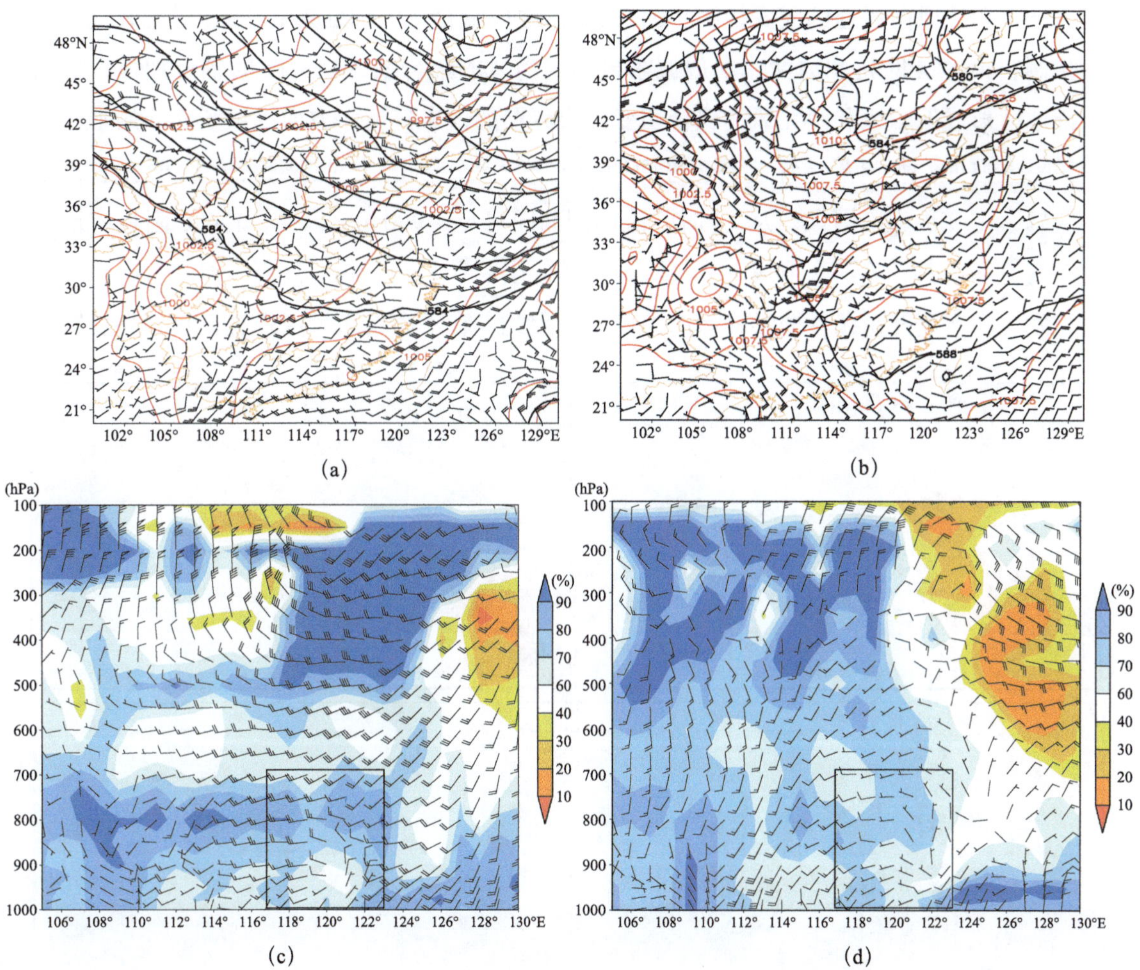

图 3.41　500 hPa 高度场 +925 hPa 风场 + 地面气压场；（a. 2018 年 6 月 29 日；b. 2018 年 7 月 26 日）；08 时 29～30°N 风场和相对湿度剖面图（c. 2018 年 6 月 29 日；d. 2018 年 7 月 26 日）

流，低层水汽条件充沛。由风场和相对湿度在 29°N 的剖面图（图 3.41b），可以看出，08 时在 121.5°E 的台州地区，低层转偏北风，发生冰雹的地区正处于干湿交界地带偏干区一侧，900 hPa 以下相对湿度在 70% 以下，且存在偏北风和西南风的辐合切变，低层的辐合抬升加上大尺度高空槽的正涡度强迫是强对流触发的主要原因。

0726 强对流过程发生在盛夏副高 588 dagpm 线控制下，形势场完全不同于 0629 过程，中高层受反气旋环流控制，而 925 hPa 以下存在由地形辐合形成的低层辐合线。从图 3.41d 中可以直观地看到，在 117°～123°E 的浙江省范围内，副高控制处于弱风区，低层相对湿度低于 70%。在 120°E 以东低层转偏北风，形成弱的辐合，对于盛夏季节的强对流天气，不稳定能量非常充沛，在具备高能层结不稳定的条件下，午后由海陆风、地形辐合造成的辐合线均可以触发强对流天气，而实况对流在 11 时左右始发于 121°E 的四明山区，在热力不稳定的条件下，山区由地形抬升易触发强对流天气。

从自动站风向风速的演变证明（图 3.42），地面辐合线的加强是 0726 强对流天气的触发机制，13—14 时杭州湾两岸形成偏东风和东南风的辐合线，14—15 时辐合加强，杭州东部地区形成偏东风和西北风的辐合切变，边界层的偏东气流一方面提供了充沛的水汽环境。另一方面，水汽凝结释放潜热进而加强上升运动，实况为对流触发于 14 时左右，正对应辐合切变加强的时段。从 14 时的流场剖面图可见，900 hPa 以下，120°E 附近有地面偏东气流和偏西气流汇合形成上升气流。虽然低层的动力抬升相对浅薄，但是这次强对流过程发生在盛夏能量条件非常充沛的条件下，因此，在不存在大尺度强迫，且副高控制的

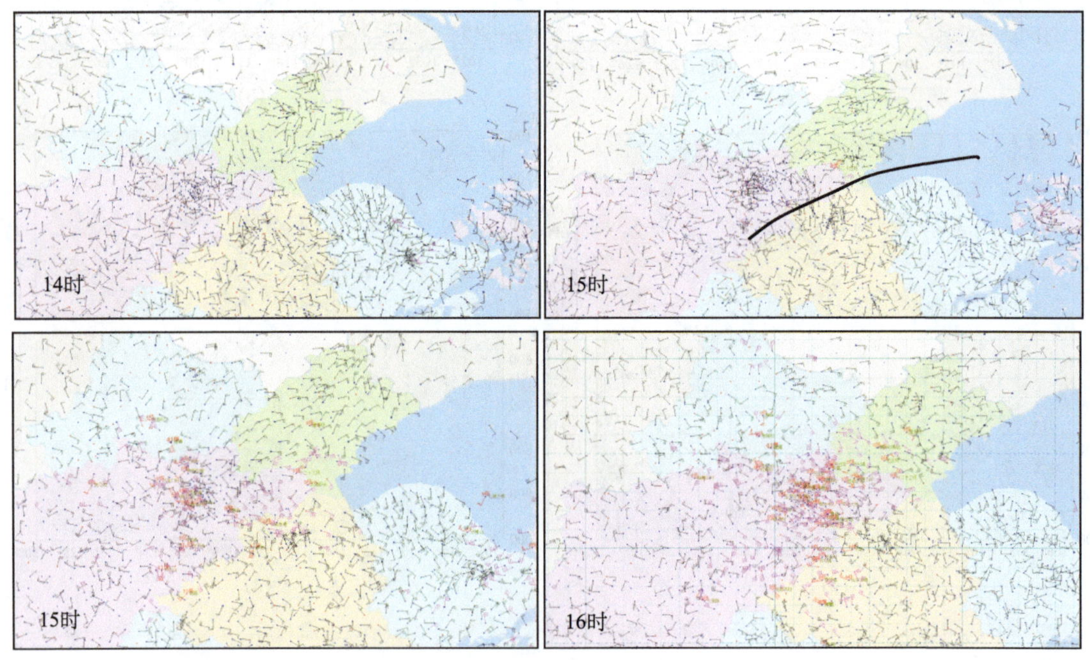

图 3.42　2018 年 7 月 26 日 14—15 时 10 min 风向风速、15—16 时小时极大风速

背景下产生的强对流天气，需重点分析热力稳定度条件，进一步揭示强对流的触发机制。

3. 大气温湿状况及不稳定性分析

如图 3.43 所示，0629 过程在冰雹发生的区域，850 hPa 和 500 hPa 的温度场存在明显的冷暖配置，即 500 hPa 高空冷槽叠加在 850 hPa 的暖脊之上，造成沿海地区高低层温差达到 27 ℃，形成明显的对流不稳定区。已有研究表明，垂直温度递减率越大越有利于大风类强对流的产生，这是因为东亚大槽影响下大气斜压性较强，雷暴大风天气产生在冷槽暖脊的高低空配置，易造成较大的温度直减率，层结不稳定，既有利于强上升气流、也有利于强下沉气流。代表环境稳定度的指数如 *CAPE* 和 *BLI*（最有利抬升指数）均有较好地指示性，08 时台州洪家站 *CAPE* 值达到 2260 J/kg，正处于不稳定能量的大值中心；*BLI* 达到 –6 ℃以下，说明沿海地区层结极其不稳定，大尺度环境场具备了强对流发生的热力不稳定条件。

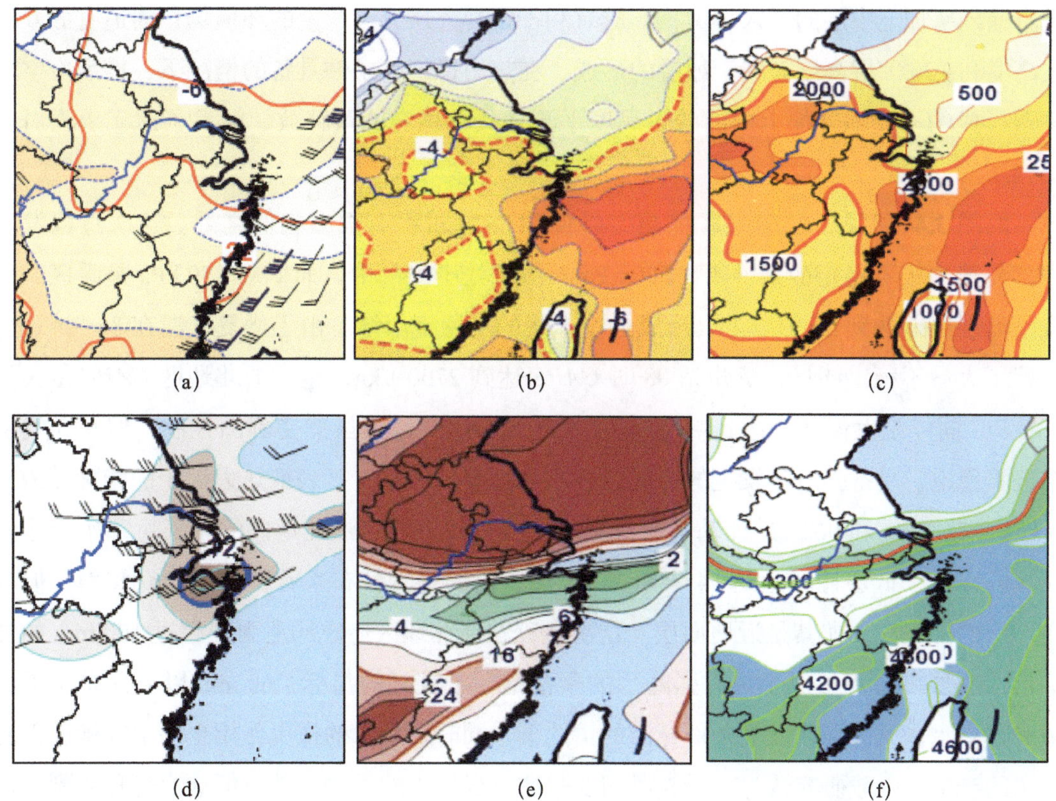

图 3.43　2018 年 6 月 29 日 08 时 850 hPa 和 500 hPa 温度（a）(单位：℃)、最有利抬升指数（b）、对流有效位能（c）(单位：J/kg)、0～3 km 风切变（d）、500 hPa 温度露点差（e）(单位：℃)、0 ℃层高度（f）(单位：m)

理论研究表明，冰雹天气发生的环境场除了雷暴产生的三个必要条件（层结不稳定、水汽和抬升机制）以外，还要求有较强的上升气流，这要求环境中对流有效位能和垂直风切变较大。风垂直切变较大利于上升气流产生倾斜，进而加强上升气流，延长生命史。但是风垂直切变并不是冰雹发生的必要条件，这次过程各层的风垂直切变为中等强度，0～3 km、0～6 km 风切变为 12～14 m/s。另外，研究还表明冰雹发生时的 0 ℃层高度和 –20 ℃层高度一般比出现雷暴和雷雨大风时低，但抬升凝结高度相对较高。经统计，夏季浙江省发生冰雹天气的 0 ℃层高度在 4.9～5.5 km，–20 ℃层高度在 8.3～8.7 km。0629 过程 0 ℃层高度和 –20 ℃层高度分别是 4.9 km 和 8.3 km，抬升凝结高度在 944 m，符合浙江省夏季出现冰雹的高度阈值。发生冰雹时通常不需要环境中有太多的水汽，对流层中层常有一明显的暖脊干舌，500 hPa 面上暖脊干舌区温度为 –5～–10 ℃。从图 3.43 温度露点差的分布来看，500 hPa 东南沿海地区正处于干舌区，台州地区位于干湿交界地带的梯度区。偏干区一侧，探空层结显示中层存在明显的干空气（图 3.43e），干空气的卷入使得降水粒子快速蒸发形成下沉气流有利于地面大风产生。因此，在这样的环境场配置下，500 hPa 东亚大槽形成有利的大尺度强迫环境，冷槽叠加在暖脊上，积聚较强的不稳定能量；大的垂直递减率加上中层的干区环境，形成有利于雷暴大风天气产生的环境场；而适宜的 0 ℃层高度和 –20 ℃层高度有利于冰雹的形成，在热力稳定度条件具备的情况下，槽后冷空气渗透形成的切变辐合加上槽前的正涡度平流导致不稳定能量释放，触发了冰雹等强对流天气。

由图 3.44 可见，0726 过程的热力条件和 0629 过程有很多相似之处。这次过程发生在盛夏热力极不稳定的条件下，500 hPa 浙江省处于冷区中，而低层 850 hPa 是暖区，造成高低层温差达到 26 ℃以上，形成上冷下暖的不稳定层结。由于盛夏气温在 35 ℃以上，集聚了大量不稳定能量，杭州站 08 时 *CAPE* 达到 2700 J/kg，整个浙北地区 *CAPE* 是大值区，*BLI* 同样是大值区，达到 –6 ℃以下。因此，这次过程虽然受副高控制，但是大气层结极不稳定，具备强对流发生的必要条件。从预报指标来看，表征热力因子的指标（*BLI*、*CAPE*、$T_{850\text{-}500}$）和 0629 过程基本一致。从水汽条件来看，浙北地区的整层可降水量达到 60 mm 以上，低层比湿达到 14～16 g/kg。从探空的垂直分布来看，湿层相对深厚，但存在一定的干空气，尤其是近地面层。这次过程在浙北地区造成局地雨强超过 100 mm 的强降水，整层可降水量对于短时强降水的预报是一个较好的指标，60 mm 以上易发生强的短时强降水，尤其是在能量条件充沛的情况下，同时强降水的拖曳作用也易引起地面雷暴大风的产生。一般研究认为，垂直风切变是冰雹云发生的重要条件，但这次过程受副高控制，没有急流配合，垂直风切变很小，虽然出现冰雹，但是强对流的组织性较差，持续时间也较短。此外，0 ℃层高度和 –20 ℃层高度分别为 5.2 km 和 8.1 km，抬升凝结高度在 959 m，符合夏季浙江省发生冰雹的层结条件。

综上所述，这两次过程均发生了大范围的雷暴大风、短时强降水和局地冰雹天气，虽

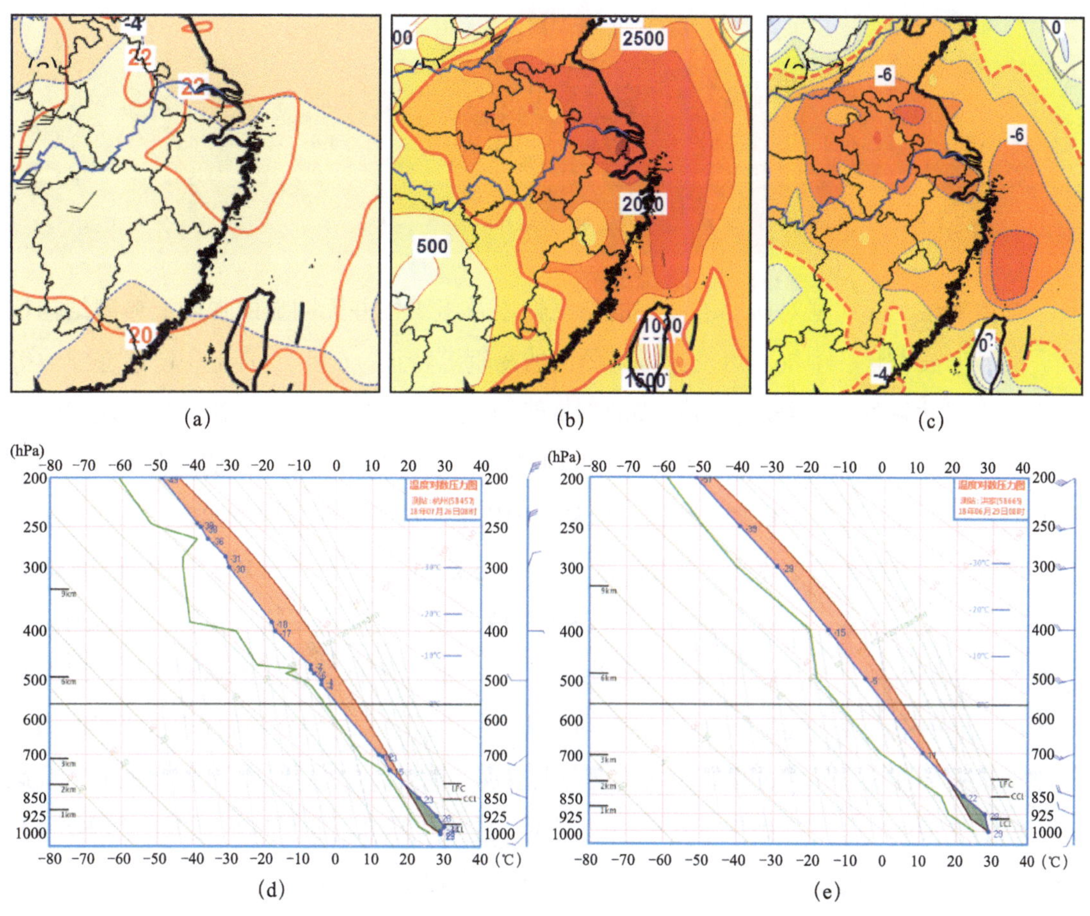

图 3.44　7 月 26 日 08 时 850 hPa 和 500 hPa 温度（a）（单位：℃）、最有利抬升指数（b）、对流有效位能（c）（单位：J/kg）及杭州站探空图（7 月 26 日 08 时（d）、6 月 29 日 08 时（e））

然发生在不同的大尺度形势场，但是热力不稳定条件存在一些共同点。发生前 08 时大气层结已处于热力不稳定状态，存在上冷下暖的高低空配置，$T_{850\text{-}500}$ 达到 26 ℃以上，*CAPE* 达到 2000 J/kg 以上，*BLI* 达到 –6 ℃以下，绝对比湿在 12～16 J/kg。因此，垂直温度递减率较大的环境场，探空层结存在干空气层，近地面层相对湿度在 70% 以下，这些条件均有利于雷暴大风天气产生。对于抬升机制而言，两次过程均在 925 hPa 以下存在辐合线，或由冷空气的辐合造成，或由地形辐合造成，导致不稳定能量的释放，引发强对流天气。对于冰雹天气发生的高度层结条件，0 ℃层高度和 –20 ℃层高度均在浙江省夏季冰雹的高度阈值范围内（表 3.13）。此外，垂直风切变并不是发生冰雹的必要条件，但较强的垂直风切变有利于强对流的组织性发展和生命史的延长，下面将结合雷达结构特征说明风垂直切变的作用。

表 3.13　两次过程 08 时探空计算的对流指数对比

对流指数	*CAPE*（J/kg）	*BLI*（℃）	$T_{850-500}$（℃）	*DCAPE*（J/kg）	SHR_{0-6}（m/s）	0 ℃层（km）	–20 ℃层（km）
0629—58665	2380.0	–6.0	27.0	1176.0	11.0	4.9	8.3
0726—58457	2788.0	–6.0	27.0	868.0	3.0	5.1	8.2

4. 雷达分析

总体来说，两次强对流回波发展的特征性以及组织性并无明显的强对流典型结构特征，如弓形或带状、中气旋以及冰雹云的回波悬垂等特征。6 月 29 日上午已经在宁波等地有对流回波发展，随着冷空气形成的切变线南压，台州地区不断有新生强对流回波发展，单体强度超过 60 dBz，新生单体不断趋于合并，合并后强度有所减弱。台州至温州不断有回波新生合并，演变成带状结构，但是结构松散，前沿无明显回波梯度。从回波的垂直结构看，台州地区的单体强回波发展高度达到 15 km 左右，50 dBz 以上的强回波区略有悬垂，最高发展至 8～12 km（图 3.45），达到 –20 ℃层以上，容易形成冰雹。在台州出现大风和冰雹的区域，从速度剖面可以看出，低层 1 km 以下存在较强的辐散气流，以上则表现出明显的中层径向速度辐合（MARC）特征。研究表明，MARC 特征是对流风暴周边干空气被夹卷进入雷暴的过程在径向速度图上表现。因此，中层径向辐合导致强的上升运动，因而形成冰雹，并在地面形成辐散性大风。此次过程冰雹持续时间较长，约半小时，回波的发展有一定的组织性，这和中等强度的垂直风切变密切相关。

0726 过程对流性回波主要集中在浙北地区，14 时以后，绍兴、嘉兴、湖州地区分散性对流回波发展，单体最大反射率因子达到 60 dBz 以上；15 时左右，对流单体向杭州市区聚集合并，在杭州城区形成大片强对流回波，回波单体经合并后，强度有所减弱。利用湖州雷达分析 15 时左右绍兴和杭州等地冰雹云回波的垂直结构。由图 3.46 可见，回波发展旺盛，回波顶高 16 km，50 dBz 以上回波达到 10 km，但是回波垂直发展，无回波悬垂等特征，因此，强对流持续时间较短，合并后很快减弱消亡。这和环境风垂直切变较小密切相关。从速度剖面可以看出，较深厚的中层径向辐合特征，并且地面形成辐散气流。

相对来说，0629 过程持续时间较长，环境场垂直风切变达到中等强度，强回波的垂直结构有一定的倾斜特征（图 3.46），因此有利于生命史的延长。而 0726 过程垂直风切较弱，强回波垂直发展无倾斜特征，过程持续时间也较短。

5. 数值模式检验

从各家数值预报的降水预报效果检验来看，整体上数值模式对这两次强对流过程的预报均不理想（图 3.47）。0629 过程，大尺度模式的降水量级和落区均偏差很大，如 ECMWF、GRAPES_gfs 两家模式，沿海地区的强降水没有任何预报，浙北地区的降水存

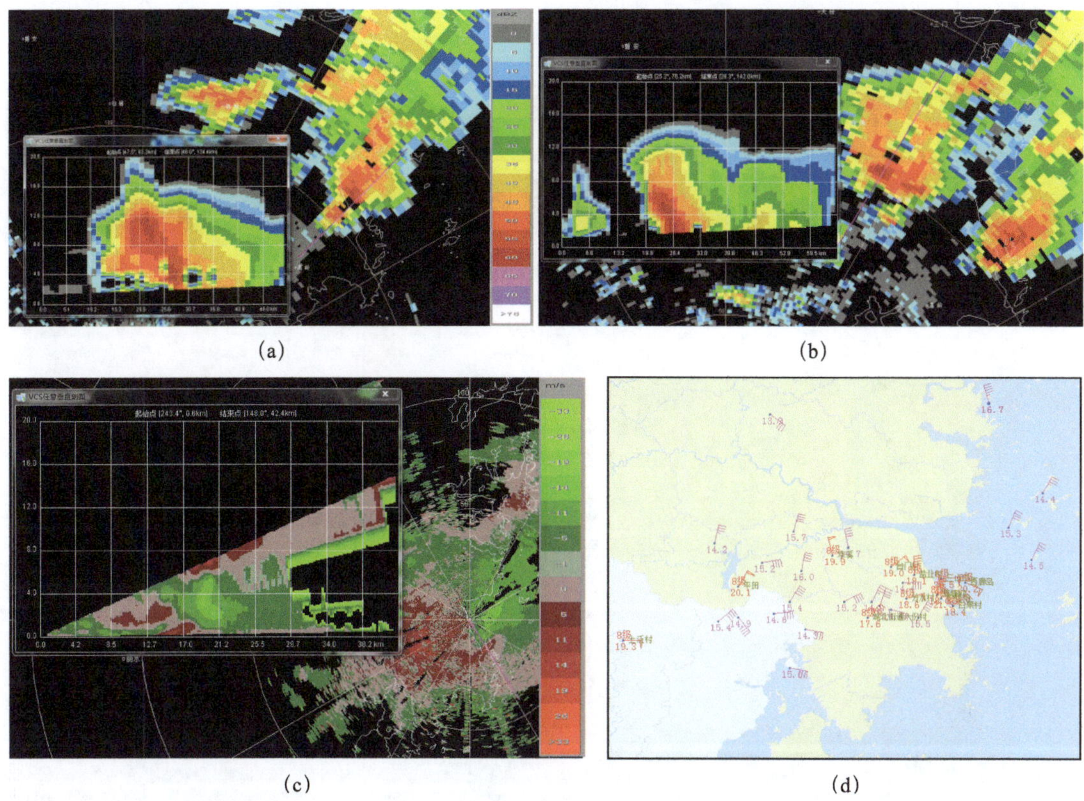

(a) (b)

(c) (d)

图 3.45 温州雷达 2018 年 6 月 29 日 13 时 06 分（a）13 时 30 分（b）反射率因子垂直剖面；13 时 30 分回波径向速度剖面（c）和地面大风实况（d）

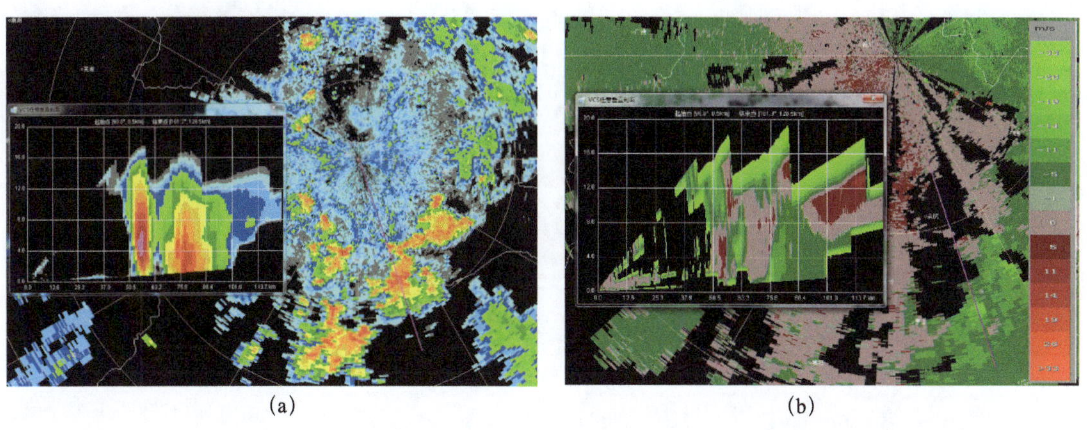

(a) (b)

图 3.46 2018 年 7 月 26 日湖州雷达 14 时 35 分的反射率因子（a）和径向速度剖面（b）

在明显偏差。相对来说，中尺度模式如华东、ZJWARMS、WRF、ZJWARRS 等模式降水量级和落区比大尺度模式明显较好，尤其是 ZJWARMS 和华东区域模式对浙北和沿海地区的强降水有所反应，但落区仍有一定偏差；华东模式对浙北地区的强降水预报明显偏强，范围偏大。RUC 快速更新同化系统预报效果欠佳，落区预报不如 ZJWARMS 中尺度模式。

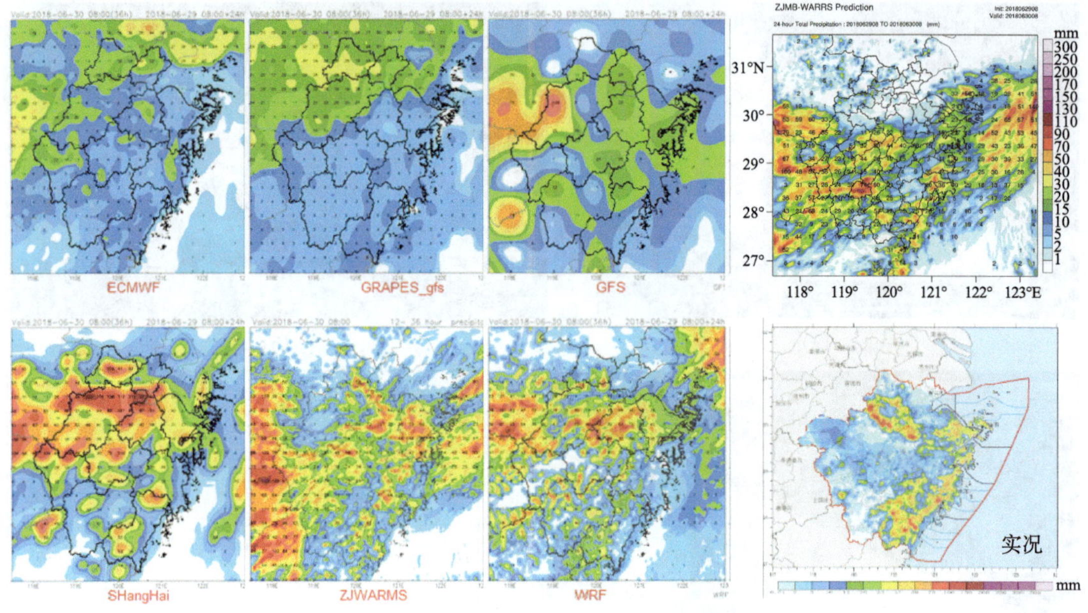

图 3.47　2018 年 6 月 29 日 08 时—30 日 08 时的预报和实况

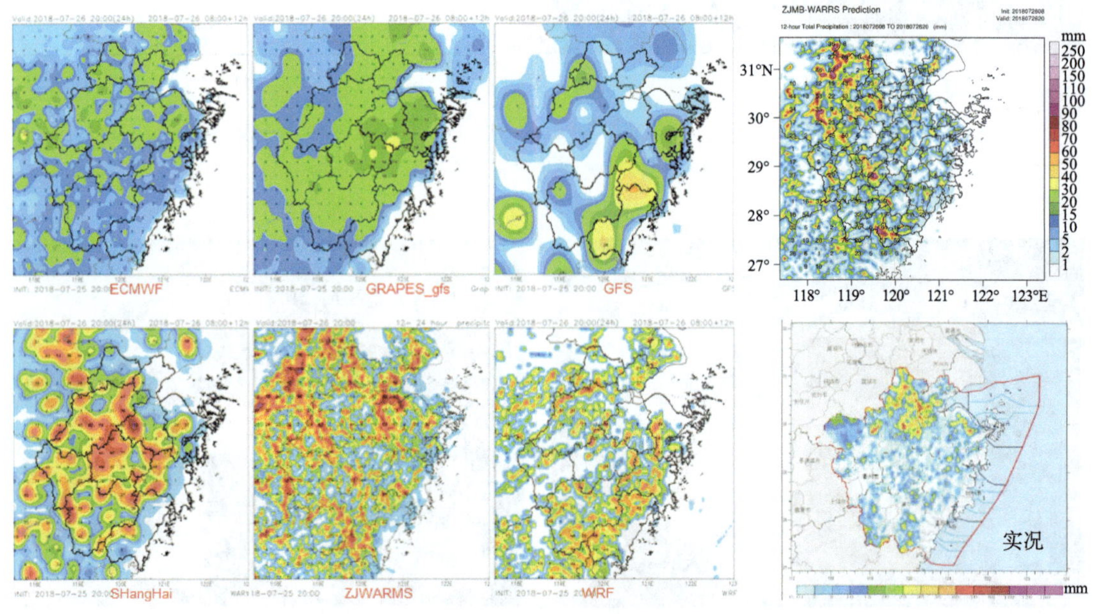

图 3.48　2018 年 7 月 26 日 08 时—26 日 20 时累计降水的预报和实况

各家模式对 0726 强对流过程的预报同样不够理想（图 3.48），中尺度模式预报出全省性的午后对流，落区范围较大，没有重点，实际强对流主要分布在浙北地区。因此，中尺度模式对于强对流落区的提示性参考性不强，RUC 快速更新同化系统对这次浙北地区的强对流过程预报效果也较差。大尺度模式 ECMWF 相对其他模式对强对流落区的提示有一定的参考价值，虽然对降水量级没有任何参考性，但从落区来说，ECMWF 模式在浙北地区预报出分散的相对其他地区较强的降水，大致可以指示对流潜势的落区可能在浙北地区，并且在地形辐合的沿海地区也预报出分散降水。

大尺度模式如 ECMWF 对强对流天气的参考价值在于落区的提醒作用，但降水量级往往偏差很大，需要在预报中参考中尺度模式做进一步订正；而中尺度模式对对流性天气的预报范围明显偏大，降水量级略偏强，在订正中需要结合热力动力条件分析，做消空订正。

6. 结论与预报着眼点

通过对比 2018 年夏季两次发生在不同形势背景场的强对流天气过程，揭示强对流的发生发展机制。通过分析雷达特征以及环境垂直风切变对系统结构的影响，得到以下结论。

（1）两次过程发生在完全不同的大尺度形势背景场，0629 过程发生在东亚大槽的动力强迫下，0726 过程发生在副高控制下，在夏季大气层结极不稳定的条件下，由低层弱冷空气渗透或由地形辐合造成的低层辐合线，导致不稳定能量的释放，是两次强对流天气触发的主要原因。

（2）两次过程发生在大气层结极不稳定的状态下，*CAPE* 达到 2000 J/kg 以上，*BLI* 达到 –6 ℃以下。850 hPa 和 500 hPa 的温度场存在明显的冷暖配置，代表垂直温度递减率的指标 $T_{850\text{-}500}$ 通常＞ 26 ℃，下沉有效位能 *DCAPE* 达到 800 J/kg 以上，该指标对判断风雹类强对流天气有一定的参考意义。

（3）短时强降水发生前，大气可降水量达到 55～60 mm 以上，且比湿达到 12～16 g/kg，充沛的大气可降水与强的热力不稳定的共同作用导致对流发展旺盛，是造成短时局地强降水的主要原因。

（4）两次过程发生在较弱至中等的垂直风切变条件下，垂直风切变不是冰雹发生的必要条件，但较强的垂直风切变有利于强对流的组织性和生命史的延长。冰雹回波在雷达速度剖面都存在中层径向速度辐合特征，并在地面形成强辐散，说明中层干空气的夹卷作用是大范围雷暴大风天气产生的必要条件。

预报着眼点：强对流可以发生在高空槽等大尺度动力强迫下，也可以发生在副高控制无明显动力强迫的形势场，因此，热力条件是强对流预报需要关注的重点。在具备上冷下暖的高对流有效位能的环境场，由地形辐合或冷暖交汇产生的低层辐合线使得不稳定得以释放，形成强对流天气。对于风雹类强对流天气，探空层结重点分析干空气条件，尤其是低层，上干下湿的喇叭口探空最有利于雷暴大风天气的产生。此外，对流指数的代表性指标 *DCAPE*、$T_{850\text{-}500}$ 可以较好地指示雷暴大风天气产生的潜在条件，指标越大越有利于大风的产生。冰雹天气发生的环境场类似于雷暴大风的环境场，除此之外，还需要分析适宜冰雹形成的特殊高度层，夏季 0 ℃层和 –20 ℃层高度比春季最适宜的高度高出 1 km，发生冰雹的 0 ℃层高度在 5 km 上下。通常雷暴大风天气和短时强降水是相伴发生的，尤其是在能量条件较好的情况下，对流发展旺盛易发生短时强降水，而强降水的拖曳作用反过来也会造成地面大风的产生。因此，短时强降水需要关注绝对的水汽条件，比湿在 12 g/kg 以上，整层可降水量在 60 mm 以上，有利于短时强降水的发生。

3.6.4　雷暴大风的分析预报

3.6.4.1　2005 年 5 月 5 日和 5 月 17 日浙江两次飑线天气过程对比分析

1. 天气实况

（1）2005 年 5 月 17 日天气实况

萧山等 16 个气象站出现 8～10 级雷雨大风，嵊州地区个别测站出现 12 级以上大风，严重的风灾及伴随的暴雨灾害造成 24.3 万人受灾，2 人死亡，16 人受伤，直接经济损失达 2387 万元。这次飑线过程呈东北—西南走向，自西北向东南方向移动，同时随西南急流向东北传播。对浙江省的影响主要集中在杭州和绍兴地区，14—15 时有 10 个台站风速 ＞ 17 m/s，16 时 35 分嵊州北彰站瞬时风速达到 33.4 m/s；14 时，飑线主要位于杭州西北部及衢州境内，受飑线中的雷暴高压前锋影响，开化 1 h 变压达 2.3 hPa；14—15 时，相对湿度的增幅大部分台站在 15%～30%；降温幅度个别台站达到 8～9 ℃，飑线前锋存在明显的正负变温的交界线。

从图 3.49 可以看出，13—14 时，飑线位于湖州、杭州、衢州地区，代表性的 3 个台站（淳安、富阳、开化）一致表现为风速剧增、气压陡升、温度骤降、相对湿度增加，之后趋于平缓，其他两个台站的影响略晚一些。这次过程降水量明显具有短时局地性，16—17 时最大的降水量集中在绍兴地区的西南角，有 3 个台站（嵊州、黄泽、镜岭）1 h 雨量超过 25 mm，而周围大部分地区仅有微量降水。

（2）2005 年 5 月 5 日天气实况

这次飑线过程影响浙江、福建两省，开始发生在福建境内，沿西南至东北路径向浙江境内发展，从浙江沿海入海消亡。主要影响时间在 12—15 时，极大风速出现在温州、台州、宁波沿海地区。在其影响时间内，大部分台站极大风速超过 20 m/s，其中宁波石浦的瞬时极大风速达到 29.5 m/s。自动站也监测到风向突变、风速剧增、气压陡升、温度骤降、相对湿度增加等特征，降水同样具有短时局地性的特征，最大雨强＜ 20 mm/h，最大降温幅度达到 13 ℃，相对湿度增幅达 20%～30%（图 3.49）。

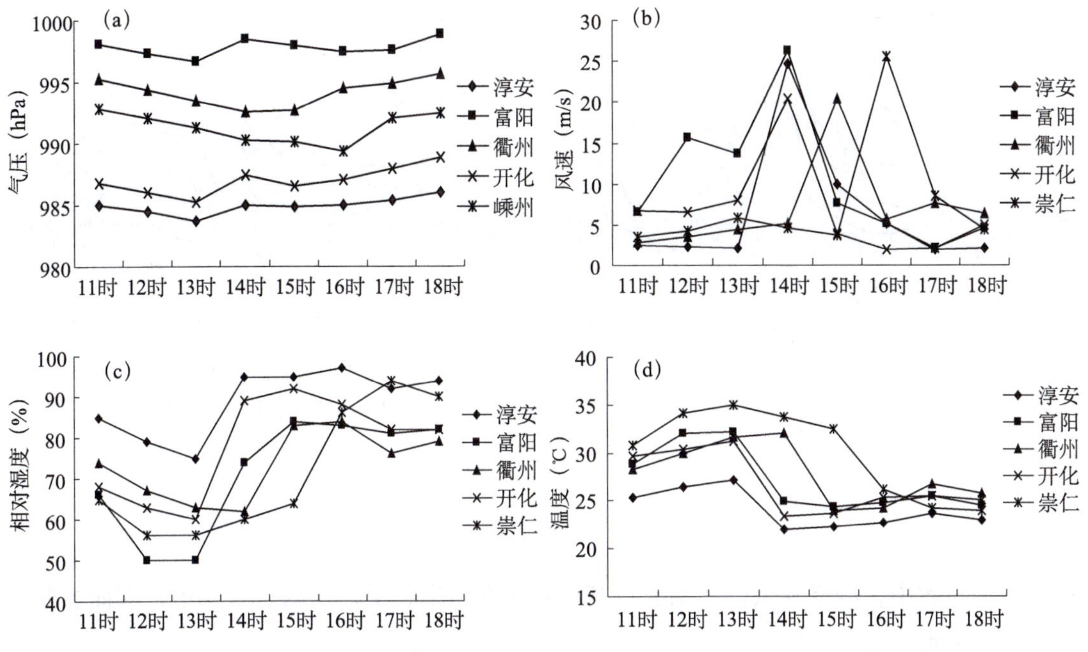

图 3.49　2015 年 5 月 5 日气象要素随时间的变化（a. 气压；b. 风速；c. 相对湿度；d. 温度）

2. 天气形势配置对比分析

（1）2005 年 5 月 17 日天气形势分析

5 月 17 日 08 时 500 hPa 高空图显示，浙江省位于冷槽前强盛的西南气流中；在 850～700 hPa 存在一个较强的低值闭合中心，位于山东境内。从高层到低层，切变线逐渐南压，低层冷空气的渗透，加强了不稳定。主要影响系统从 16 日 20 时到 17 日 08 时向东北方向发展，同时高空锋区南压；850～700 hPa 位于湖南以南的西南强风速带向东北方向抬升，并且风速有加大加强的过程，在江淮地区形成一条西南急流输送带，在浙江省北部是一个水汽通量的大值中心。

地面图上，从 5 月 16 日 20 时到 17 日低压系统向东北方向转移，08 时低压中心位于江苏 - 山东境内，此时呈现东低西高的地面形势。在地面低压的西北侧形成较大的气压梯度，逐渐南压。将 08 时的地面图与水汽通量图叠加（图 3.50a），可以看出，在低压系统的东南方，基本对应水汽输送带的极值区。实况表明，强对流发生在低压系统东南方向，对应水汽通量极值区附近。

（2）2005 年 5 月 5 日天气形势分析

5 月 5 日 08 时的高空形势场和 17 日过程十分相似，并且在福建至浙江沿海也存在西南低空急流。地面形势场也基本相似（图 3.50b），这次飑线发生在地面低压底部偏东南方向，接近湿区辐合中心的位置。对比 5 月 17 日飑线，主要的不同之处表现在，在其影响

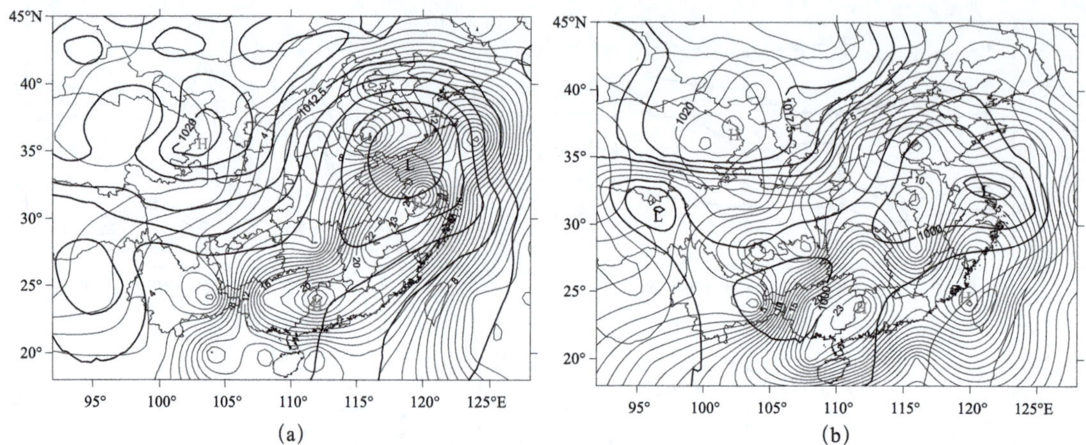

图 3.50　地面气压和 850 hPa 水汽通量叠加图（a. 2005 年 5 月 17 日 08 时；b. 2005 年 5 月 5 日 08 时。粗实线代表地面气压，细实线代表水汽通量）

浙江省的过程中，冷空气条件不明显，基本发生在西南暖湿输送的背景场中，因而主要向东北方向发展。

（3）综合分析

这两次过程地面形势均属于江淮低压冷锋南下型，主要特点是浙江省处于西南急流控制下，气温回升；从东北到长江下游是南北向的低槽区，槽内在东北和江淮流域各有一个低压；冷高压在贝加尔湖到河西走廊一带，势力较强，向东南方向移动。

综上所述，飑线发生在有利的大尺度环境中，即高空槽附近存在较强的冷平流，而低层具有深厚的西南暖湿气流输送通道，并在地面低压的东南部形成一定的水汽辐合，从而积聚了不稳定能量；地面低压系统控制东部地区，低层对应冷切辐合，从而具备了强对流天气的触发机制。

3. 大气温湿状况及不稳定性分析

将 5 月 17 日和 5 月 5 日 08 时的探空图和水汽通量场结合分析，发现西南急流大值区附近均出现了明显的不稳定能量，并且水汽通量的极值中心，*SI* 和 *KI* 指数也基本对应极值。由图 3.50a 可见，5 月 17 日 08 时 850 hPa 水汽通量场显示，有一条明显的水汽输送带，从华南向东北方向输送，这条输送带有三个大值中心，浙江北部的大值中心达到 27.2 g/（cm · hPa · s）。由 NCEP 资料计算的地面对流有效位能图显示（图 3.51a），在浙江北部存在能量场的大值中心，*CAPE* 值最大达到 1500 J/kg 左右，并且在 *CAPE* 大值区对应较大的抬升指数，意味着该区域对触发强对流天气是极有利的。另外，*SI* 和 *KI* 指数在浙江北部也对应极值区（图 3.51b），最大分别达到 –7.3 ℃和 44 ℃。

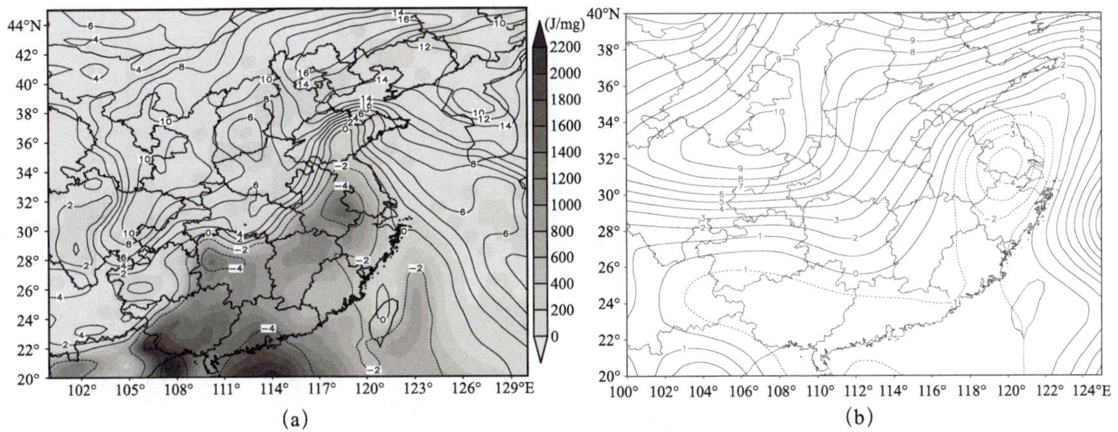

图 3.51　2005 年 5 月 17 日 08 时地面对流有效位能（单位：J/kg）和地面抬升指数叠加图（a）（色标表示能量，等值线表示抬升指数）；5 月 17 日 08 时 *SI* 指数（单位：℃）分布（b）

5 月 5 日 08 时水汽通量的大值中心基本位于福建至浙江沿海，最大值大于 20 g/（cm · hPa · s)（图 3.50b）。福建沿海也对应 *CAPE* 的极值区，*SI* 和 *KI* 指数最大分别达到 –4.5 ℃和 36 ℃（图略）。由此说明，不稳定能量的聚积和水汽通量场的关系密切，并且 *SI* 和 *KI* 指数较好地表现出不稳定能量的分布。另外，结合卫星云图的分析发现，08 时水汽通量大值中心及西北侧的梯度密集区正对应飑线云带产生的位置。由此可见，水汽输送带为飑线过程提供了充沛的水汽来源，更重要的是，水汽辐合对对流不稳定的增强有重要贡献。

4. 卫星云图特征分析

从 5 月 17 日 08—18 时的云图亮温演变来看（图 3.52a），9 时在江西境内发展起一块对流单体，12 时杭州西北部也有一块对流云得到发展，此时云块最大亮温已经达到 –65 ℃～–70 ℃，对应杭州探空站高度在 14 km 以上；到 13 时两块发展旺盛的对流云在浙江西部相接，形成一条 400 km 以上的飑线云带，云带中存在几个发展旺盛的云团，最强的对流云团基本位于云带中段，最大亮温梯度出现在云带东南侧，即云带的移动方向；15—17 时，随着云带不断发展，表现在亮温极值区的范围和强度不断加大，并且最强的对流单体向东北方向传播，最后在绍兴至宁波地区发展最强，亮温在 –80 ℃以下的云团直径达 100 km，其后部的对流云随之减弱消亡，云带逐渐断裂。可见，对流云的发展和西南暖湿气流的输送是紧密相关的。

5 月 5 日 08 时，在江西和福建交界区有一块云团不断发展，在浙江沿海发展成熟，长约 300 km 以上，宽 100 km 以上。云团在向东北方向移动的过程中不断发展，表现在亮温降低且范围扩大，强中心逐渐转移到移动前方；在 14 时发展到宁波沿海（图 3.52b），亮温最低降至 –65 ℃以下，对应洪家探空站高度约在 15 km 左右。在云团的移动前方即东

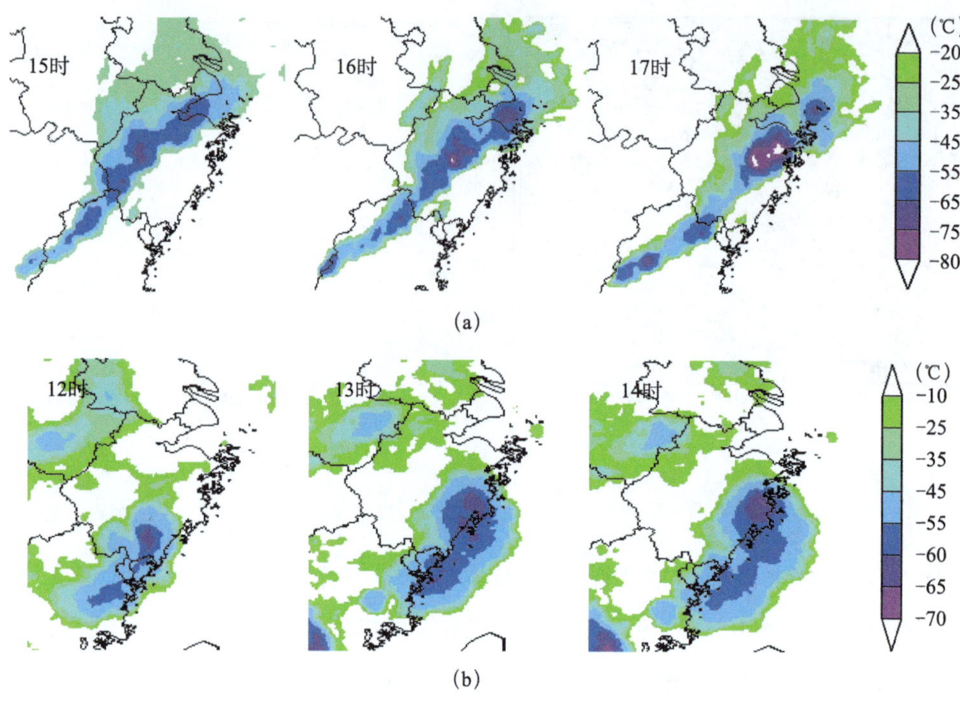

图 3.52 TBB 亮温演变（单位：℃）
（a）2005 年 5 月 17 日 15—17 时；（b）2005 年 5 月 5 日 12—15 时

北侧表现出明显的亮温梯度。

这两次过程的云图亮温显示，飑线云带由多个强度不同的对流云团组成，发展成熟时，云团边界清晰，在移动前方形成较大的亮温梯度。起始发展最强的对流云团基本位于飑线的中段，但最终在西南急流输送前方的对流单体得到能量和水汽供应而发展，强度和范围均有所增加，而周围的对流随之减弱。这两次过程均表现出对流云团的东北端发展加强，这是由于西南气流不断向东北方向输送，从而使得云带中位于东北侧的单体发展更为旺盛。

5. 雷达回波特征

（1）5 月 17 日基本反射率因子（R）

5 月 17 日 8 时左右，利用宁波 SA 多普勒雷达探测到浙江省西北部有一条带状回波向东北方向传播，并整体南压。14 时以后回波分裂成几个强中心，最强回波达到 65 dBz 左右，但回波比较零散，没有明显的线状分布；到 16 时左右几块强回波先后出现合并，形成线状强回波带影响绍兴地区。16 时 21 分左右，在嵊州地区，雷达探测到了中气旋，此时回波强度在绍兴东南部达到最强，实况瞬时风速和雨强均达到最大。16 时 13 分—16 时 59 分绍兴东南角出现了 8 级以上的大风，这个时段正是中气旋维持的时间，中气旋在云中持续了半个多小时，是造成绍兴东南部短时暴雨和大风天气的主要原因。跟踪中气旋所在的强回波，其演变特征见表 3.14。

表 3.14　中气旋所在区域的强回波演变特征

时间	云底高度（km）	云顶高度（km）	垂直累积液态水含量（kg/m^2）	回波强度（dBz）	强回波高度（km）
16:15	2.8	9.2	47.0	62.0	7.0
16:21	5.0	14.7	38.0	60.0	6.4
16:27	1.1	13.6	70.0	62.0	6.0
16:33	1.0	12.5	63.0	62.0	5.7
16:39	1.0	11.9	66.0	62.0	7.6
16:45	1.1	11.6	79.0	61.0	7.4
16:51	3.7	11.1	42.0	59.0	6.9
16:57	0.8	10.8	46.0	59.0	3.9
17:03	0.9	10.3	44.0	59.0	3.4

从表 3.14 可以看出，中气旋出现时，云顶高度上升到 14.7 km，在其维持期间，回波维持较大的垂直累积液态水含量 *VIL*，从中气旋产生到消失，*VIL* 变化相对比较明显。16 时 33 分—16 时 39 分观测到中气旋所在的位置，基本对应嵊州北漳站大风出现的位置。分析发现，中气旋基本出现在强回波的前沿，带状回波有所突出的地方。下述台站大风出现前（表 3.15），都和一定的强回波相对应，极大风速正是出现在强回波移动方向的前沿。

表 3.15　台站出现强风的时间表

站名	淳安	富阳	义乌	谢塘（上虞）	崇仁（嵊州）	北漳（嵊州）
风速（m/s）	24.6	26.2	20.8	23.0	25.5	33.4
风速出现时间	13:13	13:46	15:53	15:25	15:34	16:35
回波强度（dBz）	63.0	61.0	66.0	65.0	60.0	62.0

（2）5 月 17 日径向风速（*V*）

径向速度图较好地表现出飑线过程的大风特征。飑线移近雷达时，从低层到高层，回波表现为大面积朝向雷达的负速度区，最大负速度＞ 33 m/s。在嵊州附近强回波对应的速度场（图 3.53），存在明显的辐合区，辐合区随高度扩大。深厚的辐合往往和大风天气相联系，并且其中伴随中气旋，这是北漳大风产生的主要原因。中气旋的结构清晰可见，0.5° 仰角平面上表现为辐散；1.5° 仰角平面上气流呈气旋性辐合；2.4°～3.4° 仰角平面上正负速度最大值位置的连线与径向近似垂直，气流呈纯气旋性流场。

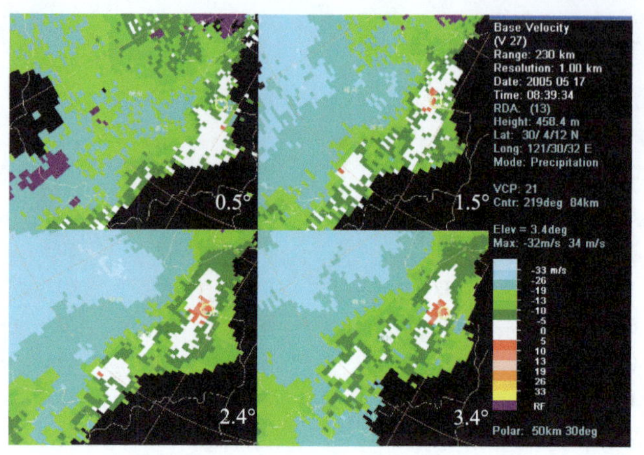

图 3.53　2005 年 5 月 17 日宁波雷达 16 时 39 分不同仰角的径向速度

（3）5 月 5 日基本反射率因子（*R*）

温州的 SA 多普勒天气雷达探测显示，5 月 5 日的飑线过程具有明显的弓形回波特征，飑线长约 350 km，宽约 80 km，最大回波强度超过 65 dBz，回波顶最高达到 16 km。上午 10 时以后，不断发展的带状回波从福建进入浙江省西南部，随西南气流向东北方向发展；11 时 30 分回波带表现出西北和西南方的两个入流槽口，并不断加强加深，尤其是西南方的入流更加明显，槽口表现出窄而深的特点，而西北侧的槽口主要是高层弱冷空气渗透造成的。由图 3.54 可以看到明显的后侧入流槽口，说明暖湿气流较强，并且低层冷空气已经渗透到弓形回波顶端，随着西南入流不断加强，在强回波带的后方出现弱回波区，导致回波带结构解体。13 时 19 分以后，在弓形回波的顶点处，即后向槽口的汇合区开始断裂，回波北段在台州发展加强，进入宁波，而南段入海消亡。

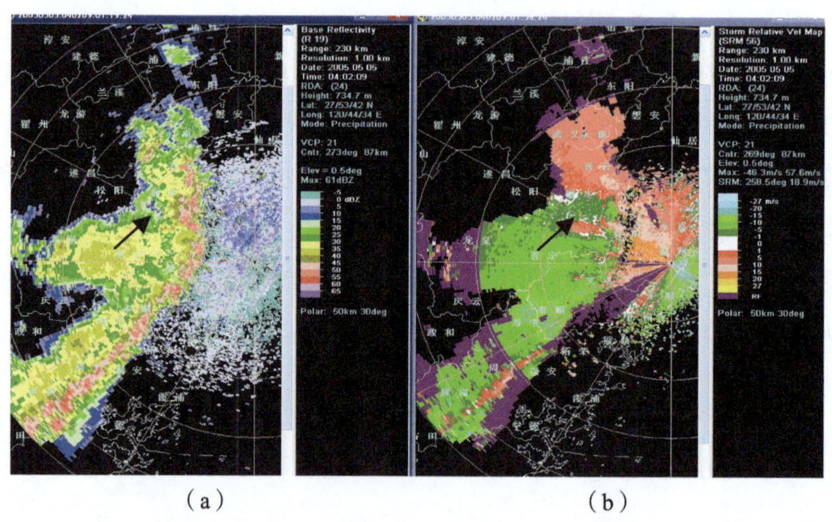

（a）　　　　（b）

图 3.54　2005 年 5 月 5 日温州雷达 12 时 02 分回波强度（a）和风暴相对平均径向速度（b）

（4）5 月 5 日风暴相对平均径向速度（*SRM*）

在飑线的整个发展过程中，带状强回波的前沿维持一条辐合带。11 时 45 分以后低层冷空气渗透，速度场表现在西北槽口处负速度区中出现小块正速度区，并不断扩大。表明此处存在较大的风场切变，而对应的强度场，正速度区上方出现弱回波区（图 3.54 箭头所示），和速度场的发展基本一致。随着弱冷空气的不断渗透，13 时 01 分，在弓形回波顶端，低层风场较明显地表现出西北偏西风和西南风的汇合，并持续到 14 时以后。因而后侧入流的持续，引起冷暖气流在回波顶端交汇，最终导致回波带在顶端断裂。但在整个发展过程中，西南气流占主导地位。当回波带的北段进入宁波境内，回波强度达到 60 dBz 以上，回波前沿的辐合区也随着回波强度的增大而出现，表明此处产生强的辐合上升气流，致使宁波境内产生大风。

回波带进入温州境内后，多个中气旋伴随其中，但同一个中气旋持续时间短，强度较弱。分析发现，中气旋一般出现在强回波带的前沿，弓形回波有所突出的地方，大风一般出现在中气旋影响范围内。中气旋出现的地方，回波强度通常在 60 或 65 dBz 以上，并且较强的中气旋对应的回波顶也相对较高。

（5）垂直风廓线（VWP）

每隔 6 min 一次垂直风廓线产品的分析表明，5 月 17 日这次过程发生前具有较好的暖湿条件，整层表现出一致的西南风。15 时 30 分—16 时 20 分，低层有弱冷空气渗透，风场比较杂乱，而此时对应的回波强度比较零散，没有明显的线状分布；随后回波合并，低层风向趋于一致，说明弱冷空气的渗透对回波的发展有一定的促进作用。

5 月 5 日，风廓线表现出更加强盛的西南气流，冷空气条件不明显。12 时 20 分之前，低层有弱冷空气渗透下来，和速度场中表现出的辐合区相对应；之后，低层风向转为整层一致的西南风，并且风速有明显加大的过程，一直持续到 14 时 20 分以后开始减弱，回波强度也明显减弱。

6. 预报着眼点

通过 5 月份发生在浙江省境内的两次飑线过程的资料分析，得到以下主要结论：

（1）江淮低压冷锋南下型的地面形势是浙江境内产生飑线的主要背景场；西南急流的加强和维持对于飑线的形成与发展起关键作用，地面低压东南方的水汽通量极值区往往是飑线的触发区。

（2）飑线中的强雷暴引起测站地面风向突变、风速急增、气压骤升、气温陡降、相对湿度增加；飑线云带中有多个对流云团同时发展，最终在西南急流输送前方的对流单体得到能量和水汽供应而发展更旺盛。亮温值可以表征云体的发展强度，亮温梯度可以较直观地反映云带的移动及大风的影响趋势。

（3）中气旋通常出现在强回波的前沿，以及带状回波有所突出的地方，极大风速产生在中气旋影响范围内，中气旋的产生和维持对于周围大风的产生及加强具有促进作用。*VIL* 的剧烈变化对于反映剧烈天气现象的出现，以及从速度图中的辐合带来判断风暴的发展潜势，均具有一定的参考价值。

3.6.4.2　2017 年 8 月 16 日和 17 日浙江省强对流过程分析

1. 天气实况

2017 年 8 月 16 日和 17 日午后到夜间浙江省出现强对流过程，引发雷雨大风、强雷电、短时强降水和局地冰雹等强对流天气。此次的强对流具有影响范围广、短时降雨强、瞬时风速大等特点，是 2017 年浙江省出现的较强对流过程。

8 月 16 日浙江省有 192 个乡镇出现 8 级以上雷雨大风，30 个乡镇达 10 级以上，处于内陆的宁波双盘涂站最大风速为 29.6 m/s（11 级）；17 日有 123 个乡镇出现短时暴雨，最大小时雨强为江山石门镇达 92 mm，152 个乡镇出现 8 级以上雷雨大风，内陆的诸暨站最大风速为 29.2 m/s（11 级）。另外，泰顺、三门、天台、临海等地出现冰雹，冰雹直径一般在 0.5～1 cm，持续时间约 10 min。如图 3.55 所示，8 月 16 日的强对流主要分布在浙江沿海地区。17 日浙江省大部分地区均有强对流天气发生，其中嘉兴、绍兴、宁波西部和

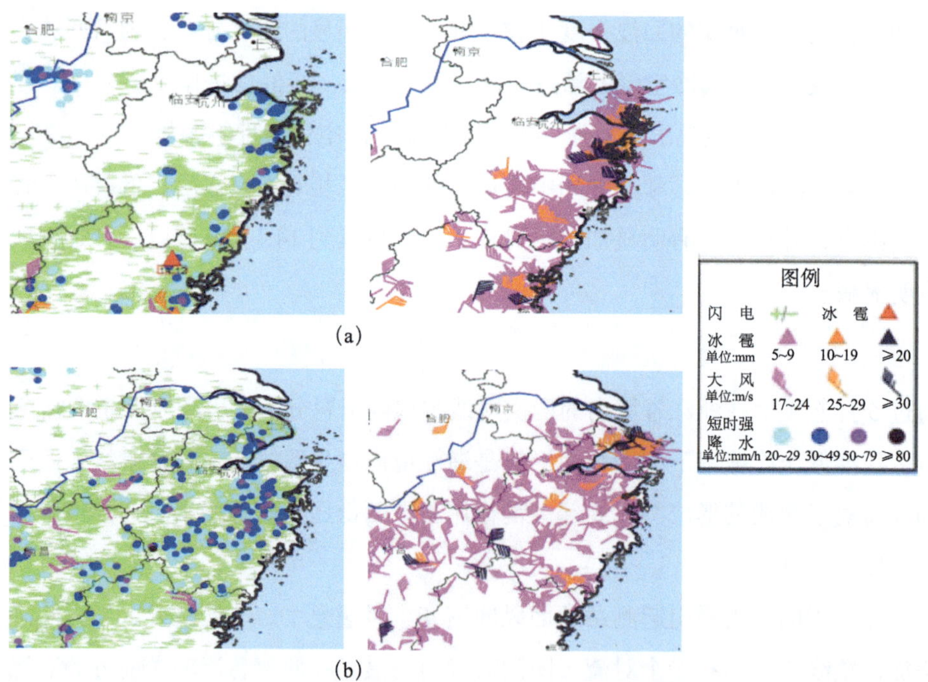

图 3.55　2017 年 8 月 16 日（a）和 17 日（b）短时强降水、雷暴大风分布

台州西部等浙东地区对流最强，局部降水量达 50 mm 以上，并伴有大范围的 8 级以上的雷雨大风。

2. 大气温湿状况及不稳定性分析

（1）天气尺度环流背景

8 月 16—17 日浙江省处在副热带高压的边缘，副高较为强盛，不稳定能量累积；中低层以西南气流为主，有利于暖湿气流向浙江省输送；地面存在辐合线，有利于触发不稳定能量释放。16 日 08—20 时，副高南撤东退，高空槽东移加深影响浙江省（图略）。从图 3.56 可以看到，16 日 08 时，500 hPa 低槽位于皖南—鄂东北一带，并逐渐东移南压至苏南—浙北—赣北境内，槽后西北气流带来冷空气侵入浙北地区。850 hPa 和 700 hPa 切变都位于皖南—苏南一带，浙江省位于 700 hPa 和 850 hPa 西南急流的南侧，浙北地区有明显的湿舌，全省低层水汽条件逐渐转好；浙中南地区位于副高边缘，垂直温度递减率大（$T_{850}-T_{500}>26$ ℃），层结不稳定。16 日副高东退，中低层冷暖气流交汇，引起不稳定能量的释放，产生对流。

8 月 17 日（图 3.56、图 3.57），副高西伸北抬，浙江省位于副高边缘，浙西北地区受到副高边缘暖湿气流的控制，水汽较为充沛，浙中南地区完全受到副高控制，对流发生前为晴空少云天气，地面增温明显，能量条件充足。17 日 08 时 850 hPa 在华中地区有一由西南气流和东南气流组成的暖式切变，浙江省低层上空主要受西南偏西气流控制，水汽条件较好。到了 17 日 20 时，也是浙江省对流最旺盛的时段，850 hPa 华中上空的暖切东伸到安徽、江苏交界处，浙中地区出现偏西和东南气流的辐合，浙北地区出现偏东和偏西气流的辐合（图略），925 hPa 在浙江省上空更是出现了气旋性环流，地面图上大陆低压东移（图略），海上高压略有增强，高低压之间梯度累加，低层风速大，浙江省处于比较明显的辐合抬升区。17 日西太平洋副高西北部边缘的暖湿气流为强对流天气提供了充足的水汽和潜热能量，低层的辐合则提供了天气尺度抬升条件。

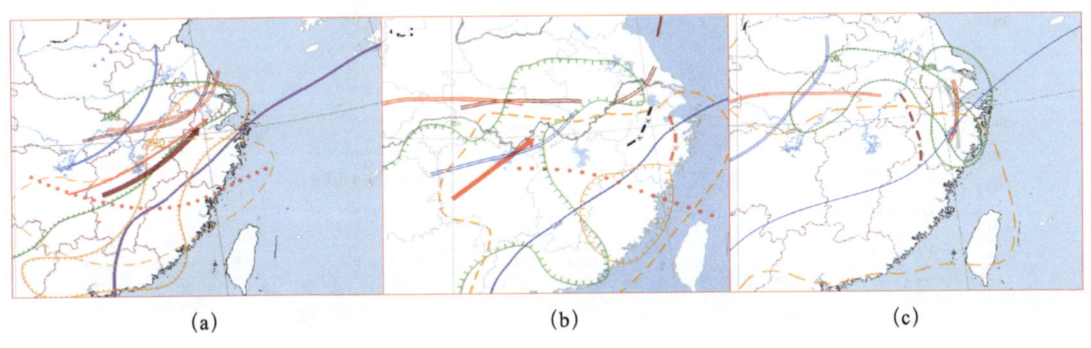

图 3.56 2017 年 8 月 16 日 08 时（a）、17 日 08 时（b）和 17 日 20 时（c）中尺度分析

(2)不稳定条件

选取 8 月 16 和 17 日 08 时杭州、衢州、洪家三个代表站的探空资料(图 3.57)对比分析。从对流有效位能 *CAPE* 值来看三个代表站 17 日的能量条件明显要比 16 日好，尤其是衢州站 16 日 *CAPE* 为 864.9 J/kg，17 日增加了一倍左右，达到 1789.5 J/kg，不稳定能量

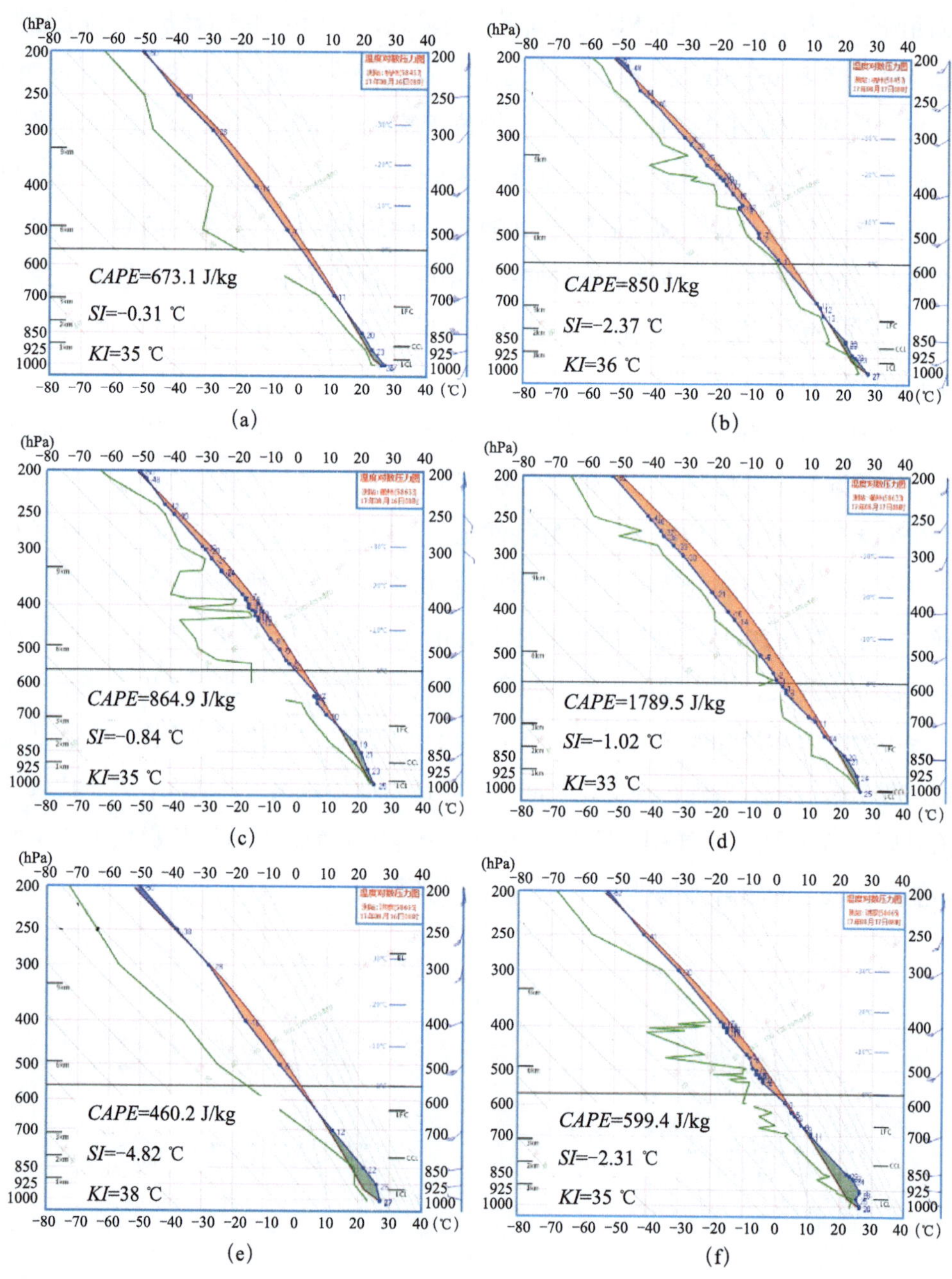

图 3.57　2017 年 8 月 16 日 20 时(a)和 17 日 20 时杭州探空图(b)、16 日 20 时(c)和 17 日 20 时衢州探空图(d)、16 日 20 时(e)和 17 日 20 时(f)洪家探空图

条件的好转与副高的加强密切相关。另外，需注意虽然 17 日 08 时三个代表站的对流抑制能量（*CIN*）为 80～300 J/kg 不等，但随着白天的升温作用，对温度比较敏感的 *CIN* 明显减弱。从 14 时的 NCEP 再分析资料来看（图略），浙江省的 *CIN* 均减弱为 0 J/kg，全省大部分地区 *CAPE* 值都增加达 1000 J/kg 以上。对流有效位能越大，对流抑制能量越小，则雷暴或深厚对流就越容易发生。从沙氏指数的分析来看，16 日和 17 日三个站大气都处于不稳定的状态；两日对比来看，衢州和杭州站的大气均变得更加不稳定。K 指数 16 日和 17 日 2 天三个台站都在 30 ℃以上，大气温度直减率较大，层结不稳定，易出现成片雷雨天气。

（3）水汽条件

从 NCEP 再分析资料图（图 3.58）上可以看到，8 月 16 日和 17 日 14 时浙江省大部分地区整层可降水量均在 45 mm 以上，而浙北地区，尤其是宁波舟山和嘉兴地区则达到了 55 mm 以上，水汽条件非常好。风暴云内部含有大量水分，其水分是由上升气流从低层向上输送的，因此风暴的发展要求低层有足够的水汽供应，风暴常常生成与低层有湿舌或强水汽辐合地区。结合 925 hPa 的比湿（图 3.58c，d）看，16 日和 17 日 14 时浙江省大部分地区 925 hPa 比湿都在 14 g/kg 以上，为对流的产生提供了良好的水汽条件。17 日在宁波嘉兴地区条件水汽更好，比湿达到 16 g/kg 以上。另外，结合探空图（图 3.58）发现，17 日低层水汽条件也略好于 16 日，因此 17 日的短时强降水的强度要比 16 日的更强。而 16 日的探空衢州和杭州站 925 hPa 以下为湿层，700 hPa 以上迅速变干，探空曲线为喇叭口分布，上干冷下湿暖的分布明显，易产生雷暴大风的天气。

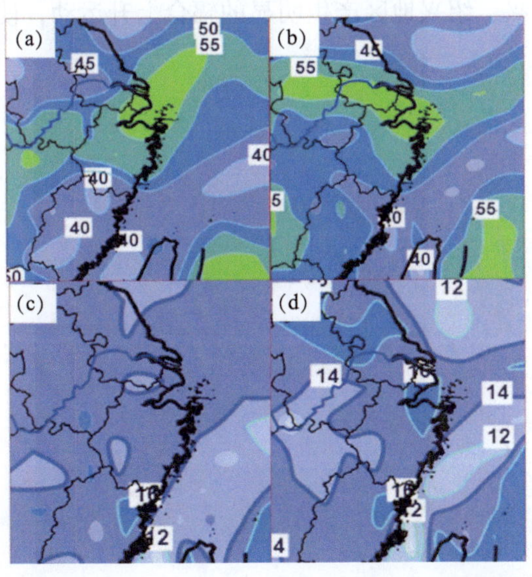

图 3.58　2017 年 8 月 16 日 14 时（a）和 17 日 14 时（b）整层可降水量（阴影区，单位：mm）；16 日 14 时（c）和 17 日 14 时（d）925 hPa 比湿（阴影区，单位：g/kg）

（4）抬升条件

Doswell（1987）指出，触发雷暴的主要是中尺度的上升运动，而天气尺度的上升运动通常不直接触发雷暴，而是使得大气变得更加不稳定。触发雷暴的中尺度系统主要包括边界层辐合线、中尺度地形和中尺度重力波，其中特别重要的是边界层中尺度辐合线。利用地面 10 m 观测的风场分析地面辐合线。

从图 3.59 可以看到，8 月 16 日 14 时地面风场上在丽水和温州交界和宁波地区处有一条明显东北西南走向的辐合线，辐合线西侧为东北风，东侧为东南风，风速为 4～8 m/s。而 14 时对流已经有一定的发展，由于辐合线是对流的触发机制，通过分析在对流生成之前 12—13 时的自动站极大风，发现丽水和温州交界、衢州和丽水交界的地方有明显的辐合线，和 14 时的基本一致。尽管自动站资料可能受到了地形高度的影响，但是也能在一定程度上反映辐合的信息。在 13 时之后开始衢州南部、丽水和温州交界的地方开始出现对流单体，位置与地面辐合线基本吻合。

8 月 17 日浙江省多处出现了辐合线，14 时（图 3.59）在浙西北、浙闽交界、台州地区比较明显，12—13 时，辐合线出现在杭州西部、丽水温州和福建交界的地方、温台地区等多处，也和 14 时的 10 m 风场基本一致。雷达显示，最先产生的对流主要是浙闽交界地区，分析原因可能是因为浙南地区地面温度较高，能量条件相对较好，而且 K 指数和 *BLI* 等指数在浙南地区更有利于对流的产生。随着温度的进一步升高和地面辐合的加强，杭州西部、衢州金华、台州地区也先后产生了对流。此外还发现，到了 18 时之后，杭州湾地区逐渐出现持续的偏东风（图略），风速为 4～10 m/s 不等，杭州湾的偏东风与其西面的偏西或西北风在嘉兴、绍兴地区产生明显的辐合上升运动，使得对流在嘉兴、绍兴地区有明显快速地增强。

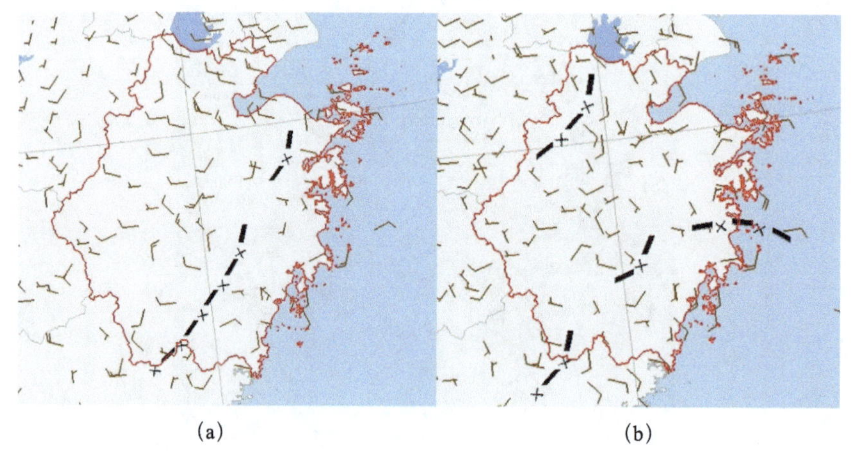

(a) (b)

图 3.59　2017 年 8 月 16 日（a）和 17 日 14 时（b）地面 10 m 风场（粗黑线为辐合线）

（5）垂直风切变

通过分析对探空资料（图 3.57）和 14 时 0～3 km 风切变，可以发现 8 月 16 日和 17 日的浙江省均有较好能量和不稳定条件，但垂直风切变在 16 日和 17 日有明显的区别（图 3.60）。16 日衢州和杭州站 500 hPa 和 700 hPa 西南风达到 16 m/s 以上，14 时 0～3 km 浙北地区普遍在 12 m/s 以上。强的垂直风切变使得风暴的降水区远离入流上升区，降水的拖曳作用不会减弱上升气流的浮力。另外，强垂直风切可以加强风暴中下沉气流和低层冷空气的外流，再通过强迫抬升使得流入的暖湿气流更强烈上升，从而加强对流。16 日衢州和杭州对流层中层存在干层、中下层垂直温度直减较大、0～3 km 风切变大的配置非常有利于雷暴大风的形成和维持。和 16 日相比，17 日垂直风切变有所减弱，但是低层湿度条件较好，且具有高度的垂直不稳定性，在这种环境配置下，容易产生发展迅速的强对流单体。另外，在绍兴、宁波等地区 0～3 km 风切变＞ 10 m/s，在这些地区的对流更容易维持和加强，实况显示 17 日发展较强、生命史更持久的对流也出现在这些地区。

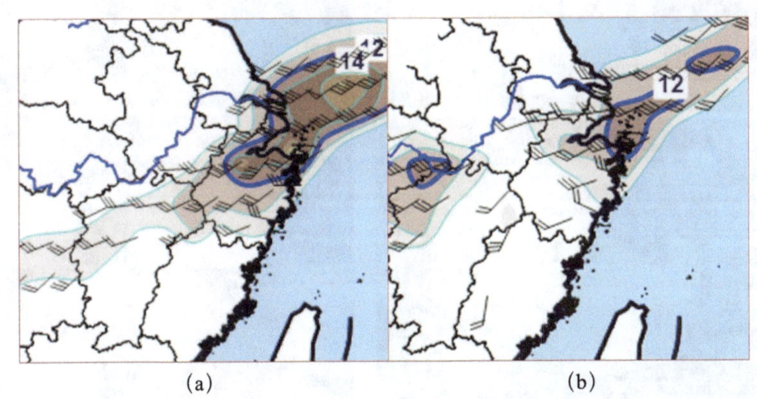

图 3.60　2017 年 8 月 16 日 14 时（a）和 17 日 14 时（b）0～3 km 风切变（阴影区，单位：m/s）

3. 雷达分析

8 月 17 日 17 时—22 时是浙江省对流最旺盛的时段，尤其是 19—20 时浙北和浙中对流合并之后形成的带状回波，给嘉兴、绍兴、宁波等地区带来了大范围 8 级以上大风和短时强降水天气，以下进一步分析 17 日傍晚到夜间诸暨和上虞地区的对流快速发展的过程。

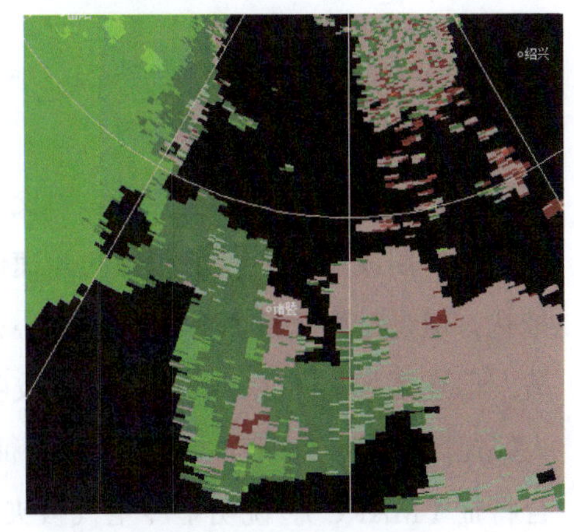

图 3.61　2017 年 8 月 17 日 19 时 23 分杭州雷达 Cappi-3 km 特征

诸暨在 19—20 时实况出现了 11 级大风，通过分析杭州雷达反射率因子和径向风速的剖面图可发现（图 3.61、图 3.62），回波组合反射率因子强度在55～60 dBz，回波顶高在12 km，强回波达7 km。通过径向速度场的分析可以看出，由于底层距离较远，看不到明显的风速特征，但是在中层3～5 km上，表现出中气旋的旋转特征，从径向风速（图3.62b）可以看出明显的中层径向速度辐合（MARC）（Schmocker et al，1996）。研究表明，当对流风暴周边干空气被夹卷进入风暴内部后，其下沉气流内雨滴迅速蒸发，使下沉气流降温而导致向下加速度加强，这种对流层中层干空气的夹卷进入雷暴的过程在径向速度图上表现为MARC特征和反射率因子图上的后向入流槽口。另外，在有利于雷暴大风的环境条件下，中气旋可以更有效地将环境干空气夹卷进入下沉气流内导致雨滴、冰物质蒸发或者升华，大气降温形成向下加速度，从而加强下沉气流使得地面风速进一步增大。

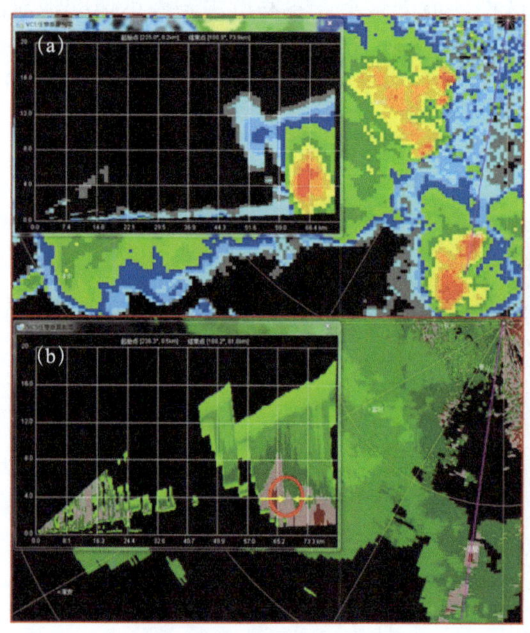

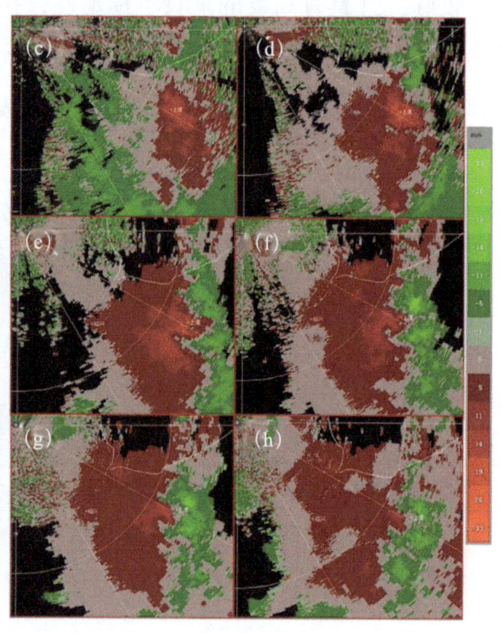

图3.62　2017年8月17日19时23分在诸暨的雷达反射率因子剖面（a）19时23分在诸暨的径向风速剖面（b）（红色圆圈内表示中层径向辐合）；径向速度0.5°（c）；1.5°（d）；2.4°（e）；3.6°（f）；4.3°（g）；6.0°（h）

8月17日21—22时上虞和余姚交界地带出现了大范围的8级大风，余姚风速达10级。通过分析回波反射率因子和径向风速剖面发现，组合反射率因子强度在55 dBz左右，呈带状，但是结构松散，有多个强中心；低层回波强度在50 dBz以下，回波强度特征不显著，但速度场（图3.62）却表现出较明显的大风特征，低层强回波区对应15 m/s以上的大风速区，中层成一定的辐合旋转特征，从径向速度剖面可以看出明显的中层径向速度辐合特征（MARC）。说明干冷空气被夹卷进入风暴，低层强的大风速区均是地面大风的典型特征，且大风区范围较大，正好与实况大范围的雷暴大风区相对应。

总体来说，这次过程雷达反射率因子的强度不是很强，低层一般低于 50 dBz，组合反射率因子强度最大 55 dBz，起始由分散的块状回波经过合并演变成短带状的过程，但是带状结构松散，对回波形态而言，大风特征不明显。实况显示，浙江省出现了大范围雷暴大风天气，且大风的强度很强，多个站点出现 10 级以上大风，诸暨达到 11 级，从径向风速特征可以较好地解释大风出现的原因。上述研究均表明，大风区出现了中层径向速度辐合（MARC）特征及中层的中气旋旋转特征，说明中层的干冷空气夹卷进入风暴内，中层的中气旋特征可以有效地将环境干空气夹卷进入下沉气流内，导致雨滴、冰物质蒸发或者升华大气降温形成向下加速度，从而加强下沉气流使得地面风速进一步增加。

4. 预报着眼点

8 月 16 日和 17 日是浙江省 2017 年出现的较强对流过程，其中 16 日对流集中在沿海地区，以雷暴大风为主；17 日的对流天气影响范围扩大到全省，且强度较 16 日更强，引发的对流天气包括短时暴雨、雷雨大风和局地冰雹。本节分析了 16 日和 17 日的环流形势、对流环境和对流风暴结构，得到了如下结论。

（1）8 月 16 日和 17 日强对流天气均是在副高边缘的环境下发生的，其中 16 日副高东退，中高层干冷气流低层暖湿气流在浙江省交汇，引起不稳定能量的释放产生对流。17 日副高西伸北抬，副高边缘的暖湿气流为强对流天气提供了充足的水汽和潜热能量，低层的辐合则提供了较好的天气尺度抬升条件。

（2）8 月 16 日和 17 日浙江省均存在较强的层结不稳定条件。其中，16 日中层干冷、低层暖湿的配置更明显，0～3 km 垂直风切变浙北地区达到 12 m/s 以上，加上垂直温度直减率大的对流条件配置非常有利于雷暴大风的形成。17 日由于副高西进北上，午后加热明显，能量条件充足、低层湿度较好，中低层辐合抬升条件转好、多处存在地面辐合线，在这种环境配置下，容易产生发展迅速的对流单体。另外，17 日在绍兴、宁波等地区 0～3 km 垂直风切变仍＞ 10 m/s，因此在这些地区的对流更容易维持和加强。实况显示 17 日发展较强、生命史更持久的对流也出现在这些地区。

（3）8 月 17 日夜间浙江省出现了大范围雷暴大风天气，且大风的强度很强，多个站点出现 10 级以上大风，诸暨达到 11 级。从径向风速特征可以较好地解释大风出现的原因：大风区出现了中层径向风速辐合（MARC）特征及中层的中气旋旋转特征，均说明中层的干冷空气夹卷进入风暴内，中层的中气旋特征可以有效地将环境干空气夹卷进入下沉气流内，导致雨滴、冰物质蒸发或者升华大气降温形成向下加速度，从而加强下沉气流使得地面风速进一步增大。

参考文献

丁一汇，1991．高等天气学 [M]．北京：气象出版社，138-140．

李文娟，赵放，赵璐，等，2017．基于单站探空资料的不同强度短时强降水预报指标研究 [J]．暴雨灾害，36（2）：132-138．

刘建文，郭虎，李耀东，等，2005．天气分析预报物理量计算基础 [M]．北京：气象出版社．

陆汉城，杨国祥，1999．中尺度天气原理和预报 [M]．北京：气象出版社．43-44．

马明卫，宋松柏，2011．非参数方法在干旱频率分析中的应用 [J]．水文，31（3）：5-11．

寿绍文，励申申，姚秀萍，2003．中尺度气象学 [M]．北京：气象出版社．143-144．

孙继松，戴建华，何立富，等，2014．强对流天气预报的基本原理与技术方法：中国强对流天气预报手册 [M]．北京：气象出版社：52-54．

孙继松，陶祖钰，2012．强对流天气分析与预报中的若干基本问题 [J]．气象，38（2）：164-173．

田付友，郑永光，毛冬艳，等，2014．基于 Γ 函数的暖季小时降水概率分布 [J]．气象，40（7）：787-795．

王文圣，丁晶，袁鹏，2001．单变量核密度估计模型及其在径流随机模拟中的应用 [J]．水科学进展，12（3）：367-372．

王秀明，俞小鼎，朱禾，2012．NCEP 再分析资料在强对流环境分析中的应用 [J]．应用气象学报，23（2）：139-146．

王秀明，俞小鼎，周小刚，2014．雷暴潜势预报中几个基本问题的讨论 [J]．气象，40（4）：389-399．

俞小鼎，姚秀萍，熊廷南，等，2006．多普勒天气雷达原理与业务应用 [M]．北京：气象出版社，94-95．

郑永光，田付友，周康辉，等，2018．雷暴大风与龙卷的预报预警和灾害现场调查 [J]．气象科技进展，8（2）：55-61．

朱乾根，林锦瑞，寿绍文，等，1992．天气学原理和方法（修订本）[M]．北京：气象出版社，422-425．

Bryan G, Fritsch J M, 2000. Moist absolute instability: The sixth static stability state[J]. Bulletin of the American Meteorological Society, 81（6）：1207-1230.

Colman B R, 1990. Thunderstorms above frontal surfaces in environments without positive CAPE. Part Ⅰ: A climatology[J]. Monthly Weather Review, 118（5）：1103-1121.

Colman B R, 2010. Elevated thunderstorms (convection) and conditional symmetric instability[Z]. Beijing：China Meteorological Administration Training Centre Training Lecture.

Doswell C A Ⅲ, 1987. Distinction between large and mesoscale contribution to severe convection：A case study example[J]. Weather and Forecasting, 2（1）：3-16.

Doswell C A Ⅲ, Harold E B, Robert A M, 1996. Flash flood forecasting：An ingredients-based methodology[J]. Weather and Forecasting, 11（4）：560-581.

Guo S L, Kachroo R K, Mngodo R J, 1996. Nonparametric kernel estimation of low flow quantiles [J]. Journal of Hydrology, 185(1-4)：335-348.

Holton J R, 1972. An introduction to dynamic meteorology[M]. New York：Academic Press.

Markowski P, Richardson Y, 2010. Mesoscale meteorology in midlatitutes[J]. Chichester, West Sussex, UK：Wiley- Blackwell Publication, 47：192-195.

Rossby C G, 1932. Thermodynamics applied to air analysis[J]. MIT Meteorological Papers, 1（3）：31-48.

Schmocker G K, Przybylinski R W, Lin Y J. 1996. Forecasting the initial onset of damaging downburst winds associated with a mesoscale convective system (MCS) using the mid-altitude radial convergence(MARC) signature[C]. Preprints, 15th Conference on Weather Analysis and Forecasting, Norfolk, VA, Amer Meteor Soc, 306-311.

Schultz D M, Schumacher P N, Doswell C A Ⅲ, 2000. The Intricacies of Instabilities[J]. Monthly Weather Review, 128（12）：4143-4148.

Shi J, Scofield R A, 1987. Satellite observed mesoscale convective system (MCS) propagation characteristics and a 3-12 hour heavy precipitation forecast index [Z]. NOAA Technical Memorandum, 41-43.

Zhai G Q, Shen H F, et al, 2015. Role of a meso-vortex in Meiyu torrential rainfall over the Bay of the Qiantang River：An observational study[J]. Journal of Meteorological Research, 29（6）：966-980.

Zhang Y, Meng Z Y, Zhu P J, et al, 2016. Mesoscale modeling study of severe convection over complex terrain[J]. Advanced in Atmospheric Sciences, 33（11）：1259-1270.

Doswell C A III. 1987. The distinction between large-scale and mesoscale contribution to severe convection: A case study example[J]. Weather and Forecasting, 2(1): 3-16.

Doswell C A III, Harold E B, Robert A M. 1996. Flash flood forecasting: An ingredients-based methodology[J]. Weather and Forecasting, 11(4): 560-581.

Guo S L, Kachroo R K, Mngodo R J. 1996. Nonparametric kernel estimation of low-flow quantiles[J]. Journal of Hydrology, 185(1-4): 335-348.

Holton J R. 1972. An introduction to dynamic meteorology[M]. New York: Academic Press.

Markowski P, Richardson Y. 2010. Mesoscale meteorology in midlatitudes[J]. Chichester, West Sussex, UK: Wiley-Blackwell Publication, 47: 182-195.

Rossby C G. 1932. Thermodynamics applied to air analysis[J]. MIT Meteorological Papers, 1(3): 31-48.

Schmocker G K, Przybylinski R W, Lin Y J. 1996. Forecasting the initial onset of damaging downburst winds associated with a mesoscale convective system (MCS) using the mid-altitude radial convergence (MARC) signature[C]. Preprints, 15th Conference on Weather Analysis and Forecasting, Norfolk, VA, Amer Meteor Soc: 306-311.

Schultz D M, Schumacher P N, Doswell C A III. 2000. The intricacies of instabilities[J]. Monthly Weather Review, 128(12): 4143-4148.

Shi J, Scofield R A. 1987. Satellite observed mesoscale convective system (MCS) propagation characteristics and a 3-12 hour heavy precipitation forecast index[R]. NOAA Technical Memorandum, 41-46.

Zhao Y Q, Shen H P, et al. 2015. Role of a meso-vortex in a heavy rainfall event over the Bay of the Qiantang River: An observational study[J]. Journal of Meteorological Research, 29(6): 966-980.

Zhang Y, Meng Z Y, Zhu P J, et al. 2016. Mesoscale modeling study of severe convection over complex terrain[J]. Advances in Atmospheric Sciences, 33(11): 1259-1270.

第 4 章

分类强对流天气短时临近监测预警及潜势预报技术研究

本章主要介绍基于多普勒雷达和双偏振雷达的强对流天气监测预警技术，包括风暴追踪、中气旋等识别算法、QPE、QPF 订正技术、数值模式和雷达融合技术、基于卫星的强对流反演技术、雷达回波的生消研究；双偏振雷达的相态识别技术和降水估测技术，地面大风的预警技术，包括飑线和阵风锋的人工智能识别；分类强对流的潜势预警技术，模糊逻辑和机器学习算法的应用；强对流参数气候态统计特征分析及在强对流预报中的应用研究。

4.1 基于多源资料的分类强对流天气监测预警技术研究

4.1.1 中气旋、综合风切变和风暴追踪算法

4.1.1.1 风暴追踪和中气旋拼图产品

对浙江省风暴追踪和中气旋拼图产品基于多普勒雷达产品集中的风暴追踪产品和中气旋识别产品进行组网拼图，自 2012 年起在浙江省气象台短临天气预报平台开始业务应用。产品在业务稳定性方面表现优异，其线性外推产品对强回波的移动方向和速度有较好的提示作用，中气旋拼图在强天气的指示中也发挥了重要作用。本节将对风暴追踪产品和中气旋拼图产品的原始算法进行简要介绍，重点介绍基于相关算法的全省拼图产品。

1. 风暴质心识别追踪技术原理

雷达产品集中的风暴追踪产品是利用基于质心识别追踪技术的 SCIT 算法计算出来的雷达二次产品。通过对雷达体扫数据进行处理，识别追踪风暴单体质心，提取风暴信息，由此对风暴短时移动方向以及风暴发展趋势进行预报。SCIT 算法的思路是把“风暴”看作是一个三维立体结构，在识别时分别利用 7 个反射率阈值（30、35、40、45、50、55、60 dBz）在一维径向上搜索反射率因子大于一定阈值的连续区域，称之为风暴段（SEGMENT），然后依据同一层次内相邻方位间风暴段的相关性，相邻两个风暴段重叠部分满足一定阈值则视为同属于一个风暴分量（COMPONENT），遍历所有的风暴段，搜索出所有的风暴分量。最后在不同仰角间根据风暴的垂直相关性将不同仰角上的相关风暴段合成为一个具有三维结构的风暴单体，并且根据 7 个阈值的分布，识别出风暴单体的质心。在识别出风暴质心后，利用前时刻风暴单体的路径对下一个风暴出现的位置进行推测，然后利用这个推测位置进行风暴匹配，以达到对风暴单体进行追踪的目的。在识别的过程中，利用风暴特征的相关算法计算出风暴单体的特征。其中的具体识别过程如图 4.1 所示。

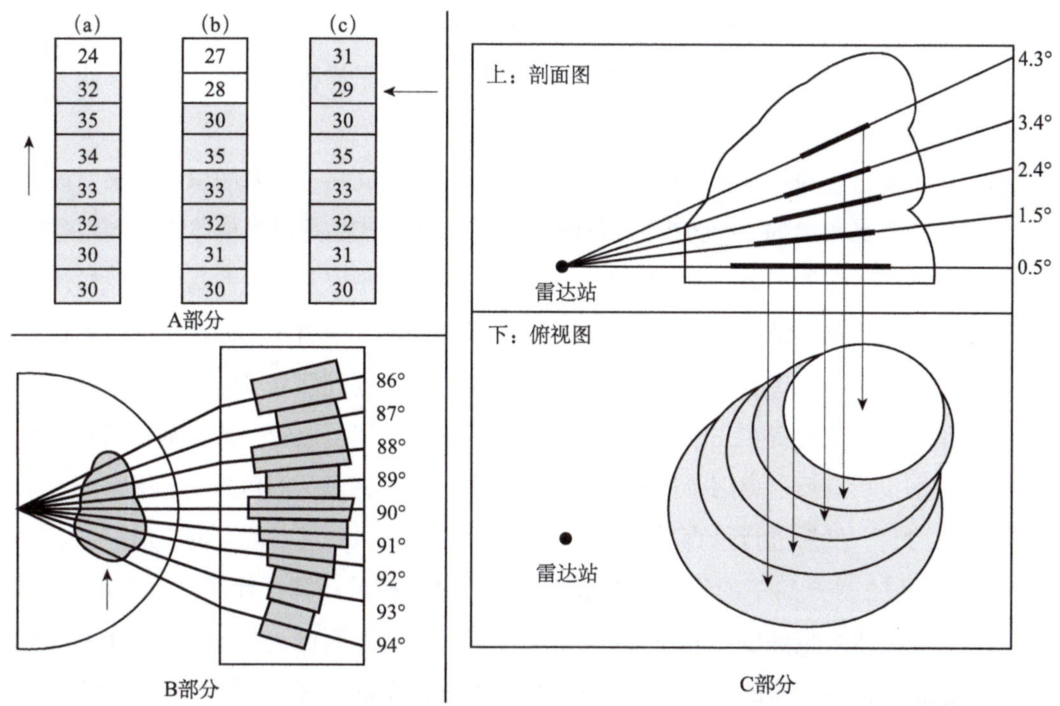

图 4.1　风暴识别过程示意图
（A 部分表示风暴段的识别，B 部分表示风暴分量的识别，C 部分表示三维风暴体的组成）

2. 风暴追踪拼图产品的算法

由于风暴追踪产品是体扫产品，需要解决的问题就是重复风暴的筛选和剔除，所以利用多普勒雷达产品集里面的 58 号产品中的位置信息和 62 号产品中的风暴属性信息对不同雷达探测到的同一个风暴进行识别，求两个风暴之间的相对距离 D，约定重复风暴满足如下条件：（1）两个风暴的相关系数＞ 0.5；（2）在＞ 0.5 相关系数的风暴对中以拥有最大的相关系数的两个风暴对为重复风暴。在识别出重复风暴后，对两个风暴的追踪点和外推预报点进行融合，形成新的风暴质心追踪产品。最后对所有经过处理的风暴进行拼图输出。具体算法流程如图 4.2 所示。

雷达产品集中的 58 号产品分为图形产品和文本产品两部分，图形产品是 SCIT 算法结果的图形显示输出产品。其记录了风暴质心在过去 1 h 内的位置和未来 1 h 内每间隔 15 min 的外推位置，其中的外推方法是利用过去若干个时次的风暴平均移动方向和速度，得到时隔 15 min，预报时效最长 60 min，最短 15 min 内的风暴位置，具体时效取决于前次体扫描的预报误差，预报误差越小，预报时效就取得越长。就同一个风暴单体而言，不同雷达探测到的移动路径基本一致，但由于被扫描到的时间会有一个时间差 Δt（≤ 6 min），所以具体的位置会有所偏差。根据这个时间差 Δt，利用风暴移动属性中的速度值，动态预设一个最大的移动距离 D，两部雷达在 Δt 内探测到的同一个风暴的不同位

置相聚应该小于 D，否则不做计算。根据风暴追踪产品中的历史位置，对两部雷达探测到的风暴质心的历史位置求距离的平方和，进行匹配，找出平均相距最短的风暴，认为是同一个风暴可能性最大。

为了在位置信息的基础上，提高对不同雷达探测到的同一个风暴的识别效果，该算法还加入了雷达产品集中的 62 号产品进行辅助识别。62 号产品是风暴单体识别和跟踪算法的中间输出产品，记录了每个风暴的质心、最大反射率因子以及发生的高度、风暴体垂直积分液态水含量等物理结构参数。对应同一个风暴而言，其中由于不同雷达之间体扫空间的差异，质心的垂直位置、最大反射率因子以及发生的高度等信息可能会相差很大。由于雷达是体扫的机制，使得在三维的空间上，对于风暴的描述会比较一致。垂直积分液态水含量是通过假设所有反射率因子返回都是由液态水引起，将每个仰角的反射率因子数据转换成液态水含量，然后进行垂直累加后得到，其反映的是风暴的空间上的累加信息。所以在拼图中利用 62 号产品中的累积液态水含量进行最大相关计算，计算出两个风暴之间，不同时次的液态水含量的变化的相关系数，对于同一个风暴而言，在相同的时间内，不同雷达扫描到的液态水含量的变化曲线是相近的，其相关系数越高，是同一个风暴的可能性越大。

利用 58 号产品和 62 号产品对不同雷达的风暴追踪产品进行去重复计算，得到一个风暴序列，这个序列按照液态水含量的大小自高到低排序后，输出为风暴拼图的产品，供预报员业务参考使用，算法的具体流程如图 4.2 所示。

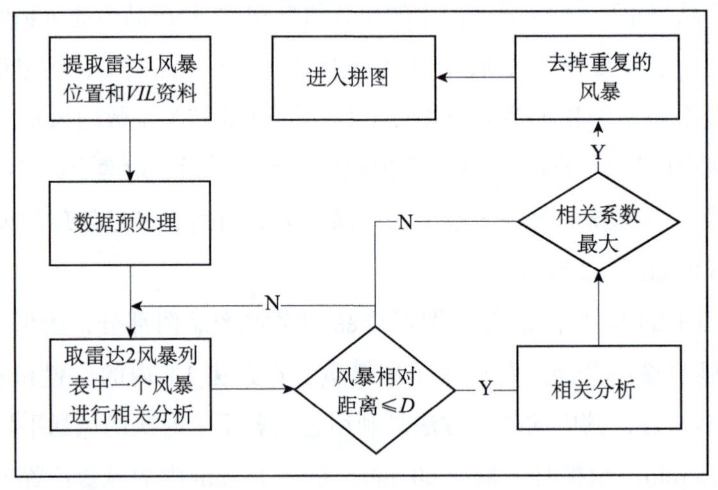

图 4.2　风暴拼图算法流程图

3. 拼图结果展示

图 4.3 所示为 2012 年 3 月 18 日 02 时 20 分—03 时 10 分浙江地区雷达反射率拼图叠

加风暴追踪产品拼图的显示效果。可以发现回波的形态呈东北—西南走向，而回波中心的移动方向在浙北和浙中地区有所区别，其中 30°N 附近的回波的偏东风量较大，而 28°N 附近的偏北分量较大；移动的速度，北部的回波移动较慢，而南部的回波移动较快。根据回波的移动路径，速度以及回波的强度分析，北面的降水要明显大于南面，实况和回波的判断相符。根据风暴追踪产品的外推预报可以看出，在 02 时 20 分时北部的移动速度较慢，预报 1 h 后，回波前沿在宁波西部；而南部的移动速度较快，预报 1 h 后回波到达金华市区。03 时 10 分的资料表明，风暴追踪的客观预报路径在指示回波未来的位置方面比较准确。通过对不同雷达的风暴追踪产品进行拼图，可以比较明显地表示出回波的移动情况，特别是对于尺度较大的系统性短时临近位置预测，比单部雷达更有参考价值。

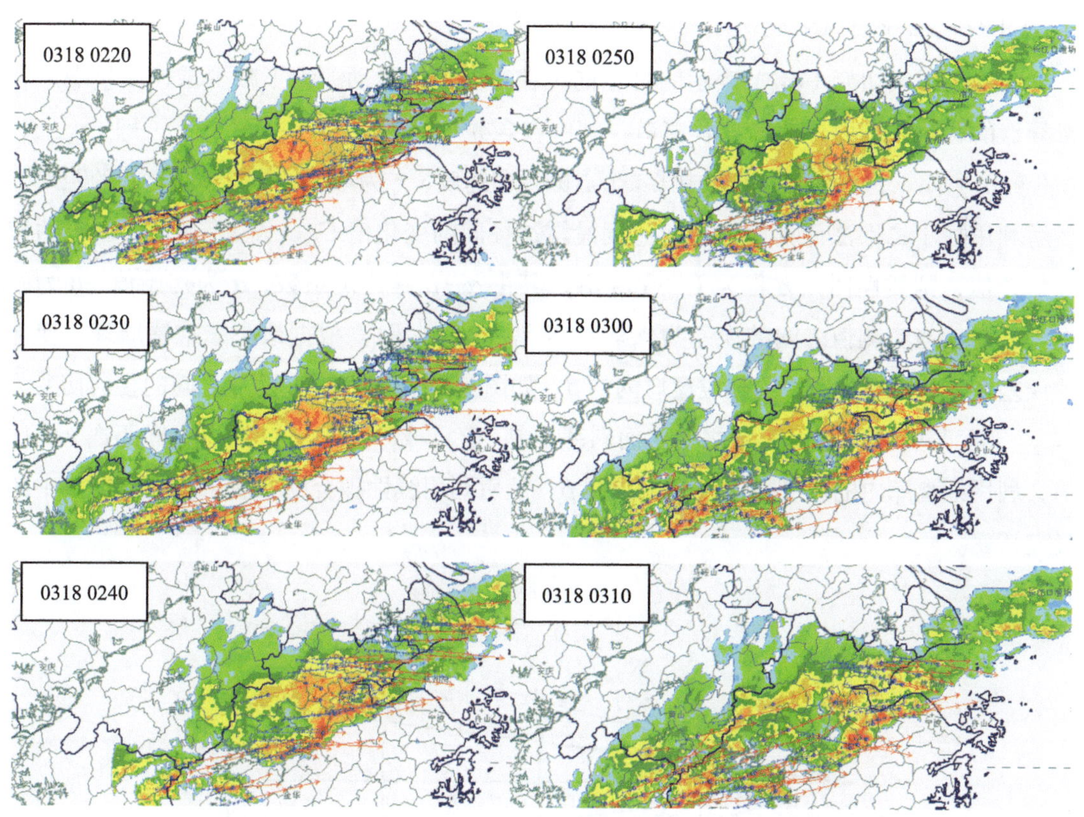

图 4.3 2012 年 3 月 18 日 02 时 20 分—03 时 10 分雷达反射率拼图叠加风暴追踪产品拼图

4.1.1.2 综合风切变产品

1. 多普勒雷达风切变产品算法

多普勒天气雷达不仅具有多普勒径向速度信息，还有反映风场变化的速度谱宽信息。在多普勒雷达资料的各种算法产品中，合成切变产品可反映大气流场的脉动性，同时可以展示 3～10 km 尺度以内阵风锋、低空切变线等低空风切变现象以及与中尺度气旋有关的风切变识别产品。在风切变识别方面，国内外有许多成熟的应用，其中在气象部门中业务化的有 WSR-98D 自带的风切变自动识别算法并对应生成 87 号产品。下面对其算法及实现过程进行简要说明。

该算法的核心在于计算一维径向风切变和一维方位风切变，然后经过求平均及滤波等步骤，合成为二维风切变，全部结果转换到笛卡尔坐标系中输出。对应的综合切变产品是一个栅格或网格化产品，其没有高度信息。风切变数值反映的是在低空（4.5 km 以下）风的脉动特征，其对阵风锋、低空风切变、风速辐合辐散、中气旋等大气流场特征有一定的指示意义，是判断对流风暴在区域内增强或减弱趋势的一个重要因子。

（1）一维径向风切变

一维径向风切变（C_{Rs}）表示的是径向风在径向上的脉动。为了减少雷达测量噪声和奇异点的影响，选取合适的拟合窗口，其中包含 n 个距离库（同一径向上），即（v_1，r_1）…（v_i，r_i）…（v_n，r_n）(v_i 为窗口中第 i 个点的径向速度，r_i 为第 i 个点与雷达之间的距离），然后利用最小二乘法计算雷达径向速度沿雷达径向的变化值 C_{Rs}。设 V^* 是拟合窗口的速度估计值，则线性回归方程为 $V^*=\alpha+\beta\gamma$，其中 α、β 是待定系数，α 为初始值，β 为斜率。估计值与实测值之间的误差为 $\delta_i=V_i-V_i^*=V_i-\alpha-\beta\gamma_i$。根据最小二乘法原理，使上述误差平方和最小，即得到相应窗口内的 β。如图 4.4 所示，A、C 两点之间的径向切变为（V_C-V_A）与资料点总长度 R 之比，而斜率 β 是（V_C-V_A）与 A、C 两点之间距离 r 的比值，利用距离库内的速度径向值，可求得 β，然后利用线性拟合的方法求得拟合窗口中的径向切变。

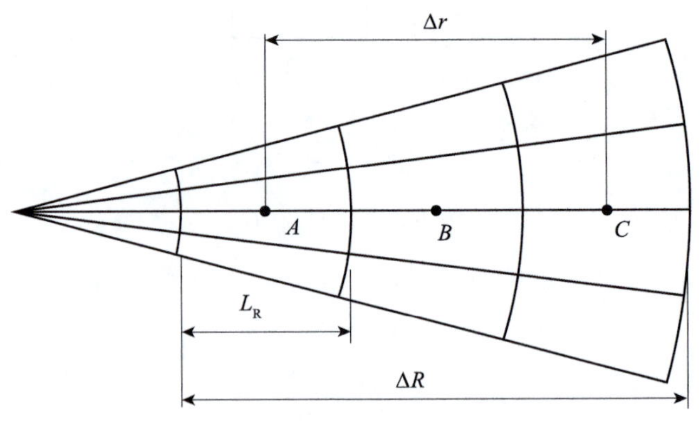

图 4.4 径向切变示意图

（2）一维方位风切变

对于一维方位风切变（C_{As}）（图 4.5），在同一探测距离圆周上选取拟合窗口，计算过程中采取的拟合窗口内包含 n 个距离库，即（v_1，θ_1）…（v_i，θ_i）…（v_n，θ_n）（v_i 为窗口内第 i 个点的径向速度，θ_i 为相应点的方位角）。由最小二乘法得拟合速度方位曲线的斜率 β。距离库内的数据是以该点为中心的采样体积内的平均值，采样体积与波束宽度和距离库长度相关。

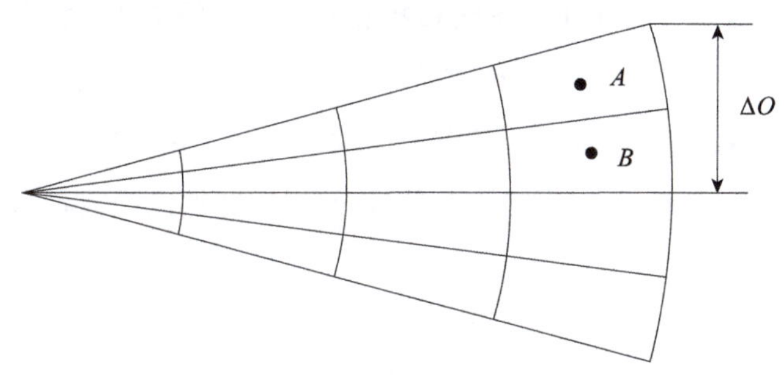

图 4.5　方位切变示意图

（3）二维合成风切变

雷达径向速度沿径向、方位的综合变化，即一维径向风切变与一维方位风切变的合成，得到二维合成切变：

$$C_s=(C_{Rs})^2+(C_{As})^2 \tag{4.1}$$

2. 浙江省风切变拼图算法

（1）风切变拼图的可行性

多普勒径向速度的拼图难以实现主要有两个原因：①雷达径向速度无法保真反演到真实风场；②径向速度较难插值到笛卡尔坐标系中。而风速切变由于将两个切变求平方根，即求模，只提取了其大小信息，而滤去了其方向信息，所以针对于不同的雷达，在小范围内的风切变值，具有可比性，也就具有可拼图性。

（2）风切变拼图的数据来源

风切变算法在 WSR-98D 中已经成熟应用，87 号产品在业务中的应用也比较多。由于风切变产品表示的是低空不同高度上风的脉动，所以其投影到笛卡尔坐标上，只能表示其在地理上的方位，不能体现切变发生的高度。总体来讲，其表示的是 4.5 km 以下的大气流场的脉动信息。

（3）拼图算法

基于雷达产品进行风切变拼图比较简单，由于雷达产品已经投影到了笛卡尔坐标上，只要将所有雷达的 CS 产品整合在一起。重合部分的处理，由于其每个（x，y）坐标上的值表示的是该格点上空的某一高度（$\sin\theta\times R$）的综合切变值，通过求平均（或求最大值）

得到该格点坐标上的风切变值，最终得到全省的风切变拼图。

4.1.2 QPE 订正技术研究应用

对于省级区域来说，公里（千米）级QPE格点产品是精细化预报业务的需求之一（陈锋 等，2016；许变 等，2017）。基于现有的高密度自动站观测数据和雷达估测降水产品，经调研，奥地利气象和地球物理中央研究院的综合分析方法（Haiden et al，2009；2011）与浙江省实际需求最为接近，客观上具有可操作性，因此加以借鉴和本地化应用。

4.1.2.1 降水的综合分析方法概述

综合分析方法以自动站观测降水的格点化结果为背景场，分两步进行误差订正：（1）利用插值方法将站点降水插值到网格上时，会在站点之间的网格上产生插值误差，这里将其称之为站点观测降水的格点化误差，因此第一步先利用雷达估测降水来估计 / 订正观测降水的格点化误差；（2）进一步考虑地形对降水的影响，订正数学插值未考虑地形效应所导致的误差。然后将降水背景场与以上两步得到的误差相结合，最终得到综合分析降水。

4.1.2.2 研究区域及数据

选取泛浙江区域（117.5°～123°E，27°～31.5°N）为研究区域，建立等经纬度高分辨率网格系统（以下简称为高分辨率网格），水平分辨率约 1 km。选用的数据为逐小时自动站观测降水及逐小时雷达估测降水。前者来自浙江省气象局信息网络中心的自动站数据库，包括了浙江省及周边区域的约 4000 个自动气象观测站；后者由浙江省气象台提供，该产品时间分辨率为 1 h，空间分辨率为 0.1° × 0.1°。

4.1.2.3 订正站点观测降水的格点化误差

第一步，准备工作，获取后续处理所需的格点 / 站点值。将逐小时自动站观测降水插值到高分辨率网格上，获取背景场 $P_{STAT}(i,j)$；将雷达估测降水分别插值到观测站点上和高分辨率网格上，得到 $P_{RADAR,k}$ 和 $P_{RADAR}(i,j)$。

第二步，计算气候态订正因子 *RFC*。由于雷达回波对距离的依赖度很高，并且包含了地形遮挡引起的偏差，因此在使用雷达估测降水前需要对其进行订正。计算站点 *k* 处逐月的站点观测降水累积值和雷达估测降水累积值的比值，得到站点的气候订正因子 *RFC*，格点化后得到 $RFC(i,j)$：

$$RFC_k = \frac{\sum_{month} P_k}{\sum_{month} P_{RADAR,k}} \tag{4.2}$$

为了补偿雷达回波被地形遮挡引起的回波变形，利用局地的订正因子来替代上述插值后的气候订正因子。局地订正因子是某格点处的月累积观测降水与累积雷达估测降水的比值：

$$RFC_l(i,j) = \frac{\sum_{month} P_{STAT}(i,j)}{\sum_{month} P_{RADAR}(i,j)} \tag{4.3}$$

根据以上步骤，得到的 *RFC* 如图 4.6 所示。

订正后的气候态雷达降水场为：

$$P^*_{RADAR}(i,j) = \max[RFC(i,j), RFC_l(i,j)]\, P_{RADAR}(i,j) \tag{4.4}$$

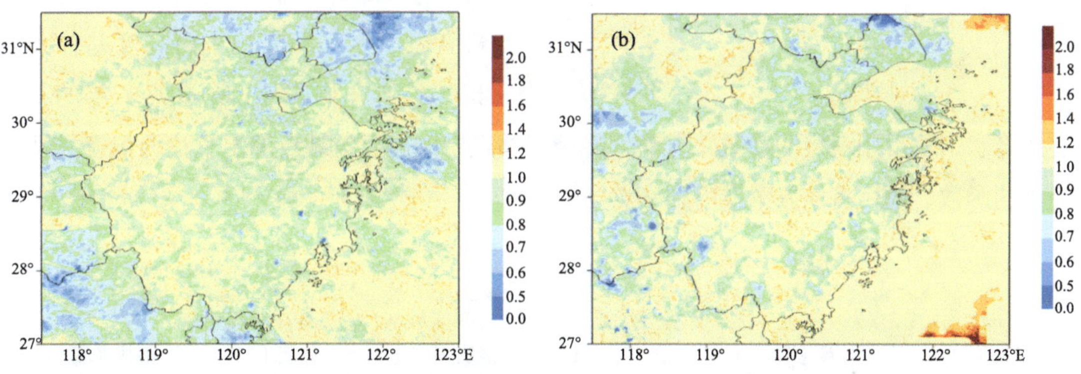

图 4.6　订正后的 2014 年 6 月（a）和 2016 年 8 月（b）的 *RFC* 分布

在按照上述步骤订正时通常会遇到两类情况，第一种情况是在有山脉地形的区域，雷达回波极弱甚至无回波，这些区域会出现异常大的订正因子，进而导致计算出不可信的降水值。这种情况下，设置订正因子的最大值 $RFC\_CR=2$。第二种情况是在降水率很高的区域（通常是在对流单体中出现），常常会被雷达低估，订正因子偏大，为了防止这种情况的出现，当雷达估测降水大于 RR_CR（4 mm/h）时，用下式进行订正：

$$RFC_{RED}(i,j) = 1 + [RFC(i,j) - 1]\frac{RR\_CR}{P_{RADAR}(i,j)} \tag{4.5}$$

经过以上处理，就可以得到较为可靠的气候态雷达估测降水。

第三步，利用实时数据再次进行订正，计算每个测站上的最优空间偏移矢量，然后用反距离权重法插值到格点上，得到 $P^{**}_{RADAR}(i,j)$

$$P^{**}_{RADAR}(i,j)=\frac{\sum_{k} w_{ijk} RFA_{ijk}}{\sum_{k} w_{ijk}} P^{*}_{RADAR}(i,j) \tag{4.6}$$

4.1.2.4 订正未考虑地形效应导致的误差

泛浙江区域地形复杂，中南部多丘陵、山地（图 4.7），为了给出较为真实的山脉地形的降水空间分布，引入了考虑地形影响的参数化方案。

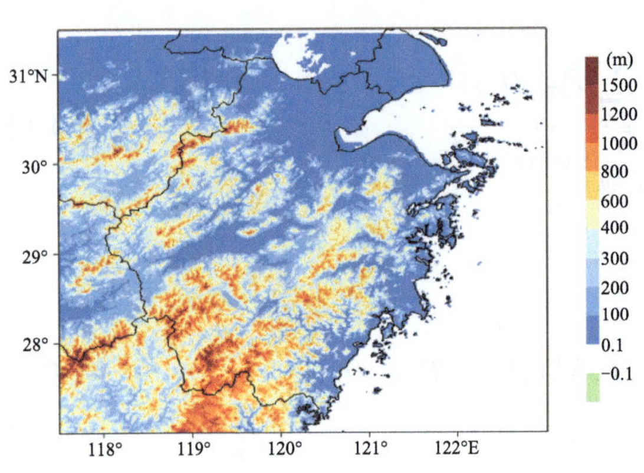

图 4.7　泛浙江区域的海拔高度分布

降水的空间分布为了获取观测站点稀少的山脉地形的 γ 中尺度降水分布特征，首先需要通过统计方法来获得地形对降水的影响。其原理是先统计同一地形背景下水平距离较小而高度差较大的相邻站点（如表 4.1 所示）多年的 12 h 观测降水，然后用一定的参数化方法，将相邻站点中的高海拔站点降水表达为低海拔站点降水的函数，最后将该方案推广到格点场上。

表 4.1　水平距离小而高度差大的相邻站点

配对站点 1			配对站点 2		
经度（°E）	纬度（°N）	海拔高度（m）	经度（°E）	纬度（°N）	海拔高度（m）
119.40	30.33	1128.0	120.75	27.90	706.0
119.44	30.32	350.0	120.77	27.91	54.0

运用云播撒反馈作用机制分别确定弱降水和强降水的参数化方案（图 4.8），对于降水本身比较弱的情况，在山脉的抬升作用下，地形云中会有小部分的冷凝物降到地面，降水率增加，相应的地面降水能够成比例的增加，但是降水强度达到临界值 P_c 后，受到凝结速率的限制，地面降水不会成比例增大，只是表达为在原来降水基础上的一个增量。

$$P_{mtn}=\begin{cases} P_{val}(a-bP_{val}) & P_{val}<P_c \\ P_{val}+(a-1-bP_c)P_c & P_{val}\geqslant P_c \end{cases} \tag{4.7}$$

其中，$P_c=(a-1)/2b$，a 为弱降水情况下相邻高海拔站点与低海拔站点的降水比值，b 用于描述随着降水强度的增大，高海拔站点与低海拔站点的降水比值下降速率。具体处理步骤如下：

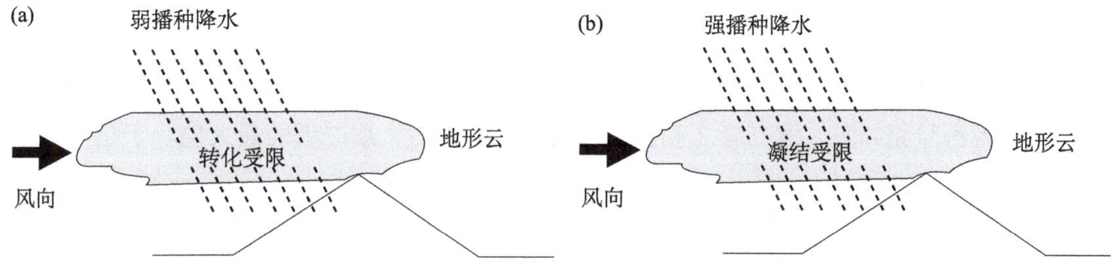

图 4.8　弱降水和强降水情形下，地形抬升对降水影响的不同机制

① 将观测站点的地形高度和低海拔站点的降水格点化

$$z_{ST}(i,j)=\frac{\sum_k \frac{z_{H,k}}{r_{ijk}^2}}{\sum_k \frac{1}{r_{ijk}^2}}\ ,\quad P_{VAL}(i,j)=\frac{\sum_k \frac{P_k}{r_{ijk}^2}}{\sum_k \frac{1}{r_{ijk}^2}}\qquad z_k-z_{V,\ K}\leqslant \Delta z_{VAL} \tag{4.8}$$

② 利用前面介绍的参数化方案计算高海拔站点的降水 P_{mtn}

③ 获得降水梯度 G_{ELEV} 和地形引起的降水增量 ΔP_{ELEV}

$$G_{ELEV}\equiv\frac{1}{P}\frac{\Delta P}{\Delta z}\approx\frac{1}{P_{VAL}}\frac{P_{MTN}-P_{VAL}}{\Delta z}=\frac{1}{\Delta z}\left(\frac{P_{MTN}}{P_{VAL}}-1\right) \tag{4.9}$$

$$\Delta P_{ELEV}=G_{ELEV}(Z_H-Z_{ST})P_{VAL}$$

引入地形效应后，降水的分布及其变化如图 4.9 所示。

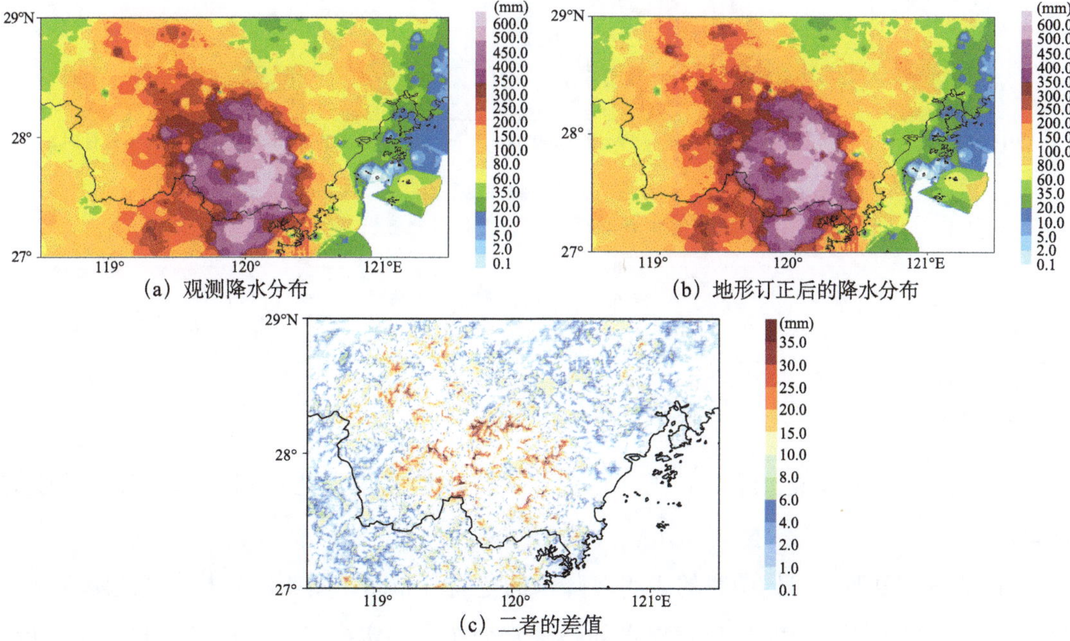

图 4.9　观测降水和地形订正后的降水分布以及二者的差值

4.1.2.5　综合误差订正

为了避免重复计算已经被雷达捕捉到的地形效应，将两个订正量用以下的方法进行结合：当二者符号相异时，取二者之和，当二者符号相同时，取二者的最大值。于是得到了最终的综合分析降水 P_{INCA}。

$$\begin{aligned}\Delta P &= \Delta P_{RADAR} + \Delta P_{ELEV} \quad 若 \quad \Delta P_{RADAR} \cdot \Delta P_{ELEV} < 0 \\ \Delta P &= \max\left(\Delta P_{RADAR},\ \Delta P_{ELEV}\right) \quad 若 \quad \Delta P_{RADAR} \cdot \Delta P_{ELEV} \geqslant 0\end{aligned} \tag{4.10}$$

$$P_{INCA} = P_{STAT} + \Delta P$$

4.1.2.6　应用举例

基于上述方法，对台风期降水、梅汛期降水和长时间序列的降水进行了应用和检验。

1. 台汛期降水

2016 年 17 号台风“鲇鱼”影响期间，将雷达估测降水（*QPE*）和综合分析降水（*Pinca*）插值到观测站点后，与观测降水的均方根误差及改进幅度如图 4.10 和表 4.2 所示。

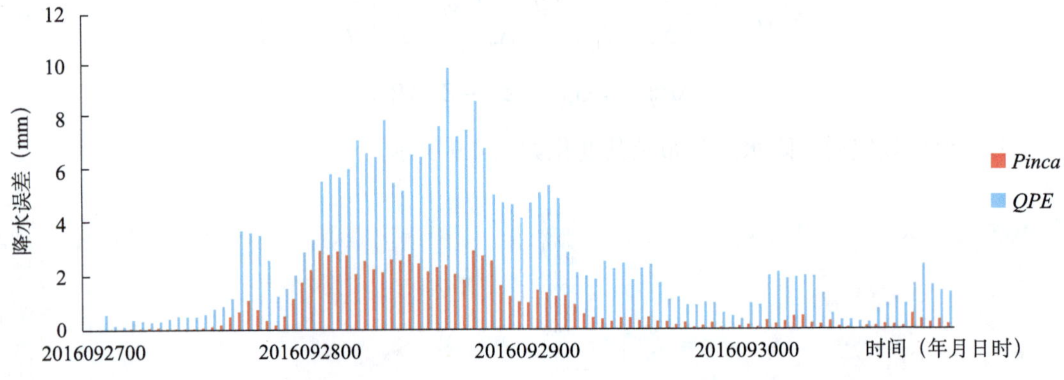

图 4.10　1617 号台风“鲇鱼”影响期间的逐小时降水误差
（蓝色：雷达估测降水误差；红色：综合分析降水误差）

表 4.2　区域平均的雷达估测降水误差、综合分析降水误差及改进幅度

RMSE	雷达估测降水误差（mm）	综合分析降水误差（mm）	改进幅度
整个研究区域	2.06	0.73	64.8%
强降水区域	3.18	1.48	53.5%

对于整个区域来说，经过订正，综合分析降水误差较雷达估测降水有较大幅度的改进。

在 2016 年 9 月 28 日 07 时的逐小时降水的空间分布图（图 4.11）上，观测降水大值区位于浙江东南部，*QPE* 与观测降水的强降水分布有一定差异，经过第一步订正之后，降水分布与观测趋于一致，第二步订正后，误差略有降低，最终订正后的结果与观测最为接近。

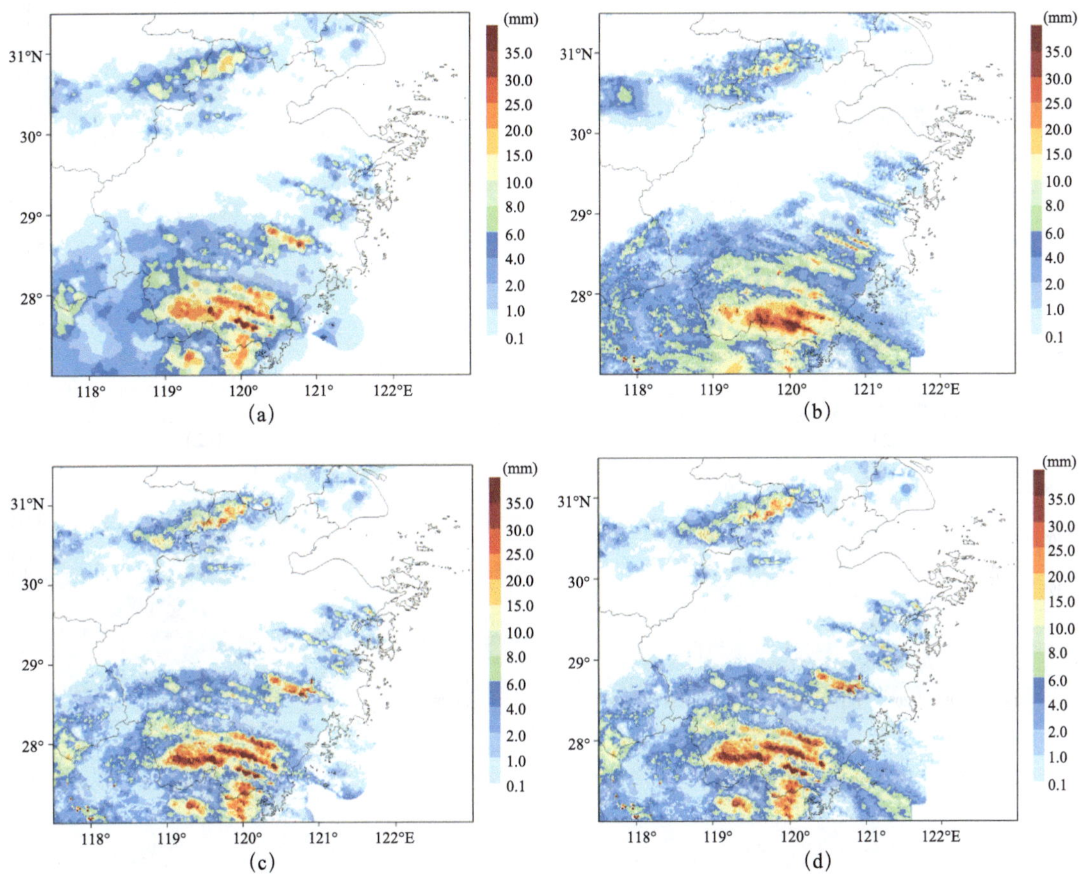

图 4.11　9 月 28 日 07 时观测降水（a）、雷达估测降水 *QPE*（b）、观测降水的格点化误差订正后的降水（c）和进一步进行地形效应订正后的综合分析降水（d）

选取 2018 年影响浙江的三个台风“玛莉亚”“安比”和“摩羯”期间的逐小时 *QPE* 进行订正（图 4.12）。2018 年 7 月 11 日 13 时的观测降水显示台风“玛莉亚”引发的浙东南降水区内存在两条强降水带，*QPE* 对这两条雨带的刻画不清晰，站点均方根误差为 3.30 mm，订正后误差降低至 0.76 mm，降水分布与观测更为一致。7 月 21 日 15 时，“安比”台风的降水较为分散，局地性较强，*QPE* 整体偏弱，综合分析降水的强度与观测更加接近，误差由 1.40 mm 降低至 0.63 mm。8 月 12 日 23 时，1814 号台风“摩羯”在浙北及东部沿海均引发了较强降水，*QPE* 较观测降水显著偏弱，订正后，强度得到优化，站点均方根误差从 3.50 mm 降低至 0.97 mm。

2. 梅汛期降水

选取 2017 年 6 月的一次梅汛期降水过程（图 4.13），该过程中梅雨带在浙江存在南北

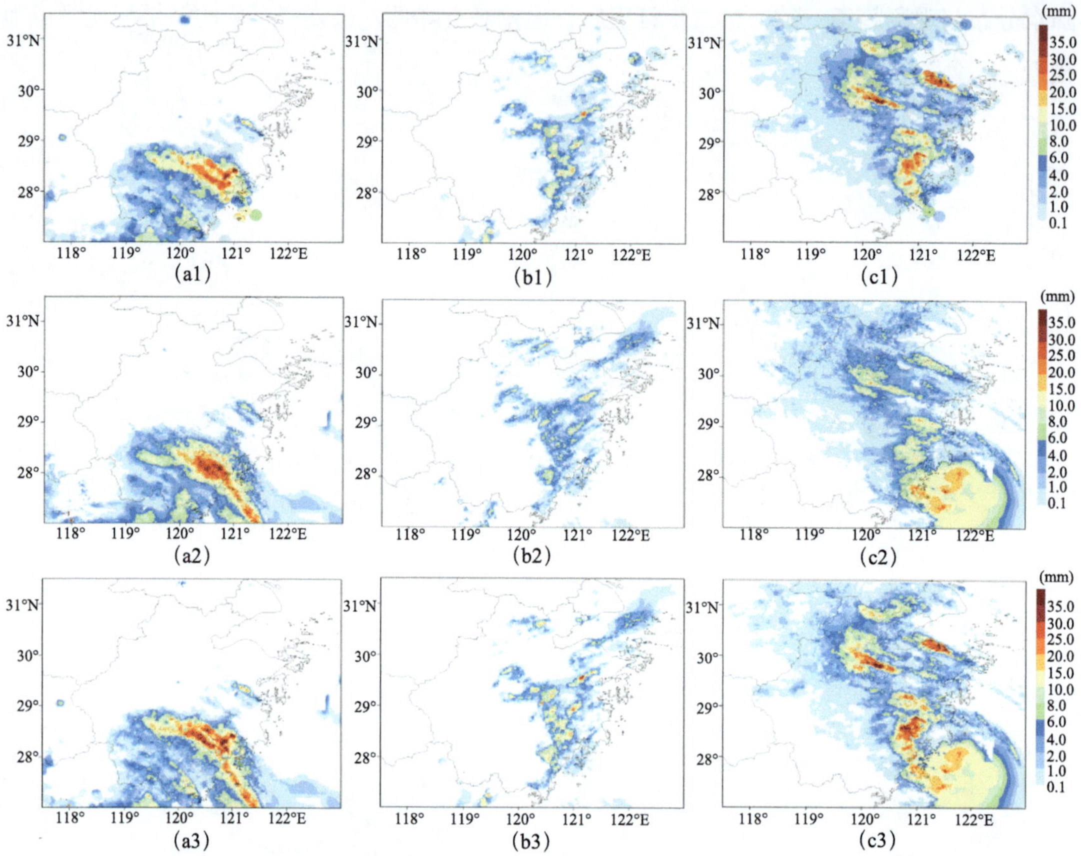

图 4.12　1808 号台风“玛莉亚”、1810 号台风“安比”、1814 号台风“摩羯”的观测降水（a1、b1、c1）、*QPE*（a2、b2、c2）和综合分析降水（a3、b3、c3）

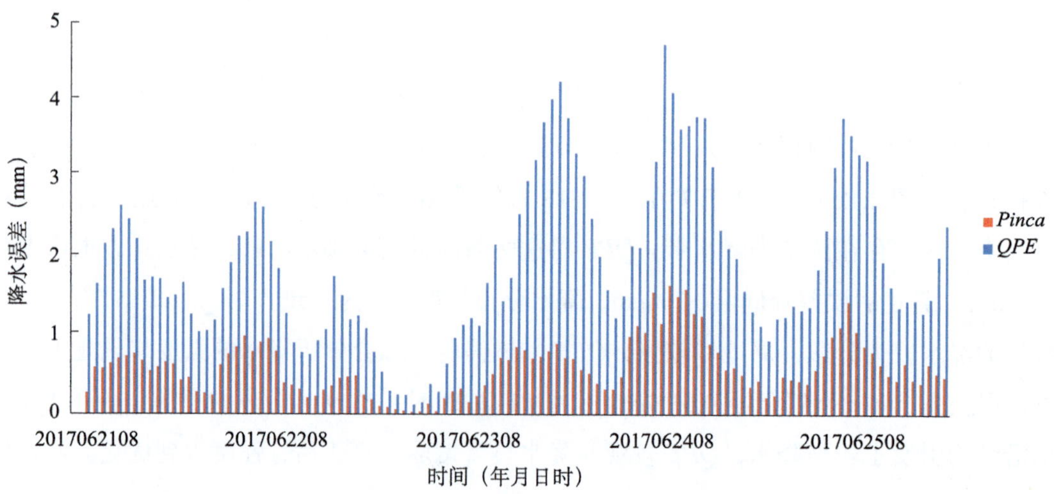

图 4.13　梅汛期降水过程（2017 年 6 月 21 日 08 时—25 日 19 时）的逐小时降水误差（蓝色：雷达估测降水误差；红色：综合分析降水误差）

摆动的情况，降水持续时间较长。过程平均的 QPE 降水站点均方根误差为 1.94 mm，经过订正，所有时次的降水误差均有所降低，平均的综合分析降水误差为 0.60 mm，误差降低幅度达 69.1%。

3. 长时间序列降水

对于 2017 年 6—9 月降水进行长时间序列的检验（如图 4.14 和表 4.3 所示），经订正后误差减小幅度均达到 70% 以上，说明基于综合分析方法得到的降水产品可有效结合高密度自动站观测降水的高精度优势及雷达估测降水的空间分布优势，有效降低格点化误差和地形效应引起的误差。

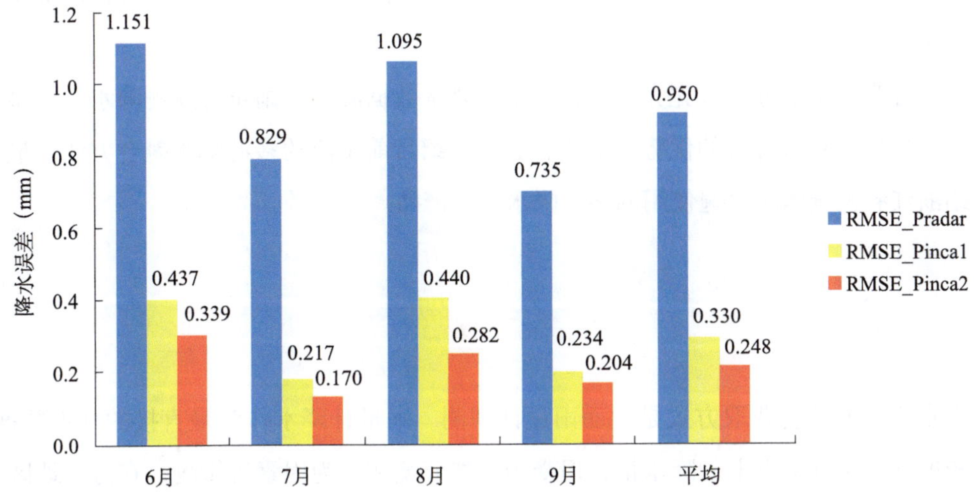

图 4.14　2017 年 6—9 月逐月平均的 QPE 误差（蓝色）、经过第一步订正后的误差（黄色）及两步订正后的综合分析降水误差（红色）

表 4.3　2017 年 6—9 月逐月平均的 QPE 误差（RMSE_Pradar）、经过第一步订正后的误差（Pinca_r）及两步订正后的综合分析降水误差（Pinca）（单位：mm）

	RMSE_Pinca r	Pinca_r		Pinca	
6 月	1.151	0.437	62.0%	0.339	70.5%
7 月	0.829	0.217	73.8%	0.170	79.5%
8 月	1.095	0.440	59.8%	0.283	74.2%
9 月	0.735	0.234	68.1%	0.204	72.3%
平均	0.950	0.330	65.2%	0.248	73.9%

4.1.3　卫星、雷达和雨量计降水资料融合技术的业务应用

高质量高分辨率的降水资料一方面是应用服务的需求，如应用于短时强对流天气预警以及由极端降水事件引发的山洪暴发、山体滑坡、泥石流等防灾减灾工作；另一方面也是

实际业务的需求，如进一步提高数值模式预报准确率和精细化天气预报水平，提升降水预报能力，特别是提升区域模式水平分辨率等有着重要作用。然而不同于温、压、湿等气象要素，降水的时空变率较大，不同观测仪器以及观测手段对降水的真实反映能力各有差异，如何将多源降水数据融合以获得强时空代表性的降水产品是目前众多业务单位的研究热点。多源数据融合是指通过把多个传感器和信息源的数据进行集成分析，或利用数值模式和同化系统进行资料同化分析等处理，而产生比单一信息源更精确、更完全、更可靠的估计和判断结果。雨量计观测降水、卫星估测降水和雷达估测降水是降水资料获取的主要途径，但是每种获取方式都各有优缺点。单一途径获取的信息很难完全反映真实的降水情况。因此，近年来将地面观测降水与卫星、雷达产品进行融合成为了国内外提高降水资料精度的主流趋势。

本节分为三个部分，首先介绍三种主要的降水数据源——雨量计观测降水、卫星反演降水和雷达估测降水各自的优势和缺陷，其次介绍目前主流的多源降水融合方法，最后简要介绍浙江省及全国较普遍使用的多源降水融合产品。

4.1.3.1 各降水资料源特点

1. 雨量计观测降水

降水资料的传统获取方式是地面雨量计观测。雨量计降水作为最直接的降水数据源，能够较准确表示观测点上的降水量，但受到自然环境和人为因素等影响，在海洋地区、大量无人居住区及地形相对复杂的区域地面观测站很少，具有空间分布不均匀和取样时间不连续的特点。同时雨量计降水在反映区域面降水特征时的误差与区域内降水样本数密切相关，使得雨量计观测降水数据在时空上的代表性差。

浙江省气象局已经布设了一套分布较为密集的地面观测网，在省内共建两千多个中尺度自动气象观测站，包括国家站和区域站。浙江省气象信息网络中心利用高分辨率雷达定量估测降水的格点数据，与自动气象观测站实际观测到的降水量进行分析对比，通过建立回归方程对失真降水做出判断，并给出实际观测的小时降水量可信程度，从而完成自动站降水数据的质量控制（吴书成 等，2015）。

2. 雷达估测降水

天气雷达因其能够高时空间分辨率探测云和降水结构及系统发生、发展情况，迅速提供一定区域的实时降水量分布，弥补了站点雨量计空间取样代表性不足的缺陷，在中小尺度灾害性降水测量中具有无可替代的优势。但高空雷达回波和地面降水关系的不稳定性加大了雷达估测降水的难度，导致雷达估测降水数据误差较大，获得的局地降水量精度不高。此外，由于雷达覆盖面积有限，对人烟稀少地区及海洋地区的降水无法进行有效估测，且易受地形遮挡，因而数据的空间覆盖不完全。

将高空间覆盖的卫星反演降水和高单点测量精度的雨量计降水与雷达降水产品融合，获得的降水估计较单一数据源的降水测量在精度上有很大提高。其中利用雨量计测量校准雷达定量测量降水的雷达估测降水（QPE）技术发展较为成熟，即采用地面雨量计观测资料来建立雷达反射率因子（Z）和雨强（I）的统计关系，做出高质量的降水估测产品。

然而，Z-I 关系在不同的区域、不同的气候条件及不同的天气系统中差异很大，单纯从 Z-I 关系上估测的雷达降水具有很大的误差（梁建茵 等，2011）。浙江省气象局开发的实时雷达反演降水产品，该产品在充分考虑传统的最优化方法和概率配对法优缺点的基础上，使用一种改进的最佳窗概率配对法计算 Z-I 关系中的系数 a 和 b，得到了雷达测得的基本反射率因子 Z 和雨量计实时测到的小时降水量 I 的动态关系，并使用变分技术对估测的小时降水量进行了校准。

3. 卫星反演降水

1997 年第一颗降水监测卫星 TRMM（Tropical Rainfall Measuring Mission，热带降雨测量卫星）发射成功，开辟了全球降水监测的里程碑。卫星资料由于空间覆盖广阔、观测频次高而逐步受到重视，随着卫星遥感探测技术的发展，已能够弥补广袤海洋和无人区地面观测站稀少的缺陷。卫星反演降水具有全天候、无缝隙和高时空分辨率的特征，能够比较准确地反映降水的空间分布（Barrett et al，1981），但各种卫星反演降水方式，均会受到诸如传感器设计、天气状况以及反演算法等综合影响导致结果存在误差，其本质是间接观测手段，必须用地面资料订正来提高产品质量（Ebert et al，2007）。

从 20 世纪末开始，国际上不少研究机构都相继推出了卫星反演的降水产品，如 PERSIANN（Precipitation Estimation From Remotely Sensed Information Using Artificial Neural Network）（Hsu et al，1997）、CMORPH（Climate Prediction Morphing Technique）（Joyce et al，2004）、TRMM-3842RT（Tropical Rainfall Measuring Mission）（Huffman，et al，2007）等。这些卫星产品都能较好地把握中国地区降水的空间分布，但精度较差，多数产品描述的 3 h 累积降水量都偏低 20% 左右（Shen et al，2010）。在国内，风云 2 号（FY-2）卫星业务降水产品是以 FY-2C、FY-2D 和 FY-2E 静止气象卫星资料为主，以常规地面观测资料为辅，通过国家卫星气象中心静止气象卫星降水估计技术和卫星估计结果与地面常规雨量观测结果的融合所生成的覆盖中国及周边地区的定量雨量估计结果（师春香 等，2008），采用的是同时考虑距离因子和站点相对于格点取向的智能型客观分析方法（Lu，et al，2004）。

在众多卫星反演的降水产品中，美国NOAA气候预测中心（CPC）发展的CMORPF（Climate Prediction Morphing Technique）卫星反演降水产品在中国区域有较高的精度（Shen et al，2010）。产品采用运动矢量法，摆脱了单纯利用统计关系推算降水量的思路。首先计算连续2幅红外云图的空间相关性，以此来确定云的运动“矢量”，进一步采用时间权重插值法外推微波反演降水量，得到没有微波观测期内的降水量，从而生成更高时空分辨率的降水资料（沈艳 等，2013）。其产品时空分辨率为30 min、9 km。

4.1.3.2 多元降水融合常用方法

1. 空间插值网格化

具有较高时空分辨率的自动气象站观测数据是目前气象业务和科学研究的基础，将自动站降水观测资料快速、准确地转换为可使用的产品，即进行格点化处理，获得质量较好和空间分辨率较高的格点降水数据，可大大提高自动站降水资料的利用效率。格点化是提高资料空间代表性的有效手段，减小资料随机误差的重要途径，也是很多实际应用如检验数值模式、卫星产品，计算水循环通量，决策服务等的要求。

进行多源降水融合的首要步骤是对高分辨率的降水进行二维空间插值，即将站点降水格点化。二维插值方法主要有以下几类（许娈 等，2017）

自然邻近法（Natural Neighbor Interpolation，NN）、局部多项式法（Local Polynomial Interpolation，LP）、线性三角网法（Triangulation with Linear Interpolation，TL）、克里金法（Kriging Interpolation，KR）、Cressman插值法、（Cressman Interpolation，CR）、反距离权重法（Inverse Distance Weighted Interpolation，IW）、样条插值法（Spline Interpolation，SP）和多元二次径向基函数法（Multiguadric Radial Basis Function，MQ）。这些方法的主要原理，试用方法和主要优缺点见表4.4。

表4.4 几种常用插值方法及其简介（许娈 等，2017）

方法	原理	适用条件	优缺点
自然邻近法（NN）	将研究区域内各站点均赋予一个权重系数，插值时使用邻近样本点的加权平均值	适用于面积大且密度大的点集，采样范围应大于研究范围	不能预测趋势，不能处理样本点未表现出的峰值和谷值
局部多项式法（LP）	确定性插值：局部加权最小二乘拟合法，根据有限的采样数据，求解位于指定重叠邻域内的多个多项式拟合表面	依赖以下假设：样本点的间距相等，搜索领域内的数据值呈正态分布	较快速：光滑但不灵活；对邻域距离较敏感，较小的搜索领域可能在预测表面内创建空区域
线性三角网法（TL）	基于Delaunay三角网，在具体内插时采用线性追踪插值	普遍适用	在整个区域内均匀分配数据，站点稀疏区域将形成截然不同的三角面

续表

方法	原理	适用条件	优缺点
克里金法（KR）	地统计学插值，从变量相关性和变异性出发，在有限区域内对区域化空间变量的取值进行无偏、最优化估计，要求数据具有二阶平稳性	空间变量存在空间相关性	插值过程中对空间数据求线性最优，可以反映空间场的各向异性
Cressman 插值法（CR）	采用逐步订正方法，广泛用于气候诊断分析和数值模拟研究	普遍适用	统计平滑功能差，在样点稀疏和观测资料缺乏的区域进行空间数据内插时有较多空值斑点
反距离权重法（IW）	确定性插值、精确；以插值点与样本点之间的距离为权重，距插值点越近，权重越大	适用于站点数据充足的情况	站点数据少时，内插结果不能平滑地表现要素分布规律，易受样本点极值的影响，产生“牛眼”现象
样条插值法（SP）	采用函数逼近曲面	适用于非常平滑的表面，一般要求有连续的一阶和二阶导数；适合于对较密的站点进行内插	易操作，计算量较小：表面较光滑时不降低精度；对误差估计不准确，站点稀疏时插值效果较差
多元二次径向基函数法（MQ）	确定性插值、精确；各已知样点生成一个圆滑曲面，并使表面的总曲率最小	适用于样点数据集大和表面变化平缓的情况	可预测大于最大测量值和小于最小测量值的值，比 IW 灵活，比 KR 简单

2. 概率密度函数（PDF）

理论上讲，任何测量（或估计）都不可避免地存在误差，根据其统计特征可分为两种：系统误差和随机误差。随机误差是观测资料中普遍存在的固有特性，在统计上常呈平均值为零的正态分布。因此，随机误差的影响程度在气候平均处理中可基本被消除。系统误差与随机误差的主要差别在于其平均值不为零，在资料平均处理时会出现与实际状况明显的偏差，当时间序列或空间分布上系统误差不一致时，就会产生资料的不均一性，严重影响研究结果。而系统误差又有独立误差和非独立误差之分，所谓独立误差，是指误差不随区域、时间或是观测值大小而变化，可通过对整个气象场减去相同的常数来消除，订正方法相对简单。而在实际的气象资料场中，最为普遍存在的是非独立误差，这种误差会随观测量而变化，订正较为困难。

对于时空分辨率较高的卫星反演降水资料，它不仅存在明显的非独立系统误差，且误差随时间和空间变化大，通常的线性方法难以订正。可见，如何有效剔除或减小卫星反演降水资料的系统误差是一个具有挑战性的问题。

虽然卫星反演降水资料的非独立系统误差随时间和空间的变化较大，但一定时空范围内的降水概率密度分布相对稳定。因此，可以通过调整卫星反演降水值，使卫星反演降水与地面观测降水的概率密度分布一致，从而达到订正卫星反演降水资料系统误差的目的。上述思路正是概率密度匹配法（Probability Density Function Matching，简称 PDF 方法）订正资料系统误差的主要思想。研究表明：PDF 方法在订正非独立系统误差方面具有优越性，不必分析资料产生系统误差的复杂来源，运算思路简便，且订正效果良好，近年来逐渐成为国际上主流的卫星资料订正方法。

根据 PDF 方法的思路，介绍其具体做法：对于每个订正格点，根据资料的时空分辨率及误差特征选取适当的时空窗口，收集匹配的地面观测和卫星反演降水格点资料，当样本量足够大时，分别得到二者稳定的累积概率密度分布（图 4.15）。相同的降水累积概率密度值对应不同的地面观测和卫星反演降水量时，根据二者的偏差来订正卫星反演降水量。例如，当降水累积概率密度为 30% 时，卫星反演降水量为 4.5 mm，而地面观测降水量为 5 mm，则此时卫星估算降水量的误差为 –0.5 mm（表 4.5）。

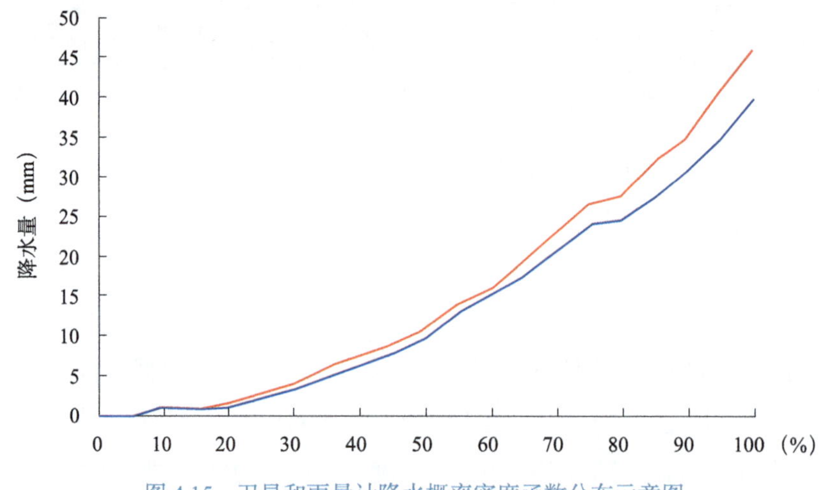

图 4.15　卫星和雨量计降水概率密度函数分布示意图
（其中红色为雨量计降水，蓝色为卫星估算降水）

表 4.5　概率密度函数分布表

累积概率密度（%）	地面观测降水（mm）	卫星估算降水（mm）	订正值（mm）
0	0.0	0.0	0.0
5	0.0	0.0	0.0
10	1.0	0.9	–0.1
20	1.5	1.4	–0.1
30	5.0	4.5	–0.5
40	8.0	7.0	–1.0
50	12.0	11.0	–1.0
60	18.0	16.5	–1.5
70	23.0	21.0	–2.0

续表

累积概率密度（%）	地面观测降水（mm）	卫星估算降水（mm）	订正值（mm）
80	28.0	25.5	–2.5
90	35.0	31.5	–3.5
100	45.0	40.0	–5.0

3. 最优插值（OI）

最优插值分析首先需要一个初估场，卫星反演降水的空间覆盖率高，将其设为初估场。在网格内有站点分布的格点上，中国降水格点分析产品的精度较高，将其作为观测值。每一个格点上的降水分析值 A 等于该点的初估值 F。加上该格点上观测值与初估值的偏差，而这个偏差由一定范围内几个格点上已知的观测值 O，与初估值 Fi 的偏差加权估计得到 $A_k = F_k + \sum_{i=1}^{n} W_i(O_i + F_i)$ 和 $\sum_{j=1}^{n}\left(\mu_{ij}^f + \mu_{ij}^o \lambda_i \lambda_j\right)W_j = \mu_{ii}^f$ 。

4.1.3.3 浙江省内及全国业务产品介绍

1. 浙江省雷达估测降水与雨量计融合产品

浙江省已建成 2600 余个自动观测站雨量计（包括国家级自动站和区域自动站），并实现了观测数据的实时上传和质量控制。地面观测采用的是浙江省自动气象观测站雨量计记录的逐 5 min 降水量。浙江省气象信息网络中心对该资料进行了严格的质量控制，包括气候学界限值检查、区域界限值检查、时空一致性检查。

将雷达降水量产品通过模板匹配算法提取海上的雷达降水格点资料作为站点，与质量控制后的自动站降水数据初步融合，形成浙江及周边区域的离散点降水值数据，利用克里金插值法对离散点数据进行空间插值，生成逐 10 min 小时降水、0.01° × 0.01° 分辨率的高分辨率格点分析产品。

采用克里金插值技术和误差权重技术开展了浙江区域 0.01° × 0.01° 逐 10 min 小时降水的融合试验，利用质量控制后的浙江区域自动站分钟降水观测数据，在采用克里金插值方法的基础上，分析雷达反演和地面观测降水的误差及其协相关形式，按照误差结构来分配权重，实现了地面降水观测与雷达反演降水的融合。

图 4.16 为 2015 年第 9 号台风“灿鸿”影响浙江地区的强降水天气过程中某一时刻（2015 年 7 月 11 日 05 时）的融合试验结果。

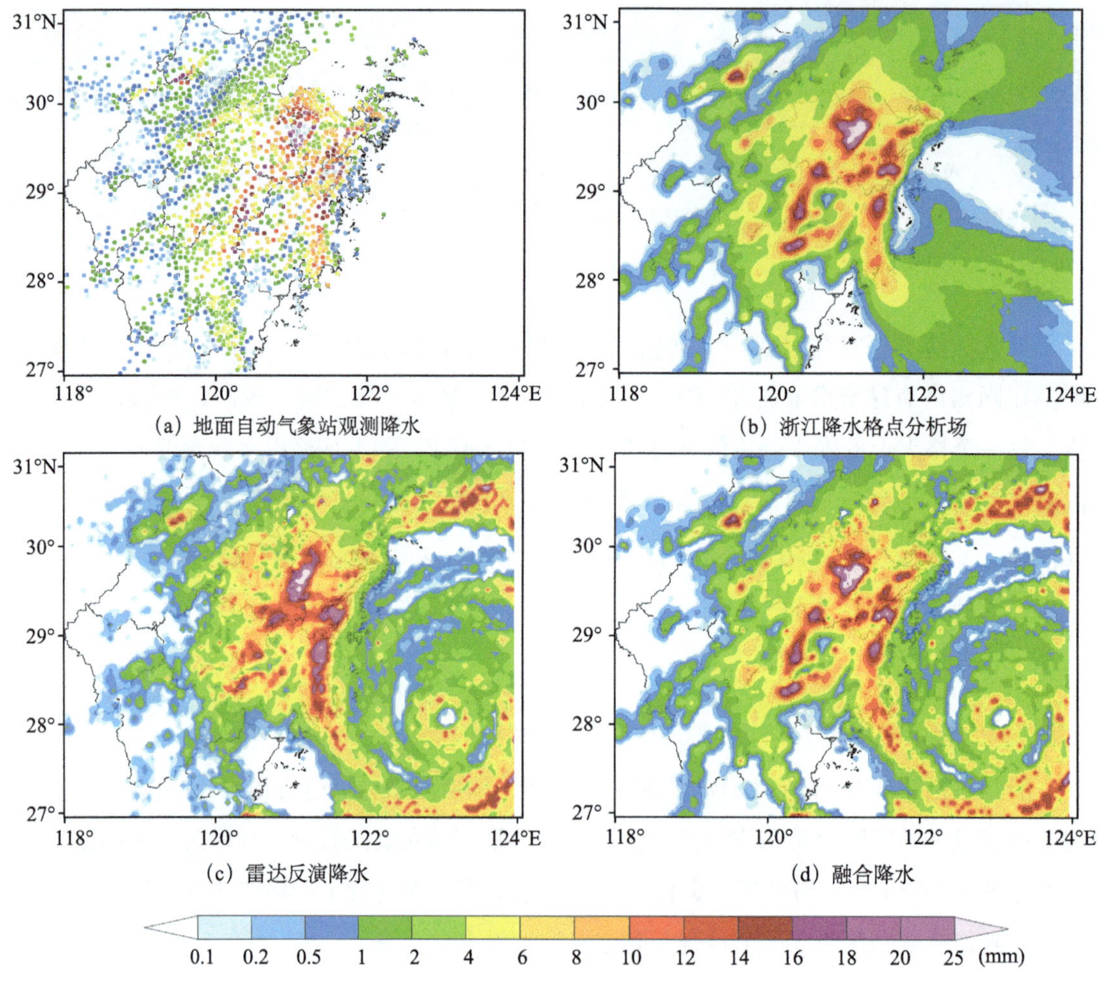

图 4.16 2015 年 7 月 11 日 05 时浙江区域逐 10 min 更新的小时降水量（mm）

2. 中国区域逐小时降水融合产品

国家气象信息中心的中国区域逐小时降水融合产品（图 4.17c）采用地面和卫星两个来源的降水数据（图 4.17a、b），其中地面观测降水资料来自全国 30000 余个自动站观测的降水量。卫星反演降水产品是在系统评估 6 种卫星反演降水产品在中国区域质量（shen，2010）的基础上，选用美国国家海洋大气局（NOAA）开发的实时卫星反演降水产品（CMORPF）。产品简介如下：

目的：结合地面和卫星产品的优势，发展高分辨率、高质量的融合降水产品；

数据：质量控制后的 3 万～4 万个自动站 +CMORPH 卫星降水；

方法：PDF + OI（Xie et al，2011）；重新优化调整各参数（Shen et al，2014；潘旸 等，2012；宇婧婧 等，2013）；

规格和格式：1 h、0.1° × 0.1°；

应用：已作为数值预报中心模式格点检验的标准数据。

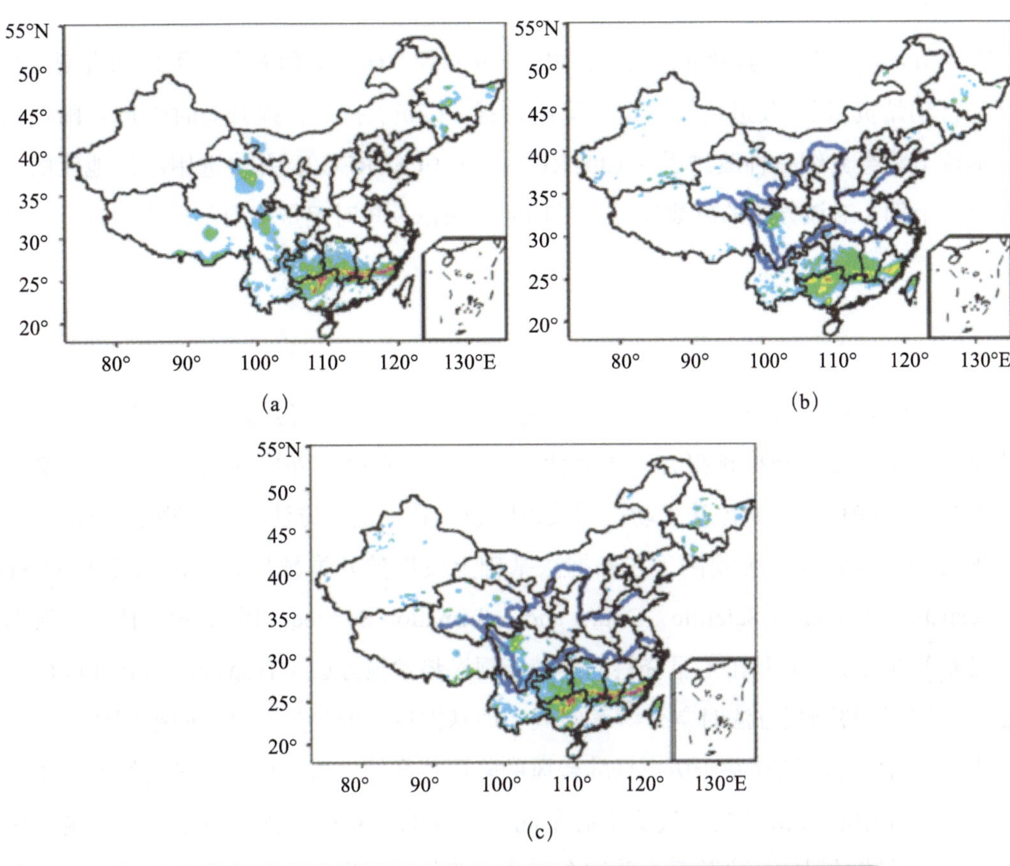

图 4.17　2009 年 7 月 2 日 23 时地面观测降水（a）、反演降水（b）和融合降水产品（c）的空间分布（单位 mm/h）

由于风云系列的卫星估测降水仅由红外遥感资料通过统计方法估计而成，本身误差较大，引入站点资料订正后虽然有效提高了有站点分布地区降水的精度，但对降水空间结构的连续性影响很大（潘旸 等，2011），特别是在站点密度变化非常剧烈的地区，降水的精度还有待进一步提高。鉴于中国复杂地形和雷达型号差异造成雷达组网的技术困难，鲜有将卫星—雷达—地面三源融合的产品问世。不过，近年来已有研究开始关注三源降水的融合技术（段旭 等，2010；高晓荣 等，2013，潘旸 等，2015）。总的来说，国内此类研究缺乏一定的系统性和延续性，而且这些技术主要应用在某一区域某些个例的分析上，并没有推出相应的业务化产品。

4.1.4 QPF 技术研究与应用

本章节重点针对当前短临降雨预报中的业务问题，研究如何充分利用地基观测（雷达组网和自动站资料），改进传统的定量降雨预报（QPF）技术，提升短时临近降雨预报能力。本章节将会介绍一种改进后的 COTREC 方法（CLTREC），并将选用浙江地区的三个登陆台风个例，对该方法的反演外推矢量场的效果以及短时定量降雨预报能力进行检验和评估。

4.1.4.1 研究背景

台风短时降雨预报方法可分为四类：外推预报方法、潜势预报方法、气候学方法和数值模式预报方法。外推预报方法主要使用雷达反演对降雨外推预报，包括回波交叉相关分析技术（TREC）、光流法，动态回波追踪技术特征追踪方法来确定降水系统移动等。潜势预报则结合其他遥感观测，在外推法基础上发展的外推预报方法，如美国 NESDIS（National Environmental Satellite，Data，and Information Service，国家环境卫星、数据与信息服务）发展了一套基于卫星资料的热带降雨潜势预报方法（Tropical Rainfall Potential，TRaP）。虽然潜势预报方法时空分辨率要低于地基雷达，但是其观测空间范围要远大于地基雷达。气候学方法则是基于历史登陆台风的降雨特征统计对台风降雨进行统计预报。如美国国家飓风中心根据离热带气旋中心不同半径处的轴对称降雨率与半径、强度、风切变、地形和登陆时间的经验关系，并结合模式的路径预报进行登陆热带气旋降雨的业务预报。数值模式预报主要通过高分辨数值模式循环分析与同化雷达资料或雷达反演风场资料，提高台风风雨短时预报。相比之下，四类方法中外推法在 0～1 h 的预报中效果最好，因此应用最广泛。

基于雷达的短临外推关键技术主要有两种：一是基于“区域追踪”的移动矢量场的反演；二是风暴单体的追踪。前者通过交叉相关方法、光流法、动态回波追踪等方法计算区域的相关性来获取外推格点移动矢量场，适合于混合型降水回波和降水面积较大的降水系统追踪；后者则通过识别三维对流单体，实现质心路径追踪，适合强对流单体的追踪和临近预报。本章节研究的台风降雨属于大面积暖性降水系统，因而更适合采用基于“区域追踪”的移动矢量场外推技术。

随着多普勒雷达在全国的布网，我国在台风短时临近降雨预报应用研究也取得了进展。中国气象局的强天气临近预报系统（SWAN）采用 COTREC 技术，即在 TREC 基础上，增加无辐散约束处理，采用半拉格朗日的平流方案，并用雨量计实时订正雷达估测降水。个例评估表明，对一般性降雨以及强降雨过程的短临预报，SWAN 的雷达的外推预报要优于中尺度数值模式预报结果。香港天文台的 SWIRLS（“小涡旋”系统）以及 GRAPES-SWIFT 短临外推预报系统也都采用了 COTREC 技术。最近几年，广东、深圳等地区将光流法引入短时临近预报系统，在一定程度上改进 0～1 h 的对流性降雨回波落区的预报精度，但对华南地区热带系统降水天气，传统 TREC 方法仍略优于光流法。

虽然 COTREC 引入无辐散约束等限制条件后比 TREC 外推更稳定，但在外推环流场曲率过大且含有错误信息的情况下，易造成外推移动矢量场扭曲、变形等问题。在台风高风速的背景下，外推移动矢量场中的错误信息易随外推时间的延长而不断累积，因而影响外推效果。本小节针对 COTREC 的不足，提出了一种改进后的外推预报方法——Continuity of Laplace TREC vectors，后面统一缩写为 CLTREC。选取台风个例对新方法的临近降雨预报精度和预报能力进行评估。第二部分将介绍实验数据以及 CLTREC 算法；第三部分是对外推预报评估；最后是总结和讨论。

4.1.4.2 数据和方法

1. 实验数据

本节选取浙江东部地区（宁波）为研究区域，该区域是受台风灾害影响较为严重的区域之一。区域内地形复杂，平地、丘陵、山地混合存在，其中靠海岸线多平地，而内陆则丘陵和山地更多。研究所用的资料包括区域内多普勒天气雷达的基数据（Level-II）资料、加密 10 min 自动站数据。表 4.6 列出了临近定量降雨预报研究的三个台风历史个例及其数据可获取情况。宁波 S 波段雷达位于慈溪达蓬山，站点海拔 485 m。为保证雷达观测精度，这里选取了雷达监测的 150 km 半径区域（图 4.18）。

表 4.6 台风临近降雨预报方法研究中用到的 3 个台风个例

台风名称	分析时间段（UTC，下同）	登陆时间（UTC，下同）	体扫个数	分析范围内加密自动站个数
海葵（2012）	08 月 07 日 03:00—08 日 01:00	08 月 07 日 19:20	233	956
菲特（2013）	10 月 06 日 03:00—06 日 20:00	10 月 06 日 17:15	181	1131
凤凰（2014）	09 月 21 日 20:00—22 日 15:00	09 月 22 日 11:35	204	1304

首先对雷达资料进行预处理，包括去除噪声点、地物回波、二次回波。这里反射率质量控制采用参考切面算法。在经过反射率质量控制后，使用双线性样条法将极坐标等仰角面数据插值到 1 × 10 km 等间距网格，采用混合扫描反射率因子数据估计降雨。使用三维格点线性插值方法将多仰角层数据处理成水平 1 × 10 km，垂直 0.5 km 的等高面反射率数据，其中雷达回波的移动矢量场反演采用 3 km 等高面反射率数据。

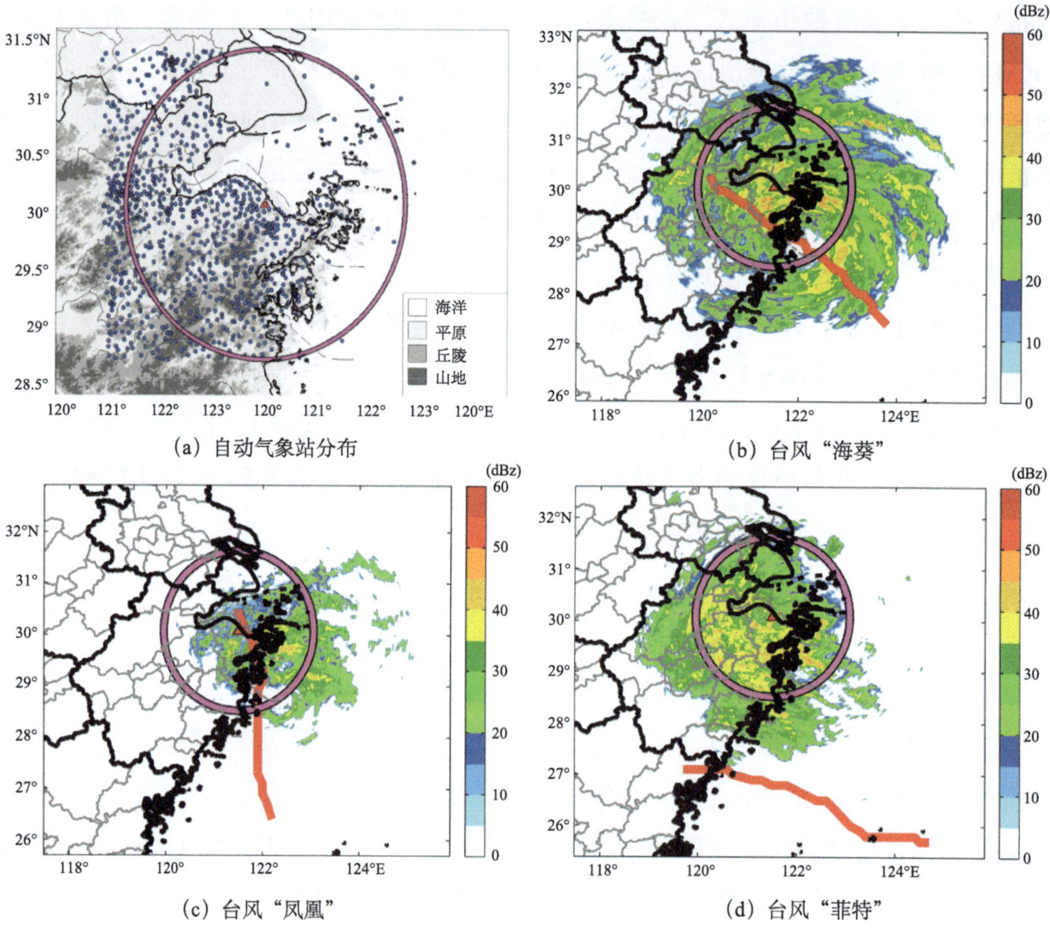

（a）自动气象站分布

（b）台风“海葵”

（c）台风“凤凰”

（d）台风“菲特”

图 4.18　研究区域内的自动站分布以及三个台风个例路径图
（图中红色三角形位置为宁波雷达位置，紫色圈为宁波雷达 150 km 半径圈，
蓝色小圆点为自动站位置，红色曲线为台风路径）

宁波地区自动站布网平均间隔距离 6～7 km，图 4.18a 是雷达扫描半径内自动站分布图。对自动站雨量观测数据进行预处理：（1）去除重复自动站信息：删除自动站号唯一，但是位置信息不唯一的站点；删除自动站号不唯一，但是位置唯一的站点。（2）对雷达估测小时雨量按照 Long Wen（2016）对江淮地区夏季季风季节统计的降雨 *Z-R* 关系，＞ 1.3 mm，但自动站小时雨量为 0.0 mm 的自动站点判定为异常，直接剔除数据。（3）1 h 内如数据记录不完整的，则对应 1 h 的自动站数据全部剔除。

之前的雷达雨量计联合校正后的降雨估计研究表明，卡尔曼变分估测法估算精度要高于最优插值法、变分法、卡尔曼滤波法和平均校准法。本节的台风降雨估计采用改进后的卡尔曼变分法，通过全局与区域最优拟合的垂直反射率因子廓线（VPR）获取近地面的最优反射率，并获取最优的动态 *Z-R* 关系。该方法充分考虑了复杂地形下的垂直降雨结构特征以及地形增雨影响，能有效地解决雷达在复杂地形下降水低估问题。此外，该算法联合自动站获取 1 h 时间尺度上的全局和区域最优的 VPR 廓线，可有效地避免雨滴下落过程中因风速造成的雨滴时空漂移问题。最后，考虑到远距离雷达探测高度过高，或者信号衰减易造成雷达探测回波强度偏弱等问题，实验中将网格化的雷达雨量计联合校正后的降水和网格化地面雨量计数据取最大值融合，进而获得相对最优的 1 h 台风降雨估计场数据。该降雨数据将作为短临外推预报的降雨初始场，同时用于降雨外推预报形状的对比。

2. 传统 COTREC 方法介绍

TREC 方法主要是根据两个相邻时刻区域内回波相关来确定回波移动方向和速度。具体计算时，则是在直角坐标系下，将雷达观测分成若干大小相等正方形“区域”，将相邻时刻“区域”中的回波分布做交叉相关（公式（4.11）)，求得相关系数 R 最大“区域”，获取“区域”回波移动矢量。

$$R=\frac{\sum\limits_{x,y}Z_1(x,y)Z_2(x,y)-\frac{1}{N}\sum\limits_{x,y}Z_1(x,y)\sum\limits_{x,y}Z_2(x,y)}{\left\{\left[\sum\limits_{x,y}Z_1^{\,2}(x,y)-N\overline{Z_1}^{\,2}\right]\times\left[\sum\limits_{x,y}Z_2^{\,2}(x,y)-N\overline{Z_2}^{\,2}\right]\right\}^{\frac{1}{2}}} \tag{4.11}$$

式中，Z_1 和 $Z_1(x,\ y)$ 为相邻的时次的雷达反射率因子数据，$\overline{Z_1}$ 和 $\overline{Z_2}$ 为所取正方形“区域”的雷达反射率因子的平均值，N 为所取正方形“区域”的格点数。

TREC 方法受雷达观测质量影响较大，反演的移动矢量场噪音比较大。COTREC 方法则增加了水平矢量场无辐散约束，通过迭代获取最优解，使得反演移动矢量场更为连续平滑。

$$F(\mathrm{u},\mathrm{v},\lambda)=\iint\limits_{\Sigma}\left[\left(\mathrm{u}-\mathrm{u}^0\right)^2+\left(\mathrm{v}-\mathrm{v}^0\right)^2+\lambda\left(\frac{\partial u}{\partial x}+\frac{\partial v}{\partial y}\right)\right]\mathrm{d}x\mathrm{d}y \tag{4.12}$$

这里（u^0，v^0）为 TREC 反演的移动矢量场，λ 为拉格朗日增量函数，通过求解目标函数 F 最小值，获取分析的移动矢量场（u，v)。COTREC 方法虽然一定程度上消除了反演的矢量场的“噪声”，改善了连续性，但对于台风这类气旋性且风速较大系统，COTREC 方法更多是最小化“噪声”数据影响，并无法彻底消除“噪声”数据。

3. 改进的 COTREC 外推预报方法（CLTREC）

上述的 COTREC 方法在台风风速较大时，易出现迭代无法收敛，进而造成反演的雷达回波移动矢量的缺失。而 CLTREC 方法针对这些问题进行改进，在此基础上采用后向半拉格朗日平流外推方法。这里为保证样本数，并能较好地反映台风环流场局部特征，采用 10 km 间距计算回波移动矢量，同时相关回波正方形区域尺寸取 21 km。下面将介绍 CLTREC 方法改进的三个方面。

首先，增加相邻时刻区域内回波阈值判定，认为相邻时刻回波演变在一定范围，也即区域内回波相邻时刻的误差小于一定的阈值。

$$A:\left\{E_{diff}(x+s_x,y+s_y,t+1)<E_{th}(x,y)\right\} \qquad (s_x^2+s_y^2)<R^2 \tag{4.13}$$

其中 $E_{diff}(x+s_x,y+s_y,t+1)=\left|E_{ave}(x+s_x,y+s_y,t+1)-E_{ave}(x,y,t)\right|$

$$E_{ave}(x,y,t)=\frac{1}{n}\sum_{i=1}^{n}Z(x,y,i,t)$$

E_{diff} 表示相邻时刻以格点位置（x，y）为中心的搜索半径 R 范围内的偏移（s_x，s_y）的位置和格点位置（x，y）的回波强度平均值（E_{ave}）差异，E_{th} 为差异上限。

其次，增加全变分矢量修正处理，即借鉴光流法和图像矢量全变分修复的思想，通过迭代计算最小化全场矢量平滑度 S（u，v），修正和补缺反演移动矢量场。

$$S(u,v)=\int_{\Omega}\left(\Delta Ver\right)\mathrm{d}\Omega=\int_{\Omega}\left(\left|\Delta u\right|+\left|\Delta v\right|\right)\mathrm{d}\Omega \tag{4.14}$$

其中 $\Delta u=\frac{\partial^2 u}{\partial x^2}+\frac{\partial^2 u}{\partial y^2}$，$\Delta v=\frac{\partial^2 v}{\partial x^2}+\frac{\partial^2 v}{\partial y^2}$，$\Omega$ 为 CLTREC 分析范围内所有有效雷达数据点的区域，ΔVer 为矢量平滑因子。具体变分修正流程如图 4.19 所示：对所有存在回波但是移动矢量缺失的格点，采用其邻域范围内的移动矢量平均值代替（实验表明，领域半径取 30 km，可最大限度地保留原有的局部环流特征，同时也能起到一定的滤波效果）；之后计算每个格点矢量平滑因子，判断其是否小于指定阈值；循环迭代获取最优移动矢量场。

最后，利用 Cressman 插值，获取完整的 1 km 分辨率的格点移动矢量场。

4. 外推预报评估方法

本章节利用实况观测小时雨量来检验 CLTREC 和 COTREC 外推预报的效果，计算外推预报与观测的误差，相关系数以及偏差评分，具体评分计算公式如下：

$$RMSE=\left[\sum_{i=1}^{N}(B_R(i)-B_G(i))^2/N\right]^{0.5} \tag{4.15}$$

$$CC=\frac{\sum_{i=1}^{N}B_R(i)B_G(i)-\frac{1}{N}\sum_{i=1}^{N}B_R(i)\sum_{k=1}^{N}B_G(i)}{\left[\left(\sum_{i=1}^{N}B_R^2(i)-N\overline{B_R}^2\right)\left(\sum_{k=1}^{N}B_G^2(i)-N\overline{B_G}^2\right)\right]^{1/2}} \tag{4.16}$$

$$Bias=\sum_{i=0}^{N}B_R(i)\Big/\sum_{i=0}^{N}B_G(i) \tag{4.17}$$

式中，$RMSE$，CC 和 $Bias$ 分别为降水小时预报与观测的雨量误差（单位 mm/h）、相关系数以及偏差。这里 B_R 和 B_G 分别代表了雷达预报和自动站观测配对的 1 h 雨量的样本数组，样本数为 N。这里 $\overline{B_R}$ 代表配对组 B_R 的平均数值，$\overline{B_G}$ 代表配对组 B_G 的平均数值。

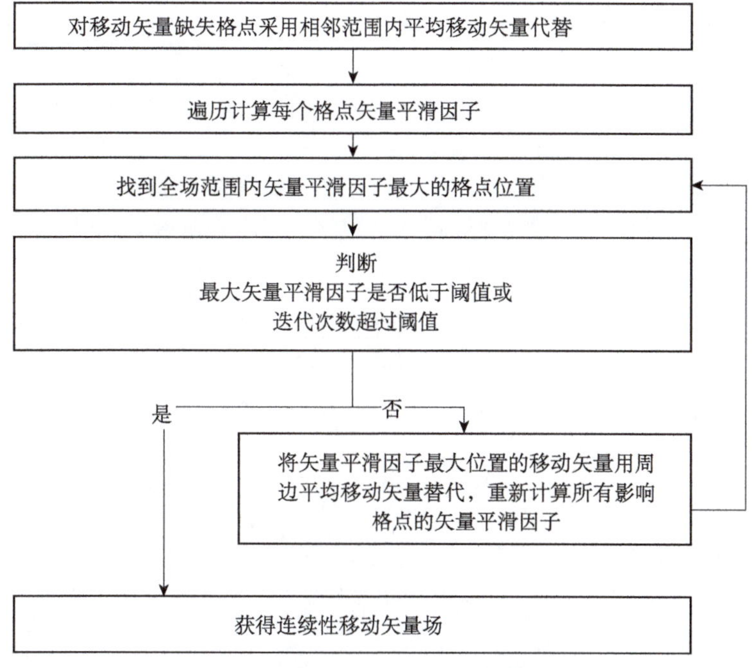

图 4.19　回波移动矢量质量控制流程图

4.1.4.3　实验结果

1. CLTREC 和 COTREC 算法反演雷达回波移动矢量场对比分析

实验选取了三个台风个例，图 4.20 为 CLTREC 和 COTREC 反演的雷达回波移动矢量场对比。台风“海葵”是 2012 年 8 月份登陆的强台风，其台风眼范围较大，宁波雷达观测到完整的台风眼环流。CLTREC 方法（图 4.20a）可以准确反演大眼台风的环流特征结构，反演的大风速区域的矢量方向呈现气旋性特征且较连续。相比之下，COTREC 方法（图 4.20b）所反演的移动矢量场噪音比较明显，局部区域因为相关性系数过低导致反演的矢量场信息缺损。台风“菲特”反演的环流场显示（图 4.20c 和 4.20d），该台风外围环流回波的分布相对较为离散。CLTREC 方法要明显优于 COTREC 方法，矢量场连续性和稳定性更好。在一些回波较为离散区域，由于信息量的不足，导致 COTREC 方法反演结果中含有“噪音”信息，而 CLTREC 方法则很好地克服此问题。相比“海葵”和“菲特”，台风“凤凰”的移动矢量场较弱（图 4.20e 和 4.20f）。同样，CLTREC 方法对于强度偏弱的台风反演能力也要优于 COTREC 方法，反演的移动矢量场更为稳定且准确。COTREC 方法对于回波面积大区域的移动矢量场反演效果较连续。在台风眼没有完全闭合，且回波相对较为离散区域，COTREC 方法的连续性和稳定性受到影响，而 CLTREC 方法很好地克服了这些问题。

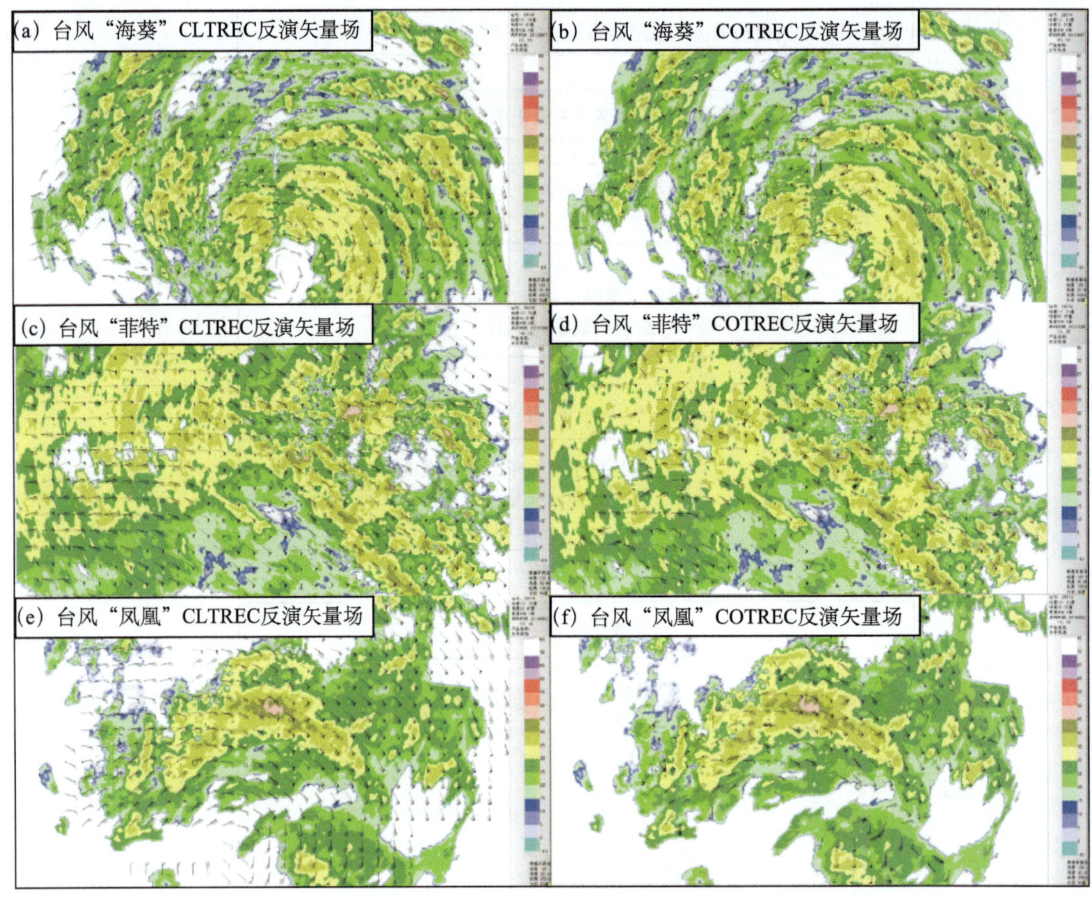

图 4.20　CLTREC 和 COTREC 反演的雷达回波移动矢量场比较
（a，b 分别为台风"海葵"的 CLTREC 和 COTREC 反演矢量场；c，d 分别为台风"菲特"的 CLTREC 和 COTREC 反演矢量场；e，f 分别为台风"凤凰"的 CLTREC 和 COTREC 反演矢量场）

总体而言，无论是对于台风中心区域大曲率特征的气旋性环流或者台风外围相对较平直的气旋性环流，CLTREC 方法反演的连续性和稳定性都要优于 COTREC 方法；对台风气旋性环流结构的描述更为合理，且比 COTREC 方法具有更强的"抗噪"能力。

2. 1 ～ 2 h 短时临近降雨预报和实况降雨的比较

图 4.21～4.22 为观测到的不同台风降水以及基于 CLTREC 方法与 COTREC 方法反演雷达回波移动矢量场进行外推的降水预报。台风"海葵"观测降水呈现明显的螺旋雨带带状结构（图 4.21a 和 b），CLTREC 方法反演的移动矢量场呈气旋性特征，外推雨量预报的雨带形状和观测接近，只是由于雷达观测范围的限制，并没有观测到外推完整雨带，使得预报雨带的长度较观测短（图 4.21c 和 d）。COTREC 方法预报的雨带则比较乱，这是因为反演的移动矢量场在降水区域噪音较大，1 h 预报虽然能维持细长雨带的特征（图 4.21e），但明显弯曲；2 h 预报基本上无法呈现螺旋雨带的特征（图 4.21f）。

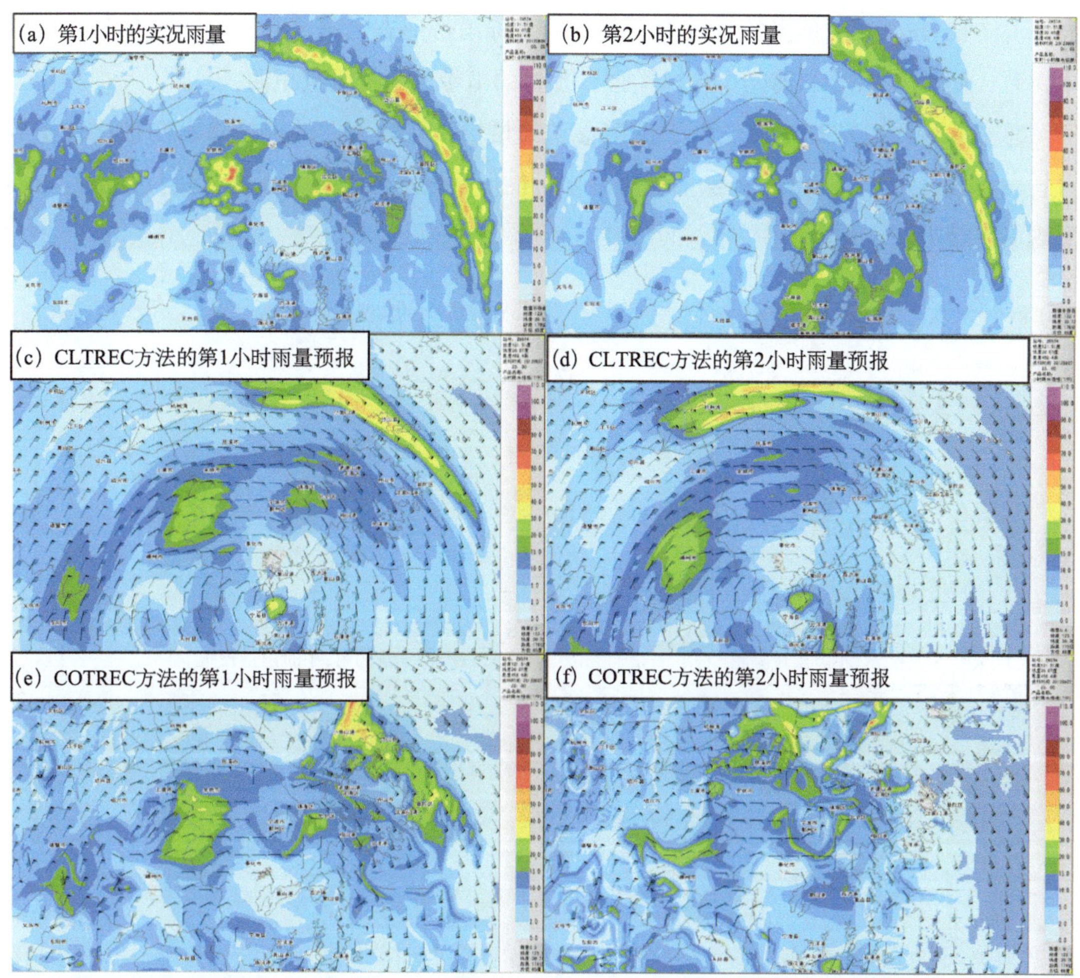

图 4.21 台风“海葵”（UTC）2012 年 08 月 07 日 23 时 01 分的 0～2 h CLTREC，COTREC 方法的临近降雨预报和实况比较图（a，b 为预报时次未来第 1 和第 2 小时的实况小时雨量；c，d 为 CLTREC 方法的第 1，2 小时的小时雨量预报叠加 CLTREC 的移动矢量场，e，f 为 COTREC 方法的第 1，2 小时的小时雨量预报叠加 COTREC 的移动矢量场）

台风“菲特”降雨效率高，降水量大。观测有三条主要的雨带，最强的处于诸暨、奉化到象山一带的超强小时强降雨雨带，中心区域最大雨量超过 80 mm/h；剩下两处分别位于慈溪、余姚到北仑一带，以及天台到三门一带（图 4.22a 和 b）。CLTREC 方法 1～2 h 预报的降水落区以及强度都与实况较为接近（图 4.22c 和 d）。同 CLTREC 预报相比，COTREC 预报结果因受外推矢量场质量影响，预报的降雨落区和实况差异较大，且由于“菲特”台风风速更强，降雨带扭曲比海葵台风更加严重（图 4.22e 和 f）。

台风“凤凰”强度偏弱，因此，在一些区域其回波较离散。在这些离散区域内，CLTREC 方法仍可获得相对连续的外推移动矢量场，而 COTREC 方法在相关性搜索半径较大的条件下搜索不确定性增大，一些区域则由于相关性过低导致风速缺测（图 4.23a， c，e）。CLTREC 方法预报的台风中心附近的强降雨带形态、落区和强度预报都与观测基本一致，而 COTREC 和前两个台风类似，预报的雨带较为松散且扭曲。

总体来说，COTREC 方法由于反演移动矢量场噪音较大，外推的降水雨带比较松散且扭曲比较严重。CLTREC 方法的预报降雨带的形状更平滑，降水强度以及位置也都与实况观测更接近。

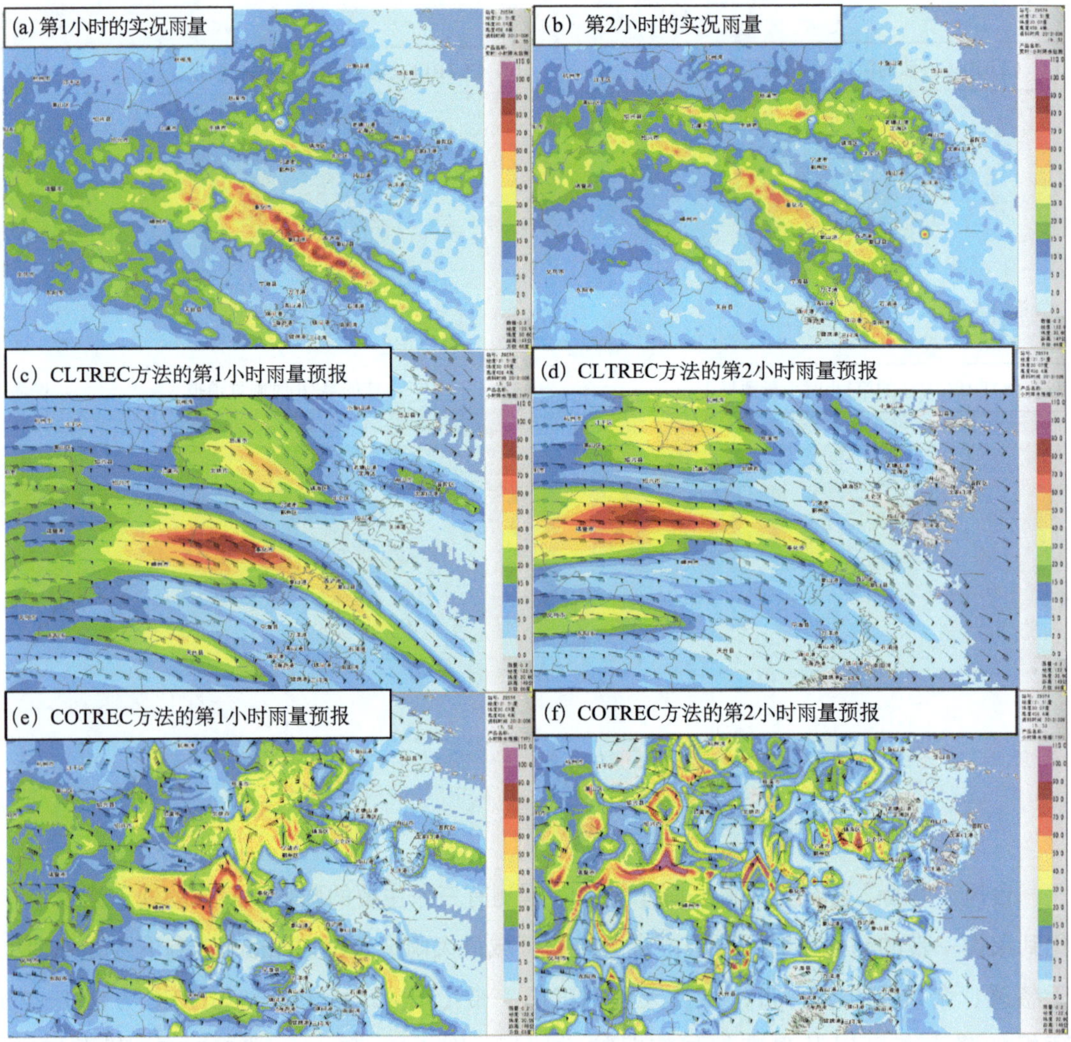

(a) 第1小时的实况雨量

(b) 第2小时的实况雨量

(c) CLTREC方法的第1小时雨量预报

(d) CLTREC方法的第2小时雨量预报

(e) COTREC方法的第1小时雨量预报

(f) COTREC方法的第2小时雨量预报

图 4.22　同图 4.21，但为台风“菲特”（UTC）2013 年 10 月 06 日 17 时 53 分的 0～2 h 临近降雨预报与实况对比

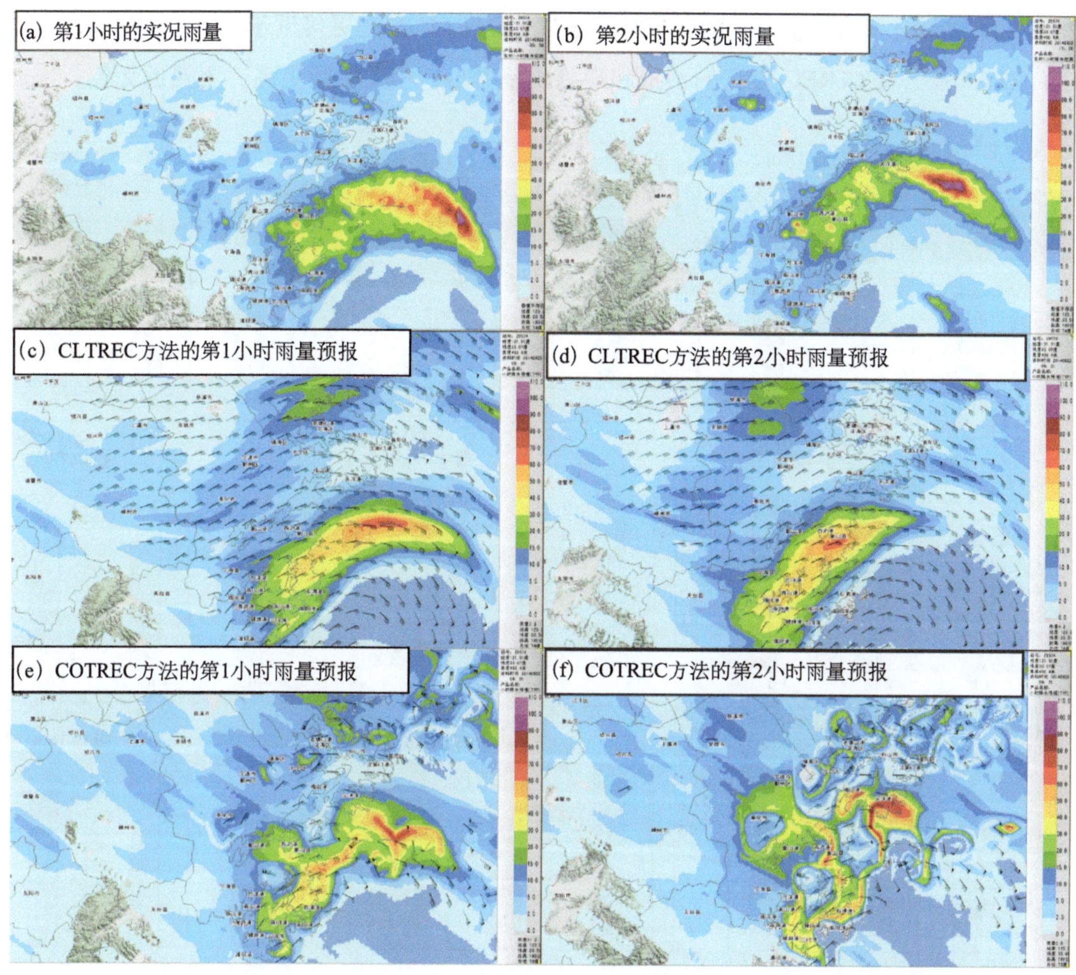

图 4.23 同图 4.21，但为台风“凤凰”（UTC）2014 年 09 月 22 日 09 时 01 分的 0～2 h 临近降雨预报与实况对比

3. CLTREC 和 COTREC 预报定量检验

图 4.24 为 CLTREC 方法和 COTREC 法的预报精度的定量评估，这里检验 1～3 h 的外推预报。从预报误差看，除了台风“菲特”第 2 和 3 小时预报以及“凤凰”的第 3 小时预报外，CLTREC 方法比 COTREC 方法预报的误差小。CLTREC 误差大的原因可能是预报的强降水范围偏大。随着预报时长的增加，预报的误差快速增长，3 h 预报误差约为 1 h 预报误差的两倍。从相关系数看，CLTREC 方法比 COTREC 方法外推预报和观测的相关性更高。三个台风 1 h 的降雨预报与观测的相关系数在 0.7 以上，预报结果具有较好的参考价值；2 h 预报与观测的相关系数为 0.4～0.5，但 3 h 预报与观测的相关性减弱，只有 0.2～0.3。这主要是因为现有的算法只是依据当前时刻所反演的移动矢量场，而实际风速风向在未来 1～3 h 变化明显，在以后的研究中将考虑结合模式风场预报来修正

2～3 h 降雨预报。从偏差看，CLTREC 方法比 COTREC 方法更接近于 1。总体来说，相比 COTREC 方法，CLTREC 方法的预报和观测误差更小，相关系数更高，更接近无偏。

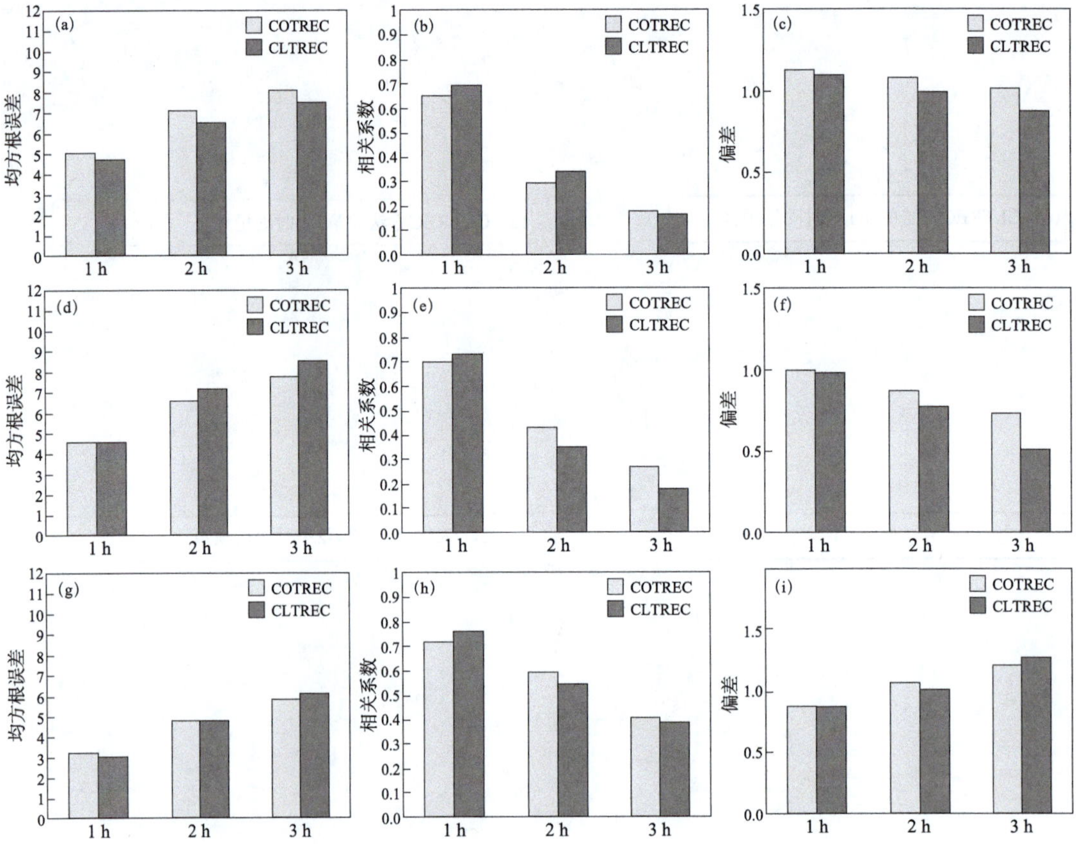

图 4.24 CLTREC 方法和 TREC 方法的台风小时雨量预报精度比较
（图中从左到右三列依次为两类方法对台风小时降雨预报和实况观测小时雨量的误差，相关系数和偏差；其中，a、b、c 为台风“海葵”统计结果；d、e、f 为台风“菲特”统计结果；g、h、i 为台风“凤凰”的统计结果）

4.1.4.4 结论

本节提出了 CLTREC 外推预报方法，该方法在传统 COTREC 方法基础上，增加了相邻时刻区域内回波的连续性检验，同时增加了矢量全变分修正，最后利用获取的高质量雷达回波移动矢量场，插值获取完整的格点移动矢量场。选取了三个台风个例，对 CLTREC 法和 COTREC 法反演的移动矢量场以及外推预报结果进行了对比，主要结论如下：

（1）相对于 COTREC 法，CLTREC 方法可以获得更为连续稳定的台风外推环流移动矢量场，能更好地呈现台风的气旋性环流结构特征。

（2）相对于 COTREC 方法，CLTREC 方法外推预报的降雨带形状、强度以及位置与观测更为接近。预报定量评估也表明，CLTREC 方法预报的总体误差更小，相关系数更高，偏差更接近无偏。

虽然 CLTREC 方法改善了台风短时临近降雨预报能力，但我们也注意到随着外推时间的延长，预报的准确性明显降低，这主要是因为外推预报并没有考虑对流的生消，另外，外推使用的移动矢量场没有随时间演变，以后的研究将融合数值模式预报来进一步提高短临预报准确率。

4.1.5 快速更新同化预报系统和雷达融合权重技术的应用

4.1.5.1 融合技术简介

基于外推技术与数值预报技术的临近预报系统各有所长，通过融合技术将雷达回波外推和高分辨率数值预报结果相结合形成的融合临近预报系统也许是目前提高临近预报能力的可行方法（俞小鼎 等，2012）。一般来说，雷达外推的时效不超过 3 h，目前的融合系统主要是将雷达回波外推与高分辨率数值模式结果相结合，0～1 h 时段，依靠雷达回波外推的优势，1～3 h 主要依靠雷达外推和数值模式融合，而 3～6 h 主要以数值预报为主。

目前融合临近预报系统主要包括英国的 NIMROD（Conway et al，2009；Golding et al，1998）、英国和澳大利亚的 STEPS（Bowler et al，2006；Seed，2003；Lorenc et al，2000）、中国香港的 SWRIL（Huang et al，2006；Wong et al，2006；Li et al，2004；Yeung et al，2009；Saito et al，2006）、中国自主开发的 GRAPES-SWIFT（Hu et al，2009；Liang et al，2010；Feng et al，2007）和美国的 Niwot-human（Wilson et al，2006），其中前面 4 个系统已经投入业务使用。目前的融合系统大多为雷达回波、降水等最终预报产品的融合，为了更好地利用模式与外推的优势，风暴强度、组织结构及影响风暴生消的环境参量的融合作用也很显著，如美国的 Niwot-human 融合系统充分利用模式对雷暴生消演变的预报，将模式预报的倾向以一定的比例改变外推场。中国自主研发的 GRAPES-SWIFT 基于中尺度数值预报结果统计环境潜势对风暴回波强度的影响，给出回波强度随时间的变率，并将其叠加到外推回波场上，两者都充分利用了模式倾向预报较好的优点，对外推回波强度进行修正，一定程度上弥补了外推技术不能预报回波新生和演变的缺陷。

针对雷达外推与数值模式融合的预报方法主要有三类：加权平均法（Golding et al，1998）、趋势调整法（Wilson et al，2010）和 ARMOR（Adjustment of Rain form Models with Radar data）方法。加权平均，其思路为预报为雷达外推和数值模式预报结果的加权平均，其权重系数根据外推预报和模式预报精度与预报时间的统计关系确定。趋势调整法，利用模式预报的降水区域和强度变化的趋势消息，对雷达外推的降水范围和强度进行修正，以获取最终的预报。ARMOR 方法，首先利用当前雷达观测分析模式预报的降水位置和强度误差，并导出误差的时间变化趋势，然后利用估计的误差趋势对模式预报的降水和强度误差进行修正。加权平均法因为其算法简单和计算成本不高，故大多数融合系统都采用该方法，如香港的 RAPIDS 融合系统。其关键问题是如何得出一组最优的权重系数，以充分兼顾外推和模式各自在预报时效和准确率方面的优势，从而实现在整个预报时效内的预报准确率都达到相对最高。主要流程为对雷达外推和数值预报系统相当长一段时间内的预报效果进行检验，根据技巧评分确定权重系数，预报技巧高的权重高，预报技巧低的权重低。在预报周期内，权重随着时间的变化常基于统计给出一个经验权重演变公式，如香港的 RAPIDS 融合系统的数值模式权重公式为：

$$w(t)=\alpha+\left(\frac{\beta-\alpha}{2}\right)\times\{1+\mathrm{tha}h(t-3)\} \tag{4.18}$$

式中，t 表示预报时长，单位：h；α，β 分别为 $t=0$ h 和 $t=6$ h 时的模式权重。一般来说，模式在 4 h 后的技巧评分相对稳定，外推在 6 h 预报周期内权重呈现指数下降，因此大多数权重时间演变函数采用指数函数。

本节将介绍如何利用浙江省的快速更新同化预报数值模式（ZJWARRS），基于光流法外推技术和雷达融合预报技术，开发逐 10 min 滚动更新的 0～6 h 的强对流融合预报产品。

4.1.5.2 改进后的光流法临近外推技术

在充分考虑传统的最优化方法和概率配对法优缺点的基础上，获取全省组网雷达和雨量计动态关系，并进行实时降水 QPE 分析。0～1 h 的降水临近预报（QPF），使用光流法计算得到的光流场来代替交叉相关法得到的运动矢量场。与简单的交叉相关法相比，光流法从偏微分方程的角度来求解光流场，在计算过程中使用了严格的约束条件，运用递归法进行求解。

光流法本质上是通过检测图像像素点的强度随时间的变化进而推断出物体移动速度及方向的方法。LK（Lucas–Kanade）方法是一种广泛使用的光流估测的差分方法。该方法假设光流在像素向的领域是一个常数，然后使用最小二乘法对领域中的所有像素点求解基本的光流方程。通过结合几个邻近像素点的信息，该方法通常可以消除光流方程里的多义性。而且，与逐点计算法相比，LK 方法对图像噪音不敏感。不过，由于这是一种局部方法，所以在图像的均匀区域内部，LK 方法无法提供光流信息。HS（Horn–Schunck）光流算法用一种全局方法估计图像的稠密光流场（即对图像中的每个像素计算光流）。算法基于两个假设：（1）灰度不变假设，物体上同一个点在图像中的灰度是不变的，即使物体发生了运动。（2）光流场平滑假设，场景中属于同一物体的像素形成光流场向量应当十分平滑，只有在物体边界的地方才会出现光流的突变，但这只占图像的一小部分。总体来看图像的光流场应当是平滑的。该算法构造了一个能量函数，求光流场的问题转化为求能量函数的最小值。

HS 法以全局平滑条件和灰度守恒为基础；而 LK 算法假定小范围光流一致，有良好的抗噪性；LK 算法是对局部光流区域进行高斯平滑，而 HS 算法将数据项与平滑项分开；本项目中提出一种融合 LK 和 HS 优点的改进光流方法，新方法将 LK 算法局部光流的高斯卷积模板添加到HS算法中，与HS算法数据项目做运算。通过两者的能量泛函函数（公式（4.19）为 LK 法的能量泛函，公式（4.20）为 HS 法的能量泛函）的融合，泛函（公式（4.21））取极小数值。

$$E_{lk}(u,v)=K_p*(I_xu+I_yv+I_t)^2 \tag{4.19}$$

$$E_{hs}(u,v)=\iint[\lambda(u_x^2+u_y^2+v_x^2+v_y^2)+(I_xu+I_yv+I_t)^2]\mathrm{d}x\mathrm{d}y \tag{4.20}$$

$$E_{hs}(u,v)=\iint(K_p*(I_xu+I_yv+I_t)^2+\alpha^2(u_x^2+u_y^2+v_x^2+v_y^2))\mathrm{d}x\mathrm{d}y \tag{4.21}$$

泛函 $J(u(x,y),v(x,y))=\iint(E_\varepsilon+\alpha^2E_\gamma)\mathrm{d}x\mathrm{d}y$

其中，$E_\varepsilon=K_p*(I_xu+I_yv+I_t)^2$，为数据项；

$E_\gamma=\iint[(u_x^2+u_y^2+v_x^2+v_y^2)]\mathrm{d}x\mathrm{d}y$ 为平滑项。

针对交叉相关法和光流法的试验及评价的结果表明，对变化较快的强对流降水天气过程，光流法明显优于交叉相关法（图 4.25）。采用光流法外推技术改进传统的交叉相关法识别强对流回波团和矩心跟踪法进行回波团跟踪外推：根据最新时刻的自动雨量站网实时格点数据，应用雷达 1 h 降水估计直接作线性外推。

4.1.5.3　1 ～ 6 h 的降水融合预报技术

ZJWARRS 数值模式产品是快速同化更新系统的输出结果。该预报系统逢整点同化一次观测资料，然后进行预报，起报时次为 3 h 滚动，预报时效为 24 h，经过同化观测数据后得到模式初始场，该系统的详细说明在第五章。自动站资料在经过时间和空间一致性检验后，也进入了同化系统，每次预报滞后 60 min 左右出结果。雷达外推预报逢整点与数值预报进行融合，输出 1～6 h 同分辨率格点化预报产品。考虑到强天气系统在 0～6 h 的演变过程中，外推矢量场的演变问题，因此构建了基于数值预报为背景场的光流法改进。该技术的改进在于其外推矢量场是基于数值预报的逐 1 h 的雨量场进行外推矢量场的反演，然后按照时间权重函数和基于组网雷达反演的外推矢量场进行融合，融合技术可以较好地

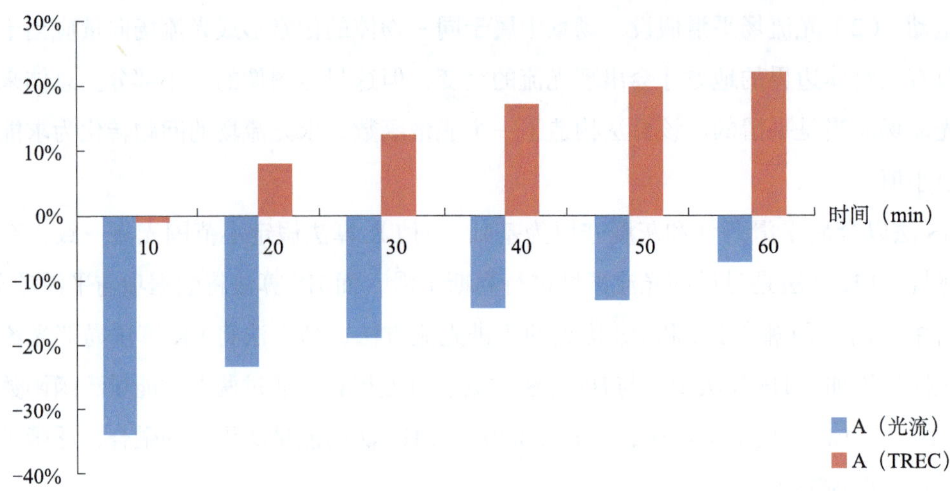

图 4.25　光流法对 TREC 方法的改进效果（杭州站）

改良 2～6 h 的外推融合预报效果。

雷达外推与数值模式的融合方法采用正切动态权重法。以往模式的权重变化用一个双曲正切线来表示，正切曲线的两个端点根据降水天气类型和预报员的天气变化经验、雷达气候学、对流系统的强弱等确定。且不同的天气系统融合权重参数 α 和 β 是不同的，根据降水系统过程调整融合权重，可以提高融合的预报效果。如在降水系统变化快的对流系统中，数值模式的预报能力有限，其初始时刻数值模式权重可设置低值；在降水系统稳定的对流系统中，由于数值模式有一定的预报能力，特别是经过位相调整和强度修正的预报场更有应用价值，其初始时刻的权重可设置高些。

不同的对流系统具有不同的生命史，大量的观测资料研究表明，对流风暴单体的生命史一般＜ 30 min。研究发现，对于局地性的强对流系统，30 min 内雷达外推效果比较好，可以直接作为预报参考，而数值预报模式在 2 h 以上的预报误差相对较小。因此，雷达资料和数值模式融合技术采用以动态权重融合法。在前 30 min 内假设雷达外推的权重系数较大，数值模式权重系数较小，而在较长时间后设置雷达外推权重系数为 0，数值模式权重为 1。构造如下时间权重非线性函数：

$$W_m(t,T)=\begin{cases}0 & t<0.5\\ \sin^2\left(\dfrac{\pi(t-0.5)}{2(T-0.5)}\right) & t\in[0.5,T]\\ 1 & t>T\end{cases} \tag{4.22}$$

$$W_r(t,T)=\begin{cases}1 & t<0.5\\ \cos^2\left(\dfrac{\pi(t-0.5)}{2(T-0.5)}\right) & t\in[0.5,T]\\ 0 & t>T\end{cases}$$

式中，T 为强对流系统的时间长度（单位：h）。

由于强对流天气系统的生命史存在一定的不确定性，因此，在实际业务分别采用 $T=1$，2，3，4 共 4 种权重关系式带入融合预报，通过将预报结果和过去的实况观测比较，动态从 4 种权重函数中，选择和实况偏差较小的作为最后的融合预报权重系数。权重函数曲线如图 4.26 所示。

融合动态调整的基本思路是用常用的预报技巧评估参数对外推及模式预报效果进行评估，业务中可以首先求取两个系统与观测值的误差，用迭代法求最优模式权重，以使一组误差值达到最小，从而得到预报时段的权重因子，最后用归一化的权重线性集成求得融合效果。因不同个例技巧评分差异大，无法得到一个统计平均的融合系数，因为采用大多数融合方案的做法是：用前一个预报周期的最优权重系数或者滑动平均取前几个时刻的预报效果外延到下一个预报周期，最终获取动态权重融合。

权重动态调整主要分以下几个步骤：（1）由于预报场和实况场的范围和分辨率不一致，应先要把预报和实况数据进行匹配，将其插值到同一分析场；为了减少误差，可对数值模式进行位置修正和强度修正。（2）用评估指标分别对外推及数值模式进行评估，降水的阈值选择 1 mm 以上。分别求取前一时刻两个系统与观测值的误差，用迭代法求取最优模式权重，以使 FSS 评分最大作为评判条件，综合考虑 ETS、CSI 和 RMSE 的表现得到权重因子 $\mathrm{w}(t)$。（3）用 $R_{blending}(t)=(1-\mathrm{w}(t))\times R_{radar}(t)+(\mathrm{w}(t))\times R_{model}(t)$，其中 t 代表预报时效，$R_{radar}(t)$ 代表 t 时刻雷达外推降水，$R_{model}(t)$ 代表模式预报降水，$\mathrm{w}(t)$ 代表模式权重占比。

根据 2016—2018 年的实验，利用动态权重融合法融合后的预报结果与雷达外推和数值模式预报结果相比均有所改进，特别是该动态选择策略，对于不同的天气形势都有较好的适应性。融合后的结果更接近实况，表明动态权重融合法是有效可行的，对短时临近预报技术研究有较高的参考价值。

4.1.5.4 融合技术应用案例

检验是融合的基础和前提，由于外推和模式对风暴移动速度的预报存在系统性偏差从而导致相关系数可能为负；绝对误差、相对误差对样本数和雨强大小敏感，邻域法 FSS 指标虽受邻域尺度影响而不同，但因雷达外推和数值模式均是在同一邻域尺度而具有可比性，且不受样本数影响。FSS 评分、修正的 TS 评分（ETS）与 CSI 经常用来评估强对流低概率事件，RMSE 可以评估降水的离散度偏差。故评估指标选择 FSS、ETS、CSI 和 RMSE。

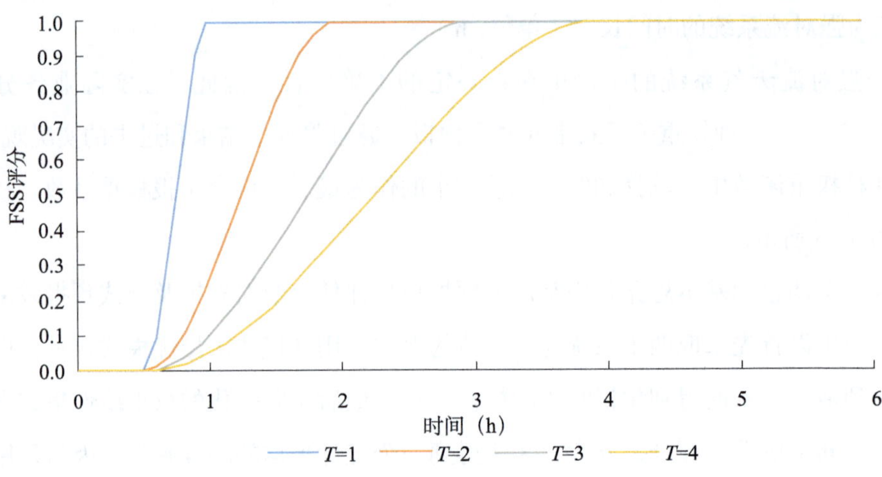

图 4.26　动态权重融合法 T 时间模式权重函数曲线

以 2018 年 7 月 26 日一次强对流过程为例，雷达外推降水采用改进后的光流算法外推、用矩心跟踪法进行强对流回波团跟踪，再结合自雨量站实时数据，应用最佳概率窗求得最配合的 Z-I 关系，经变分订正后，结合外推矢量场外推计算出的预报产品。中尺度模式采用浙江省快速更新同化系统，初始场为三维变分分析并同化了各种观测资料，空间分辨率为 0.03°，时间分辨率为 1 h。分析发现：此次过程回波以分散性块状回波为主，数值模式模拟能力弱，在 1 h 时效内，FSS 评分在 0.58，随着时间的增加，第 3 h FSS 评分在 0.3 左右。在 0～3 h 内评估指标 FSS、ETS、CSI 和 RMSE 均具有一致的演变趋势，雷达外推技巧均高于中尺度数值模式，且融合了外推和模式的预报结果明显优于参加融合的外推和模式系统。图 4.27 模式权重采用动态权重融合法计算的最优权重 0.32，可以看出无论在降水量级和落区上均比之前有所改进，并发现在融合时使用固定的数值模式权重曲线会使得融合的误差逐步增大。

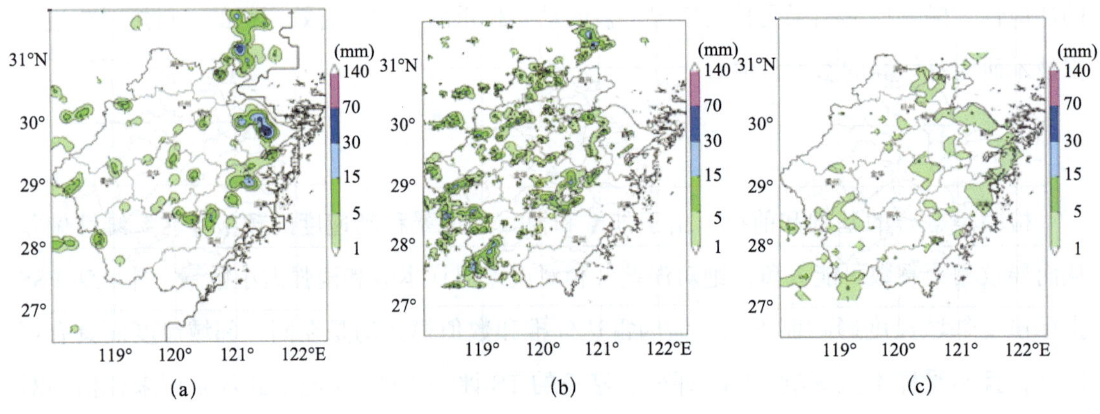

图 4.27　融合实验结果与实况对比

（a）2018 年 7 月 26 日 14 时降水实况；（b）2018 年 7 月 26 日 11 时的第 3 小时融合降水预报（权重系数为 0.48）；（c）2018 年 7 月 26 日 11 时的第 3 小时融合降水预报（权重系数为 0.32）

4.1.5.5 0 ~ 6 h 强对流融合预报技术

强对流融合的基础是雷达反射率与数值产品反射率的融合，强度的反射率融合时由于单位量级是非线性（与降水量不同），因此，采用基于 TITAN 方式对强度分等级进行融合的方法，最后再合成为反射率的融合预报（图 4.28）。基于雷达监测反射率因子和快速更新同化系统输出的雷达反射率因子的融合技术，数值预报对流指数与温度廓线、概率统计等作类别判别、以配料法为基础构建模糊逻辑算法，初步建立了具有浙江地理气候特点、本地化阈值、与浙江高分辨模式输出动态匹配的强对流分类型（冰雹和雷暴大风）和强度的格点化融合预报系统。

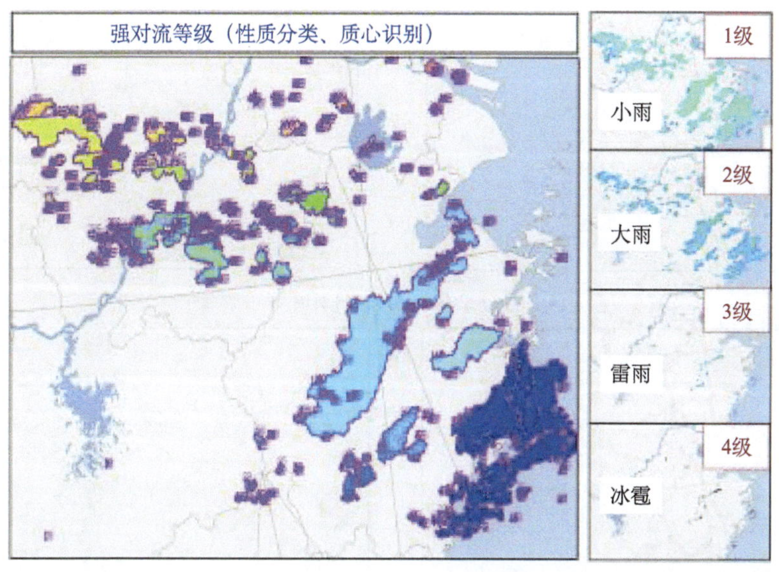

图 4.28 对质心属性、反射率强度等级进行分类后以 TITAN 方式的反射率融合

雷暴大风、冰雹短临概率预报产品已经投入业务应用，预报时效 0～6 h，更新频次 10 min，分辨率 1 km × 1 km。以下是业务应用实例。

1. 雷暴大风实例

从 2017 年 8 月 16 和 8 月 17 日两次雷暴大风的实例检验来看，雷暴大风概率预报与实况落区吻合较好，绿色区代表＜ 25% 的概率，基本对应实况 7 级及以上大风，25% 以上概率基本可以反映出 8 级以上大风（图 4.29）。

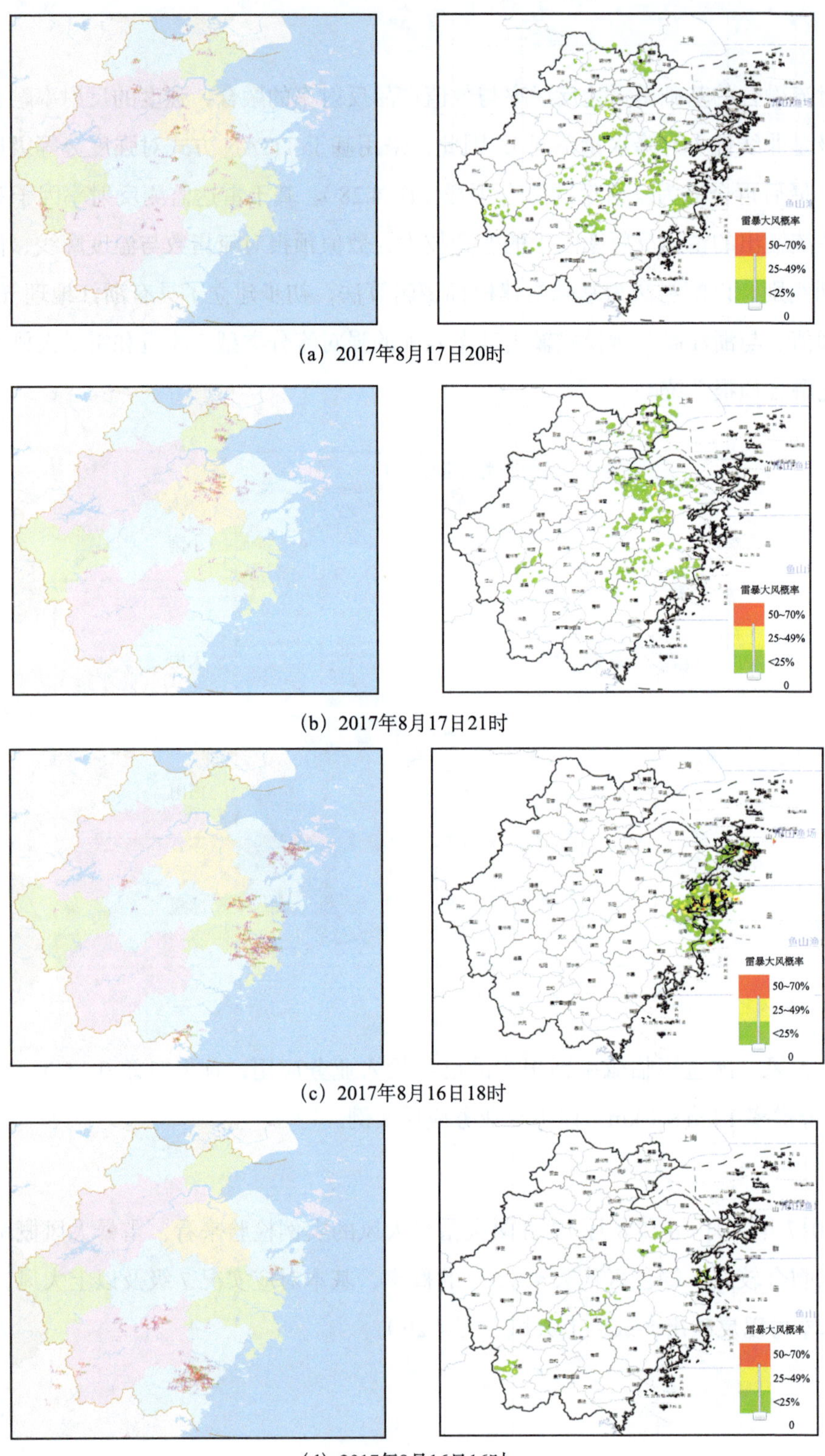

图 4.29　2017 年 8 月 16—17 日雷暴大风融合预报结果（右列）与实况（左列）对比

2. 冰雹实例

从 2018 年 3—5 月的 4 次冰雹实况过程（图略）来看，雷达数值模式融合的模糊逻辑判别算法可以较好地识别出冰雹的概率，和实况落区基本吻合（图 4.30）。

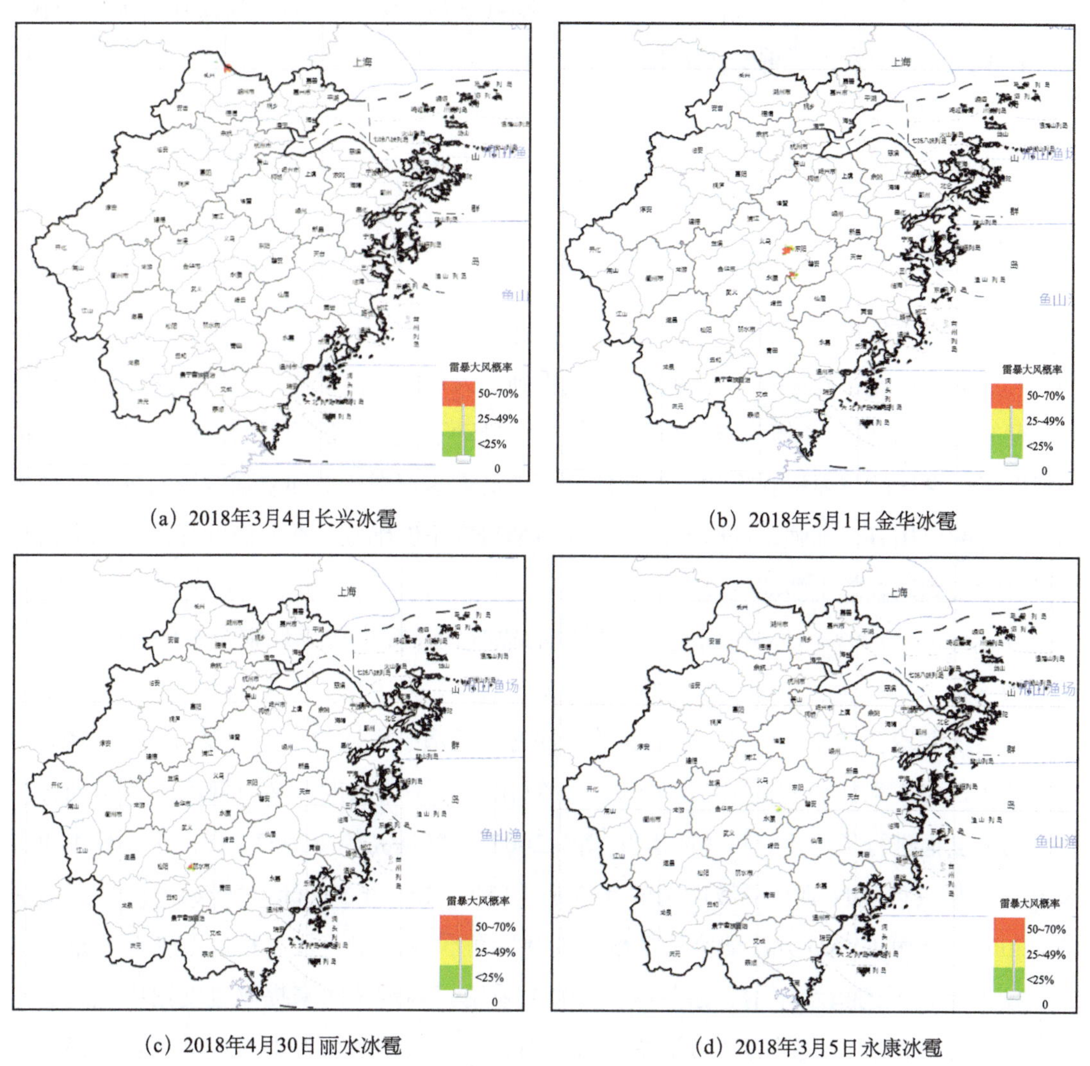

（a）2018年3月4日长兴冰雹 （b）2018年5月1日金华冰雹

（c）2018年4月30日丽水冰雹 （d）2018年3月5日永康冰雹

图 4.30 2018 年 3—5 月浙江 4 次冰雹融合预报结果

4.1.5.6 小结

不同的对流系统，雷达外推和数值模式预报融合权重是不同的，需要根据降水类型调整融合权重，可以提高预报融合的预报效果。融合临近系统一般建立在模式与外推预报系统长时间评估基础上，根据技巧评分统计结果选择权重系数，对外推和数值模式预报系统的评估是进行融合的基础，需要长时间检验。

浙江省短时临近预报平台基于浙江省气象科学研究所的快速更新同化预报数值模式（ZJWARRS）数据，利用自主开发改进后的光流法外推技术生成更为稳定准确的外推矢量场，通过动态权重融合技术，将雷达回波外推和高分辨率快速更新同化的数值预报结果相结合，形成逐 10 min 滚动更新的 0～6 h 的短临降水融合预报产品，其在强对流的监测、预警和预报业务中发挥了重要作用。

4.1.6 雷达径向涡度、散度和雷达回波生消技术研究

4.1.6.1 雷达回波生消演变的研究进展

强对流天气是影响我国的主要灾害性天气之一，具有空间尺度小、生命史短、突发性强、发展演变迅速、破坏力大等特点，因此受到了人们的广泛关注。天气雷达作为一种有效、及时的观测手段，时间、空间分辨率较高，推动了短时临近预报的发展，也是研究中小尺度天气系统的重要资料来源。但气象业务人员大多习惯于对回波强度场的分析，径向速度信息的应用有待加强，同时对回波的动力学研究不够细致，在回波的外推技术中通常都没有考虑到回波的生消演变过程。

Wilson 等（1997；1986）研究了边界层的辐合线，提出边界层辐合线的监测和特征识别是预报风暴发生、发展和消亡的关键。Wolfson 等（1999）结合交叉相关追踪器来研究风暴系统的增长和衰减趋势。刘淑媛等（1999）反演了雷达的径向散度场、涡度场。胡志群等（2005）采用改善的 EVAD 方法，计算出大气平均散度，又与利用图像识别方法提取的散度值进行了对比分析（胡志群 等，2007）。臧增亮等（2007）提出了一种由单多普勒雷达径向风场反演水平散度场的新方法（LVP，Linear Velocity Processing）。王丽荣等（2007）利用 EVAD 方法研究了散度在对流天气预报中的应用，指出散度对预报对流天气发生有较强的指示作用。徐芬等（2007）采用模糊定位法来提取速度图中风速性散度特征，计算散度所表征的动力学特征与大面积降水过程有较好的对应关系。王艳兰等（2007）计算了对流回波单体的径向散度场，对比分析了散度场与垂直累积液态含水量、反射率因子的关系；并提到低层径向辐合有利于回波的维持或加强，径向辐合中心值的变化对未来回波强度变化有一定的指示参考意义。王丽荣等（2010；2012）计算分析了对流降水过程的径向散度和平均散度，得到结论：平均散度可作为跟踪降水预报的背景场，径向散度可以预报降水回波的落区、发展及生消演变。张蕾（2015）计算分析了两次飑线个例的回波演变特征与辐合场和涡度场间的关系，通过自适应匹配算法匹配两者间的位置，对辐合场进行外推，外推的辐合场能较好地反映未来回波的位置特征。肖艳娇等（2016）提出了垂直散度产品的反演方法，有助于预报员推断本站降水演变趋势。吴涛等（2018）

使用湖北新一代天气雷达平均散度反演产品，统计分析了短时强降水发生发展过程中大气低层辐合的演变特征，检验低层辐合的预警指示意义。以上研究均显示散度场对于强对流的生消演变具有一定指示意义。

4.1.6.2 雷达径向涡度、散度的计算方法

刘淑媛等（1999）从雷达原始径向速度资料直接计算极坐标散度的反演方法反演散度，张蕾（2015）参照该方法利用极坐标直接反演涡度场。极坐标中，大气在水平面上的散度定义为：

$$D = \frac{V_r}{r} + \frac{\partial V_r}{\partial r} + \frac{\partial V_\theta}{r\partial\theta} \tag{4.23}$$

涡度定义为：

$$\varsigma = \frac{V_\theta}{r} + \frac{\partial V_\theta}{\partial r} - \frac{\partial V_r}{r\partial\theta} = \frac{2V_\theta}{r} + \frac{\partial V_\theta}{\partial r} \tag{4.24}$$

式中，r 为径向距离，θ 为方位角。V_r 为水平径向风速，而不是雷达测量的径向风速，$V_r = V_\mathrm{d} \times \cos(\alpha)$ 。V_d 是雷达测量的径向风速，α 是仰角。V_θ 为切向风速，假定风场局地均匀，$V_\theta = -\dfrac{\partial V_r}{\partial\theta}$，在此计算时 $\delta\theta$ 取 3°，步长为 1 km 和 1°。

扇形面积元的大小会影响反演散度的量级及误差。随 r 的增大，圆心角 $\Delta\theta$ 和 Δr 相同的扇形面积元边界的弧长将增大，因而随着 r 的增大应适当减小扇形圆心角 $\Delta\theta$ 和增大 Δr。另外，r 很小时反演散度的误差量级较大，在 $r < 10$ km 时不作反演（刘淑媛 等，1999）。在具体计算时选取的面积元如表 4.7，计算的步长与面积元的长宽相对应。计算涡度所用的面积元、步长也与计算散度时相同。

表 4.7 计算径向散度（涡度）的扇形面积元的大小

r（km）	$10 \leqslant r \leqslant 26$	$27 \leqslant r \leqslant 52$	$53 \leqslant r \leqslant 102$	$103 \leqslant r \leqslant 151$	$152 \leqslant r$
Δr（km）	4	5	7	8	9
$\Delta\theta$（°）	26	24	18	12	6

4.1.6.3 径向散度的个例应用分析

国内外中尺度试验加密资料分析表明：在飑线发生之前，在地面或边界层内往往有中尺度辐合线或辐合大值区。Ogura 等（1979）指出：对于所研究的全部情况，低层辐合线的出现或加强均先于有组织对流系统的形成。在低层辐合带上，当对流发生的条件成熟时，在中尺度系统如切变线等的组织下，沿辐合带不断生成小的对流单体，因此整个飑线与暖区的中尺度辐合线关系密切。针对 2014 年 7 月 27 日发生在浙北地区的强飑线过程，

采用计算的其各个时次的径向散度进行应用分析，下面具体分析其演变特征。

16 时 29 分径向速度图（图 4.31b）白色辐合线的位置与强度图（图 4.31a）的强回波相对应，测站左侧低层有速度辐合，蓝黄正负速度对均达到 27 m/s，与强回波对应。在测站以南 100 km 处负速度区的圆圈内有零星的正速度区，是逆风区特征，表明此处是强对流的前沿。图 4.31c，d 是计算的 1.5° 仰角径向散度，强回波前方对应着辐合区，与速度图中的辐合线基本一致。进一步分析发现，散度场中的 -20×10^{-4}/s 强辐合中心，在速度图中并不能明显地分析出来，而其对应位置处的下一个时刻 17 时 03 分（图 4.32）出现了强回波（飑线的南段），说明计算的径向散度辐合区指示了对流的未来发展区域。

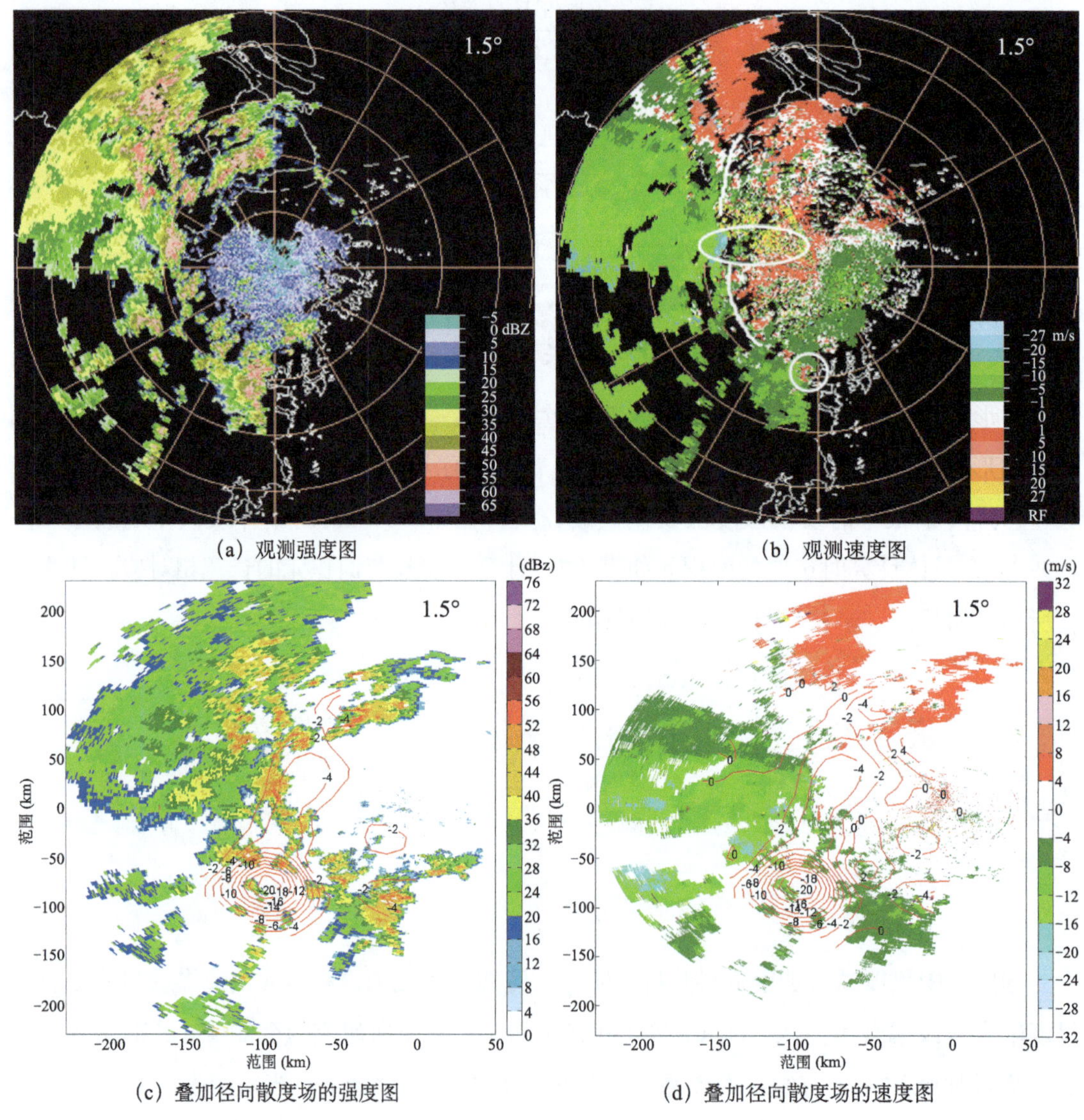

（a）观测强度图　（b）观测速度图

（c）叠加径向散度场的强度图　（d）叠加径向散度场的速度图

图 4.31　宁波雷达 2014 年 7 月 27 日 16 时 29 分 BT 观测的强度、速度图及其叠加的径向散度场

17 时 03 分径向速度图（图 4.32b）的白色辐合线与强度图（图 4.32a）中的强回波位置相对应，低层有东南风和西南风的辐合，高层西北风，高低层有弱切变。雷达西侧的蓝黄正负速度对，呈现辐合性中气旋特征，此前的强辐合区开始旋转，利于强回波发展，且风速较大形成很强的西南急流。测站南侧的逆风区维持，对应的强回波维持。图 4.32c，d 1.5° 仰角的径向散度场中存在两个辐合中心，北部中心达 -20×10^{-4}/s，南部中心达 -10×10^{-4}/s，相应的飑线北段对流发展特别旺盛。

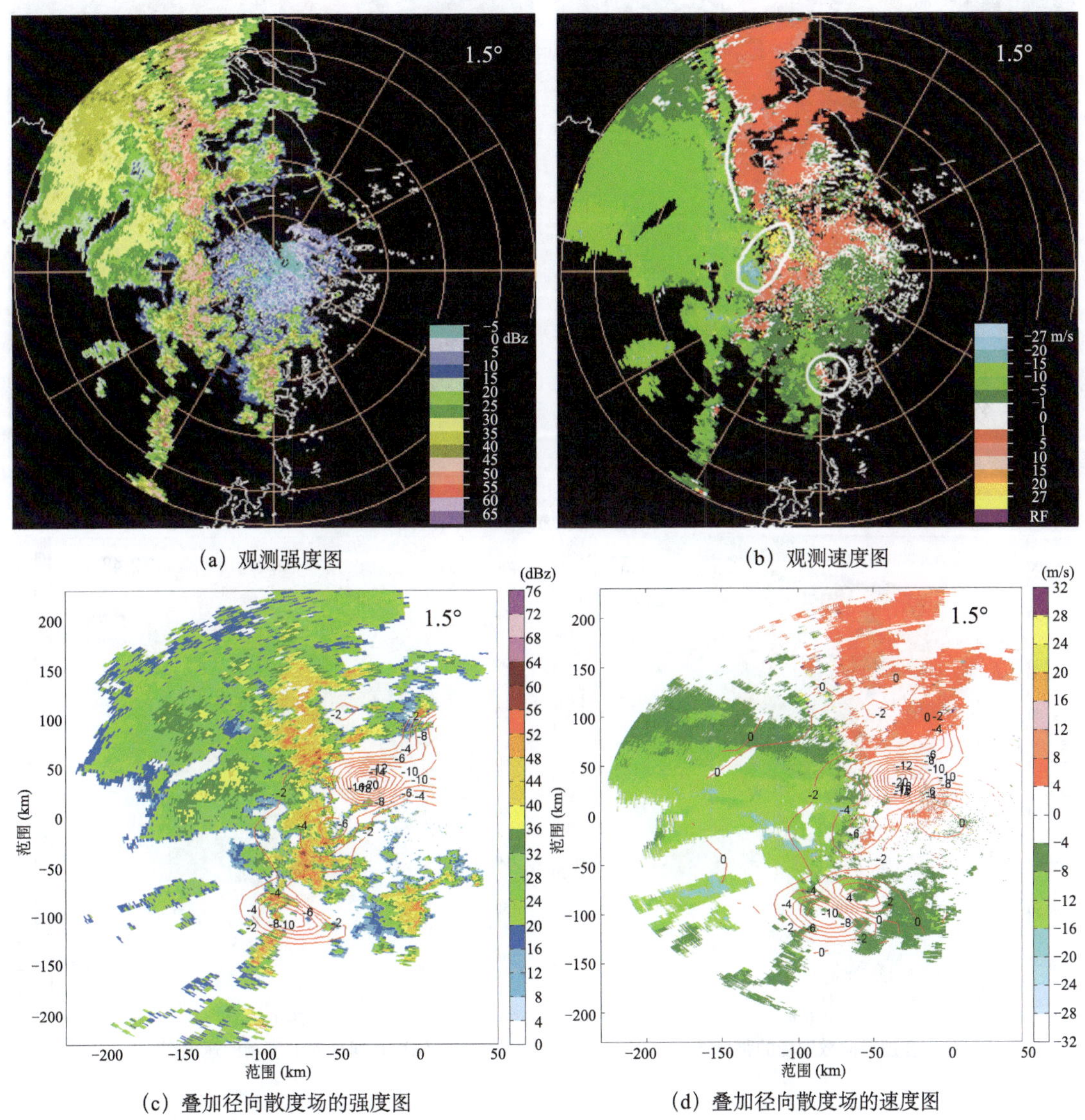

(a) 观测强度图　　(b) 观测速度图

(c) 叠加径向散度场的强度图　　(d) 叠加径向散度场的速度图

图 4.32　宁波雷达 2014 年 7 月 27 日 17 时 03 分 BT 观测到的强度、速度图及其叠加的径向散度场

17 时 31 分径向速度图（图 4.33b）的白色辐合线依然与强度图（图 4.33a）的强回波位置对应。测站西侧的辐合性中气旋维持，上升运动强烈，飑线回波的弓状形态明显，且

弓形曲率最大处即为该辐合性中气旋所在处，此时是飑线发展的最鼎盛时段。测站西南侧的逆风区，对应飑线弓形曲率最大处的前沿的强对流区。图 4.33c，d 径向散度图中，辐合区也在弓形曲率最大处的前方，1.5° 仰角（图 4.33c）的辐合中心达 -6×10^{-4}/s，且在该辐合中心的北面，2.4° 仰角（图 4.33d）对应着 14×10^{-4}/s 的辐散中心，高层有强辐散，低层辐合，使强对流发展。

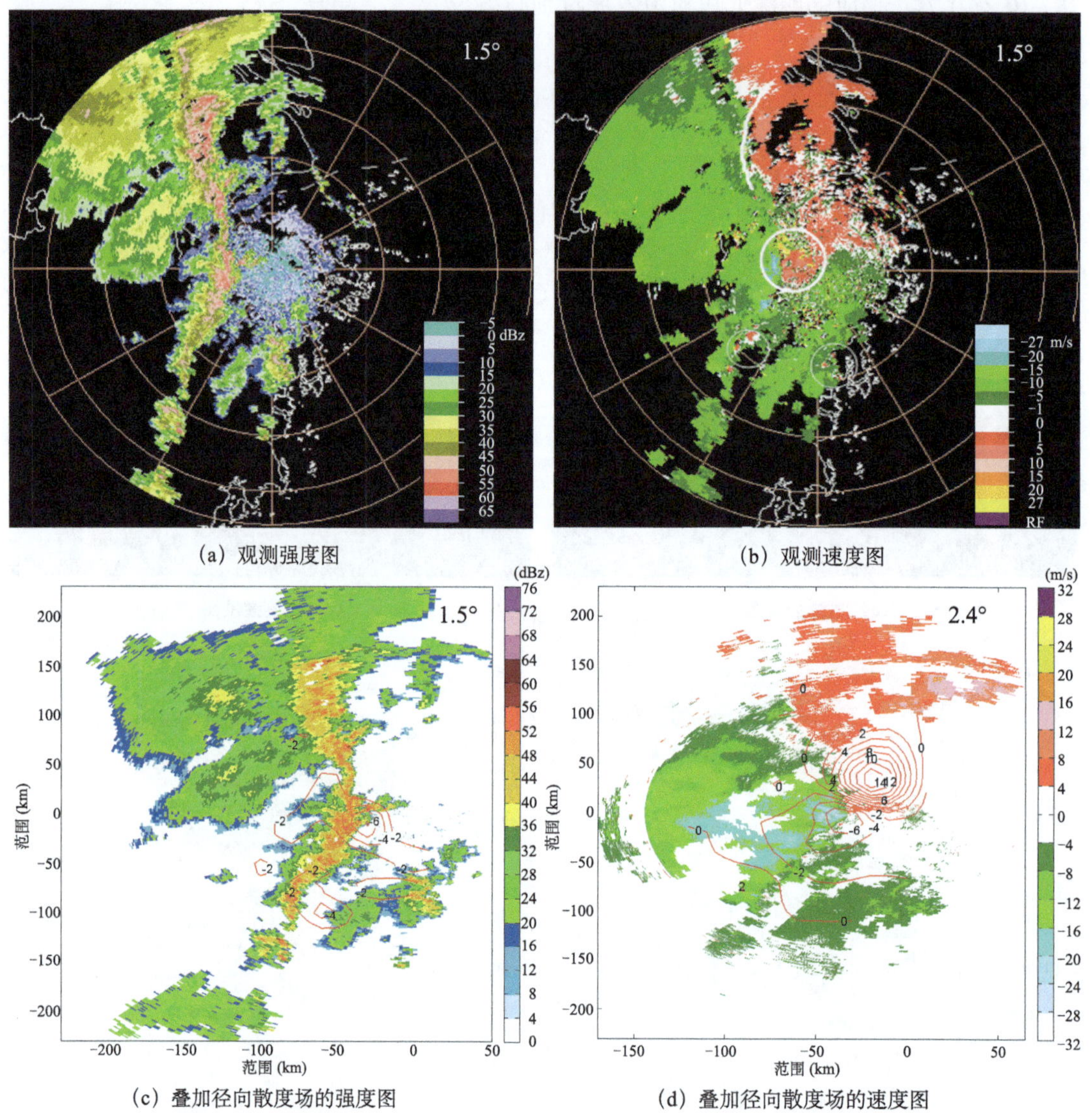

（a）观测强度图　（b）观测速度图

（c）叠加径向散度场的强度图　（d）叠加径向散度场的速度图

图 4.33　宁波雷达 2014 年 7 月 27 日 17 时 31 分 BT 观测到的强度、速度图及其叠加的径向散度场

18 时 04 分径向速度图中测站处有东南风与西南风的辐合，上升运动强烈，辐合依然维持，3.4° 仰角的径向散度图中也有 -10×10^{-4}/s 的辐合中心，弓形回波维持，曲率最大处依然对应强回波。测站南侧的逆风区面积狭窄，很快将被大范围负速度区覆盖，因此

飑线尾部（南段）的强回波渐渐减弱。19 时径向速度图中，测站以东正速度区达 27 m/s，且在 0.5° 仰角的径向散度图也出现达到 8×10^{-4}/s 的大范围辐散区，飑线开始入海。在 20 时 01 分的径向速度图中，正速度区中依然存在风速较大的辐散（27 m/s 以上），对应回波强度较弱，飑线处于消散阶段。而在 1.5° 仰角的径向散度图中，强回波对应处又出现达 4×10^{-4}/s 的辐合，说明海上回波有加强的趋势。（限于篇幅，18 时 04、19 时和 20 时 01 分的图均略）

4.1.6.4 散度场与回波的自适应匹配及光流法外推

通过计算这个飑线个例的径向散度场，结合回波强度和速度分析飑线的辐合区，可以看到散度场能准确地预测强对流的位置。径向辐合区一般位于强回波区的前沿，对回波的强度、移向及回波方向的偏转等有指示作用。一些研究（王丽荣 等，2012；徐亚钦 等，2011）也表明强辐合中心一般对应着未来强回波中心，且辐合区域随着雷达回波移动而移动，回波中心强度和地面辐合强度也有着较好的正比关系。因此，通过对地面辐合场的分析，可以提取多普勒天气雷达回波未来发展的趋势信息，并且通过雷达回波和地面辐合场可判断未来可能出现的暴雨范围和雨量中心。

张蕾（2015）根据散度与回波演变的关系，通过自适应算法实现径向散度与回波的位置匹配，并基于此对散度进行外推以预报未来回波的发展趋势。辐合区中一般由于原成熟雷暴中的下沉气流与风暴前入流汇合增强维持原雷暴，或风暴间出流汇合激发新单体回波。另外由于环境气流汇合，离主回波较远处有时会出现辐合大值区，激发新单体积云塔。在外推过程中，由于强回波中心与辐合区位置的滞后关系，难以对相应的回波进行修正，因此需要将两者位置进行匹配，再对辐合场进行外推。由上述分析并结合文献（Gibson，1950），认为辐合场一般有两类，一类位于雷达回波区（尤其是强回波区）的前沿，随回波移动；另一类是离主回波位置较远的系统性辐合。针对这两种情况，首先对辐合场进行分类。对离回波较远的系统性辐合，先判定辐合区未来是否有新回波产生，文中认为若连续 3 个时次该处均有强辐合，则未来该处有新回波产生。对回波前沿的辐合场，先识别主回波区＞ 35 dBz 的强回波，再求回波场和辐合场的质心，计算二者之间的距离，再利用二者间的距离对辐合场位置进行调整。然后对改进后的辐合场作 9 点平滑，得到匹配后的辐合场。最后利用光流法（韩雷，2008）外推调整后的辐合场，比较调整后辐合场与未来回波的对应关系，评价径向散度对回波发展演变过程的预报效果。张蕾（2015）经过个例试验，发现匹配后外推的辐合场与回波实况位置几乎一致，辐合中心位于回波中心，辐合场与回波场有一定的正比关系。匹配后外推的辐合场能更好地反映出未来回波的位置特征。

基于散度场结合光流法外推，外推结果表明强回波位置与辐合中心区域位置对应较好，可对强回波位置预报的修正做指导，但对于准确预报回波强度的变化还需要进一步研究。

4.1.6.5 对流回波强度演变与径向散度、涡度关系的初步分析

散度场、涡度场与对流强度演变的具体定量关系到底如何？本节选用了超级单体个例、普通单体个例、线状（飑线）个例这三类强对流类型，对强风暴个例回波进行追踪，应用径向散度、涡度计算公式，分析追踪的强风暴范围内每个时次的径向散度、径向涡度以及最大反射率因子、回波顶高等参量，并结合地面观测站的水汽资料，探究强对流生命史演变过程。分析发现，三类不同的对流个例，最大反射率因子的变化滞后于最小径向散度值的变化 1～2 个时次，大致呈负相关关系，两者相关系数在 0.70 以上。利用最小径向散度值可以提前 6～12 min 预报最大反射率因子。最大径向涡度与最大反射率因子大致呈正相关关系，相关系数在 0.65 以上。

在具体个例中，最小径向散度与最大反射率因子的相关系数分别为：超级单体个例一为 0.75，超级单体个例二为 0.76，普通单体风暴个例为 0.70，飑线个例为 0.75。最大径向涡度与最大反射率因子的相关系数分别为：超级单体个例一为 0.79，超级单体个例二为 0.77，普通单体风暴个例为 0.77，飑线个例为 0.66。拟合曲线如图 4.34 所示。

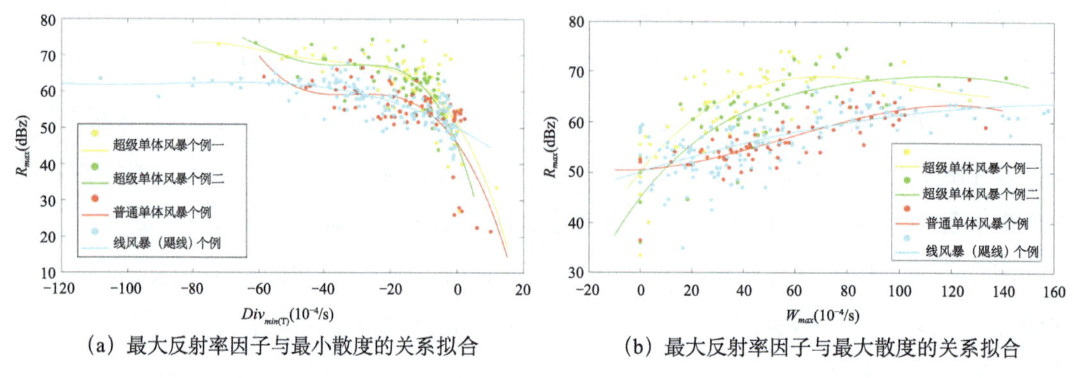

(a) 最大反射率因子与最小散度的关系拟合　　(b) 最大反射率因子与最大散度的关系拟合

图 4.34 4 个个例的最大反射率因子与散度、涡度的关系拟合

三类强对流个例最小径向散度、最大涡度与最大反射率因子的相关关系大致一致，但对于不同对流类型，两者的关系拟合模型还是存在差异，超级单体的最大反射率因子较高，拟合曲线变化较为陡峭；飑线的最小散度较小，最大涡度较大，拟合曲线变化较平缓。

总体来看，散度、涡度值的变化与反射率因子值密切相关，对于散度值的计算监测，可对强回波进行大致变化趋势分析，但单考虑这两个影响因子来直接分析回波生消还远远不够，因为对流受其他热力、水汽条件等影响也非常复杂。而利用深度学习等人工智能方法学习不同强对流类型的大量个例样本，可以找到不同强对流类型的两者物理量相关关系模型，单从统计层面，未来或可实现利用散度、涡度参量对反射率因子进行定量预测。

4.1.7 基于卫星的强对流监测与应用技术

本节的研究重点为在传统监测资料应用的基础上，针对当前强对流监测与应用的业务问题，研究如何充分利用地基观测（雷达组网）、空基观测（新一代静止卫星葵花 8）等多元资料。本节将介绍基于卫星资料的强对流监测的新方法，并和雷达组网拼图进行对比分析，评估新方法的强对流天气的监测能力。此外，对于卫星资料的业务应用中所存在的一些问题的讨论也会在本节的后半部分有所涉及。

4.1.7.1 研究背景

针对强对流天气的短临监测、预报和预警业务需求，浙江省气象台的短临创新团队经过数年的努力，构建了浙江省短临天气监测、预报和预警平台，该平台为全省短临监测、预报和预警服务工作提供一个高效、稳定、便捷的平台环境，为强天气监测预警提供支撑，提高强对流天气监测和预报能力，满足中小尺度天气精细化预报预警和气象防灾减灾服务的需求，为决策提供更有力的保障。然而，现有针对强天气的雷达组网监测、预警业务中仍然存在一些问题：雷达组网中近海以及地形遮挡区域监测信息不完整。此外，雷达组网区域内如果个别雷达有质量问题（太阳射线、超折射等异常回波或者数据滞后造成数据缺测）都会影响组网拼图的产品质量。

相对于气象短时临近业务的软件建设发展逐年稳步提升，气象观测硬件的基础建设发展速度更快。经过 10 多年的建设，浙江地区已经构建了相对较为完善的地基观测网络，全省自动气象站点空间密度平均已经低于 7 km，重点区域加密到 3～5 km，观测资料采集传输频次加密到 5 min。全省闪电定位监测网络可以实时监测记录浙江区域内的雷电发生时的强度等实况。此外，浙江陆地区域内已经建成 8 部 S 波段多普勒天气雷达，以及杭州地区的一部 C 波段的双偏振雷达，提供逐 6 min 的监测区域内的天气监测。以上这些地基观测网络的建设为进一步针对强对流天气进行监测识别和预警等提供了较好的硬件基础。此外，随着新一代静止卫星（葵花 8 / 风云 4）在近几年投入业务应用，其高时空分辨率多通道的卫星数据（时间分辨率葵花 8 为 10 min，风云 4 为 15 min；空间最大分辨率都达到了 0.5 km）为气象组网空基上对流云的高时空分辨率的识别和追踪提供了一种新型的技术支撑。因此，如何更好地融合地基和空基观测资料，进一步提升强对流天气的识别和追踪精度以及强对流天气提前预警能力，是当前所面临的一个新的挑战。

基于多元资料的融合分析的对流系统的识别和监测问题，国内外一些机构和学者都开展了研究。在对流系统的识别研究领域，较早的研究大都基于单雷达的三维格点资料进行对流系统识别（Dixon et al，1993；Johnson et al，1998；韩雷 等，2007；2008）。最近几年，随着地基遥感的雷达组网建设进一步完善，基于雷达组网拼图数据进行对流系统的识别获得不少研究进展（杨吉 等，2012；2015）；通过拟合椭圆长轴设计动态模板和得分函数，可以实现雷达拼图资料上的线状中尺度对流系统（Mesoscale Convective Systems）MCSs 自动识别（杨吉 等，2014）；此外，相关的研究表明（李国翠 等，2013），基于雷达组网和加密自动站的多元资料融合分析，可以用于对流性地面大风的自动识别。总体而言，基于组网拼图数据可以展现出整个对流系统发展、演变的全貌，为全面识别、跟踪灾害性天气影响的时间和地点以及短时、临近预警提供有利依据，因此，组网拼图数据可以在一定程度上弥补地基遥感的单雷达观测的局限性（监测范围有限，地形遮挡，径锥区以及远距离低层探测距离过高等问题导致无法监测完整的中尺度对流云系（王红艳 等，2014；2015）。对流识别的精度和稳定性与拼图数据质量密切相关。就业务而言，拼图数据的质量仍会受到很多因素影响：如参与拼图的各个单雷达数据质量；组网监测范围有限，缺乏海上的完整监测；多雷达资料传输稳定性问题，时效性等问题，如何解决这些问题仍然是个挑战。

相对于地基遥感，空基遥感探测范围更大，更为稳定，近几年随着具有高时空分辨率的新一代静止卫星投入业务应用，基于新一代静止卫星的对流识别技术逐渐发展起来。美国林肯实验室的 Veillette 等（2015）构建了 OPC 系统，该系统利用机器学习方法，依据新一代静止卫星、闪电定位、数值模式等多元要素将对流云和层云进行了分类。国内也有一些研究者利用机器学习方法（孙学金 等，2009；耿晓庆 等，2014；金炜 等，2016；胡凯等，2017）进行了强天气识别和云分类的实验。基于新一代静止卫星的对流初生识别研究（Lee et al，2017；Jewett et al，2013）也是当下一个新热点；一些研究者（Walker et al，2012；Merk et al，2013；Mecikalski et al，2015）利用基于静止卫星的对流初生识别技术并进行追踪，较好地提升了 0～1 h 的短临预报中对流新生的预报、预警能力。

4.1.7.2　资料和处理方法

葵花 8 号（Himawari-8）静止气象卫星通道有 16 个，具有更高的时间和空间分辨率，其中可见光通道云图分辨率达到 0.5～1 km，近红外和红外通道云图分辨率达到 2～4 km，全盘图观测频率高达每 10 min 一次。该静止卫星的观测数据可运用于灾害性天气的监测、预报和预警及大范围的环境监测等，为中尺度灾害性天气的监测和预报提供了一种更为先进、更为有效的手段。因此，本节研究如何应用该静止卫星多通道信息来辅助分析应用于强对流天气监测业务。

选取华东地区为研究区域，该区域是受强对流灾害影响较为严重的区域之一。研究所用的资料包括区域内多普勒天气雷达的基数据（Level-II）资料和葵花 8 号静止气象卫星观测数据。研究的时段为 2017 年 8 月 20 日强对流过程严重影响时段。

对雷达组网资料进行预处理，包括去除噪声点、地物回波、二次回波。这里反射率质量控制采用参考切面算法。在经过反射率质量控制后，使用双线性样条法将极坐标数据插值到 1 km × 1 km 等间距网格组合反射率数据，最后采用距离权重法插值处理成组网组合反射率数据。对新一代静止卫星数据（葵花 8）进行预处理，包括质量控制、视差修正、投影转换等，最后处理成 1 km × 1 km 水平分辨率的格点多通道数据。

1. 基于葵花 8 卫星的日间对流风暴产品研究

为了更好地综合静止卫星多通道的监测数据所反映的物理特性，这里采用多通道合成 R、G、B 合成技术来生成可见的日间对流风暴产品。由于该产品算法利用太阳反射率的通道组合依赖于太阳辐射，因此，该算法暂时只有白天时间段可用。

葵花 8 多通道合成日间对流风暴产品的 R、G、B 配色的计算方式：

R：WV6.2～WV7.3 数值范围：–35～5（k），数值范围内采用 Gamma：1.0 曲线拉伸

G：IR3.9～IR10.8　数值范围：–5～60（k），数值范围内采用 Gamma：0.5 曲线拉伸

B：NIR1.6～VIS0.6 数值范围：–75～25（%），数值范围内采用 Gamma：1.0 曲线拉伸

2. 基于日间对流风暴产品降雨类型分类匹配关系统计

将葵花卫星的多通道 RGB 合成产品（日间对流风暴产品）和雷达组网组合反射率拼图数据都处理成为兰伯特投影后的 1 km × 1 km 格点数据，然后据此建立两者的不同降雨类型匹配关系统计。这里的统计方法依据回波强度简单分类（分为 5 类，分别是＞42 dBz；＞35 dBz；＞25 dBz；＜25 dBz；无回波数据），然后统计不同的分类区间内对应的 R、G、B 颜色数值出现的概率分布曲线，最后生成不同分类等级下的不同降雨类型下的日间对流风暴的 R、G、B 颜色匹配关系统计。

葵花卫星的多通道 RGB 合成产品（日间对流风暴产品）和雷达组网组合反射率的不同降雨类型匹配关系统计表明（图 4.35），不同的回波强度下日间对流风暴产品的 R、G、B 概率分布特征具有不同的特征和有较好的辨识度，因此，该产品可以对强对流天气进行较好的辅助监测。

3. 基于葵花 8 卫星资料的估测近海雷达回波技术

这里的对流识别是通过构建分回波强度等级卫星通道概率数据集来统计分析的。这里的回波强度等级按照 5 dBz 间隔分为 12 层 Th_r 等级（这里的 Th_r 取，0 dBz，5 dBz、10 dBz、15 dBz、20 dBz、25 dBz、30 dBz、35 dBz、40 dBz、45 dBz、50 dBz、55 dBz），统计每个回波强度等级 r 的日间对流风暴产品的 R、G、B 的不同尺度 k（统计 3，5，7，11，13 km

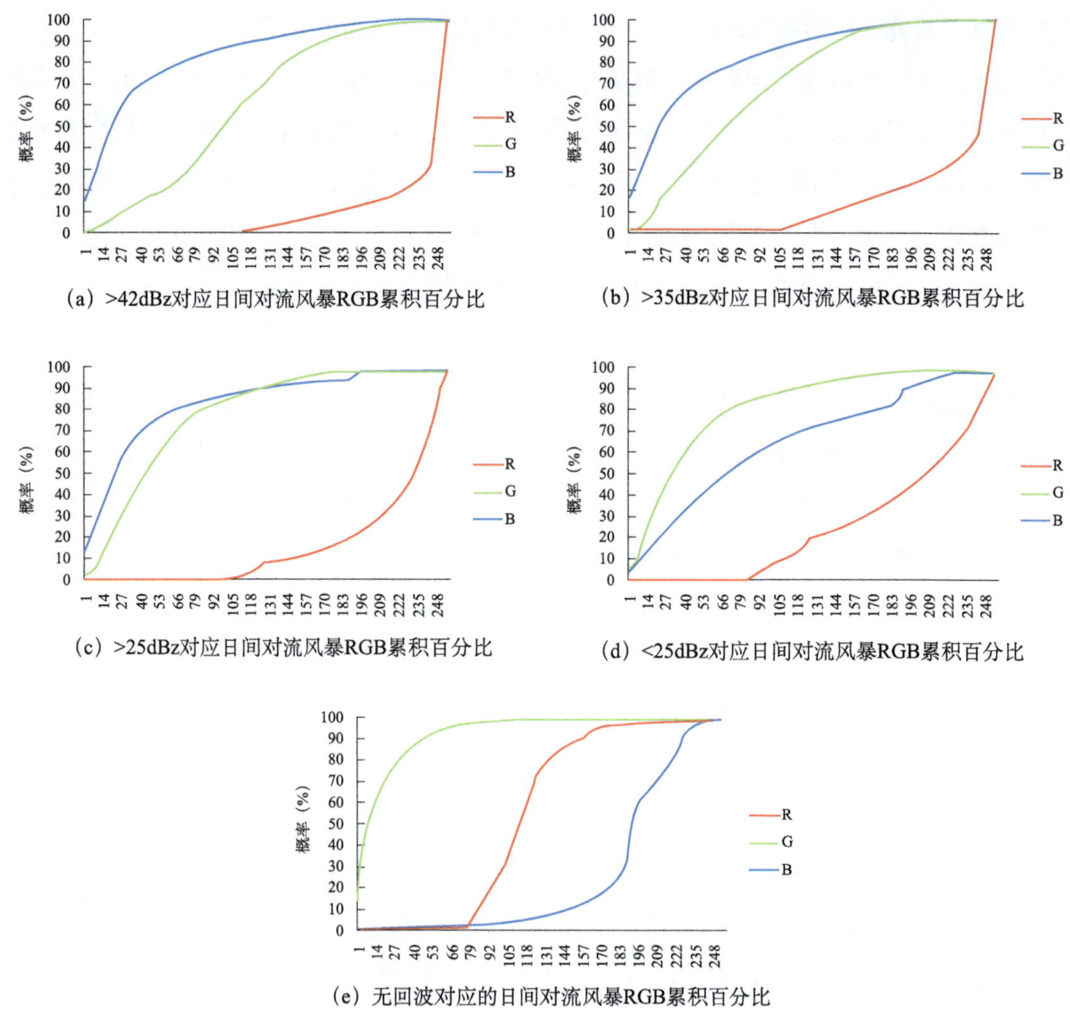

(a) >42dBz对应日间对流风暴RGB累积百分比

(b) >35dBz对应日间对流风暴RGB累积百分比

(c) >25dBz对应日间对流风暴RGB累积百分比

(d) <25dBz对应日间对流风暴RGB累积百分比

(e) 无回波对应的日间对流风暴RGB累积百分比

图 4.35　不同的回波强度和日间对流风暴 RGB 的 R、G、B 对应百分比曲线特征统计

尺度）下的回波强度大于 Th_r 概率分布特征矩阵，据此构建不同回波等级的特征数据集合。每个尺度下的特征的概率矩阵为一个三维（维数都是 256）的立方体概率矩阵。这里的最大、最小和中值的统计数值范围都设定为 0～255，均方差数值范围设定为 0～20。每个数据集样本中采用表 4.8 所罗列的特征量来描述。

表 4.8　对流识别模型（日间对流风暴产品的 R、G、B 特征）

概率矩阵	图像特征	数值范围	说明
$Max_{r,k}$	R、G、B 最大数值	0～255	r 代表不同的回波强度的 12 个等级，这里的 k 代表不同尺度
$Min_{r,k}$	R、G、B 最小数值	0～255	
$Ave_{r,k}$	R、G、B 平均数值	0～255	
$Rmse_{r,k}$	R、G、B 均方差	0～20	

在完成数据集构建之后，则采用并行计算快速处理出各个回波等级的日间对流风暴

产品的R、G、B特征概率矩阵。以这些先验的概率矩阵为基础，构建概率决策树（图4.36）。每个强度等级下的概率矩阵均为多尺度的，因此在不同尺度下的相同的R、G、B对应的概率数值是不同的，因此，这里采用最大概率策略作为R、G、B数值对应的大概率数值。设定概率阈值＞0.6即为当前等级属于大概率事件，判定为存在，否则为不存在。每个格点位置判断回波强度的具体的算法流程为：

（1）基于 Max_0　Min_0　Ave_0　$Rmse_0$ 判断当前格点位置是否存在回波（这里定义低于0 dBz回波强度即为数据不存在），如果不存在，则当前格点位置没有回波，其余情况则继续步骤2。

（2）进行逐层（r 从1层开始迭代分析）分析。基于当前等级层的 Max_r　Min_r　Ave_r　$Rmse_r$ 判断是否存在＞ Th_r 回波，如果不存在，则停止分析，选择上一等级层所判定的回波强度作为当前格点位置反演的回波强度数值。如果存在，并且不是最后一层等级，则继续尝试分析 $r+1$ 等级层的概率矩阵，判断是否存在＞ Th_{r+1} 回波；如果是最后一层，则选择当前等级层确定的回波强度作为当前格点位置的反演回波强度数值。

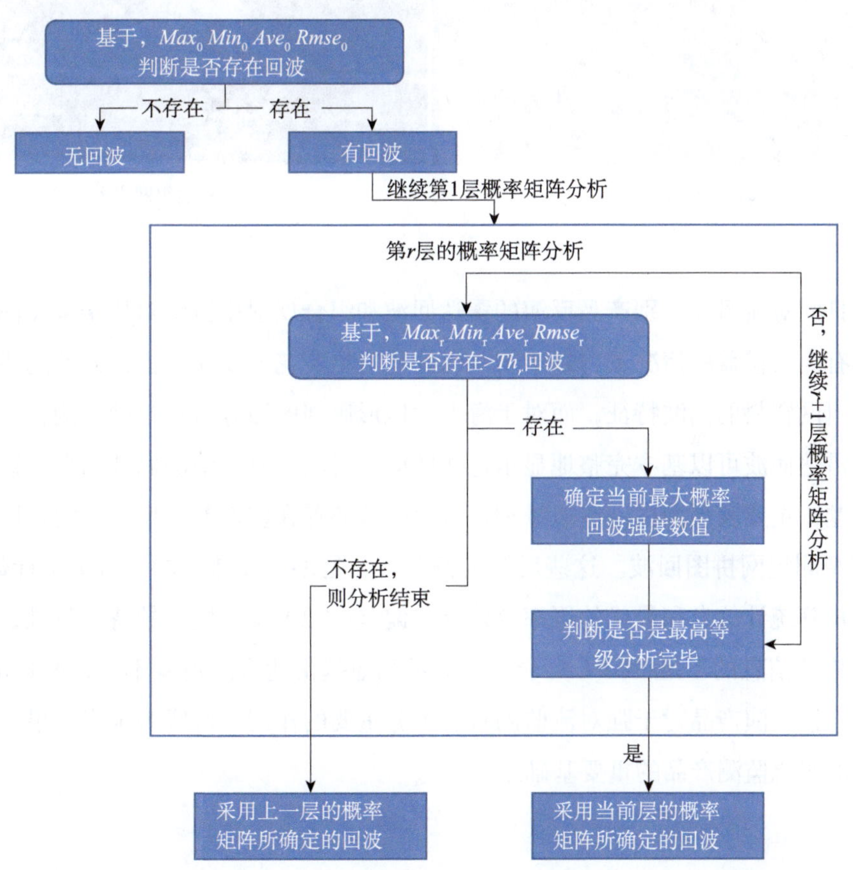

图4.36　算法流程图

4.1.7.3 个例应用

日间对流风暴识别产品和组合反射率拼图比对结果（图 4.37）表明，在对流发展阶段，在没有高云覆盖的情况下，日间对流风暴识别算法反演出的深厚对流降雨云的分布特征、形态特征等和雷达组网拼图内的强对流回波（＞42 dBz）具有较好的匹配性；而深厚降雨云的识别区域和雷达组网拼图内所显示的层云降雨区域也存在一定的匹配性。基于卫星所反演出的降雨区域比雷达组网拼图中的雨区范围更大些，此外，右下角海上的对流云的卫星监测信息弥补了组网雷达在近海区域对流监测的不足问题。因此，日间对流风暴产品可以是白天时段强对流监测产品的很好补充，尤其在一些地形遮挡区域以及近海海上区域，基于卫星的对流监测信息可作为雷达组网拼图的很好的补充。

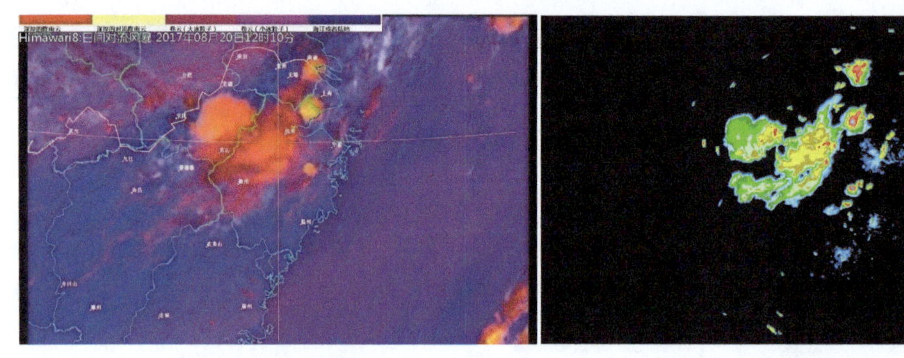

（a）日间对流风暴　　（b）雷达组网拼图

图 4.37　日间对流风暴和雷达组网拼图对比

基于日间对流风暴识别产品反演的雷达回波和组合反射率拼图对比结果（图 4.38）表明，在没有高云覆盖的情况下，基于新一代静止卫星葵花 8 反演的雷达回波的明显特征接近于雷达组网资料的回波特征；而对于海上、地形遮挡区域等雷达组网监测盲区，基于卫星反演的雷达回波可以基本完整地显示这些区域的对流监测的估测回波信息。该产品还存在一些问题，主要表现为在一些边缘和强数值区域还存在些偏差，反演的雷达回波连续性不如真实观测组网拼图回波。这些反演的偏差可能是多方面造成的：（1）统计数据不足，导致概率矩阵统计信息和最优的概率分别存在偏差；（2）反演模型的特征量维数较少造成对于问题描述信息的不足；（3）由于空基卫星和地基雷达观测角度不同，所造成的误差。整体来看，该反演产品对于强对流监测具有十分重要的作用，可成为未来卫星、雷达多元资料融合的对流监测产品的重要基础之一。

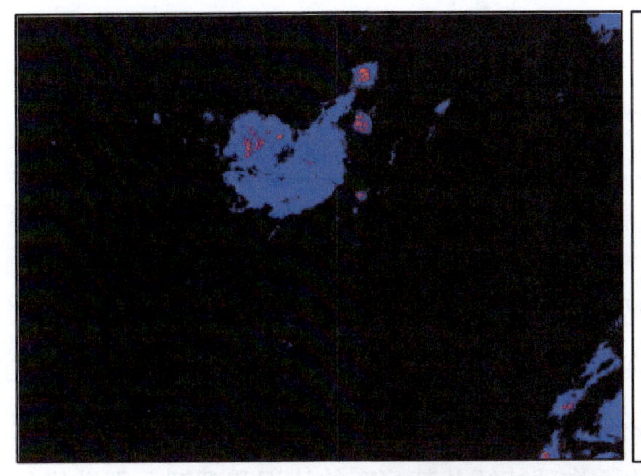
(a) 葵花8反演的层云对流分类产品

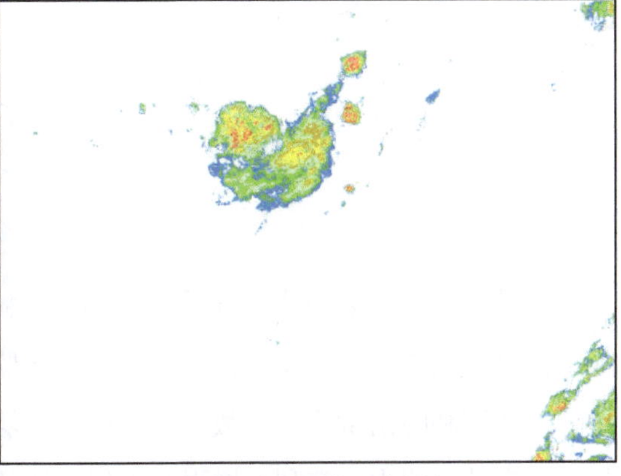
(b) 葵花8反演的雷达回波产品

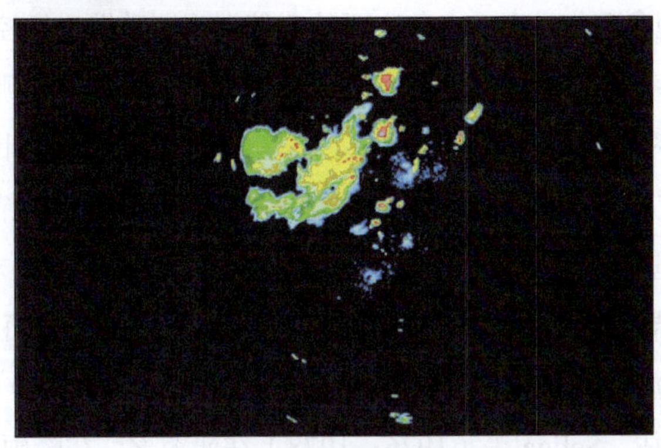
(c) 雷达组网回波产品

图 4.38 基于葵花 8 反演的层云对流分类和雷达回波与雷达组网回波的对比

4.1.7.4 结论

本节重点研究了在传统监测资料应用的基础上，如何充分利用地基观测（雷达组网）、空基观测（新一代静止卫星葵花 8）等多元资料的业务问题；提出了基于卫星的强对流监测的新方法（日间对流风暴识别算法和近海雷达回波反演算法）。与雷达组网拼图的回波对比表明，新方法可以成为日间对强对流监测的很好补充。由于对于海上、地形遮挡区域等雷达组网监测盲区，基于卫星反演的雷达回波可以基本完整地显示这些区域的对流监测的估测回波信息。因此，其对于进一步提升强对流天气的业务监测能力，具有十分重要的意义。

4.2 基于双偏振雷达的相态识别技术

双偏振雷达可以观测天气系统内部降水粒子的大小、形状、浓度等信息，可以用于定量降雨估测和微物理参数反演，是短时强降水监测和临近预报的重要工具。提升双偏振雷达定量降雨估测和降雨微物理参数反演精度，能够增强短时强降雨的监测能力，提升对灾害性天气的防灾减灾能力，有利于增强对天气系统的微物理特征及其演变的认识和理解，帮助优化数值预报的微物理参数化方案。本节主要从双偏振观测数据质量控制、改进降雨估测以及最优化降雨微物理参数和雨滴谱反演等方面展开研究。在双偏振观测数据质量控制方面，本节研究了差分反射率（Z_{DR}）系统偏差标定、雷达系统差分相位估计、衰减订正、非气象回波识别和剔除等，应用于C和S波段雷达数据时可有效地提高数据精度。

科研和业务应用中同样对双偏振雷达数据精度有一定的要求。在雨滴谱反演时，负（正）的 Z_{DR} 偏差导致雨滴尺寸偏小（大）浓度偏高（低），进而导致对微物理过程（如蒸发率、碰并率等）的诊断误差。在水凝物相态分类应用中，负（正）的 Z_{DR} 偏差使得冰（水）相降水物高估。Seliga 等（1976；1978）在研究 Z_{DR} 在降雨估测中的应用潜力时，曾指出 ±0.2 dB 的 Z_{DR} 误差能造成 ±2.1 dB 的降雨率偏差。对于小到中等降雨，当 Z_{DR} 应用于降雨观测时需要满足 0.1 dB 精度才能满足降雨率＜10% 的误差；对于更大的降雨，Z_{DR} 精度要求可以放宽到 0.2 dB。当 Z_{DR} 的误差超过 0.3 dB 时，双偏振雷达降雨估测相对于常规非双偏振算法的优势消失，甚至表现更差。雷达观测的精度受雷达的硬件、运行参数、观测环境、信号处理方法等很多因素的影响。Z_H 和 Z_{DR} 可能会受到误标定等影响造成正或负偏差；而降水对雷达探测信号的吸收和散射，使得到达雷达的后向散射能量降低，Z_H 和 Z_{DR} 存在负偏差。K_{DP} 具有不受衰减、半波束遮挡影响等优点，然而它并非雷达直接观测量，需要从 Φ_{DP} 中估计；而业务上常用的最小二乘拟合法估计的 K_{DP}，在小雨时可能由于观测误差导致虚假负值，进而影响降雨估测的精度。

4.2.1 双偏振雷达数据质量控制

雷达数据分为三种级别，包括 I/Q 数据（一级）、基数据（二级）和产品数据（三级）。其中，I/Q 数据描述了电磁波信号的时间序列，由于 I/Q 数据占用很大的存储空间，一般业务雷达不具备存储大量 I/Q 数据的能力和需求。对 I/Q 数据进行信号处理，得到的

基数据包含了 Z_H、Z_{DR}、Φ_{DP}、ρ_{HV} 等变量。而产品数据是利用基数据进行反演得到的气象产品，多用于天气监测和预报中。从基数据反演产品时，数据的精度和反演算法的准确性决定了三级产品的质量，因此对基数据进行良好的质量控制是得到高精度气象产品的前提。

定量降雨估测、微物理反演等对 Z_H 和 Z_{DR} 的精度要求分别约为 1 dBz 和 0.2 dB。雷达在实际运行中受多种因素影响，数据质量常达不到精度要求，其中 Z_{DR} 的标定、降水对 Z_H 和 Z_{DR} 的衰减以及非气象回波干扰是制约双偏振量精度的重要因素。针对以上问题，学者们进行了大量研究和科学试验。针对 Z_{DR} 的标定问题，Bringi 等（2001a）及 Hubbert（2003）等提出采用太阳法、垂直指向扫描法。针对天线太大或不能进行垂直指向扫描的雷达，Bringi 等（2001a）及 Ryzhkov 等（2005）还提出用干雪法和微雨滴法在体扫数据进行 Z_{DR} 的标定。在国内，胡志群等（2014）比较了太阳法、垂直指向扫描法、地物法、仰角法、微雨滴法和干雪法标定 C 波段双偏振雷达的 Z_{DR} 时的精度；他们指出微雨滴法结果准确，且标定可以在业务观测的同时完成，不需要切换扫描方式，是业务雷达标定的好方法。针对衰减订正的问题，Bringi 等（1990）提出假定比衰减（A_H）/ 比差分衰减（A_{DP}）与 K_{DP} 之间的关系为线性，并据此进行衰减订正。Testud（2000）等在星载降雨雷达 TRMM（Tropical Rainfall Measurement Mission）的降雨廓线算法基础上，利用 Φ_{DP} 计算路径积分衰减作为约束，进行 Z_H 的衰减订正，被称为 Z_{PHI} 方法。为降低 A_H / A_{DP} 和 K_{DP} 之间的比例系数因雨滴谱的变化产生的不确定性对衰减订正的影响，Bringi 等（2001b）提出对各雷达径向分别优化系数 α（假定 $A_H = \alpha K_{DP}$）的自适应约束订正法；Carey 等（2000）及 Gu 等（2011）提出 α 与降雨滴谱有关，他们利用雨团中 Z_{DR} 值调整 α 以改进线性订正法和 Z_{PHI} 法。Smyth 等（1998）基于小雨区 Z_{DR} 接近于 0 dB 的特性，利用雨团后侧的 Z_{DR} 观测估计路径总差分衰减；在此基础上，Bringi 等（2001b）提出可以利用衰减订正后的 Z_H 估计 Z_{DR} 真值，进而估计更准确的路径总差分衰减。上述衰减订正普遍的缺点是受雨滴谱变化的影响较大，虽然 Carey 等（2000）及 Gu 等（2011）提出的方法有所改进，但总体仍然不足。在国内，胡志群等（2008）针对小雨的 K_{DP} 误差较大的特点，提出利用 Z_H 和 K_{DP} 综合订正衰减；毕永恒等（2012）改进了自适应约束订正法对 X 波段雷达反射率的衰减订正，并与 S 波段雷达观测对比验证，订正后降雨估测精度明显提高；陈晓辉等（2010）在对四创的车载 X 波段雷达数据订正中采用了线性订正方法；马建立等（2012）对 X 波段双偏振观测进行线性衰减订正后，有效地进行了冰雹识别。在 K_{DP} 计算方面，国外学者提出很多方法，包括利用有效冲击相应（finite impulse response，FIR）滤波器、迭代滤波、中值滤波、滑动平均等平滑 Φ_{DP}，以降低后向散射相位和随机误差的影响。业务上常基于最小二乘拟合估计 Φ_{DP} 的斜率并计算 K_{DP}。近来，Schneebeli 等（2014)、何宇翔等（2009）及王蕊（2011）提出利用卡尔曼（Kalman）滤波算法估计 K_{DP}，他们证明在低信噪比的情况下可以得到更加准确的 K_{DP}。Hu 等（2014）提出利用小波分析来进行 K_{DP} 估计。魏庆等（2014）比较了滑动平均、中值滤波、*FIR* 滤波、卡尔曼滤波和小波分析 5 种不同方法，发现小波分析的 Φ_{DP} 波动最小，在此基础上计算的 K_{DP} 用于降雨估测时精度最高。上述方法中，Φ_{DP} 的随机误差和后向散射相位可能会导致降雨的 K_{DP} 存在负值（与物理事实相悖）。针对该问题，Giangrande 等（2013）利用线性规划方法引入降雨的 Φ_{DP} 为非负的物理限制，优化了 S 波段下 K_{DP} 估计的问题。然而，C 和 X 波段观测中后向散射相位较 S 波段更加严重，这会给 K_{DP} 的估计带来更明显的误差。

上述方法有效地改善了双偏振雷达数据的精度，为后续的研究和业务应用提供了保证；然而，它们应用在国内雷达上的效果还有待验证。另外，针对衰减订正受雨滴谱的影响以及 K_{DP} 估计受后向散射相位影响等问题，衰减订正算法和 K_{DP} 估计方法有待进一步优化。

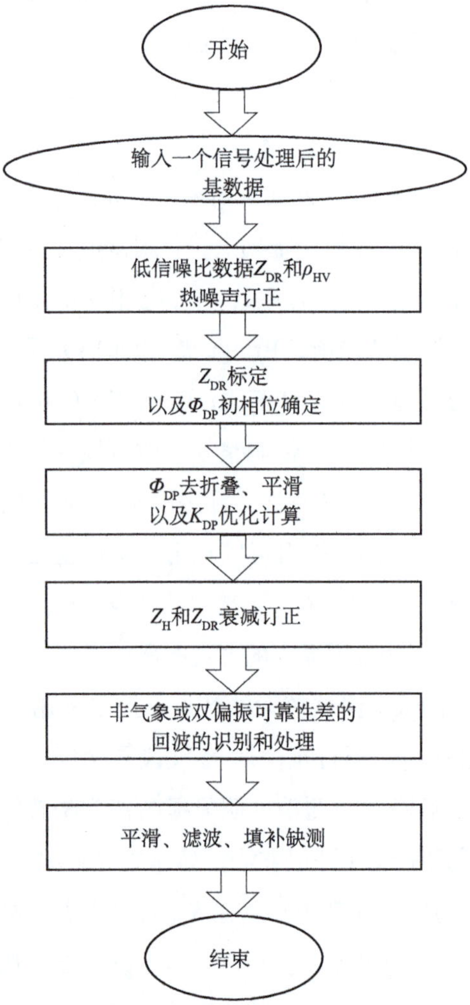

开始

输入一个信号处理后的基数据

低信噪比数据 Z_{DR} 和 ρ_{HV} 热噪声订正

Z_{DR} 标定以及 Φ_{DP} 初相位确定

Φ_{DP} 去折叠、平滑以及 K_{DP} 优化计算

Z_H 和 Z_{DR} 衰减订正

非气象或双偏振可靠性差的回波的识别和处理

平滑、滤波、填补缺测

结束

图 4.39 双偏振雷达数据质量控制模块的算法流程

双偏振雷达数据质量控制模块的算法流程图如图 4.39 所示。

1. Z_{DR} 偏差订正

Z_{DR} 偏差订正包含两部分：（1）如果雷达拥有垂直指向扫描，可根据雷达在层云降水条件下的垂直扫描数据，计算℃层（参见下文℃层识别模块）下方相关性十分显著（$\rho_{HV}>0.99$）的弱降水区的差分反射率的均值，根据差分反射率均值的偏离度确定雷达的系统偏差。（2）利用 Z_{DR} 在毛毛雨区的均值应该接近零的特性，获取雷达周围毛毛雨区的 Z_{DR} 的偏离度，即为 Z_{DR} 系统偏差。获取偏差后将其返回给质量控制算法模块对数据进行订正。（3）利用雷达站附近（50 km）内的雨滴谱仪器，通过 T-*Matrix* 散射矩阵计算雷达偏振量，确定雷达的 Z_{DR} 偏差（Wen et al，2016）。

2. Φ_{DP} 处理

利用 Φ_{DP} 在雨区是从零开始逐渐增加的特性，根据 Φ_{DP} 不同方位角上得近区降水确定系

统 Φ_{DP} 偏差，返回给质量控制模块进行系统初相位订正；根据的连续性特征，去除由于信号处理中由于相位限制造成的折叠；利用中值、均值等滤波器进行滤波，降低 Φ_{DP} 噪声。

3. K_{DP} 再分析

利用 *FIR* 迭代滤波等方法将 Φ_{DP} 抖动去除，利用变步长线性规划拟合进行求导（Huang et al，2017），并对计算结果中的负值区利用 Z_H，Z_{DR} 进行限制。*RVP*9 算法中在雨区会存在不符合物理常识的负数。而该算法求解得到的 K_{DP} 不存在负值，并在精度上明显优于 *RVP*9 数据。

4. CC 订正

*RVP*9 算法并未考虑到低信噪比下相关系数降低的问题。根据雷达变量的计算公式、利用相关系数和信噪比之间的关系，在质量控制系统中的进行 CC 订正。订正后的 CC 在低信噪比的区域由于热噪声而降低的现象明显减少。（该算法要求信号处理中输出水平和垂直通道的 *SNR*）

5. 反射率因子 Z_H 和 Z_{DR} 衰减订正

根据 T-*matrix* 方法计算雷达所在波段的不同尺度雨滴的散射振幅，并利用华东地区的二维视频雨滴谱观测数据计算偏振变量，确定比衰减 A_H、比差分衰减 A_{DP} 与 K_{DP} 之间的关系，确定该雷达波长下双偏振变量的衰减特征参数。根据不同波段的雷达的特性利用线性订正方法，或 Z_{PHI} 方法结合优化后的 Φ_{DP} 对雷达的 Z_H 和 Z_{DR} 进行衰减订正。在强雨区后侧，订正后的数据会明显优于原信号处理算法给出的数据。

电磁波在传播过程中受降水粒子的散射和吸收作用能量衰减。衰减量和降雨强度成正比，并且一般雷达波长越短，衰减越明显。C 和 X 波段雷达在降水的后侧会低估，对于业务 S 波段雷达而言，强降雨同样会导致明显的衰减作用。衰减后的 Z_H 和 Z_{DR} 直接用作降雨估测或微物理参数反演，会导致明显的误差。因此，定量反演前的衰减订正十分必要。常规业务雷达上，通常假定衰减和反射率成正比，利用反射率逐步迭代进行衰减订正；然而，衰减和反射率的关系受雨滴谱影响较大，同时逐步迭代法容易造成数值不稳定。升级双偏振功能后，由于 Φ_{DP} 不受衰减影响，同时 K_{DP} 正比于降雨强度，应用 Φ_{DP} 大幅提升了衰减订正的准确性。常用的双偏振衰减方法包括线性订正、Z_{PHI} 方法等。

Bringi 等（1990）提出的线性订正法是最常用的双偏振衰减订正方法之一。该方法假定 A_H（A_{DP}）和 K_{DP} 之间的系数 α（β）为常数。

$$A_H = \alpha K_{DP} \tag{4.25}$$

$$A_{DP} = \beta K_{DP} \tag{4.26}$$

α（β）通常是利用雨滴谱数据模拟的 A_H（A_{DP}）和 K_{DP} 拟合得到的。一般随着雷达波长的减少，衰减效应增加（α 和 β 增大）。华东地区的 C 波段雷达和华南地区 S 波段雷达的拟合关系如图 4.40 和 4.41 所示。

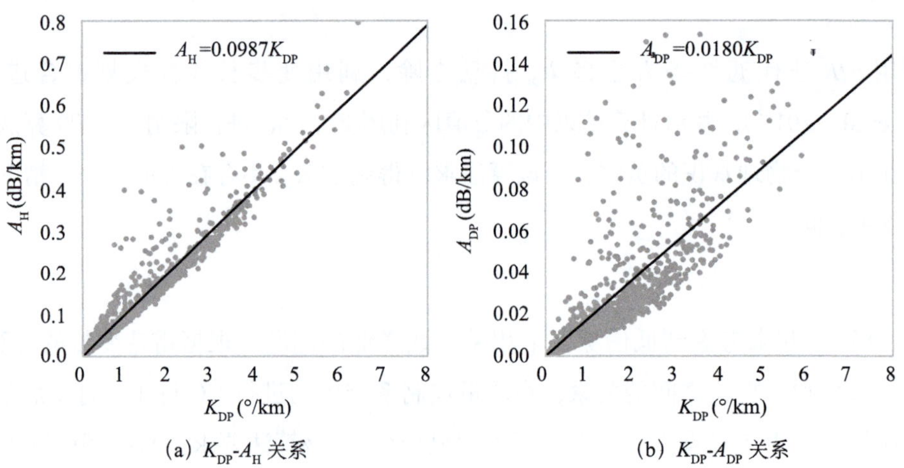

图 4.40　雨滴谱数据拟合的 C 波段（波长为 5.33 cm）的 K_{DP}-A_H 关系（a）和 K_{DP}-A_{DP} 关系（b）（灰色圆点为雨滴谱取自 2014—2015 年 NJU 2DVD 暖季观测的模拟双偏振量散点图，黑色实线为拟合的线性关系）

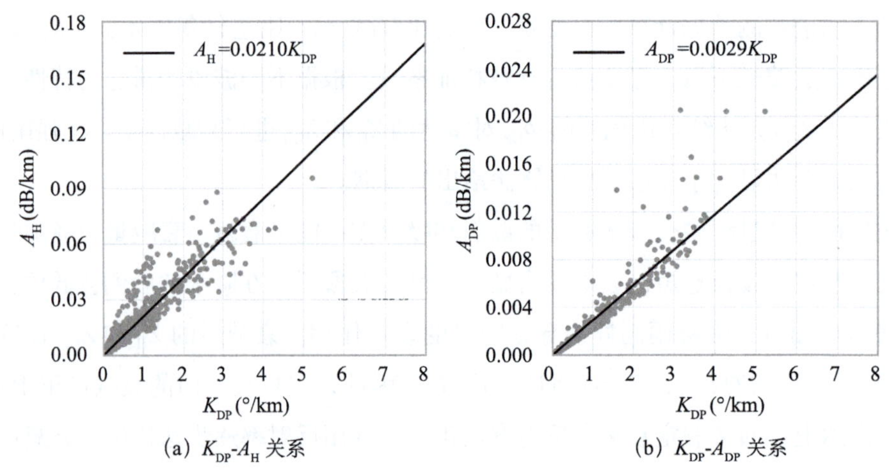

图 4.41　与图 4.40 类似，对应的是 2016—2017 年 5—7 月 NJU 2DVD-2 在华南的观测，模拟的雷达是 S 波段（波长是 10.34 cm）

Carey 等（2000）、Bringi 等（2011b）以及 Gu 等（2011）指出，α 和 β 实际上不是常数，而受到雨滴谱不确定性的影响。图 4.42 为 2014—2015 年 NJU 2DVD 的观测数据模拟的 C 波段 α 和 β 随 Z_{DR} 的变化。当 Z_{DR} 在 1 dB 左右时，α 最小；当雨滴平均直径（Z_{DR}）的增大或减小，α 均会增加。当 $Z_{DR} < 0.5$ dB 时，α 随着 Z_{DR} 的变率很大。β 与 Z_{DR} 之间则存在统计性单调关系，随着 Z_{DR} 的增大，β 也增加。当雨强较强时，一般 Z_{DR} 较大，实际的 α 和 β 可能与气候统计值存在显著差异，导致衰减订正精度下降。针对这个问题，

Carey 等（2000）提出大雨滴区域使用不同的衰减系数 α 和 β；他们将该方法应用于 C 波段雷达后，显著改善衰减订正效果并提升了降雨估测的精度。

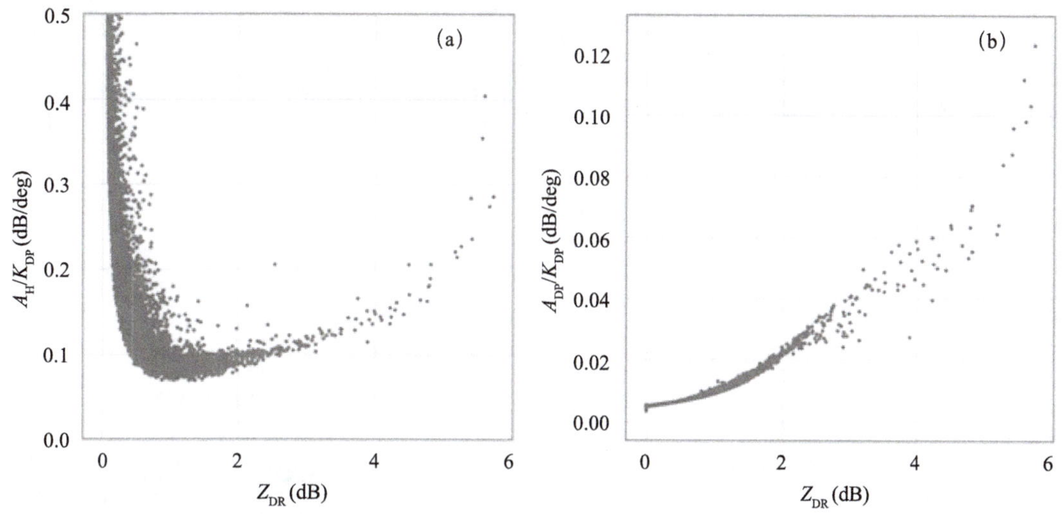

图 4.42　雨滴谱数据拟合的 C 波段（波长为 5.33 cm）的 α（A_H/K_{DP}）(a) 和 β（A_{DR}/K_{DP}）(b) 与 Z_{DR} 的散点图

Z_{PHI} 方法与线性订正的区别在于，Z_{PHI} 方法只使用 Φ_{DP} 估计路径积分衰减，而各距离库上的 A_H 则根据 Z_H 估计，克服了 Φ_{DP} 在径向上的起伏带来的误差。Z_{PHI} 方法的缺点在于其系数 α 和 β（公式（4.26）、（4.27））仍然受雨滴谱变化的影响。另外，当冰雹存在时，需要对冰雹区单独处理，防止冰雹对 Z_H 的贡献导致这些距离库上的 A_H 被高估。针对系数 α 的随雨滴谱的变化问题，Gu 等（2011）指出可以将大雨滴存在的对流核视作潜在误差点（"hot spots"），并在 Z_{PHI} 的基础上调整潜在误差点的系数 α。而 Ryzhkov 等（2013；2014）则指出，体扫中 Z_{DR} 随着 Z_H 变化的斜率反映不同的天气系统类型的雨滴谱特征，在此基础上可以动态诊断 α；该方法在美国 MRMS（Multi-Radar/Multi-Sensor System）得到应用。

6. 平滑、滤波和填补缺测

平滑、滤波、填补缺测是基本的雷达数据质量控制算法。它们的目的是消除孤立点、填补缺测点，使雷达数据保持连续。设计并实现了窗口滤波、径向滤波、窗口平滑、径向平滑、窗口缺测填补、径向缺测填补等质量控制方法，可有效去除噪声点、孤立点等，对有效数据影响不大，能明显提升数据质量（图 4.43、图 4.44）。

7. 地物杂波抑制

地物杂波抑制算法分为两个部分，地物的识别和地物抑制。首先对雷达数据进行地物回波的识别，然后对识别为地物回波的部分应用地物抑制算法，而对识别为降水回波的部

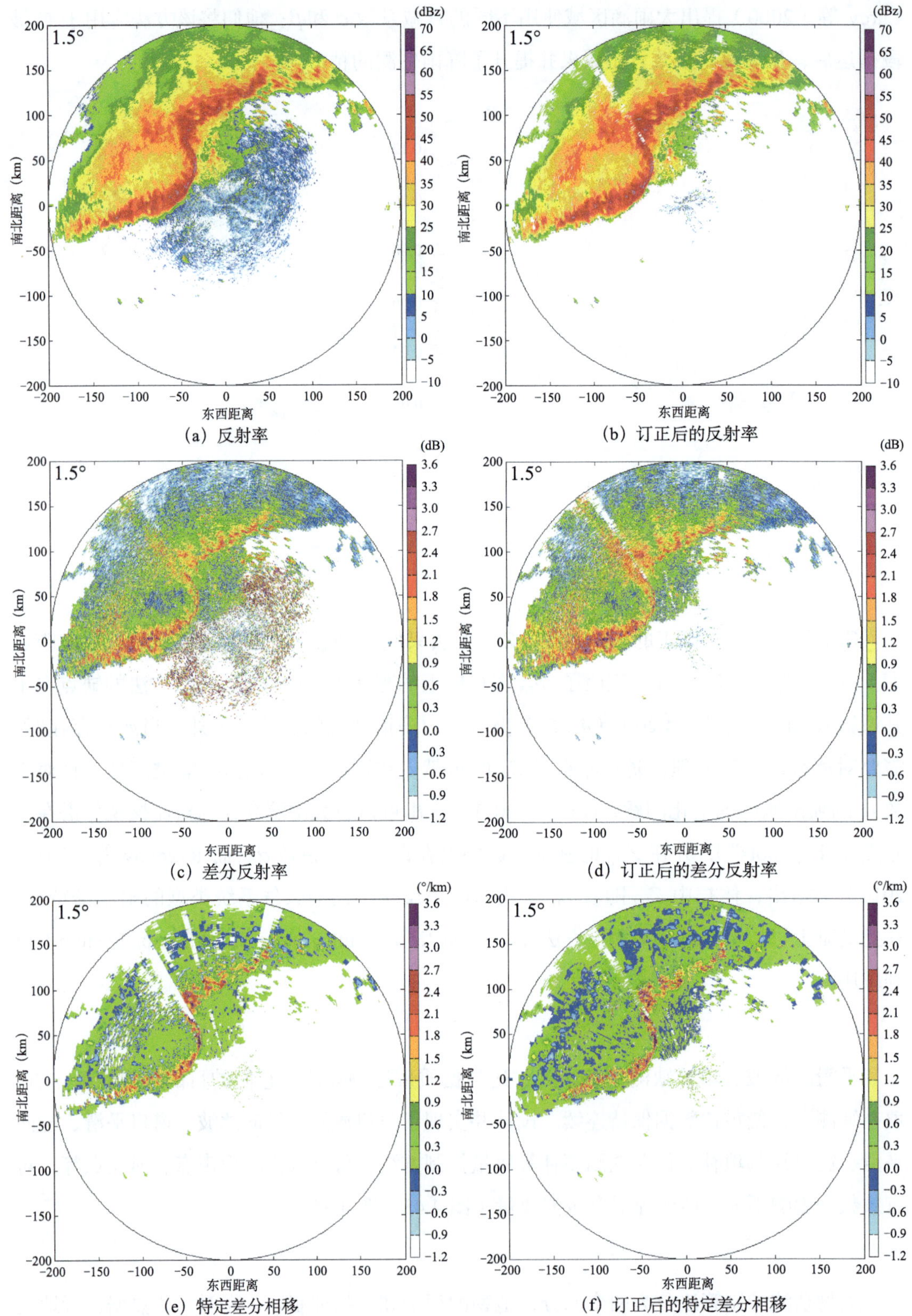

图 4.43　2016 年 4 月 13 日广东一次飑线过程广州双偏振雷达资料质量控制前（左列）和控制后（右列）的对比

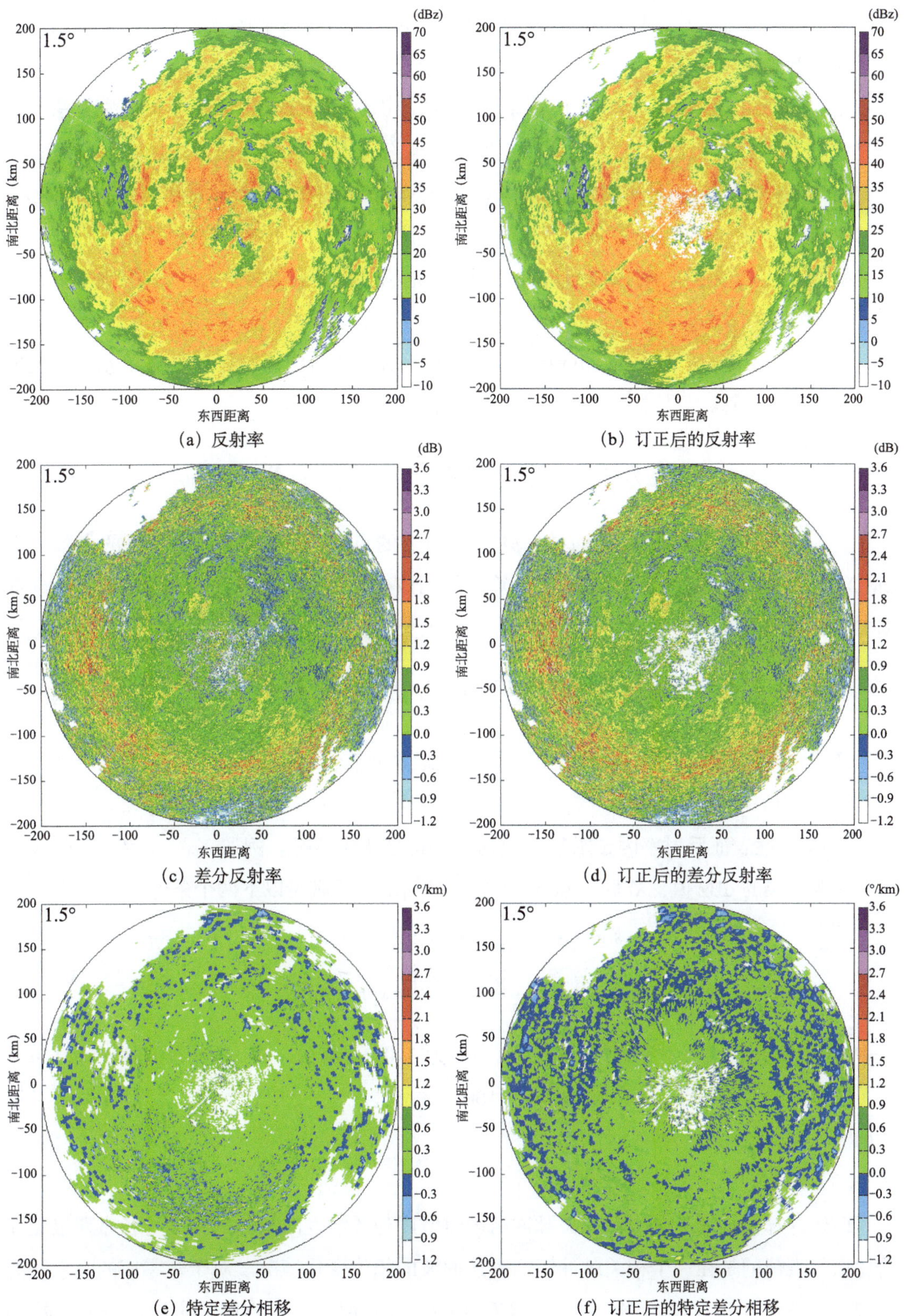

图 4.44 广东一次台风过程广州双偏振雷达资料质量控制前（左列）和控制后（右列）的对比

分，则不进行处理。这样做的好处是，可以有效地减轻当前由于地物抑制算法对接近零速的降水回波的错误抑制。

地物识别的方法很多，如基于模糊逻辑算法的识别和基于贝叶斯分类的识别方法，每种方法都有各自的实现方案和优缺点。考虑到地物的识别率和算法实现的难易程度，这里选择 WSR88D 雷达所采用的 CMD（Clutter Mitigation Decision）算法（Hubbert et al，2009）。其基本原理是利用多个判据，在给定的成员函数中使用模糊逻辑算法，根据最终的结果（0～1 的数值），对回波点位置是否存在地物给出判断结果。几个主要判据如下：

（1）*TDBZ*

TDBZ（texture of the reflectivity）用来表征反射率的结构，用相邻距离单元上的反射率差值的平方计算，具体方法如式（4.27）所示。

$$TDBZ=\left[\sum_{j}^{L}\sum_{i}^{M}\left(\mathrm{dBZ}_{i,j}-\mathrm{dBZ}_{i-1,j}\right)^{2}\right]\Big/N \tag{4.27}$$

式中，L 指的是所用雷达的径向数，M 是径向上的点数，$N=L\times M$，代表总的点数。在 CMD 中，L 取 1，也就是说 *TDBZ* 的计算只使用该径向上的距离单元，不使用其他径向数据。M 在这里取 9。因此，公式简化为：

$$TDBZ=\left[\sum_{i=1}^{9}\left(dBZ_{i}-dBZ_{i-1}\right)^{2}\right]\Big/9 \tag{4.28}$$

按照经验理论，*TDBZ* ＞ 40 dBz^2 就很有可能是地物回波（Hubbert et al，2009）。

（2）*SPIN*

SPIN 特性表征反射率因子沿径向数据上的符号变化情况。例如 X_{i-1}，X_i 和 X_{i+1} 代表径向上相邻 3 点的 dBz 值，*Xi* 距离点 *SPIN* 数值的增加需要满足以下两个条件：

$$\begin{gathered}\operatorname{sign}\left\{X_{i}-X_{i-1}\right\}=-\operatorname{sign}\left\{X_{i+1}-X_{i}\right\}\\ \frac{\left|X_{i}-X_{i-1}\right|+\left|X_{i+1}-X_{i}\right|}{2}>spin\_thres\end{gathered} \tag{4.29}$$

式中 *spin_thres* 表示反射率因子门限，典型值为 5 dBz。最后，将 *SPIN* 数值除以计算单元数（这里选择 11 个距离单元），再乘以 100。一般情况下，*SPIN* ＞ 25，就很有可能是地物回波。

（3）*CPA*

CPA 计算公式如下，表示相关脉冲组内时域序列各触发向量和的幅度与各序列幅度和的比值，表征的是在一个相关脉冲组内雷达回波的相位变化情况。对于非零速的降水回波来说，一般＜ 0.5，而对于噪声信号，*CPA* 值接近 0；而对于地物回波来说，*CPA* 接近 1。该判据的计算需要 IQ 数据。

$$CPA = \left|\sum_{i=1}^{N} x_i\right| \Big/ \left|\sum_{i=1}^{N} |x_i|\right| \tag{4.30}$$

8. 杂波抑制

定量应用偏振变量包括 Z_{DR}，K_{DP} 等时，对雷达两个通道的一致性要求非常高。而通常地物、生物等非气象散射回波双通道一致性较差。另外从地物区恢复出来的双偏振变量精度也有限，很难进行定量应用。因此在定量反演之前需要应用杂波抑制模块对数据中不可靠双偏振数据作为杂波去除。通常杂波区的双通道相关系数较低，差分相位的方差较大。二次回波区域，谱宽会异常偏大；而相同 Z_H 条件下昆虫回波 Z_{DR} 会明显比降水回波大。结合多种双偏振及其衍生变量，最优化融合应用，可最终将绝大部分不可靠双偏振数据滤除。

9. 非气象回波识别

天气雷达在降水观测的同时也会受非气象回波的干扰，如昆虫、鸟类、太阳干扰、地物、异常传播、二次回波等。在降雨估计或微物理反演前，通常需要识别和去除非气象回波，通常的依据是它们与降水回波表现在雷达观测上的差异，比如垂直范围较低、较大的空间变率、很慢的移动速度等。双偏振天气雷达的重要优势之一在于它们可以更容易区分气象和非气象回波。地物、生物等非气象散射回波双通道一致性较差，利用信号处理方法进行地物抑制后的双偏振变量精度仍受到地物影响。这里利用 NJUCPOL 和珠海 SPOL 的观测对此加以说明。

通常 CC 在纯降雨时十分接近于 1，在混合相态降水会降低。在非气象回波区，CC 通常明显降低，因此它是用来区别降水和非气象回波的重要参数；其次地物、生物回波的后向散射相位在距离库之间差异很大，受此影响，Φ_{DP} 在径向上存在较大的标准差；二次回波区域的谱宽会异常偏大。另外，相同 Z_H 值，生物回波 Z_{DR} 会明显高于降水回波。依据这些特征条件，采用决策树方法对非气象回波进行识别和移除，具体步骤如下。

（1）当回波的 CC 低于 0.8 或 Φ_{DP} 径向 11 点滑动标准差（$\sigma\Phi_{DP}$）> 20° 时，则将它标记为潜在的非气象回波。

（2）对于仰角在 3° 以下的扫描，当谱宽 > 6 ms 时，认为它可能是潜在的二次回波。

（3）在 6 km 高度以下时，衰减订正后的 Z_H < 30 dBz、Z_{DR} > 4 dB 且 ρhv < 0.9 时，认为可能是昆虫回波。

（4）如果上述标记的潜在非气象回波位于气象回波内部，且它们在径向和方位上连续的距离库数 < 20 个，则认为它们是因为随机误差导致的误标记，需要把它们重新标记为气象回波。

（5）同样由于随机误差的原因，非气象回波可能会存在 $CC > 0.8$ 的情况。因此，如果标记的气象回波的面积很小，连续距离库数< 20 个，进行去杂点滤波将它们剔除。

图 4.45 展示了上述方法应用于 NJU CPOL 时的效果。由图可见，在雷达站附近存在

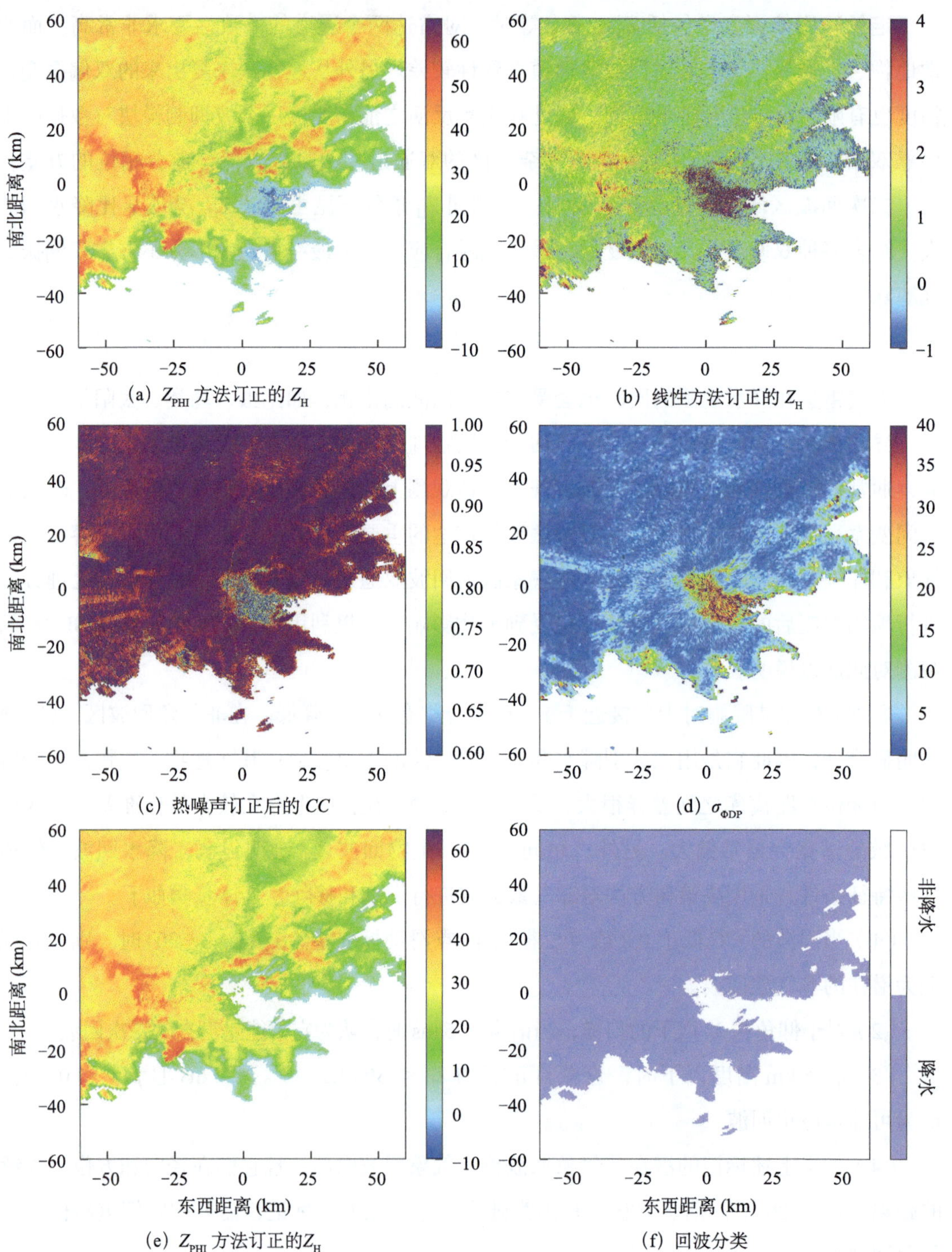

图 4.45 （a—f）分别为 Z_{PHI} 方法订正的 Z_H、线性方法订正的 Z_H、热噪声订正后的 CC、$\sigma\Phi_{DP}$、Z_{PHI} 方法订正的 Z_H 及回波分类。其中（e）中仅保留了（f）中识别为降水回波的部分

一个回波强度较弱，但 Z_{DR} 却较大（> 4 dB）的区域。对应的 ρ_{HV}（图 4.45d）< 0.8，且 $\sigma\Phi_{DP}$（图 4.45d）> 20 度，证明该区域为生物回波。在图 f 的分类中，该区域被标记为非气象回波并剔除。

4.2.2 双偏振雷达反演产品

4.2.2.1 粒子相态识别

雷达变量包括 Z_H，Z_{DR}，K_{DP}，CC 等反映了取样体积内的粒子的大小、取向、浓度等信息。结合雷达变量及探空温度信息，能够有效地区分雷达扫描取样体积内的主要降水粒子类型，这也是偏振雷达最直观的应用之一。算法采用 Dolan 等（2013）的模糊逻辑方案，采用高斯型成员函数，可将雷达降水回波分成毛毛雨、雨、冰雹、聚合物、湿聚合物、冰晶、高密度霰、低密度霰、大雨滴等 10 类（图 4.46、图 4.47）。因为粒子相态识别

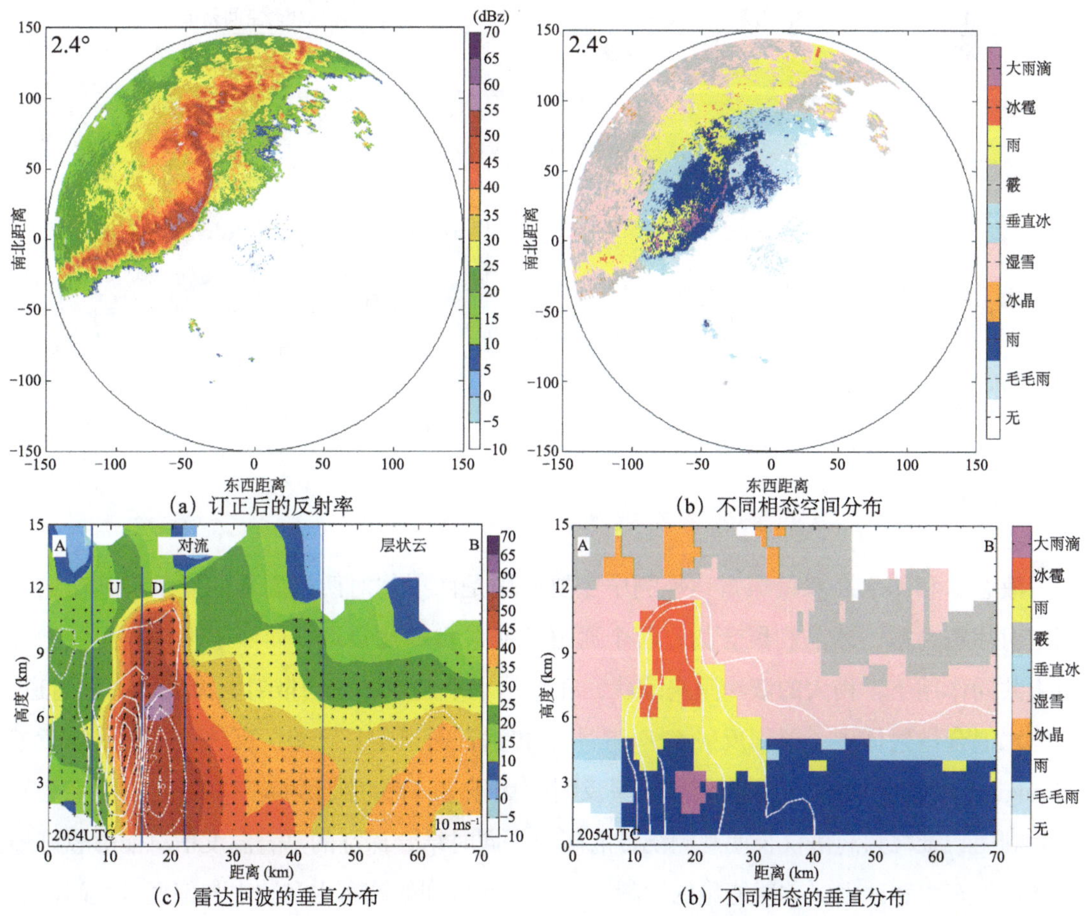

(a) 订正后的反射率　(b) 不同相态空间分布

(c) 雷达回波的垂直分布　(b) 不同相态的垂直分布

图 4.46　2016 年 4 月 13 日广东一次飑线过程广州双偏振雷达相态识别结果

准确率的主要依赖成员函数的参数准确度，算法结合南京大学 C 波段偏振雷达资料、二维滴谱仪资料和数值模式的仿真结果，对模糊逻辑方法中的成员函数进行优化更新，使算法对观测区的应用更加准确。程序处理时间＜ 10 s。

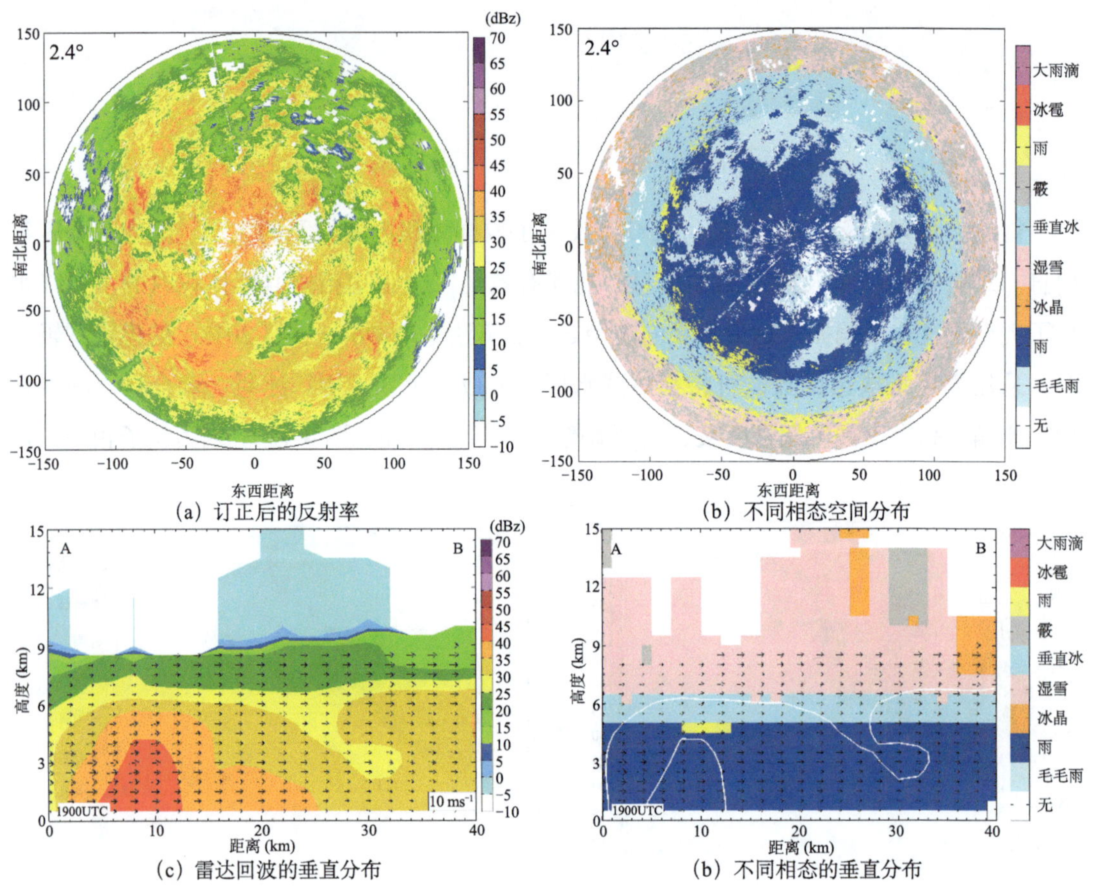

(a) 订正后的反射率　(b) 不同相态空间分布

(c) 雷达回波的垂直分布　(b) 不同相态的垂直分布

图 4.47　2016 年 4 月 13 日广东一次台风过程广州双偏振雷达相态识别结果

4.2.2.2　液态水和冰水含量模块

液态水和冰水在双偏振雷达探测中主要区别是散射体对两个通道的能量贡献比的差别。对冰雹、霰、冰晶和聚合物，两个通道的能量贡献比接近。而液态水在表面张力和重力共同作用下，稍大的液滴呈扁球状，在雷达水平通道的后向散射能力大于垂直通道。在冰水混合散射体中，差别反射率 Z_{DP}（水平和垂直通道能量之差）反映了液态水的贡献（Bringi et al，2001b）。通常我们称水平反射率因子 Z_H 和差别反射率 Z_{DP} 之间的关系为雨线。利用二维视频滴谱仪长期观测统计的雨线，同时结合探空的垂直温度信息能够较好地分离出液态水和冰水对散射能量的贡献。结合统计得到的液态水和冰水与偏振量之间的关系，可以有效地计算散射体积内的液态水和冰水含量（图 4.48、图 4.49）。

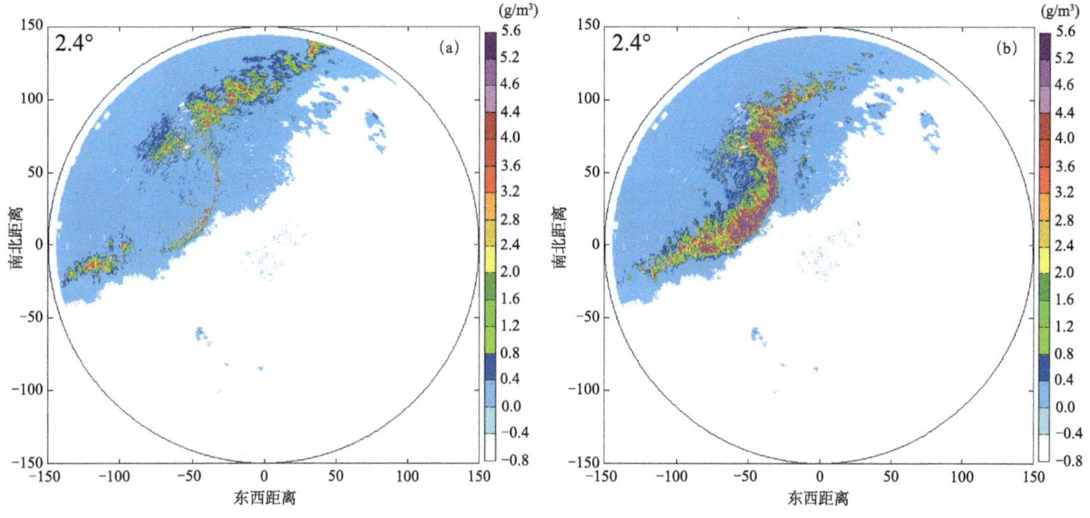

图 4.48　2016 年 4 月 13 日广东一次飑线过程广州双偏振雷达估计的液态水（a）和冰水（b）含量

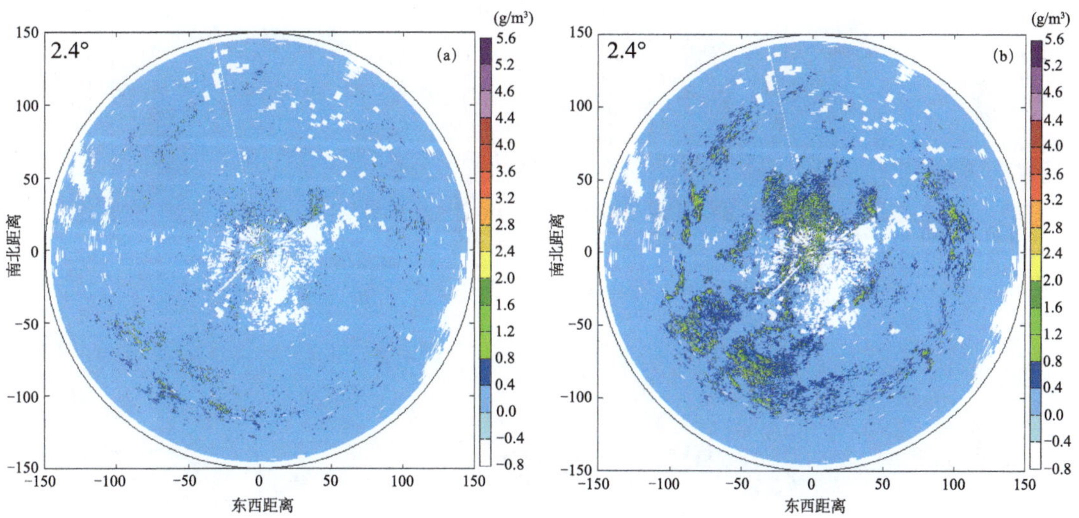

图 4.49　2016 年 4 月 13 日广东一次台风过程广州双偏振雷达估计的液态水（a）和冰水（b）含量

4.2.2.3　冰雹识别模块

冰雹的尺寸通常较雨滴而言很大，在下降过程中不断滚动、倾斜角随机分布等特性，在偏振雷达上表现为反射率因子很大、差分反射率因子接近零、相关系数降低等特征。目前的常规多普勒天气雷达中多将高于一定门限的反射率因子作为冰雹特征。更新后的冰雹识别算法利用反射率因子、差分反射率生成 H_{DR} 参数，并同时结合相关系数等偏振变量进行识别；在此基础上在业务中利用如粒子相态识别模块所示的模糊逻辑算法，使雹区的识别更加准确（图 4.50）。

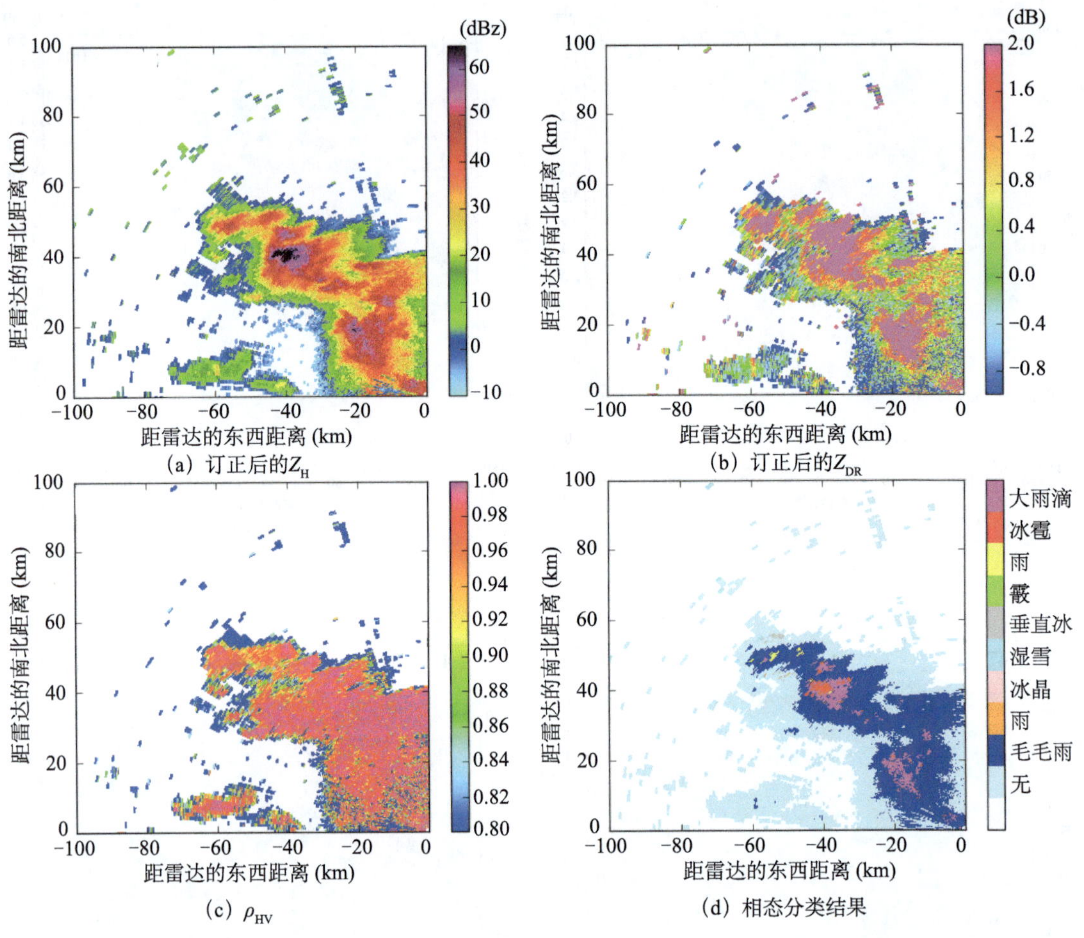

图 4.50　2016 年 3 月 19 日广东一次强风暴，双偏振雷达订正后的变量及相态分类结果

4.2.3　双偏振雷达识别地面降雪

暴雪是我国冬季主要气象灾害之一，除东北、西北和华北地区以外，南方的浙江、湖南等省份也会受到影响，且随着经济的发展，其造成的损失越来越大。双线偏振雷达可以发射并接收两种极化方向相互正交的电磁波，具有测量不同偏振方向上回波功率和相位的功能，除可获取常规雷达探测的参量外，还可以探测到差分反射率因子（Z_{DR}）、差传播相移（Φ_{DP}）、差传播相移率（K_{DP}）、相关系数（ρ_{HV}）等与降水粒子相关的参量，这些参量的加入使得识别降雪成为可能。一些研究利用双线偏振雷达参量及其反演参量对夏季冰雹等水凝物进行识别（Bringi et al，1984；Hall et al，1984；Aydin et al，1986；Tong et al，1998）。Park 等（2008）结合双线偏振雷达参量、0 ℃层亮带以及可变的参量权重对粒子相态进行识别，得到更可靠的识别结果。夏季出现的降水粒子主要为毛毛雨、雨、

冰雹等，且温度等结构层次一般分布清晰。冬季与夏季有很大差别，主要为冰晶、干雪、湿雪、冻雨等（Schuur et al，2003），冷空气活跃，观测和分析研究都相对困难（黄志萍 等，2015）。Rasmussen 等（1999，2003）根据双线偏振雷达反射率因子与降雪量之间的关系进行实时降雪临近预报。Schuur 等（2011）特别分析了冬季粒子相态识别方法，引入快速更新循环模式（RUC）、模糊逻辑算法，配合使用空间分布的湿球温度，获得了可靠的冬季相态识别结果。Luce 等（2008）、Houser 等（2011）利用双线偏振雷达对冬季风暴中 Kelvin-Helmholtz 波分布及形成原因等进行了观测和研究。Griffin 等（2014）结合双线偏振雷达分析了美国冬季大风雪天气偏振及微物理特征。我国的新一代多普勒天气雷达开始升级为双线偏振雷达，但应用双线偏振雷达对冬季过程的研究应用很少。

本节提出基于融化带识别的相态识别方法、降雪频次统计方法。使用双线偏振参量识别出融化带的空间位置和结构，同时结合地面气象站及探空站数据识别地面降雪相态。本方法考虑了冬季降雪过程同夏季降雨过程的差别，特别是融化带高度变化的不均匀，由此将降雪过程中粒子相态分为干雪、湿雪和雨三种类型。包括下几个步骤：

（1）逐仰角识别融化带。Z_{DR} 可反映融化物之间碰并聚合所导致的水平尺度变大的特征，较低的 ρ_{HV} 反映了冰水相态混合的特征，结合水平偏振反射率因子（Z_H）与上述两参量，可使融化带的识别更可靠。根据曹俊武等（2006）、Park 等（2008）的研究，夏季融化带的参量特征一般为 $Z_H \geqslant 30$ dBz、$Z_{DR} \geqslant 0.8$ dB、$\rho_{HV} \leqslant 0.97$。这里采用夏季融化带识别方法，并对识别指标进行修改。在各个仰角层上识别，可基本确定融化带的三维结构和空间位置。

（2）确定融化带底部、顶部高度。当夏季温度场的水平分布较为均匀时，融化带的高度变化不大。在雷达以固定仰角扫描的结果的回波图中呈以雷达为中心的圆环或者半圆环，此时，融化带的高度信息相对容易获得，即逐径向将融化带的空间位置保存在方位和高度组成的二维数组内，再通过一定的平滑处理得到对应融化带底高和顶高。冬季降雪期间温度场的水平分布很不均匀，融化带呈现出不同的形态，导致融化带沿单个径向上高度变化很大，因此不能使用夏季的逐径向方法。为此，首先将球坐标系下的融化带分布映射到以经度、纬度、高度为轴的笛卡尔坐标系下。考虑到雷达数据的垂直分辨率较低，随后选取每一格点周围水平区域（如 3×3），获得该格点对应的融化带底高、顶高。若周围区域内标记为融化带的点数与总点数的比例高于阈值（如 20%），则认为该处存在融化带。为避免杂点干扰，将标记为融化带的各点高度排序，取指定比例处（如 10% 处为底高和 90% 处为顶高）的高度作为该处所有点参考的融化带底高、顶高。

（3）识别空中降水粒子相态。根据融化带识别结果，对雷达每一仰角层逐径向识别粒子相态。在识别某个库的粒子相态时，若存在融化带底高、顶高，将该库高度与融化带高度相比较。当库高低于融化带底高时，该库内粒子相态为雨；库高在融化带底高、顶高之间时，库内粒子相态为湿雪；库高高于融化带顶高时，库内粒子相态为干雪。若没有融化带高度信息，需要借助探空温度来判断 0 ℃层位置。当探测到的 0 ℃层在雷达观测范围以下，该库相态被认为是干雪，在观测范围之上，被认为是雨。最终可以确定各仰角层的降水粒子相态分布，并将其用于后期地面降水粒子相态识别。

（4）识别地面降水粒子相态。地面相态识别是通过地面温度与最接近地面的雷达 0.0° 仰角层相态识别结果综合分析得到。将雷达覆盖区内 1611 个地面气象站温度数据进行水平插值处理，得到每个雷达库对应的地面温度。当识别地面某一点相态时，首先根据温度识别地面降水粒子相态。地面温度在 0 ℃以下时，为降雪，在 0 ℃以上时，为降雨。再结合雷达识别的该点对应的空中降水粒子相态进行综合判断。如果两者识别结果一致，该点相态即为对应的地面降水粒子相态。而两者识别结果不同时，则要进行如下判断：根据地面温度识别的相态为雨，而空中相态为雪或湿雪时，以地面温度识别结果为准；根据地面温度识别的相态为雪，空中相态为雨时，地面此时可能出现冻雨。

个例分析：

对 2015 年 12 月 5 日、2016 年 1 月 22 日杭州地区两次降雪天气过程综合分析，初步分析得到融化带识别参数：$Z_H \geqslant 10$ dBz、$Z_{DR} \geqslant 0$dB、$\rho_{HV} \leqslant 0.94$。

使用该参数，2015 年 12 月 4 日 20 时左右在雷达站西南部开始出现降水回波，随后加强并向东移动，5 日 08 时覆盖杭州。5 日上午持续了一定量的小雨天气，杭州的地面 2 m 气温从 08 时的 5 ℃降低至 14 时的 3 ℃，自中午起开始降雨逐渐转变为混合态的雨夹雪，地表温度也继续降低，至 17 时降至 0 ℃。

取其中 12 月 5 日 08 时 17 分、13 时 31 分、19 时 05 分雷达 0.0° 仰角的 Z_H、Z_{DR}、ρ_{HV} 数据，以及地面气象站探测的温度分布（图 4.51），分析降水回波演变及分布特征。利用融化带识别和相态识别方法分析可知本次天气过程中雷达站南北区域呈现完全不同的降水类型，雷达站以北出现降雪，以南则为降雨。

图 4.52 为雷达 0.0° 和 0.5° 仰角层内融化带分布特征。在 08 时 17 分，0.0° 仰角层（图 4.52a）内在雷达站以南约 6 km 处有一条狭长且东西分布的融化带，融化带南部橘黄色区域为暖区，而北部蓝色区域为冷区，此时温度水平分布不均匀。随着雷达仰角抬高，融化带空间结构发生明显变化。在 0.5° 仰角层（图 4.52d）内融化带呈现为顺时针旋转 90° 的“D”形结构，并伴随暖区减小，冷区变大。到 13 时 31 分，0.0° 仰角层（图 4.52b）内的融化带已经发展成与 08 时 17 分在 0.5° 仰角层（图 4.52d）内类似的“D”形结构，而相比 08 时 17 分的 0.0° 仰角层（图 4.52a）内分布特征，冷区向南拓展，暖区减小。在 0.5° 仰角层（图 4.52e）内融化带为中间镂空的不规则形状，冷区扩大至距离雷达站 130～150 km 的东南部。

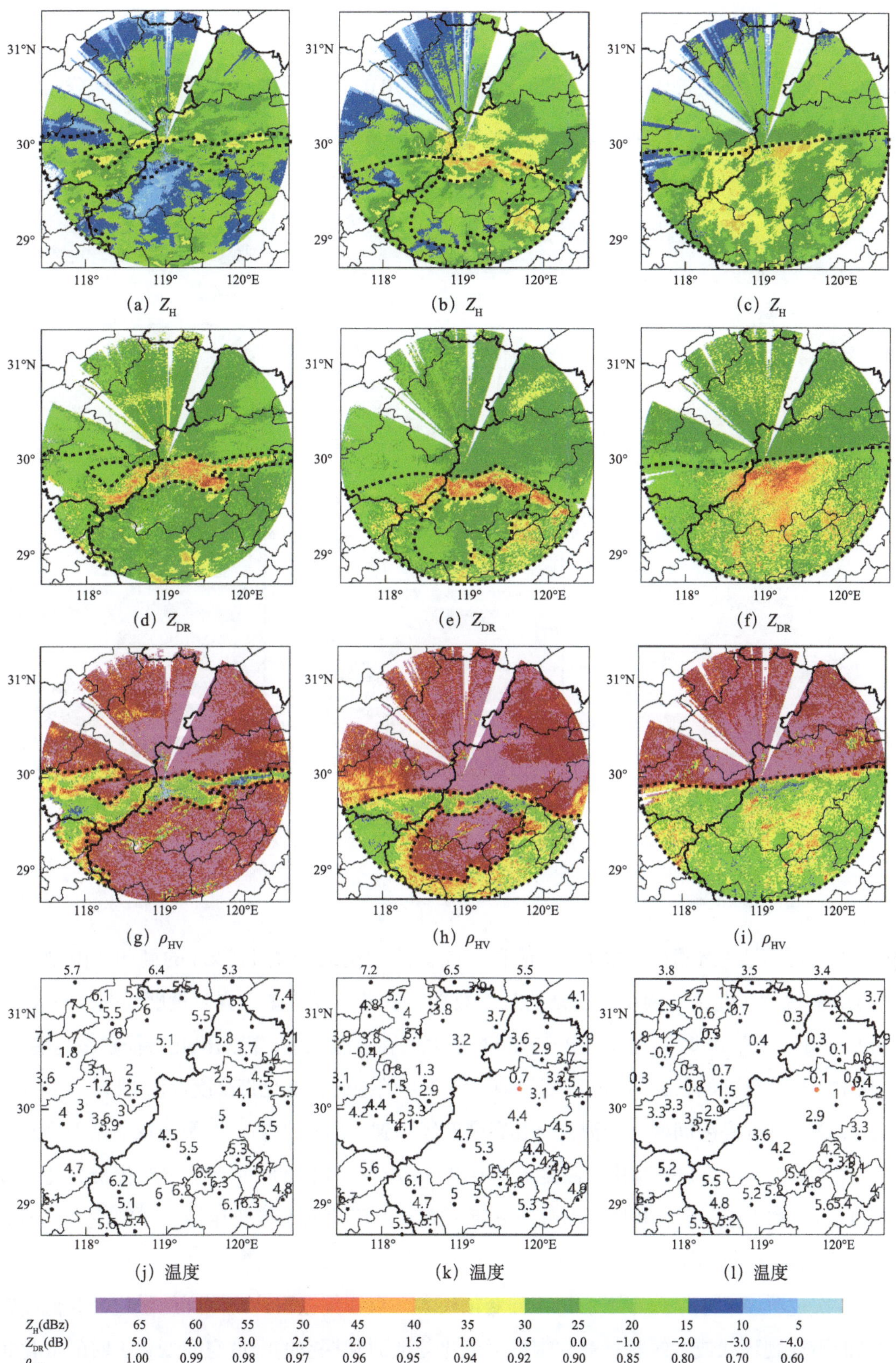

图 4.51　2015 年 12 月 5 日 08 时 17 分（左列）、13 时 31 分（中列）和 19 时 05 分（右列）在 0.0° 仰角杭州雷达各参量回波及地面温度分布（黑色虚线区域为融化带；a~c 为 Z_H，d~f 为 Z_{DR}，g~i 为 ρ_{HV}，j~l 为地面温度）

到 19 时 05 分，图 4.52c、f）中暖区已经消失，在 0.0° 仰角层内融化带与冷区均分雷达扫描的圆形区域，呈南北对称的半圆形结构，此时雷达站以南温度水平分布趋于均匀。

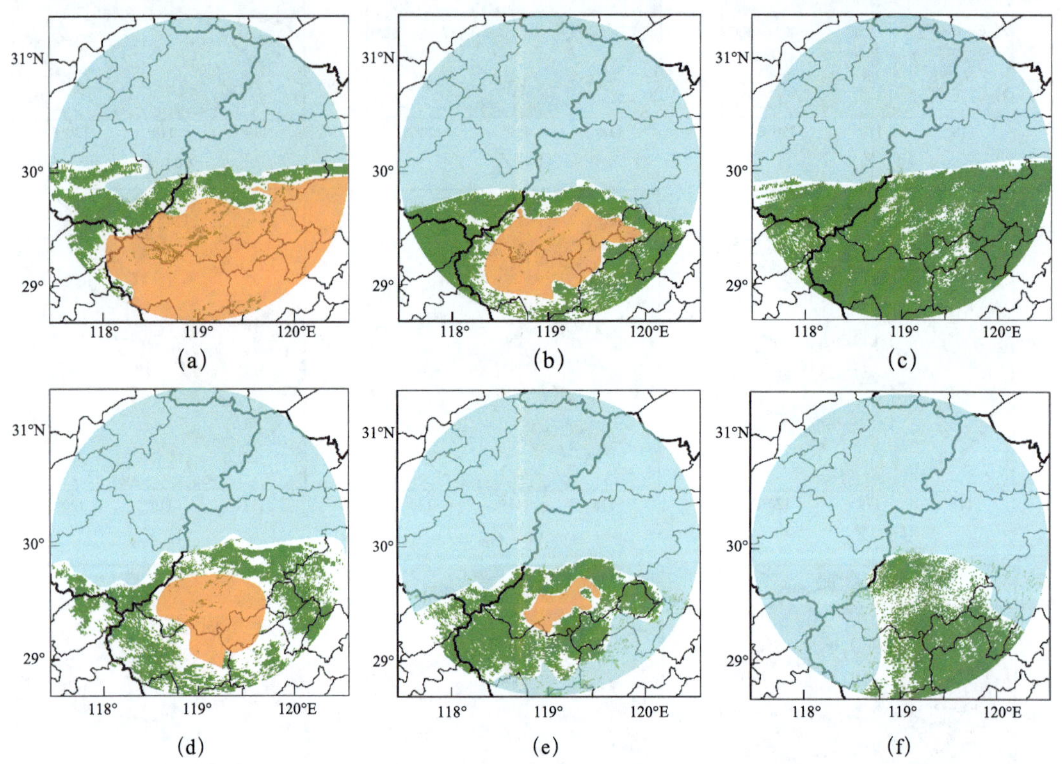

图 4.52　2015 年 12 月 05 日 08 时 17 分、13 时 31 分和 19 时 05 分杭州雷达不同仰角融化带、暖区（温度高于 0 ℃、雨区）、冷区（温度低于 0 ℃、雪区）分布
a～c 为 0° 仰角，d～f 为 0.5° 仰角；绿色为融化带，蓝色为冷区，橘黄色为暖区

探空可以直接获取大气的层结信息，取雷达站南北距离 115 km 的衢州（南部）和 113 km 的杭州（北部）两个探空站的观测数据。从衢州探空站上方参量廓线图 4.53a，b，c分析可知，上午08时37分，在2～3 km高度之间存在融化带，随后融化特征越来越明显。而从 17 时 43 分开始，2～3 km 高度间融化特征开始减弱，融化带高度逐渐下降。到 20 时 27 分，2～3 km 高度间融化带消失，其高度已经降到 1.5 km 左右。在衢州探空站温度廓线图（图 4.53d）中，08 时融化带高度大概在 3 km 左右，到 20 时站点上空融化带高度下降到 2 km 高度以下，此结果与使用雷达分析一致。由于地面温度仍维持在 5 ℃左右，地面不会降雪。

本次过程温度水平分布不均匀，且变化较大，双线偏振雷达观测到的融化带为偏离雷达站的不规则环状或者线状；融化带垂直变化与地面和探空的温度空间变化、时间变化相一致，融化带较高处，地面温度相对较高；当融化带高度下降，地面伴随降温，表明了融化带识别方法的准确性。同时，相比新一代多普勒天气雷达，使用双线偏振雷达探测融化

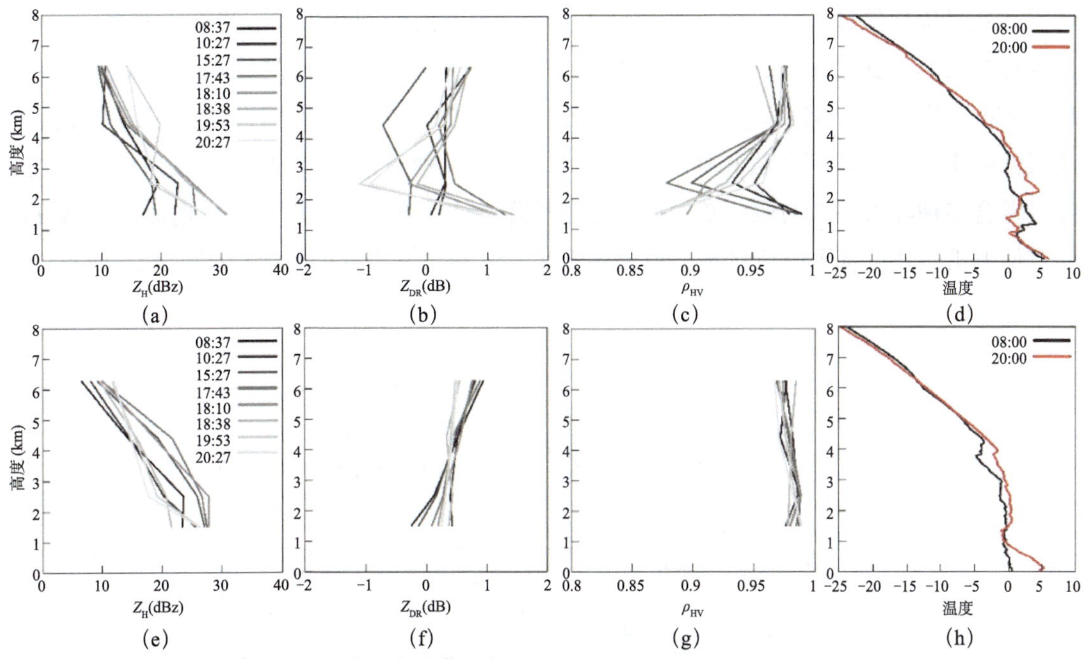

图 4.53 2015 年 12 月 5 日衢州（a～d）、杭州（e～h）探空站上方雷达参量垂直廓线及在 08 时与 20 时探测的温度垂直廓线

带结构更可靠。需要说明的是，利用双线偏振雷达参量进行降雪过程分析并不是一件容易的事，要尽量结合可以使用的探测要素进行充分分析，且文中对降雪厚度的估计方法也只是初步研究，仅仅利用雷达参量及地面温度来判断降雪区域可能并不充分。同时，在使用融化带位置、结构判断粒子种类时，无法区分干雪和冰晶的具体分布范围。

4.3 双偏振雷达的降水估测技术

4.3.1 层云、对流云、暖云降水的双偏振雷达自动识别技术

4.3.1.1 双偏振降水估测模块

首先，结合外场观测试验垂直指向扫描资料对观测的系统误差和随机误差进行评估，并分析双偏振观测的实际误差与理论误差的异同，同时评估降水衰减、非气象回波、半波束遮挡等影响。其次，利用 T-matrix 方法计算雨滴的散射振幅，将雨滴谱数据计算对应的双偏振量，并统计衰减与 K_{DP} 关系以及各变量之间的物理关系（self-consistent）关系。利用误差评估结果和上述雨滴谱统计关系发展适用于广州 S 波段双偏振雷达的观测误差控制

和雷达变量优化估计方法，包括衰减订正、非气象回波识别和去除、半波束遮挡订正等。设计理想实验，比较最小二乘法、线性规划以及利用双偏振变量的物理约束关系估计的 K_{DP} 效果，提出最优估计 K_{DP} 的方法。再次，建立层云、对流和热带降水等不同类型降水的双偏振雷达自动识别方法和降水估计关系。基于各种双偏振雷达估计关系的估计误差，发展融合多种降水关系的最优双偏振雷达定量降水估计方法。最后，利用地面雨量站资料对双偏振雷达估计降水进行订正。双偏振雷达定量降水估测算法的流程如图 4.54 所示。

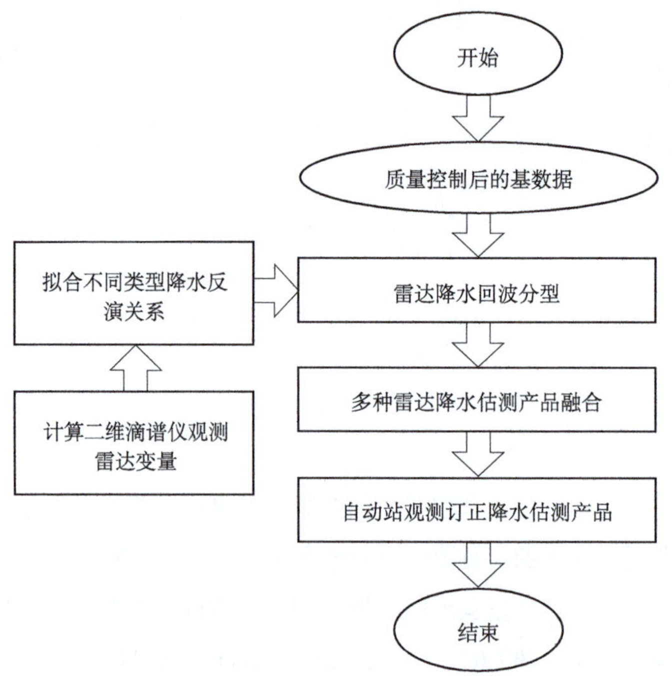

图 4.54　双偏振雷达定量降水估测算法流程图

利用华东地区二维滴谱仪观测数据，根据 T-matrix 方法确定各个尺寸雨滴的散射振幅，并计算对应的雷达变量，包括 Z_H，Z_{DR}，K_{DP} 等（图 4.55）。利用华南二维视频滴谱仪得到的降水强度 R 及其对应的雷达变量，确定 $R(Z_H)$、$R(Z_H，Z_{DR})$、$R(K_{DP})$ 等方法的参数。将这些关系应用到质量控制过的双偏振雷达资料上，进行定量降水计算。

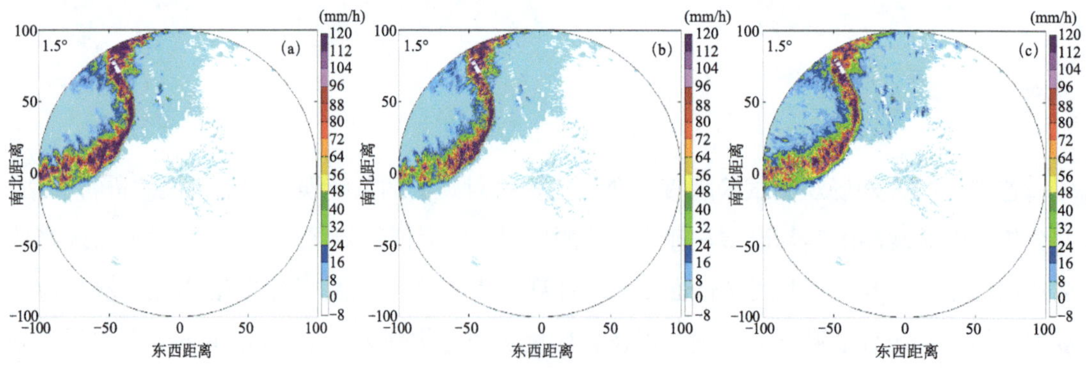

图 4.55　2016 年 4 月 13 日广东一次飑线广州双偏振雷达 $R(Z_H)$（a）、$R(Z_H，Z_{DR})$（b）、$R(K_{DP})$（c）方法估计的降水估计结果

4.3.1.2 降水估测评估与订正算法

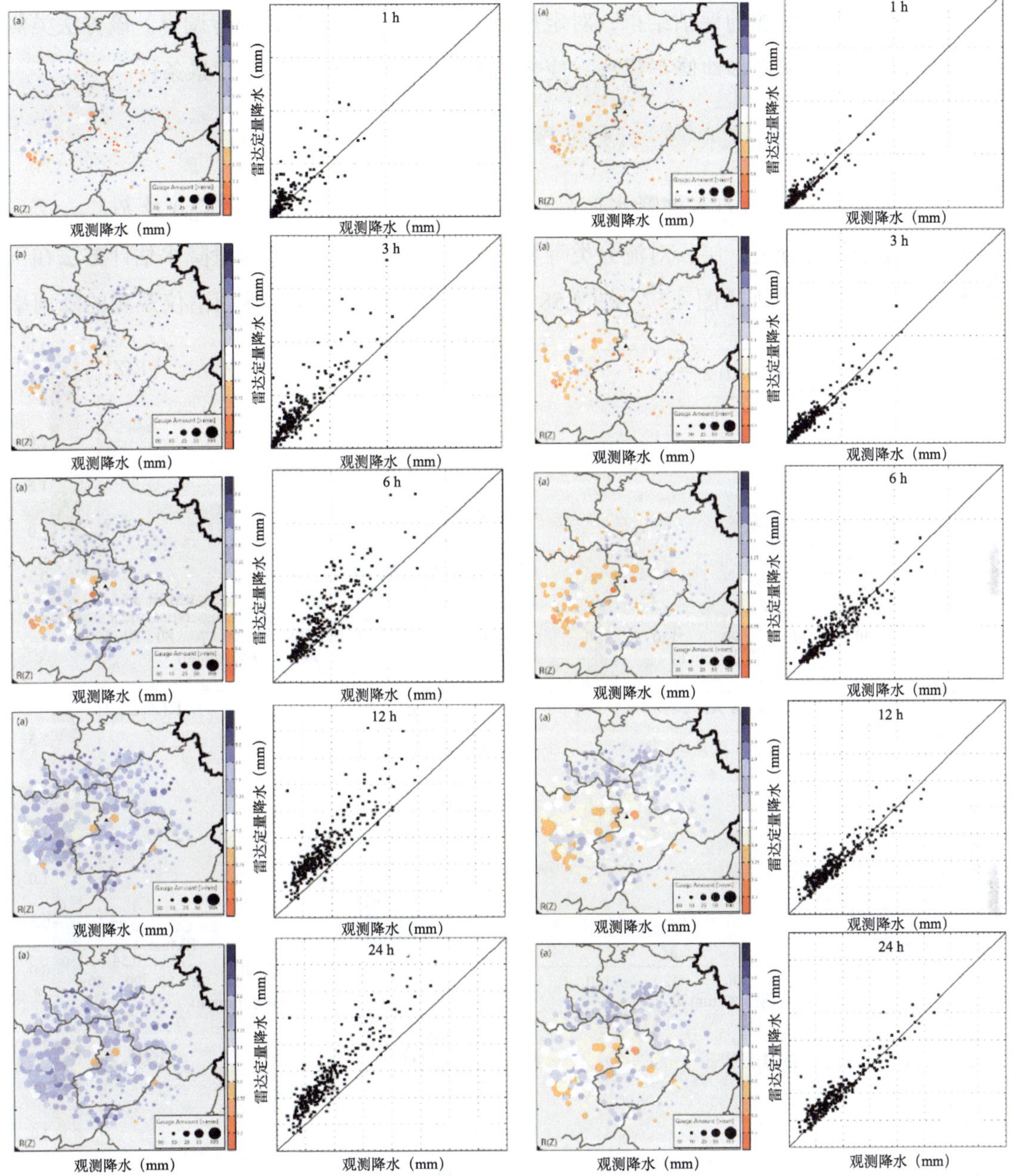

图 4.56 不同时间长度累计的雷达定量降水产品未订正（左）与订正（右）对比

由于定量降水估测最终效果优劣对所用到的降水率与雷达变量关系具有敏感性，而降水率和雷达变量关系的参数依赖滴谱仪的观测。实际应用中为了降低该敏感性，通常需要部分自动站和滴谱仪的降水结果进行降水估测关系的参数调整。将双偏振雷达降水估测模块所生成的定量降水产品进行时间累积，生成累积降水量产品（包括 1 h、3 h、6 h、

12 h、24 h、48 h、72 h），结合一部分地面雨量监测信息（包括自动站和滴谱仪）进行雨量对比，对雷达定量估计降水的效果进行评估，计算出偏差和相关度（图 4.56）。根据较长时间段里的降水估测的评估结果，对定量降水估测关系里的参数进行调整。该方法类似于神经网络法，能够逐步地修正算法，使之更加适应于该地区的气候背景条件。

4.3.1.3 多种降水估测产品融合算法

将双偏振降水估测的多种降水产品（包括 $R(Z_H)$、$R(Z_H, Z_{DR})$、$R(K_{DP})$ 及 $R(K_{DP}, Z_{DR})$ 等）结合粒子相态分类、层云对流分类等算法进行分型，根据不同定量降水估计方法在不同类型的降水上的表现（图 4.57、图 4.58），同时结合华东地区二维滴谱仪观测的降雨率

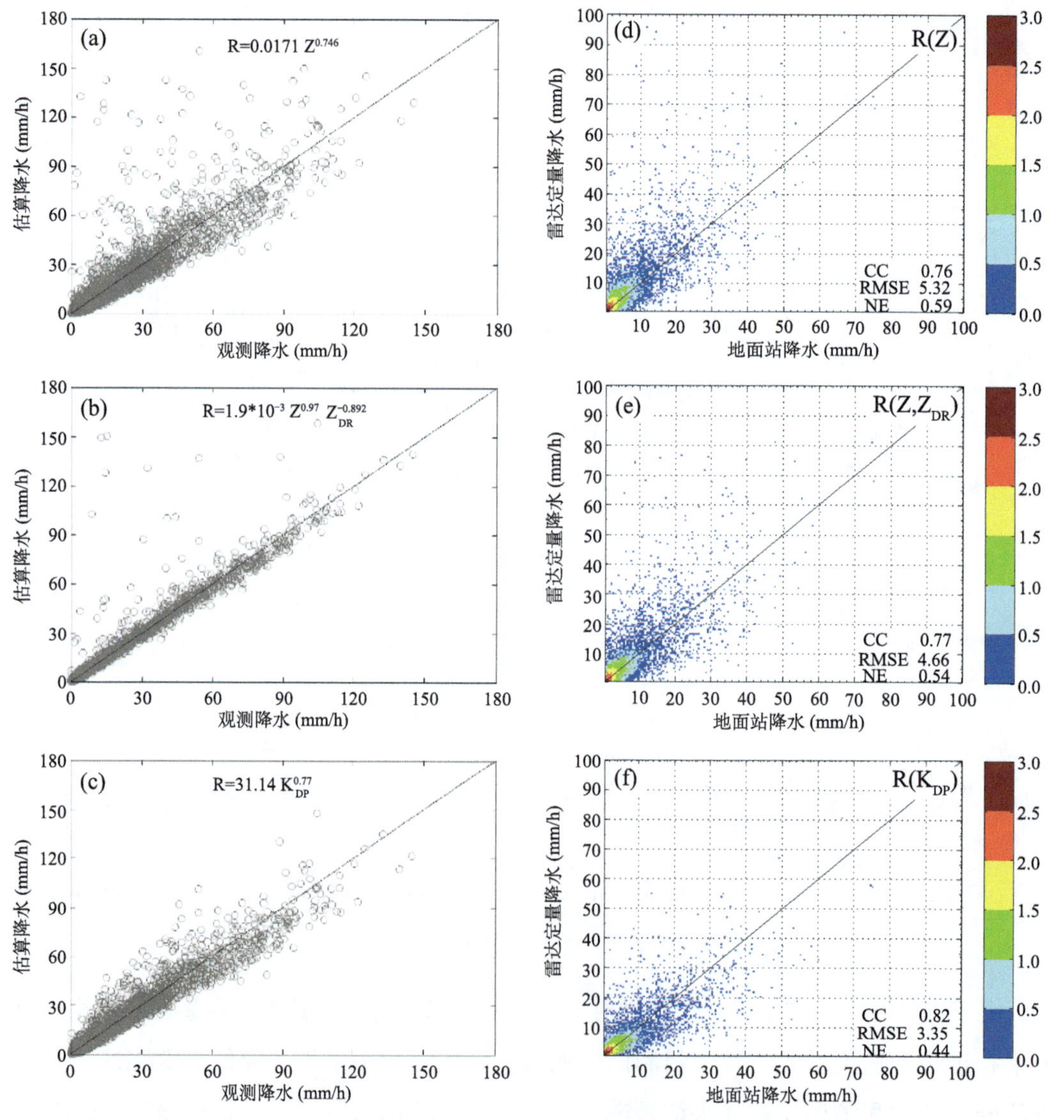

图 4.57 利用华东 2DVD 两年的观测资料，确定了适用于江淮流域的雷达定量估算降水关系式（a、b、c）；并使用气候统计的雷达定量降水关系式去评估不同估算结果与地面站对比表现（d、e、f）

及其反演雷达变量估计的降雨率之间的误差关系（Chen et al，2016），确定最优降水估测组合方案，融合了双偏振雷达探测、不同降水类型的降水特征和地面观测等多源探测信息，生成最优化的综合累积降水量产品（图 4.59）。

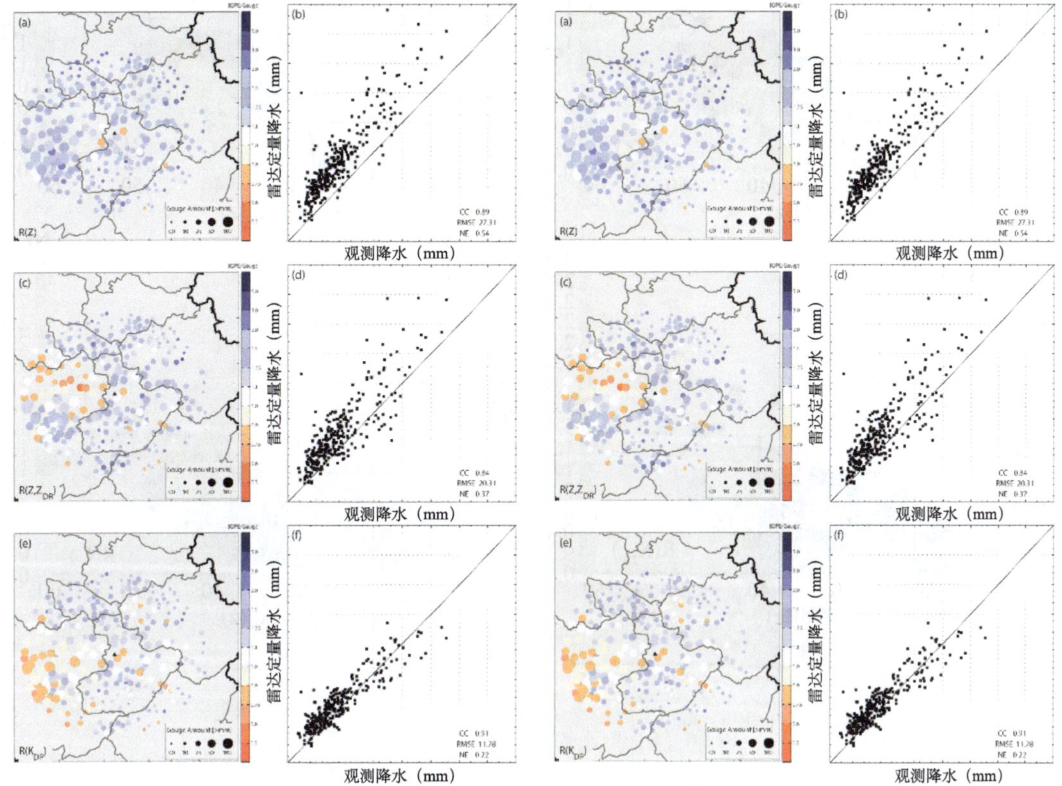

图 4.58　三种公式对梅雨（左）和飑线（右两列）这两种不同降水类型的定量降水评估表现

4.3.1.4　暴雨识别模块

暴雨识别模块分为两步，第一步是降水分类，目前该模块使用的降水分类方法是 Steiner（1995）提出的纹理分类，可以将降水分为层云和对流。该方法使用 3 km 高度的雷达等高面 PPI（CAPPI）资料，根据反射率因子强度及反射率因子与周围的背景值之差确定对流核区域，并将对流核作为中心扩展识别整个对流区；除去对流区以外其他区域识别为层云区。图 4.60 为飑线和台风过程的对流层云识别结果。将降水分类后的第二步是潜在暴雨区的识别，对流区内降水率＞ 20 mm/h 的区域可能会形成致灾性短时强降水，将该区域识别形成暴雨识别产品。

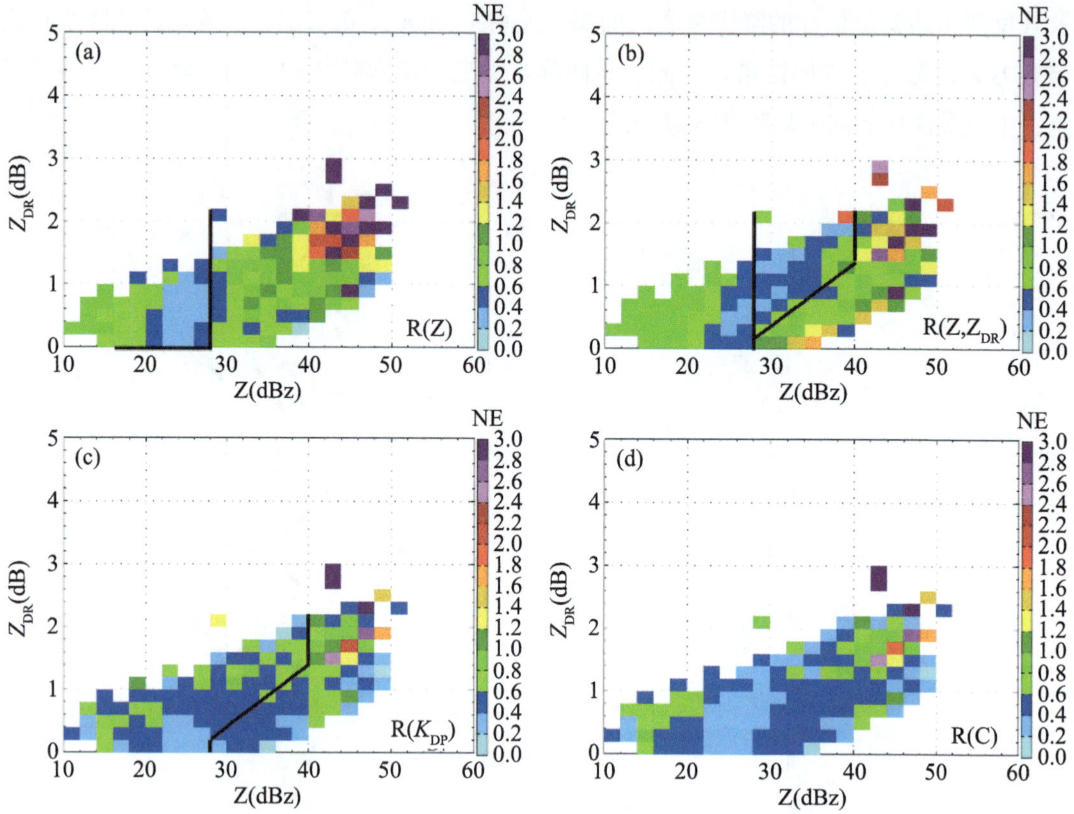

图 4.59 根据降水不同的微物理性质，制定确定的门限，适用不同的降水关系式，形成新的雷达定量降水综合关系式

（a）R(Z)；（b）R(Z, Z_{DR})；（c）R(K_{DP})；（d）R(C)

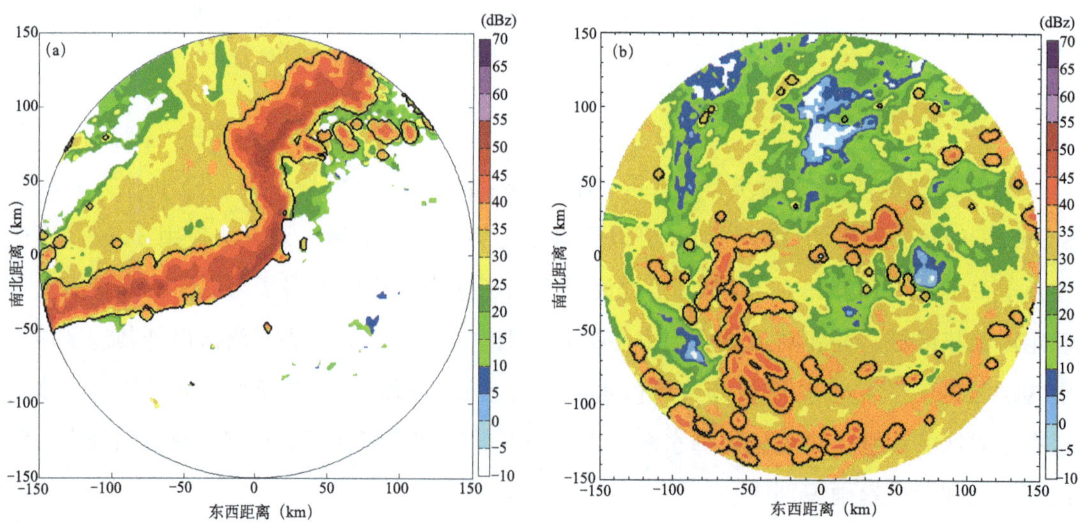

图 4.60 2016 年广东一次飑线（a）和台风（b）过程的对流层云识别结果

（黑色实线圈定范围内区域被识别成对流）

4.4 对流性地面大风预警技术

4.4.1 雷达拼图三维风场反演技术

多普勒天气雷达资料的高时间和空间分辨率优势有助于认识强对流天气系统内部三维风场结构和物理机制，进而为灾害性和对流性天气过程的预报提供可靠的依据。多普勒天气雷达观测的多普勒速度仅是风矢量的一个径向分量，制约了雷达速度探测数据的应用。研究者们提出多种风场反演方法，目的是由径向速度得到二维或三维速度矢量。早期的单雷达风场反演算法多依赖于一些假定条件，如假定风场分布均匀或呈线性、风场分布不随时间变化等，然后通过空间几何关系和约束方程来拟合出水平或三维风场，如速度方位显示法（VAD）（Lhermitte，1961；Caton，1963；Browning，1968；朱立娟 等，2012；李华宏 等，2012）、速度体积处理法（VVP）（Waldteufel，1979；Kosciely，1982；Li et al，2007）、速度方位处理法（VAP）（陶祖钰，1992；郭凤霞 等，2015）、雷达回波相关法（Tuttle et al，1990；Wilson et al，1994）和涡度散度法（姜海燕 等，1997）等。但实际的大气风场是复杂多变的，很难满足这些假定条件，而且这些算法的风场反演效果受径向速度分布影响较大，因此限制了在业务中的应用。国内外学者关于多部多普勒雷达联合探测风场的研究也有很多，包括双多普勒雷达风场反演（Smull et al，1987；Chong et al，1987；Fankhauser et al，1992；刘黎平 等，2003；王俊 等，2011）、三部或以上多普勒雷达风场反演（Armijol，1969；周海光 等，2002）和多基地多普勒雷达风场反演（Atlas et al，1968；Protat et al，1999；刘黎平 等，2005；蔡淼 等，2015）。与单部多普勒雷达探测风场相比，多部雷达联合反演可得到更高精度的风场结构，有助于研究系统内部的动力结构和物理机制。但是，由于反演时需使用同一时刻同一空间点的数据，且降水粒子的下落末速度是由统计得出的，这些限制因素使得多部雷达反演风场存在着一定的不确定性。同时，由于多部雷达风场反演对雷达的位置要求较高，反演区域较小，而业务雷达布网中很难满足多雷达的位置要求，因此多雷达风场反演多应用在科学研究中。

近几年，基于变分技术的风场反演方法越来越受到理论和业务工作者的重视，这种方法主要有两类，一类是四维变分同化方法（Sun et al，1997a；1997b；陈明轩 等，2011；赵娟 等，2012；裴宇杰 等，2012），其主要思想是同化多个连续时次的多普勒雷达数据，根据观测资料随时间的变化获得风场的三维空间分布。但在其反演过程中需进行多次循环、迭代，计算量大，会消耗大量的时间和计算空间，因此很难满足大范围风场反演的实时运行；另外，其水平空间分辨率从 3～30 km 不等，若要使用较高分辨率，则面临消耗更多时间和计算资源的代价。另一类是在简单共轭函数法（Xu et al，1994；邱崇践 等，1996）的基础上发展起来的两步变分法（Qiu et al，2006），其基本思想是，首先对观测到的径向风在低阶谱空间反演出一个光滑的代理背景风场，然后在代理背景风场和液态水含量平流方程的约束下在数据密集区域的高分辨率网格上反演出更细致的风场结构。杨毅等（2008）将两步变分法反演出的水平风场同化到 WRF 模式中，同化雷达资料后能够反演出更多更精细的中尺度结构，可为降水预报提供有力支持。张勇等（2011）利用两步变分法反演出的三维风场对一次强台风过程进行分析，表明两步变分方法可以较好地反映台风的整体环流结构。

Qiu 等（2006）提出的两步变分的单雷达风场反演方法，在此基础上，Shao 等（2004）在两部雷达共同观测区域内，充分利用两部雷达的观测资料进行风场反演。融合多部雷达的三两步变分方法既克服了早前其他单雷达反演风场受径向速度分布类型限制的问题，又解决了双雷达反演风场对雷达位置要求较高，反演区域较小的问题；而且与四维变分同化方法相比，计算更为简单高效，能够实现较高的空间分辨率，基本能满足业务运行的要求。该方法将液态水平流方程作为约束条件，假设三维风场在三维空间变化满足二次多项式，在这一假设下，先从低阶谱空间反演出一个风场作为代理背景场；然后在格点上反演风的细微结构。试验和应用表明，该方法反演结果比较合理，且算法稳定、效率较高。

记直角坐标系中每个网格点上三个方向的风矢量的三维分量为：u、v、w，使目标函数 J 达到极小时的 u、v、w 值就是风矢量结果。目标函数 J 定义如下：

$$J = J_B + J_r + J_E + J_C + J_p \tag{4.31}$$

其中 J_B 是背景场约束，定义如下：

$$J_B = \frac{1}{2}\sum_{i,j,k}[W_{uB}(\overline{u}^{xy} - u^B)^2 + W_{vB}(\overline{v}^{xy} - v^B)^2 + W_{wB}(\overline{w}^{xy} - w^B)^2] \tag{4.32}$$

$$\overline{u}^{xy} = 0.5u_{i,j} + 0.125(u_{i+1,j} + u_{i-1,j} + u_{i,j+1} + u_{i,j-1})$$

J_r 是观测约束，定义如下：

$$J_r = \frac{1}{2}\sum_{m}\sum_{i,j,k}W_{rm}(v_{rm} - v_{rm}{}^{ob})^2 \tag{4.33}$$

$$v_r = \frac{xu + yv + z(w - w_T)}{r}$$

$$w_T = 5.4\times 10^{0.00714(Z-43.1)}$$

J_E 是雨水含量守恒方程约束，定义如下：

$$J_E = \frac{1}{2}\sum_{i,j,k,n} W_E E^2 \tag{4.34}$$

$$E = \frac{\partial M}{\partial t} + u\frac{\partial M}{\partial x} + v\frac{\partial M}{\partial y} + w(\frac{\partial M}{\partial z} + kM) - \frac{\partial (MV_T)}{\partial z}$$

$M = 0.01Z^{0.5}$（Zawadziki et al. 1993），$k = -\partial(\ln \rho_0)/\partial z$

J_C 是连续方程约束，定义如下：

$$J_C = \frac{1}{2}\sum_{i,j,k} W_C(\frac{\partial u}{\partial x} + \frac{\partial v}{\partial y} + \frac{\partial w}{\partial z} - kw)^2 \tag{4.35}$$

J_P 是光滑性约束，定义如下：

$$J_p = \frac{1}{2}\sum_{i,j,k} [W_{pD}(dD)^2 + W_{pV}(d\zeta)^2 + W_{pw}(d^2\nabla^2 w)^2] \tag{4.36}$$

$$D = \frac{\partial u}{\partial x} + \frac{\partial v}{\partial y}，\ \varsigma = \frac{\partial v}{\partial x} - \frac{\partial u}{\partial y}$$

权重系数根据误差估计给出，取 $W_{ub} = W_{wb} = 1.0$，$W_r = 2.0$，$W_E = 1.0\times10^4$，$W_C = 1.0\times10^5$，$W_{pD} = 10.0$，$W_{pV} = 4.0$，$W_{pw} = 1.0$。

背景场反演：采用类似 MANDOP 的方法（Multiple Analytical Doppler）（Scialom et al，2009），并认为三维风场在空间是二次变化，即将 u、v、w 在 3 个方向以二阶勒让得多项式展开，同时用连续方程和回波守恒方程作为弱约束，强迫在上下边界 w 近似为 0。这样可得到一个涵盖整个反演区的较光滑的流场，作为精细风场的背景场。

精细风场结构反演：背景场准备好后，反演计算就是极小化目标函数的过程。以背景场（启动时）或上次反演场作为初猜场，采用拟牛顿法（quasi-Newton algorithm）（Gilbert et al，1989）极小化目标函数。

1. 雷达网风场反演流程

雷达风场反演过程包括：（1）观测数据质量控制；（2）径向速度三维格点化处理；（3）两步三维变分法反演精细三维风场结构。其中，观测数据质控部分，对雷达基本速度数据进行去非气象杂波、速度退模糊处理；经过质量控制后的各雷达速度数据，经过插值，转换为以经纬度、海拔高度为坐标的多个单雷达三维格点数据。

2. 实例分析

2016年12月21日，受强江淮气旋的影响，在浙江省范围内出现罕见的冬季飑线天气，回波强度高达 55 dBz 以上，伴有雷暴大风。飑线形成于浙江中部，因此，利用舟山、宁波、台州三部雷达进行了 0.01° 格距的高分辨率组网风场反演。

探空数据太稀少（图 4.61c、e、g），地面站（图 4.61a）提供比探空站密度更高的观测数据，且 1000 m 以下雷达覆盖很有限，因此在近地面处采用地面观测与雷达低层的反演结果对比，较高处则用 700 hPa 与 3000 m 高度、500 hPa 与 5000 m 高度比较。14 时，回波图中飑线贯穿浙江中部，对应地面观测上正好是锋面所在的位置，气旋性低压中心在北部海面。与锋面同样位置处，在 1500 m 高度反演风场中能看到明显的速度辐合，因风场反演有一定的平滑处理，这其实反映的是低空切变。图 4.61c、d 中，500 hPa 高空风与 3000 m 高度反演场的风向是一致的，为较均匀的西南风，且风速度较低层大。500 hPa 与 700 hPa 风向基本相同，且风速更大（图 4.61e），5000 m 反演场（图 4.61f）的速度也比 3000 m 大，风向与 500 hPa 观测一致。可见，反演的速度场与观测场基本是一致的，且能够反映出低层速度辐合。由于反演结果经过了平滑处理，反演场中较强的辐合对应着实测风场中的低层切变。对比分析发现，反演风场对风向的把握基本准确，但对风速的反映较实况偏小。

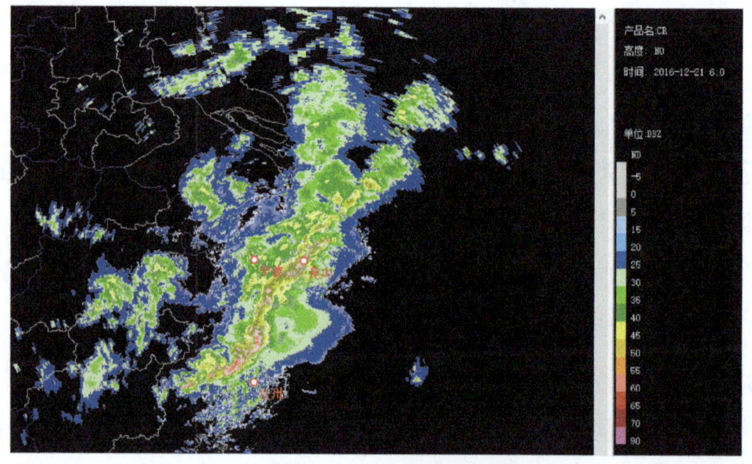

（a）2016年12月21日14时组合反射率

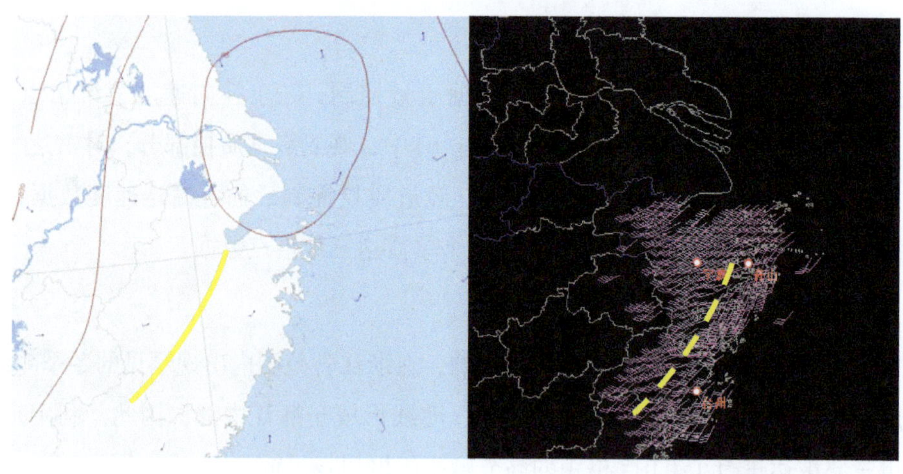

（b）14时地面天气图　　（c）14时1500 m高度风场

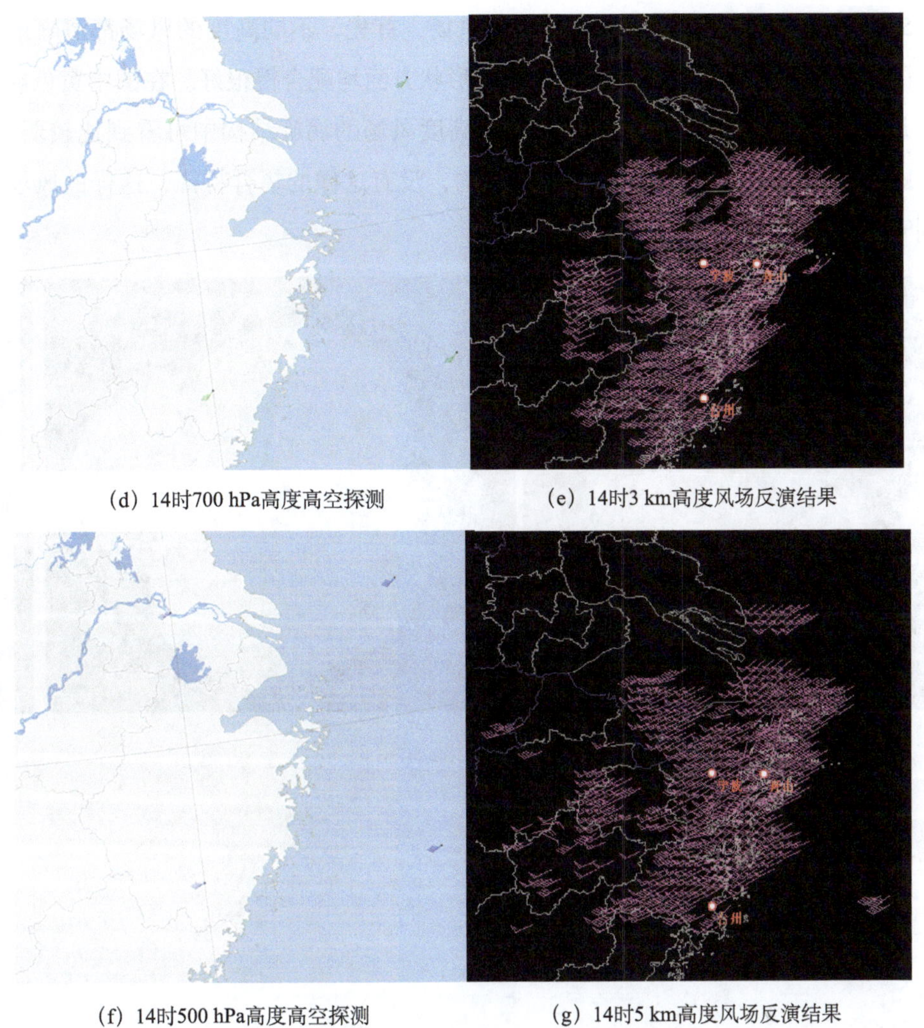

（d）14时700 hPa高度高空探测　　（e）14时3 km高度风场反演结果

（f）14时500 hPa高度高空探测　　（g）14时5 km高度风场反演结果

图 4.61　2016 年 12 月 21 日 14 时的组合反射率、风场反演结果及风场实况

通过以上分析表明，雷达反演风场对风向的把握基本准确，能够较准确地反映出飑线系统结构的准二维特征，并且能清晰地给出飑线系统内部强回波区的辐合线结构，从而基于雷达反演的风场计算了其散度场等。当对流系统位于雷达站较近的距离时，由于其较低的仰角也能捕捉到低层的信息，故能反映出边界层的辐散辐合特征，这对把握对流系统下一步的发展和移动十分重要。

2018 年 8 月 17 日 04 时 05 分左右，台风“温比亚”登陆上海，高层有利的动力条件结合西南季风水汽汇入，“温比亚”登陆后强度减弱缓慢，保持了较完整的涡旋结构。受台风影响，浙江、上海、江苏等 6 省市遭遇强降雨。台风中心附近最大风力有 9 级（23 m/s），天目山顶最大风速达 10 级（24.7 m/s）。

浙江省 7 部新一代天气雷达参与的组网风场反演。图 4.62 给出了其中 08 时 06 分在

3 km、5 km 高度的回波强度和风场反演的风场。首先，不同高度的风场都清晰地反映出了台风的螺旋结构，且与回波强度在位置、形状方面均配合得很好。在图中黄色虚线标记处是台风螺旋雨带的位置，从对应的 3 km 高度风场的涡旋结构中可看到比较弱的辐合，而在 5 km 高度风场表现为较均匀的螺旋结构，没有这样的辐合特征，这样的风场三维结构有利于雨带的形成和维持。

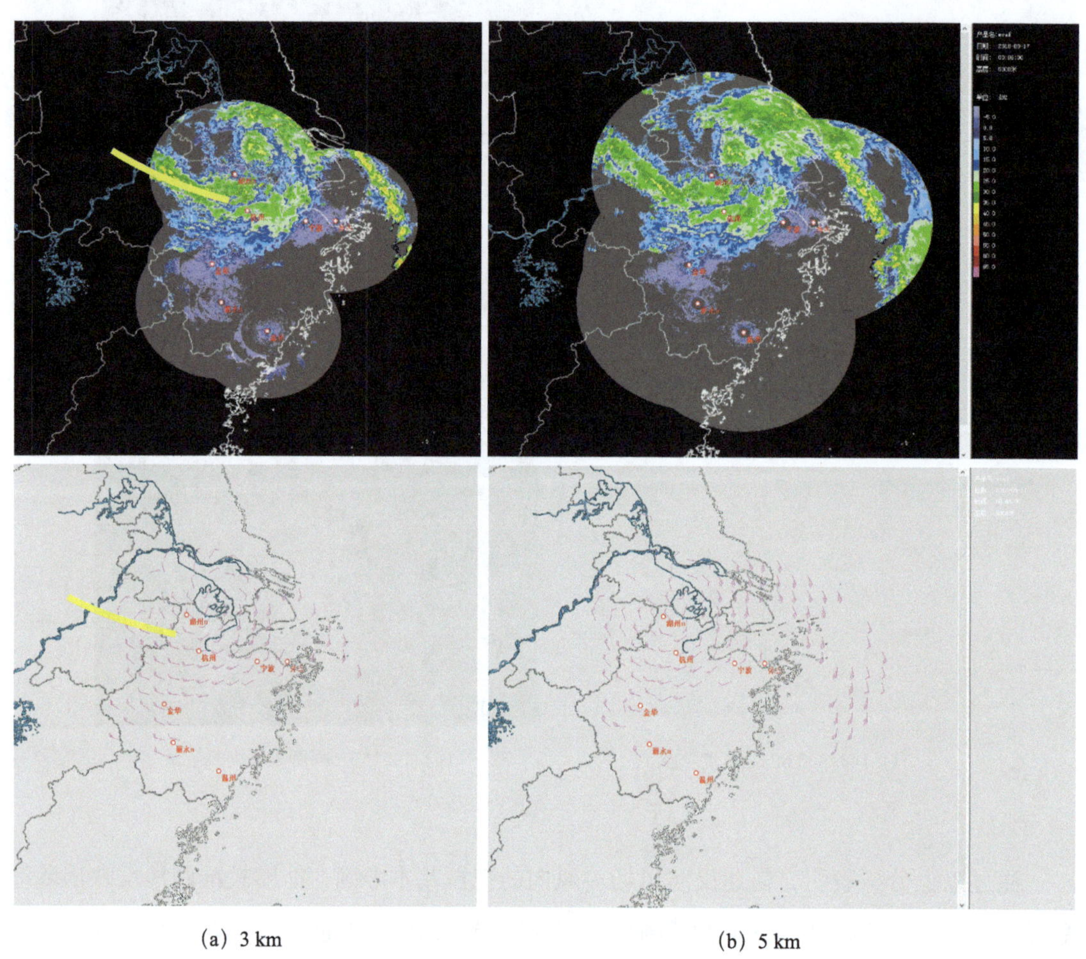

（a）3 km　　（b）5 km

图 4.62　2018 年 8 月 17 日 08 时 06 分回波强度与风场

因此，反演得到的风场能较准确地反映出热带风暴的整体涡旋特征，并且能清晰地给出热带气旋内部螺旋雨带区的切变、辐合、辐散等中小尺度系统。

4.4.2　基于雷暴单体识别的地面大风预警技术

对流性地面大风突发性强，强度大，破坏力强，防御时间短，给工农业生产、交通运输、人民生命财产带来严重的损失。在利用天气雷达的灾害性大风天气预报、预警方面有大量的研究工作开展。Johns 等（1987）指出，弓形回波是产生地面非龙卷风害的典型回波结构；Darrah（1978）分析了强对流天气与回波顶的关系，认为冰雹比龙卷风的回波顶高，而雷暴大风回波顶高相对较低；俞小鼎等（2012）指出，雷暴大风的临近预报主要基于多普勒天气雷达回波特征，而中层径向辐合和弓形回波是指示雷暴大风出现的主要回波特征；东高红等（2007）统计了垂直积分液态水含量（*VIL*）在地面灾害性大风中的演变，结果表明，垂直积分液态水含量达到 30 kg/m^2 是地面灾害性大风出现的阈值，不小于 40 kg/m^2 可以作为地面灾害性大风的一个预报指标；刁秀广等（2009）分析风暴结构产品在大风预警中的应用时指出，地面出现大风前，部分强单体具有垂直积分液态水含量和单体强中心高度同步下降现象，同步下降现象的特征表现为强中心高度下降 2 km 以上，垂直积分液态水含量至少减少 10 kg/m^2，大风预测时间提前量 0～9 min；王凤娇等（2006）探讨了低层辐合带与飑线雷雨大风的关系，结果表明，其尺度大小、最大出流速度及相对影响的方位可应用于雷雨大风临近预报；王珏等（2009）分析鄂东地区雷雨大风的多普勒雷达速度场资料时得出，速度图上灾害性大风有两个基本特征：一是存在于相对孤立风暴内的小尺度大风核，二是弓状回波后的大风区或尾部入流急流；周金莲等（2011）分析了对流性大风风暴的雷达回波特征，指出此类风暴具有较强的反射率因子核心、较高的垂直积分液态水含量中心及较快的移动速度、低层小尺度辐散风场、反射率因子核心高度的下降和中层径向辐合等。在对流性地面大风预警业务系统方面，周金莲等（2011）跟踪应用短时临近预报、预警业务系统生成的 TITAN 产品，提出了 6 个候选识别参数，对武汉新一代天气雷达用模糊逻辑等权重法识别对流性大风；廖玉芳等（2006）对湖南常德多普勒天气雷达产品的强对流天气预报、预警方法进行研究，建立了基于雷达回波形状、强对流天气强度场特征、垂直积分液态水含量、强对流天气风场特征等因子的预报、预警数学模型。

对流性地面大风一般是由一个或多个对流风暴单体造成的，大面积层状云降水中很少出现地面大风。因此，要识别对流性地面大风，首先需要识别和跟踪对流风暴单体。利用三维格点风暴单体识别和跟踪算法，识别、跟踪和计算出风暴单体的各个参场、数，确定逐个体扫中所有风暴单体所在位置、底部和顶部高度、基于单体的垂直积分液态水含量、强中心高度及强度等具体的风暴结构参数值。采用模糊逻辑原理（Kessinger et al，2003；刘黎平 等，2007），从雷达回波拼图资料中提取出用于区分产生对流性地面大风和不产生地面大风两种不同雷达回波的物理量，建立对流性大风的实时自动识别算法。利用雷达逐个体扫资料统计上述各参数的分布概率特征，最终确定与对流性地面大风相关系数的大小。将概率分布密度较为集中的参数作为模糊逻辑法识别对输出流性大风天气的指标。

应用雷达三维组网数据和地面加密自动站风场资料，分析了对流性地面大风的 6 个主要雷达识别指标：风暴最大反射率因子、风暴最大垂直积分液态水含量、垂直积分液态水含量随时间变率、风暴最大反射率因子下降高度、风暴体移动速度和垂直积分液态水含量密度等参数。根据雷达识别指标和地面大风的相关程度，给出了识别指标的隶属函数和权重系数；采用不等权重法，建立具有模糊逻辑的对流性地面大风识别方法。

1. 算法

首先，采用 SCIT 算法，识别对流单体并得到对流单体的上述特征数据。然后，统计识别模糊逻辑属性函数。每个识别指标有 2 个阈值，当识别指标低于阈值 1 时，对应的隶属函数为 0；当识别指标高于阈值 2 时，对应的阈值为 1；当识别指标介于阈值 1 和阈值 2 之间时，对应的隶属函数按线性插值计算，每个识别指标都有对应的阈值；然后建立如下综合识别判据：

$$P = w_1 \times MCR + w_2 \times MVIL + w_3 \times ET + w_4 \times SPEED + w_5 \times DVIL + w_6 \times VILD \tag{4.37}$$

$$\begin{cases} P < P_1, & \text{概率较小} \\ P_1 \leqslant P < P_2, & \text{概率较大} \\ P \geqslant P_2, & \text{概率很大} \end{cases}$$

其中，w_1～w_6 分别是 6 个隶属函数的权重系数，P_1、P_2 是雷暴大风概率级别的综合判据阈值。

依据识别结果，在对应位置给出雷暴大风概率标记。如果识别到可能出现大风的雷暴单体距离很近，位于回波带移向前沿一带可标注大风可能出现区域，给出 0～2 h 预警信息，并结合雷达和自动站判断的地面大风等级。

2. 实例分析

2016 年 12 月 21 日浙江发生了一次较为罕见的冬季强飑线过程，图 4.63 是回波强度、对流单体识别结果，以及根据对流单体参数识别的大风预警指标产品。台州雷达西北及正北，大风概率值最大，为 0.6～0.7，这里正是在飑线中对流发展最强的位置，弓形回波的位置；其他位置的大风概率约为 0.3～0.4。

4.4.3 飑线的识别技术

4.4.3.1 飑线的宏观特征

在以往的研究中，已出现多个在雷达资料上对飑线的定义，如表 4.9 所列，学者们对不同地区的飑线做了不同的定义。参考这些研究并根据我国飑线实际情况，本节认为满足以下两个条件为飑线：（1）由层云（15 dBz）连接的对流云（40 dBz）组成的系统长轴>

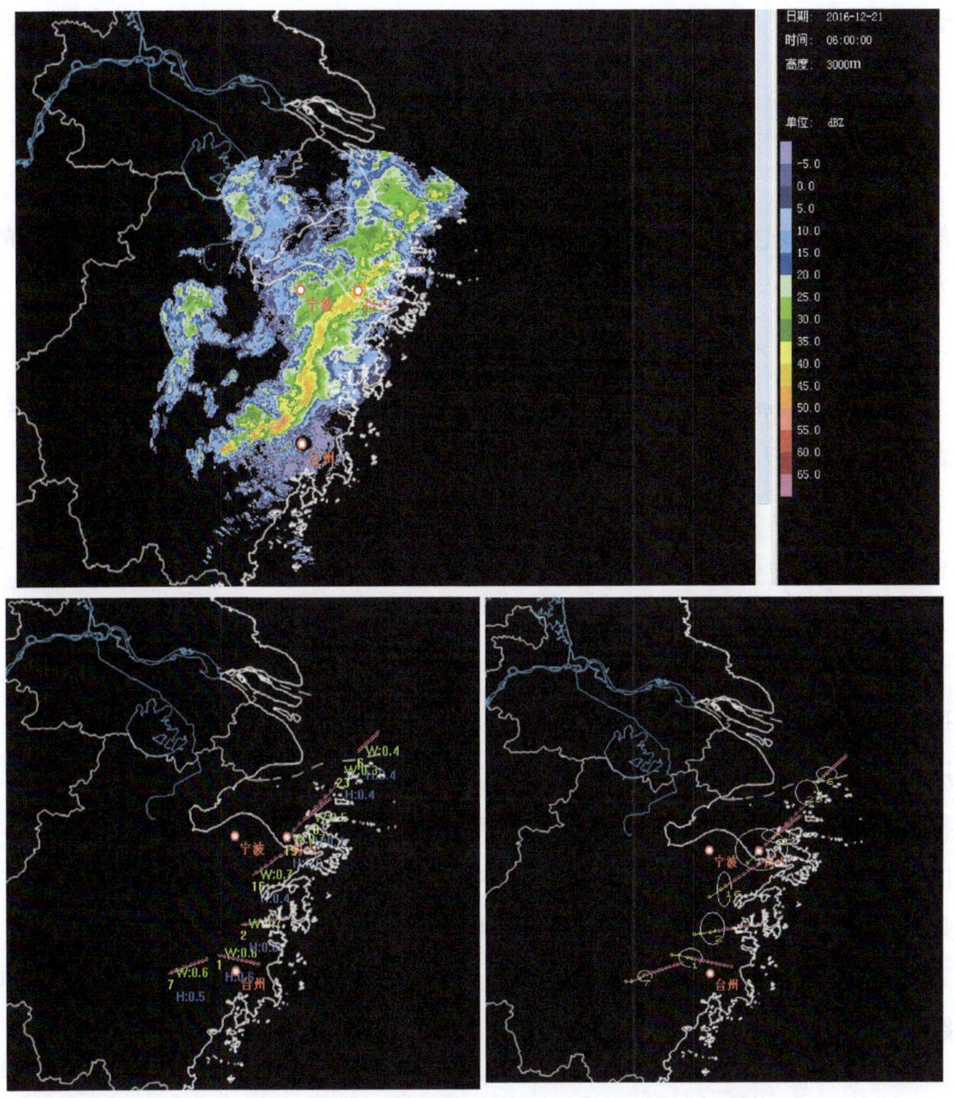

图 4.63　2016 年 12 月 21 日 14 时大风识别（绿色为大风预警指数 0～1）

100 km，持续时间超过 4 h；（2）这个系统长宽比＞ 5 : 1，持续时间超过 2 h。

表 4.9　飑线宏观特征定义方法

	Chen 等（1993）	Geerts（1998）	Parker 等（2000）	Meng 等（2013）
定义	（a）＞12 dBz 回波带 ≥ 150 km，持续超过 5 h （b）＞36 dBz 回波带长宽比≥ 3 : 1	（a）＞20 dBz 回波带 ≥ 100 km，持续超过 4 h （b）＞40 dBz 回波带长宽比≥ 5 : 1，持续时间超过 2 h	（a）＞40 dBz 回波带呈连续或准连续≥ 100 km，持续时间超过 3 h （b）线性或准线性对流共有一个回波前缘	定义类似于 Parker 和 Johnson（2000），但是 40 dBz 回波带必须为连续的

根据对飑线的定义，采用 MCSs 自动识别法识别出由层云（15 dBz）连接的对流云（40 dBz）系统，长轴大于 100 km，持续时间超过 4 h，即为 MCSs。在识别 MCSs 过程中，

采用动态模板函数法判断MCSs的长宽比如果大于5∶1，持续时间超过2 h，则认为是飑线。

4.4.3.2 飑线识别流程与方法

1. MCSs 自动识别、跟踪

首先在组合反射率因子上进行一个卷积过程，使资料变得光滑。卷积过程使用的卷积函数为：

$$C(x,y)=\sum\phi(u,v)f(x-u)(y-v) \tag{4.38}$$

式中，f 是资料场，ϕ 是滤波函数。变量（x，y）和（u，v）是格点坐标。滤波函数 ϕ 是一个简单的由高度 H 和影响半径 R 决定的圆形滤波，即：

$$\begin{Bmatrix}\phi(x,y)=H,\mathrm{if}(x^2+y^2\leqslant R^2)\\ \phi(x,y)=0,\mathrm{if})(x^2+y^2>R^2\end{Bmatrix} \tag{4.39}$$

参数 R 和 H 不相互独立，其关系如下：

$$\pi R^2H=1 \tag{4.40}$$

卷积过程中影响半径 R 是唯一可改变的参数。一旦 R 被选定，H 由式（4.39）决定。本节中采用的是 4 个格距。

在得到的卷积场中，识别出层云（15 dBz）和对流云（40 dBz），将落在同一个层云范围内的对流云归为一个系统，这样的系统满足长轴＞ 100 km，持续时间超过 4 h，则被认为是中尺度对流系统。在识别的过程中，相关参数被记录下来。

采用适用于中尺度对流系统的最小价值函数法匹配前后时刻的系统，排除错误匹配后实现跟踪。

2. 飑线的确定和参数计算

中尺度对流系统一般为不规则多边形，形状复杂，先勾勒出中尺度对流系统的多边形，然后再用椭圆去拟合这个多边形，根据拟合椭圆得到拟合椭圆长轴及所在直线。过 MCSs 内部对流云点，与拟合椭圆长轴所在直线垂直最远两直线间的距离，作为中尺度对流系统的长轴 L。在对飑线的定义中，其中一个条件是长宽比大于 5∶1，如果这个中尺度对流系统是飑线，则它的宽最大应为 MCSs 长轴的 1/5。根据长与宽得到动态模板，如图 4.64a 所示，椭圆代表自动识别得到的 MCSs，虚线所组成的图形代表动态模板，MCSs 长轴 L 为动态模板长轴，$W=L/5$。不同 MCSs 计算得到不同 L 和 W。图 4.64b 中得分函数横坐标为 MCSs 内部对流云回波点到拟合椭圆长轴的几何距离，纵坐标为得分值。若 MCSs 长轴直线为 $ax+by+c=0$，点的坐标为（x_0,y_0）。

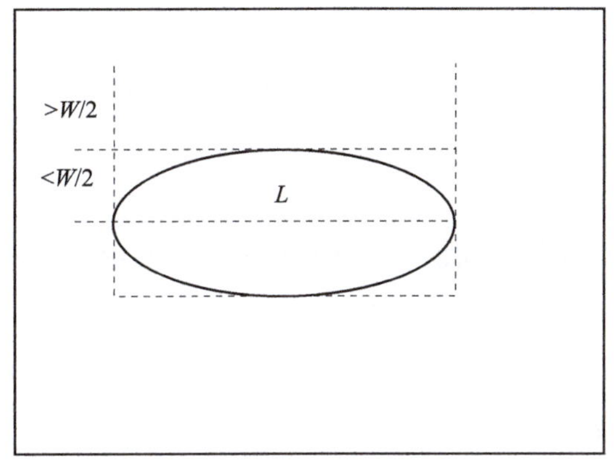

(a) 动态模板

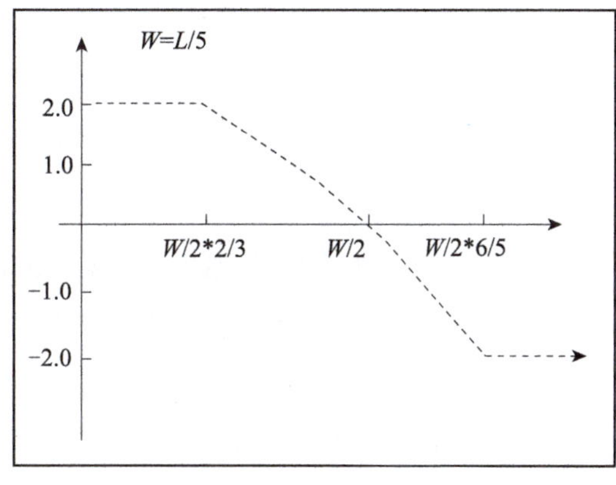

(b) 得分函数

图 4.64　动态模板和得分函数

几何距离由以下公式得到：

$$d=\left|\frac{ax_0+by_0+\mathrm{c}}{\sqrt{a^2+b^2}}\right| \tag{4.41}$$

当对流云回波点到长轴的几何距离小于 $W/2 \cdot 2/3$ 时，对流云距离长轴较近，给回波点一个较高的得分值 2.0，当距离在超过 $W/2 \cdot 2/3$，小于 $W/2$ 时，得分值有一个缓慢下降的过程，当距离超过 $W/2$，即在长宽比为 5：1 的长方形范围之外，得分值随距离增加迅速下降至 –2.0。

在识别过程中，每一个满足 MCSs 空间条件的系统，使其内部对流云都经过以上计算，累加所有对流云回波点的得分值，比上系统内部对流云面积（对流云回波点数累加）得到得分值结果。该得分值在 –2.0～2.0，如果得分值持续超过 2 h 大于 1.2，则认为其满足飑线定义第二个条件。满足飑线定义两个条件，则认为其为飑线。

被识别为飑线后，输出飑线的各种参数。如各个时刻得分值、面积、长轴方向、长轴、飑线中心位置、移动速度和移动方向。

（1）面积：每一个格点的面积是 1 km²，将同一个飑线的所有对流云格点累加起来便得到面积。

（2）长轴朝向：上文中拟合椭圆长轴所在直线与正东方向的夹角。

（3）长轴：过飑线内部对流云点，与拟合椭圆长轴所在直线垂直最远两直线间的距离，作为飑线的长轴。

（4）中心位置以回波值为权重得到，$\varepsilon(x, y)$ 为 (x, y) 点的回波值。

$$x=\frac{\sum x\varepsilon(x,y)}{\sum \varepsilon(x,y)}, \qquad y=\frac{\sum y\varepsilon(x,y)}{\sum \varepsilon(x,y)} \tag{4.42}$$

移动速度和移动方向由前后时刻飑线中心位置计算得到。

该方法仅适用于一般线状飑线识别，不适用于对其他类型飑线，如“厂”字形。

4.4.3.3 多阈值飑线识别方法

从以上内容可以知道，基于动态模板函数的飑线自动识别方法计算的中尺度对流系统识别参数包括层云反射率因子、对流云反射率因子、低阶分量面积、高阶分量面积、系统总面积和系统长度。基于动态模板函数的飑线自动识别方法的识别过程为：首先给定一组识别参数，再根据拟合椭圆长轴设计动态模板和线性程度函数，对某一个体扫回波进行自动识别，输出该体扫对应的系统中心位置、长度、面积、长轴方向和线性程度得分。依次类推，当对过程的所有体扫全部识别完成之后，可得到该过程的所有体扫识别结果。

飑线在不同发展阶段对应的回波强度不同，一般会经历由弱到强再减弱的发展过程，即飑线在生成初期和减弱消亡阶段对应的回波强度相对较弱，成熟阶段对应的回波达到最强。另外，不同地区、不同季节甚至不同天气过程对应的飑线强度也相差很大。因此要想很好地识别飑线，很有必要将固定参数修改为可调参数，即根据飑线回波强、弱动态选配合适的识别参数，或者说在飑线不同发展阶段采用识别参数未必完全相同。

为更好地识别不同强度、不同发展阶段的飑线，在杨吉等（2014）识别的基础上，采用四组不同识别参数（表 4.10）循环计算择优选择，其中参数方案一定义的对流云反射率因子最低 35 dBz，但要求系统长度和面积稍大，适合弱飑线或飑线的生成、减弱阶段，方案二到方案四定义的反射率因子按照 5 dBz 依次递增，但对系统长度和面积的要求略低。

表 4.10 四组飑线识别参数

参数方案	层云反射率因子（dBz）	对流云反射率因子（dBz）	系统面积（km^2）	系统长度（km）	线性程度
一	30.0	35.0	2000.0	100.0	0.8
二	35.0	40.0	1200.0	50.0	0.8
三	40.0	45.0	1200.0	50.0	0.8
四	45.0	50.0	1200.0	50.0	0.8

飑线优化识别方法有以下三个步骤：第一步是采用四种不同参数方案对同一个体扫识别，得到四组识别结果。第二步是对同一体扫的四组识别结果择优选取，择优标准主要依靠系统线性程度得分，当四组方案中系统线性程度全部低于 0.8 时，识别结果无飑线；当四组方案中线性程度有高于 0.8 时，选择线性程度最高者为准，但系统要包含最大反射率因子区域，即如果线性程度最大值对应的系统的最大反射率因子低于其他参数方案时，要适当降低参数方案。需要注意的是，对多个线风暴组成的飑线，在线性程度相差不大时延续同一组参数识别，便于飑线分裂合并具有连续性。第三步是对过程中每个体扫如上循

环，得到过程中每个体扫的优化识别结果。需要说明的是，一个体扫中可能识别到 1 个或多个 MCSs 或飑线，也有可能识别不到。图 4.65 为通过上述步骤识别飑线的样例。

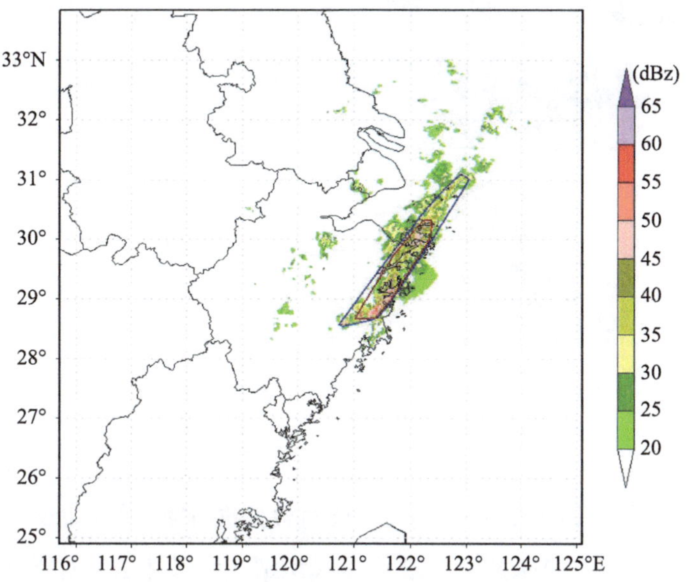

图 4.65　2016 年 12 月 21 日 06 时（世界时）飑线识别产品示例（封闭线条给出各组参数识别的飑线范围）

4.4.4　阵风锋人工智能识别算法

基于 Faster RCNN 和 Inception V2 模型的深度卷积神经网络算法可以实现阵风锋的智能识别。将 0.5° 仰角的 S 波段多普勒雷达强度产品以雷达为中心每 10° 旋转 360° 生成 36 个不同角度的单通道图像载入到网络模型中，利用 Inception V2 模型替代了传统的卷积神经网络，提供了更丰富的图像特征参数。在多层卷积后得到的特征图基础上引入区域生成网络（Region Proposal Network，RPN），并将特征图及待选区域同时送入特征图框池化层（region of interest pooling）后进行分类和回归，分类用以识别是否为阵风锋，回归得到正确的包含阵风锋候选框。最后，对多个角度图像的检测和识别结果进行合并，在原始数据中定位和识别出阵风锋的位置和范围。

基于 Faster RCNN 算法和 Inception V2 网络模型的深度卷积神经网络阵风锋识别算法整体框架结构中分为四部分：数据输入、Inception V2 卷积网络、候选框预测网络、结果分析输出四大块内容，具体算法结构如图 4.66 所示。

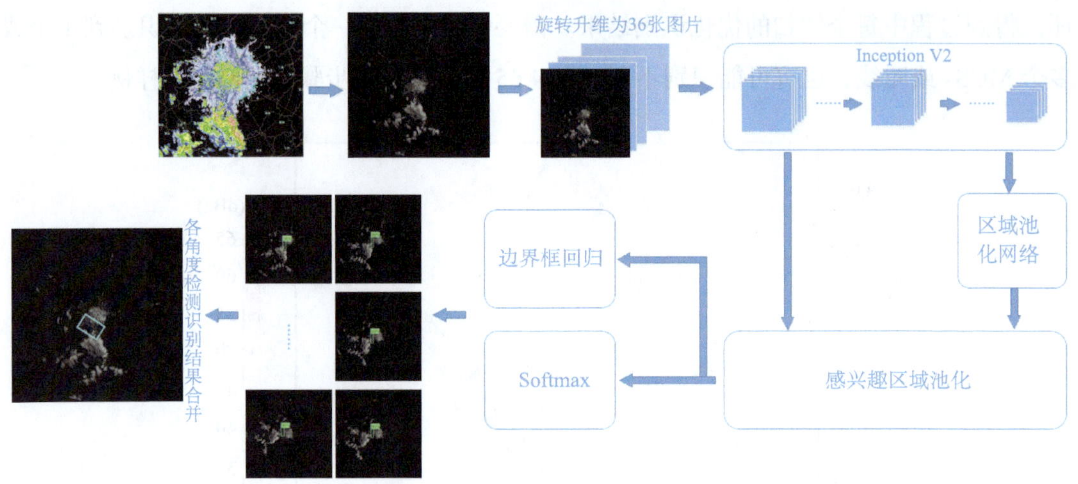

图 4.66　基于深度卷积神经网络的阵风锋识别算法框架图

1. 数据输入

在将数据送入到卷积神经网络之前，需要对数据进行简单的预处理。由于卷积神经网络的鲁棒性较好，能够在复杂背景下进行模式识别，所以算法不对雷达数据进行质量控制，直接可以将其作为算法输入。阵风锋在雷达上表现为窄带弱回波，由于地形、风暴母体、边界层环境等影响，窄带弱回波的长短、强弱、走向等变化多端，无规律性可循，但其有两个简单的变换特征稳定存在：（1）窄带回波具有绕雷达中心旋转不变性，即绕雷达旋转，窄带回波的性质保持不变；（2）不管窄带的走向如何，在旋转的过程中，总会出现一个角度，使得其部分区域走向垂直。根据这两个特征，在将数据直接输入到卷积神经网络之前，将 0.5° 仰角的雷达强度数据转换为灰度图像，作为原始数据，然后绕雷达中心每隔 10° 旋转一次，共得到 36 个灰度图片组成的图片集，对其中窄带弱回波的垂直部分进行识别。由于将识别形态走向复杂的窄带弱回波问题简化为识别单一的垂直走向的窄带弱回波问题，并且每隔 10° 绕雷达中心旋转得到了原数据量 36 倍的样本数据，在增加样本量的同时，降低了学习复杂度，使得神经网络的训练能够有效收敛。

2. Inception V2 卷积网络

相对于传统卷积神经网络中卷积层的简单堆叠，Inception 卷积神经网络提出了 Inception 卷积模块叠加的形式构造网络，将大的卷积核分解为 1×1 或者 3×3 的 Inception 卷积核，形成一个近视稀疏的结构（Szegedy，2015），增加了网络的宽度和对尺度的适应性，提高了神经网络计算的性能（图 4.67～4.69）。Sergey 等（2015）将批标准化层（Batch Normalization）引入 Inception V1 网络，使得每一层输出都标准化到 N（0，1）的高斯分布（计算方法如公式（4.43）所示），降低了不同层之间特征值的分布变化

（Internal Covariate Shift），使得 Inception V2 允许更大的学习速率，提升了动态收敛后分类的准确性，并对网络的初始化要求更低，Inception V2 的结构图如表 4.11 所示（Szegedy et al，2016）。

$$\hat{x} = \frac{x - \mathrm{E}(x)}{\sqrt{\mathrm{Var}(x) + \epsilon}} \tag{4.43}$$

式中 x 为上一层输出值，$\mathrm{Var}(x) = \frac{m}{m-1} \cdot \mathrm{E}(\sigma^2)$ 为方差的无偏估计，σ^2 为样本方差。针对于卷积神经网络，因为权重共享，所以均值和方差是相对整个特征图的。

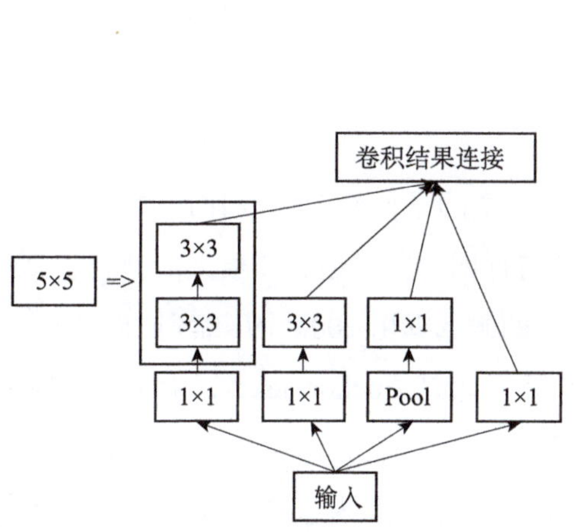

图 4.67　将 5×5 卷积模块分解为 2 个 3×3 卷积的 Inception 模块提升计算速度

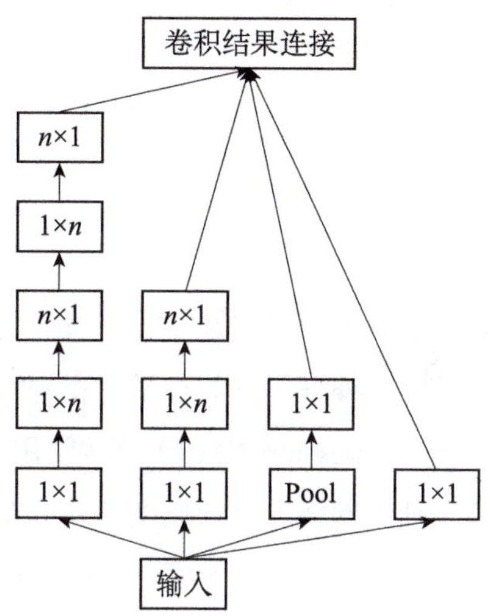

图 4.68　将 $n \times n$ 卷积模块分解为 $1 \times n$ 和 $n \times 1$ 卷积的组合，在 Inception V2 网路中，对 17×17 的特征图取 $n = 7$ 进行卷积操作

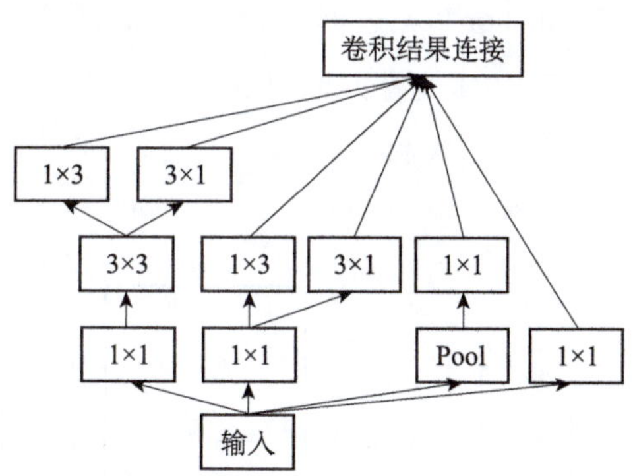

图 4.69　通过扩展的卷积算子组可以去除表达瓶颈，Inception V2 池化之前已经将原图特征压缩到 8×8，利用扩展（扩宽）后的 Inception 模块可以提升高维表达

表 4.11 Inception V2 分层结构

类型	积核大小 / 步进或标记	输入尺寸
conv	3 × 3/2	299 × 299 × 3
conv	3 × 3/1	149 × 149 × 32
conv padded	3 × 3/1	147 × 147 × 32
pool	3 × 3/2	147 × 147 × 64
conv	3 × 3/1	73 × 73 × 64
conv	3 × 3/2	71 × 71 × 80
conv	3 × 3/1	35 × 35 × 192
3 × Inception	如图 4.67	35 × 35 × 288
5 × Inception	如图 4.68	17 × 17 × 768
2 × Inception	如图 4.69	8 × 8 × 1280
pool	8 × 8	8 × 8 × 2048
linear	logits	1 × 1 × 2048
softmax	classifier	1 × 1 × 1000

3. 候选框预测网络

候选框预测网络（RPN）是集成于 Faster RCNN 中的子网络，主要作用是检测阵风锋所在的区域外框，其共享了卷积神经网络提取的特征图，并且通过非极大值抑制（non-maximum suppression NMS）算法将用于分类和回归的候选框由 2000 个压缩到 256 个，大大提高了神经网络运行的速度。候选框中的一个重要概念是 Anchor boxes，由于需要检测的区域为主要雷达图旋转后垂直方向的窄带弱回波，即为垂直方向为长边的矩形，所以 RPN 网络的 Anchor boxes 的参数设置为大小 16 × 16，变形参数为 [0.25，0.5，1.0]，纵横比为 [1.0，2.0，3.0]，如图 4.70 所示。候选框预测网络共享 Inception V2 输出的特征图，由于 Inception V2 网络共有 42 层，卷积神经网络在原始图片的基础上降维了 37 倍（由 299 × 299 到降 8 × 8）左右，anchor box 边框最长为 16 时，还原到原始图片时，边长为 592，能够覆盖整个图像。由于 RPN 具有大量的重叠，所以引入了基于分类识别分数的非

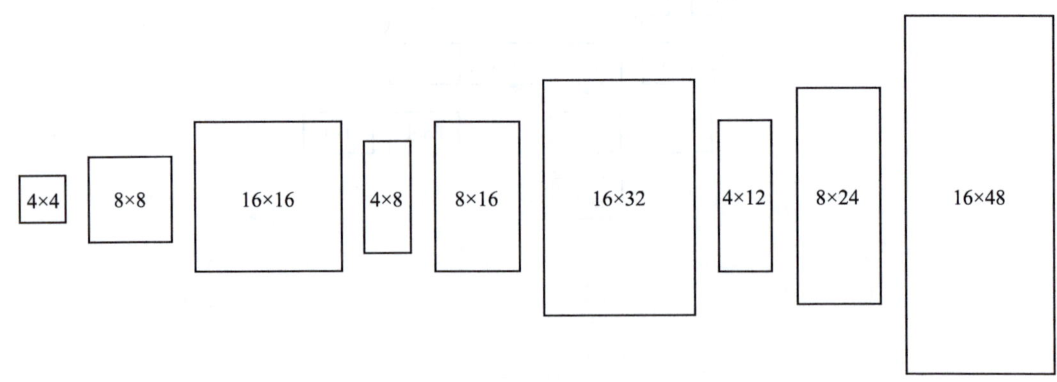

图 4.70 检测垂直方向阵风锋的 Anchor boxes

极大值抑制（NMS）算法消除候选框冗余。NMS 有两个阈值，其一是分类阈值，达到了该阈值才认定为候选框；其二是重叠度（interest over union IoU），默认为 0.7，即当候选框与正确区域重叠＞0.7 时，才认定为候选框，最后取得分最高的 256 个候选框进行回归和分类操作，在训练完成后的实际预测街道，用 300 个候选框作为分类评分范围。

4. 检测结果合并

旋转后的 36 张图片作为待检测数据经过 Inception V2 和 RPN 的正向传播，最后分别得到 36 个角度上的预测候选框和分类评分结果，对所有的候选框进行反向旋转并集合到原始雷达回波图上进行合并分析，得到最终的识别结果。如图 4.71 所示，图 4.71a 为 2010 年 8 月 4 日 13 时 20 分南京雷达探测到的雷达原始图片，可以看到，在弓形强回波（颜色越亮强度越强）的前沿有明显的窄带弱回波，即阵风锋；经过 36 个角度旋转后，在本文的识别算法下共有 7 个角度检测到了阵风锋，分别是 50°、60°、180°、210°、220°、230°、260°，每个角度都只检测到了整条弱回波的部分回波段，绿色直立矩形即识别出来的旋转后走向垂直的回波段，其上方为卷积神经网络全连接层的分类概率，为 85%～99%，识别性能优秀；经过反向旋转相应角度后，图 4.71c 绿色倾斜矩形为前述检测框在原图中的集合，经合并分析后得到图 4.71b 的阵风锋检测识别结果。

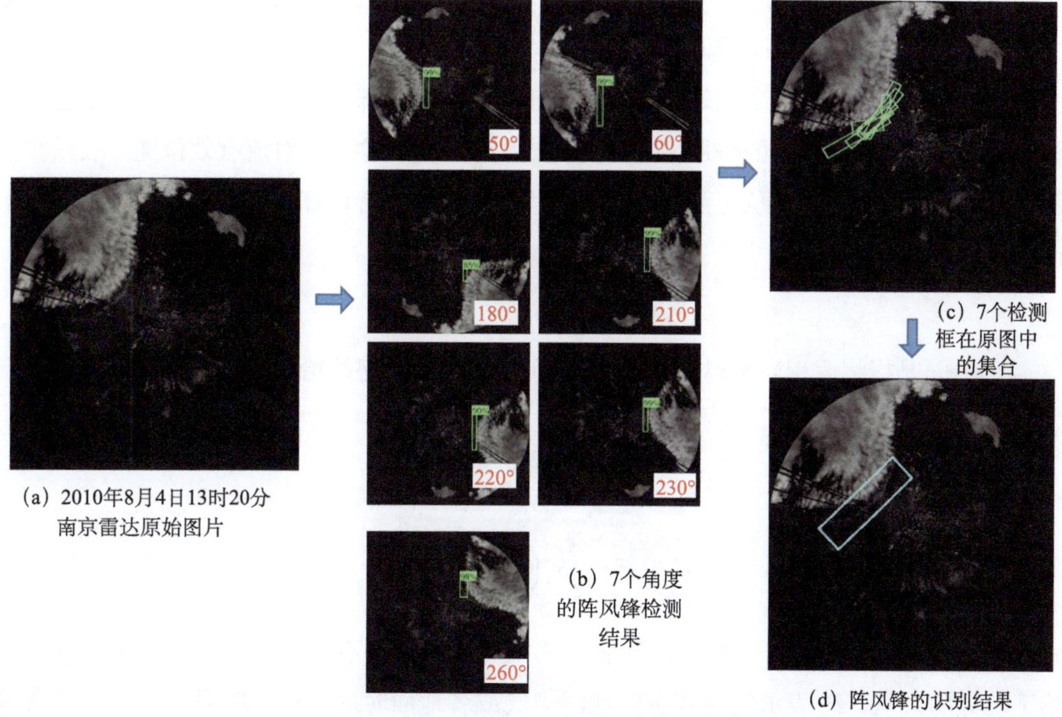

图 4.71 检测识别结果合并算法示意图

4.5 分类强对流天气潜势预报技术研究

4.5.1 对流参数的计算方法及物理意义

常用的对流指数如抬升指数、沙氏指数、K 指数和总指数 *TT* 等分别通过不同方式将深厚湿对流形成三要素中的两个要素大气静力不稳定和水汽结合起来。总体来说，每个对流指数都有其局限性，最好的方式是用对流有效位能 *CAPE* 和对流抑制能 *CIN* 表示深厚湿对流（雷暴）产生的潜势。以下是常用对流指数的计算方法和物理意义（李耀东 等，2004；刘健文 等，2005；王晓峰 等，2011）。

1. 对流有效位能 *CAPE*

$$CAPE = g\int_{Z_{LFC}}^{Z_{EL}}\left(\frac{T_{vp}-T_{ve}}{\overline{T_{ve}}}\right)\mathrm{d}z \tag{4.44}$$

式中，Z_{LFC} 为自由对流高度，是（$T_{vp}-T_{ve}$）由负值转正值的高度；Z_{EL} 为平衡高度，是（$T_{vp}-T_{ve}$）由正值转负值的高度。

当气块的重力与浮力不相等，且浮力大于重力时，一部分位能可以释放，由于这部分能量对大气对流有着积极的作用，并可转化成大气动能，称其为对流有效位能。表示在自由对流高度之上，气块可从正浮力做功而获得的能量。通常计算的 *CAPE* 对应于埃玛图上正面积所对应的能量。

2. 最大对流有效位能 *BCAPE*

BCAPE 是指将假相当位温最大值 θ_{semax} 所在层次选为起始抬升高度时计算出的对流有效位能。

3. 下沉对流有效位能 *DCAPE*

$$DCAPE = \int_{P_i}^{P_n} R_{\mathrm{d}}\left(T_{\rho e}-T_{\rho p}\right)\mathrm{d}\ln p \tag{4.45}$$

式中，T_ρ 表示密度温度，下标 e 和 p 表示周围环境和气块有关的物理量，P_i 表示气块起始下沉处的气压，P_n 表示气块到达中性浮力层或者地面时的气压，R_{d} 是干空气的比气体常数。

在风暴体内，当未饱和空气中有液态水蒸发或者冻结层以下有固态水融化时会产生下沉对流有效位能。为了定量表示这种下沉气流可能达到的强度，Emanuel（1994）引入了下沉气流有效位能 *DCAPE* 的概念（刘健文，2005）。

4. 对流抑制指数 *CIN*

$$CIN = g\int_{Z_i}^{Z_{LFC}} \frac{T_e - T_p}{T_b}\,\mathrm{d}z \tag{4.46}$$

或

$$CIN = -\int_{\mathrm{PLFC}}^{\mathrm{P}_i} R_\mathrm{d}\left(T_{vp} - T_{ve}\right)\mathrm{d}\ln p$$

其中，T_b 是该层的平均温度，T_e，T_p 分别表示环境与气块的温度，T_v 表示虚温，T_{ve}，T_{vp} 分别表示环境与气块的虚温，Z_i（或者 P_i）表示气块起始抬升高度（或气压），*CIN* 是气块获对流须超越的能量临界值。

对流抑制指数是指均匀边界层气块在上升过程中从稳定层到自由对流高度所做的功，功的大小与从气块起始位置到自由对流高度间的状态曲线与层结曲线所围成的面积（负面积）成正比。对于强对流发生的情况往往是 *CIN* 有一较为合适的值：太大，抑制对流程度大，对流不容易发生；太小，能量不容易在低层积聚，对流调整易发生，从而使对流不能发展到较强的程度。

5. 沙氏指数 *SI*

$$SI = T_{500} - T'_{850} \tag{4.47}$$

SI 是反映大气稳定状况的一个指数。它定义为 850 hPa 等压面上的湿空气团沿干绝热线上升，到达凝结高度后再沿湿绝热线上升至 500 hPa 时所具有的气块温度 T_{850} 与 500 hPa 等压面上的环境温度 T_{500} 的差值。当 $SI < 0$ 时，大气层结不稳定，且负值越大，不稳定程度越大；反之，则表示气层是稳定的。若在 850 hPa 和 500 hPa 之间存在逆温层时，则 *SI* 无意义。

6. 抬升指数 *LI*

$$LI = T_{500} - T'_{\mathrm{suf}} \tag{4.48}$$

LI 是气块从低层 900 m 高度沿干绝热线上升，到达凝结高度后再沿湿绝热线上升至 500 hPa 时所具有的温度 T'_{suf} 与 500 hPa 等压面上的环境温度 T_{500} 的差值。当 $LI < 0$ 时，大气层结不稳定，且负值越大，不稳定程度越大；反之，则表示气层是稳定的。因此，抬升指数和沙氏指数相似，两者都属于条件性稳定度指数，只是抬升的起始高度不一样。

7. 最佳抬升指数 *BLI*

把 700 hPa 以下的大气按 50 hPa 间隔分层，并将各层中间高度处上的各点分别按干绝热线上升到各自的抬升指凝结高度，然后分别按湿绝热线抬升到 500 hPa，于是分别得到各点的抬升指数，其中的负值最大者即为最佳抬升指数。$BLI < 0$ 时，大气层结不稳定，且负值越大，不稳定程度越大。

8. K 指数 *KI*

$$KI = \left(T_{850} - T_{500}\right) + T_{d850} - \left(T - T_d\right)_{700} \tag{4.49}$$

式中，T 与 T_d 分别表示温度与露点温度；下标 500、700、850 分别表示 500 hPa、700 hPa 与 850 hPa。式中右边第一项表示温度直减率，第二项表示低层水汽条件，第三项表示中层饱和程度。因此 K 指数可以反映大气的层结稳定情况。K 指数越大，层结越不稳定。

9. 修正的 K 指数 *mK*

$$mK = \left(T_0 + T_{850}\right)/2 + \left(T_{d0} + T_{d850}\right)/2 - T_{500} - \left(T - T_d\right)_{700} \tag{4.50}$$

mK 是指考虑了地面温度状况后修正的 K 指数。式中 T_0 表示地面温度，*mK* 值越大表示气团低层越暖湿，稳定度越小，因而越有利于对流产生。

10. 总指数 *TT*

$$TT = T_{850} + T_{d850} - 2T_{500} \tag{4.51}$$

式中，T 与 T_d 分别表示温度和露点；其中下标 850 和 500 分别表示 850 hPa 和 500 hPa。*TT* 越大，越容易发生对流天气。

11. 强天气威胁指数 *SWEAT*

$$SWEAT = 12T_{d850} + 20\left(TT - 49\right) + 2f_8 + f_5 + 125\left(S + 0.2\right) \tag{4.52}$$

式中，T_{d850} 为 850 hPa 露点温度（℃），若 T_{d850} 是负数，此项为 0；*TT* 为全总指数，若 $TT < 49$，则 $20\left(TT - 49\right)$ 项等于 0；f_8 为 850 hPa 风速（n mile*/h）；f_5 为 500 hPa 风速（n mile/h）；$S=\sin\left(\alpha_{500}-\alpha_{850}\right)$，$\alpha_{500}$ 与 α_{850} 分别代表 500 hPa 风向与 850 hPa 风向；最后一项 $125\left(S + 0.2\right)$ 在下列 4 个条件中任一条件不具备时为零：850 hPa 风向为 130°～250°；500 hPa 风向在 210°～310°；500 hPa 风向减 850 hPa 风向为正；850 hPa 及 500 hPa 风速至少等于 15 n mile/h（7.5 m/s）。

SWEAF 常用于龙卷预报，根据美国龙卷和强雷暴实例分析，*SWEAT* 指标值与天气关系是：发生龙卷时的 *SWEAT* 临界值为 400，发生强雷暴时 *SWEAT* 的临界值为 300。强雷暴主要是指伴有风速至少在 25 m/s 以上的大风，或直径 1.9 cm 以上降雹的雷暴天气。

12. 深对流指数 *DCI*

$$DCI = (T_{850} + T_{d850}) - LI \tag{4.53}$$

---

* 1 n mile = 1.853 km

式中，T_{850}，T_{d850} 分别表示 850 hPa 的温度和露点，LI 为抬升指数。深对流指数将 850 hPa 层的温度与地面至 500 hPa 的浮力特性结合，估计发生深对流潜势。该指数很高的地方，若同时具备抬升气块的触发机制，则很可能出现强对流天气事件，几乎所有的强局地风暴事件都与深对流有关。

13. 风暴强度指数 *SSI*

$$SSI = 100[2 + (0.276\ln(SHR)) + (2.011\times10^{-4} CAPE)] \tag{4.54}$$

式中，SHR 代表离地 0～3600 m 的环境风垂直切变，$CAPE$ 代表有效位能。

SSI 由 0～3600 m 的平均风切变和浮力能量组合而成，反映垂直风切变和对流有效位能大小的综合效应。在澳大利亚，将 $SSI \geqslant 120$ 确定为强雷暴。

14. 粗里查森数 *BRN*

$$BRN = \frac{CAPE}{\frac{1}{2}(u^2+v^2)} = \frac{CAPE}{\frac{1}{2}\left[S^2\right]} \tag{4.55}$$

分母为上、下气层的切变动能。在实际计算中，常把 u，v 取为 0～6 km 的密度加权风与 0～500 m 近地面层平均风之间的风矢差（或风速差）值的两个分量。

强对流天气可以发生在弱的垂直风切变结合强位势不稳定或相反的环境中。该指数由对流有效位能和对流层中低层垂直风切变组合而成，可反映强对流发生时垂直风切变与位势不稳定之间的平衡关系。有分析认为中等强度的超级单体往往发生在 $5 \leqslant BRN \leqslant 50$ 的情况下，多单体风暴一般发生在 $BRN > 35$ 时。

15. 相对螺旋度 H_{s-r}

$$h = v_{sr}\frac{\mathrm{d}u}{\mathrm{d}z} - u_{sr}\frac{\mathrm{d}v}{\mathrm{d}z} \tag{4.56}$$

$$H_{s-r} = \int_0^z \left(V_{xy} - C\right)\cdot \boldsymbol{\Omega}_{xy}\mathrm{d}z \tag{4.57}$$

$$H_{s-r} = \sum_{i=0}^{N-1}[(u_{i+1}-c_x)(v_i-c_y)-(u_i-c_x)(v_{i+1}-c_y)] \tag{4.58}$$

式中，u_{sr}，v_{sr} 分别为相对于风景的风矢量 $\boldsymbol{v}_{sr}$ 在 x，y 方向的分量，$\boldsymbol{v}_{sr}$=（$V-C$），V 为环境风，C 为风景移动速度，$\boldsymbol{\Omega}_{xy}$ 为矢量水平涡度矢量，Z 为风暴入流厚度，通常取 Z=3 km。

在对流层低层几千米，相对于风暴的风向随高度顺转是风暴旋转发展的一个关键因子。引入相对螺旋度用于定量估计沿风暴入流方向上的水平涡度大小及入流强弱对风暴旋转的结合效应。试验结果表明，对于弱龙卷、中等强度龙卷和强龙卷，螺旋度大小分别为 150～299，300～499 和> 450。当 $H_{s-r} > 150$ 时发生强对流的可能性极大。

16. 能量螺旋度指数 EHI

$$EHI = CAPE \times H_{s-r} / 160000 \tag{4.59}$$

式中，*CAPE* 表示对流有效位能，H_{s-r} 表示低空 0～2 km 的风暴相对螺旋度。*EHI* ＞ 2 时，发生强对流的可能性极大。

强对流天气既可以发生在低螺旋度（H_{s-r} ＜ 150 m²/s²）结合高对流有效位能（*CAPE* ＞ 2500 J/kg）的环境中，也可以发生在相反的环境中（H_{s-r} ＞ 300 m²/s²，结合 *CAPE* ＞ 1000 J/kg）。将对流有效位能和螺旋度结合形成能量螺旋度指数，反映了在强对流天气出现时，对流有效位能与螺旋度之间的相互平衡特征。研究表明：当 *EHI* ＞ 2 时，预示着发生强对流的可能性极大。*EHI* 数值越大，强对流天气的潜在强度越大。

17. 瑞士雷暴指数 SWISS

$$SWISS = SI_{850} + 0.4Shr_{3-6} + 0.1\left(T - T_{\mathrm{d}}\right)_{600} \tag{4.60}$$

式中，SI_{850} 为传统的沙氏指数的值；$Shr_{3\text{-}6}$ 为 3000～6000 km 气层内密度加权平均垂直风切变，$(T - T_{\mathrm{d}})_{600}$ 是 600 hPa 温度露点差。统计结果表明，当 *SWISS* ＜ 5.1 时预示有雷暴。

18. 大风指数 WINDEX

$$WINDEX = 5\left[H_m R_Q\left(\Gamma^2 - 30 + Q_L - 2Q_m\right)\right]^{0.5} \tag{4.61}$$

式中 H_m 为融化层距地面高度；Q_L 为近地面 1 km 厚度层内的平均混合比；$R_Q = Q_L/_{12}$，但不能大于 1；Γ 是地面与融化层之间的直减率；Q_m 是融化层处混合比。

WINDEX 反映了中低层温、湿特性对地面大风可能产生的共同作用，只代表发生微下击暴流的潜势。

19. 可降水量 PW

$$PW_1 = \frac{1}{g}\int_0^{p_0} q\mathrm{d}p \qquad PW_2 = \sum_i \left(\frac{\bar{q}\Delta p}{g\rho_w}\right)_i \tag{4.62}$$

式中，$\bar{q}$ 为平均比湿（g/kg）；Δp 为层厚（hPa）；g 为重力加速度（cm/s²）；ρ_w 为水的密度（1 g/cm³）；1 hPa = 100 kg/(m · s²)；*PW* 表示大气柱垂直含水量之积分（总和）；大气柱中所有水汽都凝结并变成降水后的降水量。PW_1 是单位气柱中的水汽总质量，没有换算成水深；PW_2 代表已经换算成水深的可降水量，以 cm 为单位。

20. 0 ℃层高度 ZHT

0 ℃温度所在高度和冰雹的出现密切相关，有研究指出，90% 的降雹出现在 0 ℃层高度距地面高度为 1524～3658 m 时；当 0 ℃层高度距地高度为 2134～3353 m 时，最可能出现大雹块。

4.5.2 基于“配料法”和模糊逻辑算法的强对流潜势预报技术

以实况探空资料为基础，我们尝试以配料法和模糊逻辑算法的思路来构建强对流分类预报模型。

4.5.2.1 个例收集标准

对浙江省 3—9 月强对流天气过程，按照雷暴、雷暴大风、冰雹三个类型对过程进行归类，以省内的三个探空站（杭州、衢州、洪家）为中心将全省划分为浙北、浙西和浙东三个区域，并对各个区域中出现的强对流天气分别进行归类。雷暴的判别以闪电监测资料为标准，雷暴大风的判别以强回波对应区域的自动站 1 h 极大风出现 7 级及以上大风为标准，冰雹的判定以上报记录为标准。如在同一区域出现两种及以上的对流类型，以强度更高的类型记录此区域的对流类型。

4.5.2.2 对流指数对分类强对流的预报概率统计

利用 08 时探空资料，计算与强对流密切相关的对流参数（表 4.12）。

表 4.12 对流参数列表

$CAPE$	对流有效位能	$T_{850-500}$	850 hPa 与 500 hPa 温度差
CIN	对流抑制能量	T_d	地面露点温度
KI	K 指数	$T-T_{d500}$	500 hPa 露点温度差
SI	沙氏指数	$T-T_{d850}$	850 hPa 露点温度差
BLI	最佳抬升指数	$T-T_{d925}$	925 hPa 露点温度差
ZHT	0 ℃层高度	T_{d500}	500hPa 露点温度差
FHT	–20 ℃层高度	T_{d700}	700 hPa 露点温度
$F-Z$	0 ℃到 –20 ℃层厚度	T_{d850}	850 hPa 露点温度
SHR_{0-3}	0～3 km 垂直风切变	T_{d925}	925 hPa 露点温度
SHR_{0-6}	0～6 km 垂直风切变	rh	地面相对湿度
SHR_{3-6}	3～6 km 垂直风切变	$rh_{800-700}$	850 hPa 与 700 hPa 相对湿度差
$\theta_{se850-500}$	850 hPa 与 500 hPa 假相当位温差	$rh_{700-500}$	700 hPa 与 500 hPa 相对湿度差
$\theta_{se925-500}$	925 hPa 与 500 hPa 假相当位温差	$rh_{500-200}$	500 hPa 与 200 hPa 相对湿度差

包括对流有效位能 $CAPE$、对流抑制能量 CIN、K 指数、沙氏指数 SI、最佳抬升指数 BLI、0 ℃层高度、–20 ℃层高度、–20 ℃～0 ℃层厚度、0～3 km 垂直风切变、0～6 km 垂直风切变、850 hPa 与 500 hPa 温度差、850 hPa 与 500 hPa 假相当位温差、925 hPa 与 500 hPa 假相当位温差、地面及各层露点温度、各层露点温度差、地面相对湿度、850 hPa 与 700 hPa 相对湿度差、700 hPa 与 500 hPa 相对湿度差、500 hPa 与 200 hPa 相对湿度差

等共26个对流参数。对每个强对流个例计算上述对流参数，并计算对流参数间的相关关系以考察参数的独立性。

针对独立性较高的15种对流参数，统计对流参数对三类对流的预报概率，得到各参数阈值，以及强对流概率随参数的演变趋势（图4.72以*CAPE*举例示意）。根据经验对阈值进行微调。

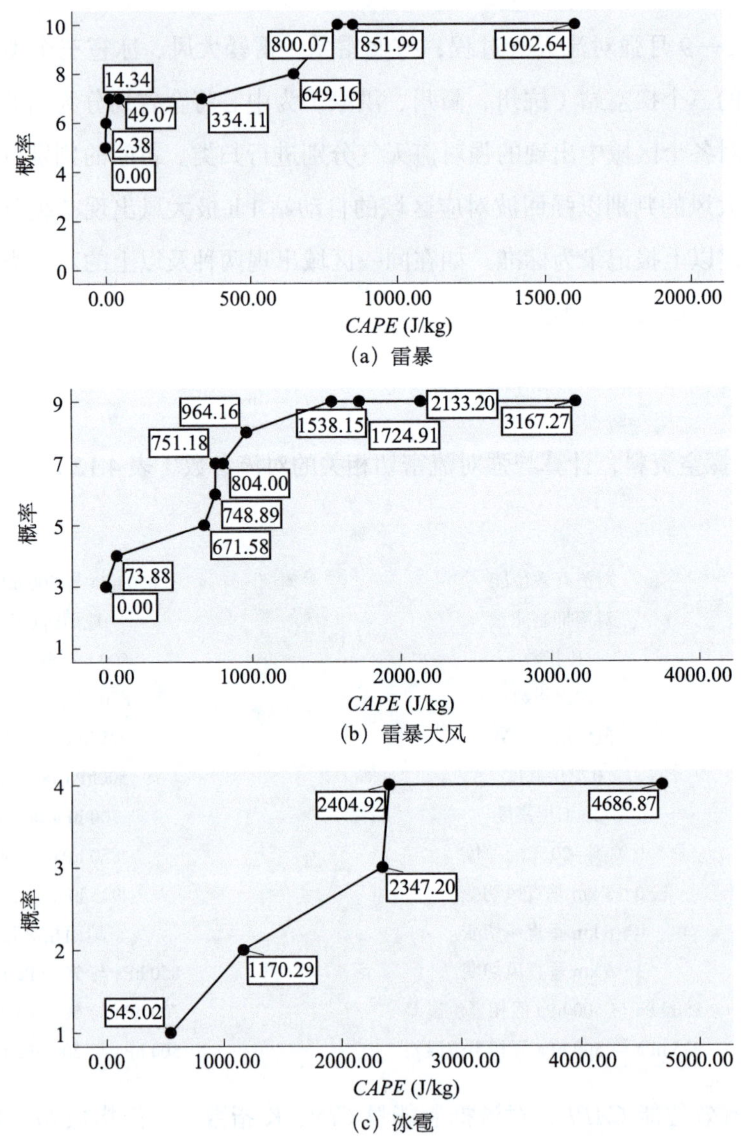

图4.72　*CAPE*值对三类强对流的预报概率统计

4.5.2.3 模糊逻辑法构建分类强对流概率预报模型

1. 模糊逻辑方法简介

Fuzzy Logic 模糊逻辑法最早是由 Zadeh 在 1965 年提出的，主要包括：模糊化、规则推导、集成和退模糊 4 个过程。模糊逻辑法最大的特点是不追求具体特征参量的量值，而是将各个判识参数分为各种等级，根据宽松的分级原则，分类时便于综合利用各类输入参数的信息，从而减小布尔逻辑出现的误判，能够避免阈值法过度依赖阈值大小的不足，可以求得较为合理的分类结果，具有较强的扩充性和兼容性，并且可以很好地避免回归拟合方法中物理意义不明确的问题。

采用模糊逻辑法对强对流进行分类识别，首先要确定特征参量，然后利用隶属度函数对特征参量进行模糊化处理，系统中每个输入参数都有 N 个隶属度函数，分别对应待识别的 N 种强对流类型。模糊化工作完成以后，使用模糊基进行规则推导，然后进行集成和退模糊，将集成的结果转化为最终得到的强对流类型。

模糊化是将输入的对流参数以隶属函数的方式转换成模糊基，每一个参数针对待识别的 N 个类型建立了 N 个模糊基。每个模糊基可以用隶属函数 MBF_{ij} 表示，其中，下标 i 表示输入的对流参数，j 表示识别类型。隶属函数的形式有多种，我们根据对流参数预报概率分布特征选取了不对称的梯形 T 型函数作为隶属函数的基本形式（图 4.73），该函数形状由 4 个参数决定：左起始点值 X_1，左区间点值 X_2，右区间点值 X_3，右结束点值 X_4（式（4.63））。不同的隶属函数 MBF_{ij}，分别对应不同的参数值，如何确定 T 函数的系数 X_1、X_2、X_3、X_4，是决定 FHC 识别结果的关键。

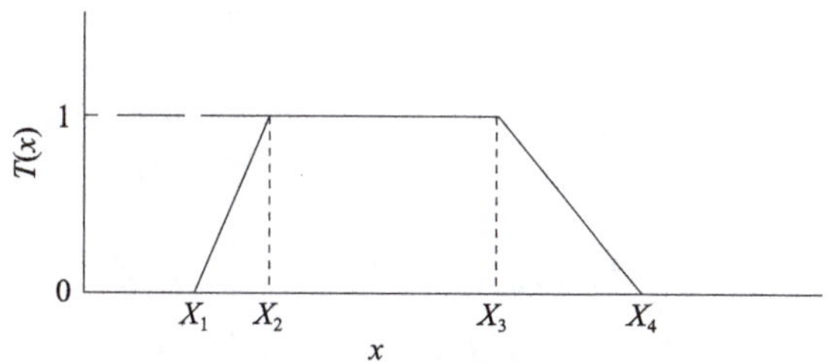

图 4.73 不对称梯形 T 型函数

$$T(x,X_1,X_2,X_3,X_4)=\begin{cases}0 & x<X_1\\ \dfrac{x-X_1}{X_2-X_1} & X_1\leqslant x<X_2\\ 1 & X_2\leqslant x<X_3\\ \dfrac{X_4-x}{X_4-X_3} & X_3\leqslant x<X_4\\ 0 & x\geqslant X_4\end{cases} \tag{4.63}$$

根据对流参数预报概率分布特征的分析结果，数值越大越有利于对流的对流参数，其隶属函数可简化为一个关于区间 $[X_1, X_2]$ 取值的函数；而数值越小越有利于对流的对流参数，其隶属函数可简化为一个关于区间 $[X_3, X_4]$ 取值的函数。设定强对流天气的对流参数阈值，并以此参数门限值来构造各自的隶属函数。事实上，模糊逻辑法本身具有模糊性，这些系数本身的细小变化不足以影响到最终的识别结果。

强对流分类识别问题主要集中在模糊系统中的隶属函数和规则的构建上，我们用等权重贡献度相加的方法来计算各分类强度，第 j 类强对流的强度（R_j）可以由下式（4.64）表示（P_{ij} 表示第 i 个参数对 j 类强对流的贡献强度）。

$$R_j = \prod_{i=1}^{4} P_{ij} \tag{4.64}$$

将各个独立的规则推断中得到的结论采用平均集成法进行集成，平均集成法把结论平均后作为最终结果。退模糊法即当集成结果大于某设定阈值时，表示识别出某类型强对流。

2. 基于模糊逻辑的对流指数对分类强对流的识别实验

选取4组特征参数（表4.13）和隶属函数的组合进行对比实验，识别对流种类为雷暴、雷暴大风两种强对流类型。采用不对称 T 型隶属函数，根据前期对流概率统计工作确定形状参数。分别形成 4 个强对流分类识别模型（组 1 与组 2 在形状参数设置上有差异）。

表 4.13　四组对流参数列表

组 1	KI	SI	BLI	$T_{850\text{-}500}$	$T\text{-}T_{d500}$		
组 2	KI	SI	BLI	$T_{850\text{-}500}$	$T\text{-}T_{d500}$		
组 3	KI	SI	BLI	$T_{850\text{-}500}$	$T\text{-}T_{d500}$	$\theta_{se850\text{-}500}$	$SHR_{0\text{-}6}$
组 4	KI	SI	BLI	$T_{850\text{-}500}$	$T\text{-}T_{d500}$	$\theta_{se850\text{-}500}$	$T\text{-}T_{d925}$

对于 KI，$T_{800\text{-}500}$，$T\text{-}T_{d500}$，$\theta_{se800\text{-}500}$ 等值越大越有利的对流参数，隶属函数可简化为图 4.74a，对于 SI，BLI 等值越小越有利的对流参数，隶属函数可简化为图 4.74b。

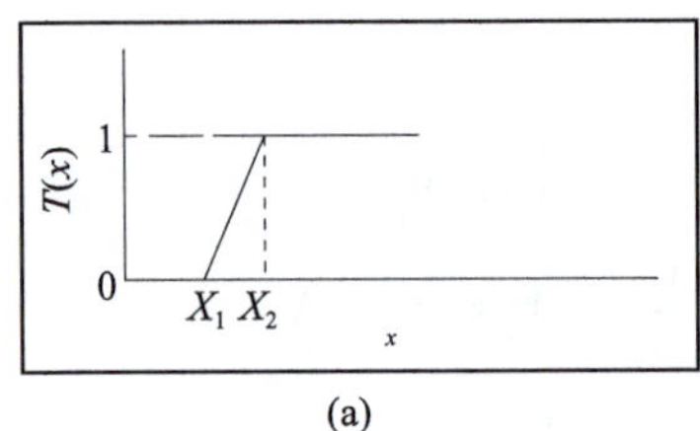

(a)

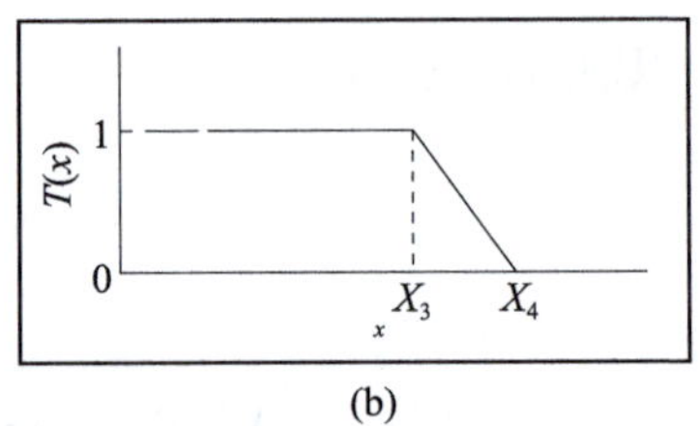

(b)

图 4.74　隶属函数简化

用隶属函数算出特征参数在雷暴（L）模型和大风（W）模型中的值，然后用等权重平均的方法算出模糊逻辑判断值 LFL（雷暴）和 WFL（大风），设置当判断值大于阈值 0.4 时，表示识别出此类型强对流（LL/WW 为 1）（表 4.14）。

表 4.14　分类强对流判别方法举例

雷暴	KI	SI	BLI	$T_{800-500}$	$T-T_{d500}$	$\theta_{se850-500}$	LFL	LL
案例	1.00	0.24	0.50	0.00	1.00	1.00	0.62	1.00

大风	KI	SI	BLI	$T_{800-500}$	$T-T_{d500}$	$\theta_{se850-500}$	WFL	WW
案例	1.00	0.00	0.00	0.00	0.25	0.19	0.24	0.00

说明：*LFL* 为基于模糊逻辑的雷暴概率，*LL* 为雷暴判别（0/1）；*WFL* 为基于模糊逻辑的雷暴大风概率，*WW* 为雷暴大风判别（0/1）

通过检验 167 个个例样本（雷暴 + 雷暴大风）来考察这四个识别模型的预报效果，结合命中率 *TS*1、准确率 *TS*2、漏报率 *PO*、空报 *FAR* 率四个指标对模型的预报效果进行分析（式（4.65），其中 *NA* 为准确数，*NB* 为空报数，*NC* 为漏报数）。结果表明，第三组模型的特征参数选取和隶属函数配置对雷暴和雷暴大风的预报效果最为突出（表 4.15）。

$$
\begin{aligned}
TS1 &= \frac{NA}{NA+NB}\times 100\% \\
TS2 &= \frac{NA}{NA+NB+NC}\times 100\% \\
PO &= \frac{NC}{NA+NC}\times 100\% \\
FAR &= \frac{NB}{NA+NB}\times 100\%
\end{aligned}
\tag{4.65}
$$

表 4.15　强对流分类预报模型检验结果

	雷暴 / $TS1$	雷暴 / $TS2$	雷暴 / PO	雷暴 / FAR	大风 / $TS1$	大风 / $TS2$	大风 / PO	大风 / FAR
组 1	0.83	0.74	0.12	0.17	0.44	0.33	0.45	0.56
组 2	0.83	0.69	0.19	0.17	0.59	0.35	0.53	0.41
组 3	0.85	0.73	0.16	0.15	0.65	0.42	0.45	0.35
组 4	0.81	0.65	0.23	0.19	0.44	0.40	0.20	0.56

据此得到基于模糊逻辑的针对雷暴和雷暴大风的强对流分类潜势预报模型，冰雹的预报模型参照雷暴大风预报模型结果，所有冰雹个例在雷暴大风预报模型中的输出结果都有雷暴大风，再叠加特征层高度（0 ℃层、–20 ℃层高度）和垂直风切变（0～6 km）等指标，综合判断特征是否有利于冰雹产生。

3. 数值模式释用

利用浙江省高时空分辨率的数值模式 ZJ-WARRS 产品（3 km、1 h 时空分辨率，3 h 滚动更新），输出所需的对流参数，代入分类模型计算得到逐小时雷电（*LL*）、雷暴大风（*WW*）和冰雹（*BB*）的判断值（*LL*/*WW*/*BB*）。分类模型的模式释用主要有以下两种方法：

（1）方法 1：0～12 h 潜势预报

利用 08 时 *LL/WW/BB* 判断值（一般用 05 时起报场），判断 08—20 时 12 h 时效的分类强对流潜势（图 4.75）。根据预报值（阴影区）和对流实况（蓝线）的对比，考虑可将 *LL* 阈值设为 0.6，将 WW 阈值设为 0.5。实际任何一个预报时次都可以用来计算相应 0～12 h 的对流潜势，08—20 时包含了对流高发的主要时段，且和短临业务的预报时段一致，因而更为常用。

这是 2015 年 4 月 4 日的分类强对流潜势预报和实况落区的比对情况（图 4.76）。可以看到雷暴预报的落区和实况基本一致，只是在实况落区的南缘和北缘有小范围的空报。而雷暴大风预报和实况在浙西南和东部沿海均出现两个大风中心，只是沿海的中心比实况位置有所偏北。

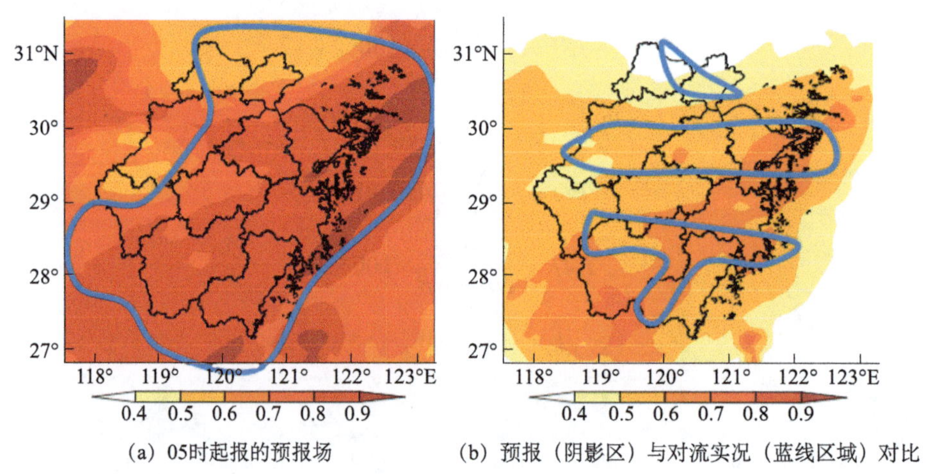

(a) 05时起报的预报场　(b) 预报（阴影区）与对流实况（蓝线区域）对比

图 4.75　0～12 h 潜势预报举例

（2）方法 2：逐小时Δ变率落区预报

研究中发现，当过程发生时，分类强对流指数会突然快速下降，即从前一时次的高值突然下降到很低的水平，形成一个较大的Δ差值（图 4.77）。利用这一规律，可以形成强对流的定点、定时（逐小时）、定性预报。

设定 $LFL \geqslant 0.5$ 时 $LL = 1$，$WFL \geqslant 0.4$ 时 $WW = 1$。

当 *LL/WW* 从 1 突然降到 0 时，预报此格点有雷暴 / 雷暴大风发生，当有雷暴大风发生且反射率因子预报值 *REF* 大于某阈值时，预报此格点有冰雹发生。即：

（*LL*（*T*-2）. EQ.1.OR.LL（*T*-1）. EQ.1）. AND.*LL*（*T*）. EQ.0 则 *T* 时刻有雷暴；

（*WW*（*T*-2）. EQ.1.OR.*WW*（*T*-1）. EQ.1）. AND.*WW*（*T*）. EQ.0 则 *T* 时刻有大风；

T 时刻有大风 . AND.*REF*（T）. GE.55 则 *T* 时刻有冰雹。

图 4.78 是 2015 年 4 月 4 日 15 时（08 时起报）的分类结果，可以看到三个类型的强

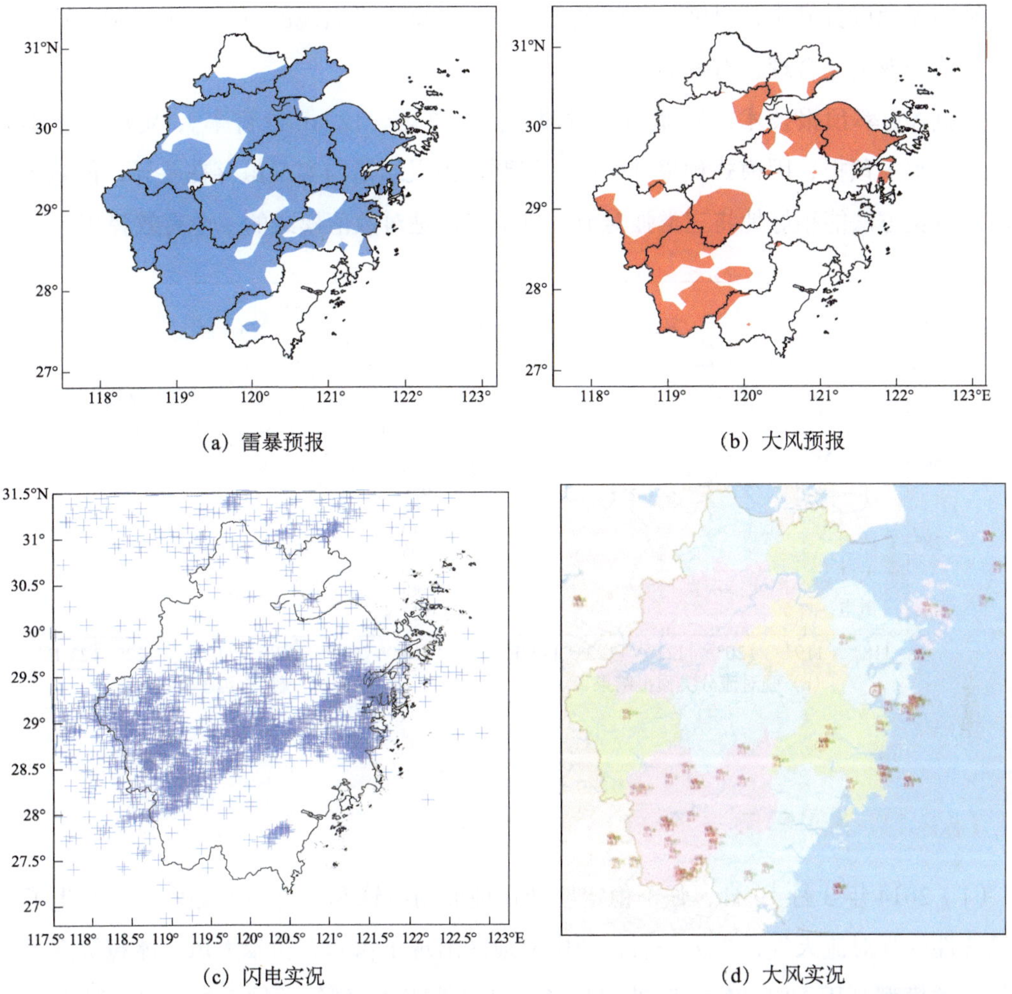

(a) 雷暴预报　　(b) 大风预报

(c) 闪电实况　　(d) 大风实况

图 4.76　0～12 h 潜势预报举例（2015 年 4 月 4 日 15 时（08 时起报）分类预报结果与实况对比）

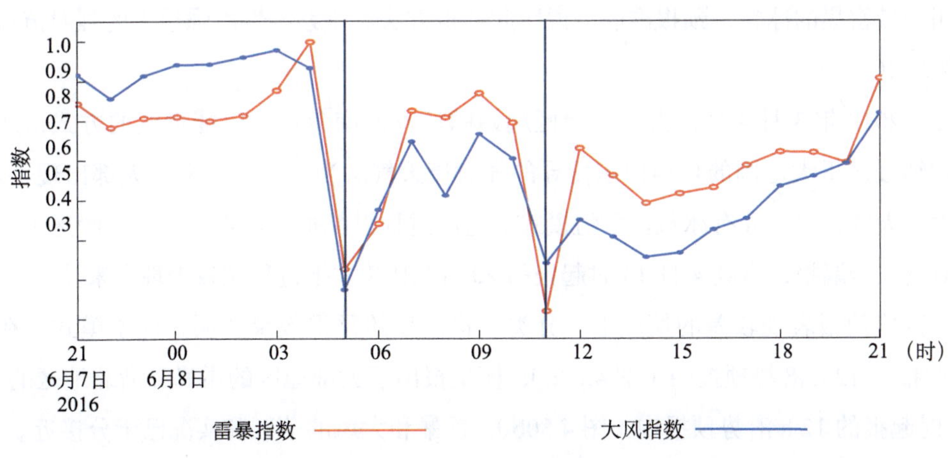

图 4.77　逐小时Δ变率法示例

对流被明显地区分开来，且强对流的范围和高反射率因子出现的范围基本一致，这说明我们在阈值选取上是合理且有效的。

根据Δ变率预报技术，判断出强对流定点（落区，12 km 分辨率）、定时（逐小时）、定性（分类）预报，因模式预报准确率的问题，预报结果与实况虽存在差异，但基于模糊逻辑的分类方法能很好地将三类强对流分离出来，是对数值模式的一个有效释用。

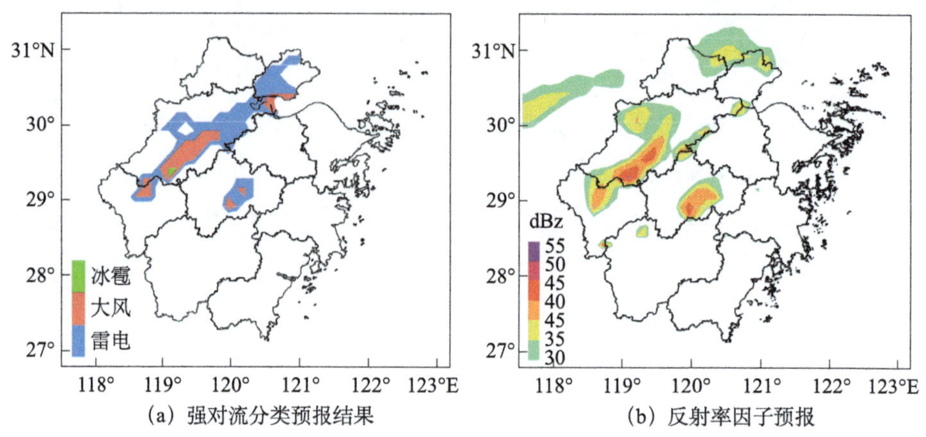

(a) 强对流分类预报结果　(b) 反射率因子预报

图 4.78　2015 年 4 月 4 日 15 时（08 时起报）的预报结果

4.5.2.4　个例展示

（1）2014 年 3 月 19 日，强不稳定层结在地面弱冷锋和辐合线的触发下，产生了大范围系统性的强对流天气，当天午后在浙中南地区出现了雷暴、雷暴大风、冰雹等多类强天气。分类模型利用 18 日晚 23 时的起报场，已经能将 19 日午后的三类强对流精准地预报出来，预报提前量超过 12 h。分类预报产品与实况落区基本一致（图 4.79），特别是金华到台州一带密集的冰雹，预报准确，说明此预报方法对于系统性冷强迫下的强对流过程预报效果较好。

（2）2018 年 3 月 4 日，由华南地区起始的低空西南急流，以能量波的方式，产生了罕见的纯暖区里大范围的自西向东传导的强对流天气。当天午后，浙江大部出现了雷电、雷雨大风天气，局地伴有冰雹。数值模式对这次过程没能很好地把握，午后暖区中大范围的强对流完全漏报，直到 4 日 14 时起报的 ZJ-WARRS 才把过程大致表现出来。

在数值预报表现较差的情况下，分类预报模型的预报效果要明显优于模式。在当天 08 时起报的 12 h 潜势预报中（图 4.80a），模型报出了大部分地区的雷暴和浙北地区的大风，在 14 时起报的 12 h 潜势预报中（图 4.80b），雷暴和大风的落区和实况已十分接近。

在逐小时分类预报中（图 4.81），虽然模型预报的强对流在影响范围上略偏小，但对流类型、落区分布形态、移向移速等特征还是和实况比较接近的，特别是 14 时的起报场

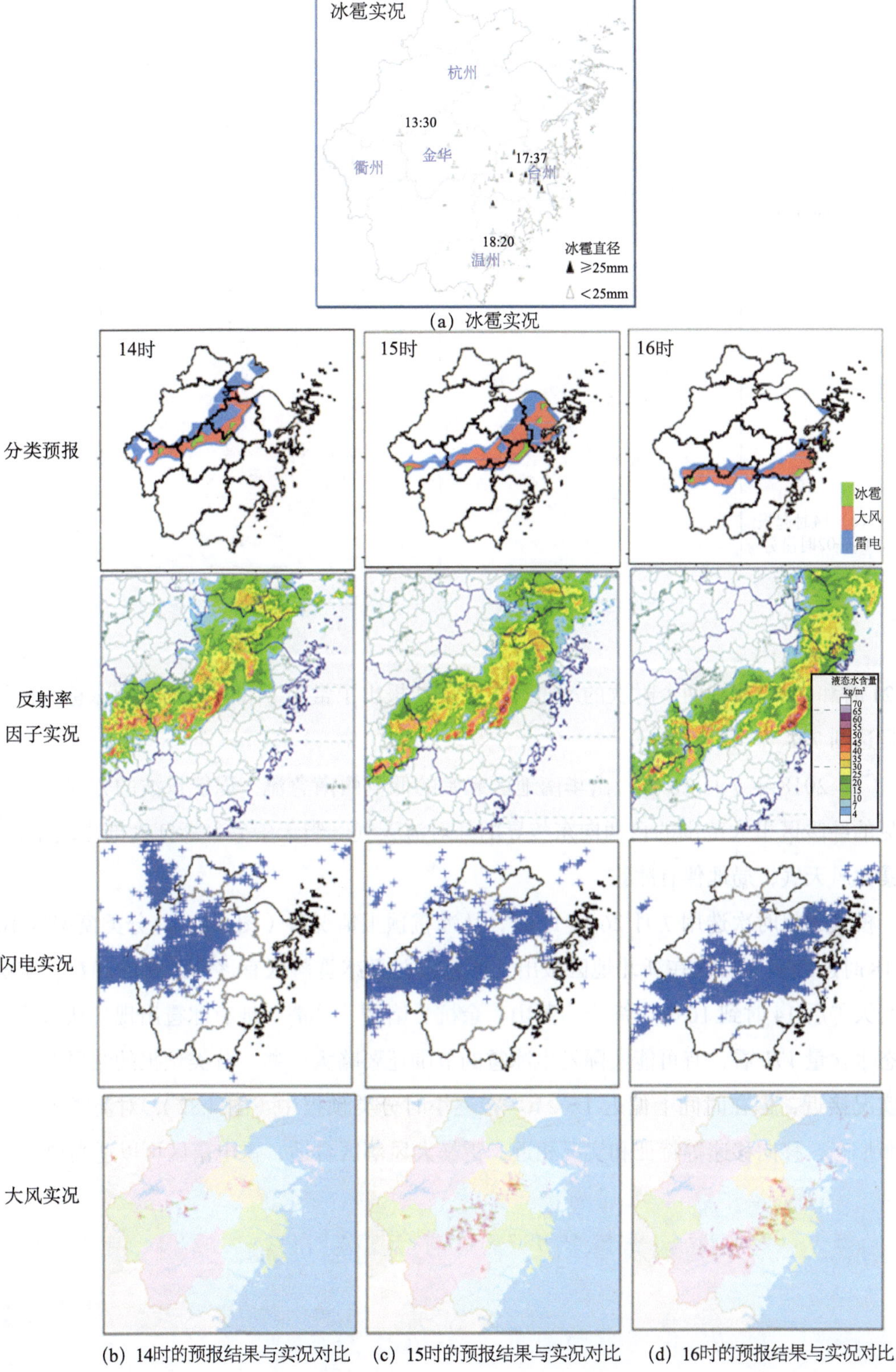

图 4.79 2014 年 3 月 18 日 23 时起报的 3 月 19 日 14—16 时逐小时分类预报检验

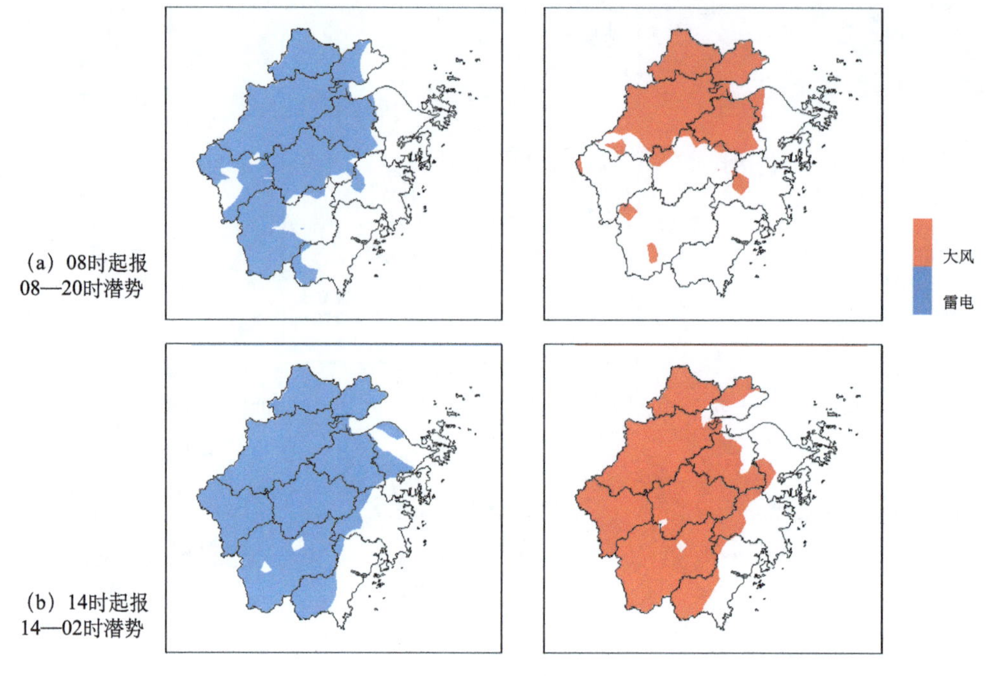

图 4.80　2018 年 3 月 4 日起报的雷暴和雷暴大风 0～12 h 潜势预报结果

在 21 时和 22 时连续两个时次的冰雹预报，成功报出了常山 21 时 05 分时的冰雹，预报提前量达到 7 h。

（3）2018 年 7 月 26 日，由华南地区起始的低空西南急流，以能量波的方式，产生了罕见的纯暖区里大范围的自西向东传导的强对流天气。当天午后，浙江大部出现了雷电、雷暴大风天气，局地伴有冰雹。

模式起报时次选用 7 月 26 日 11 时，从冰雹预报情况看（图 4.82），分类模型从 16 时到 18 时连续多个时次在浙北地区报出了冰雹，并且冰雹落区有逐渐西移的趋势。实况上报当天午后 14 时到 16 时，海宁、萧山、余杭、诸暨、德清等地有冰雹出现，从雷达垂直液态水含量 *VIL* 看，有可能实际发生冰雹的范围还要略大一些。分类预报的结果在落区上和实况接近，但在时间上偏迟 1～2 h。在逐小时分类预报中（图 4.82），对流类型、落区分布形态、移向移速等特征和实况相近，雷暴大风落区合适，雷电落区可以适当放大。

4.5.3　基于随机森林机器学习算法的强对流潜势分类预报技术

4.5.3.1　强对流潜势分类预报的研究背景

气象学中，对流指的是大气中由浮力产生的垂直运动所导致的热力输送，强对流天气

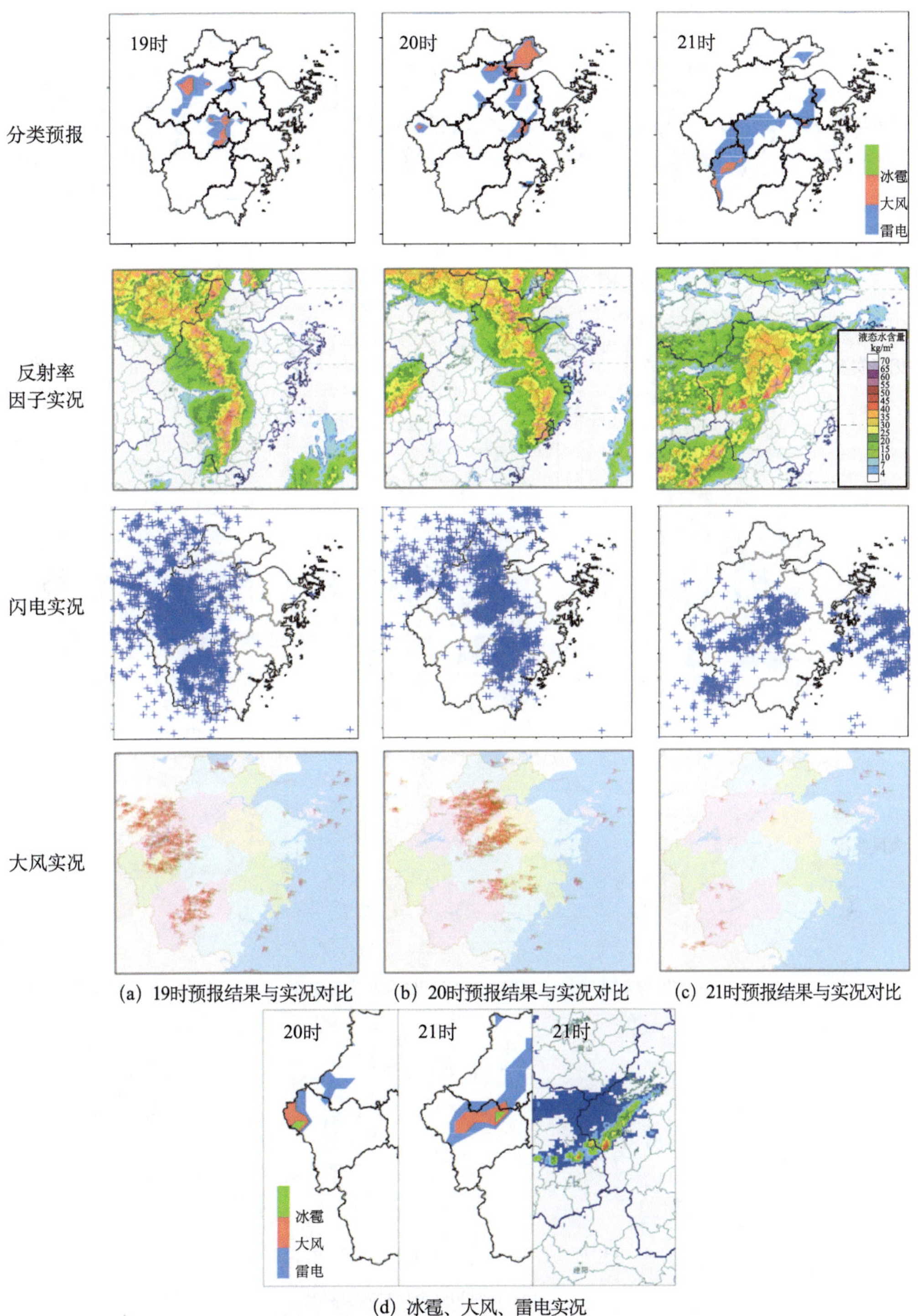

图 4.81 2018 年 3 月 4 日 14 时起报的 19—21 时逐小时分类预报检验

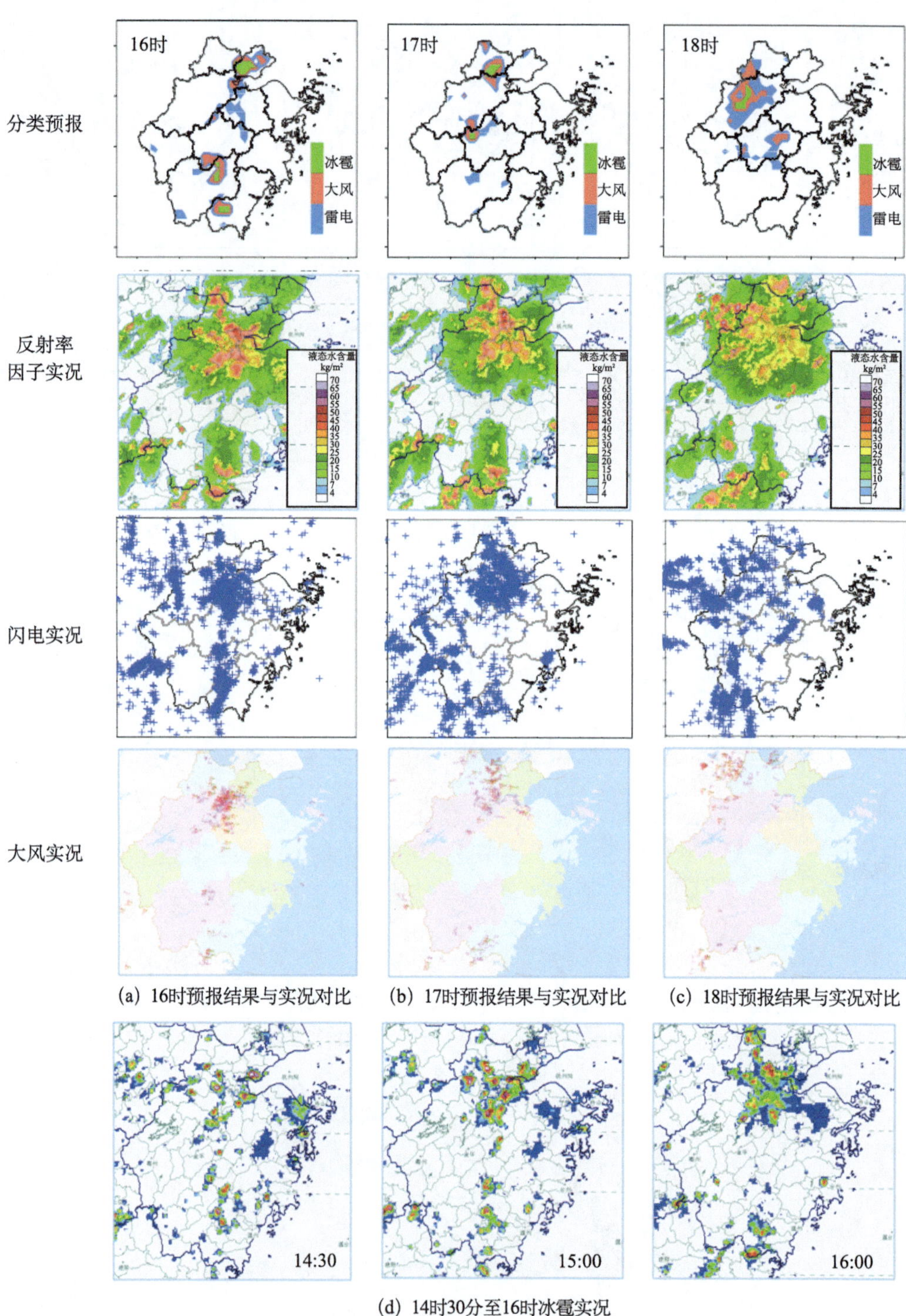

(a) 16时预报结果与实况对比 (b) 17时预报结果与实况对比 (c) 18时预报结果与实况对比

(d) 14时30分至16时冰雹实况

图 4.82 2018 年 7 月 26 日 11 时起报的 16—18 时逐小时分类预报检验

通常指的是由深厚湿对流（DMC）产生的包括冰雹、大风、龙卷、强降水等各种灾害性天气，具有突发性、生命史短、局地性强、易致灾等特点。强对流天气预报尤其是分类强对流天气一直是业务天气预报的难点之一，热动力物理参数敏感性分析及利用“配料法”、统计分析方法以及高分辨率数值模式进行强对流客观预报方法的研究逐渐成为预报强天气潜势的基础（郑永光 等，2015；田付友 等，2015；漆梁波，2015；郑永光 等，2017；雷蕾 等，2011）。Doswell（2001）、俞小鼎 等（2012）、孙继松等（2014）系统总结了 DMC 和不同类型强对流天气（冰雹、雷暴大风、短时强降水和龙卷）发生发展的环境条件、中尺度结构和特征，这些条件和结构特征是目前进行强对流天气分类预报的物理基础。近几年国内一些学者基于数值模式计算的对流参数利用配料法和模糊逻辑法开展了分类强对流潜势预报的业务化试验。曾明剑等（2015）基于中尺度数值模式预报的对流参数，综合历史频率分布和权重分配，构建了分类强对流天气预报概率，并以优势概率作为分类判据，做出强对流分类预报。雷蕾等（2012）将统计的强对流天气判别指标应用到数值模式（快速更新同化系统），计算模式格点上的强对流发生概率，并针对冰雹、雷暴大风和短时暴雨天气下不同物理量的阈值范围，实现了强对流的分类概率预报。机器学习等人工智能的方法多应用在强对流临近识别和概率预报中，Mecikalski 等（2015）使用 Logistic 回归和人工智能 Random Forest（随机森林）等方法发展了基于卫星资料和数值模式资料的 *CI* 临近概率预报技术。李国翠等（2014）和张秉祥等（2014）基于雷达三维组网数据利用模糊逻辑方法分别开发了雷暴大风和冰雹的自动识别算法；周康辉等（2017）将模糊逻辑算法用于雷暴大风的监测识别，实现了雷暴大风和非雷暴大风的有效区分；修媛媛等（2016）利用机器学习中有监督学习模型支持向量机 SVM 进行强对流天气的识别和预报。

随机森林算法在近几年实际应用中得到了广泛关注，已经成为数据挖掘、模式识别等领域的研究热点，在生态学、水文学、经济学、医学等领域得到了广泛应用（张雷 等，2014；李欣海，2013；石玉立 等，2015；侯俊雄 等，2017；Belgiu et al，2016；Chen et al，2017）。随机森林算法是一种基于分类回归树的数据挖掘方法，是由 Breiman 和 Cutler 在 2001 年提出的一种较新的机器学习技术（方匡南 等，2011）。随机森林算法通过聚集大量分类树来提高模型预测精度，与决策树一样，可用来解决分类和回归问题，预测精度很高，在异常值和噪声方面有很高的容忍度，且不易出现过度拟合现象（Breiman，2001）。国内外学者将随机森林与传统的神经网络、支持向量机、Logistic 等机器学习方法做了一些对比，黄衍等（2012）证明随机森林泛化能力在多分类问题上优于支持向量机；梁慧玲等（2016）在基于气象因子的塔河地区林火发生预测模型研究中，得出随机森林模型的预测准确率高于传统 Logistic 模型 10% 左右；余胜男等（2016）研究表明，随机森林模型预测精度较高、稳定性好、泛化能力强，能有效预测年、月降水量，与 BP 神经网络模型和支持向量机模型相比，随机森林模型效率更高、性能更优，尤其适用于大样本的逐月降水量预测；白琳等（2017）和 Zhang 等（2017）研究均证明随机森林算法比传统的多元线性回归的结果更为理想，处理非线性和分级关系更具优势；Naghibi 等（2017）应用 RF、RFGA、SVM 三种模型评估地下水资料的潜势，发现 RF 和 RFGA 比 SVM 更高效且更准确；Jan 等（2007）基于 RF 和 Logistic 模型建立了生态水文分布模型，对比得出 RF 的预测误差小于 Logistic 模型；Kampichler 等（2010）通过 5 种机器学习方法对比，发现随机森林明显优于神经网络、支持向量机等方法。由此可见，大量的研究表明随机森林算法在不同领域已取得较好的应用效果。

随机森林算法应运而生，给解决很多问题带来了新的方向，但将 RF 应用于强对流的分类预测，相关研究为数不多。传统的配料法等通过挑选对不同类型强对流天气具有指示意义的物理量，根据历史个例的统计结果挑选预报因子，预测结果完全取决于天气学要素和物理量对强对流天气发生发展物理条件的代表性，而人工智能等机器学习算法可以建立在大数据集的应用基础上，通过智能化的筛选、组合多种因子进行预测分类，尤其在多分类预测方面有一定的优势，能够处理很高维度的数据，在训练完后，能够给出特征量的重要性排序，可以很好地预测多达几千个解释变量的作用。因此，将 RF 算法尝试性地应用于分类强对流的潜势预测，构建反映强对流发生发展环境条件的大数据集，通过训练学习达到预测分类的目的。

4.5.3.2 随机森林算法

1. 随机森林算法原理

随机森林是由加州大学伯克利分校统计系教授 Leo Breiman 于 2001 年提出来的一种统计学习理论（Breiman，2001）。随机森林的基本组成单元是决策树，又称为分类回归树。基本思想是一种二分递归分割方法，在计算过程中充分利用二叉树，在一定的分割规则下将当前样本集分割为两个子样本集，使得生成的决策树的每个非叶节点都有两个分枝，这个过程又在子样本集上重复进行，直至不可再分成为叶节点为止。由于单棵决策树模型往往精度不高，且容易出现过拟合问题，为此需要通过聚集多个模型来提高预测精度，森林里面有很多的决策树组成，随机森林的每一棵决策树之间是没有关联的。在得到森林之后，当有一个新的输入样本进入的时候，就让森林中的每一棵决策树分别进行一下判断，看看这个样本应该属于哪一类（对于分类算法），然后再看看哪一类被选择最多，就预测这个样本为那一类。

随机森林中采用的是 Bagging 方法来组合决策树，其核心是重抽样自举法，第一步，对样本量为 N 的原始样本集 S 进行有放回的随机抽样，每个样本的基本容量都与原始训练集容量一样，得到一个容量为 N 的随机样本 S_l（称自举样本），第二步，将自举样本视为训练样本，建立分类树 T_1，重复上述两步 M 次，最终得到 M 个自举样本 S_1，S_2，…，S_M 以及 M 个预测模型 T_1，T_2，…，T_M，然后组合 M 个决策树的预测模型，分类结果采用简单多数投票法对每个记录进行投票表决决定其最终分类通过投票得出最终预测结果。RF 模型使用 Bagging 方法形成新的训练集，随机选择特征进行分裂，使得随机森林能较好地容忍噪声，并且能降低单棵树之间的相关性；单棵树不剪枝能得到低的偏差，保证了分类树的分类效能。新数据的分类结果按分类树投票多少形成的分数而定，其实质是对决策树算法的一种改进，将多个决策树合并在一起，每棵树的建立依赖于一个独立抽取的样品，森林中的每棵树具有相同的分布，分类误差取决于每一棵树的分类能力和它们之间的相关性。特征选择采用随机的方法去分裂每一个节点，然后比较不同情况下产生的误差。能够检测到的内在估计误差、分类能力和相关性决定选择特征的数目。单棵树的分类能力可能很小，但在随机产生大量的决策树后，一个测试样品可以通过每一棵树的分类结果经统计后选择最可能的分类。因此，随机森林的思路就是训练出在某一个方面有决策能力的决策树，这个决策树几乎不存在过度复杂和过分拟合数据的问题，相对而言，它是一个弱决策树，但是多个方面的弱分类器集成能够形成一个强大的分类器（图 4.83）。

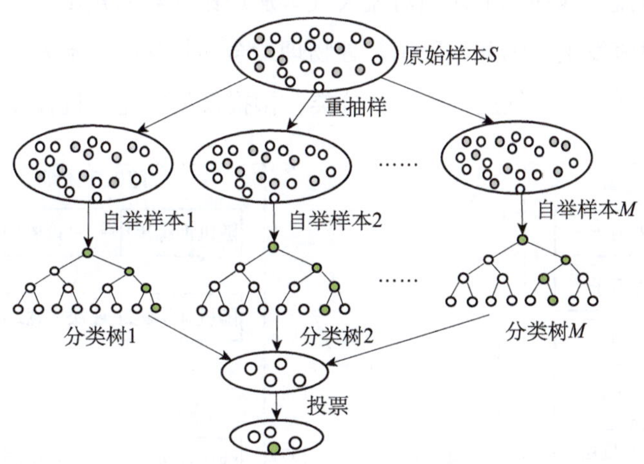

图 4.83　随机森林分类结构图

2. 泛化误差与重要性因子评价原理

RF 用 Bagging 方法生成训练集，样本容量为 N 的总训练集 S 中每个样本未被抽取的概率为 $(1-1/N)^N$，当 N 足够大时，$(1-1/N)^N \to 1/e=0.368$，这表明原始样本集中接近 37% 的样本不会出现在训练集中，这些数据称为袋外（out-of-bag，OOB）数据，使用这些数据来估计模型的性能称为 OOB 估计。OOB 数据可以用来估计决策树的泛化误差，或用来计算单个特征的重要性。泛化误差是指分类器对训练集之外数据的误分率，泛化误差越小表示分类器性能越好，相反则表明分类器性能较差。每一棵树都可以得到一个OOB误差估计，将森林中所有树的OOB误差估计取平均，即可得到随机森林的泛化误差估计。Breiman通过实验已经证明，OOB误差是无偏估计，并且相对于交叉验证，OOB估计是高效的，且其结果近似于交叉验证的结果（杨柳 等，2015）。

随机森林测度输入变量重要性的基本思路是：对于解释变量重要性，一个直观的评价标准是，该变量越重要，其对预报结果的影响也越大。随机森林算法的解释变量重要性评价采用类似标准：对所有检验样本，随机打乱某一解释变量取值，采用原随机森林算法对检验样本进行再次预报，袋外拟合误差增加越多，该解释变量越重要，表现为各类别的预测置信度变化明显；总体预测精度变化明显，袋外拟合误差增加量可用于定量评价解释变量重要性。因此，对于输入变量重要性的评判指标采用预测精度的平均下降量（Mean Decrease Accuracy），测度输入变量对输出变量的重要性。

4.5.3.3 模型建立过程

将随机森林算法应用于强对流的环境场分类，基于NCEP 1°×1° 08时的分析场资料计算的若干对流指数和物理量指标作为输入变量，输出变量为短时强降水、雷暴大风和冰雹三种类别的强对流天气和无上述强对流天气。从理论和经验角度看，不同的环境场有利于不同灾种的强对流发生。因此，采用多种物理量全面描述强对流发生的环境场，再应用机器学习算法，对强对流天气进行预测及分类，预报模型的建立过程如图4.84。

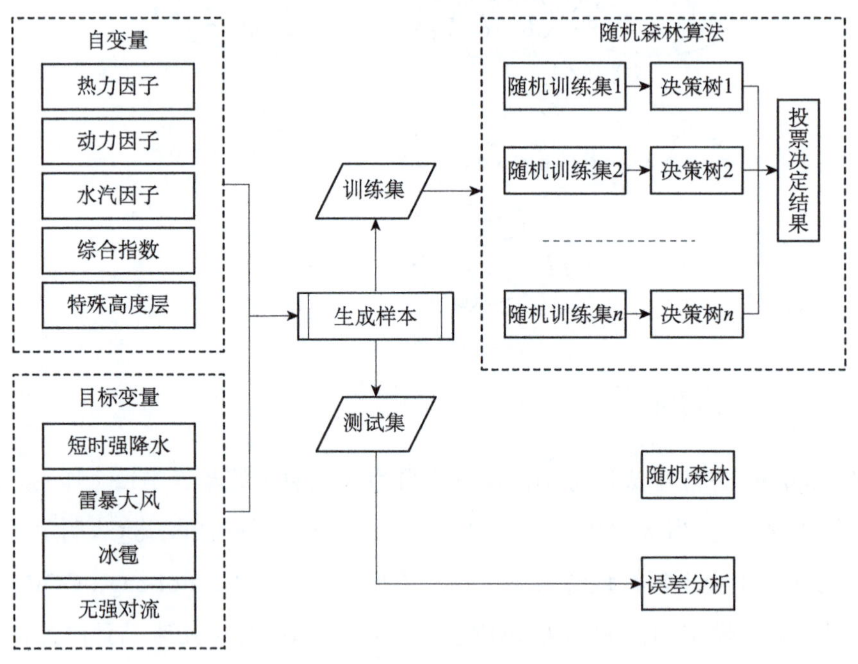

图4.84 随机森林预报模型的建立过程

1. 选取预报因子

资料选用 2005—2016 年的强对流监测资料，基于 08 时 NCEP 1°×1° 资料计算若干对流指数和 500 hPa、700 hPa、850 hPa、925 hPa 各层物理量场，这些要素涵盖了强对流天气的构成要素包括静力稳定度、水汽、能量及垂直风切变等动力热力因子。代表要素见表 4.16，表中物理量要素根据其计算公式和物理意义简单归为五类。因此，基于数值模式分析场资料计算的若干对流指数和物理量场共 68 类组成预报因子数据集，构建强对流分类预报模型。

表 4.16　应用于随机森林算法的主要预报因子类型和要素

类型	要素	类型	要素
水汽因子	整层可降水量（*PW*）	热力因子	假相当位温（θ_{se}）
	比湿（*q*）		K 指数（*KI*）
	水汽通量（*QLFUX*）		沙氏指数（*SI*）
	相对湿度（*rh*）		最佳抬升指数（*BLI*）
	水汽通量散度（*QFDIV*）		最佳对流有效位能（*BCAPE*）
	温度露点差（T-T_d）		对流有效位能（*CAPE*）
	925 hPa 露点温度（T_{d925}）		总指数（*TT*）
动力因子	散度（*DIV*）		850 hPa 与 500 hPa 假相当位温差（$\theta_{se850\text{-}500}$）
	涡度（*VOR*）		850 hPa 温度（T_{850}） 850 hPa 与 500 hPa 温度差（$T_{850\text{-}500}$）
	垂直速度（ω）		条件—对流稳定度指数（*ILC*）
	垂直风切变（*SHR*）		下沉有效位能（*DCAPE*）
高度层因子	零度层高度（*ZHT*）	综合指数	强天气威胁指数（*SWEAT*）
	−10 ℃层高度（*MHT*）		瑞士雷暴指数（*SWISS*）
	−20 ℃层高度（*FHT*）		修正深对流指数（*MDCI*）
			风暴强度指数（*SSI*）

2. 选取目标变量

目标变量分为四类，分别是短时强降水、雷暴大风和冰雹等强对流天气以及无强对流天气。以 2005—2016 年浙江省 69 个基准站点的监测实况为标准，实况选取时间段为 00—20 时，任一站点观测到冰雹记为一次过程，共监测到 75 次冰雹过程；为了区分强降水拖曳产生的局地性大风，雷暴大风样本选取影响范围相对较大的过程，至少 3 个站点出现 8 级或以上雷暴大风记为一次过程；短时强降水过程历史样本量较多，考虑到数据平衡性问题，仅选取全省 11 个地市代表站点的短时强降水过程，任一站点出现 20 mm/h 以上降水，记为一次过程。三种强对流天气往往是相伴产生的，在选取的强对流样本中，同时观测到短时强降水、雷暴大风或冰雹的有 13 次，观测到冰雹和雷暴大风相伴产生的有 10 次，因此，在分类过程中遵循一定的原则，根据灾害影响程度对强天气进行侧重分类，对于雷暴大风和短时强降水均出现的情况，一般记为雷暴大风过程，而雨强在 50 mm/h 及以上的极端降水则同时记为短时强降水和雷暴大风过程；对于冰雹和短时强降水均出现的情况，一般记为一次冰雹过程；对于雷暴大风和冰雹均出现的情况，则记为冰雹过程；对于无强对流样本，以 2010—2015 年浙江省 69 个基准站无雷暴日和 10 mm/h 以下的弱降水样本为主。因此，模型训练期为 2005—2015 年共 1026 个样本，模型验证期为 2015—2016 年共 406 个独立测试样本（表 4.17）。

表 4.17　模型训练和测试样本集

强对流分类	短时强降水	雷暴大风	冰雹	无强对流
训练样本集 / 个	255	181	73	516
测试样本集 / 个	163	82	2	159

3. 预报模型构建过程

设随机森林包括 M 棵分类树，在第 i 棵决策树的建立过程中，首先通过随机方式选取 k 个输入变量构成候选变量子集 X_i，依据变量子集 X_i 建立一颗充分生长的决策树，且无须剪枝。确定 k 的依据是：第一，决策树对袋外观测的预测精度，也称决策树的强度；第二，各决策树间的相互依赖程度，也称决策树的相关性。森林中包含的众多决策树形成一个组合预测模型，利用投票原则确定最后的预测结果。

本研究基于 R 语言随机森林程序包进行强对流分类预报研究。随机森林算法包含 2 个参数，即 M 棵决策树和每棵树的输入变量 k，M 越大，随机森林算法过拟合效应越小；k 越大，子预报模型间差异性越小。对于分类树，变量子集的大小 k 默认为 $\sqrt{P}$，P 为预报因子个数。M 取值为 500，k 取值为 8，以选取的 68 个预报因子作为解释变量（自变量），1026 个分类强对流作为目标变量，构建随机森林模型对解释变量进行重要性评价。

4. 误差分析

利用袋外数据（OOB）估计模型的泛化误差，为了更好地检验模型的预报性能，再利用检验期独立数据集进行验证，采取泛化误差和独立样本测试两种方式可以更全面的说明模型的预报效果。基于随机森林算法对全部观测做预测，计算混淆矩阵和整体的误判率。整体误判率 = 分类错误的样本数 / 总的样本数。

4.5.3.4 模型训练与预报结果分析

1. 泛化误差

建立模型后需对训练模型与测试结果进行评估，其评估精度满足要求后模型才能被应用。以 2005—2015 年训练期的强对流样本基于 RF 预测模型构建的 OOB 误差见表 4.18，由表可见，随机森林对全部观测进行预测，预测误差很小，仅为 0.39%，而单棵树的预测误差约 20%，说明由随机森林构建的预报分类模型效果比较理想。

表 4.18 2005—2015 年模型训练期 OOB 预测误差表

实况＼预报	无强对流	冰雹	强降水	雷暴大风	整体误判率 %
无强对流	516				0.39
冰雹		73			
强降水			255		
雷暴大风		1	2	178	

2. 独立样本测试

根据建立的 RF 模型，对 2015—2016 年检验期的 406 次独立数据进行预测。由于冰雹样本较少，选取了影响浙江省较为严重的三次过程进行预测检验。由表 4.19 可见，检验期的独立测试样本均是点对点的验证，即针对站点监测到短时强降水、雷暴大风的实况进行预测，整体误判率为 21.9%。由于 2016 年基准站点没有观测到冰雹，不能准确判断冰雹过程，因此对于预报出现冰雹必然会增加一定的错误率。3 次冰雹过程中一次判断为雷暴大风过程，实际情况既出现了冰雹又伴随大范围的雷暴大风，另外两次过程是 2014 年 3 月 19 日和 2015 年 4 月 5 日均发生了影响较严重的大冰雹天气，模型均准确判断出；无强对流过程判断准确率高。由于短时强降水和雷暴大风的实况很难明确客观的分类，导致强降水和雷暴大风的误判率相对较高；短时强降水和雷暴大风站点预测存在部分漏报的情况，但是从预报过程的检验来看，共有 85 次过程，包括局地强降水过程和较大范围雷暴大风过程，基本无漏报，预报落区偏差是导致站点漏报的主要原因。对于 5 个基准站点及以上出现强对流天气的较大范围过程，共有 12 次，仅一次大风过程误判为短时强降水，其余都预报正确；40 次无强对流过程，4 次为空报。总体来说，基于 RF 的预报分类模型效果比较理想，强对流过程基本能准确预报，尤其适用于较大范围的强对流天气。但是，由于强对流天气观测的原因，尽管我们采用了 11 年的观测数据，但还是存在样本不足的问题，使得 RF 模型存在一些缺陷，主要是存在训练不充分的情况，且模型的训练期样本在分类的过程中，会存在混淆的情况，因此导致了一定的错误率的增加。

表 4.19　2015—2016 年模型检验期预测误差

实况＼预报	无强对流	冰雹	强降水	雷暴大风	整体误判率 %
无强对流	148		8	3	21.9
冰雹		2		1	
强降水	18	2	133	10	
雷暴大风	19	4	25	34	

图 4.85 列出了 2016 年的两次预测个例，简单说明模型的预报效果，2016 年两次过程均出现了较大范围的雷暴大风和短时强降水过程，5 月 5 日过程据了解在浙南出现了局地小冰雹，6 月 1 日过程浙南出现了较大范围的雷暴大风，从预测效果来看，预报模型对出现的灾害性天气都有所反映，包括冰雹和雷暴大风的落区。不足的是，预报落区比实况范围大，落区也存在一定的偏差。

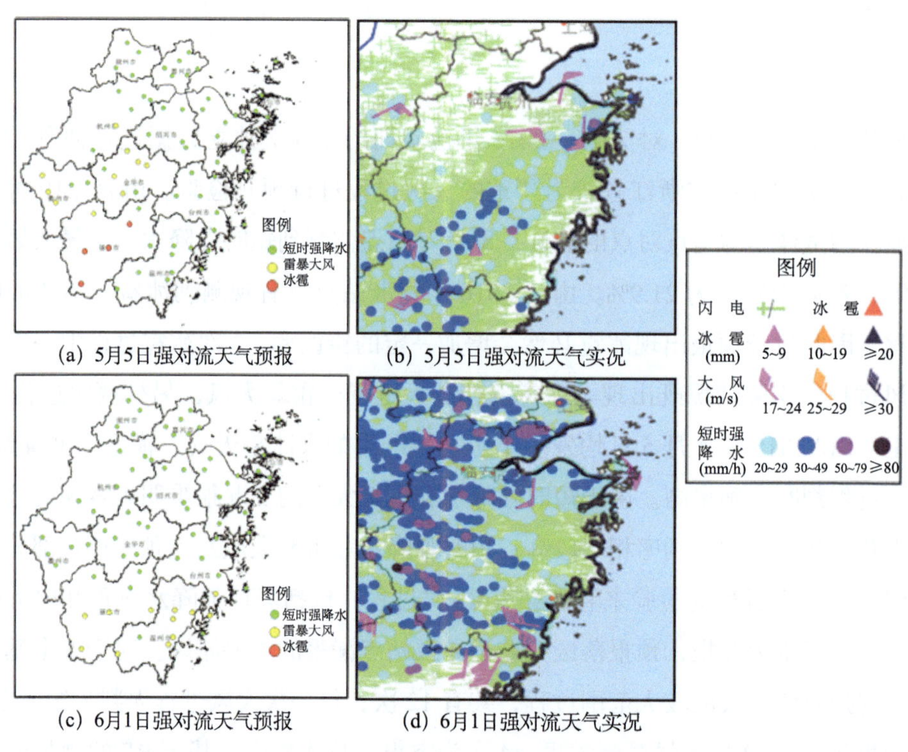

(a) 5月5日强对流天气预报　(b) 5月5日强对流天气实况

(c) 6月1日强对流天气预报　(d) 6月1日强对流天气实况

图 4.85　2016 年强对流个例预报和实况的对比图

目前模型基本实现业务试运行，图 4.86 为业务检验实例：大风、短时强降水的落区与实况较为一致，预报效果良好。

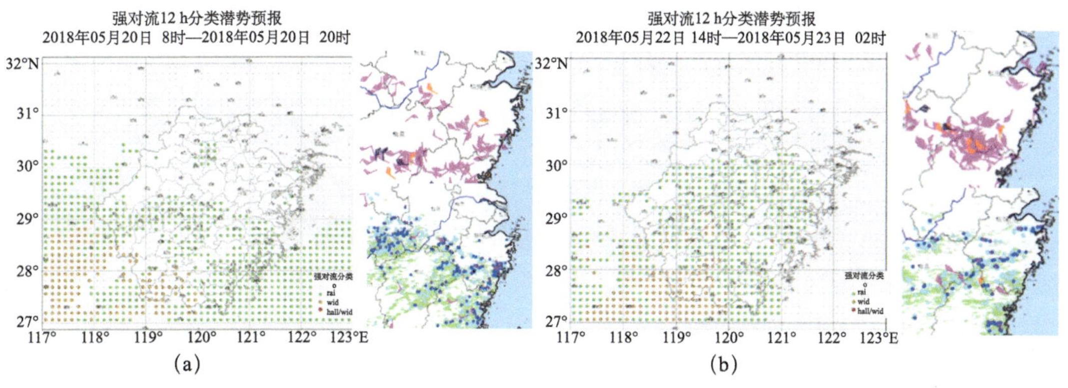

图 4.86　2018 年 5 月 20 日（a）和 5 月 22 日（b）强对流潜势预报检验

4.5.3.5　结论与讨论

随着大数据时代的到来，计算机辅助预测的方法日益丰富。一般来说，机器学习算法的性能会随着数据量的增多而提高，但是随着数据量的增大模型也容易出现过拟合的现象，从而影响模型性能，例如支持向量机、人工神经网络等机器学习模型都有着类似的特点，而随机森林算法具备训练结果稳定、泛化能力强的特点。因此，将随机森林算法运用于浙江省强对流天气的潜势分类，针对 2005—2015 年 NCEP 再分析资料计算的对流指数和物理量进行分类训练，建立模型预测强对流的潜势和类别。

误差分析结果表明，随机森林算法建立的模型准确率高，基于袋外观测 OOB 的泛化误差仅为 0.39%，基于 2015—2016 年独立测试样本的整体误判率为 21.9%，85 次强对流过程基本无漏报，模型尤其适用于较大范围的强对流天气，但是预报落区和范围仍存在一定的偏差。强对流分类因子的重要性分析表明，SI、$T_{850\text{-}500}$、rh_{850}、rh_{925}、PW、TT、$SHR_{0\text{-}6}$、BLI、$SWEAT$、θ_{se850} 及 SSI 等指标对随机森林强对流分类模型的贡献较为显著；$SHR_{0\text{-}6}$、$T_{850\text{-}500}$ 及 –20 ℃层高度对冰雹等强对流天气贡献显著。根据核密度估计分析，发现强对流天气 $SWEAT$ 集中在 250～300；SSI 对冰雹的指示性较强，在 60～70 具有高概率密度。$T_{850\text{-}500}$ 可以较好地区分短时强降水和风雹类强对流，25～27 ℃是风雹类强对流的集中区，而短时强降水分布在 22～24 ℃。短时强降水易发生在整层高温高湿的环境场，短时强降水 PW 的高概率密度区在 60 mm 左右。此外，雷暴大风的 rh_{925} 峰值在 60%～80%，明显低于短时强降水 90% 的相对湿度；$DCAPE$ 也可以较好的表征雷暴大风类强对流天气。

该模型也存在不足之处，受历史强对流样本的数量限制，训练不够充分，在业务应用的过程中，需要不断动态训练模型，加入新的训练样本以及综合更多因子才能更好地发挥强对流分类模型的作用。

4.6 强对流天气参数气候态统计特征分析及其在强对流天气预报中的应用

4.6.1 研究背景

在全球变暖的大背景下，极端天气气候事件发生的概率明显增加。近几年来，国内外学者针对极端天气气候事件展开多方研究（翟盘茂 等，2007；2012；Bineston et al，2007），翟盘茂等（2003）研究了近 50 年来中国北方极端温度和降水事件变化趋势，Meehl 等（2000）研究了极端天气事件的变化趋势以及极端天气事件对社会经济、生态环境的影响。其中，暴雨、大风、强雷电等极端强对流天气给社会、经济、人民的生活造成非常大的影响。随着数值预报技术的发展，预报水平不断提高，但对突发的强对流等高影响天气的预测能力依然不足。进一步研究高影响的强对流天气的形成机理和预测技术，是提高应对重大气象灾害能力的重要一环。

在极端天气的预报业务中，以欧洲中心集合预报 EFI 指数为代表的结合集合预报概率和气候概率的极端天气指数得到广泛应用（刘琳 等，2013；汪娇阳 等，2014；夏凡 等，2012；翟盘茂 等，2016；朱鹏飞 等，2015）。杜钧等（2014）提出一种基于气候异常度的强对流预报方法，利用预报场与气候平均态的偏差来预报极端天气，认为这一方法可以提高重大灾害性天气的预报能力。高影响的强对流天气也往往在异常的气候背景下产生，气候异常度方法也可以用于强对流天气的预测。目前这方面的工作开展较少，因此进行强对流参数的气候态特征统计分析，开展基于气候异常度的强对流预测技术的研究非常有必要。

4.6.2 数据和方法

计算气候背景场时采用欧洲中心 EC-Interim 气压层日数据集，该数据自 1979 年 1 月 1 日开始，每天 4 个时次，垂直方向共 37 层，分辨率 0.75°×0.75°。变量包括高度、U、V、温度、相对湿度、比湿、垂直速度、涡度、散度等。

先计算 30 年（1986—2015 年）每天每时次的对流参数，包括对流有效位能、K 指数、垂直累计大气可降水量、沙氏指数、最佳抬升指数、垂直风切变、各层温度、露点、假相当位温等。

用 1986—2015 年资料计算一年中每个时次的平均值，计算中前后 10 天共 21 天数据参与平均，共 21 × 30 个数据计算平均值，并计算相应时次的均方差。

得到了气候平均值和气候标准差，可以计算气候异常度：

$$A_{s-o}(x,t)=\frac{OBS(x,t)-MEAN\_clim(x,t)}{SD\_clim(x,t)} \quad (4.66)$$

$$A_{s-f}(x,t)=\frac{FCST(x,t)-MEAN\_clim(x,t)}{SD\_clim(x,t)} \quad (4.67)$$

其中 *MEAN_clim*（*x*，*t*）为气候平均值，*SD_clim*（*x*，*t*）气候标准差，把观测或预报超过气候平均值 3 个标准差的事件称为异常事件。

4.6.3　对流参数气候平均态和标准差特征

首先分析一些气候平均态和标准差水平分布情况。图 4.87 分别是 2 月 1 日、4 月 1 日、8 月 1 日、10 月 1 日 08 时 850 hPa 温度气候平均值和气候标准差的分布情况。2 月 1 日温度梯度非常密集，浙江北部平均温度 –2 ℃～–1 ℃，浙南可达 2～3 ℃；标准差成北高南低的态势，最大中心位于 35°～40°N，浙北地区也达到 4 ℃，表明北方冷空气势力活跃。到 4 月 1 日平均温度的梯度有所减小，浙北地区达到 6～7 ℃，说明浙南地区 8～9 ℃，标准差的大值中心位于 25°～30°N，尤其浙江东部地区 6 ℃，可见这一地区冷暖空气交绥，温度变化剧烈。到了 8 月 1 日盛夏季节，江南北部和长江中下游地区平均温度最高，达到 20 ℃，标准差上大部分地区都较小，在 1.5 ℃以下，符合盛夏季节浙江省较稳定的处于副高控制下，温度高，温度变化小的特性。到了 10 月 1 日温度分布重回北低南高的形势，浙北地区下降到 12～13 ℃，浙南 14 ℃，并且西南地区有弱温度脊，温度偏高一些，符合暖湿气流常从西南地区发展的特征。从标准差看，大值中心位于 35°N 以北，表明冷空气活动还比较偏北。

图 4.88 是 850 hPa 比湿的分布情况。2 月 1 日 08 时比湿分布北低南高，等值线基本水平分布，大值中心位于台湾以南洋面上，浙江省大致为 2～4 g/kg。2 月 1 日标准差分布上江南和华南北部为大值中心，达到 2 g/kg。到了 4 月 1 日，比湿分布成西南高、东北低的态势，大值中心位于广西地区，和南支槽的发展以及孟加拉湾的水汽不断从西南地区输送有关，浙江省平均比湿值为 4～7 g/kg。此时比湿标准差分布高值区位于长江中下游地区，最大达到 4.5 g/kg，表明这一地区水汽变化剧烈，也说明天气变化多端。到 8 月 1 日盛夏季节，比湿大值区位于内陆西部地区，基本上为西高东低的分布，浙江省比湿值为 12～14 g/kg，浙江省西南地区比湿最大，与西南地区夏季雷暴多发存在一定关联。从标准差分布看，总体比 4 月明显减弱，浙江省沿海和台湾东部为大值中心，可能与台风的影响有一定关系。10 月 1 日比湿分布基本恢复北低南高的形势，大值中心位于南海和东海南

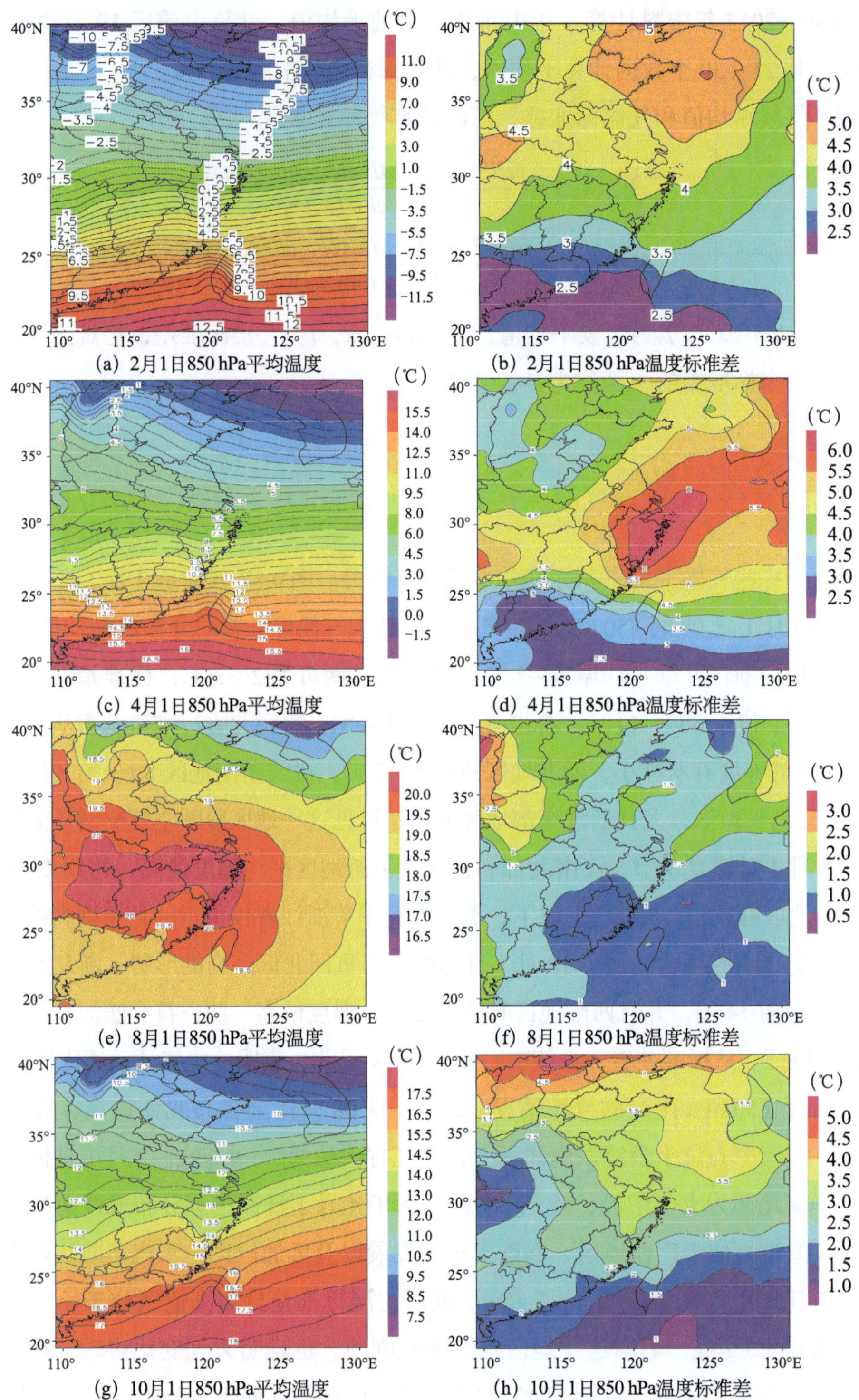

图 4.87 2 月 1 日、4 月 1 日、8 月 1 日、10 月 1 日 08 时 850 hPa 温度场气候平均值和气候标准差水平分布

部，浙江省平均比湿为 7～9 g/kg。标准差最大的区域为江南地区，达到 4.5 g/kg，表明该地区这个季节天气年际变化大。

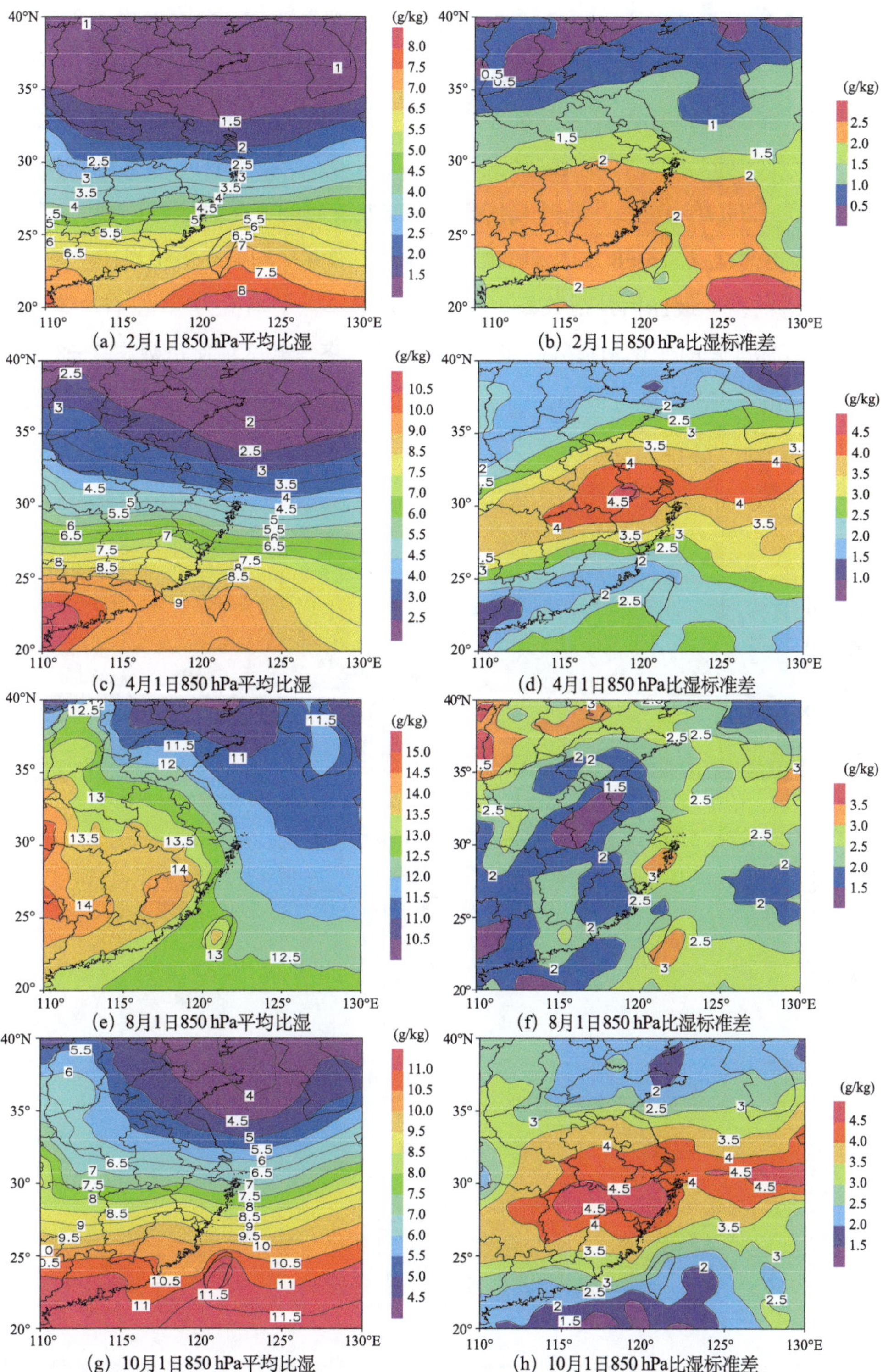

(a) 2月1日850 hPa平均比湿 (b) 2月1日850 hPa比湿标准差

(c) 4月1日850 hPa平均比湿 (d) 4月1日850 hPa比湿标准差

(e) 8月1日850 hPa平均比湿 (f) 8月1日850 hPa比湿标准差

(g) 10月1日850 hPa平均比湿 (h) 10月1日850 hPa比湿标准差

图 4.88 2 月 1 日、4 月 1 日、8 月 1 日、10 月 1 日 08 时，850 hPa 比湿场气候平均值和气候标准差水平分布

图 4.89 为格点（120°E，30°N）上物理量平均值和标准差时间序列图。从 850 hPa 温度平均值演变来看，1 月底和 2 月初温度最低，7 月末 8 月初达到最高 20 ℃左右，5—6 月变化相对平缓。从 850 hPa 温度标准差的演变看，总体夏季小，春季冬季变化大，最大出现在 4—5 月。从 *CAPE* 平均值的演变看，冬季几乎为零，5 月开始迅速升高，7 月中下旬达到峰值 1200 J/kg 左右，同时 *CAPE* 的标准差随时间变化也非常剧烈，5 月开始和 *CAPE* 值同步迅速增强，7—8 月达到峰值，量级与 *CAPE* 平均值几乎相当，可见 *CAPE* 是一个非常敏感的量。最佳抬升指数 *BLI* 在 7—8 月最小，平均值为 -3 左右，冬季最大可达到 8 左右，标准差的变化和指数同步，夏季最小，冬季较大。K 指数在 7—8 月最大达 33，指数的标准差在 7—8 月最小，为 5。850 hPa 和 500 hPa 的温度差，1 月最低，约为 17 ℃；7 月最大，可达 24 ℃。标准差春季最大，夏秋季节较小。0～6 km 垂直风切变冷季较大，暖季较小，标准差与指数同步增减。

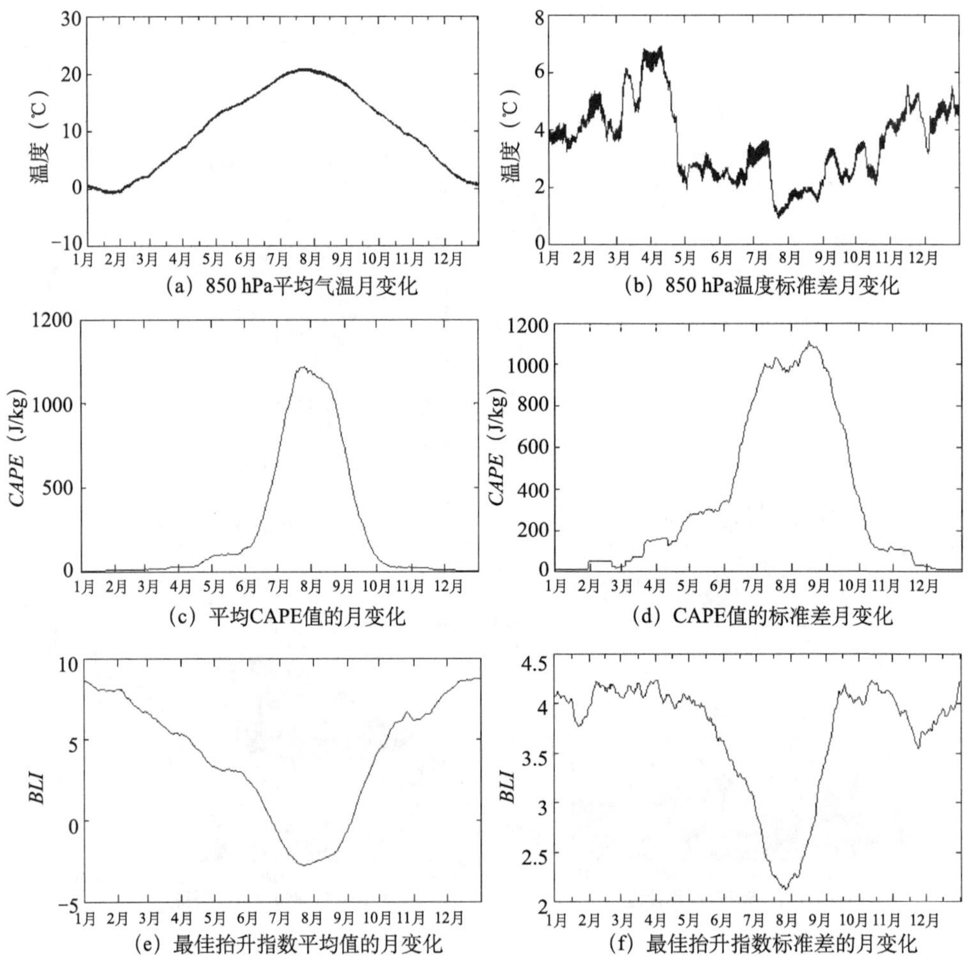

(a) 850 hPa平均气温月变化
(b) 850 hPa温度标准差月变化
(c) 平均CAPE值的月变化
(d) CAPE值的标准差月变化
(e) 最佳抬升指数平均值的月变化
(f) 最佳抬升指数标准差的月变化

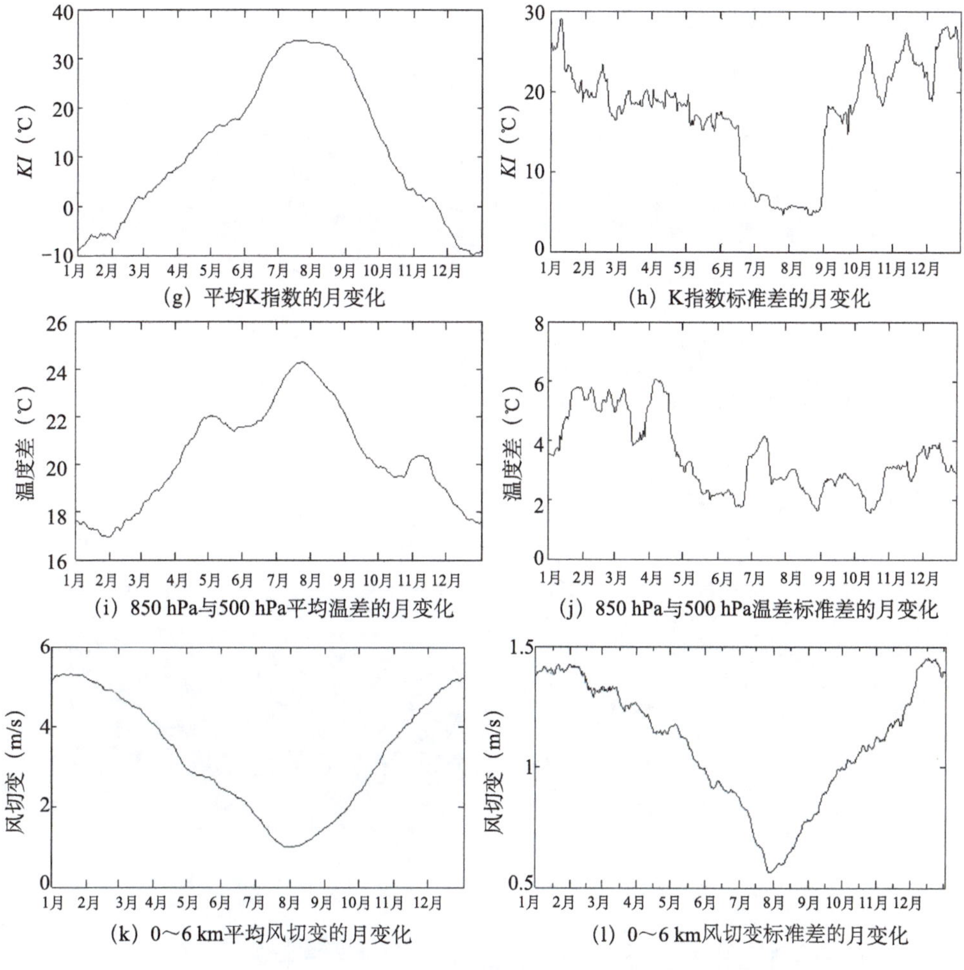

（g）平均K指数的月变化

（h）K指数标准差的月变化

（i）850 hPa与500 hPa平均温差的月变化

（j）850 hPa与500 hPa温差标准差的月变化

（k）0～6 km平均风切变的月变化

（l）0～6 km风切变标准差的月变化

图 4.89 （120°E，30°N）上物理量气候平均值和气候标准差时间序列

4.6.4 气候异常度在强对流天气预报中的敏感性

本节计算了各物理量的气候异常度，为了验证对流指数的气候异常度是否对强对流天气的发生有指示作用，针对不同强度的对流个例进行分析。

（1）个例 1。2018 年 3 月 4 日浙江省大部分地区出现 8～10 级雷雨大风和强雷电天气，局部出现 11～13 级大风，丽水白云山出现 41.8 m/s 的瞬时极大风。这次过程大风的强度和范围都十分罕见。分析 *CAPE*、*BLI*、850 hPa 温度、850 hPa 与 500 hPa 温差等物理量的气候异常度分布情况（图 4.90）。可以看到，*CAPE* 异常度在大部分地区都达到 3 以上，即 3 倍标准差，最大能达到几十倍。850 hPa 温度浙北地区全省都在 2 以上，浙北地区在 3 以上。K 指数在 1.5～2 倍标准差左右，500 hPa 和 850 hPa 假相当为温差在 2 倍标准差以上。这些指数都表明，此次对流过程的热力条件非常好，尤其是 *CAPE* 和低层温度，相对于气候平均态的异常度非常大。垂直风切变浙北地区在平均值以下，浙南地区略超过平均值，700 hPa 涡度大部分地区为 0.5 倍标准差，表明此次过程动力条件和平均态略好一些。

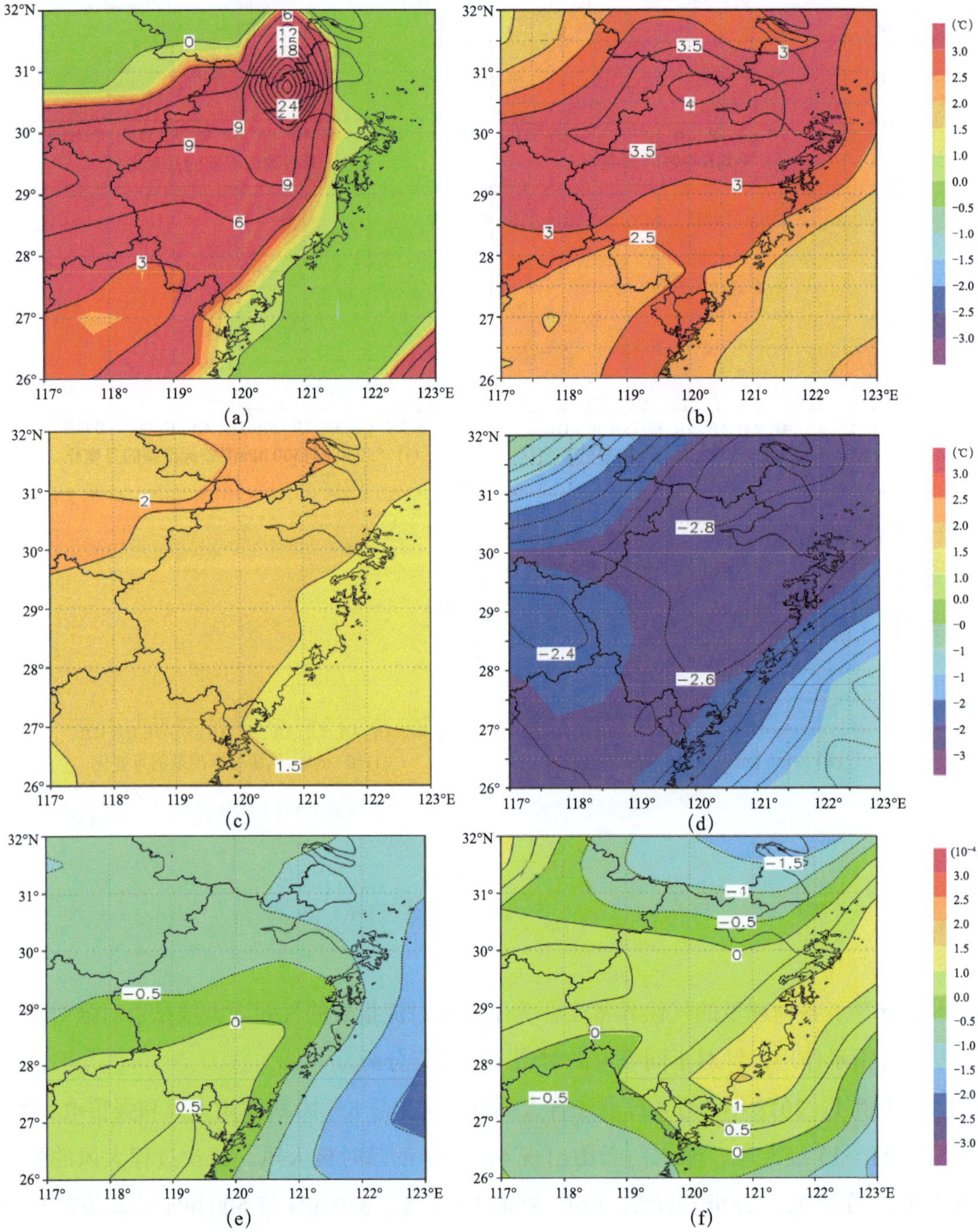

图 4.90　2018 年 3 月 4 日 20 时 *CAPE*（a）、850 hPa 温度（b）、K 指数（c）、500 hPa 和 850 hPa 的假相当位温差（d），0～6 km 垂直风切变（单位：m/s）（e）、700 hPa 涡度（f）的气候异常度分布

（2）个例 2。2014 年 3 月 19 日浙江中南部地区出现大范围冰雹和雷雨大风天气风速，最大为台州永丰 32.5 m/s 的瞬时大风，出现冰雹的范围是浙江省罕见的。分析这次过程中

CAPE、*BLI*、850 hPa 温度、850 hPa 和 500 hPa 温差等物理量的气候异常度分布情况（图 4.91）。*CAPE* 的气候异常度在浙中南地区达到 3 倍标准差以上，925 hPa 露点温度在浙中地区异常度超过 1.5 倍标准差，K 指数在这种地区也达 1.5 倍标准差，500 hPa 和 850 hPa 的假相当位温差在浙中南地区超过 2 倍标准差。可见，这次过程热力指数的气候异常度有明显反应。垂直风切变低于气候平均值，显示风切变并不大，700 hPa 涡度场在浙北和沿海有超过 1.5 倍标准差的大值区分布，显示有较好的动力抬升条件。因此这一过程中动力和热力作用都较强。

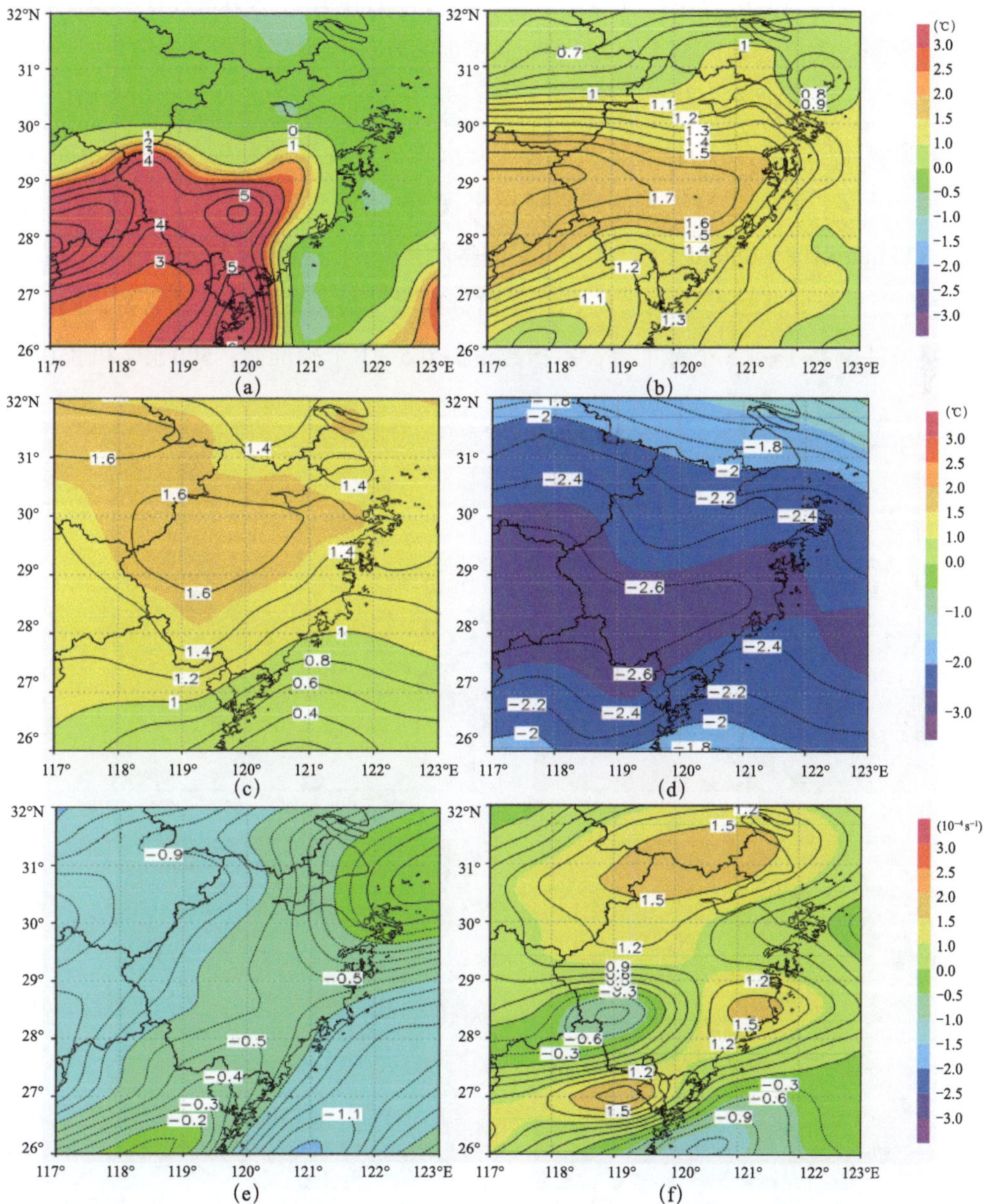

图 4.91　2014 年 3 月 19 日 14 时 *CAPE*（a）、925 hPa 露点温度（b）、K 指数（c）、500 hPa 和 850 hPa 的假相当位温差（d），0～6 km 垂直风切变（e）（单位：m/s）、700 hPa 涡度（f）的气候异常度分布

（3）个例3。2017年8月17日浙江大部分地区出现分散性雷暴天气，浙江中北部地区部分出现雷雨大风，绍兴诸暨最大风速达29.2 m/s。这是一次夏季午后的强对流天气，强度并不算罕见。分析这次过程中*CAPE*、500 hPa温度、850 hPa和500 hPa温差等物理量的气候异常度分布情况（图4.92）。从*CAPE*的气候异常度分布看，浙江大部分地区较气候平均态偏高1个标准差以上，表明能量条件较好。500 hPa温度较气候平均偏低较明显，说明高空冷的特征较明显。K指数在南部偏高一个标准差，但在北部偏低，说明低层水汽条件一般。高低层假相当位温差偏低0.5～1个标准差，说明条件性不稳定较明显。垂直风切变全省大部分地区偏大。700 hPa涡度明显小于气候平均值，环境场动力条件不好。综合来看，该强对流过程形成原因是较好的热力条件，动力条件不是主要原因。

（4）个例4。2018年7月26日浙江省大部出现分散性雷暴天气，其中浙北地区出现大范围雷雨大风，局部出现冰雹，绍兴柯桥出现36.5 m/s的瞬时大风。分析这次过程中*CAPE*、500 hPa温度、850 hPa和500 hPa温差等物理量的气候异常度分布情况（图4.93）。*CAPE*全省大部分地区较气候态偏高1.5～2倍标准差，显示能量条件非常好。850 hPa温度较气候条件偏高1～1.5个标准差，K指数偏高0.5～1个标准差，500 hPa和850 hPa假

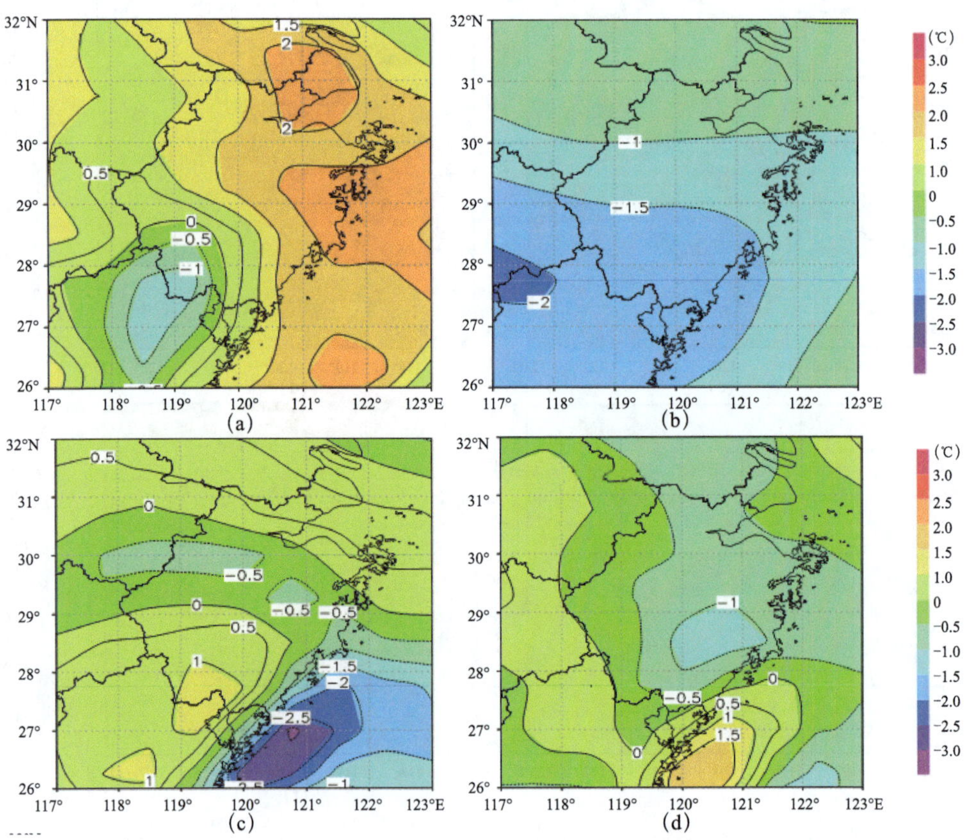

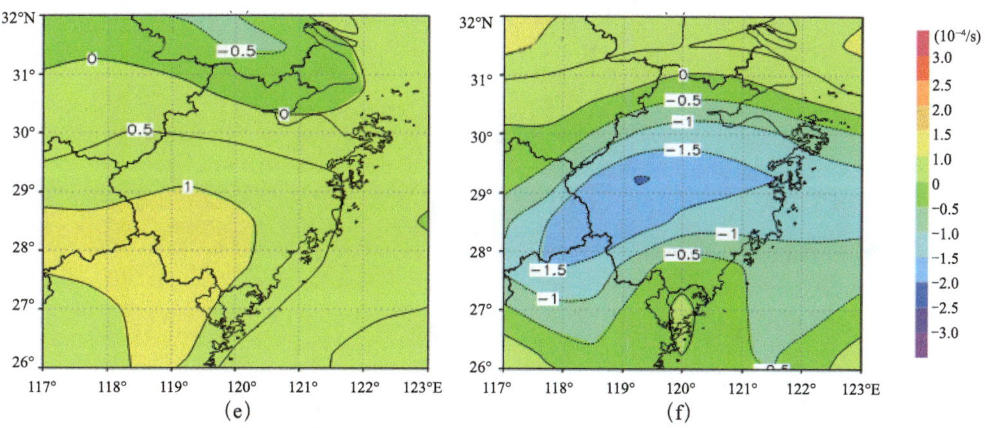

图 4.92　2017 年 8 月 17 日 14 时 *CAPE*（a）、500 hPa 温度（b）、K 指数（c）、500 hPa 和 850 hPa 的假相当位温差（d）、0～6 km 垂直风切变（e）（单位：m/s）、700 hPa 涡度（f）的气候异常度分布

相当位温差全省大约偏小 1 个标准差，均表明存在较好的热力条件。垂直风切变全省小于气候平均态 1 个标准差，700 hPa 涡度全省大部分地区都小于气候平均态，表明这个过程中垂直风切变较小，动力抬升条件也较弱。

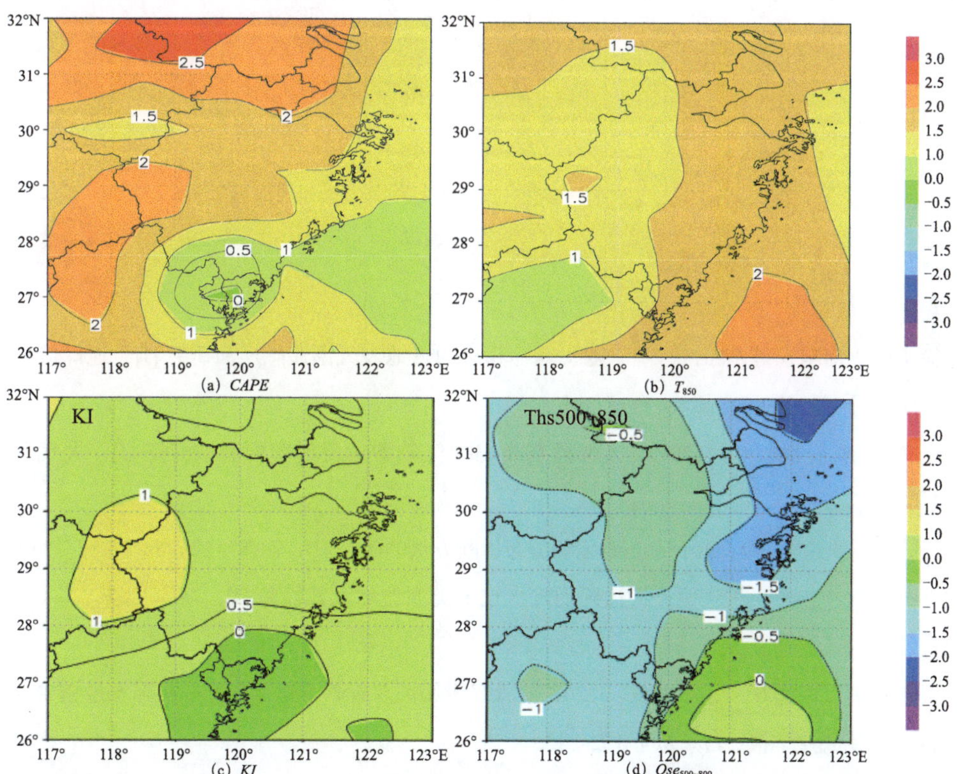

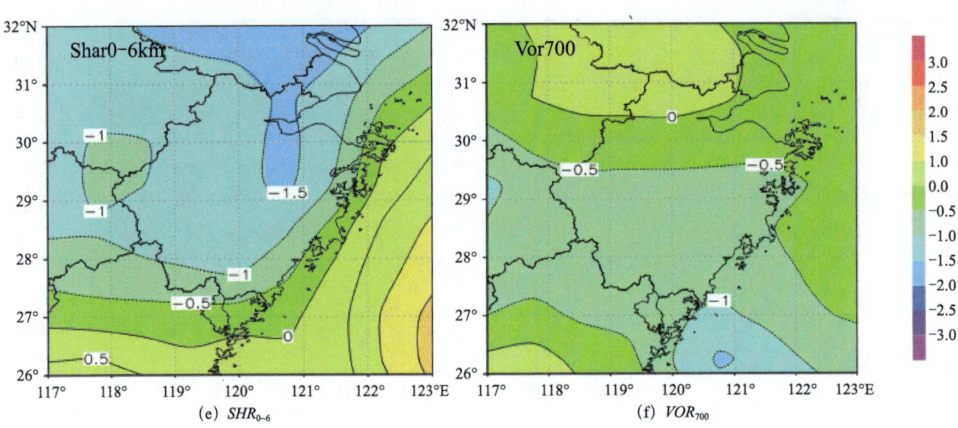

图 4.93 2018 年 7 月 26 日 14 时 *CAPE*（a）、850 hPa 温度（b）、K 指数（c）、500 hPa 和 850 hPa 的假相当位温差（d），0～6 km 垂直风切变（e）（单位：m/s）、700 hPa 涡度（f）的气候异常度分布

通过对 4 个强对流个例的分析表明对于极端的强对流过程，对流指数的气候异常度能达到 3 倍标准差及以上，其中热力参数的异常程度更大，动力参数也有一定的反应。普通强对流天气能达到 1 倍标准差强度，夏季的强对流基本上热力条件异常度好，动力条件基本没有反应异常。这与夏季强对流很多产生在弱天气尺度强迫背景下的认识一致。

参考文献

白琳，徐永明，何苗，等，2017．基于随机森林算法的近地表气温遥感反演研究 [J]．地球信息科学学报，19（3）：390-397．

毕永恒，刘锦丽，段树，等，2012．X 波段双线偏振气象雷达反射率的衰减订正 [J]．大气科学，36（03）：495-506．

蔡森，周毓荃，欧建军，等，2015．三维云场分布诊断方法的研究 [J]．高原气象，34（5）：1330-1344．

曹俊武，刘黎平，2007．双线偏振雷达判别降水粒子类型技术及其检验 [J]．高原气象，26（1）：116-127．

曹俊武，刘黎平，陈晓辉，等，2006．3836C 波段双线偏振多普勒雷达及其在一次降水过程中的应用研究 [J]．应用气象学报，17（2）：192-200．

陈锋，董美莹，冀春晓，2016．综合分析法在复杂地形气温精细格点化中的应用 [J]．高原气象，35（5）：1376-1388．

陈明轩，王迎春，高峰，等，2011．基于雷达资料 4DVar 的低层热动力反演系统及其在北京奥运期间的

初步应用分析 [J]. 气象学报，69（1）：64-78.

陈晓辉，曹俊武，胡志群，等，2010. 车载 X 波段双线偏振多普勒天气雷达及其数据处理系统 [J]. 气象，36（08）：116-125.

刁秀广，张新华，朱君鉴，2009. CINRAD/SA 雷达风暴趋势产品在冰雹和大风预警中的应用 [J]. 气象科技，37（2）：230-233.

东高红，张志茹，李胜山，等，2007. 一次大雪天气过程的多普勒雷达特征分析 [J]. 气象，33（7）：75-81.

杜钧，Grumm R H，邓国，2014. 预报异常极端高影响天气的"集合异常预报法"：以北京 2012 年 7 月 21 日特大暴雨为例 [J]. 大气科学，38（4）：685-699.

段旭，王曼，张杰，等，2010. 低纬高原地区多元信息综合变分分析试验 [J]. 高原气象，29（3）：712-718.

方匡南，吴见彬，朱建平，等，2011. 随机森林方法研究综述 [J]. 统计与信息论坛，26（3）：32-38.

高晓荣，梁建茵，李春晖，等，2013. 多平台（雷达，卫星，雨量计）降水信息的融合技术初探 [J]. 高原气象，32（2）：549-555.

耿晓庆，李紫薇，杨晓峰，2014. 静止卫星图像热带气旋云系自动识别 [J]. 中国图象图形学报，19（6）：964-970.

郭凤霞，王昊亮，孙京，等，2015. 积云模式下三维闪电分形结构的数值模拟 [J]. 高原气象，34（2）：534-545.

韩雷，王洪庆，谭晓光，等，2007. 基于雷达数据的风暴体识别、追踪及预警的研究进展 [J]. 气象，33（1）：3-10.

韩雷，2008a. 基于三维雷达数据的风暴自动识别、追踪和预警研究 [D]. 北京：北京大学.

韩雷，王洪庆，林隐静，2008b. 光流法在强对流天气临近预报中的应用 [J]. 北京大学学报自然科学版，44（5）：751-755.

何宇翔，吕达仁，肖辉，等，2009. X 波段双线极化雷达反射率的衰减订正 [J]. 大气科学，33（05）：1027–1037.

侯俊雄，李琦，朱亚杰，等，2017. 基于随机森林的 $PM_{2.5}$ 实时预报系统 [J]. 测绘科学，42（1）：1-6.

胡凯，严昊，夏旻，等，2017. 基于迁移学习的卫星云图云分类 [J]. 大气科学学报，40（6）：856-860.

胡志群，夏文梅，杨昌年，等，2005. 用改善的 EVAD 技术和变分法计算大气垂直速度 [J]. 大气科学学报，28（3）：344-350.

胡志群，夏文梅，汤达章，等，2007. 多普勒雷达速度图像识别及散度提取方法研究 [J]. 高原气象，26（4）：821-829.

胡志群，刘黎平，楚荣忠，等，2008. X 波段双线偏振雷达不同衰减订正方法对比及其对降水估测影响研究 [J]. 气象学报，66（2）：251-261.

胡志群，刘黎平，吴林林，2014. C 波段偏振雷达几种系统误差标定方法对比分析 [J]. 高原气象，33

（1）：221–231.

黄衍，查伟雄，2012．随机森林与支持向量机分类性能比较 [J]．软件，33（6）：107-110.

黄志萍，任广成，2015．我国冬季冷空气活动特征及前期影响因子分析 [J]．气候变化研究快报．4（4）：237-242.

姜海燕，葛润生，1997．一种新的单部多普勒雷达反演技术 [J]．应用气象学报，2（2）：92-96.

金炜，符冉迪，何彩芬，等，2016．稀疏表示及模糊支持向量机理论在卫星云图处理中的应用 [M]．北京：科学出版社：1-7.

雷蕾，孙继松，魏东，2011．利用探空资料判别北京地区夏季强对流的天气类别 [J]．气象，37（2）：136-141.

雷蕾，孙继松，王国荣，等，2012．基于中尺度数值模式快速循环系统的强对流天气分类概率预报试验 [J]．气象学报，70（4）：752-765.

李国翠，刘黎平，张秉祥，等，2013．基于雷达三维组网数据的对流性地面大风自动识别 [J]．气象学报，6：1160-1171.

李国翠，刘黎平，连志鸾，等，2014．利用雷达回波三维拼图资料识别雷暴大风统计研究 [J]．气象学报，72（1）：168-181.

李华宏，曹杰，杞明辉，等，2012．雷达风廓线反演在云南强降水预报中的应用 [J]．高原气象，31（6）：1739-1745.

李欣海，2013．随机森林模型在分类与回归分析中的应用 [J]．应用昆虫学报，50（4）：1190-1197.

李耀东，刘健文，等，2004．动力和能量参数在强对流天气预报中的应用研究．气象学报，62（4）：401-409.

梁慧玲，林玉蕊，杨光，2016．基于气象因子的随机森林算法在塔河地区林火预测中的应用 [J]．林业科学，52（1）：89-98.

梁建茵，胡胜，2011．雷达回波强度拼图的定量估测降水及其效果检验 [J]．热带气象学报，27（1）：1-10.

廖玉芳，潘志祥，郭庆，2006．基于单多普勒天气雷达产品的强对流天气预报预警方法 [J]．气象科学，34（5）．564-571.

刘健文，郭虎，李耀东，等，2005．天气分析预报物理量计算基础 [M]．北京：气象出版社，253.

刘黎平，王致君，1996．用双线偏振雷达研究云内粒子相态及尺度的空间分布 [J]．气象学报，54（5）：590-599.

刘黎平，张沛源，梁海河，等，2003．双多普勒雷达风场反演误差和资料的质量控制 [J]．应用气象报，8（1）．17-29.

刘黎平，莫月琴，沙雪松，等，2005．C 波段双多基地多普勒雷达资料处理和三维变分风场反演方法研究 [J]．大气科学，29（6）：986-996.

刘黎平，吴林林，杨引明，2007．基于模糊逻辑的分步式超折射地物回波识别方法的建立和效果分析 [J].

气象学报，65（2）. 252-260.
刘琳，陈静，程龙，等，2013. 基于集合预报的中国极端强降水预报方法研究 [J]. 气象学报，71（5）：853-866.
刘淑媛，陶祖钰，1999. 从单多普勒雷达速度场反演散度场 [J]. 应用气象学报，10（1）：41-48.
马建立，苏德斌，金永利，等，2012. X 波段双线性偏振雷达电磁波衰减对冰雹识别的影响 [J]. 高原气象，31（3）：825–835.
潘旸，宇婧婧，廖捷，等，2011. 地面和卫星降水产品对台风莫拉克降水监测能力的对比分析 [J]. 气象，37（5）：564-570.
潘旸，沈艳，宇婧婧，等，2012. 基于最优插值方法分析的中国区域地面观测与卫星反演逐时降水融合试验 [J]. 气象学报，76（6）：7381-7389.
潘旸，沈艳，宇婧婧，等，2015. 基于贝叶斯融合方法的高分辨率地面 - 卫星 - 雷达三源降水融合试验 [J]. 气象学报，73（1）：177-186.
裴宇杰，王福侠，张迎新，等，2012，2009 年晚秋河北特大暴雪多普勒雷达特征分析 [J]. 高原气象，31（4）：1110-1118.
漆梁波，2015. 高分辨率数值模式在强对流天气预警中的业务应用进展 [J]. 气象，41（6）：661-673.
邱崇践，Xu Q，1996. 由单 Doppler 雷达资料反演水平风场的简单共轭函数方法的改进方案 [J]. 应用气象学报，7（4）：421-430.
沈艳，潘旸，宇婧婧，2013. 中国区域小时降水量融合产品的质量评估 [J]. 大气科学学报，36（1）：37-41.
师春香，谢正辉，2008. 基于静止气象卫星观测的降水时间降尺度研究 [J]. 地理科学进展，27（4）：15-22.
石玉立，宋蕾，2015. 1998—2012 年青藏高原 TRMM 3B43 降水数据的校准 [J]. 干旱区地理，38（4）：900-910.
孙继松，戴建华，何立富，等，2014. 强对流天气预报的基本原理和技术方法 [M]. 北京：气象出版社.
孙学金，刘磊，高太长，等，2009. 基于模糊纹理光谱的全天空红外图像云分类 [J]. 应用气象学报，20（2）：157-163.
陶祖钰，1992. 从单 Doppler 速度场反演风矢量场的 VAP 方法 [J]. 气象学报，50（1）. 81-90.
田付友，郑永光，张涛，等，2015. 短时强降水诊断物理量敏感性的点对面检验 [J]. 应用气象学报，26（4）：385-396.
汪娇阳，陈静，刘琳，等，2014. 极端降水天气预报指数对气候累积概率分布敏感性研究 [J]. 暴雨灾害，33（4）：313-319.
王凤娇，吴书君，郑宝枝，等，2006. 多普勒雷达资料在雷雨大风临近预报中的应用 [J]. 山东气象，26（4）：15-16.
王红艳，刘黎平，何丽萍，2014. 浙江山区新一代天气雷达波束遮挡分析 [J]. 高原气象，33（6）：

1737-1747.

王红艳，刘黎平，2015. 新一代天气雷达降水估算的区域覆盖能力评估 [J]. 高原气象，34（6）：1772-1784.

王珏，张家国，王佑兵，等，2009. 鄂东地区雷雨大风多普勒天气雷达回波特征 [J]. 暴雨灾害，28（2）：143-146.

王俊，盛日锋，陈西利，2011. 一次弓状回波、强对流风暴及合并过程研究Ⅱ：双多普勒雷达反演三维风场分析 [J]. 高原气象，30（4）：1078-1086.

王丽荣，胡志群，汤达章，等，2007. 多普勒雷达径向速度资料在对流天气预报中的应用 [J]. 气象科学，27（6）：695-701.

王丽荣，王立荣，牛朝阳，等，2010. 多普勒雷达径向散度在迎风坡降水中的应用 [J]. 气象科学，30（2）：228-233.

王丽荣，王立荣，郭卫红，等，2012. 迎风坡暴雨预报中多普勒天气雷达资料两种散度反演方法的应用 [J]. 气象科技，40（2）：213-218.

王蕊，2011. X 波段双线偏振多普勒天气雷达估测降水方法的研究 [D]. 南京：南京信息工程大学.

王晓峰，陈葆德，李泓，等，2011. 上海市气象局数值天气预报业务产品手册（第 1 版）[Z]. 上海：中国气象局上海台风研究所技术手册，63.

王艳兰，汤达章，唐伍斌，等，2007. 多普勒雷达径向散度与强对流回波变化特征分析 [J]. 热带气象学报，23（6）：659-663.

魏庆，胡志群，刘黎平，2014. 双偏振雷达差分传播相移的五种滤波方法对比分析 [J]. 成都信息工程学院学报，29（6）：596–602.

吴书成，魏爽，吴京生，2015. 雷达估测降水在区域站降水质控中的应用 [J]. 气象科技，43（1）：49-52.

吴涛，牛奔，许冠宇，等，2018. 利用天气雷达平均散度产品分析短时强降水大气低层辐合特征 [J]. 暴雨灾害，37（4）：319-329.

夏凡，陈静，2012. 基于 T213 集合预报的极端天气预报指数及温度预报应用试验 [J]. 气象，38（12）：1492-1501.

肖艳姣，吴涛，李中华，等，2016. 基于多普勒天气雷达的垂直散度和温度平流廓线反演 [J]. 气象，42（8）：987-995.

修媛媛，韩雷，冯海磊，2016. 基于机器学习方法的强对流天气识别研究 [J]. 电子设计工程，24（9）：4-11.

徐芬，夏文梅，吴蕾，等，2007. 多普勒天气雷达速度 PPI 图散度分布信息提取 [J]. 气象，33（11）：21-27.

徐亚钦，翟国庆，黄旋旋，等，2011. 基于雷达和自动站资料研究风暴演变规律 [J]. 大气科学，35（1）：134-146.

许娈，董美莹，陈锋，2017．基于逐时降水站点资料空间插值方法对比研究 [J]．气象与环境学报，33（1）：34-43.

杨吉，刘黎平，李国平，等，2012．基于雷达回波拼图资料的风暴单体和中尺度对流系统识别、跟踪及预报技术 [J]．气象学报，70（6）：1347-1355.

杨吉，刘黎平，夏文梅，等，2014．基于动态模板函数的线状中尺度对流系统自动识别 [J]．气象，40（11）：1389-1397.

杨吉，郑媛媛，夏文梅，等，2015．雷达拼图资料上中尺度对流系统的跟踪与预报 [J]．气象，41（6）：738-744.

杨柳，王钰，2015．泛化误差的各种交叉验证估计方法综述 [J]．计算机应用研究，32（5）：1287-1291.

杨毅，邱崇践，龚建东，等，2008．三维变分和物理初始化方法相结合同化多普勒雷达资料的试验研究 [J]．气象学报，66（4）：479-488.

余胜男，陈元芳，顾圣华，等，2016．随机森林在降水量长期预报中的应用 [J]．南水北调与水利科技，14（1）：78-83.

俞小鼎，周小刚，王秀明，2012．雷暴与强对流临近天气预报技术进展 [J]，气象学报，70（3）：311-337.

宇婧婧，沈艳，潘旸，等，2013．概率密度匹配法对中国区域卫星降水资料的改进 [J]．应用气象学报，24（5）：544-553.

曾明剑，王桂臣，吴海英，等，2015．基于中尺度数值模式的分类强对流天气预报方法研究 [J]．气象学报，73（5）：868-882.

臧增亮，吴海燕，黄泓，2007．单多普勒雷达径向风场反演散度场的一种新方法 [J]．热带气象学报，23（2）：146-152.

翟盘茂，潘晓华，2003．中国北方近 50a 温度和降水极端事件变化 [J]．地理学报，58（3）：1-10.

翟盘茂，王萃萃，李威，2007．极端降水事件变化的观测研究 [J]．气候变化研究进展，3（3）：144-148.

翟盘茂，刘静，2012．气候变暖背景下的极端天气气候事件与防灾减灾 [J]．中国工程科学，14（9）：55-63.

翟盘茂，李蕾，周佰铨，等，2016．江淮流域持续性极端降水及预报方法研究进展 [J]．应用气象学报，27（5）：631-640.

张秉祥，李国翠，刘黎平，等，2014．基于模糊逻辑的冰雹天气雷达识别算法 [J]．应用气象学报，25（4）：414-426.

张鸿发，2001．偏振雷达观测对流雹暴云 [J]．大气科学，25（1）：38-47..

张雷，王琳琳，张旭东，等，2014．随机森林算法基本思想及其在生态学中的应用—以云南松分布模拟为例 [J]．生态学报，34（3）：650-659.

张蕾，2015．多普勒雷达回波演变的动力学分析及临近预报算法改进 [D]．南京：南京信息工程大学.

赵娟，2011．浅谈如何提高地面气象测报质量 [J]．气象研究与应用，32（3）：86-87.

郑永光，周康辉，盛杰，等，2015．强对流天气监测预报预警技术进展 [J]．应用气象学报，26（6）：

641-657.

郑永光，陶祖钰，俞小鼎，2017. 强对流天气预报的一些基本问题 [J]. 气象，43（6）：641-652.

周海光，张沛源，王玉彬，2003. 一次混合云暴雨中尺度三维动力结构特征的双多普勒雷达研究 [C]. 中国气象学会年会.

周金莲，钟敏，吴翠红，等，2012. CINRAD/SA 雷达强冰雹识别算法的应用检验 [J]. 暴雨灾害，31（4）：373-378.

周康辉，郑永光，王婷波，等，2017. 基于模糊逻辑的雷暴大风和非雷暴大风区分方法 [J]. 气象，43（7）：781-791.

朱立娟，龚建东，李泽椿，2012. 资料同化中雷达 VAD 风质量控制研究 [J]. 高原气象，31（6）：1731-1738.

朱鹏飞，邱学兴，王东勇，等，2015. ECMWF 降水极端天气指数在安徽省的应用评估 [J]. 暴雨灾害，34（4）：316-323.

Albert J, Koscielny R J, Doviak R R. 1982. Statistical considerations in the estimation of divergence from single-doppler radar and application to prestorm boundary-layer observations[J]. Journal of Applied Meteorology, 21（2）：197-210

Armijo L, 1969. A Theory for the Determination of wind and precipitation velocities with Doppler radars[J]. Journal of Atmospheric Science, 26（3）：570-573.

Atlas D, Naito K, Carbone R E, 1968. Bistatic microwave probing of a refractively perturbed clear atmosphere[J]. Journal of Atmospheric Science, 25（2）：257-268.

Aydin K, Seliga T A, Balaji V, 1986. Remote sensing of hail with a dual linear polarization radar[J]. Journal of Applied Meteorology, 25（10）：1475-1484.

Barret, E C, Martin, D W, 1981. The use of satellite data in rainfall monitoring [M]. Salt Lake City：American Academic Press.

Belgiu M, Drăguţ L, 2016, Random forest in remote sensing：A review of applications and future directions[J]. ISPRS Journal of Photogrammetry and Remote Sensing, 114：24-31.

Bineston M, Stephenson D B, Christensen O B, et al, 2007. Future extreme events in European climate：Anexploration of regional climate model projections[J]. Climate Change, 81（s）：71-95.

Bowler N E, Pierce C E, Seed A W, 2006. STEPS：A probabilistic precipitation forecasting scheme which merges an extrapolation nowcast with downscaled NWP[J]. Quarterly Journal of the Royal Meteorological Society, 132（620）：2127-2155.

Breiman L, 2001. Random forests[J]. Machine Learning, 45（1）：5-32.

Bringi V N, Seliga T A, Aydin K, 1984. Hail detection with a differential reflectivity radar[J]. Science, 225（46-67）：1145-1147.

Bringi V N, Chandrasekar V, Balakrishnan N, et al, 1990. An examination of propagation effects in rainfall on radar measurements at microwave frequencies[J]. Journal of Atmospheric and Oceanic Technology, 7（6）: 829-840.

Bringi V N, Chandrasekar V, 2001a. Polarimetric Doppler weather radar：Principles and applications[M]. Cambridge：Cambridge University Press.

Bringi V N, Keenan T D, Chandrasekar V, 2001b. Correcting C-Band radar reflectivity and differential reflectivity data for rain attenuation：A self-consistent method with constraints[J]. Ieee Transactions on Geoscience and Remote Sensing, 39（9）：1906-1915.

Browning K A, Wexler R, 1968. The Determination of kinematic properties of a wind field using Doppler radar[J]. Journal of Applied Meteorology, 7（1）：105-113.

Carey L D, Rutledge S A, 2000. The relationship between precipitation and lightning in tropical island convection：A C-Band polarimetric radar study[J]. Monthly Weather Review, 128（8）：2687-2710.

Caton P A F, 1963. Wind measurement by Doppler radar[J]. Meteorology,（92）：213-222.

Chen G T J, Chou H C. 1993. General characteristics of squall lines observed in TAMEX[J]. Monthly Weather Review, 121（3）：726-733.

Chen G, Zhao K , Zhang G, et al, 2017. Improving polarimetric c-band radar rainfall estimation with two-dimensional video disdrometer observations in eastern China[J]. Journal of Hydrometeorology, 18（5）: 1375-1391.

Chen T, Trinder J, Niu R, 2017. Object-oriented landslide mapping using ZY-3 satellite imagery, random forest and mathematical morphology, for the Three-Gorges Reservoir, China[J]. Remote Sensing, 9（4）：333.

Chong M, Amayenc P ,Scialom G, et al,1987. A tropical squall line observed during the COPT 81 experiment in West Africa. Part 1：Kinematic structure inferred from dual-Doppler radar data[J]. Monthly Weather Review, 115：670-694.

Conway B J, Browning K A, Runacres A M E, et al, 2009. Weather forecasting by interactive analysis of radar and satellite imagery[J]. Philosophical Transactions of the Royal Society A, 324（1579）：299-315.

Darrah R P, 1978. On the relationship of severe weather to radar tops[J]. Monthly Weather Review,（106）: 1332-1339.

Dixon M, Wiener G, 1993. TITAN：thunderstorm identification, tracking, analysis, and nowcasting a radar based methodology[J]. Journal of Atmospheric and Oceanic Technology, 10（6）：785-797.

Dolan B, Rutledge S A, Lim S, et al, 2013. A robust C-Band hydrometeor identification algorithm and application to a long-term polarimetric radar dataset[J]. Journal of Applied Meteorology and Climatology, 52（9）: 2162-2186.

Doswell III C A, 2001. Severe convective storms[M]. American Meteorological Society.

Ebert E E, Janowiak J E, Kidd C, 2007. Comparison of near-real-time precipitation estimates from satellite observations and numerical models [J]. Bulletin of the American Meteorological Society, 88（1）：47-64.

Emanuel K A, 1994. Atmospheric Convection[M]. Oxford University Press（New York）：158-165.

Fankhauser J C, Barnes G M, LeMone M A, 1992. Structure of a midlatitude squall line formed in strong unidirectional shear[J]. Monthly Weather Review, 120：237-260.

Feng Y, Wang Y, Peng T, et al, 2007. An algorithm on convective weather potential in the early rainy season over the Pearl River delta in China[J]. Advances in Atmospheric Sciences, 24（1）：101-110.

Geerts B. 1998. Mesoscale convective systems in the southeast united states during 1994-95：A survey[J]. Weather and Forecasting, 13（9）：860–869.

Giangrande S E, Mcgraw R, Lei l, 2013. An application of linear programming to polarimetric radar differential phase processing[J]. Journal of Atmospheric and Oceanic Technology, 30（8）：1716-1729.

Gibson J, 1950. The ecological approach to visual perception. [M]. Boston：Houghton Mifflin.

Gilbert J C, Lemaréchal C, 1989. Some numerical experiments with variable-storage quasi-Newton algorithms[J]. Mathematical Programming, 45（1-3）：407-435.

Golding B W, Office M, Road L, et al, 1998. Nimrod：A system for generating automated very short range forecasts[J]. Meteorological Applications, 5（1）：1-16.

Griffin E M, Schuur T J, Ryzhkov A V, et al, 2014. A polarimetric and microphysical investigation of the northeast blizzard of 8-9 february 2013[J]. Weather and Forecasting, 29（6）：1271-1294.

Gu J Y, Ryzhkov A, Zhang P, et al, 2011. Polarimetric attenuation correction in heavy rain at C band[J]. Journal of Applied Meteorology and Climatology, 50（1）：39-58.

Haiden T, Pistotnik G, 2009. Intensity-dependent parameterization of elevation effects in precipitation analysis [J]. Advances in Geosciences, 20：33-38.

Haiden T, Kann A, Wittmann C, et al, 2011. The integrated nowcasting through comprehensive analysis（INCA）system and its validation over the Eastern Alpine Region[J]. Weather and Forecasting, 26（2）：166-183.

Hall M P M, Goddard J W F, Cherry S M, 1984. Identification of hydrometeors and other targets by dualpolarization radar[J]. Radio Science, 19（1）：132. 140.

Houser J L, Bluestein H B, 2011. Polarimetric Doppler radar observations of kelvin-helmholtz waves in a winter storm[J]. Journal of Atmospheric Science, 68（8）：1676-1702.

Hsu K L, Gao X, Sorooshian S, et al, 1997. Precipitation estimation from remotely sensed information using artificial neural networks [J]. Journal of the Applied Meteorology, 36（9）：1176-1190.

Hu S, Wang Y, Chen R, et al, 2009. Applications and improvements of storm series algorithms in SWIFT during B08FDP[J]. Plateau Meteorology, 28（6）：1434-1442.

Hu Z, Liu L, 2014. Applications of wavelet analysis in differential propagation phase shift data De-Noising[J]. Advances in Atmospheric Sciences, 31（4）：825-835.

Huang H, Zhang G, Zhao K, et al, 2017. A hybrid method to estimate specific differential phase and rainfall with linear programming and physics constraints[J]. IEEE Transactions on Geoscience and Remote Sensing, 55

（1）：96-111.

Huang W, Li S, 2006. RAPIDS：The blending torrential rain forecast system of SWIRLS and NWS[C]. Preprints, the 20th workshop of "Yue Gang Ao" Meteorological Technology, Macao, china：100-105.

Hubbert J C, Bringi V N, Brunkow D, 2003. Studies of the polarimetric covariance matrix. Part I：Calibration methodology[J]. Journal of Atmospheric and Oceanic Technology, 20（5）：696-706.

Hubbert J C, Dixon M, Ellis S M, et al, 2009. Weather radar ground clutter. Part I：identification, modeling, and simulation[J]. Journal of Atmospheric and Oceanic Technology, 26（7）：1165-1180.

Huffman G J, Adler R F, Bolvin D T, et al, 2007. The TRMM multi-satellite precipitation analysis (TMPA)：quasiglobal, multiyear, combined-sensor precipitation estimates at fine scales [J]. Journal of Hydrometeorology, 8（1）：38-55.

Jan P, Bernard D B, Niko E V, et al, 2007. Random Forests a Tool for Ecohydrological Distribution Modelling[J]. Ecological Modelling, 207（2-4）：304-318.

Jewett C P, Mecikalski J R, 2013. Adjusting thresholds of satellite-based convective initiation interest fields based on the cloud environment[J]. Journal of Geophysical Research：Atmospheres, 118（22）：12649-12660.

Johns R H, Hirt W D, 1987. Derechos：Widespread convectively induced windstorms[J]. Weather and Forecasting,（2）：32-49.

Johnson J T, Mackeen P L, Witt A, et al, 1998. The storm cell identification and tracking algorithm：An enhanced WSR-88D algorithm[J]. Weather and Forecasting, 13（2）：263-276.

Joyce R J, Janowiak J E, Arkin P A, et al, 2004. CMORPH：A method that produces global precipitation estimates from passive microwave and infrared data at high spatial and temp oral resolution [J]. Journal of Hydrometeorology, 5（3）：487-503.

Kampichler C, Wieland R, Calme S, et al, 2010. Classification in conservation biology：a comparison of five machine-learning methods [J]. Ecological Informatics,（5）：441-450.

Kessinger C, Ellis S, Andel J V, 2003. The radar echo classifier：A fuzzy logic algorithm for the WSR-88D[C]. Preprints-CD, 3rd Conf on Artificial Applications to the Environmental Science, Long Beach, CA, American Meteorological Society.

Lee S, Han H, Im J, et al, 2017. Detection of deterministic and probabilistic convection initiation using Himawari-8Advanced Himawari Imager data[J]. Atmospheric Measurement Techniques, 10（5）：1-38.

Lhermitte R M, Atlas D, 1961. Precipitation motion by pulse Doppler radar[C], Proc. Ninth Weather Radar Conference, Kansas City, American Meteorological Society：218-223.

Li N, Wei M, Tang X, et al, 2007. An improved velocity volume processing method[J]. Advances in Atmospheric Sciences,（5）：893-906.

Li P W, Lai E S T, 2004. Short-range quantitative precipitation forecasting in Hong Kong[J]. Journal of Hydrology, 288（1-2）：189-209.

Liang Q, Feng Y, Deng W, et al, 2010. A composite approach of radar echo extrapolation based on TREC vectors in combination with model-predicted winds[J]. Advances in Atmospheric Sciences, 27（5）：1119-1130.

Lorenc A C, Ballard S P, Bell R S, et al, 2000. The Met. Office global three-dimensional variational data assimilation scheme[J]. Quarterly Journal of the Royal Meteorological Society, 126（570）：2991-3012.

Lu N, You R, Zhang W, 2004. A fusing technique with satellite precipitation estimates and rain gauge data [J]. Acta Meteorologic Sinica,18（2）：141-146.

Luce H, Hassenpflug G, Yamamoto M, et al, 2008. High-resolution observations with MU radar of a KH instability triggered by an inertia gravity wave in the upper part of a jet stream[J]. Journal of the Atmospheric Sciences, 65（5）：1711-1718.

Mecikalski J R, Williams J K, Jewett C P, et al, 2015. Probabilistic 0-1-h convective initiation nowcasts that combine geostationary satellite observations and numerical weather prediction model Data[J]. Journal of Applied Meteorology and Climatology, 54（5）：1039-1059.

Meehl G A, Karl T, Easterling D R, et al, 2000. An introduction to trends in extreme weather and climate events：observations, socioeconomic impacts, terrestrial ecological impacts, and model projections[J]. Bulletin of t he American Meteorological Society, 81（3）：413-416.

Meng Z, Yan D, Zhang Y, 2013. General features of squall lines in East China[J]. Monthly Weather Review, 141（5）：1629–1647.

Merk D, Zinner T, 2013. Detection of convective initiation using Meteosat SEVIRI：Implementation in and verification with the tracking and nowcasting algorithm Cb-TRAM[J]. Atmospheric Measurement Techniques Discussions, 6（1）：1771-1813.

Naghibi S A, Ahmadi K, Daneshi A, 2017. Application of Support Vector Machine, Random Forest, and Genetic Algorithm Optimized Random Forest Models in Groundwater Potential Mapping[J]. Water Resources Management, 31（9）：2761-2775.

Ogura Y, Chen Y L, Russell J, et al, 1979. On the formation of organized convective systems observed over the Eastern Atlantic[J]. Monthly Weather Review, 107（4）：426-441.

Park H, Ryzhkov A V, Zrnić D S, et al, 2008. The hydrometeor classification algorithm for the polarimetric WSR-88D：Description and application to an MCS[J]. Weather and Forecasting, 24（3）：730-748.

Parker M D, Johnson R H. 2000. Organizational modes of midlatitude mesoscale convective systems[J]. Monthly Weather Review, 128（10）：3413–3436.

Protat A, Zawadzki I, 1999. A variational method for real-time retrieval of three-dimensional wind field from multiple-Doppler bistatic radar network data[J]. Journal of Atmospheric and Oceanic Technology, 16（4）：432-449.

Qiu C J , Shao A M , Liu S , et al, 2006. A two-step variational method for three-dimensional wind retrieval from single Doppler radar[J]. Meteorology and Atmospheric Physics, 91（1-4）：1-8.

Rasmussen R M, Landolt S, Knight C, 1999. Results of holdover time testing of type IV anti-icing fluids with the improved NCAR artificial snow generation system[R]. Report of Office of Aviation Research Washington, DOT/FAA/AR-99/10.

Rasmussen R, Dixon M, Vasiloff S, et al, 2003. Snow nowcasting using a real-time correlation of radar reflectivity with snow gauge accumulation[J]. Journal of Applied Meteorology, 42（1）：20-36.

Ryzhkov A V, GiangrandE S E, Melnikov V M, et al, 2005. Calibration issues of dual-polarization radar measurements[J]. Journal of Atmospheric and Oceanic Technology, 22（8）：1138. 1155.

Ryzhkov A V , Kumjian M R , Ganson S M , et al, 2013. Polarimetric Radar characteristics of melting hail. Part I：Theoretical simulations using spectral microphysical modeling[J]. Journal of Applied Meteorology and Climatology, 52（12）：2849-2870.

Ryzhkov A, Diederich M, Zhang P, et al, 2014. Potential utilization of specific attenuation for rainfall estimation, mitigation of partial beam blockage, and radar networking[J]. Journal of Atmospheric and Oceanic Technology, 31（3）：599-619.

Saito K, Fujita T, Yamada Y, et al, 2006. The operational JMA nonhydrostatic mesoscale model[J]. Monthly Weather Review, 134（4）：1266-1298.

Schneebeli M, Grazioli J, Berne A, 2014. Improved estimation of the specific differential phase shift using a compilation of kalman filter ensembles[J]. IEEE Transactions on Geoscience and Remote Sensing, 52（8）：5137-5149.

Schuur T J, Park H S, Ryzhkov A V, et al, 2011. Classification of precipitation types during transitional winter weather using the RUC model and polarimetric radar retrievals[J]. Journal of Applied Meteorology and Climatology, 51（4）：763-779.

Schuur T, Ryzhkov A, Heinselman P, et al, 2003. Observations and classification of echoes with the polarimetric WSR-88D radar[R]. Report of the National Oceanic and Atmospheric Administration National Severe Storms Laboratory, Norman, OK.

Scialom G, Lemaître Y, 2009. A new analysis for the retrieval of three-dimensional mesoscale wind fields from multiple Doppler radar[J]. Journal of Atmospheric and Oceanic Technology , 7（5）：640-665.

Seed A W, 2003. A dynamic and spatial scaling approach to advection forecasting[J]. Journal of Applied Meteorology, 42（3）：381-388.

Seliga T A, Bringi V N, 1976. Potential use of radar differential reflectivity measurements at orthogonal polarizations for measuring precipitation[J]. Journal of Applied Meteorology, 15（15）：69-76.

Seliga T, Bringi V, 1976. Potential use of radar differential reflectivity measurements at orthogonal polarizations for measuring precipitation[J]. Journal of Applied Meteorology, 15（1）：69-76.

Seliga T, Bringi V, 1978. Differential reflectivity and differential phase-shift - applications in radar meteorology[J]. Radio Science, 13（2）：271-275.

Shao A, Qiu C, Liu L, 2004. Kinematic structure of a heavy rain event from dual-Doppler radar observations[J]. Advanced in Atmospheric Sciences, 21（4）: 609-616.

Shen Y, Xiong A, Wang Y, et al, 2010. Performance of high-resolution satellite precipitation products over China [J]. Journal of Geophysical Research Atmospheres, 115（D2）: 1-17.

Shen Y, Zhao P, Pan Y, et al, 2014. A high spatiotemporal gauge-satellite merged precipitation analysis over China [J]. Journal of Geophysical Research Atmospheres,119（6）: 3063-3075.

Smull B F, Houze R A, 1987. Dual-Doppler Radar Analysis of a Midlatitude Squall Line with a Trailing Region of Stratiform Rain[J]. Journal of Atmospheric Science,（44）: 2128-2149.

Smyth T J, Illingworth A J, 1998. Correction for attenuation of radar reflectivity using polarization data[J]. Quarterly Journal of the Royal Meteorological Society,124（551）: 2393-2415.

Steiner M , Houze R A , Yuter S E, 1995. Climatological characterization of three-dimensional storm structure from operational radar and rain gauge data[J]. Journal of Applied Meteorology, 34（9）: 1978-2007.

Stewart R E, 2010. Precipitation types in the transition region of winter storms[J]. Bulletin of the American Meteorological Society, 73（3）: 287-296.

Sun J, Crook N A, 1997a. Dynamical and microphysical retrieval from Doppler radar observations using a cloud model and its adjoint. Part I：Model development and simulated data experiments[J]. Journal of Atmospheric Science, 54（12）: 1642-1661.

Sun J, Crook N A, 1997b. Dynamical and microphysical retrieval from Doppler radar observations using a cloud model and its adjoint. Part II：Retrieval experiments of an observed Florida convective storm[J]. Journal of Atmospheric Science, 54（5）: 835-852.

Szegedy C, Liu W, Jia Y, et al, 2015 Going deeper with convolutions[C]. Proceedings of the IEEE conference on computer vision and pattern recognition, 1-9.

Szegedy C, Vanhoucke V, Ioffe S, et al, 2016. Rethinking the inception architecture for computer vision[C]. In ICVV, Proceedings of the IEEE conference on computer vision and pattern recognition, 2818-2826.

Testud J, Bouar E L, Obligis E, et al, 2000. The rain profiling algorithm applied to polarimetric weather radar[J]. Journal of Atmospheric and Oceanic Technology, 17（3）: 332-356.

Tong H V, Chandrasekar K R,Stalker J, 1998. Multiparameter radar observations of time evolution of convective storms：Evaluation of water budgets and latent heating rates[J]. Journal of Atmospheric and Oceanic Tec hnology, 15：1097-1109.

Tuttle J D, Foote G B, 1990. Determination of the boundary layer airflow from a single doppler radar[J]. Journal of Atmospheric and Oceanic Technology, 7（2）: 218-232.

Veillette M S, Iskenderian H, Mattioli C J, et al, 2015. The Offshore Precipitation Capability[C], 13th Conference on Artificial Intelligence, American Meteorological Society.

Waldteufel P, Corbin H, 1979. On the analysis of single-Doppler radar data[J]. Journal of Applied Meteorology,18

（4）：532-542

Walker J R, Mackenzie W M J, Mecikalski J R, et al, 2012. An enhanced geostationary satellite-based convective initiation algorithm for 0-2-h nowcasting with object tracking[J]. Journal of Applied Meteorology and Climatology, 51（11）：1931-1949.

Wen L, Zhao K, Zhang G, et al, 2016. Statistical characteristics of raindrop size distributions observed in East China during the Asian summer monsoon season using 2D-Video disdrometer and Micro-rain radar data[J]. Journal of Geophysical Research Atmospheres, 121：500-503

Wilson J W, Schreiber W E, 1986. Initiation of convective storms at radar-observed boundary-layer convergence lines[J]. Monthly Weather Review, 114（12）：2516-2536.

Wilson J W, Weckwerth T M, Vivekanandan J, et al,1994. Boundary layer clear-air radar echoes：origin of echoes and accuracy of derived winds[J]. Journal of Atmospheric and Oceanic Technology,（11）：1184-1206.

Wilson J W, Megenhardt D L, 1997. Thunderstorm initiation, organization and lifetime associated with Florida boundary layer convergence lines[J]. Monthly Weather Review, 125：1507-1525.

Wilson J W, Feng Y, Chen M, et al, 2010. Nowcasting challenges during the Beijing Olympics：success, failures, and implications for future nowcasting systems[J]. Weather and Forecasting, 25：1691-1714.

Wilson J, Xu M, 2006. Experiments in blending radar echo extrapolation and NWP for nowcasting convective storms[C]. Preprints, Proceedings of 4th European conference on radar in meteorology and hydrology. Barcelona, Spain, 519-522.

Wolfson M, Forman B, Hallowell R, et al, 1999. The growth and decay storm tracker[C]. 8th Conference on Aviation, American Meteorological Society, Dallas, TX：58-62.

Wong M C, Wong W K, Lai S T, 2006. From SWIRLS to RAPIDS：Nowcast applications development in Hong Kong[C]. Preprints, PWS workshop on warnings of real-time hazards by using nowcasting technology. WMO. Sydney, Australia, 9-13.

Xie P, Xiong A, 2011. A conceptual model for constructing high-resolution gauge-satellite merged precipitation analyses [J]. Journal of Geophysical Research Atmospheres, 116（D21）：1-14.

Xu Q, Qiu C, Yu J, 2008. Adjoint-method retrievals of low-altitude wind fields from single-Doppler reflectivity measured during Phoenix II[J]. Journal of Atmospheric and Oceanic Technology, 11（2）：275-288.

Yeung L H Y, Wong W K, Chan P K Y, et al, 2009. Applications of the Hong Kong observatory nowcasting system SWIRLS-2in support of the 2008 Beijing Olympic Games[C]. Preprints, Symposium on nowcasting and very short range forecasting, WMO, Whistler. Canada.

Zadeh L A, 1965. Fuzzy Sets[J]. Information and Control, 8（3）：338–353.

Zawadzki I , Luc O, René J P , 1993. Retrieval of the microphysical properties in a CASP storm by integration of a numerical kinematic model[J]. Atmosphere-Ocean,（31）：201-233.

Zhang H, Wu P, Yin A, et al, 2017. Prediction of soil organic carbon in an intensively managed reclamation zone of eastern China：A comparison of multiple linear regressions and the random forest model[J]． Science of The Total Environment, 592：704-713.

Zrni D S, Ryzhkov A, 1996. Advantages of rain measurements using specific differential phase[J]. Journal of At mospheric and Oceanic Technology, 13（2）：454-464.

第 5 章

中尺度高分辨区域数值预报系统在强对流天气预报中的应用研究

5.1 浙江省快速更新同化数值天气预报系统

随着浙江社会经济的快速发展和公众对精细化气象预报服务需求的日益提高，提供准确、及时、精细的天气预报服务已成为浙江气象现代化建设中的首要任务。回顾气象预报业务发展可知，数值天气预报技术因其具备对大气物理过程的较好描述能力，在各种预报方法中脱颖而出，已发展成为中短期天气预报业务的重要基石。其中，采用高频次更新周期，吸收密集的观（遥）测资料，改进模式初值的快速更新同化数值预报技术已成为提升精细化天气预报水平的一条重要途径（Benjamin，1989；Benjamin et al，1994；1998；2004；2009；2010；范水勇 等，2008；2009；陈子通 等，2010；王叶红 等，2011；李泽椿 等，2014）。在华东区域数值预报中心的技术指导下（王晓峰 等，2011；陈葆德 等，2013），浙江省气象局部署了高分辨率区域数值预报系统的持续建设（陈锋 等，2012），由浙江省气象科学研究所（浙江省区域数值预报技术研究团队）牵头、联合浙江省各级业务单位，于 2013 年开发了基于曙光 TC5000 高性能计算机浙江省快速更新同化数值天气预报业务系统（Zhe Jiang WRF-ADAS Rapid Refresh System，ZJWARRS），并取得可喜进展（邱金晶 等，2014；2015）。

5.1.1 快速更新同化技术简介

随着气象观测手段的不断加强和计算机技术的不断提高，如何充分、有效地利用各种常规、非常规观测资料来形成较为准确的模式初值场，已经成为进一步提高数值预报水平的关键问题，资料同化方法（Data Assimilation）和快速更新同化系统的研究已经成为数值预报领域内的研究热点。

快速更新同化系统（Rapid Refresh System，RRS）是在高分辨率数值模式的基础上，以资料同化方法（Data Assimilation）为基础，采用高频次更新周期的同化分析吸收密集的观（遥）测资料为数值模式提供高质量的初始场来进行精细的数值预报。RRS 以前一时次的 3 h（依据更新周期）预报为背景场，通过资料同化模块不断地吸收最新的观测资料来修正背景场，形成预报初始场进行短期的预报。

5.1.2 系统总体设计

浙江省快速更新同化数值天气预报系统主要针对短时临近预报，系统基于 WRF 模式和 ADAS 同化系统建立。系统每 3 h 同化一次观测资料，然后用 WRF 模式进行 24 h 预报。系统在每日的 06 时（UTC）和 18 时（UTC）冷启动一次，以 GFS 或 T639 在 00 时（UTC）和 12 时（UTC）的初始场为背景场用 WRF 模式预报 6 h 得到初猜场；其余时次的初猜场为系统在上一时刻的 3 h 预报场，经过 ADAS 同化观测资料后得到模式初始场。系统主要包括多源数据采集质控处理模块、资料同化模块、数值模式积分模块、数值产品生成分发显示模块和模式评估检验模块。选用 ADAS 作为同化系统、WRF 模式作为浙江省快速更新同化数值天气预报业务模式，引进 NCAR 模式评估检验系统 MET 作为模式评估检验模块，数值产品以 NetCDF、MICAPS、GRADS 等数据形式及网页图片形式提供。图 5.1 为浙江省快速更新同化数值天气预报业务系统的总体设计框架。其中：

（1）多源数据采集质控处理模块：自动收集 GFS/T639 资料、常规观测资料、自动站资料、雷达基数据资料等，并进行包括质量控制和格式转换在内的数据处理。

（2）资料同化模块：利用 ADAS 同化系统中的 Bratseth 连续迭代方法、微物理调整系统和复杂云分析系统，对地面观测、探空资料、雷达资料等进行同化和三维云分析，构建一个具有高分辨率的三维初始云场和降水场，再通过基于湿绝热或非绝热初始化的方法对温、湿量和风分量等进行调整，获取融合更多观测信息的模式初始场。

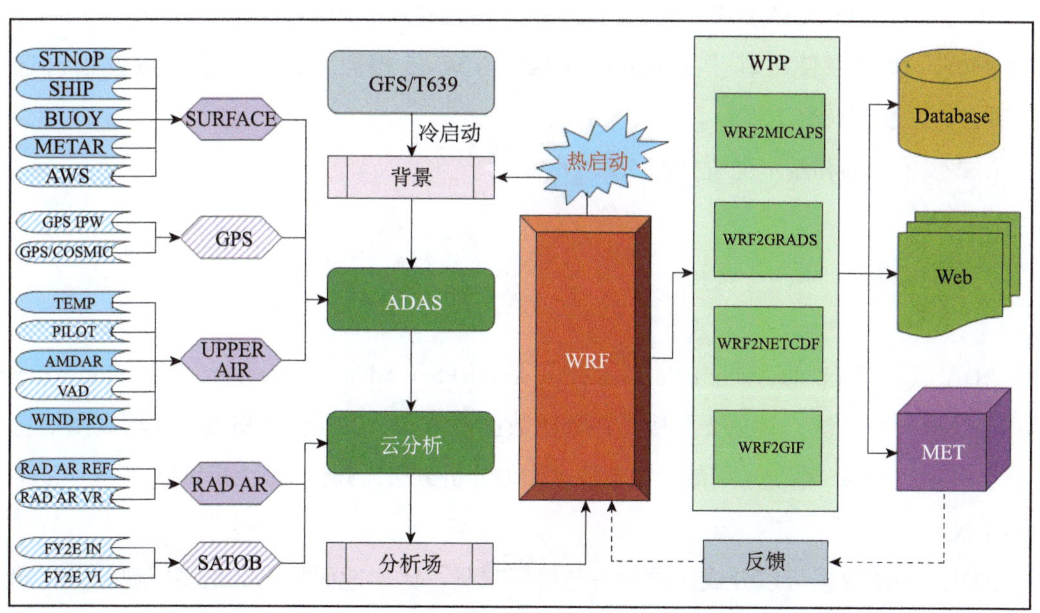

图 5.1 浙江省快速更新同化数值天气预报系统总体设计

（3）数值模式积分模块：基于同化模块生成的初始场，利用 WRF 模式向前积分进行数值预报，得到预报结果。

（4）数值产品生成分发显示模块：对模式原始预报结果进行解释应用，制作各类不同需求的数值预报产品，通过数据分发模块自动向各个需求部门发送每次预报的图片结果、数据结果、历史存档资料等，实现预报产品的全省共享。

（5）模式评估检验模块：利用 MET 工具对模式预报结果进行准实时检验，给出降水及温度等预报要素的检验结果，包括误差、TS 评分、ETS 评分、空报率、漏报率等统计要素。

5.1.3 预报模式 WRF

系统目前采用 Advanced Research Weather Research and Forecasting version 3.4.1（WRF v3.4.1）（Skamarock et al，2008）作为数值预报模式。基于计算资源和研究区域的双重考虑，模式选用双重嵌套，水平格点数分别为 265 × 265 和 205 × 187，垂直层数为 35 层，土壤层为 4 层，水平分辨率分别为 9 km 和 3 km。9 km 分辨率的大区域（华东区域，大致范围：106°～128°E，22°～42°N）重点覆盖影响浙江的大尺度系统，3 km 分辨率的小区域（浙江区域，大致范围：117°～124°E，26°～32°N）重在识别影响浙江的中小尺度系统。

两重区域的微物理方案均采用 WSM 6-Class 方案；无积云参数化方案；陆面过程使用 Noah 方案（包括 UCM 城市冠层方案）；行星边界层采用 Yonsei University（YSU）参数化方案；表面层使用基于 Monin-Obukhov 的 MM5 相似理论；长波、短波辐射选用 RRTMG 快速辐射传输方案。

模式预报范围和基本配置如图 5.2 所示。

5.1.4 同化系统 ADAS

ADAS（ARPS Data Assimilation System）是 ARPS（Advanced Regional Prediction System）模式的数据分析系统，其主要用途是将观测数据插值到 ARPS 模式格点，并将观测信息与背景场融合。ADAS 系统采用最优插值技术作为分析方法，并包括微物理调整系统和复杂云分析系统。

ADAS 观测数据可以分成四种，一是单层观测，比如地面报；二是多层观测，比如风廓线仪和高空观测；三是原始雷达数据；四是卫星数据。ADAS 可对地面、高空、风廓线仪、天气雷达和卫星等各类可利用的中尺度气象数据进行客观分析并插值到模式，同时保

模式版本：WRF 3.4.1

两重嵌套：华东（106°~128°E，22°~42°N）
+浙江（117°~124°E，26°~32°N）
分辨率：9 km+3 km
垂直层次：35
格点数：265×265，205×187

预报时效：24 h
预报结果输出频率：1 h

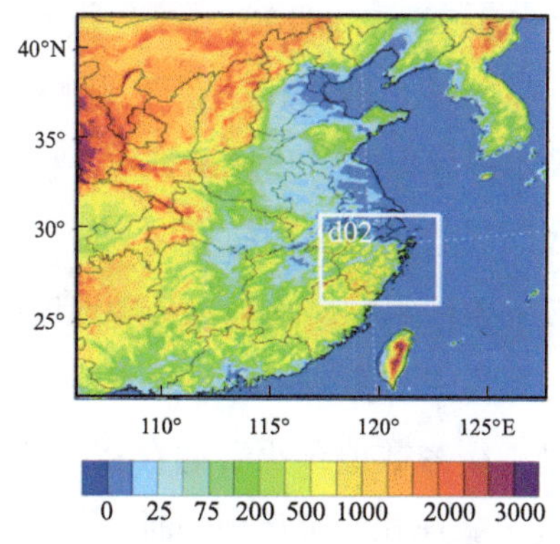

方案设计

Grid Distance	CUP	Micro-physics	Land Surface	PBL	Suface Layer	LW	SW
9 km 3km	None	WSM6	Noah+UCM	YSU	Monin-Obukhov	RRTMG	RRTMG

图 5.2　预报模式 WRF 的预报范围和基本配置

持和模式的协调。它带有质量控制，可处理单层或多层数据。观测误差为事先给定，上层大气观测误差被视为是高度的函数。地面数据在用于积分之前先相互之间进行比较，若和周围站的数据差异非常大，那么这点的数据就会被剔除掉。其他数据的质量控制是通过格点背景场插值到站点后与站点观测之间的对比进行的，考虑到不可避免的数据代表性误差和仪器误差，二者差值的阈值取的略高。当雷达资料和大尺度格点数据进行比较时，数据代表性误差就显得尤为重要。

1. 最优插值技术

ADAS 采用 Bratseth 连续迭代方法把观测变量插值到 ARPS 模式格点上，将观测信息与背景信息联合起来。该方法能有效逼近最优插值方法（Statistical or Optimal Interpolation scheme，OI）且比较节省机时，不需要进行大矩阵计算，在每一步迭代结束时，都做平衡调整以控制计算稳定性，迭代可形成与模式同步的动力初始化过程。在 ADAS 系统中，有水平风（u、v）、气压、位温和湿度 5 个变量直接在 δ_z 坐标中进行计算，其他变量在前向积分中加入。垂直速度 w 可由水平风和连续方程预报诊断出，但还有一个约束条件，即风速法向在模式顶、底边界或散射层底部被设为 0，其中任何不连续因素都作为水平辐散随高度的误差进行处理，当这些误差计算后，再对 w 进行调整。该方法现在已经成功应用到研究和业务模式中。

2. 三维云分析技术

ADAS 同化系统还共同使用一个云分析模块（Complex Cloud Analysis），该模块是移植了 NOAA/ESRL 发展的局地分析与预报系统 LAPS（Local Analysis and Prediction

System）中云分析方案。ADAS 云综合分析模块根据云热力—动力学原理以及辐射传输理论，利用卫星、雷达、地面和探空等观测资料，对云发展状况及其可能导致的大气湿度、温度、垂直及水平风场的变化和调整作各种分析和诊断计算；引入湿度—动力—热力初始化方法，对大气初态进行物理初值化，最大限度地把云区、云量、云高、云厚、云状、云发展状况、云中各种水物质含量、云中温度扰动、云中水平和垂直风速及切变等信息客观地加入模式初始场中，使初始状态尽可能地接近大气的真实状况。这样模式带着一定的云物理过程启动，缓减数值预报普遍存在初始场的热动力场与水汽循环不协调产生的 spin-up 问题，提高风暴模式的可用预报时效。

ADAS 可以使用雷达、卫星、地面云观测等资料进行云分析，获得三维初始云场及模式有云区域每个网格点的云底及云顶高度。对于雷达反射率资料，首先将极坐标下的雷达反射率资料插值到模式网格坐标，然后根据反射率阈值、抬升凝结高度和反射率值来确定模式的有云区域，获得云量场及云底云顶高度后，通过 Smith-Feddes 模式估计出云水混合比（qc）和云冰混合比（qi），通过湿绝热温度廓线和卷挟因素来调整云内温度。

云分析模块中降水粒子场的总等效反射率因子 Z_e，由三个部分组成：

$$Z_e = Z_{er} + Z_{es} + Z_{eh} \tag{5.1}$$

其中 Z_{er}、Z_{es}、Z_{eh} 分别代表雨水、雪和冰雹对反射率因子的贡献。

3. 观测资料

目前 ADAS 同化了以下观测数据：单层数据（包括常规天气观测，SYNOP；船舶观测，SHIP；机场地面报，METAR；浮标，BUOY；飞机报，AMDAR）、多层数据（地面探空，Rawinsonde；雷达风廓线，VAD）。另外，利用 ADAS 中的复杂云分析系统同化了 CINRAD 的 SA/SB 波段雷达的反射率。

5.1.5 检验评估工具 MET

系统采用 Model Evaluation Tools version 4.1（METv4.1）作为评估检验工具（Brown et al，2009）。MET 是由 NCEP 和 NCAR 共同开发的模式评估工具，除了能提供误差、均方根误差、TS 评分等常规检验外，还提供针对中尺度模式的“目标检验（MODE）”方法。目前本系统提供的评分指标有：平均误差（*ME*）、绝对误差（*MAE*）、均方根误差（*RMSE*）、*TS* 评分、*ETS* 评分、*HSS* 评分、击中率（*PODY*）、空报率（*FAR*）、漏报率（*FOM*）、频率偏差（*FBIAS*）和相关系数（*r*）等常规评分指标和基于 MODE 的目标检验结果。

1. 常规评估指标

记预报值为 f_i，观测值为 O_i，i，n 为检验区域内的格点序号和总格点数，预报和观测的关联表如表 5.1 所示。

表 5.1　预报和观测的关联表

预报	观测		合计
	有	无	
有	n_{11}	n_{10}	$n_{1.}=n_{11}+n_{10}$
无	n_{01}	n_{00}	$n_{0.}=n_{01}+n_{00}$
合计	$n_{.1}=n_{11}+n_{01}$	$n_{.0}=n_{10}+n_{00}$	$T=n_{11}+n_{10}+n_{01}+n_{00}$

上述评估指标的具体表述如下。

（1）平均误差

$$ME=\frac{1}{n}\sum_{i=1}^{n}\left(f_i-o_i\right)=\overline{f}-\overline{o} \tag{5.2}$$

计算平均误差时正负误差抵消，它反映的是统计区域内的某种系统性误差。

（2）绝对误差

$$MAE=\frac{1}{n}\sum_{i=1}^{n}\left|f_i-o_i\right| \tag{5.3}$$

（3）均方根误差

$$RMSE=\sqrt{\frac{1}{n}\sum_{i=1}^{n}\left(f_i-o_i\right)^2} \tag{5.4}$$

均方根误差反映了预报值与实况值的平均偏离程度，能反映总误差情况，其误差越小，说明预报值和分析场越接近，预报效果越好；反之，则预报越差。

（4）TS 评分

$$TS=\frac{n_{11}}{n_{11}+n_{10}+n_{01}} \tag{5.5}$$

TS 评分用来衡量预报准确度，越接近于 1 说明预报越准确。

（5）ETS 评分

$$ETS=\frac{n_{11}-c_1}{n_{11}+n_{10}+n_{01}-c_1} \tag{5.6}$$

其中，$c_1 = \dfrac{(n_{11}+n_{10})(n_{11}+n_{01})}{T}$

ETS 评分在 TS 评分的基础上，考虑气候概率，反映实际预报技巧。

（6）HSS 评分

$$HSS = \frac{n_{11}+n_{00}-c_2}{T-c_2} \tag{5.7}$$

其中，$c_2 = \dfrac{(n_{11}+n_{10})(n_{11}+n_{01})+(n_{01}+n_{00})(n_{10}+n_{00})}{T}$

HSS 评分是对 ETS 评分做了进一步改进。

（7）击中率

$$PODY = \frac{n_{11}}{n_{11}+n_{01}} \tag{5.8}$$

完美预报的情况下，$PODY = 1$。

（8）空报率

$$FAR = \frac{n_{10}}{n_{11}+n_{10}} \tag{5.9}$$

（9）漏报率

$$FOM = \frac{n_{01}}{n_{11}+n_{01}} \tag{5.10}$$

FAR 和 FOM 从反面检验了降水的预报效果，越低说明预报失误越少。

（10）频率偏差

$$FBIAS = \frac{n_{11}+n_{10}}{n_{11}+n_{01}} \tag{5.11}$$

当 FBIAS 越接近于 1，预报效果越好。

（11）相关系数

$$r = \frac{\sum_{i=1}^{T}(f_i-\bar{f})(o_i-\bar{o})}{\sqrt{\Sigma(f_i-\bar{f})^2}\sqrt{\Sigma(o_i-\bar{o})^2}} \tag{5.12}$$

r 反映了预报和实况在时间或空间上的线性相关程度。

2. 目标检验方法

近年来，空间的检验技术方面有了新的成果，面向形态的检验技术开始发展。美国国家大气研究中心（NCAR）开发了目标动态检验评估法（简称 MODE，Brown et al，2009），提供更多的预报检验信息，能从数值误差和其他误差中分离出落区误差等，包括尺度分离技术和目标检验技术，其中目标检验技术综合比较预报目标和观测目标的位置、面积、量级、强度和形状等，用来描述预报目标和观测目标之间的相似程度，避免了传统检验方法仅仅给出结论而无诊断信息的弊端。图 5.3 给出了利用 MODE 技术分解模式降水场的步骤，可以看到图 5.3a 是原始场，垂直坐标为降水量，图 5.3b 是卷积运算后的降水场，图 5.3c 是卷积运算后的降水超过一定阈值的标记区域，图 5.3d 是标记区域内的原始降水。

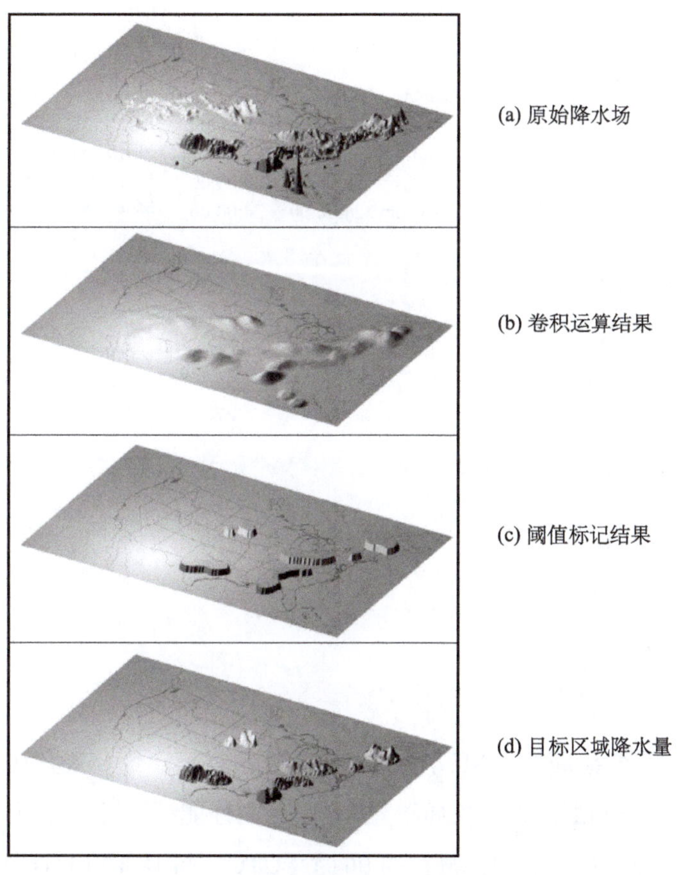

图 5.3　MODE 技术分解模式降水场步骤

在目标分离结束后，MODE 通过识别降水落区目标体，获取目标属性（面积、质心、轴向），计算预报降水落区和实况的相似程度，评估模式的预报能力。图 5.4 是对某时刻＞10 mm 的 24 h 累计降水落区的目标检验结果。左列三个图是预报，右列三个图是实况。第一行两个图表示累计降水分布；第二行表示经目标诊断后得到的预报（左）和实况

（右）整体雨区和边界；第三行表示从预报和实况雨区中识别出的雨区单体数目和序号，根据单体面积、质心、轴向等几何属性将预报单体和实况单体进行匹配，得到最终相似程度（介于0～1）数据列于图右侧。从图中可见，模式对实况1～3号雨区单体均有一定的模拟能力（相似程度均＞0.7），尤其是预报2号雨区单体和实况1号单体相似程度为1，表明预报雨区的面积、形状、走向等均与实况吻合，预报效果很好。

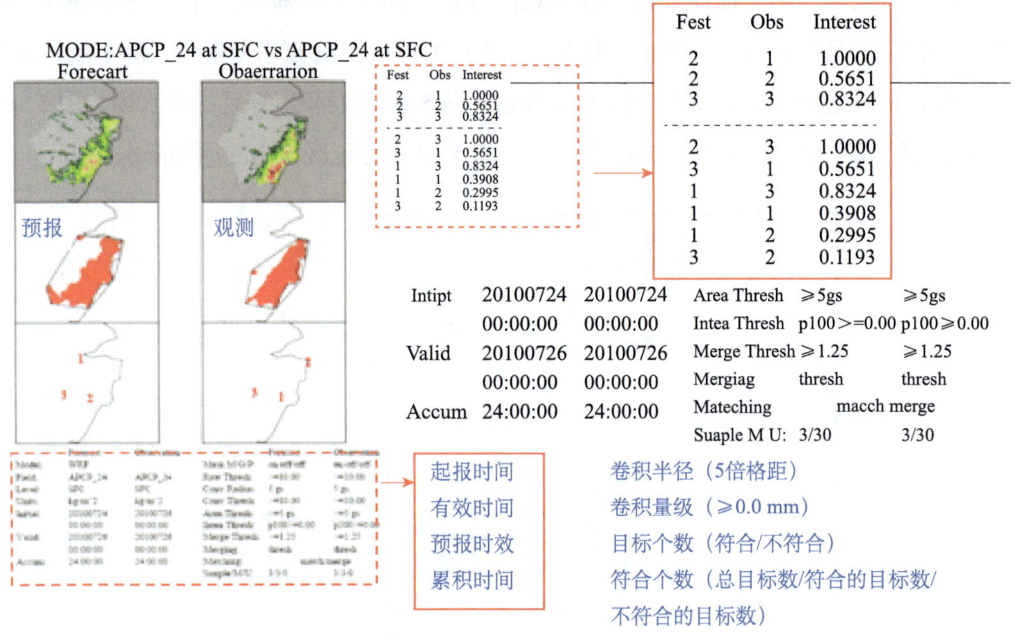

图 5.4 降水目标检验产品示例

5.1.6 业务流程

5.1.6.1 系统快速循环设计

系统依托杭州市气象局的IBM高性能计算机资源，于2012年5月初投入业务试运行，并于2013年5月移植到浙江省气象局曙光TC5000高性能计算机上运行。系统每隔3 h运行一次，每天共运行8次，其中：每日的06时（UTC）和18时（UTC）冷启动一次，以GFS或T639在00时（UTC）和12时（UTC）的初始场为背景场用WRF模式预报6 h得到初猜场；其余时次的初猜场为系统在上一时刻的3 h预报场，经过ADAS同化观测资料后得到模式初始场。系统快速循环示意图如图5.5所示。

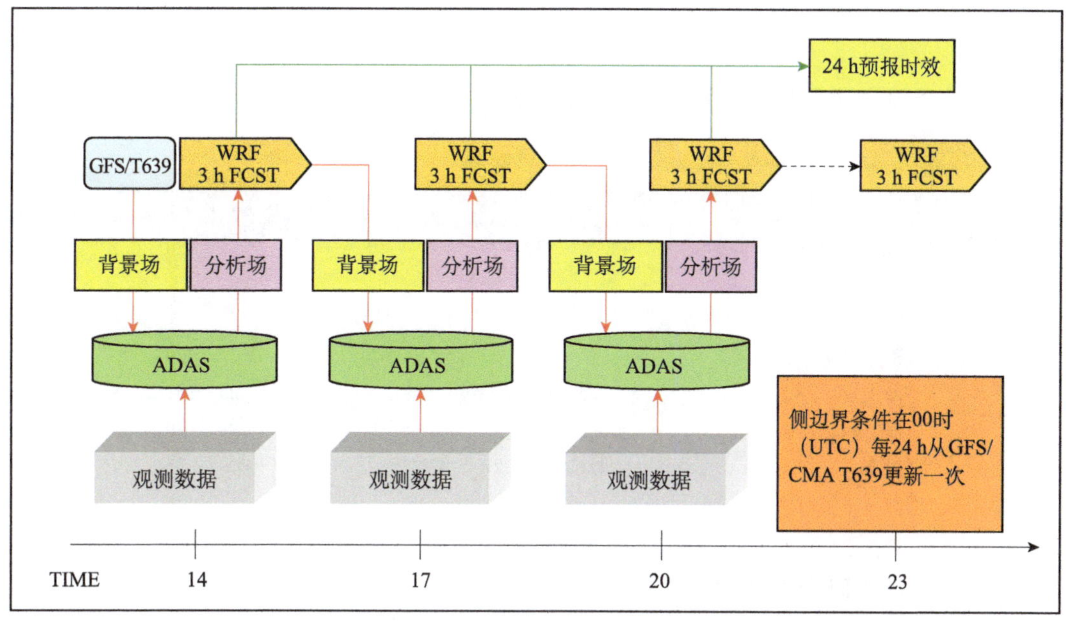

图 5.5　系统快速循环示意图

5.1.6.2　预报流程设计

在每次循环中，系统分七步完成作业流程：

（1）资料收集、质控及解码：包括 GFS、T639 预报资料的收集、解码；MICAPS 库中常规观测资料的收集、质控及格式转换；雷达基数据的收集、质量控制及格式转换；自动站观测数据的收集、质控及格式转换。

（2）初猜场及边界条件的生成：利用解码后的 GFS 或 T639 资料，生成相应时间段的边界场；在冷启动循环中，利用解码后的 GFS 或 T639 资料，生成初始场，并用 WRF 模式预报 6 h 得到初猜场；在热启动循环中，收集上一次循环中的 3 h 预报场，作为本次预报的初猜场。

（3）资料同化生成初始场：利用 ADAS 同化系统对地面观测、探空资料、雷达资料等进行同化和三维云分析，得到本次预报的初始场。

（4）主模式积分预报：利用 WRF 模式进行积分预报，得到时间间隔为 1 h 的 0～24 h 预报结果。

（5）数值产品生成：基于原始模式预报结果，利用各类解释应用方法，制作生成各类数值预报产品。

（6）准实时评估检验：利用 MET 工具，对前一日本时次的预报结果进行滞后 1 d 的准实时评估。

（7）产品发布：将生成的数值预报产品和评估检验产品发布到数据库和网页。

5.1.6.3 作业耗时

每个业务流程所需时间大致估计如下表 5.2 所示

表 5.2 业务流程计算耗时统计表 [a]

业务步骤	冷启动（Cold Start）	热启动（Cycle）
资料收集、质控及解码 [b]	30	30
初猜场及边界条件的生成	10	1
资料同化生成初始场	5	5
主模式积分预报	30	30
数值产品生成 [c)]	25，15，2，5	25，15，2，5
准实时评估检验 [d)]	30	30
产品发布 [e)]	2，2，35，2，1	2，2，35，2，1
合计 [f)]	95	104

注：

a）表格中所有时间单位为分钟；

b）资料收集、质控及解码为并行处理过程，不计入系统总运行时间；

c）生成各类产品所需时间，依次对应为：GIF 图片，NetCDF 格式和 MICAPS 格式（同时生成），GRADS 格式，站点；

d）准实时评估检验为并行处理步骤，不计入系统总运行时间；

e）分发各类产品所需时间，依次对应为：GIF 图片，NetCDF 格式，MICAPS 格式，GRADS 格式，站点；

f）系统总共耗时是指从初猜场获取开始到产品发布为止的总时间。这些过程中有部分是并行处理的。

ZJWARRS 系统业务运行时间节点如下。

表 5.3 系统业务运行时间节点

	模式起报时间	作业启动时间	结果生成时间
第 *N* 天	+0_02:00	+0_02:45:00	+0_04:45:00
	+0_05:00	+0_05:45:00	+0_07:45:00
	+0_08:00	+0_09:20:00	+0_11:20:00
	+0_11:00	+0_11:45:00	+0_13:45:00
	+0_14:00	+0_14:45:00	+0_16:45:00
	+0_17:00	+0_17:45:00	+0_19:45:00
	+0_20:00	+0_21:20:00	+0_23:20:00
	+0_23:00	+1_00:20:00	+1_02:20:00
第 *N*+1 天	+1_02:00	+1_02:45:00	+1_04:45:00
	……	……	……

5.1.6.4 计算资源配置

本系统基于浙江省气象局曙光 TC5000 高性能计算机运行。各个子系统采用串行与并行兼容的方式进行，其中观测数据收集处理和数值结果发布两个模块基于前端机运行，主要是网络通信交换和部分数据处理程序为主；其余模块基于计算节点运行，主要是数值计算程序为主。模式主程序采用 32 个节点、每节点 16 核运行，积分耗时约 30 min。

5.1.7 产品设计与发布

由于数值模式输出结果是有限的，为了满足不同的业务需求，本系统有针对性地开发了各类数值预报产品，包括高分辨率气象常规要素分析（风向风速、温度、湿度、气压、降水），专业预报产品（针对强天气预报的指数预报、T-ln$P$ 图、针对雾霾天气的能见度预报以及台风季节台风强度、路径分布图等）。

系统目前可提供 24 h 预报时效、1 h 时间分辨率、3 h 更新频次的浙江省（116°～124°E，25°～32°N）和中国东部（106°～128°E，22°～42°N）两个区域的数值预报产品，两区域的水平分辨率各为 0.03165°（～3 km）和 0.125°（～9 km）。产品以图片和数据形式提供，图片产品包括基本产品和诊断产品共 12 类 127 种图片产品（图 5.6，图 5.7）；数据产品包括 Netcdf 格式、Micaps 和 ASCII 文本格式。数据产品存放于省网络中心服务器，均为逐时资料，详细说明如下：

1. NetCDF 格式格点数据——用于日常业务和历史备份

实时传输至省网络中心，按年份归类存储，一年数据量约 2.5 TB。

（1）存储目录：/ZJWARRS/DATA_HISTORY/ 年份。

（2）文件命名规则：以模式名称、模式区域和模式起报时间（世界时）标识命名。

（3）命名格式：ZJWARRS_d0 区域识别符（1 位）. 年（4 位）月（2 位）日（2 位）时（2 位）.nc，即 ZJWARRS_d0?.yyyymmddhh.nc，其中模式区域识别符为 1 或 2，分别代表大、小区域。

2. MICAPS 格式格点数据——用于日常业务

实时传输至网络中心，按模式区域归类存储。

（1）存储目录：/ZJWARMS/DATA_RECENT /MICAPS_d0?。其中，MICAPS_d0 ? 表示模式输出嵌套区域标识，1 为华东区域（106°～128°E，22°～42°N，0.125° 分辨率），2 为浙江省区域（116°～124°E，25°～32°N，0.03165° 分辨率）。

（2）文件命名规则：年 [2 位] 月 [2 位] 日 [2 位] 时 [2 位]. 预报时效 [3 位]，即 yymmddhh.hhh，yymmddhh 为模式起报时间（北京时），hhh 为预报时效；并按照要素名称和垂直层次分目录存放：

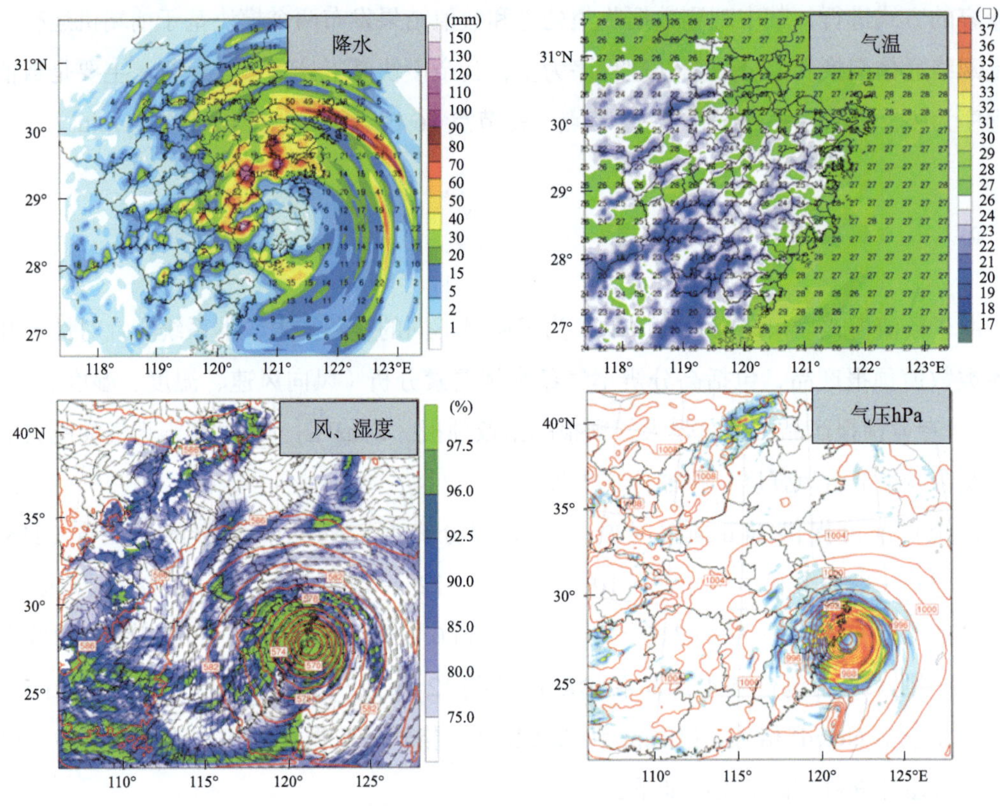

图 5.6 单要素常规产品

单层数据：/ZJWARRS/DATA_RECENT/ MICAPS_d0?/ 要素名 / yymmddhh.hhh；

多层数据：/ZJWARRS/DATA_RECENT/MICAPS_d0?/ 要素名 / 层次 /yymmddhh.hhh；

要素名标识符及其含义同表 5.4（目前共有 45 个要素）；

层次标识符表示该层等压面高度（单位 hPa）。

（3）文件头格式：diamond 4 起报时间 / 年（2 位）月（2 位）日（2 位）时（2 位）预报预报时刻 / 年（2 位）月（2 位）日（2 位）时（2 位）层次要素名（模式标识），如：diamond 4 13081220 预报 13081308 时 700 hPa 位势高度（ZJWARRS）。

3. ASCII 文本格式站点数据——用于日常业务

实时传输至网络中心，按模式起报时间（世界时）归类存储。

（1）存储目录：/ZJWARMS/DATA_RECENT/ MICAPS_d02/STATION/。

（2）文件命名规则：以站点数据标识符、模式起报时间（世界时）和预报时效标识命名。

（3）命名格式：站点数据标识符 _ 年（4 位）月（2 位）日（2 位）时（2 位）. 预报时效（3 位），即 STANC2ASCII _yyyymmddhh.hhh；

文件记录结构：共有 20 列：各列表示 1 站号；2 内陆站点（C）或海岛站点（I）标

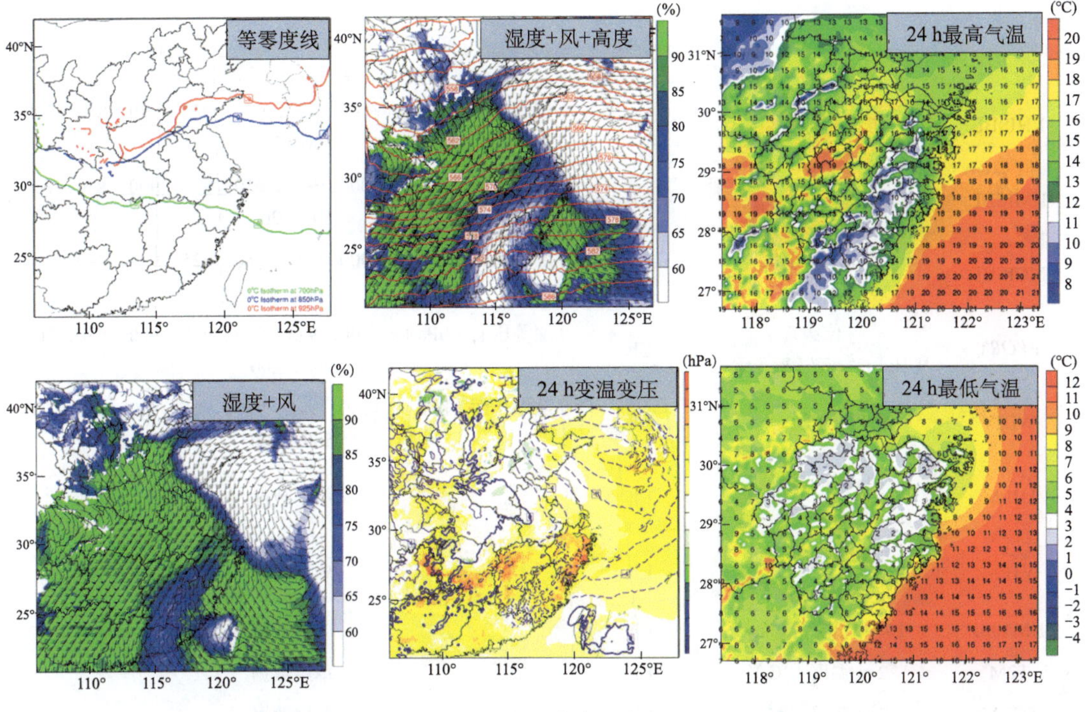

图 5.7　多要素常规产品

识符；3 经度（度）；4 纬度（度）；5 海拔（m）；6 降水（mm）；7 温度（℃）；8 气压（hPa）；9 湿度（%）；10 纬向风速（m/s）；11 经向风速（m/s）；12 低云量（10 成）；13 中云量（10 成）；14 高云量（10 成）；15 总云量（10 成）；16 体感温度（℃）；17 地表温度（℃）；18 入射短波辐射通量（W/m^2）；19 入射长波辐射通量（W/m^2）；20 射出长波辐射通量（W/m^2）。

表 5.4　MICAPS 格式数据产品清单

变量名称	产品名称（单位）	输出频率	说明
UISBL	纬向风速（m/s）	1 h	9 层等压面（hPa）：1000，975，950，925，900，850，700，500，200
VISBL	经向风速（m/s）	1 h	9 层等压面（hPa）：1000，975，950，925，900，850，700，500，200
WISBL	垂直风速（Pa/s）	1 h	9 层等压面（hPa）：1000，975，950，925，900，850，700，500，200
ZISBL	位势高度（gpm）	1 h	9 层等压面（hPa）：1000，975，950，925，900，850，700，500，200
TISBL	温度（℃）	1 h	9 层等压面（hPa）：1000，975，950，925，900，850，700，500，200
DTISBL	露点（℃）	1 h	9 层等压面（hPa）：1000，975，950，925，900，850，700，500，200

续表

变量名称	产品名称（单位）	输出频率	说明
RHISBL	相对湿度（%）	1 h	9 层等压面（hPa）：1000，975，950，925，900，850，700，500，200
HMISBL	比湿（kg/kg）	1 h	9 层等压面（hPa）：1000，975，950，925，900，850，700，500，200
MCISBL	水平水汽散度（10^{-7}kg/（kg · s））	1 h	9 层等压面（hPa）：1000，975，950，925，900，850，700，500，200
P*VOR*T	位涡（10^{-6} m^2 · K/（kg · s））	1 h	9 层等压面（hPa）：1000，975，950，925，900，850，700，500，200
WDIV	散度（10^{-4} s^{-1}）	1 h	9 层等压面（hPa）：1000，975，950，925，900，850，700，500，200
U10M	10 m 纬向风速（m/s）	1 h	单层数据
V10M	10 m 经向风速（m/s）	1 h	单层数据
HM10M	10 m 比湿（kg/kg）	1 h	单层数据
T2M	2 m 温度（℃）	1 h	单层数据
DT2M	2 m 露点（℃）	1 h	单层数据
P2M	2 m 气压（Pa）	1 h	单层数据
RH2M	2 m 相对湿度（%）	1 h	单层数据
MR2M	2 m 水汽混合比（kg/kg）	1 h	单层数据
TSKIN	地表温度（℃）	1 h	单层数据
PSFC	地表气压（Pa）	1 h	单层数据
GHT	地形高度（m）	1 h	单层数据
RAINT	总累计降水（mm）	1 h	单层数据
RAINC	积云尺度累计降水（mm）	1 h	单层数据
RAINN	格点尺度累计降水（mm）	1 h	单层数据
RAINT01h	逐 1 h 累计降水（mm）	1 h	单层数据
RAINT03h	逐 3 h 累计降水（mm）	1 h	单层数据
RAINT06h	逐 6 h 累计降水（mm）	6 h	单层数据
RAINT12h	逐 12 h 累计降水（mm）	12 h	单层数据
RAINT24h	逐 24 h 累计降水（mm）	24 h	单层数据
PWAT	大气可降水量（mm）	1 h	单层数据
SNOWT	雪水当量（mm）	1 h	单层数据
SNDEP	物理雪深（m）	1 h	单层数据
CLDT	总云量（%）	1 h	单层数据

续表

变量名称	产品名称（单位）	输出频率	说明
MSLP	海平面气压（Pa）	1 h	单层数据
VIS	水平能见度（m）	1 h	单层数据
CAPE	对流有效位能（J/kg）	1 h	单层数据
CIN	对流抑制能量（J/kg）	1 h	单层数据
REFD	雷达组合反射率（dBz）	1 h	单层数据
SWIN	地面入射短波辐射通量（W/m^2）	1 h	单层数据
LWIN	地面入射长波辐射通量（W/m^2）	1 h	单层数据
LWOUT	地面射出长波辐射通量（W/m^2）	1 h	单层数据

5.2 浙江省快速更新同化数值天气预报系统的改进与应用

经过几年努力，已建成第一代浙江省快速更新同化预报系统 ZJWARRS-V1.0。该系统以 WRF 模式和 ADAS 同化系统为基础，实时同化地面、探空、飞机报、风廓线雷达、多普勒雷达反射率等观测资料，为全省提供逐 3 h 更新的高分辨率数值预报结果。然而，在多年业务运行过程中，该系统还存在以下几个问题：（1）观测资料质控方案简单。目前仅采用简单的极值控制、空间一致性检验等最为简单的质量控制方法，无法有效剔除存在问题的观测，也无法有效估计观测误差。（2）同化方法落后。目前采用的最优插值方法要求观测变量与分析变量之间必须满足线性关系，直接限制了该方法对大量新型遥感观测资料的直接同化能力。⑶对新型资料应用不足。目前仅对雷达反射率进行同化，缺乏对雷达径向风、卫星等资料的同化应用。数值预报准确性的提高主要依赖于模式性能的改进和初始条件质量的提升（Aggarwal et al，2013）。利用资料同化技术改进初始场质量，成为数值天气预报科研和业务上的关键问题（Navon，2009；Evensen，2009；Wang et al，2013）。为此，本节利用 NCEP 质控工具 OBSPROC，发展浙江省面向 GSI 的资料同化方法，改进雷达径向风观测算子和复杂云分析方案，提出一组适合强对流天气系统的综合同化参数，将 ADAS 同化系统升级为 GSI-3DVAR 同化系统，建立新一代浙江快速更新同化预报系统。

5.2.1 系统框架设计改进

ZJWARRS-V1.0 采用双重嵌套模拟区域（9 km+3 km 分辨率），外层区域覆盖华东区域，内层区域覆盖浙江区域。然而，在利用 GSI 系统同化资料时，双重区域不利于同化参数的统一，同化过程中会引入额外的误差。因此，在 ZJWARRS-V2.0 中，将快速更新同化的模拟区域调整为单重区域（3 km 分辨率），GSI 仅运用此区域内，不仅能提高同化效率，也能减少误差的产生。ZJWARRS-V2.0 单重 3 km 区域冷启动依旧每 12 h 启动一次，初始场和边界条件由中尺度数值预报模式（如 ZJWARMS，SMS-WARMS 等）预报结果提供，采用 WRF 模式中的 NDOWN 模块将中尺度模式预报结果降尺度到 3 km 网格上，然后在 3 km 分辨率模拟区域内进行同化和积分（图 5.8）。另外，ZJWARRS-V1.0 内层区域覆盖范围偏小，易导致对于较大尺度天气系统描述不足而影响预报性能，ZJWARRS-V2.0 设计仅进行单重区域模拟的情况下，计算资源能够允许将 3 km 模拟区域范围增大，从而减少由于模拟区域偏小带来的误差。

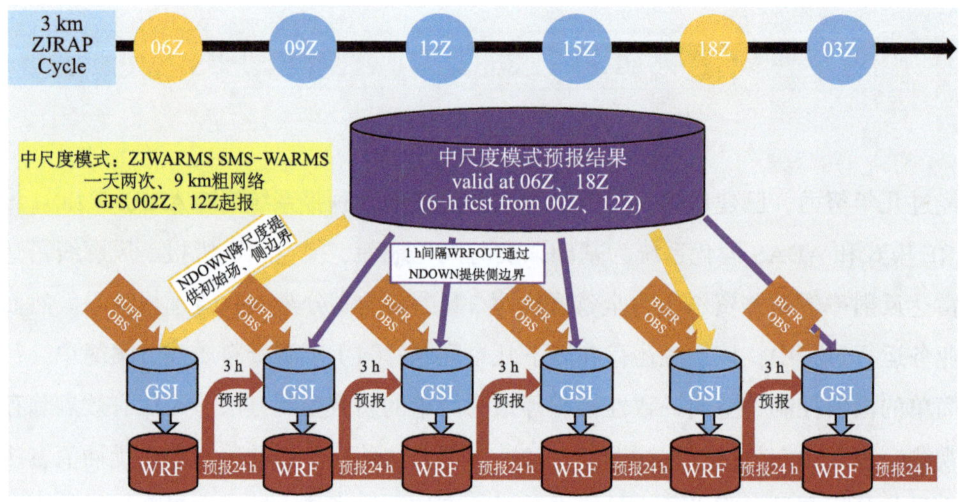

图 5.8 ZJWARRS-V2.0 系统框架设计

5.2.2 EC 资料驱动技术研究与应用

基于高质量的 EC 全球模式产品，研发了 EC 全球模式产品作为 ZJWARRS 驱动背景场的数据接口，采用慢变量的 Partical cycle 技术实现了 EC 资料在 GFS，T639 之外，作为第三个可选备份初猜场，建立以 GFS 资料为主、EC 和 T639 资料为辅的驱动资料自适应切换流程，更好保障了业务系统的稳定性。初步批量试验表明，总体上，不同驱动资料对雨季预报性能评估排序为：GFS、T639 和 EC。初步分析认为：目前业务上可获得 EC 资料并非 EC 业务模式的完整初始场，比如垂直层次只是 51 层中的 27 层，如有更完整的资料，可以做进一步尝试。

5.2.3　基于 GSI–3DVAR 的同化系统升级

目前采用 ADAS 同化系统中，最优插值方法要求观测变量与分析变量之间必须满足线性关系，这直接限制了该方法对大量新型遥感观测资料的直接同化能力。同时，同化系统对新型资料应用不足，目前仅对雷达反射率进行同化，缺乏对雷达径向风、卫星等资料的同化应用。为此，开展了 GSI-3DVAR 同化系统的应用研究（陈锋　等，2017），建立了更多观测资料（包括地面台站、船舶、浮标、地面探空、飞机报、风廓线雷达、多普勒雷达径向风速，卫星云观测等）的数据应用接口，获取了适合强对流天气系统的综合同化参数。进一步梳理 ZJWARRS 业务流程，完善故障报警、处理和自动处理功能，减少冗余流程，提高业务运行效率，使 ZJWARRS 业务系统更简洁、更具自动化、智能化和容错能力（图 5.9）。

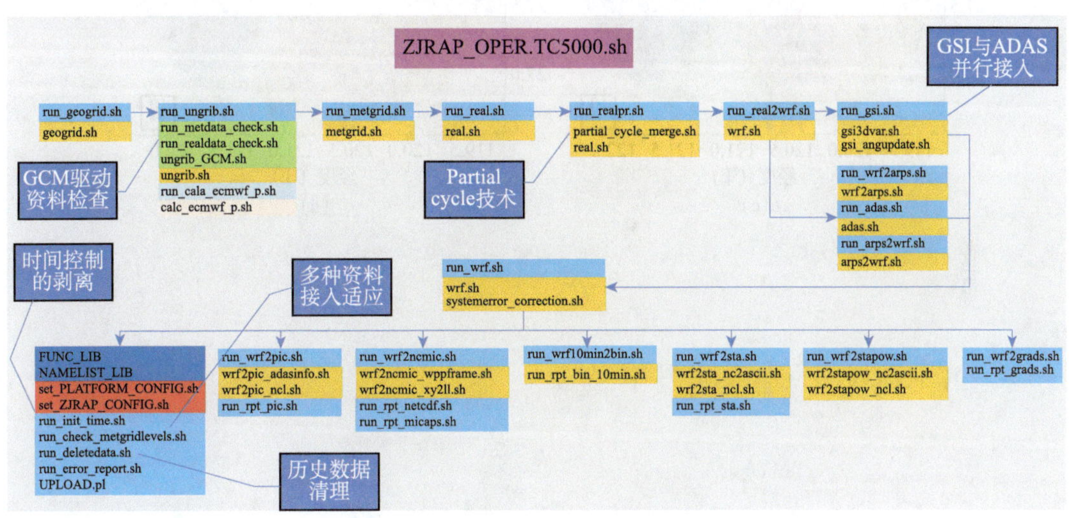

图 5.9　ZJWARRS-V2.0 系统脚本流程

5.2.4　基于 GSI–3DVAR 的雷达径向风观测算子改进

开展了雷达资料同化方法的改进，采用新的观测算子改进同化系统对切向风速信息的吸收，从而改进雷达径向风速直接同化方法（Chen et al，2017）。初步应用表明，新算子可获得更为接近实况的信息，调整了台风初始风场的强度和结构；对于 FITOW 台风强度和结构模拟均优于控制试验和原有同化方法（图 5.10）。

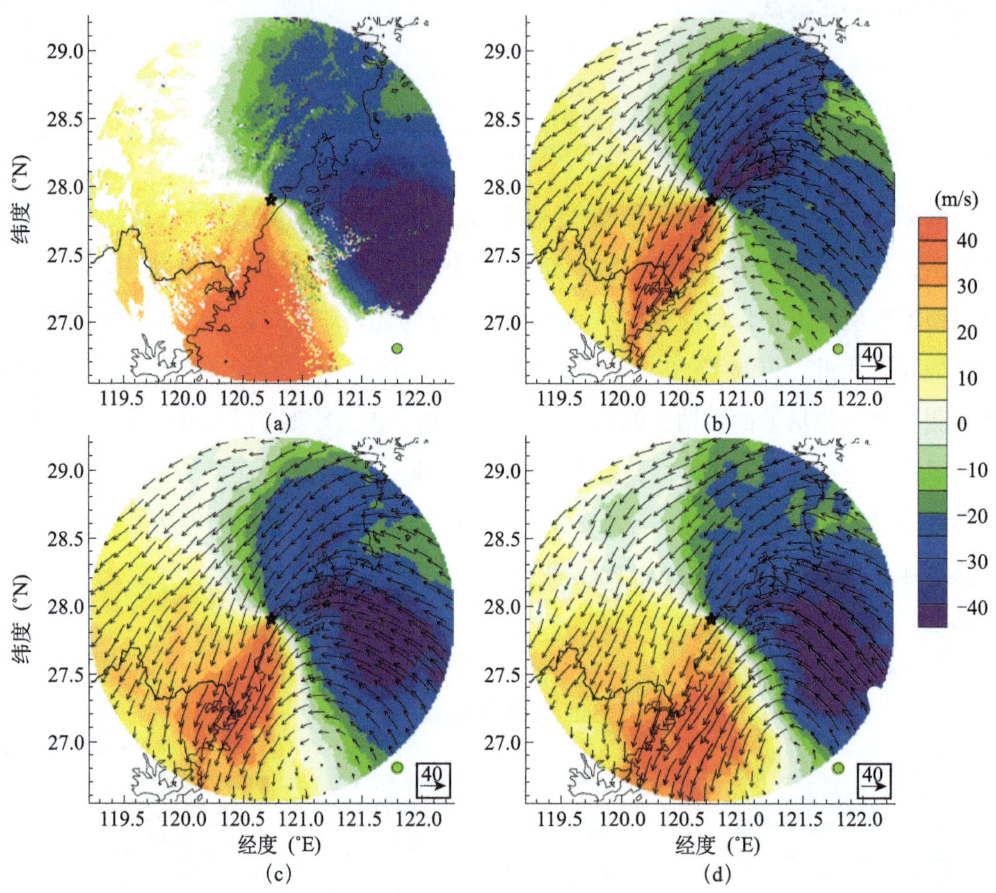

图 5.10　雷达径向风观测实况（a）与控制试验（b）、原方法（c）和新方法（d）模拟结果

5.2.5　典型个例的预报试验

1. 2018 年 3 月 4 日浙江省飑线过程

基于改进后的 ZJWARRS 系统，开展了多部多普勒雷达的反射率因子和径向速度资料同化对西南气流暖区背景下 2018 年 3 月 4 日浙江罕见早春飑线过程预报试验：包含 CTL 试验（不同化任何雷达资料）、RF 试验（仅同化雷达反射率因子）、RV 试验（仅同化雷达径向速度资料）和 RFRV 试验（同时同化雷达反射率因子和径向速度）共 4 组试验方案（表 5.5）。

表 5.5　试验设计

试验名称	试验内容
CTL	14 时从 FNL 获取背景场，同化常规资料后预报至 22 时
RF	同 CTL，但在 17 时同化雷达反射率资料，预报至 22 时
RV	同 RF，但同化的是雷达径向风资料
RFRV	同 RF，但同化的是雷达反射率和径向风资料

研究结果表明：(1) 同化雷达反射率因子和仅同化径向速度均能在一定程度上改进对飑线的模拟，且雷达反射率因子同化的改进更明显；同时同化两种资料模拟效果最佳（图 5.11）。(2) 雷达反射率因子同化是主要通过大气层结等热力环境调整明显改进了对于飑线后部冷池及雷暴高压强度的模拟，而冷池是影响飑线过程的重要因子（Rotunno et al，1988；Corfidi，2003；王晓芳 等，2010；陈明轩 等，2012；陈涛 等，2013；袁招洪，

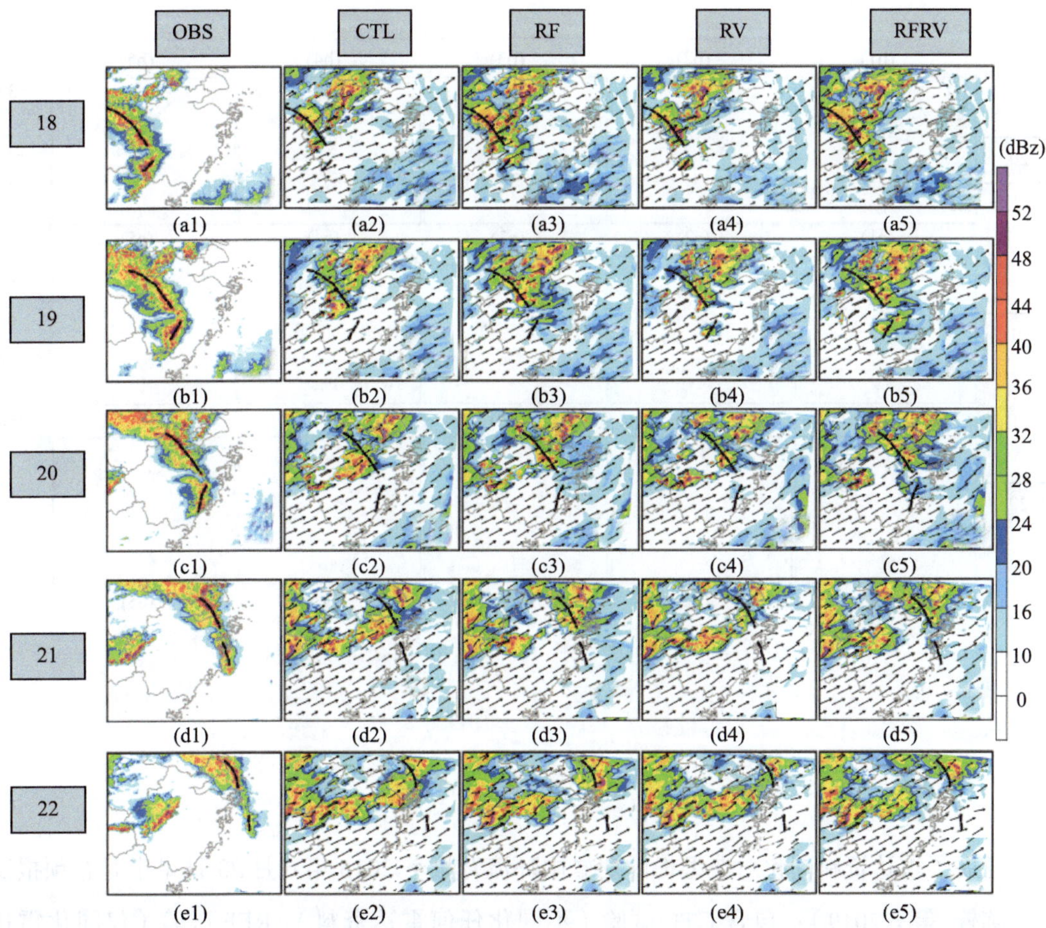

图 5.11　观测和模式模拟的 2018 年 3 月 4 日 18—22 时的逐小时雷达组合反射率（填色，单位：dBz）和 3 km 高度上的风场（矢量，单位：m/s）。a1～e1 为观测；a2～e2 为 CTL 试验；a3～e3 为 RF 试验；a4～e4 为 RV 试验；a5～e5 为 RFRV 试验（黑线为对应各个整点的飑线位置）

2015），使得飑线的位置和移速更加接近实况（图 5.12）；而雷达径向速度同化主要改进了低层风切、低层辐合及上升运动强度及其引起水汽输送、水凝物质分布，对于飑线后部冷池及雷暴高压强度模拟改进幅度小于雷达反射率因子；同时同化两种资料协同修正了大气动力和热力环境，对于飑线后部冷池及雷暴高压强度模拟最好，改进最佳（图 5.13）。

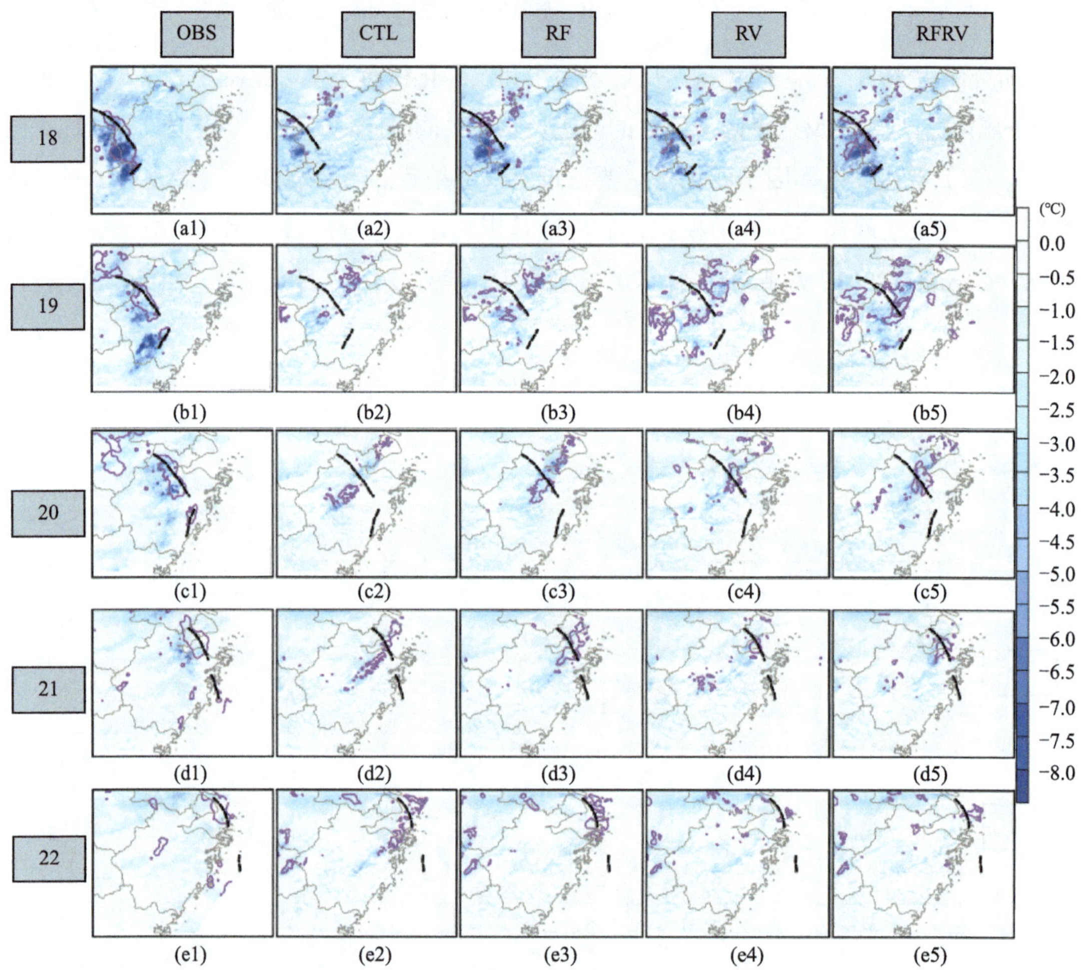

图 5.12 观测和模式模拟的 2018 年 3 月 4 日 18 时—22 时逐小时变温（填色，单位：℃）和逐小时变压（等值线，单位：hPa）a1～e1 为观测；a2～e2 为 CTL 试验；a3～e3 为 RE 试验；a4～e4 为 RV 试验； ；a5～e5 为 RFRV 试验；（黑线为对应各个整点飑线位置）

2. 2016 年 6 月 23 日江苏阜宁龙卷过程

开展了雷达资料同化对典型梅雨期暴雨环流背景下 2016 年 6 月 23 日阜宁龙卷预报试验（陈锋 等，2019）：包含 CTL 试验（不同化任何雷达资料）、REF 试验（仅同化雷达反射率因子）、VEL 试验（仅同化雷达径向速度资料）和 RAD 试验（同时同化雷达反射率因子和径向速度）共 4 组试验方案。结果显示：（1）同化雷达反射率因子和仅同化径向

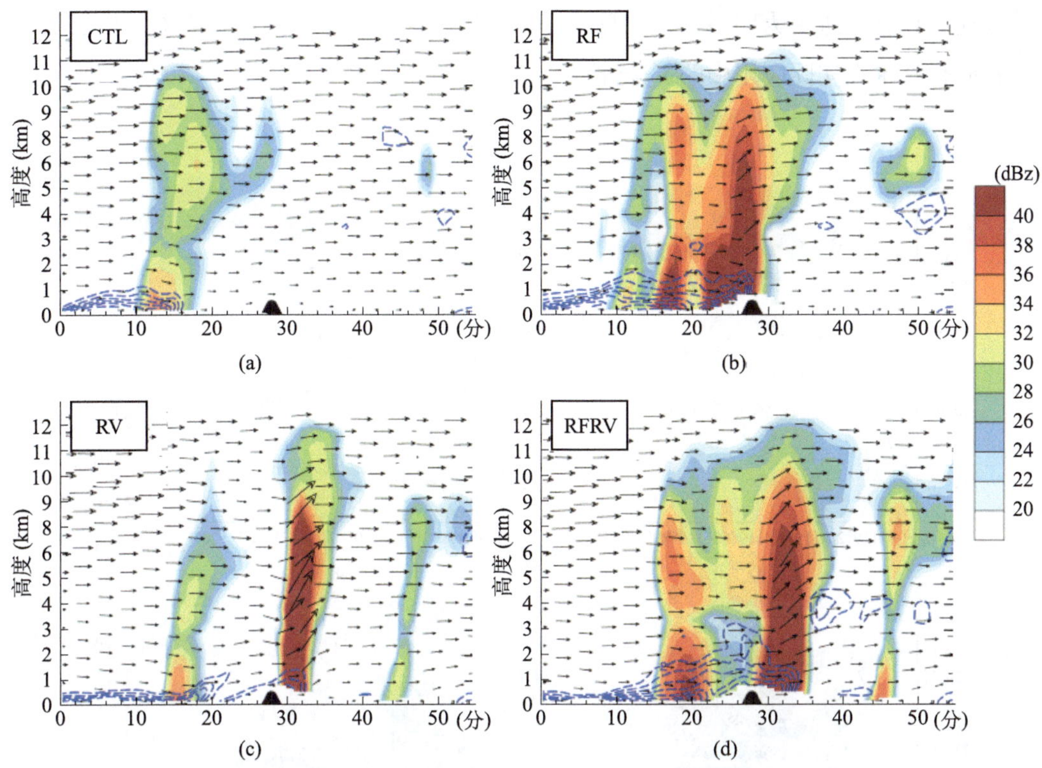

图 5.13　2018 年 3 月 4 日 18—19 时试验（a）CTL、（b）RF、（c）RV 和（d）RFRV 模拟的垂直于飑线方向的剖面，彩色阴影区为雷达三维反射率（单位：dBz），蓝色等值虚线为变温（单位：℃），矢量为垂直于飑线的风场水平风（单位：m/s）和垂直风（单位：0.2 m/s）；横坐标上黑色三角形位置表示当前时刻飑线的位置

风速均能在一定程度上改进模式对阜宁龙卷及其环境场的模拟，且雷达径向风同化的改进作用更大；同时同化两种资料改进效果最佳。（2）雷达反射率因子同化是利用复杂云分析技术，主要改进了初始场的热力条件；而雷达径向速度同化通过三维变分技术直接修正了风场，进而引起水汽输送、水凝物质及大气稳定度的调整，对初始场的动力和热力条件修正较大（图 5.14）；同时同化两种资料同时修正了初始场的动力和热力结构，也保证了两者物理上的协调，改进最大（图 5.15）。（3）同化雷达反射率因子和径向速度后，模式在阜宁附近模拟出了类似龙卷母体的涡旋结构，尽管涡旋强度和龙卷结构与实况仍有一定差距，但涡旋发生发展过程、路径、地面小时极大风和降水等模拟与实况吻合度均明显高于控制试验（图 5.16～5.17）。

需要指出的是，同一种雷达资料同化的贡献大小对不同强对流过程可能不同：本研究中个例 1——阜宁龙卷涉及龙卷过程的触发和维持，雷达径向风资料的同化引入了动力场的初始扰动，相比雷达反射率的同化改进效果更为显著；而个例 2——早春飑线过程在浙江主要是维持与传播为主，其中雷达反射率的同化更好表征了飑线后部冷池效应，对于飑线的移速和位置改进更为明显。这在反映了雷达资料同化技术的有效性之外，也反映出雷达资料同化技术在实际应用中的复杂性。

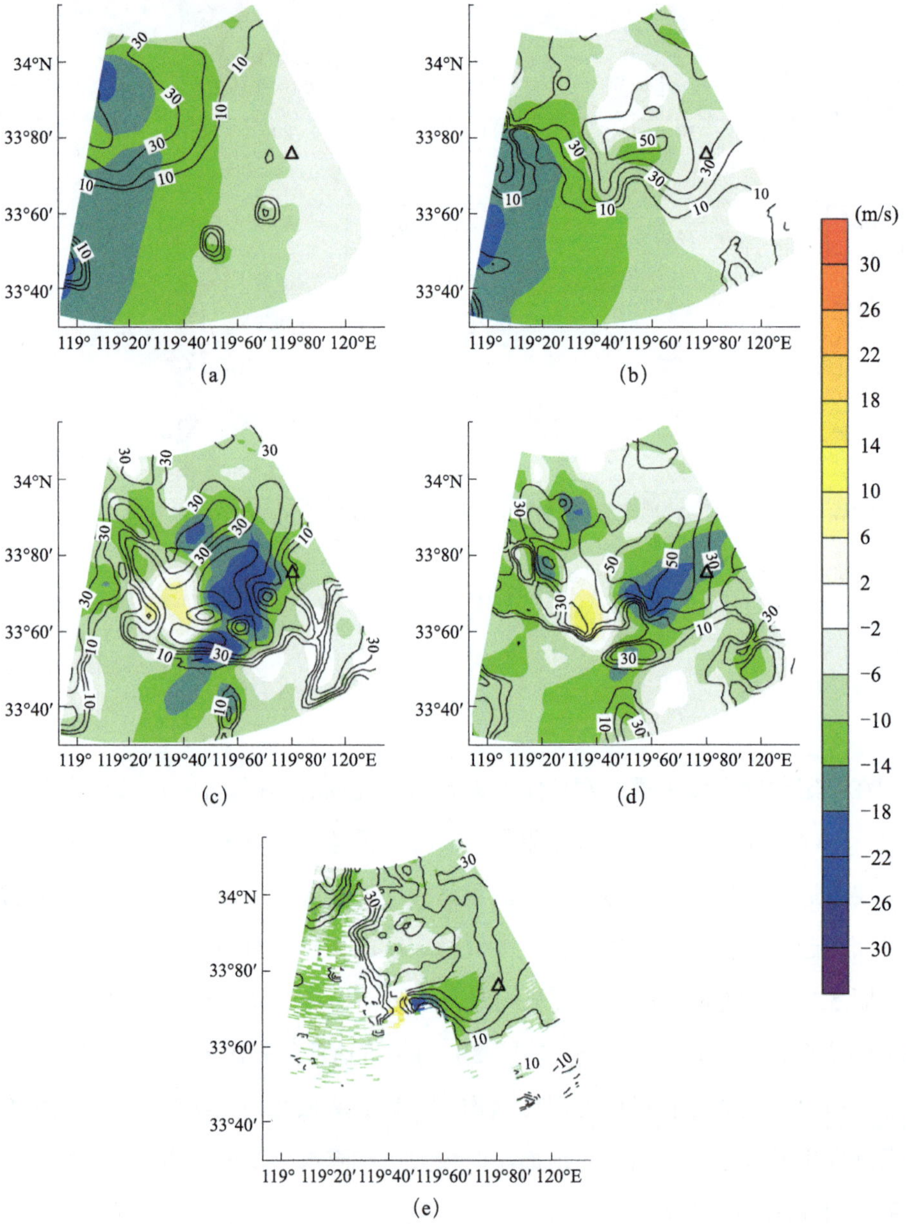

图 5.14　各试验模拟及观测到的 2016 年 6 月 23 日 06 时连云港多普勒雷达 0.5° 仰角径向速度（填色，单位：m/s）和反射率因子（等值线，单位：dBz）：（a）CTL 试验；（b）REF 试验；（c）VEL 试验；（d）RAD 试验；（e）观测

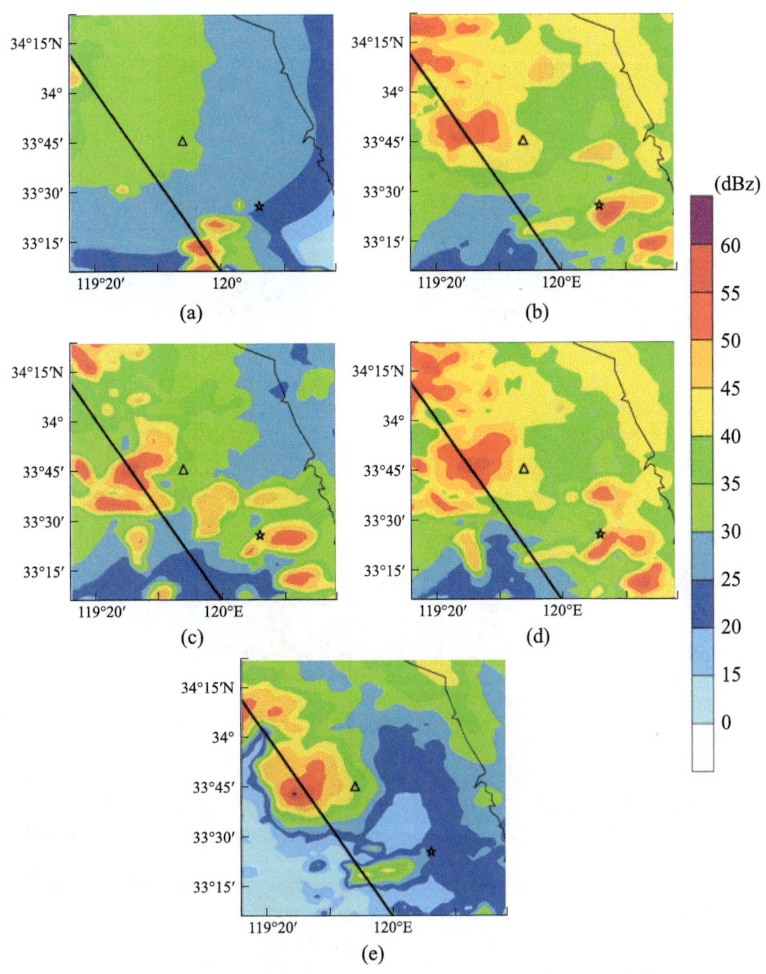

图 5.15　各试验模拟及观测到的 2016 年 06 月 23 日 06 时最大反射率因子（单位：dBz）：（a）CTL 试验；（b）REF 试验；（c）VEL 试验；（d）RAD 试验；（e）观测

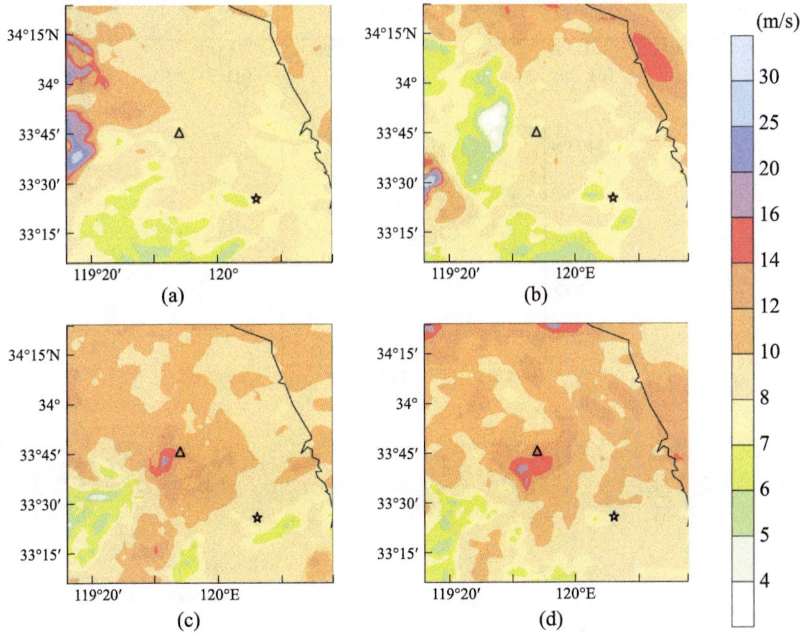

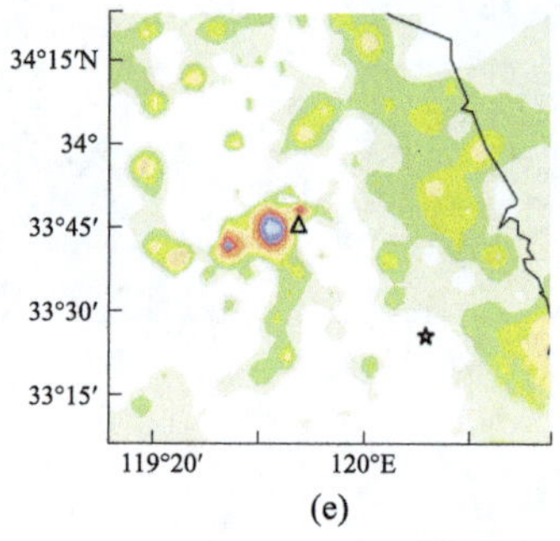

图 5.16　各试验模拟及观测到的 2016 年 6 月 23 日 06—07 时地面最大风速（单位：m/s）
（a）CTL 试验；（b）REF 试验；（c）VEL 试验；（d）RAD 试验；（e）观测

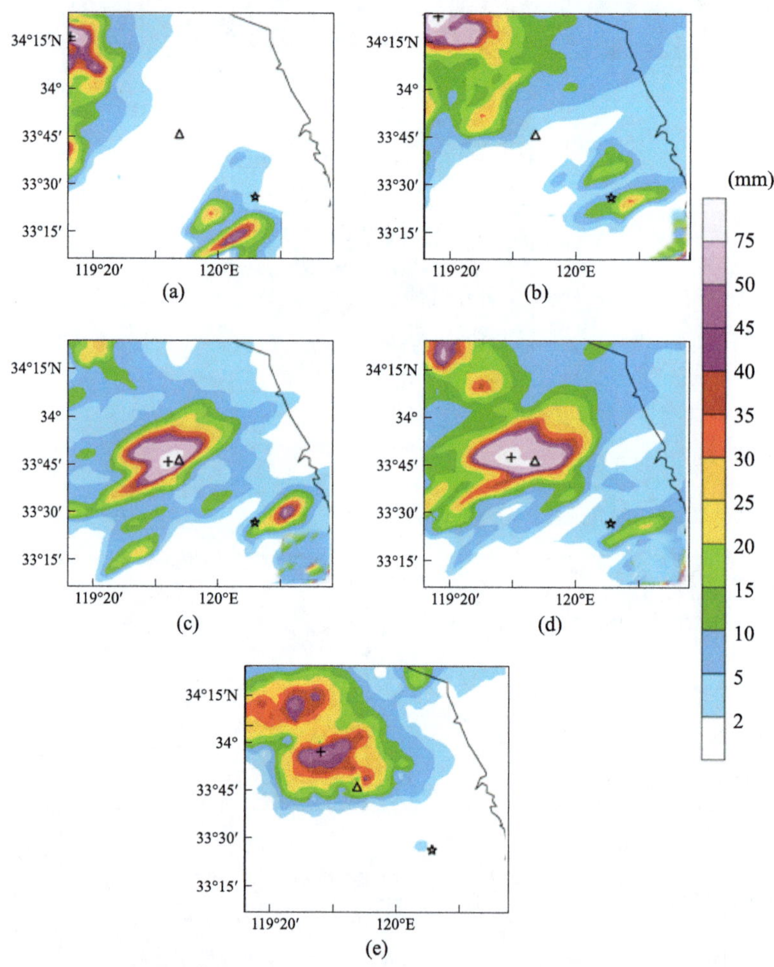

图 5.17　各试验模拟及观测到的 2016 年 6 月 23 日 06—07 时地面 1 h 累积降水（单位：mm）：
（a）试验 CTL；（b）试验 REF；（c）试验 VEL；（d）试验 RAD；（e）观测

5.3 基于浙江省快速更新同化数值天气预报系统的强对流天气诊断技术和产品开发

基于ZJWARRS系统提供的基本产品（邱金晶 等，2014；2015），结合浙江省强对流预报的实际需求，根据强对流发生的基本原理（朱乾根 等，2000；Doswell，2001；寿绍文 等，2009）和相关研究及预报技术进展（俞小鼎 等，2006；2012；2013；郑永光 等，2010；2015；2017；孙继松 等，2012；陈明轩 等，2004；漆梁波，2015），目前共研发了强对流方面2大类共14种诊断产品（表5.6）。

表5.6 ZJWARRS输出强对流诊断产品清单

类别	序号	参数（变量名）	单位
强对流参数	1	K指数（KI）	℃
	2	沙氏指数（SI）	℃
强对流参数	3	850 hPa与500 hPa温度差（$T_{850\text{-}500}$）	℃
	4	850 hPa与500 hPa假相当位温差（$\theta se_{850\text{-}500}$）	K
	5	云底高度（CBH）	m
	6	0～6 km垂直风切变（$SHR_{0\text{-}6}$）	m/s
	7	最大对流有效位能（$MCAPE$）	J/kg
	8	最大对流抑制能量（$MCIN$）	J/kg
	9	能量螺旋度（EHI）	m^4/s^4
	10	粗里查森数（BRN）	/
	11	组合反射率（$MDBZ$）	dBz
强对流参数	12	温度对数压力图（$T\text{-}\ln P$）	/
强对流潜势	13	强对流总体潜势落区	/
	14	强对流分类潜势落区	/

5.3.1 强对流参数

如表5.6所示，12个强对流参数的定义和物理意义如下（李耀东 等，2004；刘健文 等，2005；王晓峰 等，2011）：

（1）K指数（KI）：

$$KI=\left(T_{850}-T_{500}\right)+T_{d850}-\left(T-T_{d}\right)_{700} \tag{5.13}$$

式（5.13）综合反映了中低层垂直降温、低层露点及温度露点差的物理量；表征了大气层结的热力不稳定性。

（2）沙氏指数（SI）：850 hPa 湿空气块干绝热抬升至抬升凝结高度后，再湿绝热上升至 500 hPa 时具有的气块温度与 500 hPa 环境温度之间的差值，是条件不稳定指数，反映了 850 hPa 气块移动到 500 hPa 时的不稳定状况。

（3）850 hPa 与 500 hPa 温度差（$T_{850\text{-}500}$）：850 hPa 温度减去 500 hPa 温度的差值温度，反映了大气温度直减率大小，直减率越大，越不稳定。

（4）850 hPa 与 500 hPa 假相当位温差（$\theta_{se850\text{-}500}$）：850 hPa 假相当位温减去 500 hPa 假相当位温的差值位温反映中低层层结对流不稳定强度的指标。假相当位温随高度递减越大，对流越不稳定。

（5）云底高度（CBH）：云底距地面的垂直高度。模式中根据模式预报的水汽、云水、云冰、雨水、雪水混合比和温度、气压信息诊断得到。一般云底高度越低，越有利于对流发展。

（6）0～6 km 垂直风切变（$SHR_{0\text{-}6}$）：6 km 高度水平风减去地表水平风的差值风向量，反映水平风随高度的垂直变化，垂直切变越大，越有利于对流的组织发展和强对流发生，低层 0～1 km 较大垂直切变有利于龙卷的形成。

（7）最大对流有效位能（$MCAPE$）：表示气块过程中所有因温度差异形成的正浮力对气块所做的功，利用埃玛图求解时一般在气压坐标下离散求解更易。具体算法中选取了某格点距地面 3000 m 以内最大的假相当位温所在高度，然后取其高度上下共 500 m 厚度内的平均温湿状态计算。

（8）最大对流抑制能量（$MCIN$）：表征地表气块上升至自由对流高度之前所必需的外界能量。具体算法同 $MCAPE$ 类似。

（9）能量螺旋度（EHI）：

$$EHI = CAPE \times H_{s-r} / 160000 \tag{5.14}$$

综合反映了对流有效位能和风暴相对螺旋度的共同作用。强对流天气可以发生在高对流有效位能与低风暴相对螺旋度，或低对流有效位能与高风暴相对螺旋度的环境中，即对流有效位能与风暴相对螺旋度两者之间存在某种平衡关系。EHI 数值越大，发生强对流天气的可能性越大。

（10）粗里查森数（BRN）：

$$BRN = \frac{CAPE}{\frac{1}{2}\left(u^2 + v^2\right)} = \frac{CAPE}{\frac{1}{2}\left(SHR^2\right)} \tag{5.15}$$

反映垂直风切变与静力不稳定两者之间的某种平衡关系。它既代表了供给风暴的近地面入流，也代表了上升气流产生旋转的能力。因此，*BRN* 代表了控制风暴结构和发展的重要因子——热力能量和运动能量之间的一种平衡关系。强对流天气可以发生在弱的垂直风切变结合强静力不稳定或相反的环境中。实际计算时，风切变取为低层 0～6 km 的密度加权平均风与 0～500 m 近地面层平均风的差。*BRN* 是表征雷暴环境的一个很有用的参数，利用它还可以区分对流风暴类型。通常认为，中等强度的超级单体往往发生在 $5 \leqslant BRN \leqslant 50$ 的情况下，而多单体风暴一般发生在 $BRN > 35$ 的情况下。

（11）组合反射率（*MDBZ*）：每个格点柱体中模式模拟的最大雷达反射率。

（12）温度对数压力图（*T*-ln*P*）：显示某单站上空大气环境温度、露点垂直廓线及状态曲线，同时给出抬升凝结高度（*PLCL*）、*SI*、*CAPE*、可降水量（*PW*）等对流参数具体信息。

以上对流参数的图片产品示例见图 5.18～图 5.19。

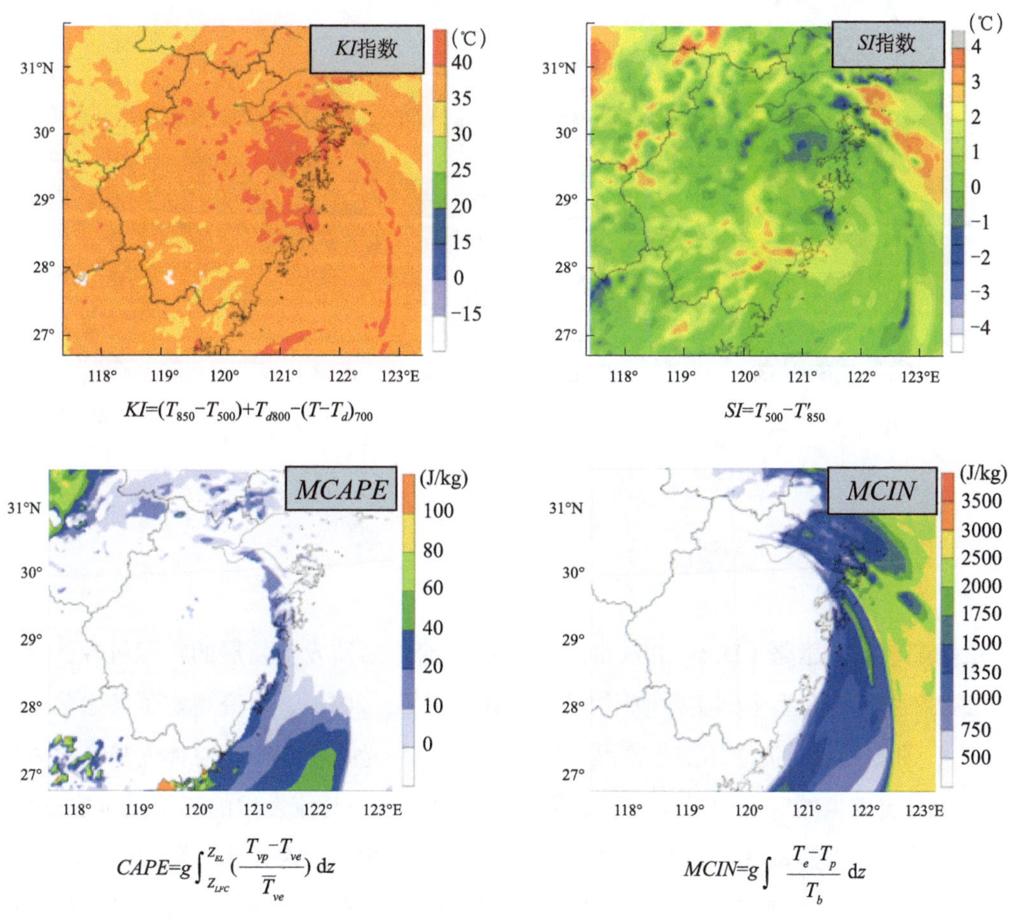

图 5.18　强对流指数产品示列 1

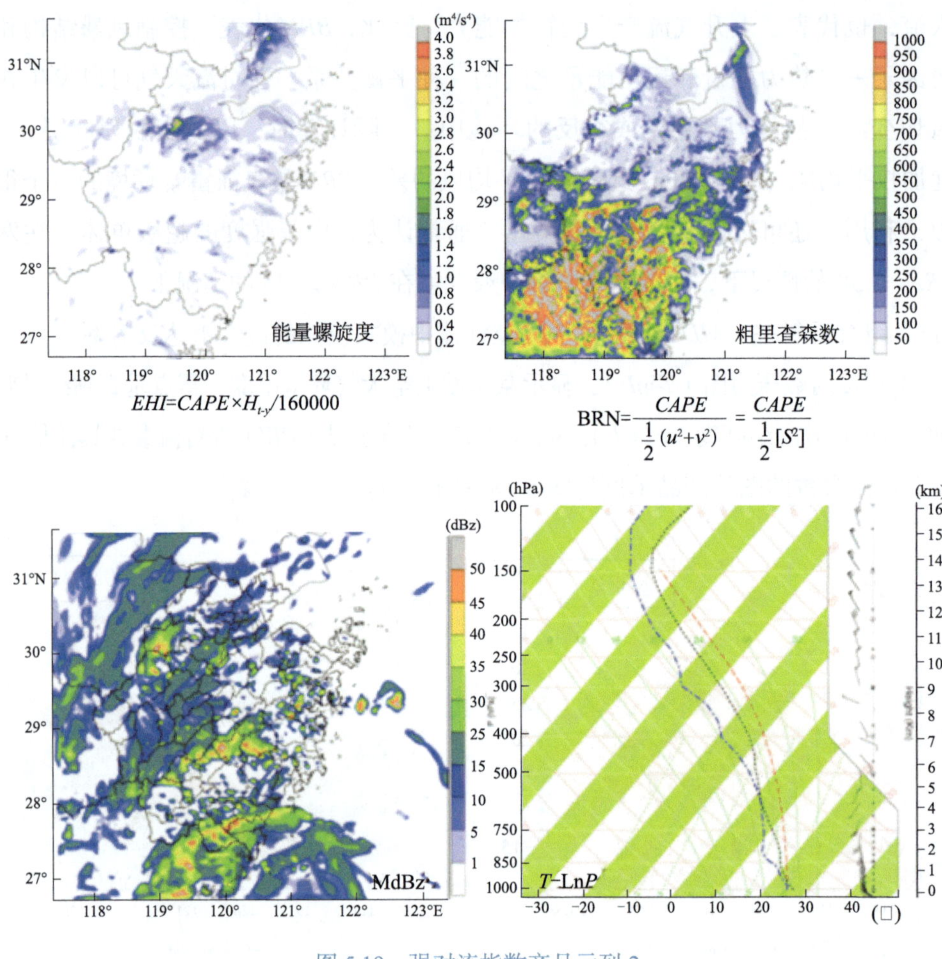

图 5.19 强对流指数产品示列 2

5.3.2 强对流潜势

根据配料法的思路（Doswell et al，1996），结合强对流发生发展的物理机理，以及各对流参数在浙江的典型个例实际应用效果（杨诗芳 等，2010），研究率定了各参数的阈值（表 5.7），研制了强对流总体潜势产品（图 5.20）。具体地讲，强对流总体潜势产品是综合考虑了强对流发生的宏观和微观物理条件。一方面，从强对流发生的三个基本宏观条件：不稳定能量、上升运动和水汽条件出发（樊李苗 等，2013；许爱华 等，2014），选取表 5.7 中所示的前 5 个强对流基本参数，即 KI、SI、$T_{850\text{-}500}$、$\theta_{se850\text{-}500}$ 和 $MCAPE$ 来较好表征这三个基本条件。另一方面，通过第 6 个强对流基本参数——组合反射率因子 $MDBZ$ 的引入，综合考虑了强对流过程中云大气微物理过程的微观条件——水凝物情况对于强对流的可能性的影响。综合上述 6 个参数及相应阈值得到的综合概率就是强对流总体潜势的可能

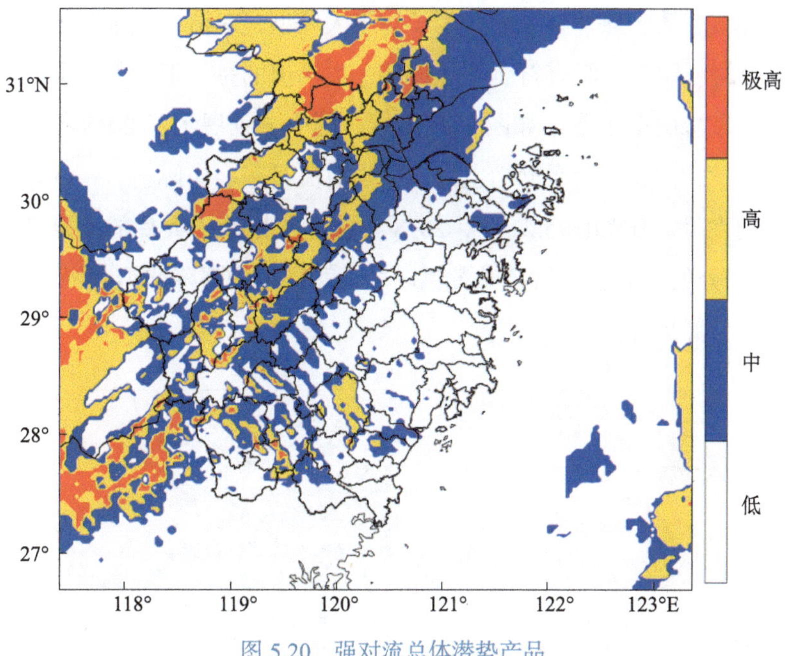

图 5.20　强对流总体潜势产品

性大小，潜势大小目前分为低概率、中等概率、高概率和极高概率四级。

表 5.7　强对流潜势的影响参数及阈值

类别	参数名称	序号	对流参数	变量名	单位	阈值
强对流基本参数	BI（基本参数）	1	K 指数	*KI*	℃	≥ 30
	BI（基本参数）	2	沙氏指数	*SI*	℃	≤ -1
	BI（基本参数）	3	850 hPa 与 500 hPa 温度差	$T_{850\text{-}500}$	℃	≥ 20
	BI（基本参数）	4	850 hPa 与 500 hPa 假相当位温差	$\theta_{se850\text{-}500}$	K	≥ 30
强对流基本参数	BI（基本参数）	5	对流有效位能	*MCAPE*	J/kg	≥ 1000
	BI（基本参数）	6	组合反射率	*MDBZ*	dBz	≥ 30
强降水参数	RI（降水参数）	1	可降水量	*PW*	mm	≥ 40
	RI（降水参数）	2	850 hPa 相对湿度	rh_{850}	%	≥ 80
	RI（降水参数）	3	地表露点	*TDS*	℃	≥ 20
大风类参数	WI（大风参数）	1	500 hPa 温度露点差	$T\text{-}T_{d500}$	℃	≥ 8
	WI（大风参数）	2	0～6 km 垂直风切变	$SHR_{0\text{-}6}$	m/s	≥ 25
	WI（大风参数）	3	0～3 km 垂直风切变	$SHR_{0\text{-}3}$	m/s	≥ 15

根据业务实际需求，在总体潜势的产品的基础上，根据各类强对流发生的不同物理过程，我们进一步制作了强对流分类潜势产品。结合浙江实际，将强对流分为一般雷暴、强降水型雷暴、大风型雷暴和强风暴雨型雷暴。如表 5.7 所示，由 3 个强降水参数——可降水量、850 hPa 湿度和地表露点来考虑整层大气、特别是中低层大气丰沛水汽条件因子对于强降水型强对流的重要影响，从而综合表征发生强降水型雷暴的可能性。类似地，由 3 个大风类参数——500 hPa 温度露点差、0～6 km 垂直风切变和 0～3 km 垂直风切变来考

虑中层干层大气、中低层强垂直风切变因子对于大风型强对流的重要影响，从而综合表征发生大风型雷暴的可能性。没有符合上述任何一类阈值的是一般雷暴，同时达到上述两类雷暴阈值的是强风暴雨型雷暴，如图 5.21 所示。图中分别展示了 2018 年 3 月 4 日大风型为主和 2018 年 6 月 19 日强降水型为主的不同强对流过程。实际上，一次过程中往往有多类强对流过程的发生，比如图 5.21 中，2018 年 3 月 4 日除了大片的大风型雷暴潜势（橙色区域），还有部分的一般雷暴潜势（黄色区域）和局地的强降水型（绿色区域）、强风暴雨型（紫色区域）雷暴潜势。

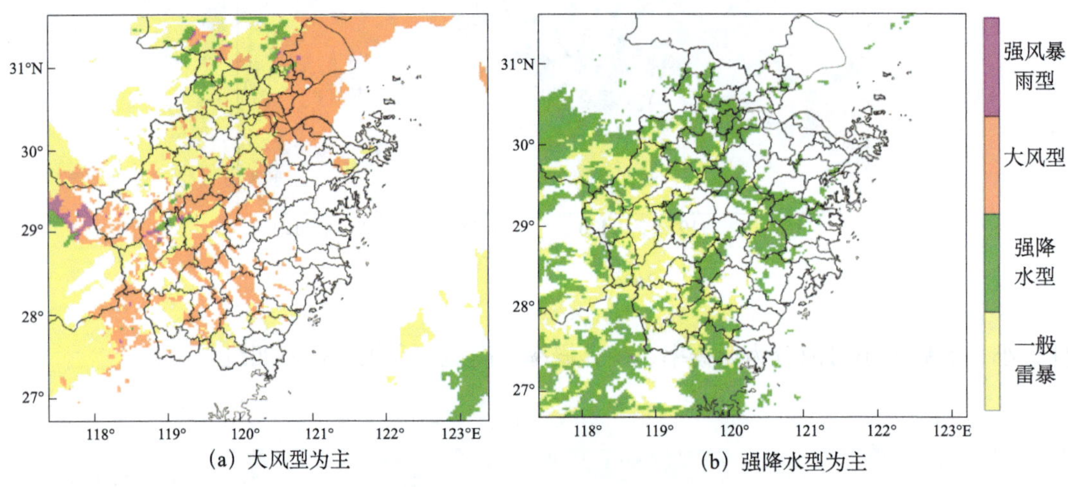

(a) 大风型为主　　(b) 强降水型为主

图 5.21　强对流分类潜势产品

需要说明的是，表 5.6 中各对流参数阈值的设定主要是基于大量文献调查的结果，各对流参数阈值可能存在时间和空间的差异（曾明剑 等，2015），这需要今后做深入分析研究和应用评估来进一步完善和验证。

5.3.3　强对流潜势产品的业务应用

上述潜势预报模型经过近 1 年多个典型个例预报测试，模型及相关的脚本得到持续完善。强对流潜势预报产品于 2019 年 7 月投入到业务试运行，图片产品已在浙江省局内网“快速更新同化”网页上“强对流判别”栏子菜单“浙江省逐 1 h 强对流落区”和“浙江省逐 1 h 强对流分类”中实时展示（图 5.22），可供浙江全省实时预报业务调阅和参考。

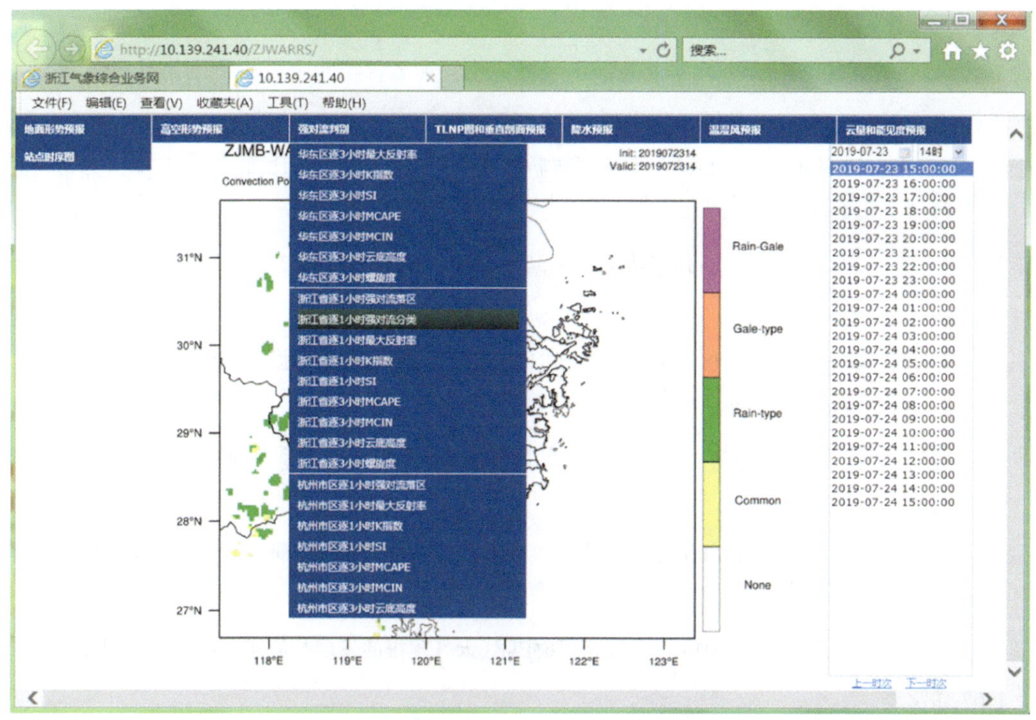

图 5.22　强对流潜势产品业务应用展示

参考文献

陈葆德，王晓峰，李泓，等，2013．快速更新同化预报的关键技术综述 [J]．气象科技进展，3（2）：29-35．

陈锋，董美莹，冀春晓，等，2012．WRF 模式对浙江 2011 年夏季降水和温度预报评估及其湿过程敏感性分析 [J]．浙江气象，33（3）：3-12．

陈锋，董美莹，冀春晓，2017．不同资料同化对登陆台风菲特（2013）短时预报的影响研究 [J]．气象，43（9）：1029-1040．

陈锋，董美莹，冀春晓，等，2019．雷达资料同化对 2016 年 6 月 23 日阜宁龙卷模拟的改进 [J]．气象学报，77（3）：405-426．

陈明轩，俞小鼎，谭晓光，等，2004．对流天气临近预报技术的发展与研究进展 [J]．应用气象学报，15（6）：754-766．

陈明轩，王迎春，2012．低层垂直风切变和冷池相互作用影响华北地区一次飑线过程发展维持的数值模

拟 [J]. 气象学报，70（3）：371-386.

陈涛，代刊，张芳华，2013. 一次华北飑线天气过程中环境条件与对流发展机制研究 [J]. 气象，39（8）：945-954.

陈子通，黄燕燕，万齐林，等，2010. 快速更新循环同化预报系统的汛期试验与分析 [J]. 热带气象学报，26（1）：49-54.

樊李苗，俞小鼎，2013. 中国短时强对流天气的若干环境参数特征分析 [J]. 高原气象，32（1）：156-165.

范水勇，郭永润，陈敏，等，2008. 高分辨率 WRF 三维变分同化在北京地区降水预报中的应用 [J]. 高原气象，27（6）：1181-1188.

范水勇，陈敏，仲跻芹，等，2009. 北京地区高分辨率快速循环同化预报系统性能检验和评估 [J]. 暴雨灾害，28（2）：119-125.

李耀东，刘健文，等，2004. 动力和能量参数在强对流天气预报中的应用研究 [J]. 气象学报，62（4）：401-409.

李泽椿，毕宝贵，金荣花，等，2014. 近 10 年中国现代天气预报的发展与应用 [J]. 气象学报，72（6）：1069-1078.

刘健文，郭虎，李耀东，等，2005. 天气分析预报物理量计算基础 [M]. 北京：气象出版社，253.

漆梁波，2015. 高分辨率数值模式在强对流天气预警中的业务应用进展 [J]. 气象，41（6）：661-673.

邱金晶，陈锋，董美莹，等，2014. 快速更新同化预报系统预报性能的检验与分析 [J]. 浙江气象，35（4）：1-6.

邱金晶，陈锋，董美莹，等，2015. 浙江省快速更新同化系统的建立与检验评估 [J]. 气象科技进展，5（6）：6-12.

寿绍文，励申申，寿亦萱，2009. 中尺度大气动力学 [M]. 北京：高等教育出版社，273-283.

孙继松，陶祖钰，2012. 强对流天气分析与预报中的若干基本问题 [J]. 气象，38（2）：164-173.

王晓芳，胡伯威，李灿，2010. 湖北一次飑线过程的观测分析及数值模拟 [J]. 高原气象，29（2）：471-485.

王晓峰，陈葆德，李泓，等，2011. 上海市气象局数值天气预报业务产品手册（第 1 版）[Z]. 上海：中国气象局上海台风研究所技术手册，63.

王叶红，彭菊香，公颖，等，2011. AREM-RUC 3h 快速更新同化预报系统的建立与实时预报对比检验. 暴雨灾害，30（4）：296-304.

许爱华，孙继松，许东蓓，等，2014. 中国中东部强对流天气的天气形势分类和基本要素配置特征 [J]. 气象，40（4）：400-411.

杨诗芳，郝世峰，冯晓伟，等，2010. 杭州短时强降水特征分析及预报研究 [J]. 科技通报，26（4）：494-500.

俞小鼎，姚秀萍，熊廷南，等，2006. 多普勒天气雷达原理与业务应用 [M]，北京：气象出版社，314.

俞小鼎，周小刚，王秀明，等，2012．雷暴与强对流临近天气预报技术进展 [J]．气象学报，70（3）：311-337

俞小鼎，2013．短时强降水临近预报的思路与方法 [J]．暴雨灾害，32（3）：202-209.

袁招洪，2015．不同分辨率和微物理方案对飑线阵风锋模拟的影响 [J]．气象学报，73（4）：648-666.

曾明剑，王桂臣，吴海英，等，2015．基于中尺度数值模式的分类强对流天气预报方法研究 [J]．气象学报，73（5）：868-882.

郑永光，张小玲，周庆亮，等，2010．强对流天气短时临近预报业务技术进展与挑战 [J]．气象，36（7）：33-42.

郑永光，周康辉，盛杰，等，2015．强对流天气监测预报预警技术进展 [J]．应用气象学报，26（6）：641-657.

郑永光，陶祖钰，俞小鼎，2017．强对流天气预报的一些基本问题 [J]．气象，43（6）：641-652.

朱乾根，林锦瑞，寿绍文，等，2000．天气学原理和方法（第三版）[M]．北京：气象出版社.

Aggarwal R, Kumar R, 2013. A comprehensive review of numerical weather prediction models[J]. International Journal of Computer Applications, 74（18）：44-48.

Benjamin S G, 1989. An isentropic meso α -scale analysis system and its sensitivity to aircraft and surface observations [J]. Monthly Weather Review, 117：1586-1603.

Benjamin S G, Brundage K J, Morone L L, 1994. The rapid update cycle. Part I：Analysis/model description[R]. Technical Procedures Bulletin No. 416, NOAA/NWS, 16.

Benjamin S G, Brown J M, Brundage K J, et al, 1998. RUC-2 - The Rapid Update Cycle Version 2[R]. NWS Technical Procedure Bulletin No. 448. NOAA/NWS, 18.

Benjamin S G, Smirnova T G, Brundage K, et al, 2004. A 13-km RUC and beyond：Recent developments and future plans[C]. 11th Conference Aviation, Range, Aerospace Meteorology, AMS, Hyannis, MA.

Benjamin S G, Moninger W R, Weygandt S S, et al, 2009. Technical review of rapid refresh[R].RUC project, NOAA/ESRL/GSD internal review, 3.

Benjamin S G, Jamison B D, Moninger W R, et al, 2010. Relative short-range forecast impact from aircraft, profiler, radiosonde, VAD, GPS-PW, METAR, and Mesonet observations via the RUC hourly assimilation cycle[J]. Monthly Weather Review, 138（4）, 1319–1343.

Brown B G, Gotway J H, Bullock R, et al，2009. The Model Evaluation Tools (MET)：Community tools for forecast evaluation. Preprints, 25th Conference on International Interactive Information and Processing Systems (IIPS) for Meteorology, Oceanography, and Hydrology, Phoenix, AZ, American Meteorological Society.

Brown B, Gotway J H, Bullock R, et al, 2009. The Model Evaluation Tools (MET)：Community tools for forecast evaluation[C]. 25th Conference on International Interactive Information and Processing Systems (IIPS) for Meteorology, Oceanography, and Hydrology, Phoenix, AZ, American Meteorological Society.

Chen F, Lian X, Ma H, 2017. Application of IVAP-based observation operator in radar radial velocity assimilation：

the case of Typhoon Fitow[J]. Monthly Weather Review,145（10）：4187-4203.

Corfidi S F, 2003. Cold pools and MCS propagation: Forecasting the motion of downwind-developing MCSs[J]. Weather and Forecasting, 18（6）：997-1017.

Doswell C AIII, Brooks H E, Maddox R A, 1996. Flash flood Forecasting: An ingredients—based methodology[J]. Weather and Forecasting, 11：560-58

Doswell C AIII, 2001. Severe convective storms—An overview[J]. Meteorological Monographs, 2001, 28（50）：257-308.

Evensen G, 2009. Data assimilation, 2nd ed[M]. Springer-Verlag Berlin Heidelberg.

Navon I M, 2009. Data assimilation for numerical weather prediction: A review[M]// Data Assimilation for Atmospheric, Oceanic and Hydrologic Applications/. Springer Berlin Heidelberg,

Rotunno R, Klemp J B, Weisman M L, 1988. A theory for strong, long-lived squall lines [J]. Journal of Atmospheric Science, 45（3）：463–485.

Skamarock W C, Klemp J B, Dudhia J, et al 2008. A description of the advanced research WRF version 3[R]. NCAR Technical Note, NCAR/TN-475 + STR, Boulder, Colo, USA: National Center for Atmosphere Research.

Wang X , Parrish D , Kleist D , et al, 2013. GSI 3DVar-based ensemble–variational hybrid data assimilation for NCEP global forecast system：single-resolution experiments[J]. Monthly Weather Review, 141（11）：4098-4117.

第 6 章

强对流天气预报检验评估技术研究

6.1 强对流天气预报主要检验方法

预报产品的客观检验是天气预报业务流程中“分析、诊断、预报、检验”四个重要环节之一。传统的强对流天气预报检验方法是基于站点观测或目击者报告的、通过二维列联表计算得到的检验指标，如TS评分、命中率、虚假率等。常规检验方法仅能给出预报正确与否或者准确程度的评价，无法揭示预报场的时空尺度属性，在评估高分辨率强对流预报具有明显缺陷，且当用站点资料检验强对流时，易受小尺度影响，无法准确反映模式的预报能力。为了解决对高时空分辨率天气预报的检验，一些新的预报空间诊断技术不断涌现，主要包括空间检验方法、概率预报和集合预报检验方法、极端事件检验方法等。其中空间检验方法能够反映模式预报的空间结构和尺度变化，可以为用户提供更多的参考信息。Brown（2009）将空间检验方法总结为4类：第一类为邻域空间检验方法（也称为模糊检验），第二类为尺度分离检验方法（如强度—尺度法），第三类为场变形信息（度量预报场与实况场之间总体的变形、位置或相位误差等）检验，第四类为基于对象或者特征检验方法。

6.1.1 常规检验方法

对强对流天气最简单直接的检验方法就是将基于站点观测的实况与预报相对比进行计算的检验指标，过去几十年检验技术的研究和应用主要集中于针对预报和观测数据的几个统计评分指标的计算，这些方法也被称为传统检验技术。传统的检验方法主要包括连续性检验方法以及确定性检验方法，其中最常用的连续性检验方法包括均方根误差以及系统偏差等相关系数；确定性检验方法主要包括TS评分、空报率、漏报率等。具体指标意义如下。

绝对误差平均：$$MAE=\frac{1}{n}\sum_{i=1}^{n}\left|Pa(i)-Pg(i)\right| \tag{6.1}$$

相对误差平均：$$RE=\frac{1}{n}\sum_{i=1}^{n}\frac{Pa(i)}{Pg(i)} \tag{6.2}$$

均方根误差：$$RMSE=\sqrt{\frac{1}{n}\sum_{i=1}^{n}\left(Pa(i)-Pg(i)^{2}\right)} \tag{6.3}$$

式中 $Pa(i)$ 代表第 i 站点上的预报值，$Pg(i)$ 为第 i 站点上的实况观测值，n 为参与评估计算的样本数。

T S 评分：$TS_k = (NA_k)/(NA_k + NB_k + NC_k)$ （6.4）

漏报率：$PO_k = (NC_k)/(NA_k + NC_k)$ （6.5）

空报率：$FAR_k = (NB_k)/(NA_k + NB_k)$ （6.6）

Bias：$Bias = (NA_k + NB_k)/(NA_k + NC_k)$ （6.7）

ETS：$ETS = (NA_k - R)/(NA_k + NB_k + NC_k - R)$ （6.8）

式中，NA_k 为预报正确站（次）数，NB_k 为空报站（次）数，NC_k 为漏报站（次）数。对降水分级检验，k 分别代表预报内容，即强对流分类预报。其中 $R = (NA_k - NB_k)(NA_k - NC_k)/(NA_k + NB_k + NC_k + ND_k)$ 为随机观测指数，ND_k 为无降水站数。

6.1.2 空间检验方法

6.1.2.1 邻域法（Neighborhood）

邻域法是空间检验方法的一种，又称为模糊检验方法。传统技巧评分检验高分辨率数值预报模式存在的“两难”是发展邻域法的主要动因。这种两难在于尽管高分辨率数值模式能够更好地揭示预报的空间结构，用户主观上认为其预报效果较好，但技巧评分却低于粗网格模式。目前基于邻域（一定的半径范围）的检验方法在降水和强对流天气预报检验中得到了广泛的应用（Zhu et al，2015；Ebert，2008；Clark et al，2010；Weusthoff et al，2010）。利用邻域法空间窗（邻域）可以变的特性，计算 FSS 评分来分析模式预报能力的尺度变化，采用该尺度内的降水发生概率，用以比较预报和实况之间的发生概率的误差分布特征，从而确定最终的预报技巧。图 6.1 给出了邻域法匹配方案示意图，其邻域半径为 3 个格点。如果仅仅考虑单个格点的预报，邻域窗内中心格点的降水是空报的，但对整个邻域窗来说，预报与观测降水的格点面积与总面积的比值均为 7/25，预报正确。

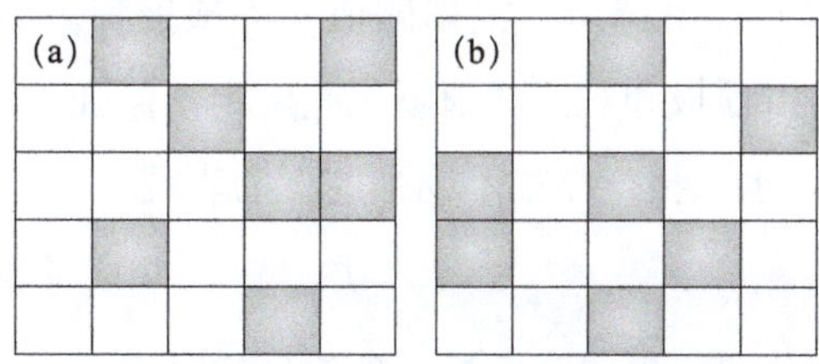

图 6.1 邻域半径为 3 个格点的降水预报、观测匹配方案示意图（a. 模式预报；b. 观测），其中阴影区表示降水量超过阈值的格点

FSS 评分是邻域法计算的主要指标。它主要是考察不同预报尺度下降水发生概率的统计方法，称之为FSS（fraction skill score）。邻域法计算时首先设定不同的阈值预处理数据，空间窗内超过阈值的数值转化为 1，其余转化为 0。

$$I_0=\begin{cases}1 & O_r\geqslant q\\ 0 & O_r<q\end{cases} \text{和} I_m=\begin{cases}1 & O_m\geqslant q\\ 0 & O_m<q\end{cases} \tag{6.9}$$

式中，O_r 表示观测，O_m 表示预报，q 为给定的阈值。

$$O(n)(i,j)=\frac{1}{n^2}\sum_{k=1}^{n}\sum_{l=1}^{n}I_0\left[i+k-1-\frac{(n-1)}{2},j+l-1-\frac{(n-1)}{2}\right] \tag{6.10}$$

$$M(n)(i,j)=\frac{1}{n^2}\sum_{k=1}^{n}\sum_{l=1}^{n}I_0\left[i+k-1-\frac{(n-1)}{2},j+l-1-\frac{(n-1)}{2}\right] \tag{6.11}$$

式中，$O(n)(i,j)$ 代表观测场预报；$M(n)(i,j)$ 代表模式预报场。N 为邻域窗口，k，l 代表邻域窗中包含的格点数。由于 FBS 是一个负向评分指数，因为对其转换，就变成 FSS 评分。

$$FBS=\frac{1}{N_xN_y}\sum_{i=1}^{N_x}\sum_{j=1}^{N_y}\left[O(n)(i,j)-M(n)(i,j)\right]^2 \tag{6.12}$$

$$FSS=1-\frac{FBS}{\frac{1}{N_xN_y}\left[\sum_{i=1}^{N_x}\sum_{j=1}^{N_y}o^2(n)(i,j)+\sum_{i=1}^{N_x}\sum_{j=1}^{N_y}M^2(n)(i,j)\right]} \tag{6.13}$$

FSS 评分介于 0～1，其中完全不匹配为 0，完美匹配为 1。一般来说，随着邻域窗口的增加，FSS 技巧会逐渐增大。

6.1.2.2 强度尺度法（Scale Decomposition）

强度—尺度检验方法是 Casati（2004；2007）提出的，它是从尺度分解的角度入手，分析预报技巧随误差尺度和降水强度的变化情况，主要分为以下几个步骤：

（1）二进制误差和强度分级：首先使用降水率阈值将预报场（F）和观测场（O）转换为二进制场（I），阈值 μ 自由选择。根据阈值 μ 将预报和观测场两值化，大于阈值的取“1”，否则为“0”，再由预报和观测两值场之差确定不同强度（阈值）的二进制误差场（Z），用于评估各种定量降水预报产品在不同强度下的表现。

$$Z=I_F-I_O \tag{6.14}$$

（2）小波函数和尺度分解：小波分析是一种信号的时间—尺度分析方法，它从 Fourier 变换发展起来的，核心是多分辨率分析。它优于 Fourier 变换的地方，在于它在时域和频域同时具有良好的局部化性质，从而可把分析的重点聚焦到任意的细节，使我们能够揭示不同时空尺度天气系统的详细结构。二维 Haar 小波是小波中的最简单的一种，具有方形特征，适合捕捉二进制变量差异信息。采用二维 Haar 小波分解技术将二进制误差场分解成不同时间空间尺度的正交成员之和。公式如式（6.15）所示。

$$Z=\sum_{i=1}^{L}Z_i \tag{6.15}$$

L 表示时空尺度分解幂次。以空间尺度分解为例。二维 Haar 小波分解过程可用 2×2 像素空间算法表述。原函数 $f(x, y)$ 通过分辨率为 2^L 尺度范围（$L=1$，表示需要尺度分解的最小的父小波空间尺度幂次）进行算数平均，得到第 2 个父小波成员，第 2 父小波成员与原函数 $f(x, y)$ 之差为第 2 个母小波。Haar 小波重复过滤，将第 2^L 个父小波进一步分解为 2^{L+1} 尺度的父小波和母小波，将第 2^{L+1} 个父小波进一步分解为 2^{L+2} 尺度的父小波和母小波，…,（图 6.2）。根据需要，当最大父小波（$L=n$）获得后，结束分解过程。原函授被分解为空间尺度为 $L=1$，2，3，…，n 的各个母小波和第 2^n 个父小波成员之和。

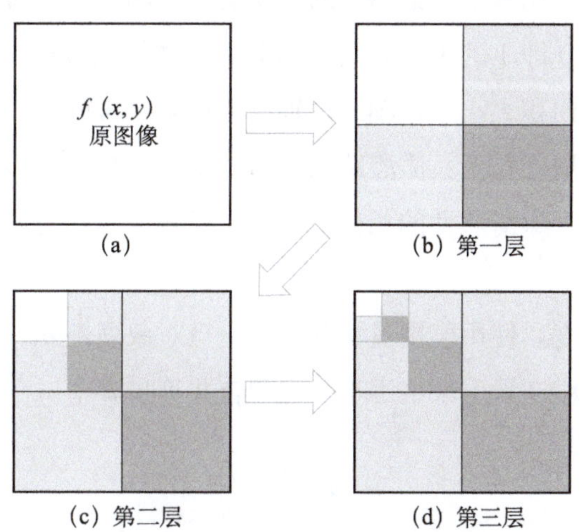

图 6.2 Haar 小波空间分解过程

6.1.2.3 MODE 法（Method for Object-based Diagnostic Evaluation）

基于对象或者特征的强对流预报检验也是空间检验方法的一种，目前已得到了较为广泛的应用。这里只介绍 MODE 和 SAL 方法。

MODE 方法的基本观念来自 Davis 等（2006），实现时首先通过给定的卷积半径尺对原始降水场卷积，然后按给定的阈值解析出满足条件的空间降水对象，在此基础上计算各对象的降水强度、轴角、面积等各种属性。MODE 方法通过以下几个步骤来实现。

（1）卷积处理。使用卷积算子确定执行对象，算子的执行基于卷积半径（以网格数为单位）和二维场强度阈值（以要素单位为单位）的确定来完成。

$$C(x,y)=\sum_{u,v}\Phi(u,v)f(x-u,y-v) \tag{6.16}$$

式中，f为原始数据场，Φ为滤波函数，C为经过卷积处理的结果场。变量（x，y）和（u，v）均为格点变量。滤波函数Φ是一个简单的循环滤波方法，它取决于半径（R）和高度（H）。如果$x^2+y^2\leqslant R^2$，则$\Phi(x, y)=H$，否则$\Phi(x, y)=0$。其中，$R^2H=1$。因此，在卷积的过程中，影响半径R是唯一可调参数。一旦R确定，H则由上述方程确定。

（2）去背景。使用遮罩法去除不满足设定阈值的原始场格点，从而确定满足设定阈值的原始场格点。设定如果$C(x, y)\geqslant T$，则$M(x, y)=1$，否则，$M(x, y)=0$。

（3）确定对象。将通过卷积半径（R）和强度阈值（T）控制的格点赋值为原始二维场中对应格点的值$F(x,y)=M(x,y)f(x,y)$。

基于由卷积半径和强度阈值控制得到的对象开展评估，能够表达出模式在何种空间尺度和何种二维场强度上，预报性能最强。

（4）确定对象属性。用基于对象属性的相似度来判断对象是否匹配，仿照专家决策的方式进行，避免使用非0即1的决策方式。单个对象的属性包括：对一个雨区对象的描述包括时间、质心位置、面积大小、长轴、短轴、方位角、雨强等直接属性，同时还有一些衍生属性等。对象对的属性包括：质心距离、边界最小距离、方位角差、面积比、重叠区比例等。通过确定匹配对象对属性的相似，以及这种相似在所有匹配对象对中能够呈现出来的比例来评价相应模式技巧。

（5）计算出总相似度。使用模糊逻辑判断，一旦对象属性a_1，a_2，$a_3\cdots$，等都确定了，这些属性就被输入到模糊逻辑引擎中用于匹配和合并等步骤中。

$$T(a)=\frac{\sum_{i=1}^{n}\omega_i C_i(a)I_i(a_i)}{\sum_{i=1}^{n}\omega_i C_i(a)} \tag{6.17}$$

式中，I_i为相似度因子，介于0～1；C_i为可信度因子，为0～1；ω_i为权重系数；$T(a)$为总相似度，为0～1。给T设定阈值，在阈值以上的两个场中的对象可以匹配，同一场中的对象可以合并。MMI（Median of Maximum Interest）为每一组对象的相似度评分，它综合考虑了所有相似度属性，其意义为最大相似度中值。

6.1.2.4 SAL 法

SAL 方法由 Wernli 等人于 2008 年提出，它从降雨雨带的结构（structure，简称S）、强度（amplitude，简称A）和位置（location，简称L）入手，得到降水的形态误差

（Wernli et al，2008）。Gilleland 等（2009）和 Zimmer 等（2011）评价 SAL 相比其他方法更具有指示预报性能强和信息简洁的优势。SAL 方法将雨带主体划分为不同的降水个体，从总雨带及其内部结构出发，对雨带的结构、强度和位置三个方面来进行检验，结果为 S、A、L 三个数值。具体步骤如下：

（1）降水个体的划分：根据降水实况确定一个检验区域 D，在此区域范围内将降水量从小到大排列，最大降水序号乘以 0.95 后，取最临近整数序号降水量的 1/15 作为划分此降水主体的临界值（此做法为经验法，即试验发现这种取法相对合适）；大于此临界值的格点作为降水主体成员，而在此降水主体内，将各不连续的小降水区域，作为此降水主体内的降水个体。

（2）结构（S）。结构（S）的计算方法为

$$S=\frac{V\left(R_{\mathrm{mod}}\right)-V\left(R_{\mathrm{obs}}\right)}{V\left(R_{\mathrm{mod}}\right)+V\left(R_{\mathrm{obs}}\right)} \tag{6.18}$$

为了简化，$V\left(R_{\mathrm{mod}}\right)$代表预报降水单体的面积，$V\left(R_{\mathrm{obs}}\right)$代表实况降水单体的面积，取值范围为 [−1，1]。S=0 代表预报降水面积与实况相一致。$S>0$，表示预报降水面积较实况偏大；$S<0$，表示预报降水面积较实况偏小；S 的绝对值越接近于 0，则预报降水面积与实况越吻合。

（3）强度（A）。强度（A）的计算方法为

$$A=\frac{D\left(R_{\mathrm{mod}}\right)-D\left(R_{\mathrm{obs}}\right)}{D\left(R_{\mathrm{mod}}\right)+D\left(R_{\mathrm{obs}}\right)} \tag{6.19}$$

式中，$D\left(R_{\mathrm{mod}}\right)$代表预报降水面雨量，$D\left(R_{\mathrm{obs}}\right)$代表实况降水面雨量。取值范围为 [−1，1]。$A$=0 表示预报强度与实况一致；$A>0$，表示预报强度较实况偏强；$A<0$，表示预报强度较实况偏弱；$A$ 的绝对值越接近于 0，则预报强度越接近于实况。

（4）位置（L）。位置 $L=L_1+L_2$，L_1 为区域 D 内实况与预报主体重心之间的距离。其中：

$$L_1=\frac{\left|x\left(R_{\mathrm{mod}}\right)-x\left(R_{\mathrm{obs}}\right)\right|}{d}\times 0.5 \tag{6.20}$$

式中，$x\left(R_{\mathrm{mod}}\right)$表示区域内降水主体的重心位置，$d$ 表示区域 D 内非缺省格点间的最大距离。根据定义，L_1 的值为 [0，0.5] 内，当 L_1 为 0 时，预报与实况降水主体重心重合，预报效果最好，但多种不同的降水场可以具有同一个重心，却未必都是好的预报。比如一个预报场在 D 区域的两端分别报有一个降水区域，而实况降水只有一个降水区且位于预报两个降水区连线的中心处，这样两个重心也重合，但却不能说明两个降水场位置一致。这时，需要引入一个离散度参数（L_2）。

$$L_2 = \frac{\left| r\left(R_{\text{mod}}\right) - r\left(R_{\text{obs}}\right) \right|}{d} \tag{6.21}$$

式中，$r\left(R_{\text{mod}}\right)$代表预报降水的离散度，$r\left(R_{\text{obs}}\right)$代表实况降水的离散度，$d$代表预报降水与实况降水的最大距离。$r$的物理意义在于区域D内，降水主体的雨量越大，离降水主体重心越远，则r值越大，r的最大值为（1/2）d，使得L_2值范围为[0，0.5]，L值范围在[0，1]。综上，只有当预报降水主体重心和实况降水主体重心重合且实况与预报的各个降水个体重心到降水主体重心距离的加权平均相等时，L值才为0。L值越接近0，则预报降水与实况降水位置越接近，反之亦然。

6.1.2.5 小结

强对流天气最简单直接的检验方法是将基于站点观测的实况与预报进行对比来计算的检验指标，如常规检验方法，尤其是TS评分在强对流天气的检验中得到了最广泛的应用。美国SPC和中国气象局国家气象中心强天气预报中心对主观确定性预报产品的检验主要采用点对面（即评分站点上的预报与对应的半径40 km圆内出现的实况对比）的方法，检验指标为TS评分、漏报率和空报率等。但强对流天气空间分布通常具有分散性、不连续性和突发性强等特点，传统的点对点检验方法易于导致双重惩罚，尤其对高时空分辨率的数值预报缺陷明显。

邻域法和强度尺度法的显著优点是可以判别在多大空间尺度上能够获取较好的预报技巧，尤其邻域法为最具有代表性。邻域法即考虑相邻区域的空间特征的一种检验方法，其显著优点在于一方面能够变换邻域窗获取不同空间尺度上的传统预报技巧；另一方面通过比较不同尺度窗口内的降水发生概率的方法来获取综合信息。其宗旨是预报发生的概率与实况发生的概率近似即为有效的预报。由于该评分方法构造简单，不受其他因素如滤波阈值、平滑半径等的影响，可获取一致的评估结论，因此当前已经成为一种普遍的空间检验方法，ECMWF近年来也将其作为标准的降水评估方法。

基于对象或者特征的强对流预报检验也是空间检验方法的一种，目前已得到了较为广泛的应用。它们一般包括三个步骤：目标识别、目标配对和目标检验。MODE方法是在变换卷积半径的基础上提取识别对象并进行配对，它的独特优势在于可以分析预报和观测对象在诸如面积、强度、质心距离、夹角、长短轴比、曲率等属性的空间表现，计算模式预报性能的总体表现。这些属性可以侧面描述误差来源原因，且为用户提供多方面了解模式预报性能的手段。MODE方法被集合进美国开发试验中心（DTC）开发的数值模式测试、检验、评价工具箱MET（Model Evaluation Tools）。但MODE方法受滤波阈值、平滑半径等的影响，结果会有所不同。SAL方法也是基于形态出发，将雨带主体划分为不同的降水个体，从总雨带及其内部结构出发，对雨带的结构、强度和位置三个方面来进行检验，结果为 S、A、L 三个数值，物理意义清晰，计算简单。总之，基于对象或者特征的检验法提供了更多的评价指标来剖析各类强对流天气预报的性能，为预报员提供量化直观的检验和评估结果，挖掘更多有用的空间特征信息，且通过一些指标能分析产生误差的可能原因，但是其也存在一些缺陷。如何利用这些属性来提高实际的预报能力仍然有困难，而且在尺度上描述不如邻域法清晰。

除了以上方法，还有很多其他检验方法，如概率预报检验、集合预报检验、场变形信息检验等。强对流检验方法种类繁多，每种方法都各有特点，适用范围也有差异。面对检验方法产生的大量信息，需要用户根据预报检验的目的，有所取舍；同时用户也需要根据自己对正确预报的认定策略选择需要的检验方法。

6.2 分灾种的强对流天气预报检验

6.2.1 分灾种检验方案

基于强对流天气时空尺度小，发展迅速等特点，针对不同强对流类型（短时强降水、雷暴大风、强雷电和冰雹预报产品），根据其不同特点设计检验方案，建立相应的强对流天气预报检验方法，开发适合本地强对流预报预警发展的短临预报检验业务产品，实现对强对流预报的综合检验和评估。

针对网格化的高分辨率的数值预报产品，由于预报场和实况场的范围和分辨率不一致，应先要把预报和实况数据进行匹配，将其插值到同一分析场；其次构建检验评估算法模块，根据用户需求，分等级输出格点或站点检验评估产品，结果以文本或图形的形式来进行分析。

（1）短时强降水。实况采用传统的地面自动雨量站的站点雨量资料或者经过检验的雷达和雨量站观测融合的定量估测降水为短时强降水检验实况资料。选取降雨强度作为主要检验对象，与实况降水分布进行对比和检验。根据实际业务需求来选择检验指标，如常规检验方法可以获取降水的准确率，空间检验方法可以获取降水空间结构和尺度上变化信息等。

（2）雷暴大风。实况采用传统的人工地面观测雷暴与大风结合识别的雷暴大风或者自动站风观测与雷电观测结合识别的雷暴大风。选取伴有雷暴的8级及以上的大风分级指标作为主要的检验对象，对雷暴大风的落区预报和站点预报进行检验评价。针对雷暴大风具有分散性、不连续性等特点，评估指标通常选取TS评分、漏报率和空报率。

（3）雷暴。实况选取人工地面观测雷暴或者闪电定位仪的云地闪探测数据。选取雷电密度（单位面积、单位时间的地闪次数）作为主要检验对象，对强雷电的落区预报和站点预报进行检验评价。与雷暴大风类似，评估指标选取 TS 评分、漏报率和空报率。

（4）冰雹。冰雹实况采用常规人工观测、目击者观测的冰雹实况，选取观测降雹作为主要的检验对象，对冰雹的落区预报和站点预报进行检验评价。与雷暴大风类似，评估指标选取 TS 评分、漏报率和空报率。

6.2.2 短时强降水的检验

6.2.2.1 传统检验方法的应用

强对流天气预报传统检验，如绝对误差、TS 评分等虽存在较多缺陷，但依然是检验技术的重要方面。图 6.3 为 1 h 绝对误差图，可以详细地描述出分降雨等级的误差情况。

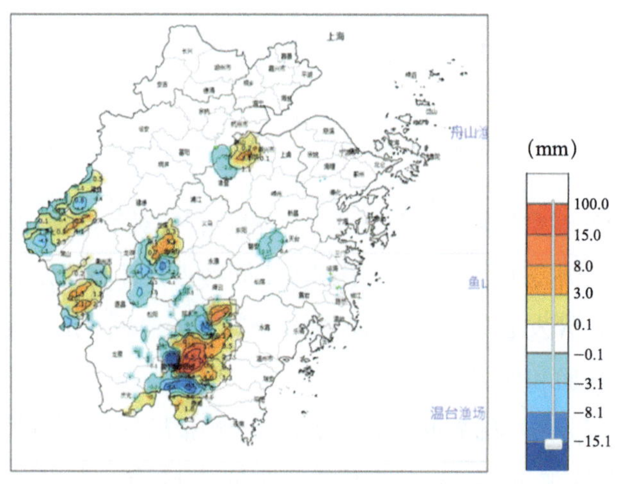

图 6.3 2018 年 5 月 14 日 16 时 1 h 绝对误差

在小时降水时间序列基础上，按照日和降水过程累加，得到过程降水样本序列，可以分析不同时间单位上的降水估测精度。在传统的检验方法上，我们可以容易地获取单站误差检验评分的时序图（见图 6.4），或者误差空间分布情况等的。

6.2.2.2 邻域法的应用

为了获取不同尺度上短时强降水的预报能力，可以采用邻域法。邻域窗通常以奇数格点为半径，当邻域半径为 1 时，表示格点本身的预报技巧。*FSS* 评分为 0，表示预报效果完全和实况脱离；在样本足够多的情况下，给定邻域窗区，*FSS* 的典型变化就是随着邻

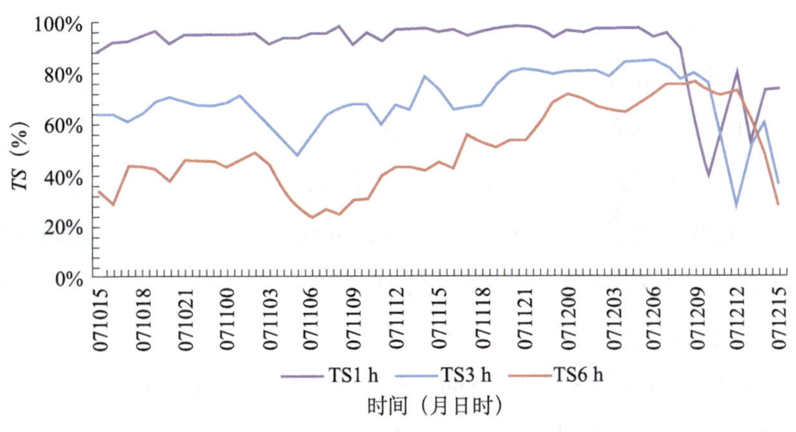

图 6.4　2015 年 7 月 10 日 15 时—12 日 15 时站点评估 TS 评分时序

域窗口 n 的增大而逐渐增大，直到其达到 $n=2N-1$，N 表示沿着邻域窗长轴方向的格点数。例如 2016 年 6 月 28—29 日，受高空槽东移和低层切变线共同影响，浙江大范围出现短时降水，表 6.1 给出了不同空间尺度和邻域半径下的模式降水 *FSS* 评分表现，从表中可以看出，当降水阈值为 5 mm 以下时，20 km 空间尺度为 0.58，空间尺度增大在到 75 km 时，*FSS* 为 0.72，*FSS* 线性增长，但增幅并不显著。并且分析发现，*FSS* 评分的整体趋势在不同降水的阈值条件下保持一致的趋势，而 TS 评分特征不明显，*FSS* 评分在不同邻域尺度下的评分演变趋势收敛，仅存在量值上的细微差异。出现这种情况的原因主要是因为 5 mm 以下量级的降水形势主要表现为面降水为主。但随着降水阈值的增大，20 mm 以上的降水预报特征从面降水逐渐变成点降水为主，在较高分辨率条件下点对点的技巧评分很难做到预报与观测一一对应，这样就出现了明显的空报和漏报而 *TS* 评分过低的情况。

表 6.1　不同降水阈值和空间尺度下，模式 1 h 预报的 FSS 评分

放大倍数（km）	降雨量级（P，mm）			
	$P<5$	$5\leqslant P<10$	$10\leqslant P<20$	$20\leqslant P<50$
75	0.720	0.610	0.575	0.525
50	0.639	0.586	0.572	0.522
30	0.613	0.572	0.562	0.512
25	0.607	0.556	0.510	0.460
20	0.582	0.537	0.497	0.447
15	0.576	0.514	0.482	0.432
10	0.551	0.458	0.444	0.394
5	0.517	0.439	0.407	0.357
1	0.455	0.381	0.343	0.293

6.2.2.3　SAL 法的应用

为了了解误差来源的原因，从降水形态出发，给予降水结构、强度和位置误差，随机

选择三个时刻（如 2016 年 6 月 28 日 09—12 时、28 日 23 时—29 日 02 时和 29 日 13 时—16 时）短时融合降水 3 h 预报与实况进行对比说明 SAL 意义。从图 6.5a、b 可以看出，6 月 28 日 12 时的时刻预报降水比实况降水面积偏大，强度偏强，重心位置偏西偏南，对应表 6.2，$S>0$，$A>0$。29 日 02 时的时刻预报降水比实况降水面积稍有偏大，强度偏弱，降水主体重心位置基本吻合，$S>0$，$A<0$（图 6.5c、d）。29 日 16 时的时刻预报降水比实况降水面积偏大，强度偏弱，重心位置偏东偏北，$S>0$，$A<0$（图 6.5e、f）。通过 SAL 三个指标，我们能把定性的误差通过定量的方式来衡量，三个时刻 S 均为正值，均体现预报面积比实况偏大 6 月 28 日 12 时的时刻体现为预报强度比实况偏强，其他两个时刻为预报强度比实况偏弱。一般来说，S、A、L 绝对值越接近 0，代表预报效果越好；反之其绝对值越接近 1，代表预报效果比较差。特别是 L 值，若 L 值很接近 1，说明此次预报效果比较差；反之，若 L 值很接近 0，说明此次预报效果较好。

表 6.2　三个时刻的 SAL 结果

时间	S	A	L	$L1$	$L2$
2016 年 6 月 28 日 12 时	1.13	0.56	0.12	0.1	0.02
2016 年 6 月 29 日 02 时	0.24	−0.13	0.03	0.025	0.005
2016 年 6 月 29 日 16 时	0.5	−0.19	0.06	0.05	0.01

6.2.2.4　改进的“SAL”法在检验中的应用

SAL 方法的基本原理是将区域内的预报降水和实况降水分别按照一定的阈值划分出不同的降水主体和个体，然后从总雨带及其内部结构两个方面，对降水的预报从结构、强度和位置三个预报最关键的因素进行效果检验。其中，S 值综合反映了所有预报降水单体与实况降水单体面积平均值偏差的大小，A 值反映了预报降水与实况降水单体强度平均值的偏差，L 值反映了预报降水与实况降水单体位置的偏差，也即重心偏差和离散度偏差。最终的检验结果为 SAL 三个数值，当这三个分量数值均为 0 时，则说明预报效果最好。总体上讲，该方法设计科学，物理含义清晰，与预报员和科研人员的分析思路一致。SAL 方法的具体设计原理及实现详见 Wernli 等（2008；2009）。但 SAL 方法是基于对象的检验方法，而目前高分辨率数值模式降水大多数是格点数据，且根据降水量阈值识别出单体，这个阈值每个区域均不同，没有适用性。

基于此，在原有 SAL 方法的基础上，将其与邻域法思想进行结合，从格点出发，在预报格点和观测格点周围选取一个窗口（由用户对一个有用预报的判定标准而决定），然后从降水的形态，也即结构、强度、位置三个方面入手，得到降水的形态误差，对其进行归一化处理，最终得到 S，A，L 三个数值。窗区的选择通常包括方形和圆形两种网格

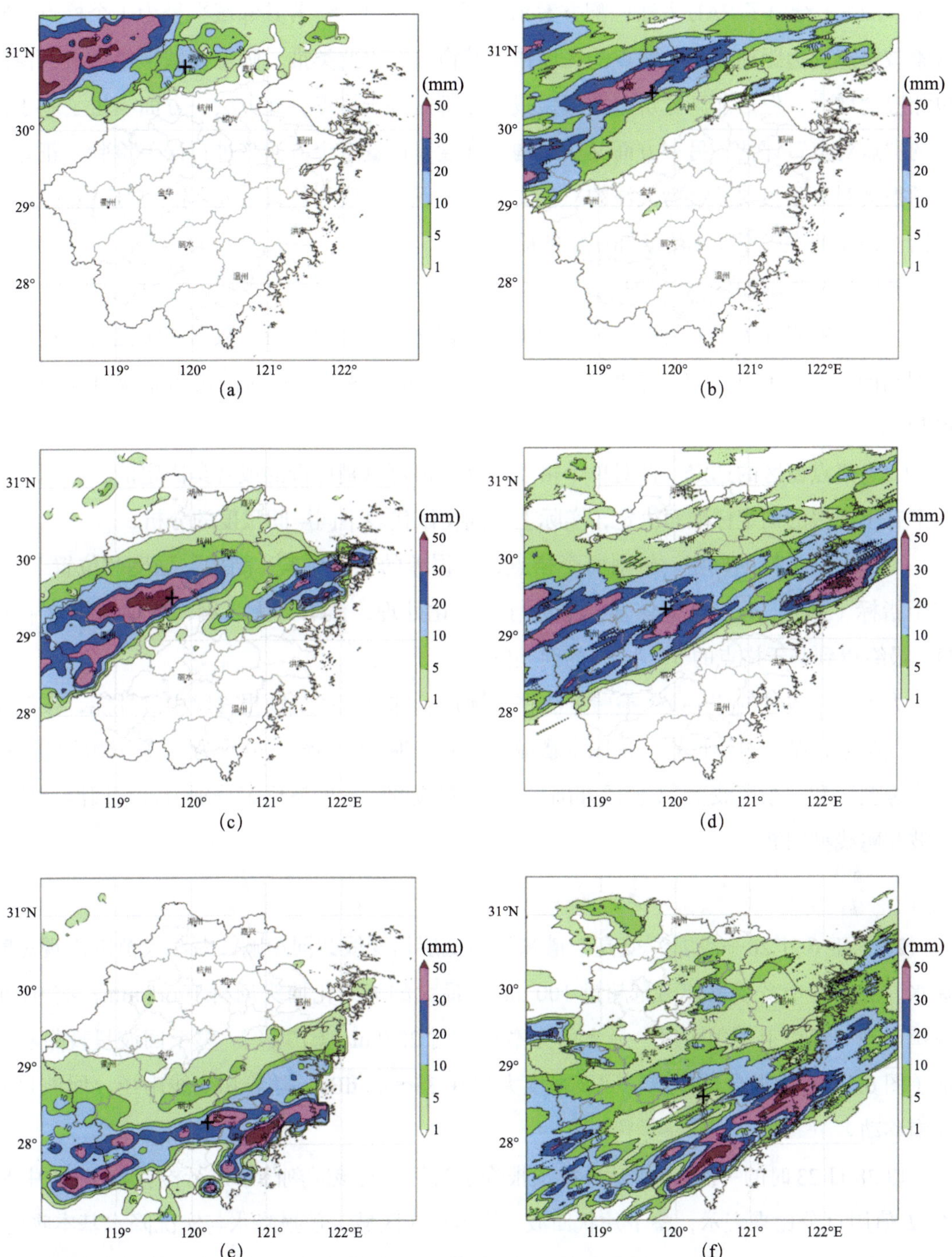

图 6.5　3 h 降水预报示例（a、c、e 为降水实况，b、d、f 为短时融合降水预报）（a）、（b）2016 年 6 月 28 日 09—12 时；（c）、（d）6 月 28 日 23 时—6 月 29 日 02 时；（e）、（f）6 月 29 日 13—16 时。（+代表降水主体的重心位置）

窗，其中，方形网格窗不仅能够和模式格点匹配而且计算相对简单，因此本节采用方形网格窗。图 6.1 给出了 SAL 方法匹配方案示意图，由图可见，若其邻域半径为 1 个格点，则搜索该格点周边距离为 1 个格点的区域作为其窗口，以此类推。随着邻域半径增大，窗区也相应地增大。但目前高分辨率数值预报产品都是基于格点，此方法一方面满足了基于格点的“点对点”评估，另一方面又从结构、强度、位置三个方面来进行误差检验，正好符合预报员对于预报误差最为关注的三个要素（面积、强度和位置），避免了常规检验方法，只给出误差的准确率而无法获知误差的原因。

具体计算步骤如下：

（1）资料格式的统一及检验区域的确定。首先需要将预报格点数据和实况格点数据统一到相同分辨率和相同经纬度的范围内，保证各种资料以同样的格式和非缺值范围参与检验；

（2）格点窗区的选定。针对单个格点，该窗口可以是可选的或者是固定的，由用户对一个有用预报的判定标准而决定，实际上不同窗区代表不同空间尺度的分析；

（3）评估指标的确定。针对每个格点，将误差的三个要素（结构、强度和位置），用三个指标（如 S，A，L）来体现，并进行归一化处理，值均为无量纲，取值范围在 [–1, 1]。最终得到基于格点的 S，A，L 的误差图。

为了考察改进的“SAL”检验方法在不同形态的对流系统预报检验中的性能，按照雷暴天气类型，结合对流形态，选取雷暴最常用的三种天气系统，分别为“高空槽前型”“副高边缘型”和“东风波型”（台风外围影响），对应的雷达回波形态分别为带状回波、块状回波和飑线型回波。

1. 2016 年 6 月 28—29 日带状回波过程

2016 年 6 月 28—29 日，受高空槽东移和低层切变线共同影响，浙江大范围出现短时降水，有 325 个乡镇累计雨量超过 100 mm，最大的为奉化塘头周村 196.1 mm；有 97 个乡镇出现 8 级以上雷雨大风，最大的为奉化袤村 22.9 m/s（10 级）。整个回波呈现带状特征（图 6.6a），为混合性回波，回波强度大部在 35～45 dBz，随着切变线南压，回波自北而南移动。

以 28 日 23 时的一次 1 h 雷达外推预报降水为例，对该时刻降水进行检验。图 6.6 中 S，A，L 值用百分比来表示，整个片状回波（图 6.6a I 区域）预报降水与实况降水基本吻合，S 和 L 值大部在 10% 以内（灰色区域），L 大值区主要分布在 I 区域的边缘（北侧或者南侧）。I 区域南侧呈现面积偏大（$S>0$）、强度偏强（$A>0$）特征，分析原因主要是该区域雷达外推降水速度比实况偏快。对于 II 区域存在面积偏小 30%、强度偏弱 40% 和位置偏离 40% 左右，究其原因主要是该回波在移动过程中突然增强而导致误差增大。而对于

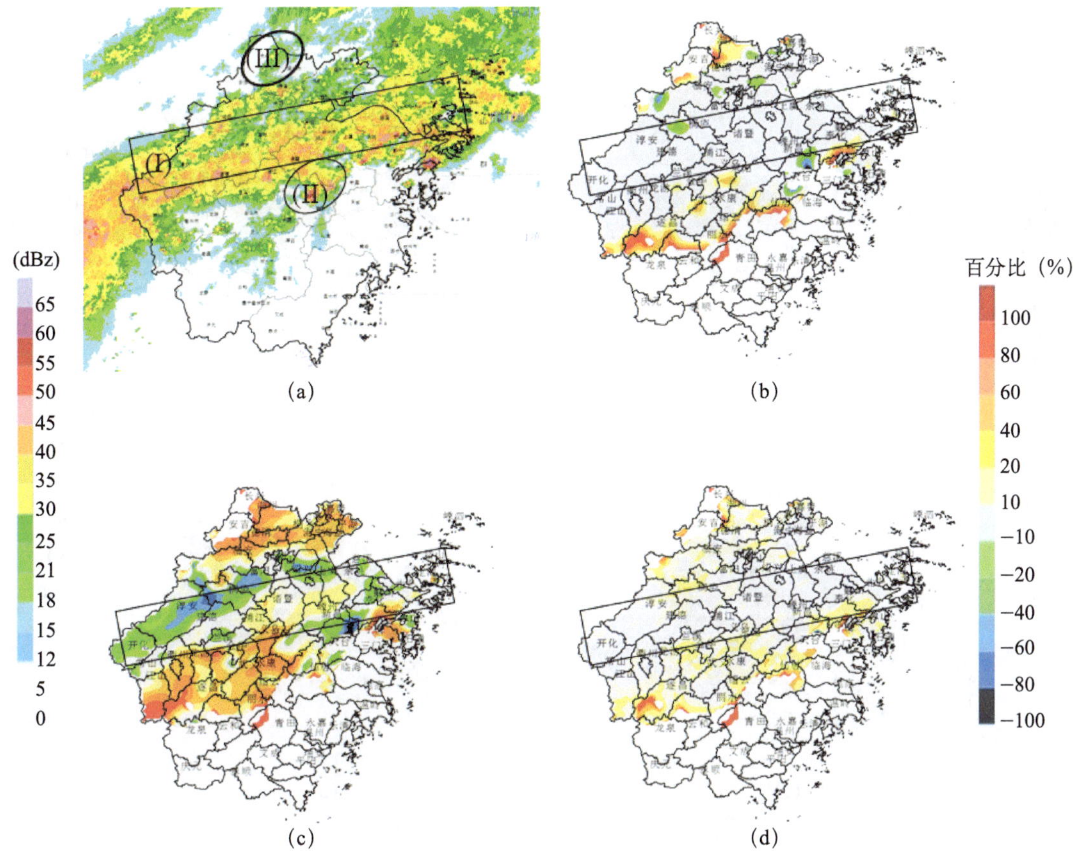

图 6.6　2016 年 6 月 28 日 23 时雷达反射率拼图（a）和 1 h 雷达外推预报降水误差的 S（b）、A（c）和 L（d）值（S、A、L 值用百分比表示）

Ⅲ区域存在面积偏大，强度偏强等特征，主要是在Ⅰ区域内存在多个小尺度对流单体，雷达外推预报其往东北方向传播，而实际往南移动，导致降水空报。

2. 2016 年 6 月 20 日块状回波过程

2016 年 6 月 20 日，受副高边缘影响，浙江出现分散性雷暴天气。图 6.7 浙北北部为梅雨锋雨带，其南侧回波呈现块状特征，以孤立雷暴单体为主（见图 6.7A、B、C 单体），三个单体均向东北方向移动。受其影响，宁波、台州、金华、绍兴、舟山等地出现短时暴雨。

分析发现：对流单体 A（图 6.7 矩形区域）东北方向前沿，雷达外推降水误差呈现面积偏小，强度偏弱（$S<0$，$A<0$）特征，S，A，L 值随着距离的增加逐渐递减到 −100%（即漏报）。而在对流单体 B 移动方向上，降水误差呈现面积偏大，强度偏强（$S>0$，$A>0$）；而在对流单体 C 移动方向上，雷达外推降水误差呈现出面积偏弱，强度偏弱等特征。从 L 值来看，对流单体 B 的位置偏差相比对流单体 A 和 C 更大。

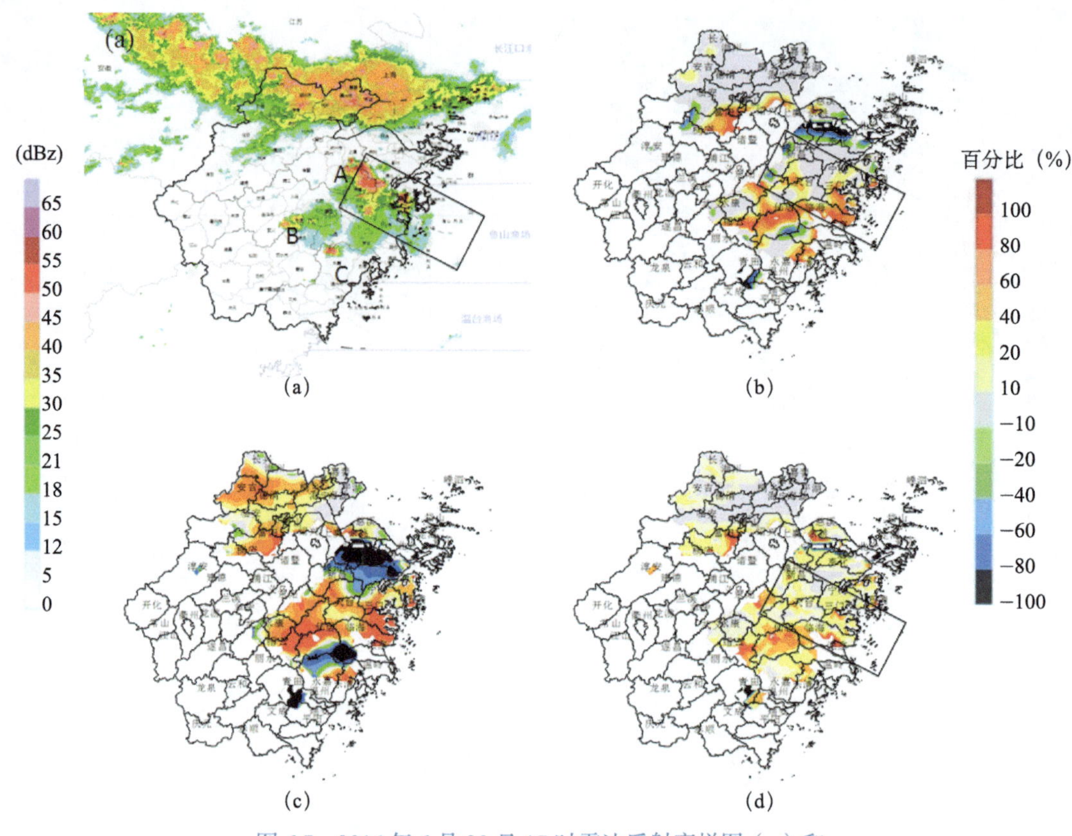

图 6.7　2016 年 6 月 20 日 17 时雷达反射率拼图（a）和 1 h 雷达外推预报降水误差的 S（b）、A（c）和 L 值（d）

3. 2016 年 9 月 27—28 日飑线回波过程

2016 年 9 月 27—28 日，浙江沿海地区受台风“鲶鱼”影响，在其移动路径上多地出现短时强降水和大风。雷达反射率拼图（图 6.8a）呈现出多个台前飑线回波特征，其移动方向为西北向。

随机选取一条飑线回波（图 6.8 矩形框选）为例，分析发现：该飑线移动方向上，雷达外推降水误差呈现出面积偏小，强度偏弱（$S<0$，$A<0$）特征，并随着距离的增加，S 和 A 值逐渐递增，误差逐渐增大。台风本体预报降水 L 值大部位于 10% 以下，台风外围螺旋云带 S，A，L 误差值相比台风主体更大。

相比原有的 SAL 方法，改进的 SAL 方法不失为一个有利的尝试。一方面满足了基于格点的定量评估；另一方面又从误差的结构、强度、位置三个方面来进行检验，正好符合预报员对于预报误差最为关注的三个要素（面积、强度和位置），而常规检验方法（如绝对误差、均方根误差等）更多是从强度上对预报结果进行检验，并只给出误差的准确率而无法获知误差的原因。相比邻域法，改进的 SAL 方法更量化直观，物理含义更容易了解，与预报员和科研人员的分析思路一致。

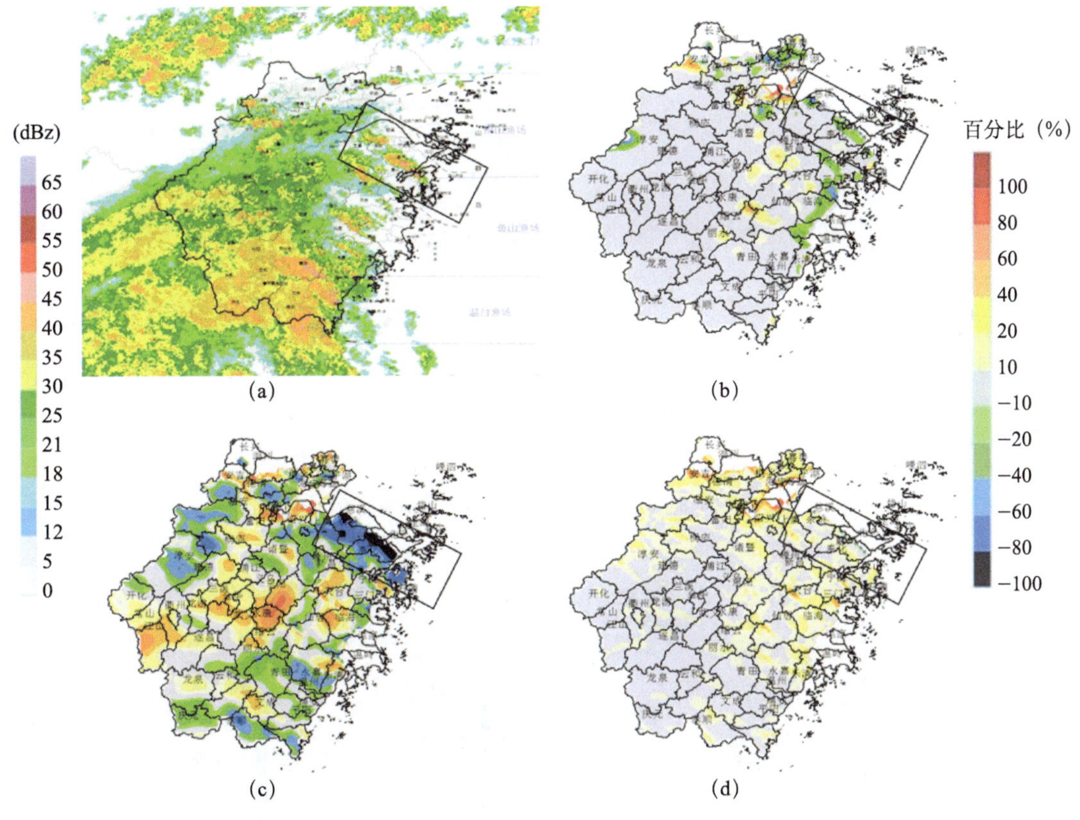

图 6.8　2016 年 9 月 28 日 11 时的雷达反射率拼图（a）和 1 h 雷达外推预报降水误差的 S（b）、A（c）和 L 值（d）

6.2.3　雷暴大风、雷暴和冰雹的检验

强雷电、雷暴大风和冰雹的空间分布通常具有分散性、不连续性等特点，且通常持续时间较短，严格的点对点评分太过于严苛。目前，基于邻域（一定的半径范围）的检验方法在雷暴大风、雷暴和冰雹的检验中得到了广泛的应用，如美国 SPC 和中国气象局国家中心强天气预报中心对主观确定性预报产品的检验主要采用点对面的 TS 评分。检验技术根据预报类型主要分为格点型和站点型。格点型检验技术主要是针对高分辨率的数值预报产品，基于网格，对预报和实况目标进行比较（图 6.9）。站点型预报的检验技术是针对某一站点作为预报对象，用发生在该站点或一定范围内的强对流对象等实况信息，对比预报中对象的误差情况，从而最终获取站点型强对流预报的检验结果。检验指标一般采用 TS 评分、空报率和漏报率等。

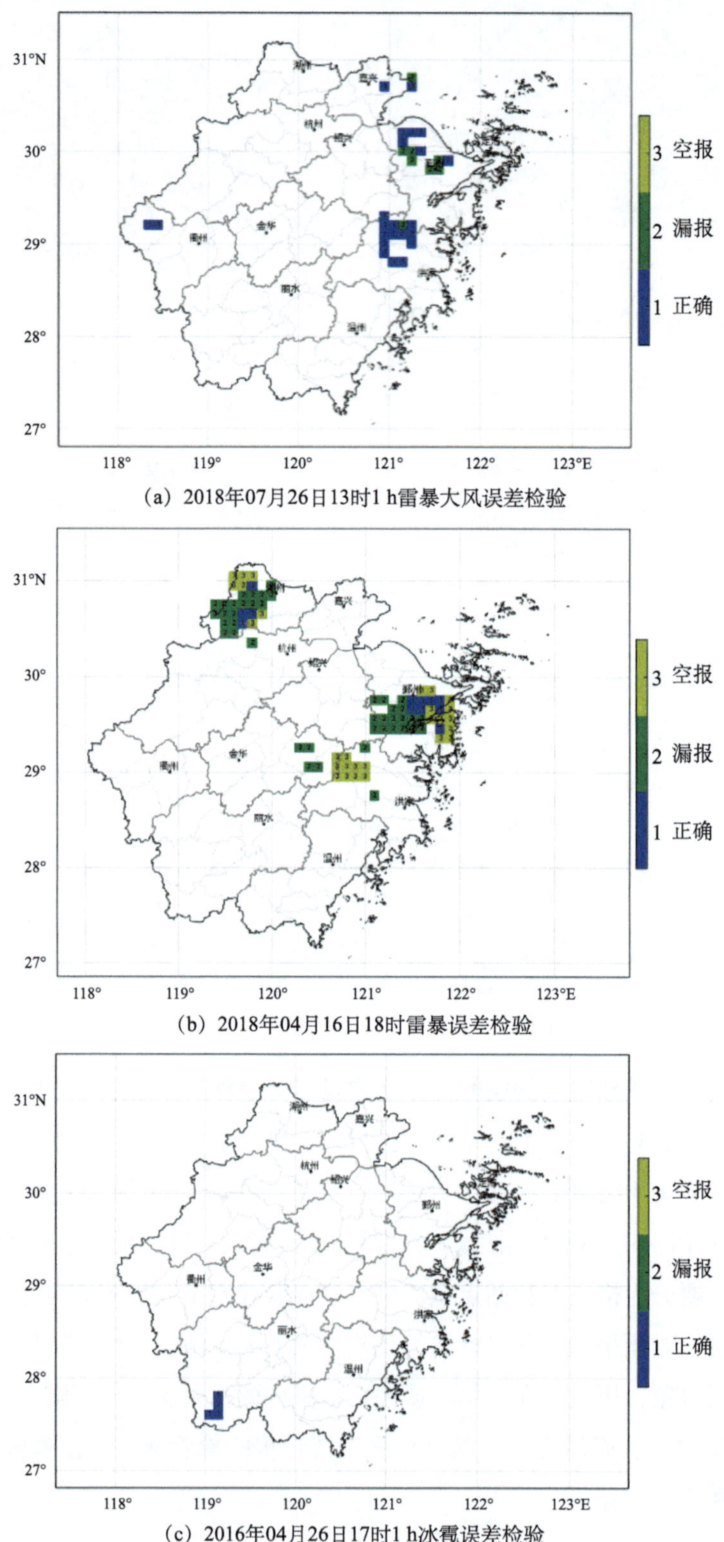

（a）2018年07月26日13时1 h雷暴大风误差检验

（b）2018年04月16日18时雷暴误差检验

（c）2016年04月26日17时1 h冰雹误差检验

图 6.9　雷暴大风、雷暴、冰雹误差检验个例

6.2.4 小结

不同的用户对强对流产品的关注度不同，如空管用户主要对雷暴大风和雷暴的关注度较高，特别是雷暴大风和强雷电预报的落区和提前时间；水文用户更关注于短时强降水；专业用户对短时强降水、雷暴大风、强雷电和冰雹都很关注，但对预报时效关注度明显低于其他用户。

同样，要根据不同的检验需求，选择不同的检验方案。针对短时强降水，常规检验方法可以获取降水的准确与否，邻域法可以获取降水空间尺度上误差情况，SAL 法可以获取降水形态（面积、强度和位置）上的误差。相比短时强降水，雷暴大风、冰雹和强雷电发生的概率更小，空间分布更分散，预报的难度更大，用户更关注其落区的把握和准确率，故一般采用常规检验方法。

参考文献

Brown B, 2009.Verification Methods for Spatial Forecasts[C]. World Meteorological Organization Symposium on Nowcasting and Very Short Term Forecasting, Canada, 104-109.

Casati B, Ross G, Stephenson D B, 2004. A new intensity-scale verification approach for the verification of spatial precipitation on forecasts[J]. Meteorological Applications, 11（2）：141-154.

Casati B, Wilson L J, 2007. A new spatial scale decomposition of the Brier score: Application to the verification of lightning probability forecasts[J]. Monthly Weather Review, 135（9）：3052-3069.

Clark A J, Gallus W A J, Weisman M L, 2010. Neighborhood-based verification of precipitation forecasts from convection-allowing NCAR WRF model simulations and the operational NAM[J]. Weather and Forecasting, 25：1495-1509.

Davis C A, Brown B G, Bullock R, 2006. Object-based verification of precipitation forecasts: Part I: Methods and application to mesoscale rain areas[J]. Monthly Weather Review, 134: 17723-1784.

Ebert E E, 2008. Fuzzy verification of high-resolution gridded forecasts: A review and proposed framework[J]. Meteorological Applications, 15（1）：51-64.

Gilleland E, Ahijevych D, Brown B G , et al, 2009. Intercomparision of spatial forecast verification methods[J]. Weather and Forecast, 24：1498-1510.

Wernli H Hagen M, 2008. SAL-A novel quality measure for the verification of quantitiative precipitation forecasts[J].Monthly Weather Review, 136：4470-4487.

Weusthoff T, Ament F, Aroagaus M, et al, 2010. Assessing the benefits of convection permitting models by neighborhood verification: Examples from MAPD-PHAS[J]. Monthly Weather Review, 138（9）：3418-3433.

Zimmer M, Wernli H, 2011. Verification of quantitative precipitation forecasts on short time-scales: A fuzzy approach to handle timing errors with SAL[J]. Meteorologisc Zeitschrift, 20：95-105.

Zhu K, Yang Y, Xue M, 2015. Percentile-based neighborhood precipitation verification and its application to a landfalling tropical storm case with radar data assimilation[J]. Advances in Atmospheric Sciences, 32：1449- 1459

第 7 章

省市县一体化强对流天气短临监测预报预警业务系统

本章主要介绍浙江省省市县一体化强对流天气短临监测预报预警业务系统的技术框架结构和基本功能。浙江省短临天气业务平台主要包括两个系统，简单地说，一个是短临产品显示平台，一个是基于短临产品的自动化报警平台。短临天气监测预报预警一体化系统主要具备短临灾害性天气自动识别、自动预判和上下联动、全程监控、实时检验等功能，利用大数据、云存储、现代化通信手段和高性能计算机来完成。

7.1 业务平台技术框架结构说明

7.1.1 设计理念

开发新的短临天气监测预报预警一体化系统目的是为替代原有的雷达联防制度和以图片形式显示产品通过电话预报员直接交流沟通的工作方法，建立上级指导、属地负责的气象灾害预警指导机制，实现了“业务一体化、平台集约化、岗位多责化”等综合业务功能，系统前台将以网页的形式供省、市、县三级部门调用，后台运行和保障由省级部门统一管理维护。

7.1.2 设计思路

短临天气监测预报预警一体化系统的设计思路首先遵循中国气象局短临天气业务规定，并结合浙江省现有的实际短临业务工作流程和省市县气象台站的分工定位，面向短时临近监测预报预警业务和服务需求，利用大数据环境和人工智能技术，建立强对流监视和短时临近天气预报算法运行环境；开发浙江省市县一体化的短临天气集成系统，实现该系统中各类算法分布式、并行化处理。

系统的总体框架设计兼顾短临天气监测、预报、预警、服务、检验，并根据省市县气象台不同的业务分工和布局，实现上级指导下级反馈与服务、监控所有短临预报预警服务产品、全省统一检验预报预警服务情况、所有业务动作自动留痕保存等功能（图 7.1）。

该系统作为全省短临天气预报预警主要业务系统，既需要长时间的后台自主运行，也需要供全省各级预报员调用，单一的架构设计无法满足各个层次业务单位的需求。因此，系统采用 B/S 和 C/S 相结合的综合架构，所有指导产品的生成、发布、监控、检验、业务工作留痕、查询和统计都安装在浙江省气象台的服务器中，市县气象台可通过网页浏览器调用获取系统所有数据，并通过网页操作或接口输入上传本地的服务、预警和其他反馈动作。

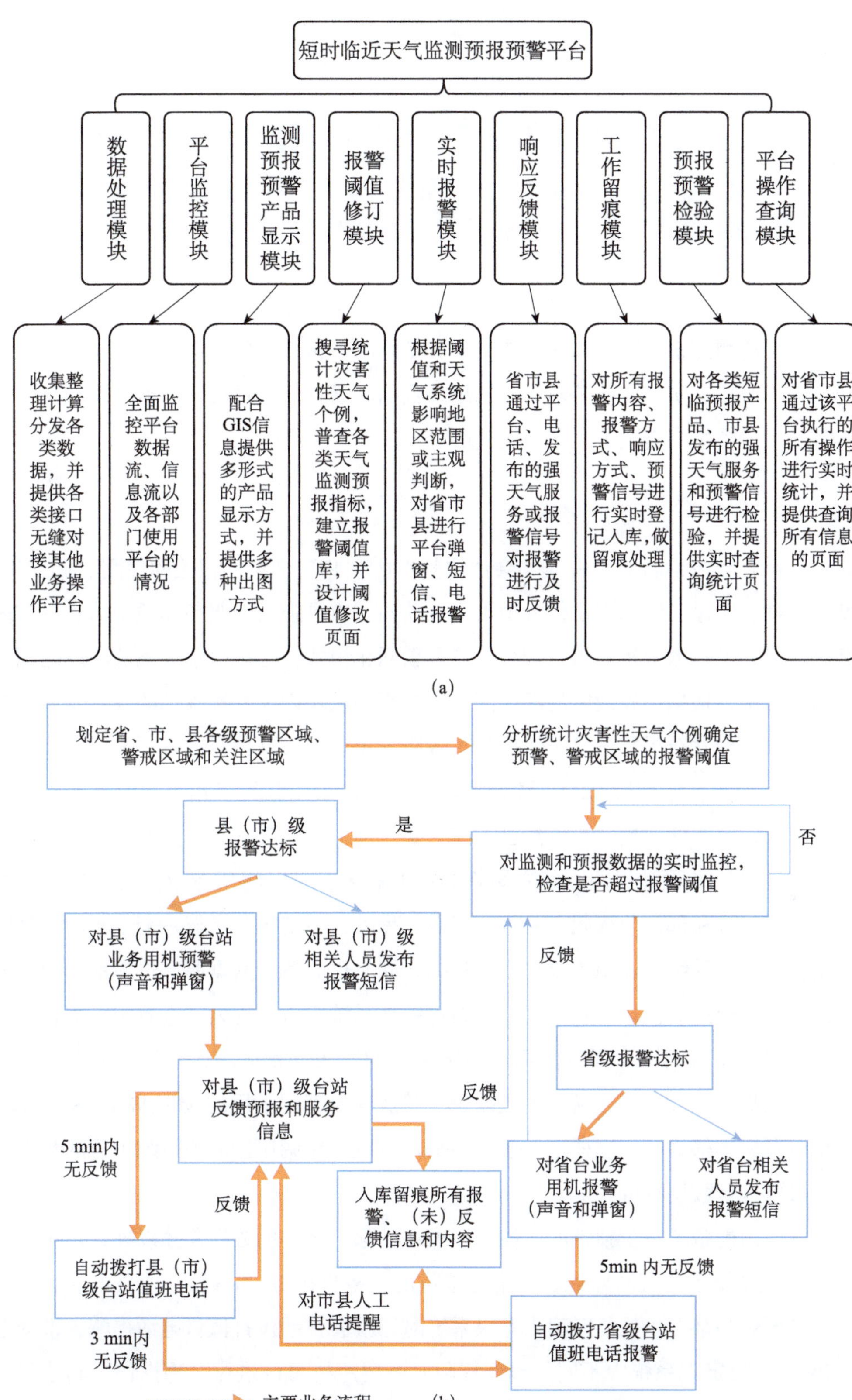

图 7.1　平台设计理念（a）和业务流程图（b）

7.2 浙江省强对流天气短临监测预警业务平台

7.2.1 系统功能设计与实现

短临天气监测预报预警一体化系统主要具备短临灾害性天气自动识别、自动预判和上下联动、全程监控、实时检验等功能，利用大数据、云存储、现代化通信手段和高性能计算机来完成。系统主要实现了以下功能模块。

7.2.1.1 数据管理、分发、共享、监控模块

该系统后台自主运行时，首先，会搜索整理所有和短临天气相关的探测数据，包括：自动站、雷达、卫星、闪电定位仪、中尺度自动站、市县强天气服务和预警信号发布内容等；其次，将各类数据分析处理，结合快速更新同化模式，生成短临天气监测产品和预报预警产品；再次，根据事先设定的综合阈值判断影响区域内灾害性天气的发生发展，对影响区域内的气象台发布提醒信息；然后收集各级气象台的反馈信息内容；最后，实时生成所有系统操作信息、定期发布预报预警检验结果。由于短临天气相关气象数据生成频率高、数据量大，原有的数据共享方法已不能满足目前的业务需求和日常业务维护，本系统借用“网络云端”的设计思路，建立短临数据专有云存储，将所有数据实时传输到共享“云端”，各级单位和部门分权限、分带宽下载。另外，系统搭载运行一套专有的数据实时收集分发程序，分钟级监控检索收集各类数据，同时也向各个数据源有选择地逆向传输系统生成的数据。通过该模块，各级气象台站可以在系统内直接检索、查看短临资料，也可以通过“云端”下载自己所需的数据，用于本地的二次开发应用，并且为了方便所有气象部门调用数据，保存到“云端”的数据统一写成气象部门常用的 MICAPS、NC、Latlon 拼图数据以及文本格式等，这样也方便其他平台可以直接调用读取该系统生成的数据进行显示，不必再进行数据解析。

该系统专门配备了一个独特的监控功能模块，除了日常的数据监控以外，还对各级气象台站使用该系统进行实时监控，收集各单位的业务用机 IP 和网段、值班电话、相关人员的手机号码。当某个单位长时间未登录系统时，就会自动拨打值班电话提醒，根据上报的 IP 和网段，设定在系统中不同的操作权限，主要用机可以进行全部操作，其他用机只能进行查看产品操作，防止非预报员打开网页后的误操作行为。

7.2.1.2 责任区域划分和报警阈值制定

根据浙江省短临天气业务规定，该系统将省市县行政区域作为各自的预警区，市级分两种情况，一种只考虑本市城区范围，即把市级等同于县级；另一种则除了城区以外还要包含所管辖的县区范围。行政区域向外延伸 30 km 为本地的警戒区。报警的级别就分为三种情况：正常、警戒和预警。

通过对浙江省内短临灾害天气的统计和分析，对社会和人民生命安全极易造成伤害的灾害主要有：短时暴雨、强雷电、冰雹、大风、低能见度几大类。在阈值设定时，分预警和警戒两大类阈值，搜索的范围也分别是在预警区域和警戒区域。另外，阈值设定既要考虑到单点的极端天气，也要考虑到成片的大氛围灾害影响。因此各类灾害阈值又设定了两大类型，一种是单点的极值，另一种是单点阈值和影响面积阈值的联合应用。以强降雨为例：警戒范围内的某一个自动站过去 1 h 降雨超过 30 mm，发布警戒报警信息；或者，预报未来 1 h 降雨超过 20 mm 的区域占警戒地区面积的 20% 或者 100 km^2 以上，发布警戒报警信息。对于一些客观预报产品，为了提高报警的准确性，采用预报与实况结合的方法，比如：雷电预报和雷达探测产品相结合，中气旋、风暴追踪产品和回波强度相结合等。另外，设计了实况黑名单功能，对于一些明显探测有误的自动站，可以设定某一段时间范围内将该自动站某一类天气要素不列入报警名单中，这大大减少了系统的错报率。在系统内，报警阈值可以全省查看，各市县提交各自的意见，最后由省级部门统一修订，经过 1 年多的业务运行，目前各类阈值已经得到全省各气象台站的认同，现在已经基本固定成型。

以上报警都是客观形成的，没有发挥预报员的主观指导作用，因此该系统另外增加了一项主观报警指导功能，上级台站可以在系统内输入操作人员信息和影响天气时段影响天气类型，对下级台站发布主观指导报警产品。所有报警等级中，主观指导产品级别最高，优先发布。

7.2.1.3 监测预报预警产品显示模块

考虑到短时临近灾害性天气的种类和时效，该平台主要收集了中尺度自动站的降水、能见度和大风资料、闪电定位仪资料（图 7.2b）、全省 9 部多普勒雷达探测数据、未来 6 h 内空间分辨率为 1 km × 1 km 的降水（图 7.2a）、雷电、冰雹、雷暴大风客观预报、预报员主观指导产品和上报灾情信息。同时对上述产品经过在分析计算，显示各类监测产品，比如全省的雷达产品拼图、行政区域和中小河流的面雨量、QPE、各类气象风险预警产品等等。各级气象台站打开系统网站，后台服务会配合 GIS 地理信息和登录电脑的 IP，自动将产品显示范围定位到各地所属的行政区域，方便预报员查看运用各类产品。

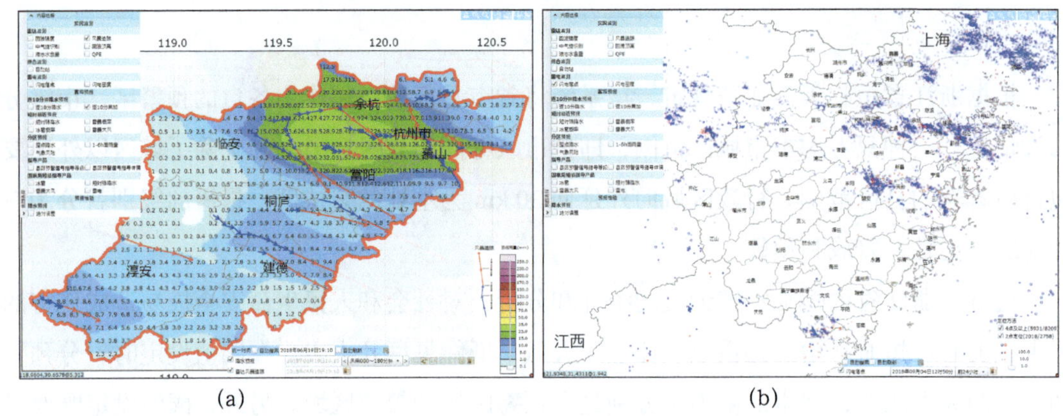

(a) (b)

图 7.2 监测预报产品示例
（a）杭州地区未来 3 h 降水预报和风暴追踪信息（以跳点显示降水网格数据）；
（b）过去 24 h 全省范围雷电实况（红为正闪、蓝为负闪，颜色越浅表示闪电发生的时间越早）

将上述所有监测、预报产品和设定阈值进行比对，当某一项或者多项阈值超标时，系统将会对影响区域内的气象台站报警，同时在系统网页上显示报警类型、级别、时间、内容等信息，预报员可以通过锁定报警图标详细参看，也可以导出报警原因保存到本地，用于预报和服务中（图 7.3）。

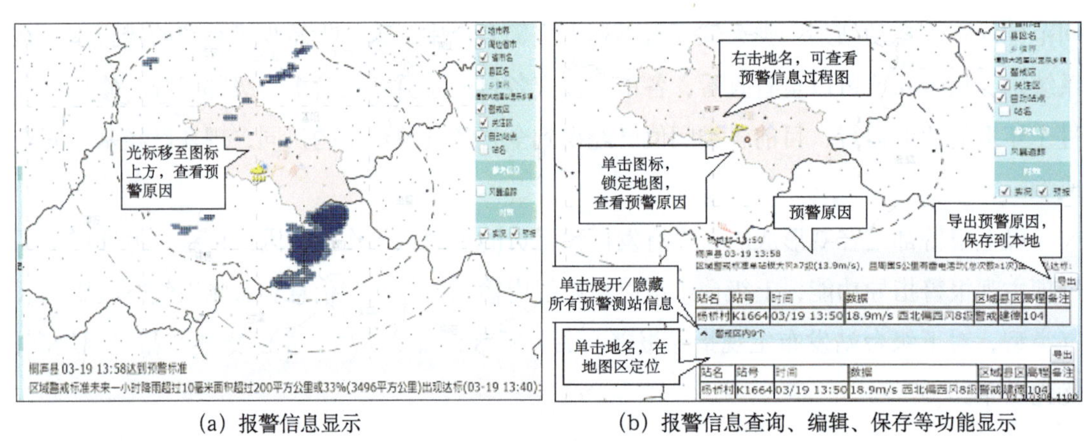

(a) 报警信息显示 (b) 报警信息查询、编辑、保存等功能显示

图 7.3 报警信息显示

7.2.1.4 报警提醒模块

本系统通过事先收集的各级气象台值班电话、值班电脑 IP 地址和相关人员的手机号码，依次进行三种报警提醒方式，将报警信息及时传达到各个相关人员和部门。当达到报警阈值时，首先向所影响区域的气象台值班电脑上发布屏幕弹窗和声音报警，同时向该区域内的相关人员发送提醒短信，短信内容包括报警级别、类型和内容。如果没有得到任何操作回应，5 min 后向气象台值班电话自动拨号，接通后自动语音播放报警内容。再过

3 min 仍然没有任何操作回应，系统拨打该气象台的上一级部门（省级和市级）值班电话，由上级部门的预报员人工拨打电话提醒。报警提醒发布后，马上可以在系统网页中查看调阅提醒方式和提醒内容（图 7.4）。

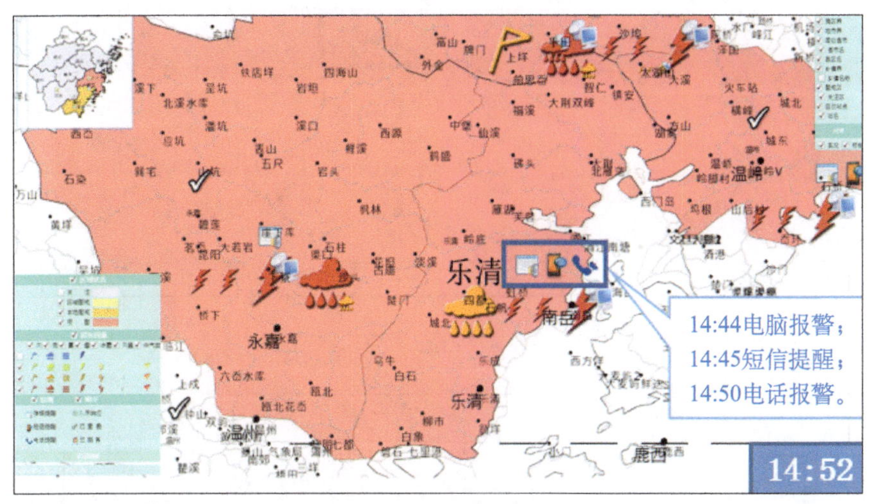

图 7.4　报警信息显示

各地接收报警信息电脑的 IP 地址、值班电话和手机，由省级气象台统一收集录入和修改，市县可以调阅但是无修改权限。

7.2.1.5　省市县响应模块

本系统共提供了三种响应方式：第一种是直接通过平台输入响应信息，这其中又有两种选择，可以点击查看按钮，表示已经收到报警信息，但是认为影响不严重没有做出任何服务；也可以点击服务按钮，表示已经收到报警信息，并且对相关的单位和人员做了服务和预报。第二种是在接听电话报警时，按任意数字键表示收到报警信息。第三种是系统直接读取浙江省预警信号数据库，判断该市县是否已经发布了预警信号。响应动作发布后，马上可以在系统网页中查看调阅响应方式和响应内容（图 7.5）。

当收到任何一种响应动作，系统在 3 h 之内不会发布同类报警内容，但是当报警级别由警戒状态升级为预警状态，或者出现其他天气类型灾害报警时，系统会发布第二条报警信息重新开启新的报警流程。

7.2.1.6　工作状态、报警原因和响应动作查询功能

当突发灾害性天气过程结束以后，通过该系统平台可以查询某个市县在一次天气过程中，所做的预报服务工作情况、各类主客观产品对灾害性天气的预报提前量、所做服务和预警信号发布的提前量，以及实况灾情信息（图 7.6），这些有助于事后总结预报服务经

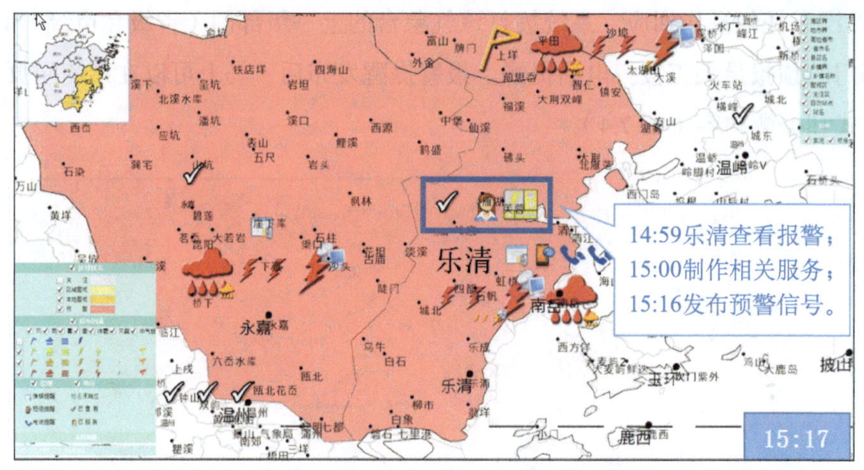

图 7.5　响应动作信息和响应时间显示

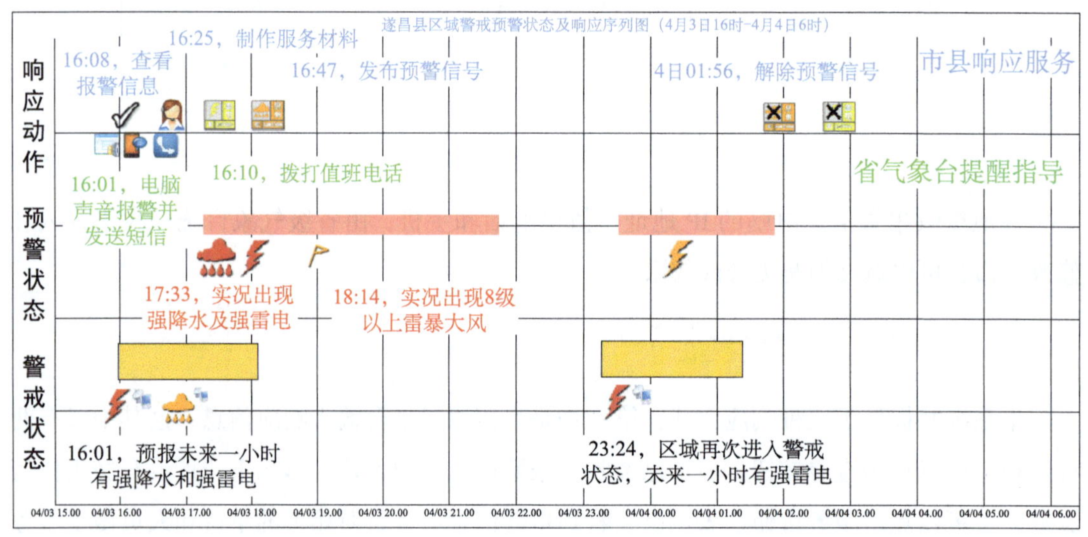

图 7.6　遂昌县 2018 年 4 月 3—4 日工作状态、报警内容和响应动作时序

验，从而提高预报质量。

7.2.1.7　平台运行情况统计功能

为了方便天气过程结束以后查看预报服务情况，该系统平台默认显示本月初至当前时间，省市县三级的未登录系统时长、报警提醒次数、未响应报警的次数和平均响应时间，也可以对某一段时间进行上述统计，并且可以查询具体一次报警动作和响应动作的发生时间、原因和内容（图 7.7）。同时每个月的 8 日，该系统会自动收集实况数据和预警信号发布情况并进行检验，最后生成上个月全省预警信号发布的检验质量表。由于所有操作都是系统自动登记入库，没有人为因素影响，预报管理部门可以根据以上数据，督查各级气象

台站短临值班过程中的工作纰漏，统计各个地区短临预报预警质量。经过正常业务化运行的实际工作检验，以上数据得到了各个市县部门的认可，目前已经作为省局对各单位短临工作考核的佐证材料。

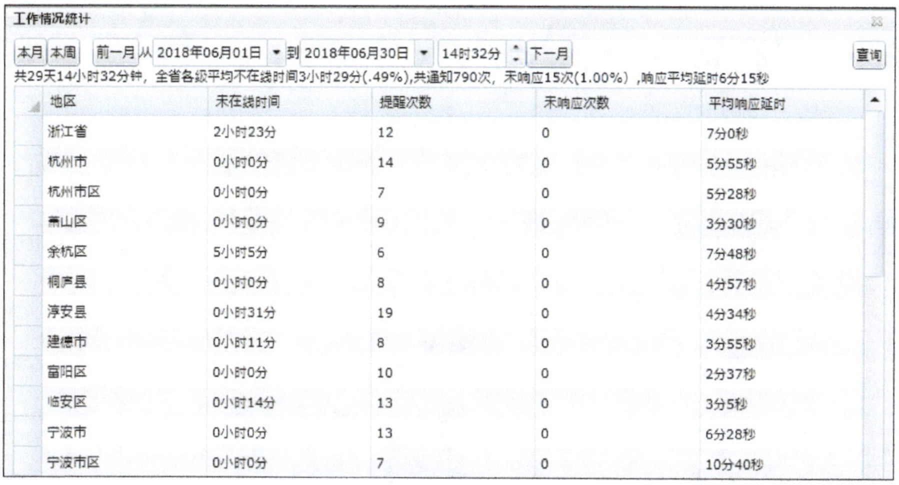

工作情况统计

本月 本周 前一月 从 2018年06月01日 到 2018年06月30日 14时32分 下一月 查询

共29天14小时32分钟，全省各级平均不在线时间3小时29分(.49%),共通知790次，未响应15次(1.00%) ,响应平均延时6分15秒

地区	未在线时间	提醒次数	未响应次数	平均响应延时
浙江省	2小时23分	12	0	7分0秒
杭州市	0小时0分	14	0	5分55秒
杭州市区	0小时0分	7	0	5分28秒
萧山区	0小时0分	9	0	3分30秒
余杭区	5小时5分	6	0	7分48秒
桐庐县	0小时0分	8	0	4分57秒
淳安县	0小时31分	19	0	4分34秒
建德市	0小时11分	8	0	3分55秒
富阳区	0小时0分	10	0	2分37秒
临安区	0小时14分	13	0	3分5秒
宁波市	0小时0分	13	0	6分28秒
宁波市区	0小时0分	7	0	10分40秒

图 7.7　浙江省每月系统平台工作统计情况表

7.2.2　技术路线

7.2.2.1　系统架构

该系统既需要长时间的后台自动运行，也需要供全省各级预报员使用，由于单一的架构无法满足需要，因此本系统采用 B/S，C/S 综合架构（图 7.8）。

对广泛使用的人工交互功能采用 B/S 架构实现，包括：（1）日常的业务功能操作，分为预警业务和展示业务两部分；（2）系统的配置处理功能。

对后台自动运行功能采用 C/S 架构，包括：（1）数据自动采集和处理，包括各区域状态检测入库；（2）信息提示发布接口，包括短信、电话语音等。

对极少数情况下使用的基础管理功能采用 C/S 架构，主要是基础数据预处理。

7.2.2.2　界面规划

该系统属于规定流程驱动为主、主观操作为辅的业务软件，大部分功能都有明确的“场景”：即该状态下相关的数据内容和操作。为此，本系统计划采用“仪表板”风格为主、辅助以弹出式窗口的界面风格。

（1）状态关联的仪表板：根据有关区域所处的状态，将该状态下用户需要的信息和相

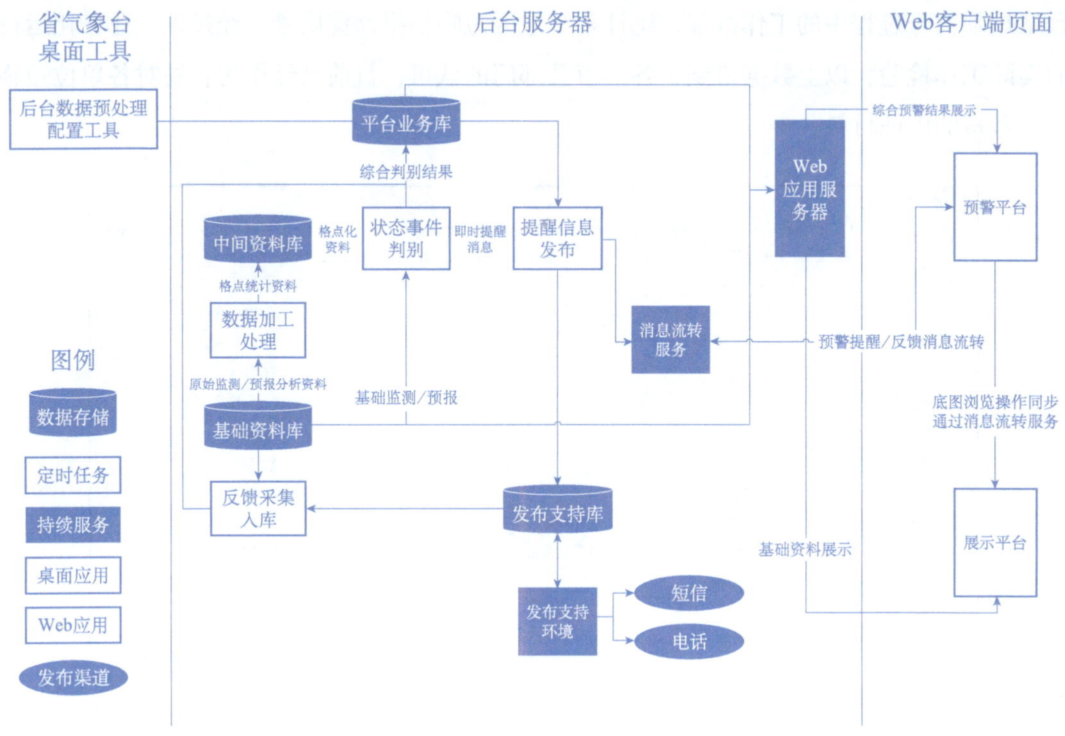

图 7.8　系统框架图

关的操作以平铺并列方式展示，如地图、表格、操作按钮平铺排列等，用户不需要二次操作就可以掌握当前所需的各种信息，启动各类相关操作。考虑到信息量较大，并结合各地实际的软硬件环境，计划以 1920 × 1080 的全高清分辨率为主要操作界面，同时兼容 1680 × 1050 以及 1366 × 768 两种低配台式机及常见笔记本计算机的分辨率。

（2）二级界面弹出式窗口：在仪表板上，用户需要进行进一步具体操作时，都以弹出式窗口实现。为避免多个操作混淆，考虑采用模式窗口，即必须结束当前操作才能进行其他操作。

7.2.2.3　地图支持

地图支持是本系统的重要基础，考虑到业务场景的需要，本系统采用定制的 GIS 引擎，配合专门底图用于行政区划的事件状态和反馈情况展示：

县区级用地图：包括县区行政区划、警戒区边界、关注区边界。地市级用地图：市本级模式：市本级行政区划、警戒区、关注区边界；市县模式：包括全市行政区划、总警戒区、总关注区边界，各县区行政界线。省级用地图：包括全省边界、总警戒区、总关注区边界、各地市界、各县界。

考虑到兼顾局部和全局，在省、市两种模式下采用“主从图”形式：一张主图，可以任意缩放拖拉，显示各类详细信息；一张从图，根据主图的布局叠加在固定的窗口角落，不缩放，显示该区域的总体状态：省级，显示各地市状态；地市，显示各县区状态。

7.2.2.4 信息发布

该系统的预警状态信息及提示信息采用以下途径：弹窗：直接在客户端弹出窗口，并通过本机音箱播放提示音。短信：通过移动信息机发布。电话语音：采用四路语音 MODEM 连接四条电话线路，通过语音合成技术，进行自动拨号和提醒语音播放。文件推送：状态变化信息可生成 XML 数据文件推送到各相应单位的指定 FTP 目录。数据接口：各下属气象台可通过指定 WebService 读取本区域的状态信息及反馈响应，用于本单位业务系统集成。

7.2.3 功能架构

本系统功能框架主要包括后台服务、前台页面、专用工具三个部分。

7.2.3.1 后台服务

包括一个数据库及若干个后台服务。省气象台已有大量的基础数据及等值线、等值面等派生资料的采集、计算和存储，除少部分特殊数据外本系统将直接调用这些信息，不再重复建设。本系统存储包括：系统配置：包括行政区划、相应的气象台及有关的短信提示人员，关注区域及相关测站以及有关的等级判别指标，关联基础的访问配置参数等。状态事件及反馈流转信息：包括各区域的状态变化记录、各区域的反馈记录等。

该系统的后台服务包括以下几部分：基础数据再加工。判别引擎底层支持站点 / 格点资料规则设定，由于部分原始资料为任意离散点或矢量线条，不便于直接进行监测分析评估，本系统对下列数据进行二次处理，用于后续判别。

状态事件监控：系统采用集中处理模式，统一在省气象台服务器上定期监测各数据源，在每一个时次，首先对全省范围内的自动站及雷达、预报数据网格进行判别，标出达到指标的单站、单网格；如果存在超标情况，就对全省各县区、市本级逐个进行统计，根据需要计算好的区域、站点、网格关联关系，生成各基础区域当前时次的状态，然后向上统计得到各地市状态以及全省的状态。再逐个比较各区域本时次状态与上一时次状态，如果变化满足条件，即生成有关的事件入库。考虑到自动站的 5 min 间隔及雷达的 6 min 间隔，事件监控频次考虑 1 min 一次。反馈监控：定期监测预警信号库，一旦检测到新的预警信号，即对应更新事件反馈数据库。消息提醒：采用集中消息提醒模式，在省气象台服务器上定期监测状态库及反馈库，如果发生变化，即根据规则产生各类提醒，包括状态更新提醒，反馈超时提醒等。对多种提醒渠道的支持也在该部分采用插件形式完成。

7.2.3.2 前台页面

B/S架构，包括各气象台预报员的日常工作和各气象台管理员自行进行有关管理操作：日常工作相关的功能开发成一系列基础模块，再根据每次具体登录的用户，将相关的基础模块组合成完整的系统。随着本平台开发和应用推进，相关资料内容增加，单一界面内容叠加已不能满足需要，为此将前台客户端分为两个相互关联的独立 Web 窗口应用，分别显示基础资料（称为“展示平台”）和分析判别响应结果（称为“预警平台”）。两个窗口页面通过后台消息引擎链接，实现操作区域同步。

基础模块：基础分析资料展示，显示本区域内实况 / 预报基础信息。展示内容控制：将所有可用的信息组合成分级内容树，可以任意多选叠加。同时支持预定义模式功能，可人工操作几种常用的内容组合模式，一键即可切换显示内容。GIS 地图在基础地图上展示以下信息：离散点 / 数值、填图、等值面色斑图、离散点的数值、填图直接读取自动站库、等值面、色斑图等读取现有系统生成的中间结果数据，在图上绘制叠加。组合反射率、QPF 降水量估算、风场。数据列表将自动站的离散点数值整理成表格显示。统计列表对分要素对最大 / 最小的若干个站点进行统计。对雷达信息进行特征统计，包括总降雨量、最大降雨量、降雨区域面积、降雨区域的平均降雨量，以及各县最大降雨量、平均降雨量，并以列表的形式显示。还留有外部页面嵌入的接口和功能模块。

基础信息超标情况展示：在基础信息展示界面基础上标注超标情况。自动站：离散点显示，在地图上显示超标站点的位置信息。列表显示，将超标数值整理成列表显示。以表格形式显示超标区域面积、超标区域覆盖县区清单。雷达：网格填色显示，在地图上显示超标位置信息。列表显示，以表格形式显示超标区域覆盖县区清单。多区域状态监视：地图监视、分县区监视在地图上以不同的底色对各种状态进行标注，并以图标形式显示该县区的响应状态。操作地图时，当缩放比例达到一定级别后，以标签窗口的形式显示响应状态的概要信息，如导致该状态的原因、相关响应流程时间记录等。分地市状态统计在地图界面的右上角以缩略图的形式显示地市状态的统计结果。同类型连续区域合并当地图缩小到一定比例的时候才会出现连续区域的合并，以不同的底色对各种状态进行标注，并以标签窗口形式显示统计信息，包括县区清单、各县区的响应状态及导致该状态的原因等信息。超标要素地图标注列表监视统计内容：各种状态的县区数量、分状态的不同响应状态的县区数量、状态持续时间统计、包括进入各提示级别的最长时间 / 最短时间，及超标类状态的持续时间、响应时效统计最快响应时间和当前最长的尚未响应时间等信息的统计、列表清单排序有多种排序方式：按县区、提示状态或者响应状态排。清单内容包括地市名称、开始时间、状态原因、最近响应时间等。指导事件人工干预新建指导事件其操作模式有以下两种：单一操作和批量操作，这些可通过清单选取或者图上点取、勾画等操作进行状态调整。统计分析包括：特征数量统计、实况统计、按时段统计、按区域统计、其他统计方式、过程分析、单一县区过程分析、以时间为横轴，显示事件状态序列和 n 个相关超标要素序列，其中事件状态序列以响应状态为纵轴，叠加图标显示超标要素符号，并以不同线条颜色表示不同的响应状态。时段综合过程分析以时间为横轴，显示相关县区状态过程及相关超标要素序列。本区域状态监视：状态指示用醒目的标记在界面上标出本区域当前所处的状态，本状态的开始时间，当前的反馈状态等。汇总表单将导致目前状态的原因要素以列表形式汇总；进入状态的超标因素图上标注；反馈操作提示；按钮列表的形式显示当前状态下的各必选动作；如界面空间足够，则可选动作也会展开展示，否则可采用下拉框选择模式。指导事件响应根据反馈类型，提供不同操作界面；状态报告仅表示本区域进入某种状态，单击状态按钮后，弹出二次确认界面，该界面包括填写说明文字的位置，也可以忽略不填。

上述功能，根据不同的用户登录而进行不同的操作。自助管理可对本区域达到各种条件时发短信提醒的名单进行管理。各地市、县区的语音电话号码，由省级统一维护，基层发生变化时，联系省级管理员修改。反馈操作规则管理能够对本区域达到各种条件可以执行的反馈操作名称及关联的应用程序等进行管理。

7.2.3.3 专用工具

专用工具采用 C/S 架构，用于集中进行基本的数据管理。可以进行行政区划配置、气象台配置、数据预处理、空间范围预处理，比如：预警区以县界或城区界划分预警区；警戒区是预警区外 30 km 的缓冲区；关注区是预警区外 30～50 km 的缓冲区，测站预处理可以分区域列出测站清单，格点预处理可以分区域列出格点清单。

7.2.4 平台主页面

该平台属于以规定流程驱动为主、主观操作为辅的业务软件，大部分功能都有明确的“场景”：即该状态下相关的数据内容和操作。根据登录 IP 地址自动识别区域，展示对应区域的内容，提供对应区域的操作功能。系统登录成功后，进入主界面，主页面显示最新的气象信息、本级水情、雨情和预警信息，根据乡镇 / 县区 / 省界计算预警区、警戒区、关注区范围，并生成系统所需数据格式（图 7.9）。

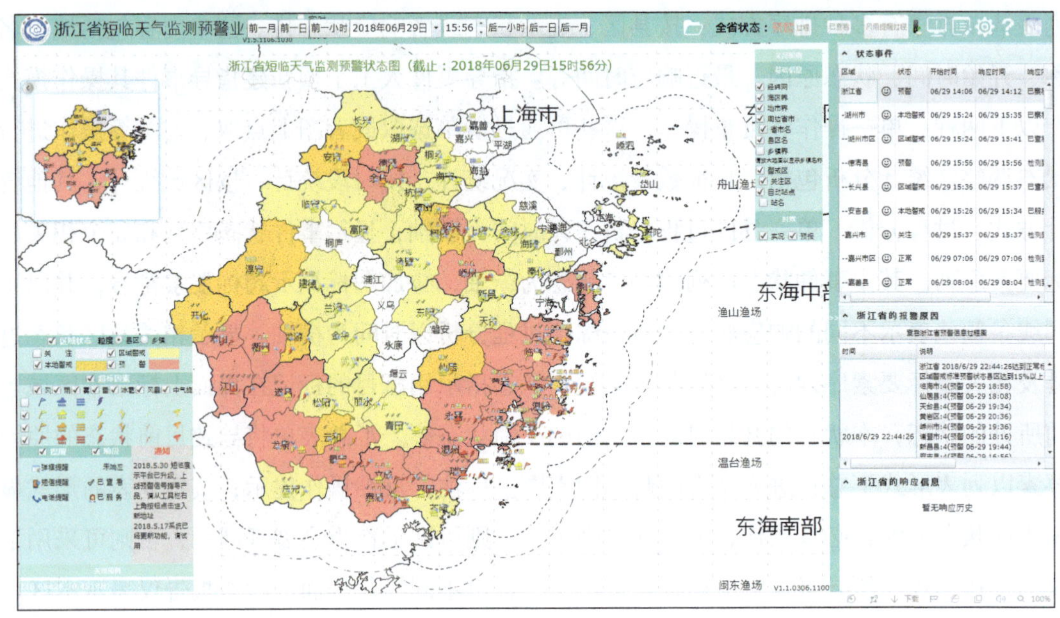

图 7.9　平台主页面

7.3 强对流天气短临监测和预报产品显示平台

随着系统平台开发和应用推进，相关资料内容增加，单一界面内容叠加已不能满足需要，为此将前台客户端分为两个相互关联的独立 Web 窗口应用，分别显示基础资料（称为“展示平台”）和分析判别响应结果（称为“预警平台”）。两个窗口页面通过后台消息引擎链接，实现操作区域同步。强对流天气短临监测和预报产品显示平台采用 B/S 架构，包括各气象台预报员的日常工作和各气象台管理员自行进行有关管理操作：日常工作相关的功能开发成一系列基础模块，再根据每次具体登录的用户，将相关的基础模块组合成完整的系统。

7.3.1　产品数据收集模块

（1）基础分析资料展示

显示本区域内实况 / 预报基础信息，包括五块界面。

①展示内容控制

将所有可用的信息组合成分级内容树，可以任意多选叠加。同时支持预定义模式功能，可人工操作将几种常用的内容组合成模式，一键即可切换显示内容。

② GIS 地图展示

在基础地图上展示以下信息。

自动站：离散点 / 数值、填图、等值面、色斑图、离散点的数值、填图直接读取自动站库，等值面、色斑图等读取现有系统生成的中间结果数据，在图上绘制叠加。

雷达：组合反射率、QPF 降水量估算、风场。

③数据列表

将自动站的离散点数值整理成表格显示。

④统计列表

自动站：分要素对最大 / 最小的若干个站点进行统计。

雷达：对雷达信息进行特征统计，包括总降雨量、最大降雨量、降雨区域面积、降雨区域的平均降雨量，以及各县最大降雨量、平均降雨量，并以列表的形式显示。

⑤外部页面嵌入

（2）基础信息超标情况展示

在基础信息展示界面基础上标注超标情况。

（3）自动站

离散点显示：在地图上显示超标站点的位置信息。列表显示：将超标数值整理成列表显示。以表格形式显示超标区域面积、超标区域覆盖县区清单。

（4）雷达

网格填色显示，在地图上显示超标位置信息。列表显示，以表格形式显示超标区域覆盖县区清单。

（5）多区域状态监视

分县区监视：在地图上以不同的底色对各种状态进行标注，并以图标形式显示该县区的响应状态。操作地图时，当缩放比例达到一定级别后，以标签窗口的形式显示响应状态的概要信息，如导致该状态的原因、相关响应流程时间记录等。

分地市状态统计：在地图界面的右上角以缩略图的形式显示地市状态的统计结果。

同类型连续区域合并：当地图缩小到一定比例的时候才会出现连续区域的合并，以不同的底色对各种状态进行标注，并以标签窗口形式显示统计信息，包括县区清单、各县区的响应状态及导致该状态的原因等信息。

超标的气象要素会在地图上有所标注，并可通过鼠标点击查看具体的超标信息，如：影响范围、强度等级、影响时间、要素读取来源等。

7.3.2 GIS 信息叠加

实况监测分为雷达监测、地面监测和雷电监测。雷达监测主要展示的内容是：回波强度、风暴追踪、中气旋识别、回波顶高和液态水含量。点击切换这几个气象条件时，若选中的区域达到显示条件，就会显示在中间的 GIS 地图上，同时与之相关的条目也会在底部中间靠右侧出现。比如选中回波顶高时，地图上会显示有部分地区所响应，说明此时这些区域在我们的关注范围内，同时底部中间偏右侧也会出现：自动刷新和雷达回波顶高拼图的选择框（后面还有显示网格、显示色板、显示格点数值和显示图例等选择框）出现。地面监测指选中区域的自动站的降水情况（默认），底部中间靠右侧也可以查看各自动站的能见度、极大风、气温、本站气压的情况，会将具体值直接显示在中间的 GIS 地图上。底部最右侧可以过滤掉数值未达到我们关注范围内的站点。

客观预报分为雷达预报和分区预报。雷达预报中包含：0～6 h 内逐 10 min 降水预报、0～6 h 内逐 10 min 累计降水预报、雷暴概率、冰雹概率。对未来即将出现的天气现象进行预报并显示在中间的 GIS 地图上。而且底部两块内容都会随着选中的天气要素而改变，此后不再赘述。分区预报中包含 1～6 h 面雨量、12 h 面雨量。选中后中间 GIS 地图会叠加显示面雨量的预报信息。

7.3.3 产品数据 GIS 显示模块

在 GIS 平台上，集成气象实况监控、客观预报、资料环境的运行监控等多样化数据，以点集、规则网格、动态图表等特殊要素的组合展现，提供交互绘图功能，并以自定义的专题图出图，全面满足气象业务中围绕 GIS 的各类应用。能够通过后台的快速配置机制，实现前端系统的按需展现，满足各类场景下的需求应用。能够根据工作人员的日常习惯、业务优先级别、重点关注等情况，优化调整操作树，更好地为预报工作提供支撑服务。产品的综合 GIS 展现，从布局控制上和展现效果上以金字塔图层来控制展现（图 7.10）。

布局控制上，通过基础地图控制和动态数据控制两大块要素来控制实现所需的展示系统；展现效果上，考虑到气象部门的需求以及专业上的体现，从色系、要素样式的选择，体现业务专业化。基础 GIS 地图功能：支持网络瓦片图、矢量数据等格式；支持无级缩放、漫游、图层管理等常规 GIS 功能；提供关注区域和要素分级控制、专题地图版式定义等气象业务定制 GIS 功能；支持屏幕截图及预定义图片生成等成果输出。动态数据功能：支持数据库、共享目录文件、web 网络资源等接入；支持数据库表、Micaps/Grib2/GFS 等系列标准数据文件、各气象部门定制文件；支持离散点集、规则格点等标准数据形式以及

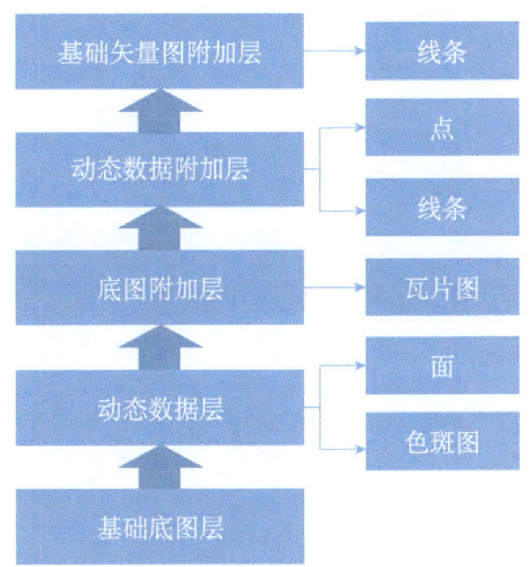

图 7.10　平台数据结构分布

台风路径、风暴追踪线路、综合预警信息等特殊组合数据形式；支持文本标注、图标叠加、格点色斑填充、区域填色、等值线 / 面勾绘、曲线图表等多种表现形式，内置风羽毛图、闪电定位、天气现象、预警信号等气象专业要素展示模块；支持多要素时间同步 / 独立控制、定时自动刷新、时段动画演示等控制模式；支持离散点网格插值、等值线 / 面提取、数值范围过滤、数据订正、手工标绘等扩展交互。

背景底图：分为无图和有图模式，其中有图模式集成互联网地图，包括天地图、谷歌图等，此处以天地图作为介绍。通过后台的配置，按一定规则，接入不同底图，满足用户特定场景下的需求。支持根据 IP 地址识别或其他方法进行区域定制配置，限制地图显示区域、显示内容等。支持空白背景、天地矢量图、天地地貌图、天地影像图等。

显示模块：显示模式包括全局浏览、矩形出图（图 7.11）、区域出图（图 7.12）、边界强化（图 7.13），基本满足了产品需求的输出。全局浏览：全部平铺展现（图 7.14）。

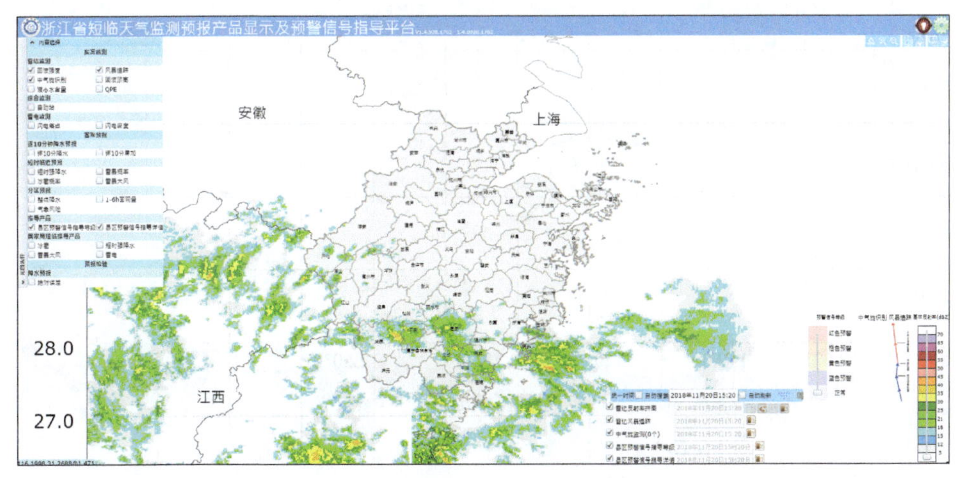

图 7.11　全局浏览样例（全部平铺展现）

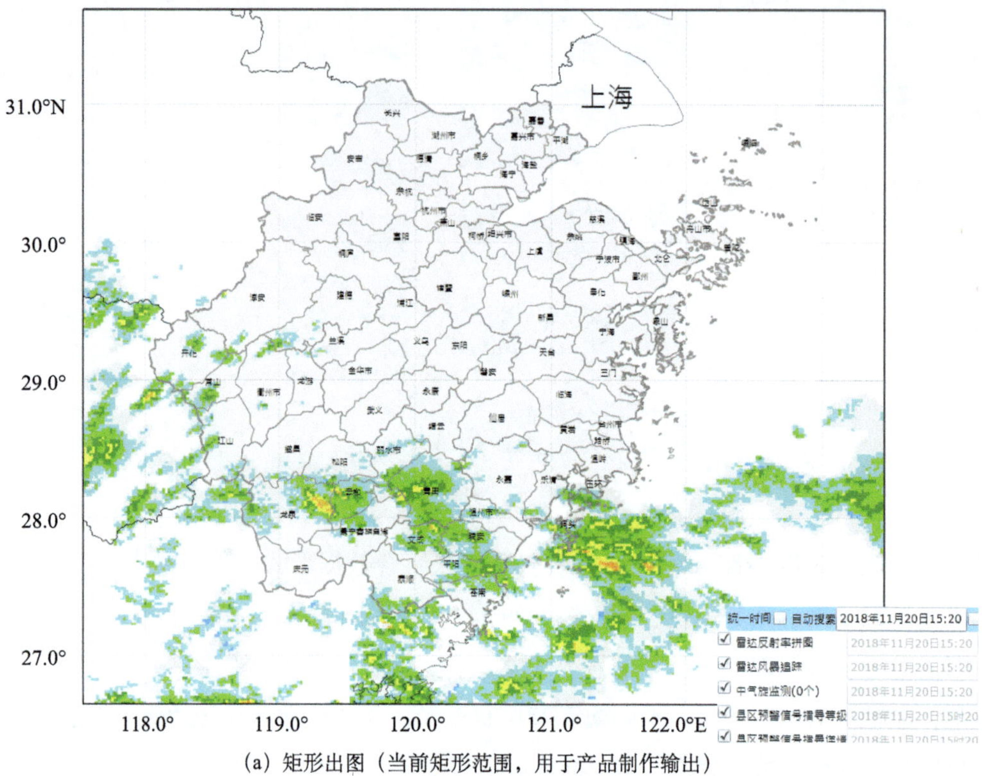

(a) 矩形出图（当前矩形范围，用于产品制作输出）

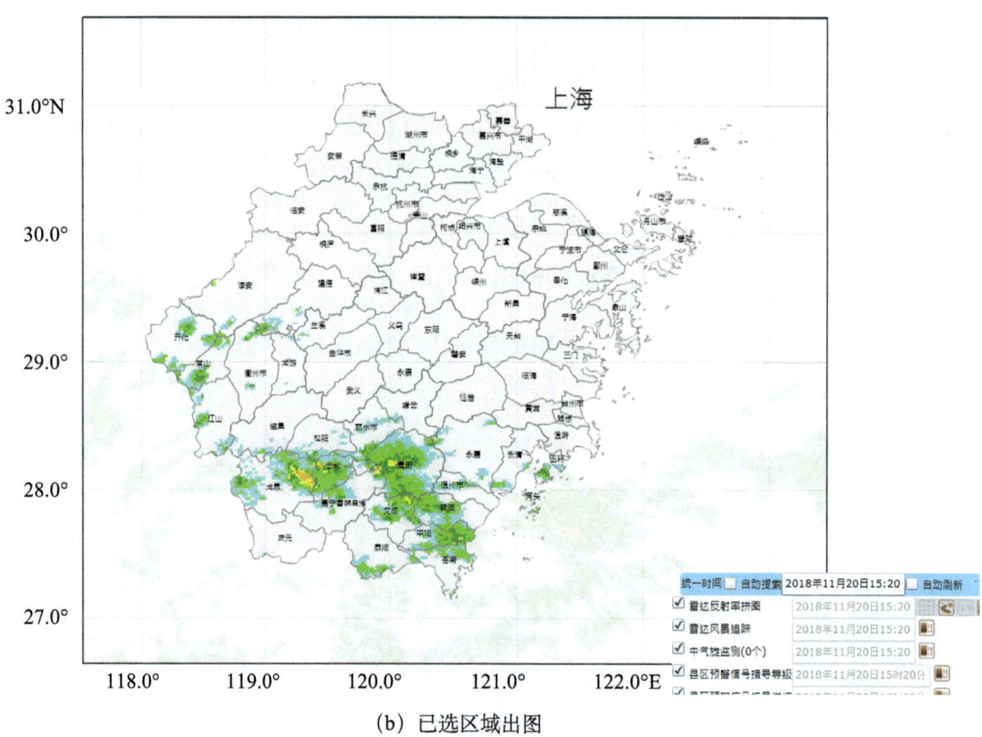

(b) 已选区域出图

图 7.12　区域出图（选择省、市、县等不同区域作为出图范围，只有省市范围内的地图，外部没有地图或淡色遮盖）

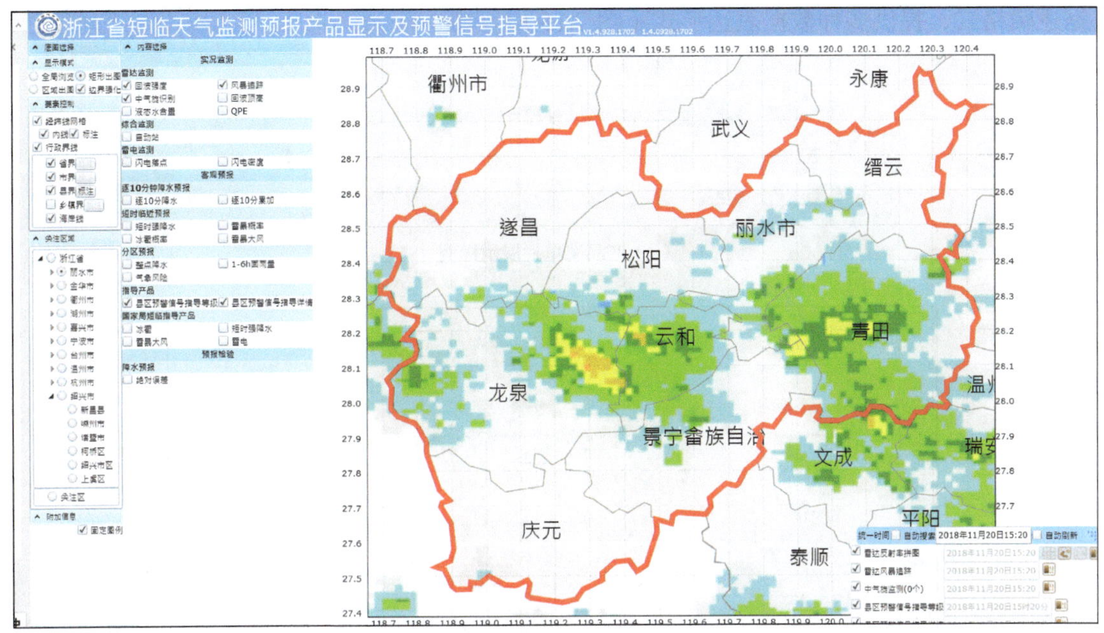

图 7.13　边界强化（对特定范围突出显示）

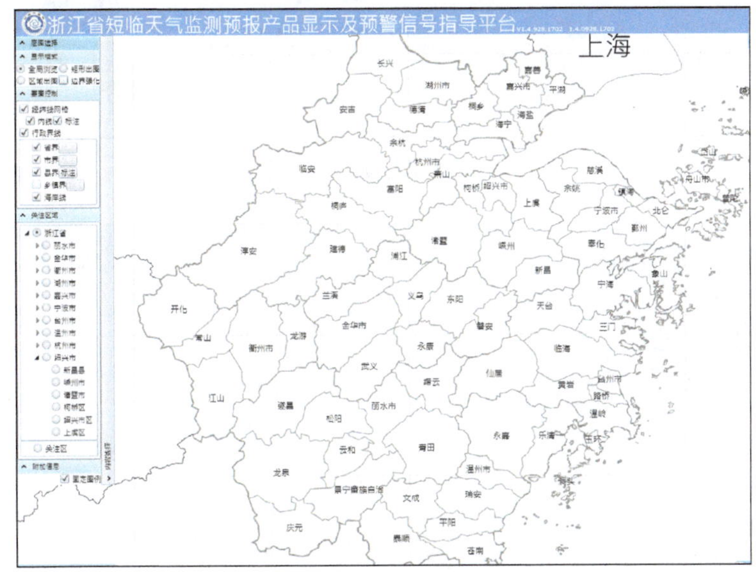

图 7.14　产品出图自动配置菜单展示

矢量要素：直接支持各类基于 XML 的矢量图源。可分级分组组织矢量要素，如对经纬网格线、行政界线、海域界线、台风警戒圈、渔业界线等各项区域的界线、标注等控制。

动态数据：动态数据接入基于数据应用服务，提供根据分类、时间等查询动态资料，提供缺失资料自动跳过、自动刷新、触发刷新等高级功能，支持离散站点或规则网格等数据逻辑格式，提供多种数据表达形式（图 7.15）。

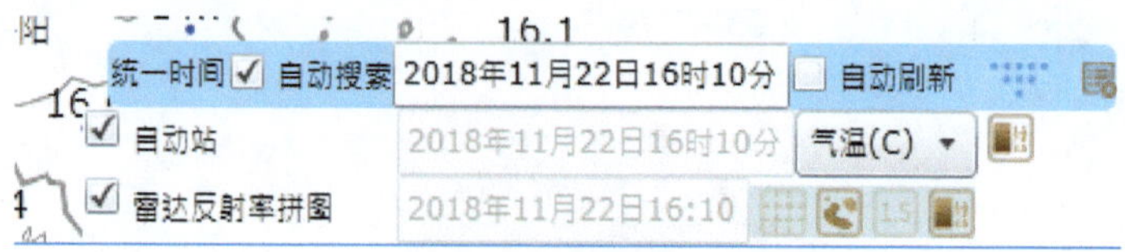

（a）产品菜单栏展示样例

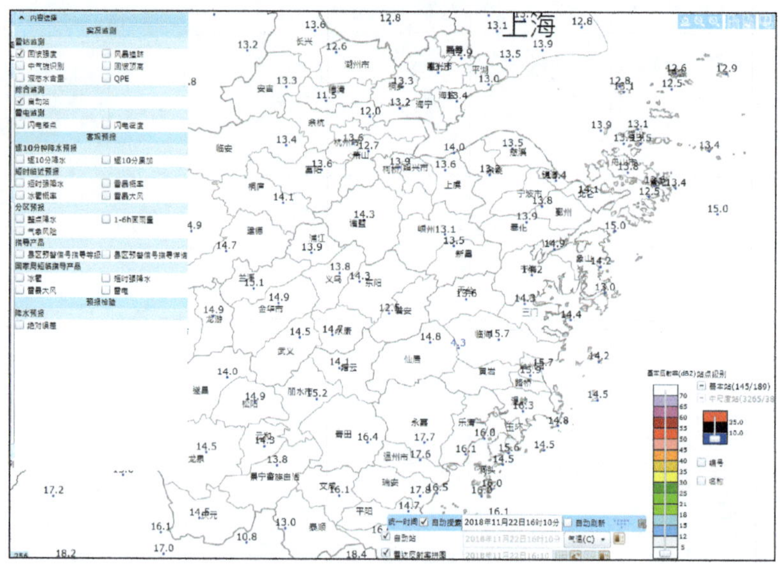

（b）产品数值标注展示样例

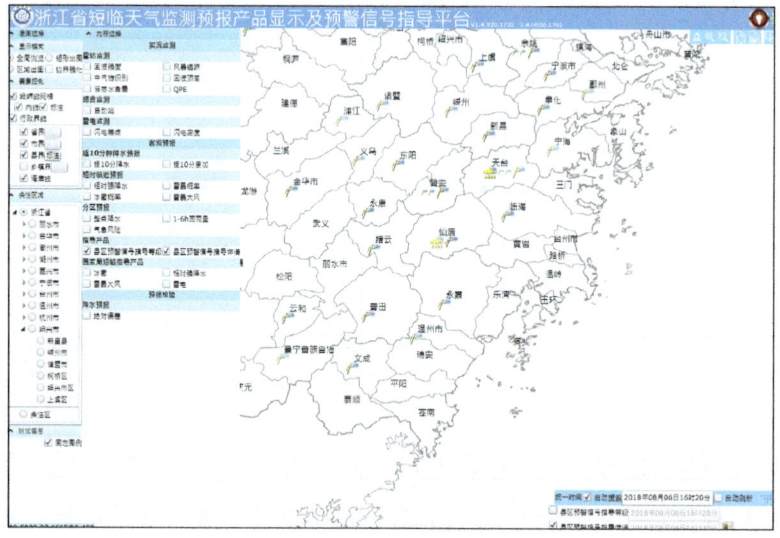

（c）专题符号展示样例

（d）关联区域填充展示样例

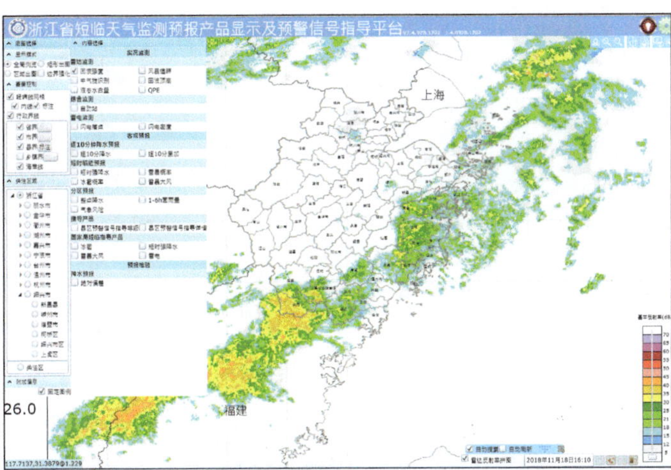

（e）产品网格填色展示样例

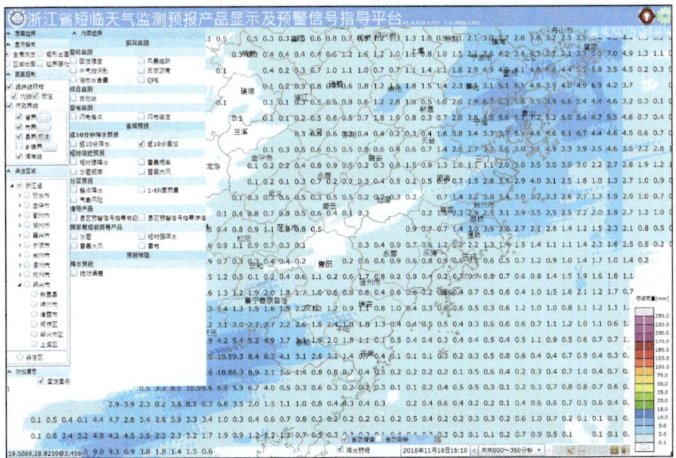

（f）产品等值面展示样例

图 7.15　数据应用产品样例

第 8 章

智慧气象手机客户端服务系统

8.1 系统概况

智慧气象手机客户端采用分层架构、模块化方式设计，后台采用 C# 语言开发，基于 MemCache 机制统一负责采集、处理和分发；前台客户端通过 WebService 接口读取各要素数据，结合网络地图功能对外提供服务。

系统后台数据流程总体框架采用 C# 语言，以 Visual Studio 2013 版软件为平台，采用 MemCache 技术开发。

Android 版基于 Jdk+Android Development Tools+Eclipse 平台，采用 Java 语言开发；IOS 版在 Mac 操作系统下，基于 IOS SDK+X-CODE 平台，采用 Object-C 语言开发。

后台管理系统基于 Eclipse 平台，采用 Java 开发，运行在 Tomcat+JDK1.6 环境。

服务器端操作系统：服务器端数据处理及对外 WebService 接口服务采用 WINDOWS2008 操作系统；系统后台管理平台为 RedHat Enterprise 6.2 版本操作系统。

数据存储：数据存储服务程序采用 C/C++/JAVA 等编程语言进行开发，数据库采用 Oracle 11g 数据库。

8.2 系统支撑平台

智慧气象后台数据支撑平台主要为移动 APP 提供必要的数据支持，包括各类网格化数据处理、数据库数据格式转换、数据同步、数据压缩、复杂业务逻辑处理等功能。

根据后台数据支撑平台各模块的功能特性，将其分为：数据采集系统、数据处理系统、数据发布系统、地理信息服务系统、客户端发布系统，以及数据监控平台和客户端管理统计平台等子系统。各子系统功能关系及业务逻辑关系如图 8.1 所示。

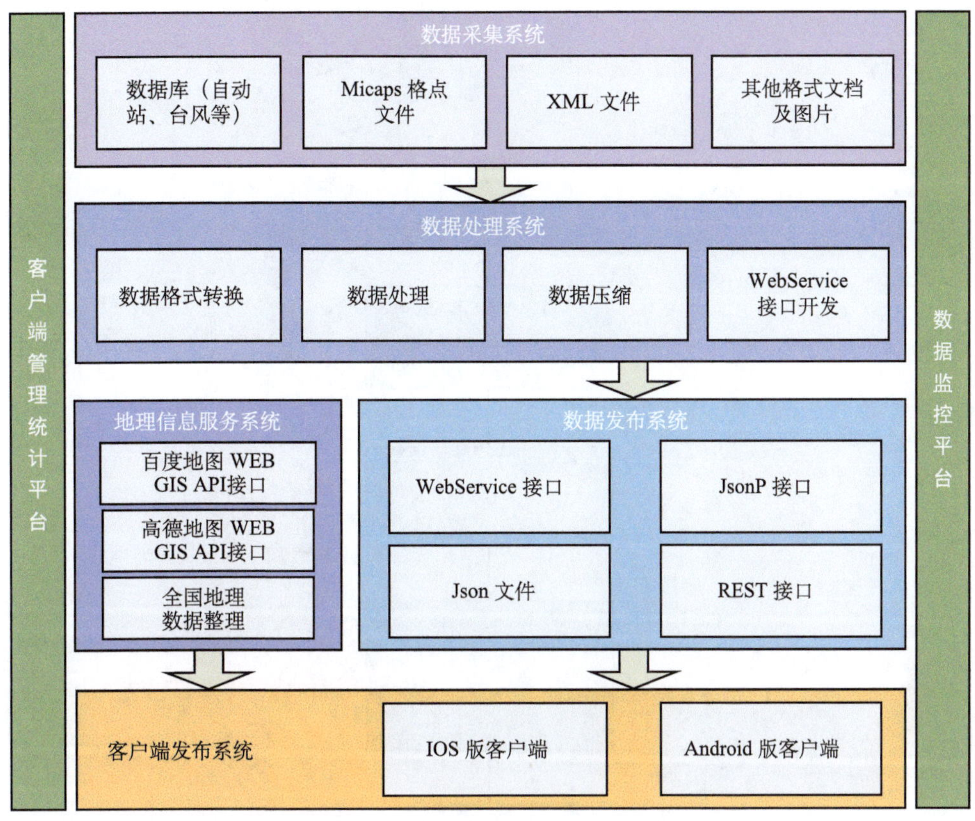

图 8.1　智慧气象系统逻辑架构

8.2.1　数据采集系统

由于客户端上使用的数据源众多，为了提高访问的时效性、网络连通性、减轻服务器压力，数据采集系统负责将所使用的不同类型数据源从源服务器同步至平台数据服务器。

数据采集系统对应系统结构图和数据同步流程分布如图 8.2 和图 8.3 所示：

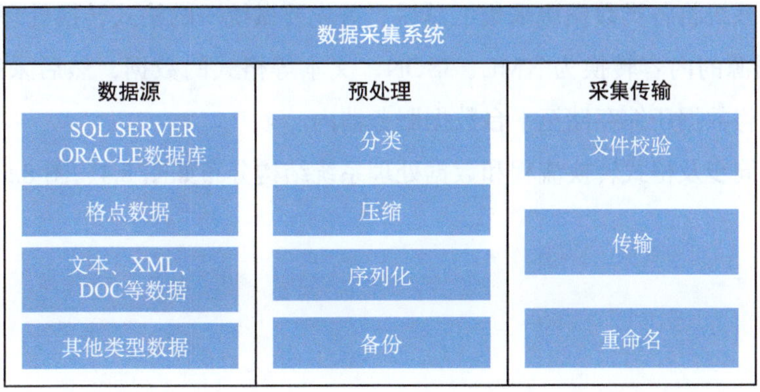

数据采集系统		
数据源	预处理	采集传输
SQL SERVER ORACLE数据库	分类	文件校验
格点数据	压缩	传输
文本、XML、DOC等数据	序列化	重命名
其他类型数据	备份	

图 8.2　数据采集系统结构

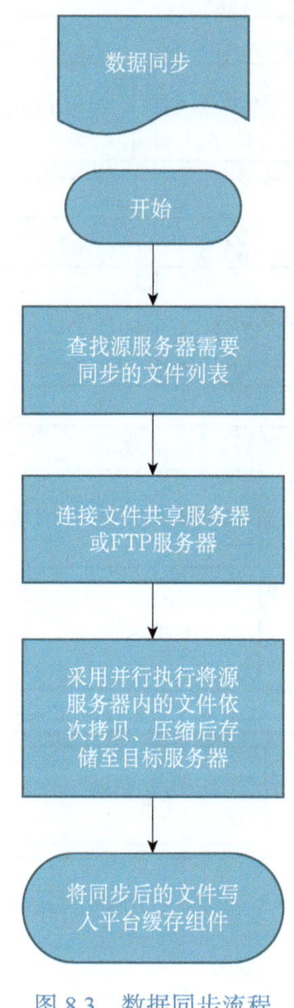

图 8.3　数据同步流程

8.2.2　数据处理系统

（1）数据转换、压缩

数据采集系统将各类数据源采集汇总后，首先要做统一的格式转换处理。这里数据处理系统将数据源的内容转换为 XML、JSON、文本等格式的数据，然后采用统一的 *.zip 压缩包格式，将数据压缩存储至平台数据服务器内。

对应数据同步及格式转换流程和数据处理系统结构分布如图 8.4、图 8.5 所示。

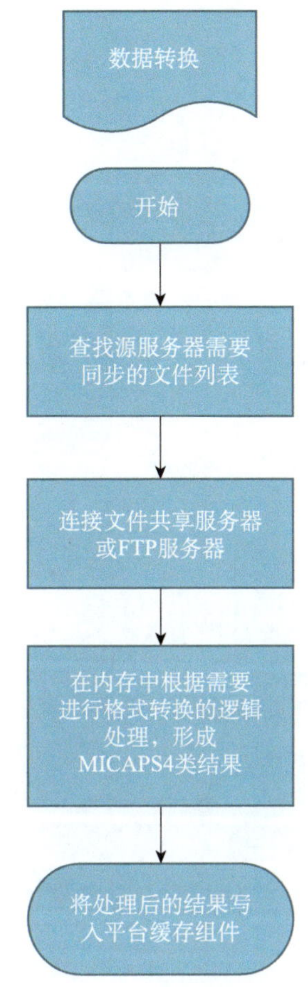

图 8.4　数据转化流程

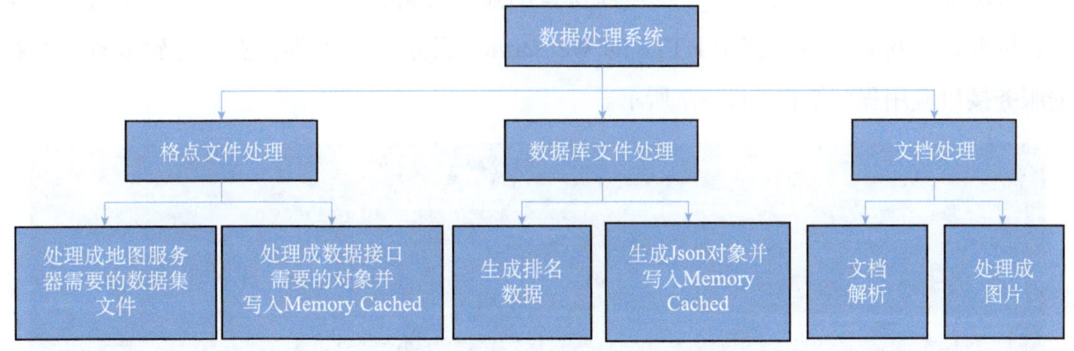

图 8.5　数据处理系统结构

（2）数据处理

由于移动端设备 CPU 性能较低、内存较小。又需要流畅的展示，那么就不能像普通处理 PC 端的方式，将网格数据直接传输给客户端，因此，数据处理系统需要为移动设备将原始网格化数据处理为二进制字节流的结果化数据供移动设备使用，具体处理流程如图

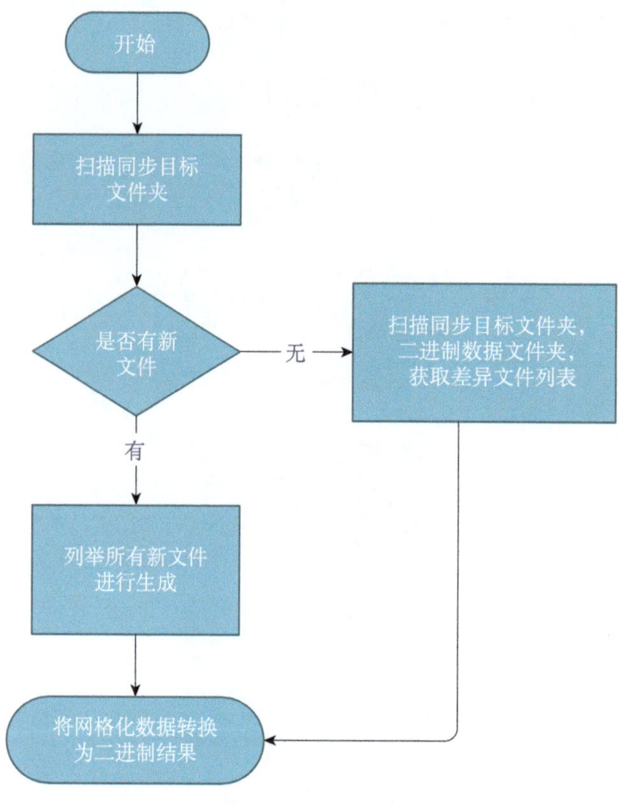

图 8.6　数据处理流程

8.6 所示。

（3）WebService 接口开发

移动端 APP 包含大量基于手机当前位置的业务逻辑、当前位置的预警信息等复杂运算，因此，系统提供一个基于 HTTP 的 Webservice 服务为 APP 提供业务逻辑处理，其数据服务接口应用程序结构如图 8.7 所示。

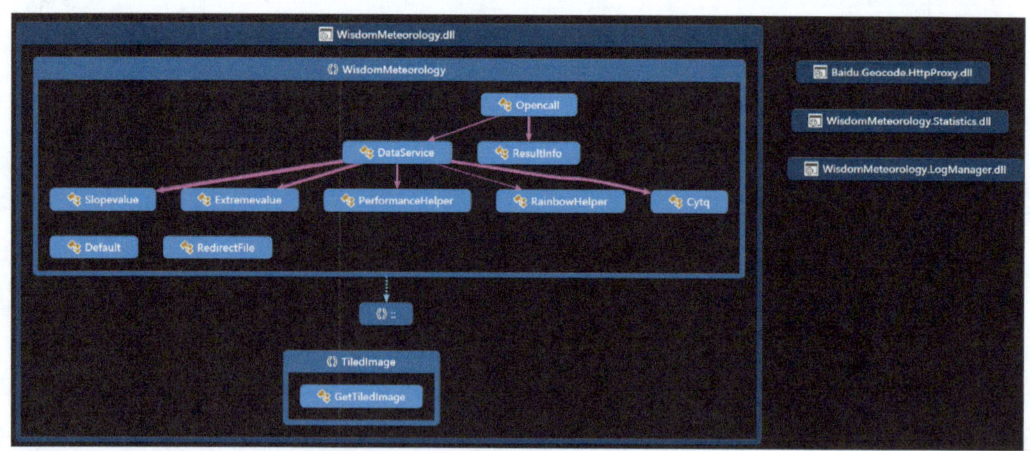

图 8.7　数据服务接口应用程序结构

① WisdomMeteorology.dll

DataService：APP 服务接口，包含众多业务逻辑处理函数，以 SOAP、HTTP GET、HTTP POST 方式提供服务；

PerformanceHelper：服务接口性能监控帮助类，每个函数请求的性能由此类进行监控。

② Baidu.GeoCode.HttpProxy.dll

由于 WEB 服务器处于内网环境，平台自行实现百度地理信息解析的代理服务供 WEB 服务器使用。

③ WisdomMeteorology.Statistics.dll

提供将访问日志解析为请求次数、请求所属地区的服务页面。

④ WisdomMeteorology.LogManager.dll

未注册用户访问日志记录功能，采用队列轮询模式批量存储数据库，提升系统整体性能。

整体基于插件式架构进行开发，以 ITiledImage.dll 为主，ITiledImage.*.dll 为插件组成，构成各类瓦片地图绘制的服务基础。瓦片地图应用程序结构如图 8.8 所示。

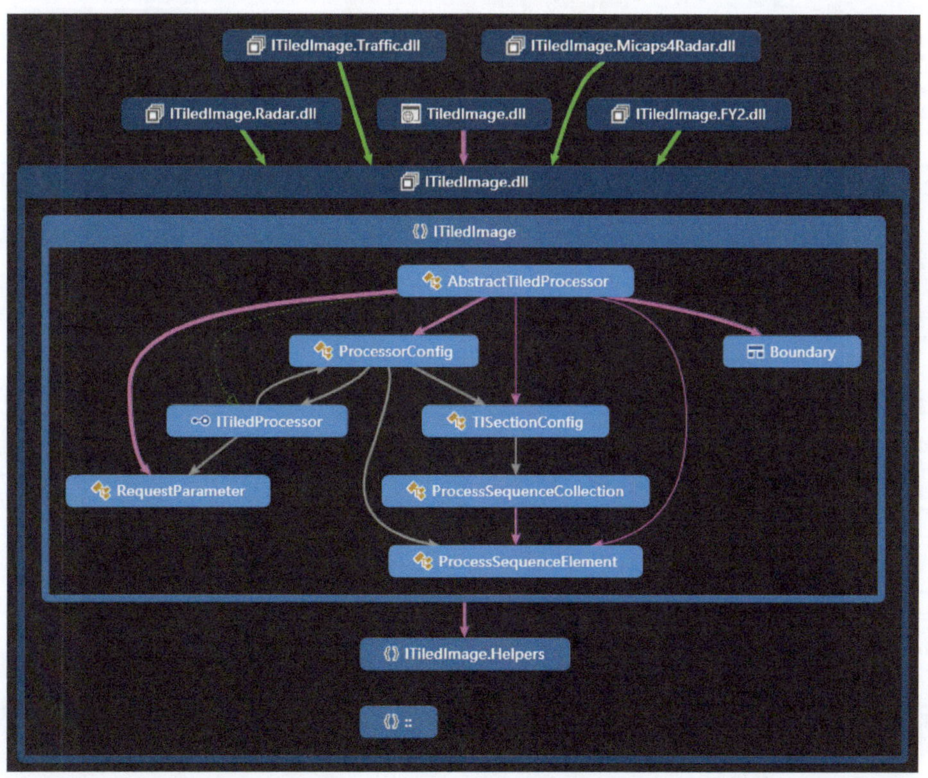

图 8.8　瓦片地图应用程序结构

① ITiledProcessor：瓦片服务接口协议；

② AbstractTiledProcessor：瓦片服务接口实现抽象基类，实现所有瓦片服务插件公用的函数集；

③ RequestParameter：此类负责解析客户端请求参数，如请求的瓦片类型、数据文件名等信息，构成数据结构后，供 AbstractTiledProcessor 使用；

④ TISectionConfig、ProcessSequenceCollection、ProcessSequenceElement：插件配置信息，用于 Web.config 或 App.config 文件。

8.2.3 数据发布系统

在完成数据转换、压缩及处理后，数据发布系统统一采用 WebService 接口对外服务。但是在 WebService 接口开发的过程中，中间业务模块采用 Json 文件、JsonP 接口对接，对应数据发布结构图和详细的业务流程图分布如图 8.9、图 8.10 所示。

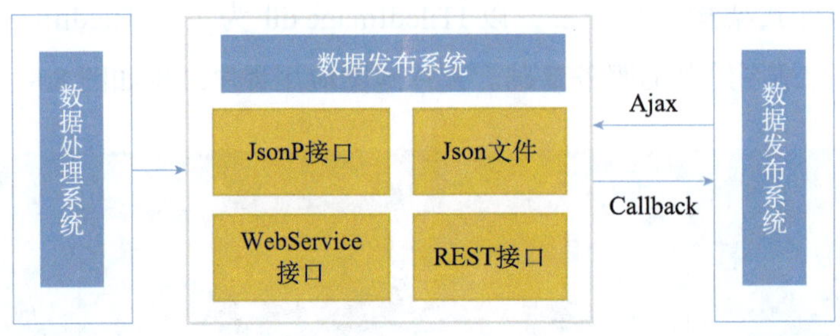

图 8.9　数据发布接口系统结构图

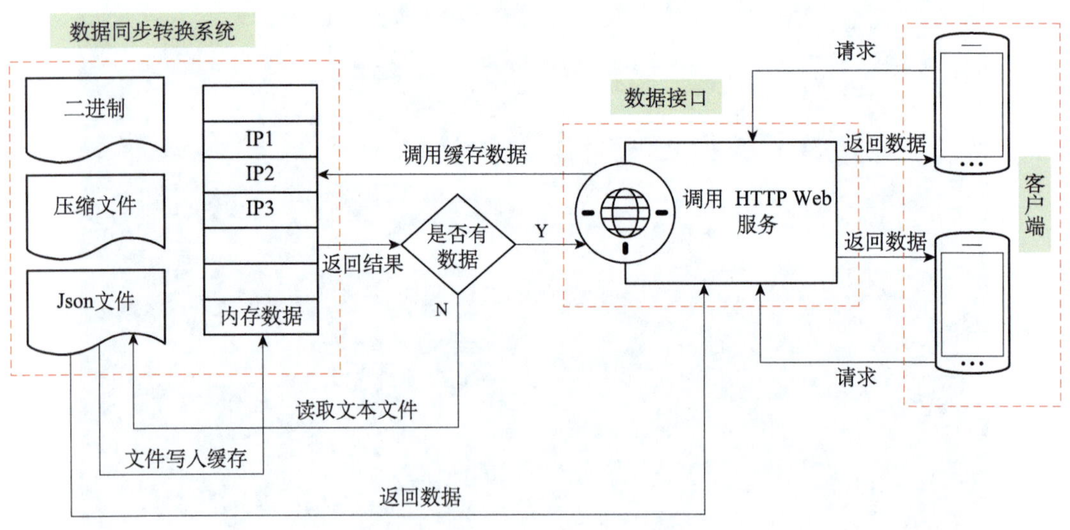

图 8.10　数据发布业务流程图

数据发布系统作为整个数据流程的核心，起到纽带的作用，为了能够快速获取数据，系统开发采用了 Memcached 缓存技术，并利用分布式存储方式，将处理后的数据写入了三台服务器缓存。

在客户端调用数据发布系统的 WebService 接口时，系统优先查找缓存中的数据，如果缓存中存在数据，则直接将结果返回给客户端，并在客户端调用显示；倘若缓存数据不存在，则读取服务器硬盘中的本地数据文件，并将文件数据重新写入缓存，同时将结果返回客户端。

8.2.4 地理信息服务系统

智慧气象强天气监测模块的应用是在网络地图上，前台客户端直接基于第三方 Web GIS API 接口的图形绘制、图层叠加等功能，实时读取后台 Web Service 接口数据实现所需功能。

用户可以采用单击地图任意位置，结合地图定位服务，后台实时返回对应的数据，解析展示。

智慧气象客户端的定位方式采用高德地图定位和本地定位方式，本地定位方式和地理数据密切相关，完整的地理数据才能保证定位准确，随着行政区域的不断重新划分，相应的地理数据也需要同步更新。将行政区域转化为像素不同的图片，通过经纬度和像素的转化，获得定位点的像素值，通过像素值和地区名配置表获得定位点的地址信息。相应的定位逻辑图如图 8.11 所示。

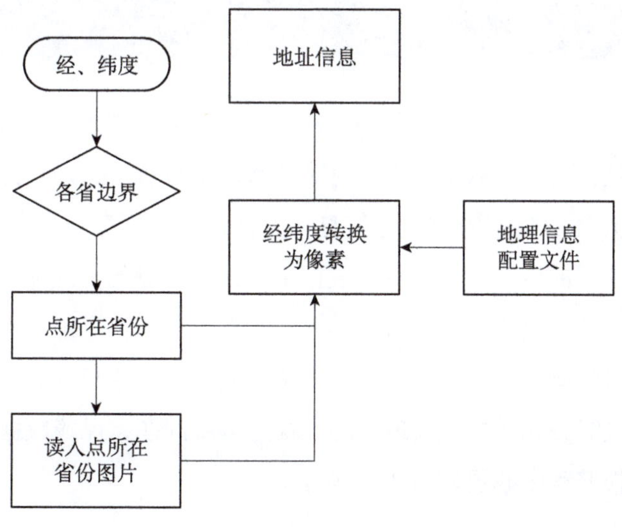

图 8.11　本地定位逻辑图

8.2.5 数据监控平台

数据同步程序运行的稳定、及时、完整基于数据源的及时、完整，而数据的不完整、数据格式的不完整都会造成数据同步和数据解析的异常，进而导致客户端数据显示不正常。为了解决数据不完整、程序异常导致的错误，必须对客户端的数据进行实时监控，才能保障产品的稳定运行和更新；数据产品既有原始数据产品、二次加工产品，还有数据库产品，众多数据产品，仅仅依赖人工监控产品既耗费时间、人力，又不能持续监控，影响客户使用，可针对产品的监控繁杂问题采取网页显示和监控程序以短信提醒的方式来告之相关人员产品更新情况。图 8.12 为智慧气象数据监控的主程序。其中，监控报警数据流程图如图 8.13 所示。

```
智慧气象数据监控程序(在命令行中输入 exit 退出此程序)

IF ((select count(1) from DerivativeDataUpdateLogSet where datatype = 'grid/ExMaxWindV/Binary2' and filename = '2015092313_000.zip
') > 0)
        BEGIN

UPDATE [dbo].[DerivativeDataUpdateLogSet]
   SET [FileName] = '2015092313_000.zip'
      ,[LastWriteTime] = '2015-09-23 13:15:28'
      ,[UpdateTime] = '2015-09-23 13:40:12'
      ,[OriginDataUpdateLog_DataType] = 'grid/ExMaxWindV'
 WHERE [DataType] = 'grid/ExMaxWindV/Binary2'

        END
else
        BEGIN

INSERT INTO [dbo].[DerivativeDataUpdateLogSet]
           ([DataType]
           ,[FileName]
           ,[LastWriteTime]
           ,[UpdateTime]
           ,[OriginDataUpdateLog_DataType]
           ,[Status])
     VALUES
           ('grid/ExMaxWindV/Binary2'
           ,'2015092313_000.zip'
           ,'2015-09-23 13:15:28'
           ,'2015-09-23 13:40:12'
     Message: 更新数据库[grid/FExMax24/Binary2]类型最新数据成功
微软拼音 半 :
```

图 8.12 数据监控程序

监控报警程序是针对后台数据是否及时到达智能提醒程序，通过配置文件，增加、删除、改变数据源的路径、数据的数量等信息，方便灵活。程序每 10 min 轮询一次，通过配置文件，获取数据源的最新数据。由于数据都是以时间戳的方式命名，可以获取最新时次的数据，通过与系统时间比较，获得时间差，配置文件定义了最小报警时间阈值。当时间差大于最小报警时间阈值时，程序主动推送消息到指定的手机，提醒值班人员数据未更新，方便值班人员及时查找问题，处理问题，快速解决问题，保障数据更新及时、准确。

对应监控短信报警程序截图如图 8.14 所示。

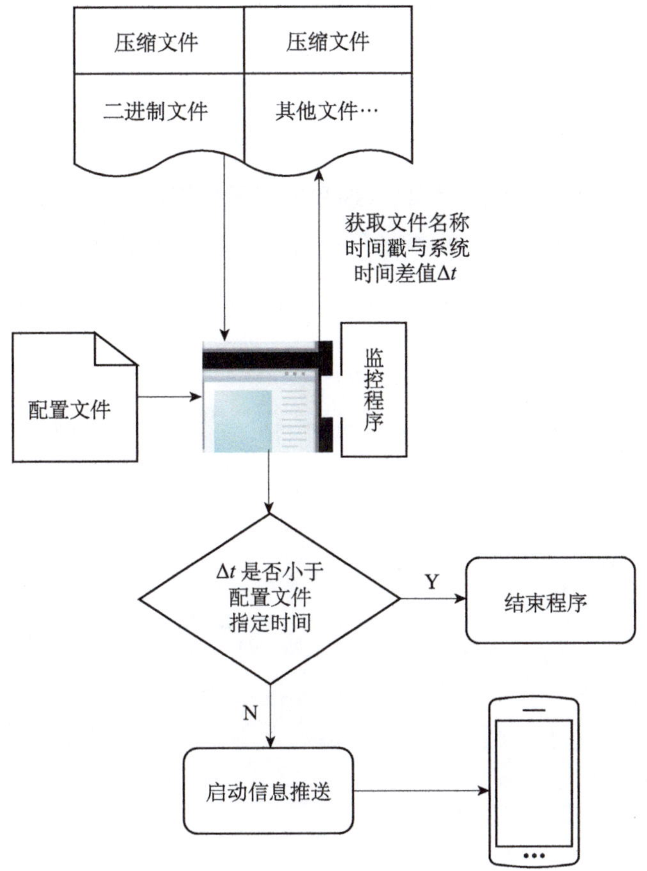

图8.13　监控报警数据流程图

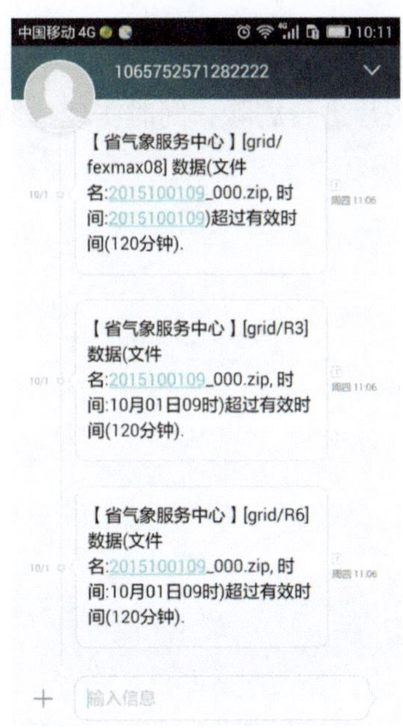

图8.14　监控报警短信提醒

8.2.6 客户端管理统计平台

8.2.6.1 管理平台

客户端管理平台主要包含用户信息管理和灾情图片管理、审核模块。用户信息管理模块（图 8.15），可以对注册用户进行删除，也可以屏蔽注册用户，屏蔽后的注册用户上传所有图片无法在客户端显示，主要目的是针对上传问题图片进行快速处理，避免影响扩大化。

图 8.15 用户信息管理

灾情图片管理、审核模块如图 8.16 所示。业务人员查看用户上传图片，审核图片是否符合要求，对不符合要求的图片进行删除，同时实现按照灾情种类、发生时间、地点查询筛选用户上传记录功能。

图 8.16 灾情图片管理

8.2.6.2 数据统计平台

智慧气象后台管理为移动 APP 提供了必要的管理、统计功能，主要包括注册用户管理、注册用户访问统计、注册用户所属地区统计功能、用户逐日统计，以及移动 APP 菜单管理、插件包更新上传等功能。对应功能界面截图如图 8.17—图 8.20 所示。

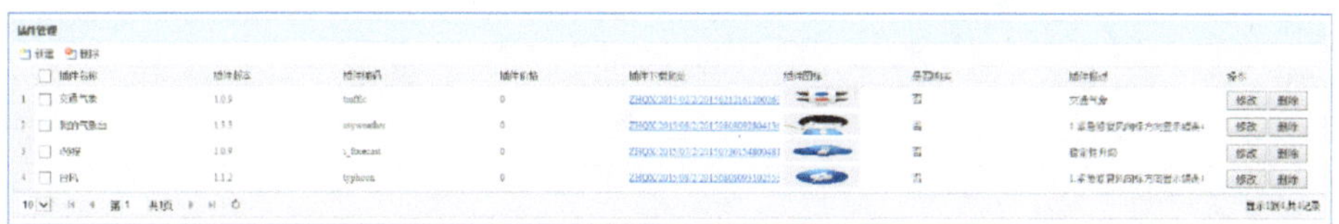

图 8.17 插件管理页面

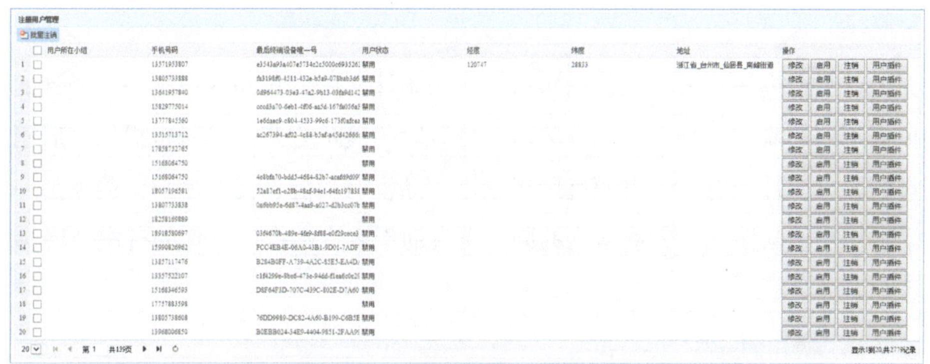

图 8.18 注册用户管理页面

底部菜单管理

新建 删除

	名称	编码	备注	参数	排列顺序	操作
1	我的气象台	myweather	0	0	0	修改 删除
2	[illegible]	i_forecast	1	1	1	修改 删除
3	交通气象	traffic	2	2	2	修改 删除
4	台风	typhoon	3	3	3	修改 删除
5	更多	more	4	4	4	修改 删除

图 8.19 APP 菜单管理

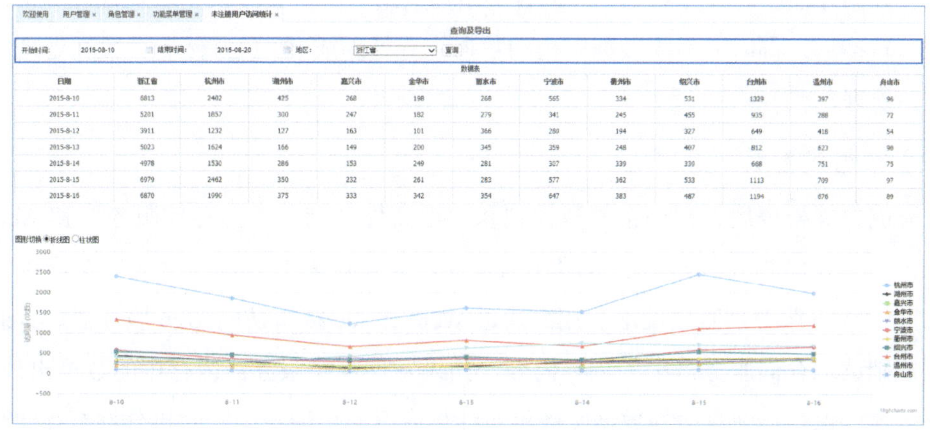
欢迎使用 用户管理 角色管理 功能菜单管理 未注册用户访问统计

查询及导出

开始时间: 2015-08-10 结束时间: 2015-08-20 地区: 浙江省 查询

数据表

日期	浙江省	杭州市	湖州市	嘉兴市	金华市	丽水市	宁波市	衢州市	绍兴市	台州市	温州市	舟山市
2015-8-10	6813	2402	425	268	198	268	565	334	531	1329	397	96
2015-8-11	5201	1857	300	247	182	279	341	245	455	935	288	72
2015-8-12	3911	1232	127	163	101	366	280	194	327	649	418	54
2015-8-13	5023	1624	166	149	200	345	359	248	407	812	623	90
2015-8-14	4978	1530	286	153	249	281	307	339	339	668	751	75
2015-8-15	6979	2462	350	232	261	283	577	362	533	1113	709	97
2015-8-16	6870	1990	375	333	342	354	647	383	487	1194	676	89

图 8.20 未注册用户近一周访问量统计

此外，为方便年度考核统计，用户统计模块可以实现分时段、分区域统计，对应截图如图 8.21 所示。

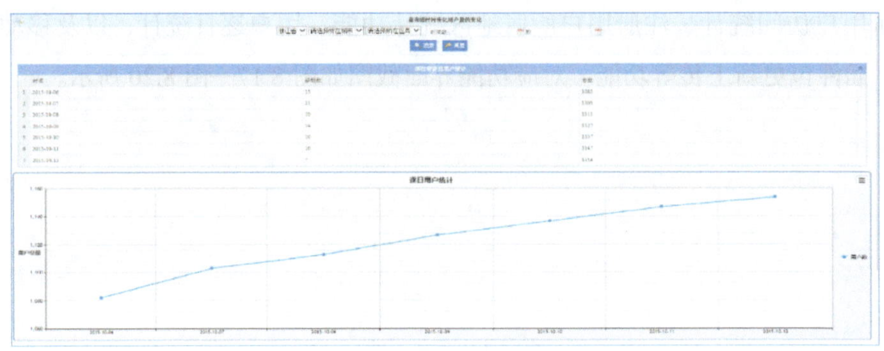

图 8.21　智慧气象管理平台用户逐日统计

数据统计平台模块主要实现数据接口的访问统计和用户访问客户端用户统计的前台展示。并根据不同的需求，分别采用分区域、分时段的展示方式。同时也提供注册用户与非注册用户的区分统计功能。一方面有助于改进产品模块功能，提升用户体验；另一方面可以实时了解用户访问情况，方便运维的同时也有助于客户端推广工作的有序开展。

8.2.7　系统硬件架构

如图 8.22 智慧气象硬件架构图所示，根据现有的数据源类型分布和功能开发需求，将智慧气象硬件架构划分为四个层次，分别为：数据处理层、数据应用层、网络层和用户层。各层次的硬件分布思路介绍如下。

（1）数据处理层

处在数据处理层的服务器主要完成各类结构数据的同步、转换，以及处理等工作。数据同步、转换后，将以上不同数据结构的数据统一处理成 zip 包，然后由数据处理服务器进行统一处理。

（2）数据应用层

在完成数据处理后，程序会把数据包和数据文件分别分发至存储服务器和 Web 服务器。在这里，存储服务器充当的是缓存的角色。分发过来的数据包会放置在服务器的内存里，方便 Web 服务器直接读取。用户通过 WebService 接口访问 Web 服务器。Web 服务器根据规则读取存储服务器中的内存内容。如果发现存储服务器内存中的数据出现丢失，Web 服务器将保存在硬盘中的数据文件重新计算后返回至用户，同时再分发至存储服务器做下次用户访问读取。

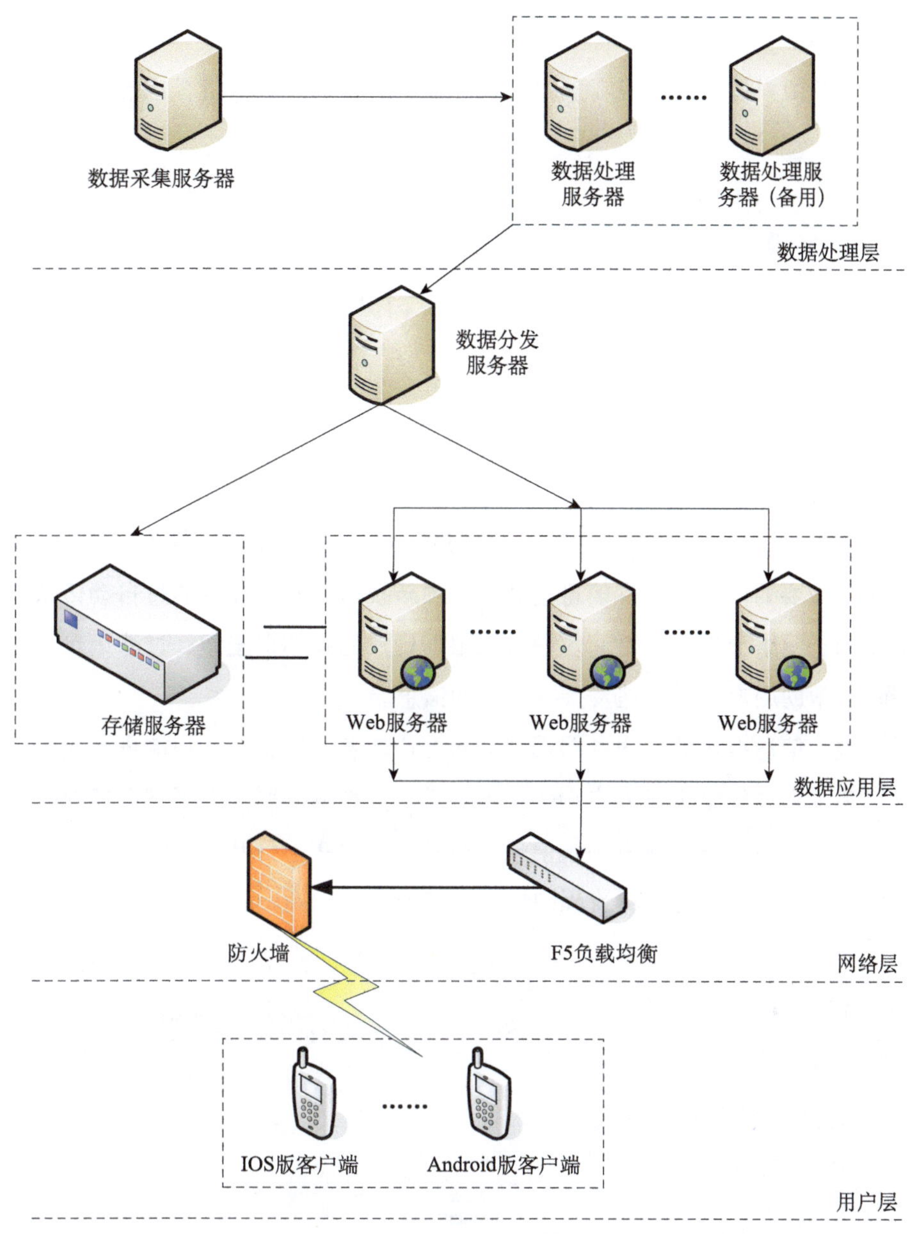

图 8.22　智慧气象硬件架构图

（3）网络层

用户访问客户端通过 WebService 接口从 Web 服务器读取数据，当并发量比较大的时候就会引起数据接口访问卡顿，甚至获取数据失败的情况，此时需要考虑用户访问的负载均衡，故而增加了 F5 负载均衡设备。

此外，网络安全问题一直都是关注的焦点，因此用户只有通过防火墙才能访问到对应服务器的接口数据。

（4）用户层

用户层表征用户使用苹果或者安卓智能手机访问智慧气象手机客户端获取最新天气信息的过程。

8.3 精细化分级消息推送

8.3.1 信息推送原理

所谓信息推送，就是“Web 广播”，是通过一定的技术标准或协议，在互联网上通过定期传送用户需要的信息来减少信息过载的一项新技术。推送技术通过自动传送信息给用户，来减少用于网络上搜索的时间。它可以根据用户的兴趣来搜索、过滤信息，并将其定期推给用户，帮助用户高效率地发掘有价值的信息。

简单来说，信息推送就是服务器端主动向客户端发送信息，客户端进行接收信息。用户只需要安装了智慧气象手机客户端，在出现有严重影响的恶劣性天气等情况时，管理员向客户端广播推送最新提醒或者预报信息，有助于用户在不打开客户端的前提下，能够及时获知预警服务信息。对应逻辑流程图如图 8.23 所示。

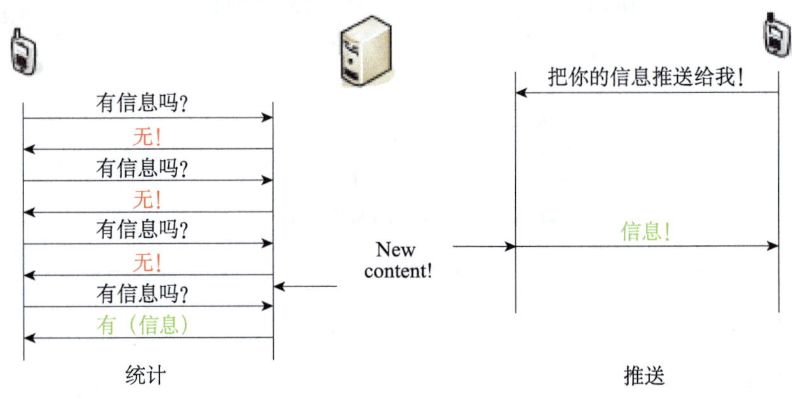

图 8.23　信息推送逻辑流程

8.3.2 个推的优势及应用

要实现功能完备运行稳定的信息推送平台，不仅要有先进的技术储备，同时要能承受庞大的运维成本，因此独立开发运维信息推送平台显然是不现实的，目前市场上第三方信息推送平台，用户使用效果也不错，诸如：百度云推送、个推等。基于以上情况，在智慧气象手机客户端中选择相对功能全面、稳定的个推平台作为智慧气象信息推送的解决方案。

个推作为目前相对比较专业的手机消息推送技术解决方案，一方面它可以为企业和开发者提供推送 SDK，让 APP 快速集成云推送功能，同时免去开发成本，有效提升产品活跃度与用户体验。另一方面个推为第三方应用提供了跨手机平台一致的、稳定可靠的消息推送服务，从而实现服务端到客户端的消息主动推送。

个推不仅可以实现针对单一目标地址的推送，也可以实现群发消息推送，还可以通过指定标识进行定向群组推送。它除了为第三方提供基本的透明消息传输外，还提供了一些消息展示方式，实现在客户端的通知提示、弹框操作等，帮助客户快速实现更为定制化的消息推送服务。

智慧气象客户端信息推送目前在个推平台上的使用界面截图主要功能分别如图 8.24、图 8.25、图 8.26、图 8.27 所示。

图标	应用名称	平台	今日注册用户数	实时在线用户数	累计注册用户数	操作
	iOS_push_test		0	0	1	创建推送 | 数据报表 | 应用配置
	智慧气象		58	1079	42664	创建推送 | 数据报表 | 应用配置
	个推 App Demo		0	0	4	创建推送 | 下载应用 |

图 8.24　个推平台首页各应用分组界面

通知标题	推送时间	目标用户	后续动作	状态	操作
sdcvcd	2016-01-29 15:48:04	特定用户	启动应用	成功	详情 | 推送数据
werfgbhn	2016-01-29 15:47:31	特定用户	启动应用	成功	详情 | 推送数据
qweqwe	2016-01-29 15:43:10	特定用户	启动应用	成功	详情 | 推送数据
智慧气象	2015-10-26 14:17:52	特定用户	启动应用	成功	详情 | 推送数据
智慧气象	2015-10-26 14:13:44	特定用户	启动应用	成功	详情 | 推送数据
智慧气象温馨提醒	2015-10-26 14:04:31	特定用户	启动应用	成功	详情 | 推送数据
智慧气象温馨提示	2015-10-26 13:59:00	特定用户	启动应用	成功	详情 | 推送数据
智慧气象温馨提示	2015-10-26 13:57:25	特定用户	启动应用	成功	详情 | 推送数据

图 8.25　个推平台推送记录列表界面

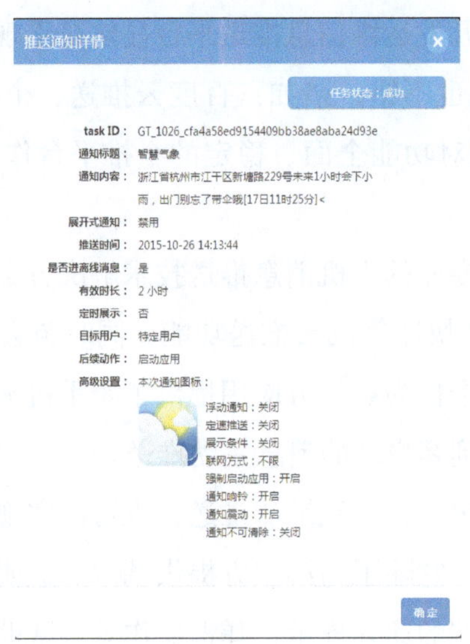

图 8.26 个推平台推送详情界面

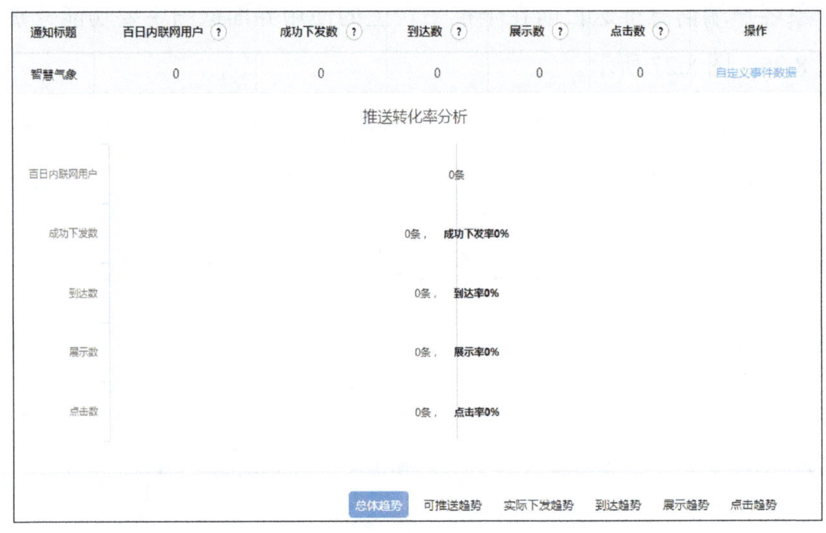

图 8.27 个推平台推送结果界面

在个推平台进行信息推送后，可以在智慧气象手机客户端的通知栏中看到推送的信息，单击查看详情。

8.4 数据库建设

智慧气象管理数据库分别采用 Sql Server、Oracle 11g 数据库搭建，数据业务涉及后台数据产品同步、处理加工、前台用户数记录、统计以及接口使用统计等，共有：原始数据同步记录表、二次产品加工记录表、数据产品报警记录表、用户方位不同模块记录表、用户数记录表 5 张数据表，各表对应功能介绍如下。

（1）原始数据同步记录表

对应表结构如图 8.28 所示。

结果 消息

	ID	DataType	FileName	LastWriteTime	ZipFileName	ZipLastWriteTime	UpdateTime	Status
1	1	grid/tmax08	2015092414.000	2015-09-24 14:10:49.000	2015092414_000.zip	2015-09-24 14:15:02.000	2015-09-24 14:31:50.000	1
2	2	3012/RH	201509232350.dat	2015-09-23 23:57:04.000	201509232350_dat.zip	2015-09-23 23:57:06.000	2015-09-24 00:11:46.000	1
3	3	wt/future	201509240650	2015-09-24 07:21:49.000		1900-01-01 00:00:00.000	2015-09-24 07:21:49.000	1
4	4	CTTQ/R10MIN	201507221100.000	2015-07-22 11:03:03.000	201507221100_000.zip	2015-07-22 11:06:07.000	2015-07-23 23:56:32.000	1
5	5	grid/10min_Vis	201509231400.000	2015-09-23 14:10:11.000	201509231400_000.zip	2015-09-23 14:15:02.000	2015-09-23 14:21:46.000	1
6	6	10.135.30.38-DB_AQI-RealTimeData_yyyyMM	2015092413	2015-09-24 14:31:50.000		1900-01-01 00:00:00.000	2015-09-24 14:31:50.000	1
7	7	grid/tmin08	2015092413.000	2015-09-24 13:11:29.000	2015092413_000.zip	2015-09-24 13:15:07.000	2015-09-24 14:11:50.000	1
8	8	grid/10min_T	201509231400.000	2015-09-23 14:10:33.000	201509231400_000.zip	2015-09-23 14:15:05.000	2015-09-23 14:21:48.000	1
9	9	grid/fexmax08	2015092413.000	2015-09-24 13:11:42.000	2015092413_000.zip	2015-09-24 13:15:12.000	2015-09-24 14:11:52.000	1
10	10	grid/tmax08minute	201509241321.000	2015-09-24 13:21:48.000	201509241321_000.zip	2015-09-24 13:26:50.000	2015-09-24 14:01:52.000	1
11	11	grid/10min_MaxWindV	201507221100.000	2015-07-22 11:11:09.000	201507221100_000.zip	2015-07-22 11:15:02.000	2015-07-22 12:35:24.000	1
12	12	grid/R	2015092413.000	2015-09-24 13:14:19.000	2015092413_000.zip	2015-09-24 13:20:24.000	2015-09-24 14:11:51.000	1
13	13	grid/tmin08minute	201509241321.000	2015-09-24 13:22:29.000	201509241321_000.zip	2015-09-24 13:26:52.000	2015-09-24 14:01:54.000	1
14	14	grid/R3	2015092413.000	2015-09-24 13:12:16.000	2015092413_000.zip	2015-09-24 13:15:24.000	2015-09-24 14:11:52.000	1
15	15	grid/R6	2015092413.000	2015-09-24 13:13:37.000	2015092413_000.zip	2015-09-24 13:20:27.000	2015-09-24 14:11:53.000	1
16	16	grid/R12	2015092413.000	2015-09-24 13:14:18.000	2015092413_000.zip	2015-09-24 13:20:28.000	2015-09-24 14:11:54.000	1
17	17	grid/R24	2015092413.000	2015-09-24 13:14:45.000	2015092413_000.zip	2015-09-24 13:20:29.000	2015-09-24 14:11:55.000	1
18	18	grid/R2408	201509241305.000	2015-09-24 13:13:10.000	201509241305_000.zip	2015-09-24 13:15:32.000	2015-09-24 14:11:57.000	1
19	19	grid/T	2015092413.000	2015-09-24 13:11:35.000	2015092413_000.zip	2015-09-24 13:15:34.000	2015-09-24 14:11:57.000	1
20	20	grid/Tmax	2015092413.000	2015-09-24 13:12:52.000	2015092413_000.zip	2015-09-24 13:15:36.000	2015-09-24 14:11:58.000	1
21	21	grid/Tmin	2015092413.000	2015-09-24 13:12:14.000	2015092413_000.zip	2015-09-24 13:15:38.000	2015-09-24 14:11:59.000	1
22	22	grid/TH24	2015092413.000	2015-09-24 13:14:35.000	2015092413_000.zip	2015-09-24 13:20:34.000	2015-09-24 14:12:00.000	1
23	23	grid/TL24	2015092413.000	2015-09-24 13:12:32.000	2015092413_000.zip	2015-09-24 13:15:41.000	2015-09-24 14:12:00.000	1
24	24	grid/ExMaxWindV	2015092413.000	2015-09-24 13:13:38.000	2015092413_000.zip	2015-09-24 13:15:42.000	2015-09-24 14:12:01.000	1
25	25	grid/FExMax24	2015092413.000	2015-09-24 13:12:11.000	2015092413_000.zip	2015-09-24 13:15:43.000	2015-09-24 14:12:02.000	1

图 8.28 原始数据同步记录表

原始数据同步记录表主要是在数据同步、格式转换过程中记录各类数据源的同步流程信息，包括：数据来源路径、文件名称、文件修改时间、处理后的压缩包名称、文件转换时间及状态等，这些信息同时也是业务管理平台监控展示页面基础数据。

（2）二次产品加工记录表

对应表结构如图 8.29 所示。

结果 消息

	ID	DataType	FileName	LastWriteTime	UpdateTime	OriginDataUpdateLog_DataType	Status
1	1	grid/10min_Vis/Binary1	201509231400_000.zip	2015-09-23 14:15:04.000	2015-09-23 14:21:47.000	grid/10min_Vis	1
2	2	grid/tmax08/Binary1	2015092414_000.zip	2015-09-24 14:15:04.000	2015-09-24 14:31:50.000	grid/tmax08	1
3	3	wt/future/Binary1	201509240650	2015-09-24 07:21:50.000	2015-09-24 07:21:50.000	wt/future	1
4	4	grid/10min_Vis/Binary2	201509231400_000.zip	2015-09-23 14:15:05.000	2015-09-23 14:21:48.000	grid/10min_Vis	1
5	5	grid/tmax08/Binary2	2015092413_000.zip	2015-09-24 13:15:08.000	2015-09-24 14:11:50.000	grid/tmax08	1
6	6	wt/future/Binary2	201509240650	2015-09-24 07:21:50.000	2015-09-24 07:21:50.000	wt/future	1
7	7	grid/10min_T/Binary1	201509231400_000.zip	2015-09-23 14:15:08.000	2015-09-23 14:21:49.000	grid/10min_T	1
8	8	grid/fexmax08/Binary1	2015092413_000.zip	2015-09-24 13:15:13.000	2015-09-24 14:11:53.000	grid/fexmax08	1
9	9	grid/fexmax08/Binary2	2015092413_000.zip	2015-09-24 13:15:14.000	2015-09-24 14:11:53.000	grid/fexmax08	1
10	10	grid/10min_T/Binary2	201509231400_000.zip	2015-09-23 14:15:09.000	2015-09-23 14:21:49.000	grid/10min_T	1
11	11	grid/10min_MaxWindV/Binary1	201507221100_000.zip	2015-07-22 11:15:39.000	2015-07-22 12:35:24.000	grid/10min_MaxWindV	1
12	12	grid/tmax08minute/Binary1	201509241321_000.zip	2015-09-24 13:26:52.000	2015-09-24 14:01:53.000	grid/tmax08minute	1
13	13	grid/10min_MaxWindV/Binary2	201507221100_000.zip	2015-07-22 11:15:40.000	2015-07-22 12:35:24.000	grid/10min_MaxWindV	1
14	14	grid/tmax08minute/Binary2	201509241321_000.zip	2015-09-24 13:26:54.000	2015-09-24 14:01:54.000	grid/tmax08minute	1
15	15	grid/R/Binary1	2015092413_000.zip	2015-09-24 13:20:26.000	2015-09-24 14:11:51.000	grid/R	1
16	16	grid/tmin08minute/Binary1	201509241321_000.zip	2015-09-24 13:26:54.000	2015-09-24 14:01:54.000	grid/tmin08minute	1
17	17	grid/R/Binary2	2015092413_000.zip	2015-09-24 13:20:26.000	2015-09-24 14:11:52.000	grid/R	1
18	18	grid/tmin08minute/Binary2	201509241321_000.zip	2015-09-24 13:26:55.000	2015-09-24 14:01:55.000	grid/tmin08minute	1
19	19	grid/R3/Binary1	2015092413_000.zip	2015-09-24 13:15:25.000	2015-09-24 14:11:52.000	grid/R3	1
20	20	grid/R3/Binary2	2015092413_000.zip	2015-09-24 13:15:26.000	2015-09-24 14:11:53.000	grid/R3	1
21	21	grid/R6/Binary1	2015092413_000.zip	2015-09-24 13:20:28.000	2015-09-24 14:11:53.000	grid/R6	1
22	22	grid/R6/Binary2	2015092413_000.zip	2015-09-24 13:20:29.000	2015-09-24 14:11:54.000	grid/R6	1
23	23	grid/R12/Binary1	2015092413_000.zip	2015-09-24 13:20:29.000	2015-09-24 14:11:54.000	grid/R12	1
24	24	grid/R12/Binary2	2015092413_000.zip	2015-09-24 13:20:30.000	2015-09-24 14:11:54.000	grid/R12	1
25	25	grid/R24/Binary1	2015092413_000.zip	2015-09-24 13:20:32.000	2015-09-24 14:11:55.000	grid/R24	1
26	26	grid/R24/Binary2	2015092413_000.zip	2015-09-24 13:20:32.000	2015-09-24 14:11:55.000	grid/R24	1
27	27	grid/R2408/Binary1	201509241305_000.zip	2015-09-24 13:15:34.000	2015-09-24 14:11:57.000	grid/R2408	1

图 8.29 二次产品数据记录表

智慧气象需要实现各类要素格点数据在客户端上现绘，但由于气象数据要素众多，直接在客户端读取，经处理后绘制图表，速度既慢用户体验又差。因此，需要在后台事先对需绘制的格点数据进行预处理，封装成二进制数据保存在内存中。这样前台可以通过数据接口调用色斑图数据，进行快速传输绘制。这里二次产品加工记录表就是在后台进行数据预处理过程中，对这些格点数据处理过程进行记录。

二次产品加工记录表主要用于实现数据产品监控功能。

（3）数据产品报警记录表

对应表结构如图 8.30 所示。

	Id	FileName	CheckingDateTime	SendMobileNums	SendContent	SendStatus	SendTime	OriginDataUpdateLog_DataType
16	100	201411061900_000.zip	2014-11-06 19:50:45.000		[grid/10min_T] 数据(文件名:201411061900_000.zip, 时间:11...	0	2014-11-06 19:52:26.000	grid/10min_T
17	101	201411061900_000.zip	2014-11-06 19:50:45.000		[grid/10min_ExMaxWindV] 数据(文件名:201411061900_000.zip...	0	2014-11-06 19:52:26.000	grid/10min_ExMaxWindV
18	102	201411061900_000.zip	2014-11-06 19:50:45.000		[grid/10min_MaxWindV] 数据(文件名:201411061900_000.zip, ...	0	2014-11-06 19:52:27.000	grid/10min_MaxWindV
19	103	201411061910_000.zip	2014-11-06 19:56:09.000		[grid/10min_R/Binary2] 数据(文件名:201411061910_000.zip,...	0	2014-11-06 19:57:11.000	grid/10min_R
20	104	201411061900_000.zip	2014-11-06 19:56:09.000		[grid/10min_Vis/Binary2] 数据(文件名:201411061900_000.zi...	0	2014-11-06 19:57:11.000	grid/10min_Vis
21	105	201411061900_000.zip	2014-11-06 19:56:09.000		[grid/10min_T/Binary2] 数据(文件名:201411061900_000.zip,...	0	2014-11-06 19:57:12.000	grid/10min_T
22	106	201411061900_000.zip	2014-11-06 19:56:09.000		[grid/10min_ExMaxWindV/Binary2] 数据(文件名:201411061900...	0	2014-11-06 19:57:12.000	grid/10min_ExMaxWindV
23	107	201411061900_000.zip	2014-11-06 19:56:09.000		[grid/10min_MaxWindV/Binary2] 数据(文件名:201411061900_0...	0	2014-11-06 19:57:27.000	grid/10min_MaxWindV
24	108	201411061910_000.zip	2014-11-06 19:56:09.000		[grid/10min_R/Binary1] 数据(文件名:201411061910_000.zip,...	0	2014-11-06 19:57:50.000	grid/10min_R
25	109	201411061900_000.zip	2014-11-06 19:56:09.000		[grid/10min_Vis/Binary1] 数据(文件名:201411061900_000.zi...	0	2014-11-06 19:57:50.000	grid/10min_Vis
26	110	201411061900_000.zip	2014-11-06 19:56:09.000		[grid/10min_T/Binary1] 数据(文件名:201411061900_000.zip,...	0	2014-11-06 19:57:51.000	grid/10min_T
27	111	201411061900_000.zip	2014-11-06 19:56:09.000		[grid/10min_ExMaxWindV/Binary1] 数据(文件名:201411061900...	0	2014-11-06 19:57:52.000	grid/10min_ExMaxWindV
28	112	201411061900_000.zip	2014-11-06 19:56:09.000		[grid/10min_MaxWindV/Binary1] 数据(文件名:201411061900_0...	0	2014-11-06 19:57:52.000	grid/10min_MaxWindV
29	113	201411062250_000.zip	2014-11-06 23:26:09.000		[grid/10min_Vis] 数据(文件名:201411062250_000.zip, 时间:...	0	2014-11-06 23:26:25.000	grid/10min_Vis
30	114	201411062250_000.zip	2014-11-06 23:26:09.000		[grid/10min_ExMaxWindV] 数据(文件名:201411062250_000.zip...	0	2014-11-06 23:26:25.000	grid/10min_ExMaxWindV
31	115	201411062250_000.zip	2014-11-06 23:26:09.000		[grid/10min_T] 数据(文件名:201411062250_000.zip, 时间:11...	0	2014-11-06 23:27:50.000	grid/10min_T
32	116	201411062250_000.zip	2014-11-06 23:26:09.000		[grid/10min_MaxWindV] 数据(文件名:201411062250_000.zip, ...	0	2014-11-06 23:27:50.000	grid/10min_MaxWindV
33	117	201411062300_dat.zip	2014-11-06 23:36:09.000		[3012/RH] 数据(文件名:201411062300_dat.zip, 时间:06日23...	0	2014-11-06 23:36:39.000	3012/RH
34	118	201411062250_000.zip	2014-11-06 23:36:09.000		[grid/10min_Vis] 数据(文件名:201411062250_000.zip, 时间:...	0	2014-11-06 23:36:40.000	grid/10min_Vis
35	119	201411062300_000.zip	2014-11-06 23:36:09.000		[grid/10min_R] 数据(文件名:201411062300_000.zip, 时间:11...	0	2014-11-06 23:37:09.000	grid/10min_R
36	120	201411062250_000.zip	2014-11-06 23:36:09.000		[grid/10min_ExMaxWindV] 数据(文件名:201411062250_000.zip...	0	2014-11-06 23:37:42.000	grid/10min_ExMaxWindV
37	121	201411062300_rain_dat.zip	2014-11-06 23:36:09.000		[3012/WT] 数据(文件名:201411062300_rain_dat.zip, 时间:06...	0	2014-11-06 23:37:49.000	3012/WT
38	122	201411062250_000.zip	2014-11-06 23:36:09.000		[grid/10min_T] 数据(文件名:201411062250_000.zip, 时间:11...	0	2014-11-06 23:37:49.000	grid/10min_T
39	123	201411062250_000.zip	2014-11-06 23:36:09.000		[grid/10min_MaxWindV] 数据(文件名:201411062250_000.zip, ...	0	2014-11-06 23:37:49.000	grid/10min_MaxWindV
40	124	201411062300_000.zip	2014-11-06 23:46:09.000		[grid/10min_R/Binary1] 数据(文件名:201411062300_000.zip,...	0	2014-11-06 23:46:39.000	grid/10min_R
41	125	201411062300_dat.zip	2014-11-06 23:46:09.000		[3012/RH] 数据(文件名:201411062300_dat.zip, 时间:06日23...	0	2014-11-06 23:47:11.000	3012/RH

图 8.30　产品报警记录表结构

监控报警记录数据表记录了数据未更新短信提醒情况，便于统计数据的更新及时率，是数据产品监控不可或缺的一部分。

（4）数据接口访问记录表

对应表结构如图 8.31 所示。

结果　消息

	Id	ServerIP	LogType	FunctionName	ProcessTime	ErrorMessage	ClientIP	Location	UserAgent	WriteTime
1	1	192.168.0.161	TRACE	GetItems	0:00:00.0321198		211.140.5.114	, future/wt,	ksoap2-android/2.6.0	2015-06-10 20:13:52.497
2	2	192.168.0.161	TRACE	GetItems	0:00:00.0260685		60.180.246.114	IDWW.15061019, future/windv,	ksoap2-android/2.6.0	2015-06-10 20:13:52.497
3	3	192.168.0.161	TRACE	GetItems	0:00:00.0211483		211.140.5.114	IDWW.15061019, future/t,	ksoap2-android/2.6.0	2015-06-10 20:13:52.513
4	4	192.168.0.180	TRACE	GetNewestProviceAlarm	0:00:00.0107768		60.191.18.78		ksoap2-android/2.6.0	2015-06-10 20:13:58.760
5	5	192.168.0.181	TRACE	GetItems	0:00:00.0548682		220.191.228.140	IDWW.15061019, future/t,	ksoap2-android/2.6.0	2015-06-10 20:13:52.120
6	6	192.168.0.181	TRACE	GetNewestProviceAlarm	0:00:00.0078981		202.104.208.97		ksoap2-android/2.6.0	2015-06-10 20:13:52.120
7	7	192.168.0.181	TRACE	GetNewestProviceAlarm	0:00:00.0058165		115.213.234.147		ksoap2-android/2.6.0	2015-06-10 20:13:52.120
8	8	192.168.0.161	TRACE	GetItems	0:00:00.036723		211.140.5.114	IDWW.15061019, future/windd,	ksoap2-android/2.6.0	2015-06-10 20:13:52.543
9	9	192.168.0.161	TRACE	GetItems	0:00:00.03739		211.140.18.119	, future/wt,	ksoap2-android/2.6.0	2015-06-10 20:13:52.560
10	10	192.168.0.181	TRACE	_FindLocation	0:00:00.0189131		202.104.208.97	120.307998657227, 30.1550006866455	ksoap2-android/2.6.0	2015-06-10 20:13:52.153
11	11	192.168.0.181	TRACE	GetAlarms	0:00:00.0263497		202.104.208.97	120.308, 30.155	ksoap2-android/2.6.0	2015-06-10 20:13:52.153
12	12	192.168.0.181	TRACE	GetWidget4X2	0:00:41.1836209		202.104.208.97	120.308, 30.155	ksoap2-android/2.6.0	2015-06-10 20:13:52.153
13	13	192.168.0.181	TRACE	GetAlarmByLocation	0:00:00.0343466		202.104.208.97	120.308, 30.155	ksoap2-android/2.6.0	2015-06-10 20:13:52.153
14	14	192.168.0.181	TRACE	GetNewestProviceAlarm	0:00:00.0007058		202.104.208.97		ksoap2-android/2.6.0	2015-06-10 20:13:52.153
15	15	192.168.0.180	TRACE	GetNewestProviceAlarm	0:00:00.001725		60.191.18.78		ksoap2-android/2.6.0	2015-06-10 20:13:58.807
16	16	192.168.0.180	TRACE	_FindLocation	0:00:00.0324812		60.191.18.78	119.672996520996, 29.80299949646	ksoap2-android/2.6.0	2015-06-10 20:13:58.807
17	17	192.168.0.180	TRACE	GetWidget4X2	0:00:33.8909997		60.191.18.78	119.673, 29.803	ksoap2-android/2.6.0	2015-06-10 20:13:58.807
18	18	192.168.0.181	TRACE	GetAlarmByLocation	0:00:00.0338781		115.213.234.147	119.934, 28.448	ksoap2-android/2.6.0	2015-06-10 20:13:52.153
19	19	192.168.0.180	TRACE	GetAlarms	0:00:00.0433045		60.191.18.78	119.673, 29.803	ksoap2-android/2.6.0	2015-06-10 20:13:58.807
20	20	192.168.0.181	TRACE	_FindLocation	0:00:00.0189281		115.213.234.147	119.93399810791, 28.4479999542236	ksoap2-android/2.6.0	2015-06-10 20:13:52.153
21	21	192.168.0.181	TRACE	GetNewestProviceAlarm	0:00:00.0006264		115.213.234.147		ksoap2-android/2.6.0	2015-06-10 20:13:52.153
22	22	192.168.0.181	TRACE	GetAlarms	0:00:00.0277654		115.213.234.147	119.934, 28.448	ksoap2-android/2.6.0	2015-06-10 20:13:52.153
23	23	192.168.0.180	TRACE	GetAlarmByLocation	0:00:00.0542086		60.191.18.78	119.673, 29.803	ksoap2-android/2.6.0	2015-06-10 20:13:58.807
24	24	192.168.0.181	TRACE	GetWidget4X2	0:00:40.3098089		115.213.234.147	119.934, 28.448	ksoap2-android/2.6.0	2015-06-10 20:13:52.153

图 8.31　数据接口访问记录表

数据接口访问记录表也可理解为用户访问不同模块记录表，主要用于统计用户各模块插件中各 Web Service 数据接口的访问记录统计。一方面便于了解在不同时间段对智慧气象客户端的访问情况；另一方面有助于统筹分析各个接口的访问情况，确定其受欢迎程度，有助于后续改进或者更改相应的服务产品。

（5）用户信息记录表

用户信息记录表部署在 ORACLE 数据库，对应表结构如图 8.32 所示。

	MOBILENUM	PASSWORD	US	PRI	CREATIONTIME	LASTLONGITUDE	LASTLATITUDE	LASTUPDATETIME	FROM	I	ADDRESS
1	13868350201	d9b1d7db4cd6e70935368a1efb10e377 ···			2015-9-24 16:21:53			2015-9-24 16:21:53		···	
2	15868573878	d9b1d7db4cd6e70935368a1efb10e377 ···			2015-9-24 16:17:26			2015-9-24 16:17:26		···	
3	15157610060	59207ed7701221c9a7d45c72bc126b89 ···			2015-9-24 16:06:37	121284759	28659226	2015-9-24 16:06:37		···	浙江省_台
4	18606820803	b5bd9582a88b8ce95abff56e35827136 ···			2015-9-24 14:46:50			2015-9-24 14:46:50		···	
5	13606872445	14e1b600b1fd579f47433b88e8d85291 ···			2015-9-24 14:05:30	120087620	27782893	2015-9-24 14:05:30		···	浙江省_温
6	13958818604	3049a1f0f1c808cdaa4fbed0e01649b1 ···			2015-9-24 13:35:09			2015-9-24 13:35:09		···	
7	13858820908	3049a1f0f1c808cdaa4fbed0e01649b1 ···			2015-9-24 13:30:48			2015-9-24 13:30:48		···	
8	13868353035	3049a1f0f1c808cdaa4fbed0e01649b1 ···			2015-9-24 13:01:50			2015-9-24 13:01:50		···	
9	13968908677	3049a1f0f1c808cdaa4fbed0e01649b1 ···			2015-9-24 13:01:18			2015-9-24 13:01:18		···	
10	13857791876	3049a1f0f1c808cdaa4fbed0e01649b1 ···			2015-9-24 13:00:41			2015-9-24 13:00:41		···	
11	18958825300	3049a1f0f1c808cdaa4fbed0e01649b1 ···			2015-9-24 12:59:55			2015-9-24 12:59:55		···	
12	18705873789	9db06bcff9248837f86d1a6bcf41c9e7 ···			2015-9-24 12:03:52			2015-9-24 12:03:52		···	
13	13606874486	d9b1d7db4cd6e70935368a1efb10e377 ···			2015-9-24 11:53:19			2015-9-24 11:53:19		···	
14	15857579799	9133abba321bb2a7720ba130ef8ca412 ···			2015-9-24 11:19:35	120874071	30029584	2015-9-24 11:19:35		···	
15	17706677330	3049a1f0f1c808cdaa4fbed0e01649b1 ···			2015-9-24 11:12:36			2015-9-24 11:12:36		···	
16	13695701866	3049a1f0f1c808cdaa4fbed0e01649b1 ···			2015-9-24 11:11:01			2015-9-24 11:11:01		···	
17	13905729144	5f5968c8e99416242d01ecd45a2e0000 ···			2015-9-24 10:56:21	120354311	30316411	2015-9-24 10:56:21		···	
18	15988783157	14e1b600b1fd579f47433b88e8d85291 ···			2015-9-24 10:42:51	0	0	2015-9-24 10:42:51		···	
19	15005870518	14e1b600b1fd579f47433b88e8d85291 ···			2015-9-24 10:35:58			2015-9-24 10:35:58		···	
20	13806815876	14e1b600b1fd579f47433b88e8d85291 ···			2015-9-24 10:27:15			2015-9-24 10:27:15		···	
21	13858830226	550e1bafe077ff0b0b67f4e32f29d751 ···			2015-9-24 10:25:24			2015-9-24 10:25:24		···	
22	13587698488	550e1bafe077ff0b0b67f4e32f29d751 ···			2015-9-24 10:23:43			2015-9-24 10:23:43		···	
23	15657792799	14e1b600b1fd579f47433b88e8d85291 ···			2015-9-24 10:17:44			2015-9-24 10:17:44		···	
24	13858827600	d9b1d7db4cd6e70935368a1efb10e377 ···			2015-9-24 10:01:31	121154970	27834690	2015-9-24 10:01:31		···	浙江省_温

图 8.32　用户信息记录表结构

用户信息数据表记录了用户的手机号码、密码、最后登录经、纬度、客户端安装时间等信息，是业务管理平台用户信息管理的基础数据。用户在初次下载使用智慧气象客户端会依次记录其相关信息，方便统计考核，也有助于对注册用户开通其他额外的功能服务。

数据库的建设主要为系统的管理平台提供数据支撑，数据库记录了数据的整个流转过程的每个环节；数据的同步模块记录了原始数据是否更新，二次产品加工是否正常，数据报警模块记录了产品缺失情况，并记录报警内容，数据接口模块记录了接口访问情况以及用户的相关信息。数据库的建设目的是为更好保障智慧气象客户端稳定运行、产品及时更新；同时也便于统计客户端的受众情况，便于今后对客户端的升级改造。

8.5 地图服务与数据接口

8.5.1 智慧气象地图服务模型

智慧气象的一些插件功能开发都是基于网格化数据，并借助第三方网络地图 Web GIS

API 各类地图服务接口调用实现。其中安卓版基于高德地图 Android SDK 实现，IOS 版基于高德地图 iOS SDK 实现。涉及地图相关服务模型及功能介绍如下。

（1）高德地图 Android SDK

高德地图 Android SDK 可以为 Android 应用开发者提供互动的、功能丰富的 Android 手机地图。在 Android 平台上开发，主要提供如下功能。

①地图显示功能与搜索服务；

②定位服务分别封装为三个类库，每个类库不相互依赖，用户可以分开使用；

③提供 2D（栅格）和 3D（矢量）地图 SDK，用户根据不同的需求选择不同的类库；

④支持 Android 手机、平板电脑，可在不同屏幕尺寸下呈现完美的显示效果；

⑤地图采用矢量方法绘制，使得地图处理速度更快、流量占用更少；

⑥地图支持 3D 模式，通过移动用户的视角，可以从各个角度显示地图；

⑦全新动画效果，移动地图、切换用户视角时，可体验炫酷的动画效果；

⑧支持 3D 离线地图，用户下载离线地图数据包后，可离线查看城市地图。

（2）高德地图 iOS SDK

高德地图 iOS SDK 是一套基于 iOS 6.0.0 及以上版本的地图应用程序开发接口，供开发者在自己的 iOS 应用中加入地图相关的功能。通过 iOS SDK，开发者可以轻松地开发出地图显示与操作、兴趣点搜索、地理编码、路线规划等功能。自 2.4.0 版本起，适配了 armv7、armv7s、arm64 架构。

同时，iOS 3D 地图 V3.0.0 起，进入全矢量时代，3D 矢量地图渲染效果大幅提升；地图 SDK 支持多实例特性，在同一页面创建多个地图对象，相互操作不会受到干扰；底图上的 POI 触摸即显，信息比之前更为精准和直观。

8.5.2 智慧气象数据接口

Web 服务（Web Service）是一种服务导向架构技术，通过标准的 Web 协议提供服务，支持网络间不同机器的互动操作，目的是保证不同应用平台的应用服务可以互操作。

智慧气象后台数据处理系统本着简单易用的原则，进行 WebService 接口的设计开发，用于前台客户端与后台数据系统之间的交互通信。各接口逻辑关系架构图如图 8.33 所示。

智慧气象客户端对应 WebService 接口，共包含 8 大类 40 多个数据接口，其中 6 台 WEB 服务器以群集的方式提供数据服务，以下按照“智慧气象”客户端模块。

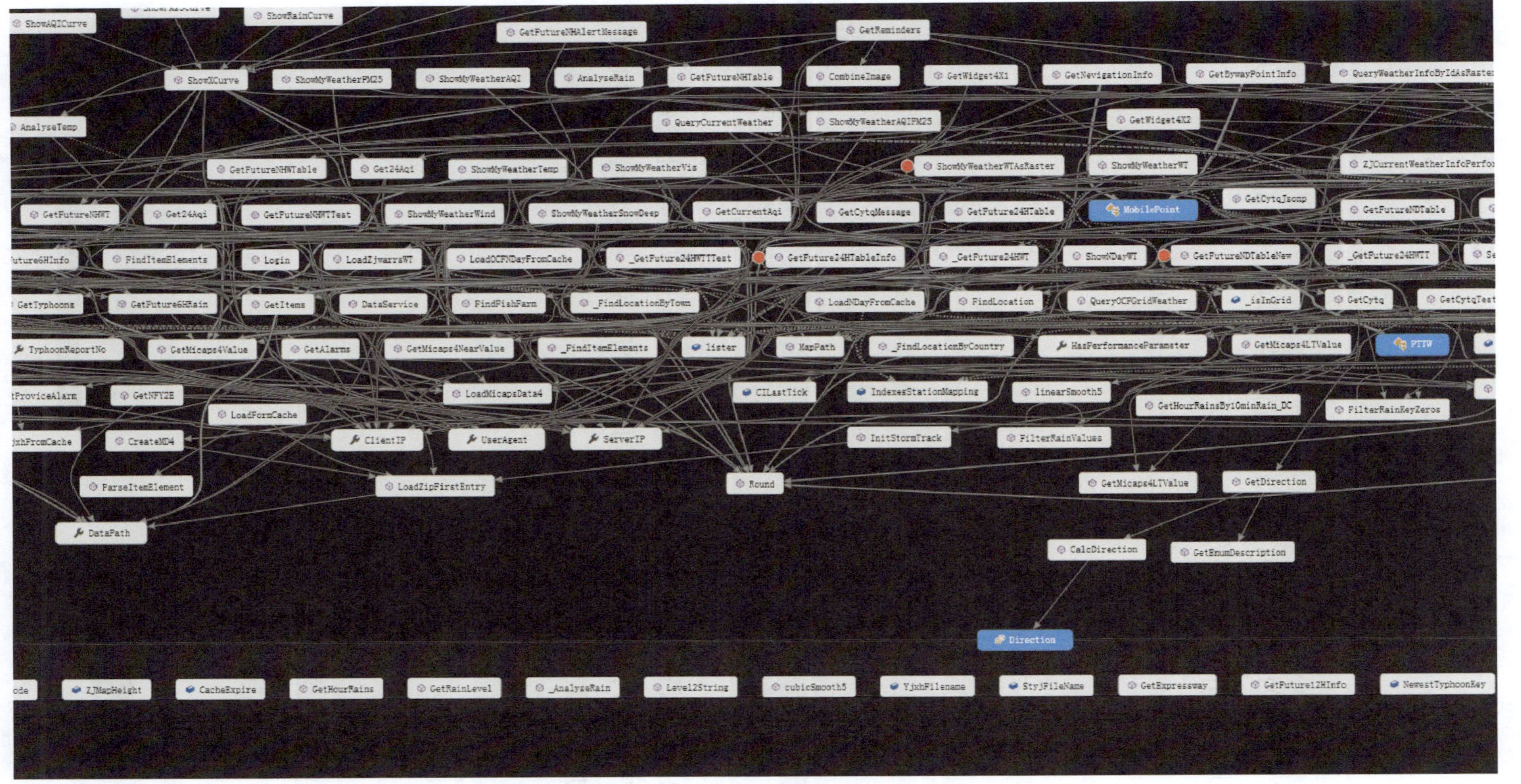

图 8.33 智慧气象 WebService 数据接口逻辑架构图

8.6 灾情收集手机客户端

灾情收集手机客户端的首页有两种登录方式，游客模式角色如图 8.34 所示，无须用户注册可以直接使用。注册用户登录界面如图 8.35 所示。

图 8.34　游客模式登录界面

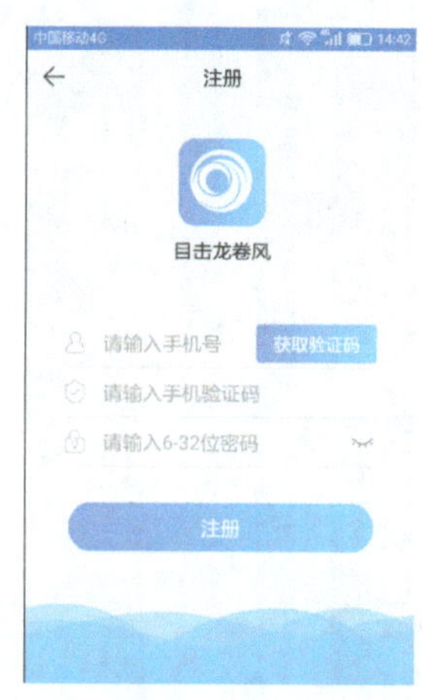

图 8.35　注册用户登录界面

灾情展示模块根据灾情种类分类展示如图 8.36 所示，有上传时间、上传地点显示。灾情上传如图 8.37 所示，可输入灾情描述并加载相应灾情图片，发生地点和发生时间会自动填写，受灾程度和灾害类型可供选择。

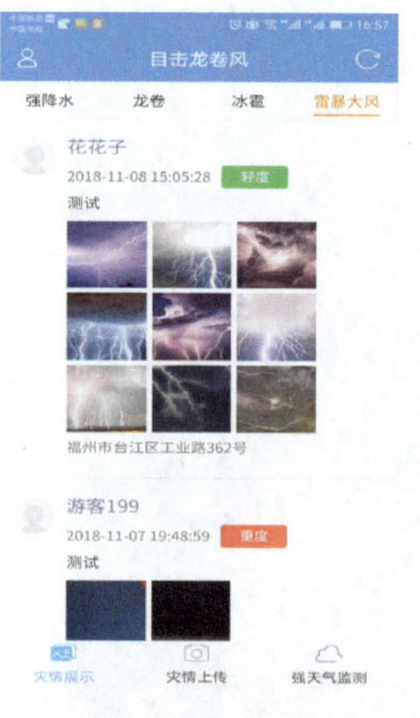

图 8.36　灾情展示界面

图 8.37　灾情上传界面

强天气监测模块如图 8.38 所示，将 4 类短临强天气信息以色斑图的方式在地图上进行展示，并根据用户所在位置信息结合强天气信息进行服务短语提醒如图 8.39 所示。

图 8.38　强天气监测

灾害类型	提示短语
冰雹	您所在的位置未来60分钟内将会受到冰雹天气的影响，请尽量避免户外活动。
强降水	您所在的位置未来60分钟内将会受到强降水天气的影响，请尽量避免户外活动。
雷暴大风	您所在的位置未来60分钟内将会受到雷暴大风天气的影响，请尽量避免户外活动。
雷暴	您所在的位置未来60分钟内将会受到闪电天气的影响，请尽量避免户外活动。

图 8.39　强天气监测服务提示语

第 9 章

保障强对流天气预警需求的海量数据支撑技术

为了不断提升精细化预报预警水平，加强气象预报现代化建设，实现短时强对流预警对海量数据高时效性的需求，为提升暴雨、雷暴、龙卷风、冰雹等强对流天气的预报预警能力提供更全面的数据支撑能力建设，构建一体化的气象资料数据库（雷达）支撑平台，建立气象资料（雷达）存储和服务的业务体系，以有效提升气象预报准确性。

随着雷达观测仪器种类和观测时空密度的增加，雷达数据的体量也急剧膨胀，呈现出高频、高密的特性，地面观测数据的结构化和雷达资料非结构化的使用特征，使得其从最初的信息采集和传输，到信息加工处理、存储管理以及最终提供服务等各个环节，对气象业务提出严峻挑战。比如在数据检索、传统技术架构上都难以满足大量数据信息检索的时效需求。另外，极端天气监测和预警要求数据传输时效达到秒级，灾害性天气系统的自动识别等业务应用要求对各种资料进行融合分析、快速处理与分析；雷达气象学分析、高分辨率数值模式和集合预报的灾害性天气分析应用逐渐成为常态化，所需要的气象资料数据库为气象大数据实施分析处理的数据支撑能力尤其迫切。因此，开展气象资料数据库建设非常必要。

9.1 气象大数据支撑系统（雷达）的总体结构和整体方案

基于浙江基础设施平台，建立以分布式关系型数据库、分布式表格系统和分布式文件系统等多种技术相结合的高扩展性、高可用性的专有气象大数据支撑系统（雷达），构建存储流程，规范化组织、高效管理气象观测数据、雷达产品、数值预报等各种数据及产品，具备气象实时历史数据一体化、产品按需动态存储等功能，支持主流的存储技术，具备全流程的存储管理功能，建立支撑系统单节点内多数据库间同步机制，支持分布式计算等新型计算框架的访问。完善和建设规范标准化的气象数据统一服务接口，提供丰富的数据服务、计算服务、可视化服务等在线服务，满足用户需要的高效、规范的检索，实现各节点对数据的统一访问和服务。为浙江雷达与数据模式融合的强对流监测与预警系统提供共享数据和产品，为气象业务、服务和气象科技研发提供基础数据支撑。

9.1.1 总体结构

气象大数据支撑系统（雷达）主要为本书中相关的各种气象资料和产品提供存储、加工和共享等基础数据支撑服务，气象资料和产品包括气象自动站数据库、雷达基数据、雷达二次产品数据等。按照逻辑结构，总体结构包括基础设施、云计算基础平台、雷达数据支撑系统和应用系统四个部分。

基础设施主要由 x86 服务器、网络和 Linux 操作系统组成的服务器集群，基础设施采用通用硬件，便于扩展和维护。

云计算基础平台提供虚拟机、虚拟网络、负载均衡等基本计算网络服务；提供多种数据存储服务设施，包括关系数据库、对象存储、文件存储等；提供应用服务化框架、容器引擎等支持应用服务化、弹性扩展等能力。

雷达数据支撑系统提供了用于统一管理及底层访问的气象大数据访问中间件；雷达基数据和产品数据收集、多种数据格式解码、质量控制、全量与增量同步入库等雷达数据收集同步服务；产品生成、算法服务和实时在线计算等雷达数据加工计算服务；提供了数据访问 API、地图及雷达多种可视化 API 等雷达数据共享服务；为用户提供资源管理、配置、监控和服务等功能的统一服务平台，是面向用户及管理人员的基础网站系统。总体结构见图 9.1。

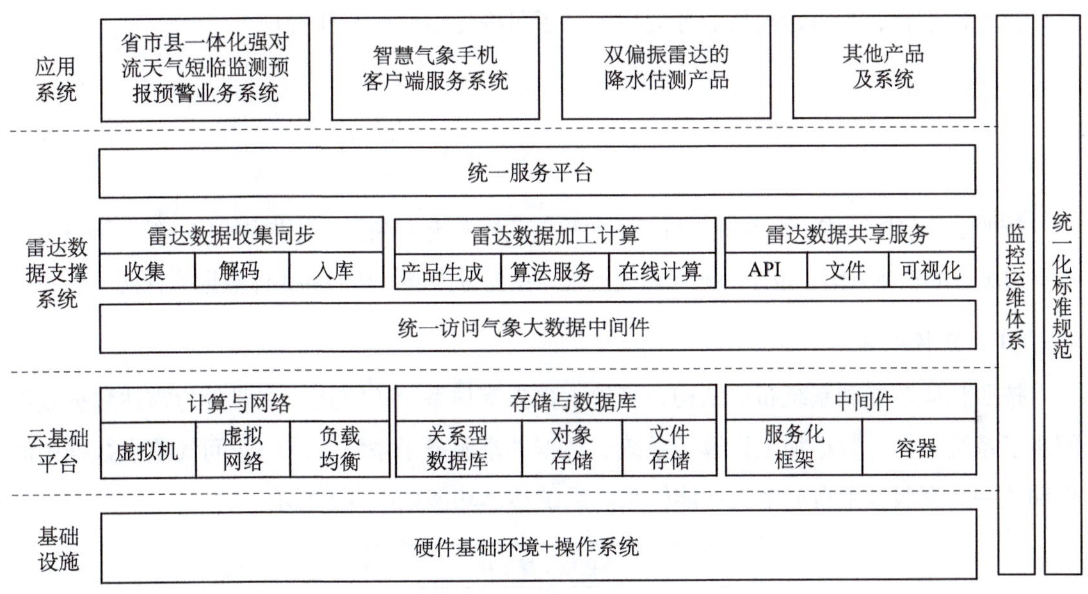

图 9.1　系统总体结构图

其中，雷达数据支撑系统从功能模块上来分，主要分为统一访问气象大数据中间件、雷达数据收集同步子系统、雷达数据加工计算子系统、数据支撑服务子系统和统一服务平台五个大模块，它们的主要作用如下。

统一访问气象大数据中间件是云计算基础平台与雷达数据支撑系统的其他子系统统一标准的通信交互组件，它提供标准规范的数据存储与访问、数据操作与管理、云计算基础平台中间件的相互通信和发布部署管理等功能。

雷达数据收集同步子系统是根据雷达气象资料的来源及组织结构不同，建立实时收集、解码、质控和入库等一整套流程和系列操作，按照制定的存储标准规范，存储到不同的存储数据库，存储标准的设计是整个雷达数据支撑系统的关键。它具有网络传输、消息通讯、数据交换等多种管理机制和标准，这些机制为雷达数据收集的实时高效，提供了规范化的底层支撑。

雷达数据加工计算子系统提供了产品算法的服务、雷达数据相关产品的计算和在线实时分析计算等功能。它基于分布式服务架构，支持实时、定时等加工服务。它为其他系统提供基础加工服务。

雷达数据共享服务子系统提供了统一的数据、文件等共享访问服务接口，还提供了雷达数据基础可视化服务。雷达数据共享访问服务为气象业务应用提供了规范化、标准化和方便快捷的雷达数据封装、数据转换和数据接口等，为其他应用提供雷达数据支撑。雷达基础气象数据可视化服务采用分布式组件方式，将气象数据可视化相关的雷达基础数据产品可视化、地图引擎服务、雷达气象产品相关渲染组件和可视化模板等组件，发布部署到云计算基础平台，为雷达气象业务应用提供了可视化组件服务和管理。

9.1.2 整体方案

按照上节总体结构，本节将介绍气象大数据支撑系统（雷达）提供集约化、统一高效的数据支撑服务的整体方案，按照功能和系统流程，主要分为整体功能和整体数据流程两个部分。

（1）整体功能

按照整体功能和系统布局结构，气象大数据支撑系统（雷达）主要分为雷达数据收集同步子系统、雷达数据加工计算子系统、数据共享服务子系统、统一访问气象大数据中间件和统一共享服务平台五个大功能体系。系统整体功能如图 9.2 所示。

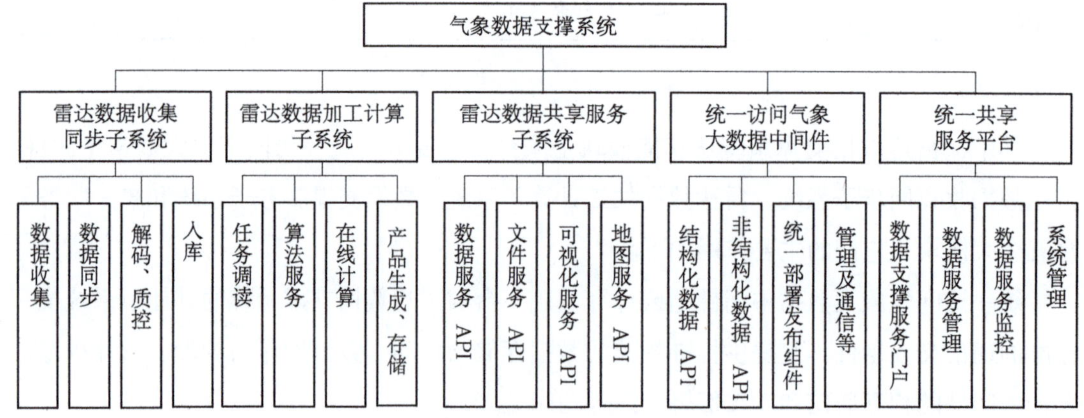

图 9.2　系统整体功能示意图

其中，雷达数据收集同步子系统提供了雷达数据收集、数据同步、解码质控和数据入库等功能。

雷达数据加工计算子系统提供了实时或定时的雷达产品任务调度、算法服务、实时在线计算和产品生成及存储回写等功能。

雷达数据共享服务子系统实现了统一的数据服务、文件服务、可视化服务和地图服务等 API（Application Programming Interface，应用程序编程接口）功能。

统一访问大数据中间件为其他子系统提供了结构化数据 API、非结构化数据 API、统一部署发布组件和管理及通信等接口及功能。

统一共享服务平台为用户及业务应用提供了数据支撑服务门户、管理、监控、日志、用户权限和系统管理等功能。

（2）整体数据流程

气象雷达观测频次较高，短时、短临等预报业务对其数据时效性要求较高，对气象数据支撑系统（雷达）的支撑能力提出更高的要求，为了适应气象雷达观测及预报业务的需求，梳理设计了雷达数据支撑系统的整体数据流程。

气象大数据支撑系统（雷达）以数据流为主线，利用数据信息，将各个部分及功能串连起来，经过了数据收集、数据加工、数据存储和数据应用等环节的整体业务体系，如图 9.3 所示。

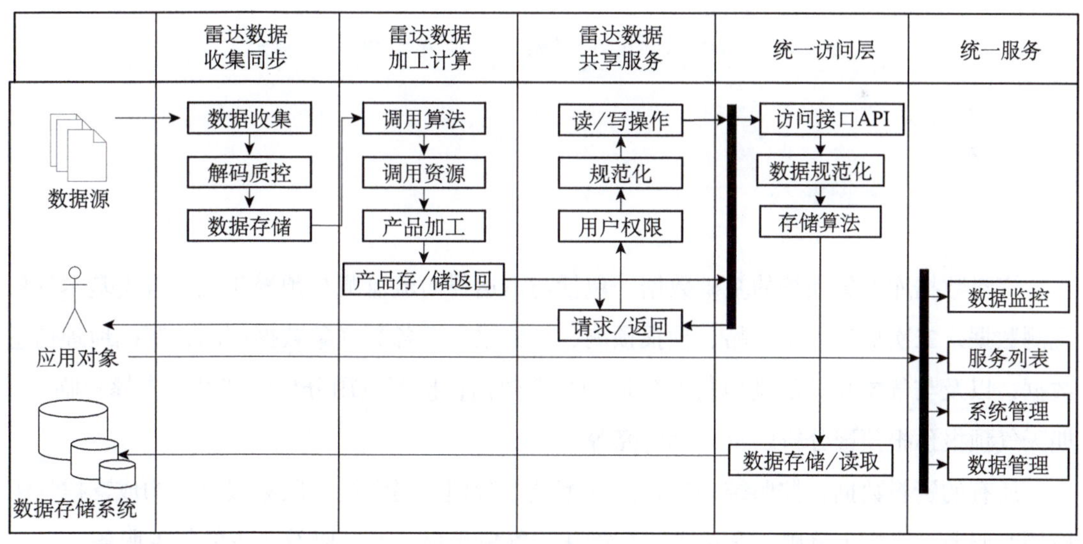

图 9.3　系统流程图

数据收集的来源包括自动站报文、自动站数据库、预报文件、雷达基数据文件、雷达 PUP 产品、国内气象通信系统 CTS 和业务系统产生的产品等。经过数据收集同步子系统的收集、解码、质量控制等初加工环节，根据业务规范流程不同，同步分发到不同的雷达数据加工计算子系统或统一访问大数据中间件进行数据存储。两种不同的数据流程如下。

（1）雷达数据加工计算子系统，根据产品的需求，调用相应的算法和计算基础资源，实时或定时生成雷达产品，通过雷达数据共享服务子系统访问服务接口 API，实时返回给业务应用，或者通过统一访问大数据中间件存储到相应的数据库，再通过统一访问服务接口 API，提供给业务应用。

（2）统一访问大数据中间件接收到雷达数据收集子系统或雷达数据加工计算子系统的数据存储请求，根据数据的种类不同，存储到不同的数据存储系统。

统一访问大数据中间件还为雷达数据加工计算系统提供相关的数据访问请求，加工处理后再回写到数据存储系统；也为雷达数据共享服务子系统和统一共享服务平台提供数据库表、文件、元数据等读写管理操作。

雷达数据共享服务子系统接收到应用端读写数据的请求，首先验证用户应用权限。假如验证失败，则返回验证失败信息；假如验证成功，则通过统一访问大数据中间件访问数据存储系统，同时读取数据或者写入数据结果，返回给雷达数据共享服务子系统，雷达数据共享服务子系统经过数据或结果信息规范化和序列化返回给应用。

9.2 资料数据库的存储方案和数据组织方案

9.2.1 资料种类

资料数据库汇集完整的基础数据，包括与雷达强对流监测与预警相关的各类基本气象观测数据，二次加工气象产品、预报预测、气象服务等各类气象数据产品，基础地理信息数据，以及与气象相关的其他行业数据和社会数据；按照应用分析的特性，支撑短临 / 短期天气预报预报预警分析以及科学研究等。

所有的资料数据，按照统一的存储规范进行管理，提供统一服务接口，构成支撑气象应用和服务，支撑无缝隙、全覆盖、智能化的气象预报业务，以及普惠的气象服务。

（1）基础资料

按照基础资料即包括气象类资料，也包括非气象类资料。它的定义是基础的、原生的、不动的基础数据，包含气象观测数据、其他行业社会数据、地理基础信息数据和管理数据等。

气象观测数据是指气象观测和遥测系统所产生的观测和探测数据，包括地面、高空、海洋、辐射、农业和生态气象、大气成分、雷达等。

行业社会数据是指行业数据和社会数据。行业数据包括教育、农业、交通、环境、海洋、水利和医疗部门等共享的行业基础数据，涉及学校、交通、人口信息、经济信息等，这些数据为气象预警提供专业气象保障。

基础地理信息数据是指地理信息基础数据，包含实体数据、电子地图数据、瓦片数据和气象相关数据等。实体数据包含浙江省、市、县、乡界数据、浙江专题数据、浙江海岛数据、浙江交通数据等。瓦片数据包含矢量瓦片数据、影像瓦片数据、地形瓦片数据等服务。气象应用底图数据包含浙江省地图底图、专题地图底图。

管理数据是指管理整个系统体系的数据，包括用户管理、系统标准化、元数据管理等基础数据。

（2）产品资料

气象产品资料的定义是基于基础数据，通过一定的数据加工处理算法，生成供天气、气候、公共气象服务、综合观测业务应用系统和用户使用的气象产品数据，是面向业务和服务的气象产品数据。气象产品数据库包括气象基础统计产品、气象监测产品、气象预报产品和气象服务产品四大类。

气象基础统计产品指通过对气象基础数据进行数据统计分析、整编，生成的气象基础统计数据，包括站点统计产品、格点统计产品、气候统计产品（日、旬、候、季、年、历史上今天等）、灾情统计产品等。

气象监测产品指利用相关数据加工算法，对气象基础监测数据加工和分析，制作生成的气象监测数据产品，包括站点网格化产品、站点面雨量或基于地理信息的网格点面雨量计算产品、雷达产品（如雷达拼图产品、雷达定量降水估测、雷达最大反射率产品等）和卫星产品（如卫星云分类产品、可见光产品、降水产品等）等。

气象预报产品指通过各种气象预报算法，分析制作完成的面向气象预报业务的各类气象预报产品或数值预报产品，包括短时临近预报产品、雷达监测预警产品等。

气象服务产品指在气象预报数据、气象监测数据和相关专业数据的基础上，通过各种气象服务方法针对服务需求，加工制作的气象服务业务产品，包括专业气象服务产品、突发预警服务产品和智能预警服务产品等。

9.2.2 资料数据存储方案

气象数据具有大容量、高速增长、维度高、实时性高、存储时效长等特点。气象数据的类型多，具有结构化数据和非结构化数据的特征。针对不同的气象数据类型，采用不同的分布式数据库系统存储分析。

（1）针对结构化数据采用分布式关系型数据库系统存储

气象结构化数据主要是气象探测数据、气象历史数据、实时运行数据、气象精细化站点预报数据、气象元数据等。针对这些数据结构化的特点，采用分布式关系型数据库作为存储介质。分布式关系型数据库通过原来的集中式关系型数据库中的数据分散存储到多个网络连接的数据存储节点上，获取更大的存储容量和更高的并发访问量。面对海量的气象结构化数据不断井喷式增长和不断增长的用户需求，分布式关系型数据库具有以下特征。

高可扩展性：分布式关系型数据库具有高扩展性，能够动态地增添存储节点以实现存储容量的线性扩展。

高并发性：分布式关系型数据库采用多台主机组成的存储集群，能及时响应大规模用户的读 / 写请求，能对海量数据进行随机读 / 写。

高可用性：分布式关系型数据库提供容错机制，能够实现对气象数据的冗余备份，保证数据和服务的高度可靠性。

高效的数据访问速度：分布式关系型数据库为了保证数据的高可靠性，往往采用备份的策略实现容错，所以，在读取数据的时候，客户端可以并发地从多个备份服务器同时读取，从而提高了数据访问速度。

（2）针对非 / 半结构化数据采用分布式文件系统和 NoSQL 数据库两种方式存储

气象数据资源中的海量文件可以通过分布式文件系统存储，也可以采用 NoSQL 数据库存储。分布式文件系统是实现非结构化数据存储和海量结构化归档数据存储的主要技术，基于分布式文件系统的存储框架在保证存储容量横向扩充的同时，能有效支撑海量非 / 半结构化数据分析的需求。雷达产品、气象卫星产品、预报和服务产品等非 / 半结构化数据可采用分布式文件系统集中存储。分布式文件系统是运行在通用硬件上的分布式文件系统，提供了一个高度容错性和高吞吐量的海量数据存储解决方案。通过高效的分布式算法，将数据的访问和存储分布在大量服务器之中，在可靠地多备份存储的同时，还能将访问分布在集群中的各个服务器之上。

NoSQL 数据存储一般采用面向列的存储方式，其存储结构保证了数据表的列可扩展性和读写 I/O 的高吞吐性，更加适合气象云数据环境中数据表的字段扩充特性和密集型数据分析应用，避免了后续表结构改变带来的维护压力，有效提高密集型数据分析的吞吐性能。基于 NoSQL 的列式数据存储，往往把同类型的数据放在一起压缩，由于数据有共性，因此可获得较大的压缩比。NoSQL 可以采用 Key-Value 存储结构，结构化数据需要转换成 Key-Value 格式进行存储，同时支持压缩编码，在海量数据存储时能有效减少 I/O 损耗，大大提高吞吐性能。根据实际应用需求，还可以为 NoSQL 建立次级索引。NoSQL 数据存储方案用于存储从各异构数据源抽取的海量结构化数据，采用分布式和多副本的存储方式，有效减少单点故障影响全局数据的安全问题。NoSQL 数据存储的存储容量扩充采用横向增加存储节点的方式，在存储容量获得扩展的同时，能同时提高计算性能。存储节点间可自动负载均衡，支持 PB 级的结构化数据存储。

9.2.2.1 结构化数据存储结构

结构化数据的存储结构主要参考国家气象信息中心设计的《气象大数据云平台非结构化存储标准》，主要涉及存储结构命名和存储结构策略定义。其中，存储结构命名包括数据库、表、要素列等命名，存储结构策略定义包括分库分表、键表—要素表、全局表、分区、索引等定义。

（1）存储结构命名

存储结构的命名主要参考 QX/T 233—2014《气象数据库存储管理命名》，数据库服务名：气象数据管理中心代码 _ 气象数据库分类代码 _ 气象数据库特征代码。表名一般由英文字母和下划线组成，前 4 位采用存储数据所在气象 16 类中的编码，比如地面资料表为 SURF，对于基础观测数据表，完全遵循 CIMISS 数据存储结构规范文档。字段名定义遵循 CIMISS 数据存储结构规范文档中的字段定义。数据表结构创建时，表名与每个字段名都必须添加注释信息。

（2）存储结构策略定义

分布式数据库集群内部分库分表是为了将数据尽可能打散到每个节点的数据库中，提高并发检索时的效率，在进行结构定义时参考下面几个规则。

①考虑到应用会访问某一时刻所有站点的资料，对于类似自动站地面资料的站点资料，使用分布式数据库技术本身的分库分表技术存储，先按站号字段分库将数据分布到每个节点数据库中，然后再按时间字段分表。存放数据的单个物理表的最大记录数建议为 200 万～300 万条。数据表需要有若干个备用字段，以便后续扩展。对于部分结构化资料无站号的数据，为了数据均衡分布，采用数据的主键进行分库设置。

②对于类似高空分键值（KEY）与要素（ELE）值表的存储资料，也使用分布式数据

库的分库分表技术进行存储，分库分表字段为站号和观测时间。KEY 表和 ELE 表的主外键都是站号和观测时间的组合字段。数据表需要有若干个备用字段，以便后续扩展。

③中文站名等辅助信息可以使用分布式数据库的广播表或全局表在每个节点的数据库中进行存储，提高与本地的观测数据表进行 Join 等关联查询时效率。

④若需要进行数据分区时，采用观测时间进行分区设置。分区粒度可以根据性能进行调整，可按年 / 月 / 日 / 时等时间尺度进行分区，单个分区内表记录在 200 万记录以下。

⑤数据建立索引时，为了提高数据检索的效率，根据资料应用的特点，适当建立索引，常用的索引主要采用时间与台站号或时间与行政区划或时间加经纬度等组合。

9.2.2.2 非结构化数据存储结构

非结构化数据主要包括文件存储和表格存储两种形式。其中，文件存储的结构主要定义文件目录组织和文件索引结构。表格存储需要定义其内容的主键、值和属性。

（1）文件存储

文件存储结构设计主要参考国家气象信息中心设计的《气象大数据云平台非结构化存储标准》，采用标准化、规范化存储结构和存储权限，以适合业务应用场景及分布式文件系统存储特性的文件组织方式对海量数据文件进行管理，文件索引信息存储在分布式关系型数据库中，便于进行数据信息的查询和分析。

分布式文件或对象存储中的组织结构主要由雷达资料的分类、产品的属性组成，产品的属性包含数据加工中心、产品种类、加工系统、产品等级、产品的代码、格式以及空间属性、要素和时间属性等信息，属性部分根据资料的特性进行选取。总体原则是存储结构清晰，数据获取方便，单个目录中实体文件不超过 1 万个。雷达文件目录组织规范如框图所示（图 9.4）。

/RADA/{ 产品属性 [加工中心]/[产品种类]/[加工系统]/[产品等级]/[产品代码]/[产品格式]/[空间属性]/[要素]/[时间属性]}
{ 产品属性 }：
-- [加工中心]：可选。如：ZJQXT、NMC、NMIC 等。
-- [加工系统]：可选。如：ZJDPC 等。
-- [产品等级]：可选，如：雷达产品。如：L2、L3 等。
-- [产品代码]：可选，如：雷达 PUP 产品代码等。
-- [产品格式]：可选，主要针对存在多种格式的产品。如：MICAPS、NetCDF、全国雷达拼图、BUFR 码等。
-- [空间属性]：可选，如：区域范围、行政范围、台站号、层次等。
-- [要素]：可选，可为一个要素或多个要素组合，命名参考数据元标准。
-- [时间属性]：可选，可多级，包括：YYYY、YYYY/YYYYMMDD、YYYY-YYYY（如标准值的起止年份 1981—2010）

图 9.4　雷达文件目录组织规范

资料的分类主要由气象地面数据、高空数据、服务产品、灾害数据、数值预报数据、卫星雷达数据、预警数据、个例数据、地理信息、其他数据等组成。分类简码如表 9.1 所示。

表 9.1 气象资料分类简码

地面数据：SURF	高空数据：UPAR
服务产品：SEVP	灾害数据：DISA
雷达数据：RADA	数值预报：NAFP
卫星数据：SATE	个例数据：CASE
地理信息：GIS	其他数据：OTHE

以目前常用的 9 类资料为例，根据目录组织规范、资料特点，制定相应资料的存储结构。其中数据预报存储粒度为一个文件存储某个要素某个层次所有预报时效的信息。分布式文件或对象存储的结构如表 9.2 所示。其中，YYYY 表示年份，YYYYMMDD 表示年月日。

表 9.2 常用气象资料目录规范

气象资源类别		存储规范
地面数据		/SURF/ 产品种类 / 要素 / 格式 /YYYY/YYYYMMDD
高空数据		/UPAR/ 产品种类 / 格式 /YYYY/YYYYMMDD
服务产品		/ SEVP / 产品种类 / 格式 /YYYY/YYYYMMDD
灾害数据		/ DISA / 产品种类 / 格式 /YYYY/YYYYMMDD
雷达数据	基数据	/RADA/ 雷达型号 /L2/ 产品种类 /YYYY/YYYYMMDD/ 台站号 其中产品种类 OBS：观测基数据，STAT：状态数据
	单站产品	/RADA/ 雷达型号 /L3/ 产品种类 /YYYY/YYYYMMDD/ 台站号 / 产品名称
	组网产品	/RADA/ 雷达型号 /L3/ 加工系统 /YYYY/YYYYMMDD/[区域]/ 产品名称
卫星数据	一级产品	/SATE/ 卫星标识 /L1/ 仪器类型 /YYYY/YYYYMMDD
	加工产品	/SATE/ 卫星标识 / 产品等级 /[仪器类型]/[产品代码] /YYYY/YYYYMMDD/
数值预报		/NAFP/ 加工中心 / 加工系统或产品种类 /[空间属性]/[时间尺度属性]/YYYY/YYYYMMDD/
个例数据		/CASE/ 个例名称代码 / 资料种类 /[产品代码]/YYYY/
地理信息		/GIS/ 产品种类 / 产品代码 /

所有属性的目录命名应符合 QX/T 233—2014 中第 9 章的要求，目录名称简短、清晰，应便于人工识别并符合英文缩写习惯。

文件索引存储结构是目录中存储的雷达文件进行索引存储，雷达文件的索引存储在分布式关系型数据库中，雷达索引数据表根据资料的类型和属性特征进行表设计。按照 CIMISS 规范，文件索引信息至少包含以下几个字段，格式规范如表 9.3 所示。

表 9.3 非结构化数据索引表存储设计规范

序号	要素名称	字段编码	数据类型	约束	说明
1.	资料标识	D_DATA_ID	VARCHAR2（30）	N	资料的 4 级编码
2.	入库时间	D_IYMDHM	DATE	N	插表时的系统时间

续表

序号	要素名称	字段编码	数据类型	约束	说明
3.	收到时间	D_RYMDHM	DATE	N	DPC 消息生成时间
4.	资料时间	D_DATETIME	DATE	N	由 V04001，V04002，V04003，V04004 组成
5.	存储状态	D_FILE_SAVE_HIERARCHY	NUMBER（1）	N	代码表 0：实时库； 1：历史库； 2：磁带
6.	文件存储位置	D_STORAGE_SITE	VARCHAR2（250）	Y	文件的当前实际路径，当迁移到磁带中时，该字段无用
7.	文件大小	D_FILE_SIZE	NUMBER（10）	N	byte
8.	文件格式	V_FILE_FORMAT	VARCHAR2（6）	N	代码表
9.	文件名（存储）	V_FILE_NAME	VARCHAR2（100）	N	
10.	原文件名	V_FILE_NAME_SOURCE	VARCHAR2（150）	N	
11.	……	……	……	Y	其他属性信息

（2）表格存储

对于实时交互要求高的气象数据采用数据块方式进行存储，根据数据块的形态和属性，将其存储结构分为 3 种：网格类数据、站点类数据和通用类数据。

分布式表格系统由数据库名，表空间（keySpaces）和表组成。数据库名参考 QX/T 233—2014《气象数据库存储管理命名》，表空间（keySpaces）。表名命名参考 QX/T 233—2014《气象数据库存储管理命名》，为了便于运维和管理，表中存储某一类数据的集合，表的设计参考存储目录设计分类进行划分，一般划分在产品代码的上一层。雷达资料按照雷达标识、产品等级进行分表，比如 L1 级产品、L2 级产品等。

数据表主要由主键、属性和数据三个部分组成，主键根据数据存储结构设定，主键顺序与业务应用场景密切相关。

分布式表格的主键列在数据获取时，主键组合次序对数据获取具有一定的影响，主键列设计时需要注意主键次序，满足应用。分布式表格系统采用列式存储，呈现稀疏矩阵，空列不占用存储空间。

网格类数据、文件类数据和通用类数据 3 种结构主键名称可根据实际资料情况进行对应，一般属性在结构中定义的为必备属性（表创建时必须存在），不可随意修改名称；扩展属性根据数据需要进行自定义扩充，属性名称参考 CIMISS 相关标准，详细结构设计如下。

（1）网格类数据的主要特征为数据可解析，为标准的经纬度信息，根据气象资料特点，其中数值预报、智能网格预报、模式分析 / 再分析，格点实况，卫星数据，雷达数据等解析均为网格类数据，可进行存储。

（2）文件类数据采用文件存储结构，直接存储文件的内容的二进制信息，不对内容进行解析转换。其中雷达产品、服务产品、卫星反演产品等可采用该结构。

（3）通用类数据可包含单站雷达基数据（包括全仰角或逐仰角数据）、单站雷达产品数据，存储的数据类型可为二进制内容等描述数据。包括等温线、等压线、等高线、等势线、落区图、多边形等，数据实体中存储一系列有序的坐标值。

9.2.3 数据组织方案

气象数据的组织一方面为了提高气象应用的数据资源获取及其时效要求；另一方面需要数据存储的有效性和低存储空间。气象数据组织方案按照不同的数据种类，采用不同的数据组织方案。

针对气象数据的结构特征，将气象数据分为半 / 非结构和结构化数据，分别采用 NoSQL 对象数据存储和关系型结构化数据存储。半 / 非结构化数据主要以网格数据和文件类数据为主，针对这类数据采用了分块压缩的方法存储。NoSQL 对象数据存储采用面向列的存储方式，其存储结构保证了数据表的列可扩展性和读写 I/O 的高吞吐性，更加适合气象云数据环境中数据表的字段扩充特性和密集型数据分析应用，避免了后续表结构改变带来的维护压力，有效提高密集型数据分析的吞吐性能。

针对网格类数据，根据 NoSQL 对象存储系统的特点和网格类数据的业务结构，采用动态分块方法进行分块存储，计算公式如式 9.1 所示（杨明 等，2017）。

$$\left\{\begin{array}{l} Row=\dfrac{T/S_y}{G_y}+1 \\ \hline Col=\dfrac{T/S_x}{G_x}+1 \end{array}\right. \tag{9.1}$$

式中，*Row* 表示行方向上的分块总数，*Col* 表示列方向上分块总数，G_y 表示行方向上的格点数，G_x 表示列方向上的格点数，T 表示该网格存储的总字节数，根据 NoSQL 对象存储系统的列存储字节限制，分别用 S_y 表示确定的行方向上的字节数和用 S_x 表示确定的列方向上的字节数。

文件类数据的分块主要采用文件总字节数的大小和 NoSQL 对象存储系统的列存储字节相结合的方式。NoSQL 对象存储的气象数据的 Key-Value 存储结构，主要分为主键、属性和值三个部分，如图 9.5 所示。NoSQL 对象存储系统一般都以主键的方式作为分片键，存储在不同的分步式节点，主键的设计非常重要，网格类气象数据的主键主要由气象要素

（产品）、气象要素的高度，日期和时间表示；文件类气象数据的主键主要由气象要素、文件时间和文件名表示。属性包括了气象数据的地理范围、文件信息、分块信息和压缩信息等。数据主要采用二进制分块压缩技术存储（杨明 等，2017）。

主键	包括数据标识、时间、时次、文件名称等
属性	地理范围、数据或文件信息等属性信息
数据	对应主键下的分块压缩气象数据

图 9.5　气象数据 Key-Value 存储结构

结构化数据主要以站点数据、元数据等为主，采用传统的表—字段的方式存储在分布式云关系型数据库。

9.2.4　数据库性能及存储分布

为了满足业务高并发的数据需求，需要根据数据特性，选取不同的存储技术与方案。对于高并发、低延时的实时数据，采用分块压缩存储技术存储在分布式表格系统里；对高并发数据一致性要求高、关联性强的数据，采用分布式关系型数据库存储；对于海量数据的分析、统计功能的访问，采用大数据处理技术进行管理。同时，采用多级存储方案，对于访问频繁、热度较高的数据存储于在线存储级，对于访问热度低的数据存储于近线或离线存储级。

数据响应能力：对于存储响应能力，站点实时资料，满足毫秒级（＜1 s）响应。长时间序列的数据请求，需要在秒级响应（2 s 内）。卫星、雷达等资料在线存储的资料，需要满足毫秒级（＜1 s）响应，离线数据不能低于 20 s。

对于热点数据以及元数据具有数据缓存功能，满足高并发访问时效，减轻后端系统的压力，提升应用系统的用户体验。

存储设计不仅具有高并发的数据获取性能，同时也具有高并发的写入性能。数据写入包含数据的存储、更新以及删除功能。

数据一致性与可靠性：数据存储保证数据的最终一致性与数据的可靠性。采用数据冗余存储策略，保证任何存储故障不丢失数据资源，不影响业务使用。同时具有数据快速恢复与负载均衡能力，故障恢复后，新的存储能自动分担系统负载。

存储在线可扩展性：由于气象观测资料不断增长，产品种类不断增多，以及业务对数据响应能力的要求不断提高，为了满足业务需求，需要在不停机情况下，通过增加存储节点进行存储能力的在线扩展。

根据数据应用场景和服务时效的需求，进行应用副本冗余后，常用的结构化和非结构化资料将以不同的存储结构和存储技术进行存储，下面列出典型气象数据的存储结构和分布情况，见表 9.4。

表 9.4　典型数据存储策略及分布

数据	存储形态	数据库	策略	存储时长
地面自动站	数据表	气象观测数据库	按空间分：区域，全国按要素分：全要素，常规要素	长期
		历史分析库		长期
雷达基数据	文件 + 索引表	气象观测数据库	文件按目录结构存储在分布式 NAS 中，文件索引信息存储在数据库中	长期
	表格存储	交互应用库	将文件的二进制流作为数据块存储	7 d
预报模式数据（含气候预报）	文件 + 索引表	气象产品数据库	按照起报时间的预报要素进行文件组织，一个文件中存储所有预报时效与预报层次的格网数据。 文件按目录结构存储在分布式 NAS 中，文件索引信息存储在数据库中	5 年（快速存储设备 1 年，大容量存储 4 年）
	表格存储	交互应用库	将文件拆分为单场单要素，将该网格的数据内容作为二进制块进行存储	7 d

其他数据根据应用需求，合理进行存储时长的设计，比如其他站点资料参见地面自动站资料的存储策略和分布，雷达其他数据产品、服务产品等参见雷达基数据的存储策略和分布。

9.3 业务对服务的性能检验

9.3.1　应用检验环境

气象大数据支撑系统试验环境由 20 个云服务器和 3 台本地服务器、2 个分布式关系型数据库、13 个关系型数据库、5 个对象存储、14 个表格存储表和若干个客户端构成。详细配置如表 9.5 和表 9.6 所示。

表 9.5　云服务器环境配置表

实例名称	个数	CPU（核）/ 内存（GB）/ 数据盘（GB）
气象地图服务	3	16/64/1024

续表

实例名称	个数	CPU（核）/ 内存（GB）/ 数据盘（GB）
气象地图基础数据	2	16/64/1024
气象地图产品服务	3	16/64/2048
数据同步	4	8/64/300
数据服务	5	16/64/1024
数据加工处理	6	16/64/500

表 9.6 数据存储环境配置表

实例名称	个数	IOPS/ 内存（MB）/ 空间（GB）
气象自动站结构化数据	8	1400/1250/48000
服务结构化数据	5	1200/1250/24000
分布式关系型数据库	2	1400/1250/48000
对象存储	5	—
表格存储表	14	—

9.3.2 应用数据及方法

气象大数据支撑系统（雷达）应用试验以浙江省业务上常用的部分站点数据、部分网格数据和雷达数据为基础（数据类型如表 9.7 所示），通过气象大数据支撑系统（雷达）的数据收集存储系统，按照不同的数据类型，采用不同的云数据存储方式和节点；按照不同的应用需求，通过气象大数据支撑系统的加工处理系统，将基础数据进行加工处理成不同的数据产品，再回写到数据收集存储系统。最后，通过共享服务系统为不同的业务系统提供数据服务。

表 9.7 应用测试数据类型

数据类型	数据名称	存储方式
半 / 非结构化数据	数值预报产品	NoSQL 对象存储
	0～6 h 雷达降水预报	NoSQL 对象存储
	浙江省 24 h 预报产品	NoSQL 对象存储
	浙江省精细化预报指导产品	NoSQL 对象存储
	浙江省快速更新同化预报	NoSQL 对象存储
	浙江省区域数值预报	NoSQL 对象存储
	监测网格化产品	NoSQL 对象存储
	雷达卫星监测产品	NoSQL 对象存储

续表

数据类型	数据名称	存储方式
结构化数据	自动站分钟数据	关系型数据库
	自动站小时数据	关系型数据库
	自动站统计数据	关系型数据库
	精细化站点预报	关系型数据库
	预警信息数据	关系型数据库

9.3.3 应用效果及分析

为了测试气象大数据支撑系统的气象数据存储和访问性能，采用部分精度高、数据量大的数据，开展了应用试验和效果分析，在 50，200，500，1000 个不同任务数的情况下，通过数据收集系统存储数据，数据共享服务系统获取数据。统计方法性能测试采用平均耗费时间统计方法，稳定性测试采用时序统计方法。

9.3.3.1 数据存储性能测试结果

气象数据存储性能主要采用存储时间和数据存储量两个方面进行了对比分析，按照文中介绍的气象数据分布式存储方式，存储半 / 非结构化气象数据。采用常用的气象数据类型对比分析测试，存储平均性能列于表 9.8。

表 9.8 半 / 非结构化数据存储平均性能对比

数据类型	存储平均时间（ms）	原大小（MB/ 文件）	对应存储大小（MB/ 字节数）
雷达拼图	41.2	2.6	0.1/2
降水预报	71.3	5.7	0.13/2
卫星产品	89.0	0.25	0.09/2

如表 9.8 所示，三种具有代表性的数据类型存储平均时间低于 100 ms，试验平台存储的数据大小低于原文件大小，数据量的减小，由于采用了二进制位数和压缩编码，比原格点存储效率更高

9.3.3.2 数据访问性能测试结果

为了使两者的测试环境达到一致，NoSQL 对象库和原文件存储库的测试环境都采用云平台内部网络调用方式。通过对不同任务数的调用，得到了平均任务数下的半 / 非结构化数据性能列于表 9.9。

表 9.9 平均任务数下的半 / 非结构化数据服务访问时间（ms）对比表

数据类型	原文件方式	NoSQL 方式
任意经纬度网格点序列	2001	160.7
700 m 分辨率温度分析场	1010	128.6
1 km 分辨率雷达降水预报	980	87.5
雷达卫星栅格产品	374	53.8

从表 9.9 中可以看出，雷达数据支撑系统的 NoSQL 访问方式的性能比原文件访问方式的读取性能有很大提高。

9.3.3.3 应用服务响应性能测试结果

在实际应用场景下，试验了气象大数据支撑系统的应用服务响应性能，试验场景是采用雷达数据支撑系统的数据、加工产品和可视化服务支撑的浙江气象服务决策云平台，分 10 次调用任意经纬度格点时序、700 m 空间分辨率温度分析场、雷达卫星栅格产品和小时自动站降水产品四类不同应用场景，得到了 10 次实测响应时间曲线列于图 9.6。

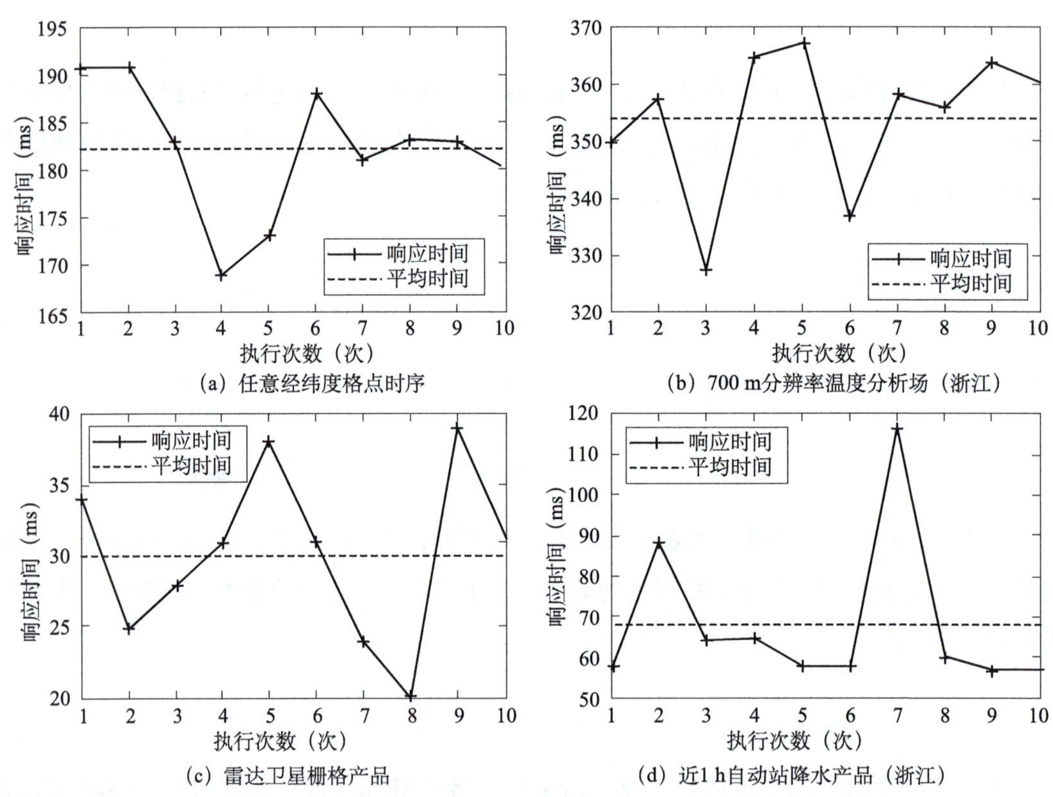

图 9.6 实测响应时间曲线

从图 9.6 中可以看出，任意经纬度格点时序的平均响应时间为 182.2 ms，700 m 空间分辨率温度分析场的平均响应时间为 354 ms，雷达卫星栅格产品的平均响应时间为 30.1 ms，近 1 h 自动站降水产品的平均响应用时间为 68.3 ms。试验结果表明，探索的建议方案可以较好地满足气象业务的需求。

9.3.4 应用实例

9.3.4.1 浙江气象决策服务平台

气象大数据支撑系统为浙江气象服务决策云平台提供了数据收集存储、数据加工处理、数据共享服务、数据可视化等一体化服务支撑，实现了从数据存储到数据可视化的一整套体系流程。在云平台上部署了浙江气象服务决策云平台，经过业务测试应用，在数据存储访问性能、功能集约化、服务和体验等方面，取得了一定的效果。效果如图 9.7、图 9.8 所示。

图 9.7　2017 年 8 月 25 日 19 时 30 分浙江雷达拼图产品效果图

9.3.4.2 县级暴雨监测预报及风险预警系统

县级暴雨监测预报及风险预警系统构建在已经建成的气象大数据支撑系统云服务基础上，主要为浙江县级气象部门提供暴雨及相关气象产品的实况、监测预警、预报、卫星雷达、历史气候、专业气象和工作台等操作分析平台。平台界面如图 9.8 所示。

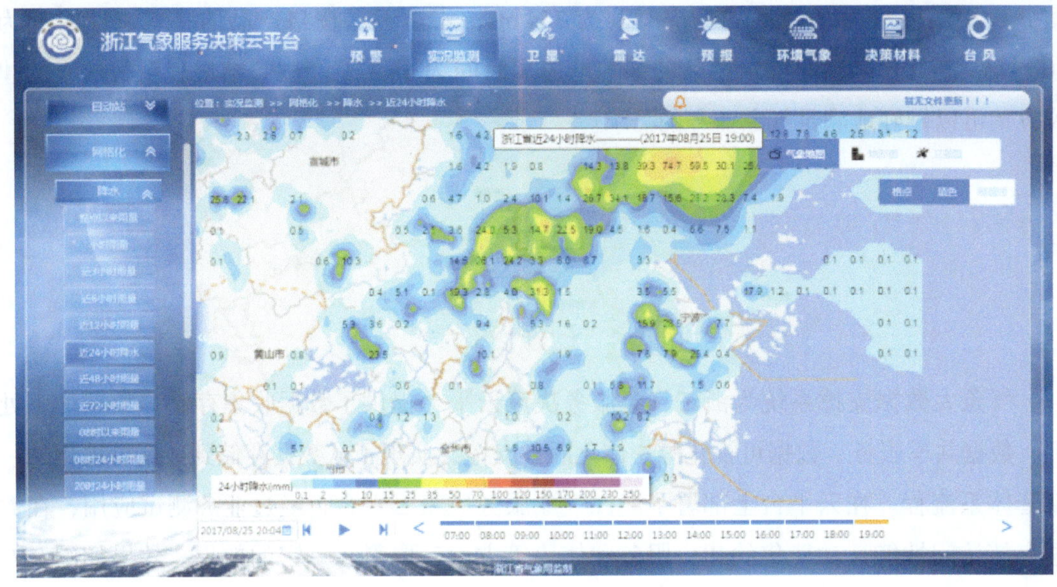

图 9.8　2017 年 8 月 25 日 19 时浙江近 24 h 降水产品效果图

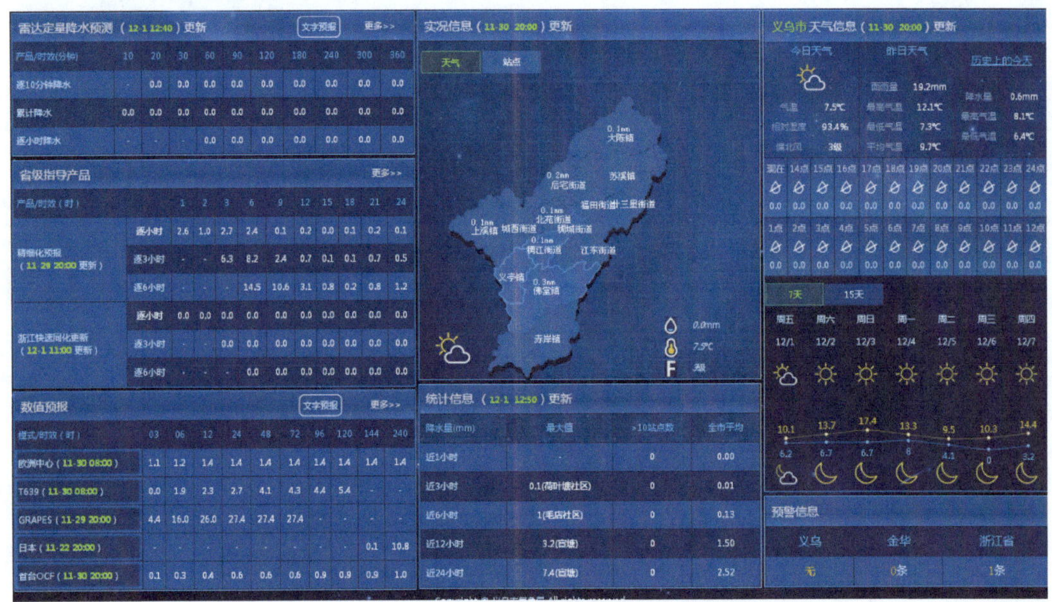

图 9.9　县级暴雨监测预报及风险预警系统界面

9.3.4.3　浙江台风业务网

浙江台风业务网依托于自主研发的气象大数据支撑系统提供的数据服务、地图服务、可视化服务和发布部署服务等分布云服务，是浙江省气象局对内发布的台风信息网站，致力于加强台风监测和预报产品在线显示，为气象业务人员获取台风信息提供便捷的途径，为防御台风决策提供辅助支撑，应用效果明显。平台界面如图 9.10、图 9.11 所示。

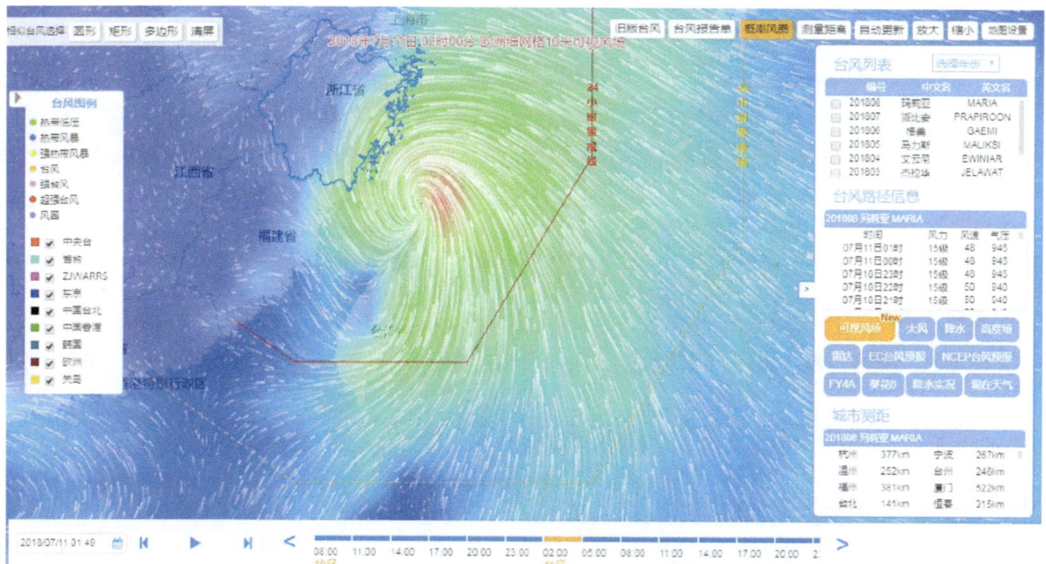

图 9.10　2018 年 7 月 11 日“玛莉亚”台风可视风场

图 9.11　2018 年 7 月 10 日“玛莉亚”台风葵花 8 卫星云图

参考文献

全国气象基本信息标准化技术委员会，2014．气象数据库存储管理命名：QX/T 233-2014[S]．北京：气象出版社．

杨明，陈晔峰，陈晴，等，2017．气象数据云数据存储技术及应用 [J]．气象科技，45（6）：1017-1021．